Grundzüge der Strahlenschutztechnik

für Bauingenieure
Verfahrenstechniker, Gesundheitsingenieure, Physiker

Von

Dipl.-Ing. Thomas Jaeger
Berlin

Mit einem Geleitwort von
Everitt P. Blizard

Mit 224 Abbildungen

Springer-Verlag Berlin Heidelberg GmbH

ISBN 978-3-662-01153-9   ISBN 978-3-662-01152-2 (eBook)
DOI 10.1007/978-3-662-01152-2

Alle Rechte, insbesondere das der Übersetzung in fremde Sprachen, vorbehalten
Ohne ausdrückliche Genehmigung des Verlages ist es auch nicht gestattet,
dieses Buch oder Teile daraus auf photomechanischem Wege
(Photokopie, Mikrokopie) zu vervielfältigen
© Springer-Verlag Berlin Heidelberg 1960
Ursprünglich erschienen bei Springer-Verlag OHG., Berlin/Gottingen/Heidelberg 1960
Softcover reprint of the hardcover 1st edition 1960

Die Wiedergabe von Gebrauchsnamen, Handelsnamen, Warenbezeichnungen usw.
in diesem Buche berechtigt auch ohne besondere Kennzeichnung nicht zu der Annahme, daß solche Namen im Sinne der Warenzeichen- und Markenschutz-Gesetz-
gebung als frei zu betrachten wären und daher von jedermann benutzt werden dürften

Herrn

Professor Dr. Werner Kliefoth

gewidmet

Geleitwort

Radiation shielding has been for many years — too many years — the province of physicists and mathematicians. This is not to say that these have been the only ones confronted with shielding problems. Nuclear engineers encounter them daily. But physicists needed to shield first their accelerators and later their reactors, and they, with mathematicians, have developed the methods. And for too long engineers have relied on advice from these original shielders in their own design problems.

The difficulty has been largely one of communication. Physicists, from FERMI and ZINN, who performed the first reactor shield research, to those currently so engaged, have written reports which were in the Physicists' language, and which did not extrapolate from their special data to the general problems. Later, texts on shielding were written by physicists — GOLDSTEIN, and PRICE, HORTON and SPINNEY — which told of the knowledge at hand. The engineer ROCKWELL edited the contributions of many people, most of whom were physicists, in another text, but even this engineered approach attempted little more than to record experience from the submarine program.

Engineers are required to obtain an answer to every problem which arises in a design, whether an applicable experiment has been carried out or not, and it is in this requirement for extrapolation of experience that he finds himself "at sea". Engineers must thus acquire the same familiarity with the subject that has accrued to the physicists who have carried out the research. It is refreshing to find a young engineer who has been willing to undertake the task of translating the physicists' experience into a text for engineers. Hopefully it will give them the insight and courage to solve their own problems, as they should. This book will be a welcome one for those engineers who have had to search a neighboring but strange field for needed information. It will be welcomed also by physicists as a vehicle for purveying to others, in terms they will understand, the lore which they have developed.

Everitt P. Blizard
Director, Neutron Physics Division
Oak Ridge National Laboratory

Vorwort

Die an der Lösung der vielfältigen konstruktiven und betrieblichen Aufgaben der Nutzung der Atomkernenergie arbeitenden Ingenieure stehen nur in einzelnen Sektoren des Aufgabenkomplexes vor neuartigen Problemen. Die Entwicklung der Kerntechnik hat daher nicht zur Gründung einer separaten Ingenieurdisziplin geführt, sondern sie basiert im wesentlichen auf den klassischen Ingenieurwissenschaften und erfordert eine besonders enge Zusammenarbeit von Ingenieuren der verschiedensten Fachrichtungen mit Naturwissenschaftlern.

Einer der wichtigsten der in der Kerntechnik auftretenden neuartigen Aspekte ist die biologische Gefährlichkeit der energiereichen Strahlungen. Unter dem Begriff Strahlenschutztechnik werden sämtliche technischen Maßnahmen verstanden, die eine Einschränkung der gesundheitlichen und genetischen Gefährdung des Menschen bei der Nutzung von Strahlen- und Atomkernenergie bezwecken. Basis der Strahlenschutztechnik sind die aus radiobiologischen Erkenntnissen abgeleiteten höchstzulässigen Strahlenbelastungswerte für äußere und innere Strahleneinwirkung.

Die Aufgaben der Strahlenschutztechnik bestehen in der Abschirmung energiereicher Strahlungen und in der Verhütung einer Verbreitung loser radioaktiver Substanzen. In sicherheitstechnischer Hinsicht einwandfreie und in wirtschaftlicher Hinsicht tragbare Lösungen der in diesen beiden Aufgaben enthaltenen vielfältigen Probleme bilden die notwendige Voraussetzung für eine Nutzbarmachung der Atomkernenergie im Großmaßstab.

Die Grundzüge der Strahlenschutztechnik werden in diesem Buch aus der Perspektive des Bauingenieurs dargestellt. In dem heterogenen Gebiet der Strahlenschutztechnik überschneidet sich seine Arbeit nicht nur mit Kernphysik und Biologie, sondern auch mit verschiedenen anderen technischen Zweigen. Aus diesem Grunde ist es für eine erfolgreiche Gruppenarbeit in Planung und Entwicklung notwendig, daß der Bauingenieur über eine genügende Einsicht in die betreffenden anderen Disziplinen verfügt. Die Konzeption des Buches versucht, diesem Sachverhalt zu entsprechen. Bei seiner Abfassung wurde besonderer Wert auf ausgewählte umfassende Schrifttumshinweise gelegt, um den Leser an die weit verstreute, sehr umfangreiche einschlägige Literatur heranzuführen. Das Buch gründet sich hauptsächlich auf eine Auswertung von Berichten der U. S. Atomic Energy Commission.

Sicher sind mir bei diesem Versuch, das in verschiedenartige Spezialgebiete fallende Material erstmalig in technischer Gesamtschau darzustellen, Irrtümer unterlaufen. Ich bin daher für jeden Hinweis auf evtl. Fehler und Ungenauigkeiten der Darstellung, sowie auf Auslassungen wichtigen Materials, dankbar.

Die freundliche Unterstützung, die mir von amerikanischen, britischen und sowjetischen Wissenschaftlern und Ingenieuren in Form von Literatursendungen und Hinweisen zuteil geworden ist, hat in wesentlichem Maße zur Vervollständigung des Manuskriptes beigetragen. Den Herren Dr. E. P. BLIZARD, Director, Neutron Physics Division, Oak Ridge National Laboratory, Dr. M. GROTENHUIS, Assistant Director, International School of Nuclear Science and Engineering, Argonne National Laboratory, Dr. H. S. DAVIS, Senior Engineer, Hanford Atomic Products Operation, und Dr. R. M. STEPHENSON, Professor of Nuclear Engineering, University of Connecticut, möchte ich dafür meinen besonderen Dank zum Ausdruck bringen. Herrn J. FISCHER, Hahn-Meitner-Institut für Kernforschung Berlin, danke ich für seine bibliothekarischen Bemühungen.

Die Fertigstellung des Manuskriptes hat infolge starker Inanspruchnahme durch eine Forschungsarbeit eine erhebliche Verzögerung erfahren; ich bin deshalb Herrn Dr. JULIUS SPRINGER für seine Geduld sehr zu Dank verpflichtet. Dem Springer-Verlag bin ich für sein stetes Entgegenkommen und die sorgfältige Ausstattung des Buches sehr verbunden.

Ich widme dieses Buch Herrn Professor Dr. WERNER KLIEFOTH, der mich in steter liebenswürdiger Hilfsbereitschaft gefördert hat.

Berlin-Zehlendorf, im Januar 1960

Thomas Jaeger

Inhaltsverzeichnis

Seite

1. Einführung 1
   1.1 Die Aufgaben der Strahlenschutztechnik 1
   1.2 Die Probleme der Strahlenschutztechnik 2
   Literatur 9

2. Atomphysikalische Grundlagen 10
   2.1 Atomare und nukleare Struktur 10
       2.11 Bausteine des Atoms 11
       2.12 Stabilität der Atomkerne 12
       2.13 Massendefekt und Bindungsenergie 13
       2.14 Kernanregung 13
   2.2 Radioaktivität 14
       2.21 Zerfallsarten und -schemata 14
       2.22 Aktivität 17
       2.23 Zerfallsgesetz 17
       2.24 Zerfallsreihen 18
   2.3 Wechselwirkungen 19
       2.31 Wirkungsquerschnitt 19
       2.32 Intensität des Strahlungsfeldes 20
       2.33 Mittlere freie Weglänge und Relaxationslänge 23
       2.34 Schmales und breites Strahlenbündel 24
   2.4 Kernspaltung 24
       2.41 Spaltstoffe 25
       2.42 Spaltprodukte 26
       2.43 Energiefreisetzung bei der Spaltung 26
       2.44 Kernkettenreaktion 27
   2.5 Wechselwirkung geladener Teilchen mit Materie 27
       2.51 α-Partikel 27
       2.52 β-Partikel und künstlich beschleunigte Elektronen 28
   2.6 Wechselwirkung von Photonen mit Materie 29
       2.61 Klassifizierung der Wechselwirkungen 29
       2.62 Photoelektrischer Effekt 30
       2.63 COMPTON-Streuung 31
       2.64 Paarbildung 33
       2.65 Gesamtwirkungsquerschnitt 33
       2.66 Energieabsorption 34
   2.7 Wechselwirkungen von Neutronen mit Materie 35
       2.71 Klassifizierung der Wechselwirkungen 35
       2.72 Elastische Streuung 36
       2.73 Inelastische Streuung 37
       2.74 Neutroneneinfang 37
       2.75 Neutronen-Wirkungsquerschnitte 38
   Literatur 38

3. Strahlennachweisgeräte 39
   3.1 Strahlendetektoren auf der Grundlage der Gasionisation . 40
   3.2 Szintillationszähler 43
   3.3 Photographische Emulsionen 43
   Literatur 44

Inhaltsverzeichnis

Seite

4. Strahlenbiologische Grundlagen 44

  4.1 Biologische Strahlenwirkung 44
    4.11 Physikalisch-chemische Grundvorgänge 45
    4.12 Strahlenpathologie 45
    4.13 Spezifische Ionisation 46
    4.14 Systematik der Strahlenschäden 47
    4.15 Zeitfaktor 48
    4.16 Kritisches Organ 48
    4.17 Genetische Wirkungen. 49

  4.2 Einheiten der Strahlendosis 49
    4.21 Ionendosis 50
    4.22 Energiedosis 51
    4.23 Relative biologische Wirksamkeit 51
    4.24 Das „rem" 52

  4.3 Natürliche und außerberufliche zivilisatorische Strahlenbelastung 52

  4.4 Höchstzulässige Strahlenbelastung 54
    4.41 Äußere Einstrahlung 54
    4.42 Intrakorporale Strahler 55
    4.43 Biozyklen 58

  Literatur 59

5. Gamma- und Neutronen-Strahlenquellen. 60

  5.1 Radioaktive Isotope 60
    5.11 Einordnung von α-, β-, γ-Strahlern nach der relativen Radiotoxidität . 60
    5.12 Einordnung von γ-Strahlern nach Energie und Halbwertzeit 61
    5.13 Neutronenquellen 61

  5.2 Reaktorkern 63
    5.21 Prompte Neutronen 63
    5.22 Verzögerte Neutronen 64
    5.23 Prompte γ-Strahlen 65
    5.24 Spaltprodukt-γ-Strahlen 65

  5.3 Reaktorkonstruktion und -abschirmung 68
    5.31 Einfang-γ-Strahlen 68
    5.32 Aktivierungs-γ-Strahlen 71
    5.33 Inelastische Streuungs-γ-Strahlen 71
    5.34 Photoneutronen 74

  5.4 Reaktor-Kühlsystem 74
    5.41 Primäres Kühlmittel 74
      5.411 Gas 76
      5.412 Wasser 76
      5.413 Flüssigmetall 77
    5.42 Kühlwasserverunreinigungen 77
      5.421 Allgemeines 77
      5.422 Nebenkreislauf-Wasserreinigung 79
      5.423 Aktivierung von Verunreinigungen im primären Kühlmittel 79
    5.43 Kreislauf von Homogenreaktoren 84

  5.5 Partikelbeschleuniger 85
    5.51 Kommerzielle Elektronenbeschleuniger 85
    5.52 Hochenergie-Beschleuniger 86

  Literatur 87

Inhaltsverzeichnis

	Seite
6. Geometrie der Strahlenquellen	89
6.1 Punkt-Quelle	90
6.11 Punkt-Quelle mit konzentrischer Abschirmung	90
6.12 Punkt-Quelle mit ebener Abschirmung	91
6.2 Linien-Quelle	91
6.3 Ebene Quellen	92
6.31 Unendlich ausgedehnte ebene Quelle	92
6.32 Kreisscheiben-Quelle	93
6.4 Kegelstumpf-Quelle	93
6.5 Platten-Quelle	95
6.6 Kugel-Quelle	96
6.61 Kugel-Quelle ohne Abschirmung	96
6.62 Kugel-Quelle mit konzentrischer Abschirmung	97
Literatur	97
7. Experimentiereinrichtungen für Reaktorstrahlung-Abschirmungsmessungen	98
7.1 Einführung	98
7.2 Lid-Becken Abschirmungseinrichtungen	100
7.21 ORNL-Lid Tank Shielding Facility	100
7.22 BNL-Lid Tank Shielding Facility	101
7.3 Wasserbecken-Reaktoren	101
7.31 ORNL-Bulk Shielding Facility	101
7.32 Wasserbecken-Reaktor mit großem Fenster	102
7.4 Einrichtungen für Luftstreuungsmessungen	103
7.41 Luftstreuungs-Meßturm	103
7.42 Flugzeug-Abschirmungs-Experimentierreaktor	104
Literatur	105
8. Berechnung der Schwächung von Gamma-Strahlen	105
8.1 Gesamtschwächung von Photonenstrahlung und Zuwachsfaktor	106
8.2 Die BOLTZMANNsche Transport-Gleichung	108
8.3 Methode der sukzessiven Streuungen	110
8.4 Momentenmethode	111
8.5 Monte Carlo-Methode	112
8.6 Behandlung homogener Mischungen	113
8.7 Behandlung schichtförmiger Abschirmungen	114
8.8 Streu-Probleme	115
Literatur	116
9. Berechnung der Schwächung von Neutronen-Strahlung	117
9.1 Vergleich zwischen Gamma-Strahlen- und Neutronenschwächung	117
9.2 Gruppen-Diffusionsmethode	118
9.3 Monte Carlo-Methode	126
9.4 Effektiver Neutronenausscheid-Wirkungsquerschnitt	127
Literatur	129
10. Wärmeerzeugung durch Strahlung	130
10.1 Wärmeerzeugung durch primäre γ-Strahlung	130
10.2 Wärmeerzeugung durch Neutronen-induzierte γ-Strahlen	131
10.3 Wärmeerzeugung durch elastisch gestreute Neutronen	132
10.4 Temperaturverteilung	132
10.5 Wärmespannungen	134
Literatur	134

Inhaltsverzeichnis XI

Seite
11. Thermische Abschirmung von Kernreaktoren 135

11.1 Allgemeines 135
11.11 Funktion der thermischen Abschirmung 135
11.12 Strahlenschädigung des Druckbehälter-Werkstoffes 136

11.2 Werkstoffe 137
11.21 Eisen 137
11.22 Boral 138
11.23 Blei-Cadmium 139
11.24 Borierter Graphit 139
Literatur 141

12. Biologische Abschirmung von Kernreaktoren 141

12.1 Allgemeine Erläuterung 141
12.11 Abschirmung des Reaktorkernes 143
12.12 Abschirmung des Reaktor-Kühlsystems 145
12.13 Abschirmungsmaterialien 145
12.14 Unregelmäßigkeiten in der Abschirmung 147
12.141 Durchgang von Neutronen durch Öffnungen 148
12.142 Durchströmen von Neutronen 148
12.143 Durchgang von γ-Strahlung 149
12.15 Prüfung der Strahlenabschirmungsanlage 150

12.2 Beton 150
12.21 Betonzusammensetzung 150
12.211 Zement und Wasser 151
12.212 Zuschlagstoffe 151
12.213 Borzusätze 152
12.214 Wirtschaftliche Gesichtspunkte 152
12.22 Bauausführung von Abschirmungen aus Beton 153
12.221 Allgemeines 153
12.222 Übliches Betonierverfahren 153
12.223 Puddel-Verfahren 154
12.224 Auspreßverfahren 155
12.23 Thermische Aspekte bei der Bemessung von Beton-Strahlenabschirmungen 156
12.231 Einfluß hoher Temperaturen auf die mechanischen Eigenschaften von Beton 156
12.232 Einfluß hoher Temperaturen auf die Strahlenabschirmungseigenschaften von Beton 158
12.233 Wärmespannungen 158
12.24 Verschiedenartige Reaktor-Abschirmungskonstruktionen 159
12.241 Einrüstung großer Deckenkonstruktionen 159
12.242 Verwendung des Intrusion-Prepakt-Verfahrens 162
12.243 Betonieren eines Reaktorbeckens 164
12.244 Doppelwand-Abschirmung eines schnellen Reaktors 165
12.245 Spannbeton-Reaktorbehälter 167

12.3 Metall, Wasser, Polyäthylen 168
12.31 Blei 168
12.32 Eisen 170
12.33 Wasser 170
12.34 Polyäthylen 171
12.35 Konstruktion zusammengesetzter Strahlenabschirmungsanlagen . . . 172
12.36 Optimalisierung 173
12.361 Optimale Materialverteilung in der primären Abschirmung . . . 173
12.362 Gesichtspunkte für die optimale Anordnung des Reaktorsystems . 173

12.37 Abschirmung von Schiffsantrieb-Reaktorsystemen 174
12.38 Abschirmung von Flugzeugantrieb-Reaktorsystemen 176
Literatur 179

13. Entwurf von Radioisotopen-Laboratorien 182

13.1 Laboratorien mit geringen Abschirmungserfordernissen 183
  13.11 Allgemeine Planungsgrundsätze 183
    13.111 Anordnung der Räume 183
    13.112 Ventilation 184
    13.113 Oberflächen 184
    13.114 Abfallbeseitigung 185
  13.12 Laboratoriumseinrichtungen 185
    13.121 Isotopentresore 185
    13.122 Abzüge 186
    13.123 Handschuhkästen 187
    13.124 Metall-,,Ziegel''-Abschirmungen, Junior-Zelle 188
    13.125 Greifwerkzeuge 189

13.2 Entwurfsdetails von heißen Zellen 190
  13.21 Allgemeines 190
    13.211 Nicht abgedeckte Zellen 190
    13.212 Überschlägige Bestimmung indirekter Streustrahlung . . 190
    13.213 Vollkommen geschlossene Zellen 193
  13.22 Strahlenabschirmung 193
    13.221 Abschwächung harter γ-Strahlung durch Blei, Eisen, Beton und Ziegel 193
    13.222 Strahlenabschirmungen aus Gußeisen und Blei 193
    13.223 Strahlenabschirmungen aus Stahlblechkästen mit losem Füllmaterial 195
    13.224 Strahlenabschirmungen aus Betonblöcken 196
    13.225 Strahlenabschirmungen aus monolithischem Beton . . . 197
  13.23 Oberflächen 197
    13.231 Auskleidung der inneren Oberfläche heißer Zellen 197
    13.232 Dekontaminierungsmethoden 199
  13.24 Türen und Durchgabeöffnungen 200
  13.25 Fernbedienung 202
    13.251 Fernbediente Geräte und Maschinen 202
    13.252 Manipulatoren 203
  13.26 Beobachtungseinrichtungen 207
    13.261 Wasserbecken 207
    13.262 Flüssigkeitsfenster 207
    13.263 Glasfenster 210
    13.264 Periskope und Spiegelsysteme 212
  13.27 Ventilation 213

13.3 Beschreibung einiger heißer Zellen 214
  13.31 Kleine heiße Zelle aus monolithischem Beton 215
    13.311 Betrieb der Zelle 215
    13.312 Strahlenabschirmung 215
    13.313 Ausbildung der inneren Zellenoberfläche 216
    13.314 Material- und Personalzugangsöffnungen 216
    13.315 Manipulatoren 217
    13.316 Beobachtungseinrichtungen 217
    13.317 Installation 217
  13.32 Kleine heiße Zelle aus Betonblöcken 217
    13.321 Strahlenabschirmung 217
    13.322 Tür, Fenster, Manipulator 218

Inhaltsverzeichnis XIII

	Seite
13.33 Heiße Zelle für den Multi-kilocurie-Bereich	219
13.331 Allgemeine Beschreibung	219
13.332 Manipulatoren	221
13.333 Fenster	221
13.334 Kosten	221
13.34 Heiße Zelle für Plutonium-Metallurgie	221
13.4 Reaktor- und Radioisotopen-Laboratorien	223
13.41 Integrierte, räumlich getrennte Anordnung	223
13.42 Heiße Zelle über Reaktorbecken	225
Literatur	226

14. Entwurf von Trennanlagen 230

14.1 Allgemeines	230
14.2 Radiochemische Trennanlagen	233
14.21 Anlagen für fernbediente Instandhaltung	235
14.22 Anlagen für direkte Instandhaltung	237
14.23 Durchführung von Instandsetzungsarbeiten in Strahlungsfeldern	239
14.3 Pyrometallurgische Trenn- und Refabrikationsanlagen	241
14.31 Rechteckige Anordnung	242
14.32 Ringförmige Anordnung	242
Literatur	244

15. Entwurf technischer u. medizinischer Gamma-Bestrahlungsanlagen 246

15.1 Industrielle Gamma-Bestrahlungsanlagen	246
15.11 Kobalt-60-Speicher- und Bestrahlungsanlage	246
15.12 Kobalt-60-Nahrungsmittel-Bestrahlungsanlage	248
15.13 Spaltprodukt-Kartoffelbestrahlungsanlage	249
15.2 Defektoskopische und therapeutische Gammastrahlenanlagen	250
15.21 Allgemeine Entwurfsgesichtspunkte	250
15.22 Anlage für Gammastrahlen-Defektoskopie	252
15.23 Anlagen für Gammastrahlen-Therapie	252
15.231 Kobaltkanone mit starr gerichtetem Nutzstrahlenbündel	252
15.232 Kobaltkanone mit um 360° rotierendem Nutzstrahlenbündel	253
Literatur	253

16. Abschirmung von Teilchenbeschleunigern 254

16.1 Allgemeines	254
16.11 Konstruktionsprinzipe von Teilchenbeschleunigern	254
16.12 Allgemeine Erläuterung des Abschirmungsproblems	256
16.2 Abschwächung von Betatronstrahlung durch Beton	259
16.3 Abschirmung eines Elektronen-Synchrotrons	260
16.4 Abschirmung eines Elektronen-Linearbeschleunigers	263
16.5 Abschirmung von Synchrozyklotronen	263
16.51 Unterirdisch gelegenes 450 MeV-Synchrozyklotron	263
16.52 600 MeV-Synchrozyklotron des CERN	264
16.6 Abschirmung von A.G.-Protonsynchrotronen	266
16.61 Block-Abschirmung	267
16.62 Brückenartige Abschirmungskonstruktion	268
Literatur	269

17. Beseitigung radioaktiver Abfallstoffe aus Kernforschung und Kernenergie-Industrie 270

17.1 Abfallbeseitigung und Standortwahl für Anlagen der Kernenergie-Industrie	271
17.2 Beseitigung flüssiger und fester Abfälle von geringer bis mittlerer Aktivitätsstufe	272

XIV Inhaltsverzeichnis

Seite

17.21 Reinigung schwach radioaktiver Abwässer 272
17.22 Reinigung und Unterbringung der radioaktiven Abfälle eines Kernkraftwerkes 274
17.23 Einleiten schwach radioaktiver Abwässer in Küstengewässer 277
17.24 Einleiten von Abwässern mittlerer Aktivitätsstufe in den Boden . . . 277
17.25 Vergraben fester radioaktiver Abfälle 278
17.26 Versenken radioaktiver Abfälle ins Meer 279
17.3 Hochgradig radioaktive Abfallflüssigkeiten aus dem radiochemischen Trennprozeß 280
  17.31 Spaltstoffelement-Zusammensetzung 280
  17.32 Lösungsextraktion 281
  17.33 Charakteristiken hochaktiver Abfallflüssigkeiten 282
  17.34 Übersicht über Behandlung und Unterbringung hochaktiver Abfälle . . 282
17.4 Behälterspeicherung hochaktiver Abfallflüssigkeiten 284
  17.41 Wärmeentwicklung 285
  17.42 Behälter mit Dampfkondensationssystem 288
  17.43 Behälter mit innerem Kühlsystem 291
17.5 Fixierung von Spaltprodukten in fester Form 293
  17.51 Überführung der Abfallflüssigkeit in eine konzentrierte Salzschmelze . . 293
  17.52 Suspensionsbett-Kalzinierung 294
  17.53 Fixierung durch Ton 295
  17.54 Einschmelzen in Glas 295
17.6 Permanente Unterbringung hochgradig radioaktiver Abfallflüssigkeiten . . . 296
  17.61 Terrestrische Unterbringung 296
    17.611 Speicherung in Kavernen in Salz-Lagerstätten 296
    17.612 Einleiten in tiefgelegene durchlässige Sedimente 297
  17.62 Maritime Unterbringung 299
    17.621 Versenken in dicke stabile Schlammablagerungen 299
    17.622 Versenken in Tiefseegräben 300
Literatur 300

18. Reaktor-Schadensfälle und ihre Konsequenzen 305

18.1 Radioaktivität im Reaktorkern 305
18.2 Freisetzung von Spaltprodukten 306
18.3 Gefahren für die Umwelt 306
18.4 Wahrscheinlichkeit des Eintretens katastrophaler Schadensfälle 308
18.5 Eingetretene Reaktor-Schadensfälle 309
  18.51 Schadensfall in Chalk River 310
  18.52 Schadensfall in Windscale Works 311
18.6 Gefahren mobiler Kernkraft-Antriebsysteme 311
Literatur 313

19. Sicherheitseinschluß von Reaktorsystemen 314

19.1 Semi-dichter Einschluß von Forschungsreaktoren 315
  19.11 Reaktor-Umschließungshallen mit semi-dichter Außenhaut 316
  19.12 Luft-Durchsickerung aus einem semi-dichten Gebäude 318
19.2 Gasdichter Einschluß von Forschungsreaktoren 318
  19.21 Stahlschalen 319
  19.22 Betonschalen 320
19.3 Postulierte Schadensfälle an Leistungsreaktorsystemen 321
  19.31 Allgemeines 322
  19.32 Durchgehen des Reaktors 323
  19.33 Freisetzung des Kühlmittels bei wassergekühlten Reaktorsystemen . . . 325
  19.34 Freisetzung des Kühlmittels bei Flüssigmetall-gekühlten Reaktorsystemen 329
  19.35 Chemisches Reagieren von Reaktorkern-Metall mit Luft 333
  19.36 Chemisches Reagieren von Reaktorkern-Metall mit Wasser 334

Inhaltsverzeichnis   XV

                                                                                                     Seite
19.4 Entwurf und Ausführung gasdichter und druckfester Containerschalen. . . 335
   19.41 Allgemeine Entwurfsgrundsätze 335
      19.411 Vollständiger oder teilweiser Einschluß von Kernkraftsystemen . . . 335
      19.412 Größe, Gestalt und Material der Containerschale 336
      19.413 Fundamente 340
      19.414 Elastische Zwischeneinspannung eingebetteter Containerschalen . . 341
      19.415 Sprinkler, Ventilation, Wärmeisolierung 342
      19.416 Druckreduziersystem 343
   19.42 Durchdringungen und Luftschleusen 343
      19.421 Rohr- und Kabeldurchführungen 343
      19.422 Luken 344
      19.423 Luftschleusen 344
   19.43 Druckwelleneffekte und Explosionsabschirmung 346
      19.431 Formänderungsenergie-Absorptionspotential des Reaktor-Druckbehälters 347
      19.432 Druckwellen außerhalb des Reaktorbehälters und ihre Abschwächung 347
      19.433 Panzerung der Containerschale 350
      19.434 Spezifische Festhaltungen 351
   19.44 Radioaktive „Belastung" und Dichtigkeitsprüfung 353
      19.441 Radioaktive Belastung 353
      19.442 Pneumatische Dichtigkeitsprüfung 354
   19.45 Beispiele ausgeführter Containerschalen 356
      19.451 Sphärischer Container mit getrennter Stützung von Innenkonstruktion und Schale 356
      19.452 Sphärischer Container mit gemeinsamer Stützung von Innenkontruktion und Schale 358
      19.453 Eingebetteter sphärischer Container mit zusätzlicher äquatorialer Stützung der Schale 361
      19.454 Eingebetteter vertikaler zylindrischer Container 363
      19.455 Horizontale zylindrische Containergruppe 365
      19.456 Druckfeste Stahlbeton-Kammer mit gasdichter Stahlblechauskleidung 368
   19.46 Der Einschluß der Radioaktivität bei mit natürlichem Uran arbeitenden, graphitmoderierten, CO_2-gekühlten Kernkraftsystemen 369
   19.47 Kollisionssicherer Einschluß von Schiffsantrieb-Reaktorsystemen 371

19.5 Einschluß von Reaktorsystemen in Felskammern 373
   19.51 Sicherheitstechnische Aspekte 374
   19.52 Ventilations-Kammersystem 374

Literatur 376

Anhang: Code der Berichtsliteratur 383

Sachverzeichnis 385

1. Einführung

1.1 Die Aufgaben der Strahlenschutztechnik

Durch die Nutzbarmachung der Atomkernenergie im Großmaßstab hat die Gefahr einer gesundheitsschädigenden und genetisch bedrohenden Einwirkung energiereicher Strahlungen auf den Menschen eine hervorragende allgemeine Bedeutung erlangt. Die Entwicklung der Kerntechnik hat es mit sich gebracht, daß in steigendem Maße nicht mehr nur einzelne Personen und Berufskreise, sondern auch große Bevölkerungsteile unmittelbar oder mittelbar der Strahlenbelastung und damit der Strahlenschädigung ausgesetzt werden. Aufgabe der *Strahlenschutztechnik* ist es, vorausschauende technische Maßnahmen zu treffen, um die bei der Verwendung von Strahlen- und Atomkernenergie unvermeidliche, über die natürliche Umweltstrahlung hinausgehende, zusätzliche Strahlenbelastung des Menschen so einzuschränken, daß sie keinen nennenswerten nachteiligen Einfluß auf die Gesundheit von Individuen und das Erbbild von Gesamtpopulationen hat.

Die technischen Maßnahmen des Strahlenschutzes können im wesentlichen in drei Kategorien eingeteilt werden:

I. Errichtung von Strahlenabschirmungen zum Schutze von in unmittelbarer Nähe von Strahlenquellen arbeitenden Personen, sowie von Personen, die sich in angrenzenden Bereichen aufhalten können. Bei den Strahlenquellen kann es sich um folgende Anlagen handeln: Stationäre Kernreaktoren, Antriebsreaktoren, radiochemische Trennanlagen, metallurgische Spaltstoff-Aufbereitungswerke, Radioisotopen-Laboratorien, Teilchenbeschleuniger, Bestrahlungsanlagen der Lebensmittelindustrie, Kunststoffindustrie usw., Anlagen der Röntgen- und γ-Strahlendefektoskopie, der Röntgen- und γ-Strahlenteletherapie und der Röntgendiagnostik. In Fällen, bei denen außer einer Gefährdung durch äußere Strahleneinwirkung auch die Gefahr der Inkorporation radioaktiver Isotope besteht, werden mit der Strahlenabschirmung Einrichtungen kombiniert, die der Verhütung einer Verbreitung radioaktiver Substanzen dienen. Die technischen Strahlenschutzmaßnahmen für beruflich mit Strahlenquellen arbeitende Personen finden ihre Ergänzung in betrieblichen Strahlenschutzmaßnahmen, die ihre Grenze in der Zumutbarkeit von Verhaltensmaßregeln haben. Ziel der technischen Strahlenschutzmaßnahmen ist es, in den Grenzen der wirtschaftlichen Durchführbarkeit die notwendigen betrieblichen Strahlenschutzmaßnahmen auf ein Mindestmaß einzuschränken und potentielle Möglichkeiten für das Eintreten von Unfällen bei dem Arbeiten an Strahlungsquellen auszuschalten.

II. Errichtung von Konstruktionen für den gasdichten Einschluß von Reaktoranlagen zum Schutze der in der Umgebung lebenden Bevölkerung vor, bei eventuellen Reaktorkatastrophen aus dem Reaktorsystem freigesetzten, radioaktiven Spaltprodukten.

III. Errichtung von technischen Einrichtungen für eine Unterbringung von radioaktiven Abfallstoffen dergestalt, daß die Möglichkeit einer radioaktiven „Verseuchung" des Lebensraumes größerer Bevölkerungsteile eliminiert ist.

Prinzipiell ist eine befriedigende Lösung der Probleme des Strahlenschutzes der entscheidende Faktor für eine Erweiterung der Nutzung der Atomkernenergie. „Die Anwendung der Atomenergie ist nur *gerechtfertigt*, wenn es gelingt, die mit ihr verbundene Gefährdung geringfügig zu halten gegenüber dem aus ihr entstehenden Nutzen (im weiten volkswirtschaftlichen Sinn). Die Anwendung der Atomenergie ist aber nur *möglich*, wenn die Aufwendungen für die Beseitigung der Gefährdung, gemessen an dem Nutzen, tragbar sind." [1].

1.2 Die Probleme der Strahlenschutztechnik

Die potentielle Gefahr der Kernenergie-Industrie ist bereits vor ihrer Entwicklung erkannt und unter eine außerordentlich strenge Sicherheitskontrolle gebracht worden — nicht zuletzt unter dem Druck einer in der allgemeinen Öffentlichkeit fast zur Psychose gesteigerten Besorgnis, mit der die Strahlengefahr betrachtet wird. Als Sondergebiet der Kerntechnik (Gesamtdarstellungen s. [2] bis [5]) hat sich die Strahlenschutztechnik entwickelt, deren einzige Prinzipe die Abschirmung energiereicher Strahlungen und die Verhütung einer Verbreitung loser radioaktiver Substanzen sind. Die bisher auf dem Gebiete der Strahlenschutztechnik geleistete Entwicklungsarbeit hat in sicherheitstechnischer Hinsicht einwandfreie und in wirtschaftlicher Hinsicht tragbare Lösungsmöglichkeiten für die Verwirklichung dieser beiden Prinzipe bei der Nutzbarmachung der Atomkernenergie in Großmaßstab aufgezeigt. Das Gebiet der Strahlenschutztechnik fällt zu einem wesentlichen Teil in den Kompetenzbereich des Bauingenieurs. Die Probleme des Gebietes sind von sehr heterogener Natur und berühren zahlreiche technische und naturwissenschaftliche Disziplinen.

Die Strahlenschutztechnik befaßt sich mit technischen Maßnahmen zur Einschränkung der gesundheitlichen und genetischen Gefährdung des Menschen bei der Erzeugung und Verwendung ionisierender Strahlungen. Die ionisierenden Strahlungen umfassen energiereiche Photonenstrahlen (Röntgenstrahlen, γ-Strahlen) und Korpuskularstrahlen (α-Strahlen, β-Strahlen, Protonen, Neutronen). Entwicklung und Entwurf technischer Einrichtungen für den Strahlenschutz verlangen vom Ingenieur elementare atomphysikalische Kenntnisse über die Radioaktivität, den Kernspaltungsprozeß und die Wechselwirkung von Photonen- und Neutronenstrahlung mit Materie. Diese atomphysikalischen Grundlagen sind in Kap. 2 dargestellt.

Der Schutz gegen die Wirkungen ionisierender Strahlen setzt ihre Nachweis- und Meßbarkeit voraus. Nachweis und Messung ionisierender Strahlungen werden durch die Wechselwirkungen der Strahlung mit Materie ermöglicht. Eine Vielzahl verschiedenartiger Typen von Strahlenmeßgeräten ist entwickelt worden. Die Meßgeräte lassen sich nach drei verschiedenen Gesichtspunkten einteilen: a) nach dem Detektortyp: Ionisationskammer, Zählrohr, Szintillationszähler und photographische Emulsionen; b) nach dem Meßobjekt: α-, β-, γ- und Neutronen-Strahlendetektoren (zum Nachweis von Neutronen stehen nur mit Strahlungsumwandlern arbeitende indirekte Methoden zur Verfügung, da Neutronen nicht direkt ionisieren); c) nach dem Verwendungszweck: Geräte für experimentelle Messungen, Nachweis und Kontrolle von Strahlengefahren (Dosisleistung, Konzentration radioaktiver Stoffe), Sicherheitsüberwachung von Kernreaktoren. In Kap. 3 werden die Wirkungsprinzipe der verschiedenen Detektortypen erläutert. Für den praktischen Strahlennachweis müssen die beschriebenen Strahlendetektoren mit geeigneten Anzeige- und Registriergeräten verbunden sein.

Die Basis für die Planung des technischen Strahlenschutzes sind die aus radiobiologisch-medizinischen Erkenntnissen abgeleiteten höchstzulässigen Strahlenbelastungswerte für äußere und innere Strahleneinwirkung, von denen angenommen wird, daß sie noch keinen nennenswerten schädigenden Einfluß auf Gesundheit und Wohlbefinden von Einzelpersonen und das Erbbild von Gesamtpopulationen haben. Nach den heute geltenden Strahlenschutzbestimmungen bleibt für die Nutzung der Strahlen- und Atomkernenergie nur ein höchstzulässiges Strahlenbelastungsverhältnis zur natürlichen Umweltstrahlung von etwa 100:1 für somatische Wirkungen und 10:1 für genetische Wirkungen. Das ist ein sehr geringer Spielraum, der eine äußerst sorgfältige Planung des technischen Strahlenschutzes erfordert, wenn die nützliche Verwendung der Strahlen- und Atomkernenergie nicht beeinträchtigt werden soll. Die Fragen der biologischen Strahlenwirkung und der höchstzulässigen Strahlenbelastung werden in Kap. 4 behandelt.

Der Entwurf von Strahlenabschirmungen ist eine ingenieurtechnische Aufgabe, die in der Bemessung und Gestaltung von Schutzbarrieren gegen Gamma- und Neutronenstrahlung auf der Grundlage der theoretischen und empirischen Erkenntnisse über die Abschwächung energiereicher Strahlung in Materie besteht. Gegenwärtig liegt jedoch nur die konstruktive Durchbildung von Strahlenabschirmungen in den Händen des Ingenieurs. Auf dem Gebiete der Bemessung spielt — außer in sehr einfachen Fällen — der Physiker noch eine tonangebende Rolle, da dieses Feld der Sphäre der reinen Wissenschaft noch nicht so weit entwachsen ist, daß dem Ingenieur die naturwissenschaftlichen Erkenntnisse in geeigneter Form für die Lösung aller praktischen Aufgaben der Strahlenabschirmung bei angemessenem Zeitaufwand vorliegen. Die zukünftige Benutzung eines umfassenden Handbuches der Strahlenabschirmung, die die Inanspruchnahme des Physikers für im Grunde ingenieurtechnische Aufgaben ersetzen dürfte, wird wegen der in den praktischen Berechnungsverfahren enthaltenen Näherungen vom Ingenieur ein nicht unbeträchtliches Urteilsvermögen betreffend der Wahl der Berechnungsmethoden und -formeln, die von Art der Abschirmung, erforderlicher Rechengenauigkeit und angemessenem Aufwand an Zeit und Mitteln abhängt, verlangen. (Siehe dazu die Betrachtungen von M. GROTENHUIS im Vorwort von [6].)

Den Ausgangspunkt für den Entwurf von Strahlenabschirmungen bildet die Bestimmung von Art, Energie und Intensität der abzuschirmenden Strahlenquellen. Quellen ionisierender Strahlung können radioaktive Präparate, Kernreaktorsysteme und Partikelbeschleuniger sein. Kernreaktorsysteme sind außerordentlich komplexe Strahlenquellen. Der erforderliche Abschwächungsgrad der aus einem Reaktorkern entweichenden Neutronen- und γ-Strahlung liegt in dem Bereich von 10^{-8} bis 10^{-12}. Verhältnismäßig seltene Prozesse können gerade diejenigen sein, für die die Abschwächung am geringsten ist, und die daher bei der Durchdringung dominieren. Die aus einem Reaktorsystem entweichenden Neutronen- und γ-Strahlenflüsse und ihre Energieverteilungen müssen sehr genau analysiert werden, damit nicht Strahlungskomponenten, die im Reaktorkern selbst unbedeutend sind, aber bei der Durchdringung der Strahlung eine vorherrschende Bedeutung annehmen können, übersehen werden. — Angaben über Gamma- und Neutronen-Strahlenquellen werden in Kap. 5 gemacht.

Die Bestimmung der räumlichen Intensitätsverteilung der von einer beliebig gestalteten Strahlenquelle emittierten Strahlung erfordert Gleichungen, die die geometrischen Beziehungen zwischen der Strahlenquelle und dem betreffenden Koordinatenpunkt, an dem die Intensität des Strahlenfeldes bestimmt werden soll, ausdrücken. Die geometrischen Beziehungen gründen sich auf die Annahme geradliniger Fortbewegung von Photonen- oder Korpuskularstrahlung; der Einfluß der Streustrahlung wird durch einen besonderen Term in der für das jeweilige Medium zutreffenden Abschwächungsfunktion berücksichtigt. Der Ausdruck für die von einem hypothetischen Punktdetektor in einem, eine punktförmige isotrope Strahlenquelle umgebenden, homogenen Medium empfangene Strahlenintensität, die sogenannte Punktquellengleichung, bildet den Kern aller strahlengeometrischen Beziehungen. Jede beliebige linear, flächenhaft oder räumlich verteilte Strahlenquelle kann als Kollektiv von Punktquellen angesehen werden. Die Strahlendosis eines Kollektivs von Punktquellen kann durch Integration über die Strahlendosen der Elementarquellen erhalten werden. In Kap. 6 werden einige einfache strahlengeometrische Gleichungen angegeben.

Die theoretische Bestimmung der Strahlenabschwächung bereitet besonders im Falle von Neutronenstrahlung und bei Abweichungen von den allereinfachsten geometrischen Verhältnissen erhebliche Schwierigkeiten. Aus diesem Grunde bilden derzeit experimentelle Untersuchungen über die Abschwächung von Neutronenstrahlung in ausgedehnten Medien und über die Intensitätsverteilung von Neutronen- und Gammastrahlung bei komplizierten geometrischen Verhältnissen eine wesentliche Grundlage für die Bemessung von Reaktorabschirmungen. Für die Durchführung von Neutronen-Abschirmungsmessungen wird der Kernspaltungsprozeß als Strahlenquelle verwendet. Einige typische Experimentiereinrichtungen für Abschirmungsmessungen werden in Kap. 7 beschrieben.

Die strenge mathematische Behandlung des Strahlendurchganges durch Materie besteht in der Bestimmung der Raum-, Richtungs- und Energieverteilung der Strahlungspartikel an jeder interessierenden Stelle des Mediums mittels der Transportgleichung. Im Falle der Photonenstrahlung ist die für diese exakte Berechnungsmethode notwendige detaillierte Kenntnis der Wechselwirkungsprozesse von Photonen mit Materie vorhanden. Wegen der aus dem, die Bildung sekundärer „neuer" Photonenquellen beschreibenden, Streuungsterm resultierenden Komplexität, ist aber die Transportgleichung der vollständigen Lösung nicht zugänglich, so daß für die mathematische Behandlung des Problems eine Reihe von Näherungsmethoden entwickelt worden ist. Die wichtigste Methode der Berechnung der Gammastrahlenschwächung ist die

1.2 Die Probleme der Strahlenschutztechnik

sog. Momentenmethode, ein semi-numerisches Verfahren der Lösung der Transportgleichung. Der größte Teil der verfügbaren Information über die Gammastrahlenschwächung stammt aus Berechnungen, die mittels dieses Verfahrens durchgeführt wurden. Da der Grundcharakter der Gammastrahlenschwächung exponentieller Natur ist, wird für praktische Strahlenabschirmungsberechnungen eine Exponentialfunktion verwendet, und dem Einfluß der Streustrahlung wird durch einen „Zuwachsfaktor" Rechnung getragen. In Kap. 8 wird auf der Grundlage von [7] und [8] eine kurze Erläuterung der wichtigsten Methoden für die Berechnung der Schwächung von Gammastrahlen gegeben.

In der formalen mathematischen Struktur des Strahlendurchdringungsproblems bestehen kaum Unterschiede zwischen Gammastrahlen und Neutronen. Die Ursache für die bei der Entwicklung der Berechnungsmethoden beschrittenen verschiedenen Wege liegt in den unterschiedlichen Charakteristiken der Wirkungsquerschnitte für Photonen- und Neutronen-Wechselwirkungen. Während die Wirkungsquerschnitte für Wechselwirkung von Photonen mit Materie glatte Funktionen der Energie sind, ist die Variation der Neutronen-Wirkungsquerschnitte als Funktion der Energie von sehr komplizierter Art; zudem ist die Kenntnis der differentialen Neutronen-Wirkungsquerschnitte noch ziemlich lückenhaft. Die erfolgreichsten Verfahren für die Berechnung der Neutronenschwächung sind von semi-empirischer Natur, sie gründen sich auf aus Versuchsergebnissen abgeleitete Parameter. Die Grundlagen der wichtigsten Methoden für die Berechnung der Schwächung von Neutronenstrahlung werden in Kap. 9 erläutert.

Im wesentlichen wird das gesamte Energieäquivalent der in einem Medium abgeschwächten Strahlung in Wärmeenergie umgewandelt. Die Wärmefreisetzungskurve hat in grober Näherung eine mit der Entfernung exponentiell abfallende Form. Bei Zugrundelegung einer exponentiell verteilten Wärmequelle lassen sich Temperaturverteilungen und Wärmespannungen bei einfacher Geometrie der Abschirmungskonstruktionen in geschlossener Form angeben. Bei Zugrundelegung einer genaueren Form der Wärmefreisetzungskurve werden die Temperaturverteilungen und Wärmespannungen zweckmäßig mit Hilfe graphischer Integrationsmethoden ermittelt. Das Problem der Wärmeerzeugung durch Strahlung und die Ermittlung von Temperaturverteilungen wird in Kap. 10 behandelt.

Die Umwandlung der Energie der aus dem Reaktorkern entweichenden Neutronen- und Gammastrahlung in Wärmeenergie kann zu einer Temperaturschädigung des Materials der biologischen Abschirmung und zu unzulässigen Wärmespannungen in der Abschirmungskonstruktion führen. Bei hohen Strahlenflüssen bildet ferner die durch Neutronenbestrahlung bewirkte Versprödung des Stahles von Reaktor-Druckbehältern eine Gefahr für die Integrität von Leistungsreaktorsystemen. Zur Reduzierung dieser direkten und indirekten Einflüsse der Strahlungsenergie auf die umgebenden Konstruktionen wird der Reaktorkern mit einer thermischen Abschirmung umgeben, deren Funktion in der Absorption des größten Teiles der aus dem Reaktor entweichenden Strahlungsenergie besteht. In Kap. 11 werden verschiedene für die Konstruktion thermischer Abschirmungen verwendete Materialien angegeben.

Die Abschirmung eines Kernreaktorsystems, die die Strahlung auf ein biologisch zulässiges Maß reduziert, wird als biologische Abschirmung bezeichnet. Im Prinzip enthält das Problem der Abschirmung eines Reaktorkernes drei Aspekte: Abbremsung der schnellen Neutronen, Einfang der abgebremsten oder ursprünglich langsamen Neutronen und Absorption aller Arten von Gammastrahlung, einschließlich der durch Wechselwirkung von schnellen und langsamen Neutronen in der Abschirmung erzeugten Gammastrahlung.

Eine gute Reaktor-Strahlenabschirmung besteht aus einer geeigneten Kombination leichter Elemente zur Schwächung der Neutronenstrahlung und schwerer Elemente zur Absorption der Gammastrahlung. Leichtes und schweres Material kann entweder in gut verteilter Mischung (Beton) oder in Form alternierender Schichten verwendet werden. Bei stationären Leistungsreaktoren wird in der Regel das wirtschaftliche Optimum, bei mobilen Antriebsreaktoren das raum- und gewichtsmäßige Optimum angestrebt.

Beton ist ein wirksames und dabei wirtschaftliches Material mit zugleich guten mechanischen Eigenschaften für den Bau biologischer Abschirmungen für stationäre Kernreaktoren. Das Material besitzt eine in doppelter Hinsicht hervorragende Anpassungsfähigkeit: erstens hinsichtlich der Formgebung und zweitens hinsichtlich seiner Strahlenabschirmungseigenschaften. Der für die Neutronenschwächung erforderliche Gehalt an gebundenem Wasser läßt sich ohne weiteres inkorporieren, zur Verbesserung der Abschwächungseigenschaften für Gammastrahlen finden verschiedene Arten schwerer Zuschlagstoffe Verwendung. Bei der Auswahl der Zuschlagstoffe spielen außer technischen Überlegungen auch wirtschaftliche Gesichtspunkte eine bedeutende Rolle. Die Verwendung von Schwerbetonmischungen mit hoher Entmischungstendenz und die oft sehr komplizierte Form der Abschirmungskonstruktionen geben ausführungstechnische Probleme auf. Für die Abschirmung mobiler Reaktoranlagen werden geschichtete Abschirmungen aus Stahl und/oder Blei und Wasser oder Polyäthylen konstruiert. Bei schichtweiser Anordnung des leichten und des schweren Materials lassen sich bedeutende Gewichtsersparnisse verglichen mit homogenen Mischungen erzielen. In Kap. 12 wird nach einer allgemeinen Erläuterung der Probleme des Entwurfes biologischer Abschirmungen für Kernreaktorsysteme die Verwendung von Beton und von Metall, Wasser und Polyäthylen als Abschirmungsmaterial behandelt. (Die Fragen der Verwendung von Beton als Abschirmungsmaterial werden in [9], [10], [11], [12], [13] in detaillierterer Form behandelt.)

Der Entwurf eines Radioisotopen-Laboratoriums wird in wesentlichem Maße durch die zur Verhütung einer unzulässigen äußeren und inneren Strahlenbelastung des Personals notwendigen Sicherheitsvorkehrungen beeinflußt. Wegen des weiten Aktivitäts- und Energiebereiches der Strahlung und der Vielzahl der verschiedenen mit Radioisotopen durchzuführenden Arbeiten in Forschung und Industrie kann es keine Standardlösungen für den Entwurf bequem und gefahrlos zu betreibender Radioisotopen-Laboratorien geben. Die Aufstellung eines zufriedenstellenden Entwurfes wird dem Ingenieur nur möglich sein, wenn er bereits in einem frühen Stadium der Planung ein Mitglied der Forschungs- und Entwicklungsgruppe wird und zu einer engen Zusammenarbeit mit dem Wissenschaftler gelangt, — der entwerfende Ingenieur muß einen beträchtlichen betriebs- und sicherheitstechnischen Problemkomplex übersehen können. Strahlenabschirmung, Oberflächengestaltung, Fernbedienung, abgeschirmte Beobachtungsmöglichkeiten, gut wirksame Ventilation und sichere Beseitigung radioaktiver Abfallstoffe jeglicher Form sind die hauptsächlichen sicherheitstechnischen Faktoren, die beim Entwurf von Radioisotopen-Laboratorien zu berücksichtigen sind. Diese Fragen werden in Kap. 13 behandelt.

Werke zur Trennung von Spaltstoff und Spaltprodukten sind ein integraler Bestandteil der Kernenergie-Industrie. Zu den gewöhnlichen Problemen, die der Entwurf komplexer Anlagen der großtechnischen Chemie aufgibt, kommen die speziellen Sicherheitsprobleme, die mit der chemischen oder metallurgischen Aufbereitung spaltbarer und hochgradig radioaktiver Materialien verknüpft sind. Allgemein sind radiochemische und pyrometallurgische Trennanlagen dadurch gekennzeichnet, daß die Prozesse fernbedient im Schutze dicker Strahlenabschirmungen durchgeführt werden müssen. Die sicherheitstechnischen Prinzipe, die der baulichen Gestaltung von Trennanlagen zugrunde liegen, entsprechen denen, die für den Entwurf von Radioisotopen-Laboratorien für hohe Aktivitäten gelten. Die verschiedenen Möglichkeiten der baulichen Gestaltung von radiochemischen und pyrometallurgischen Trennanlagen werden in Kap. 14 besprochen.

Die Verwendung energiereicher ionisierender Strahlung in Industrie, Forschung und Medizin nimmt ständig zu. Der Entwurf von Groß-Bestrahlungsanlagen der chemischen Industrie und der Nahrungsmittelindustrie ist, entsprechend den jeweiligen technologischen Bedingungen, eine individuelle Planungsaufgabe. Dagegen kann sich der Entwurf von defektoskopischen und therapeutischen Röntgen- und Gamma-Strahlenanlagen, wegen der nur geringen Verschiedenheit der in der Praxis vorkommenden Betriebsbedingungen, an Typenentwürfe anlehnen; es bestehen detaillierte Richtlinien für die Planung [14], [15]. In Kap. 15 wird der Entwurf der Abschirmung für technische und medizinische Gamma-Bestrahlungsanlagen (mit Ausnahme kleiner Bleiwandkabinette und mobiler Anlagen) anhand von Beispielen behandelt.

Die Gestaltung der Abschirmung für die in Industrie und Medizin verwendeten, mit verhältnismäßig geringen Energien arbeitenden Teilchenbeschleuniger basiert auf den gleichen Gesichtspunkten, die für die Abschirmung technischer und medizinischer Gamma-Strahlenanlagen gelten. Hochenergiebeschleuniger werden als reine Forschungswerkzeuge für die experimentelle Kern- und Elementarteilchenphysik gebaut. Eines der Hauptprobleme beim Entwurf der Abschirmung für diese Maschinen stellt die große Variabilität der Experimentierbedingungen dar, die eine flexible Gestaltung der Abschirmungskonstruktion erfordert. Die Bemessung der Strahlenabschirmung von Teilchenbeschleunigern im Hochenergiebereich gilt gegenwärtig noch mehr für eine Kunst als eine Wissenschaft. Die Behandlung der Abschirmung von Teilchenbeschleunigern in Kap. 16 beschränkt sich nach einer kurzen allgemeinen Erläuterung des Abschirmungsproblems auf die Besprechung rein konstruktiver Fragen des Entwurfes von Abschirmungskonstruktionen anhand der Beschreibung einiger ausgeführter Anlagen.

Die radioaktiven Abfallstoffe aus Kernforschung und Kernenergie-Industrie fallen in gasförmiger, flüssiger und fester Form in verschiedensten Mengen und

Aktivitätskonzentrationen an. Die Hauptsorge, die mit einer Kernkrafterzeugung im Großmaßstab verbunden ist, stellen die hochgradig radioaktiven Abfallflüssigkeiten aus dem radiochemischen Trennprozeß dar. Die Beseitigung der radioaktiven Abfallstoffe muß in einer Weise erfolgen, die eine unzulässige radioaktive Verseuchung des menschlichen Lebensraumes ausschließt. (Die allgemein übliche Bezeichnung „Beseitigung" radioaktiver Abfälle ist ebensowenig wörtlich zu verstehen wie der Ausdruck „Verseuchung". Man kann nur eine Verlagerung in isolierte Bereiche oder eine Konzentrationsherabsetzung von radioaktiven Stoffen vornehmen. Die Radioaktivität bleibt natürlich quantitativ davon unbeeinflußt und nimmt einzig als Funktion der Zeit ab.)

Die allgemeinen Methoden der Beseitigung radioaktiver Abfälle sind:

a) Dispersion gasförmiger oder flüssiger Abfälle in großen Luft- oder Wasservolumina, wobei Herabsetzungen der Konzentration radioaktiver Substanzen auf zulässige Werte erzielt werden.

b) Kontrollierte Speicherung radioaktiver Abfälle in flüssiger oder fester Form.

c) Einleiten radioaktiver Abfallflüssigkeiten in nicht Grundwasser führende oberflächennahe Bodenschichten mit großer Rückhaltekapazität; Einleiten von Abfallflüssigkeiten in tiefgelegene durchlässige Sedimente.

d) Versenken radioaktiver Abfallstoffe in verpackter Form in den Ozean. Eine bedeutende Herabsetzung der potentiellen Gefährlichkeit der hochaktiven Abfallflüssigkeit aus dem radiochemischen Trennprozeß kann durch Überführung der Abfallösung in ein festes Produkt, in dem die Spaltprodukte fixiert sind, erzielt werden.

In Kap. 17 wird ein kurzer Überblick über die Fragen der Beseitigung radioaktiver Abfallstoffe und eingeschlagene bzw. vorgeschlagene Wege gegeben, nur die Probleme der Behälterspeicherung werden ausführlicher behandelt. (Eine detailliertere Übersicht über verschiedene Methoden der Behandlung und Beseitigung radioaktiver Abfallstoffe ist in [12] enthalten.)

Die potentielle Gefahr, die ein Kernreaktorsystem für die Umwelt darstellt, besteht in dem Vorhandensein radioaktiver Spaltprodukte im Reaktorkern. Menge und Aktivität der in einem Reaktorkern enthaltenen Spaltprodukte sind Funktionen der Bestrahlungszeit des Spaltstoffes und der Leistung des Reaktors. Kraftwerksreaktoren sind in dieser Hinsicht besonders gefährlich, weil sie aus wirtschaftlichen Gründen auf hoher Leistungsstufe mit langen Bestrahlungszeiten des Spaltstoffes betrieben werden, was zu einer Akkumulation großer Mengen langlebiger Spaltprodukte führt. Die Wahrscheinlichkeit des Eintretens schwerwiegender Reaktorschadensfälle, die durch Freisetzung radioaktiver Spaltprodukte aus dem Reaktorbehälter die in der Umgebung der Anlage lebende Bevölkerung gefährden würden, ist wegen der zahlreichen Sicherheitsvorkehrungen extrem gering. Die Analyse des Ausmaßes der potentiellen Gefahren für die Umwelt zwingt jedoch dazu, auch eine noch so geringe Wahrscheinlichkeit eines eventuellen katastrophalen Schadensfalles zu berücksichtigen. In Kap. 18 werden Reaktor-Schadensfälle und ihre Konsequenzen behandelt.

Das Endglied der vielen Sicherheitsvorkehrungen, die gewährleisten sollen, daß der Betrieb von Kernreaktoren nicht die Gesundheit der in der Umgebung einer Reaktoranlage lebenden Bevölkerung gefährdet, besteht in dem Einschluß des Reaktorsystems in ein Gebäude, das den bei einer Reaktor-Katastrophe resultierenden Druck- und Temperaturwirkungen widersteht und den Austritt von aus der Konstruktion des Reaktorsystems freigesetzter Radioaktivität ins Freie verhütet. (Ein derartiger Sicherheitseinschluß einer Reaktoranlage ist vergleichbar mit einem Sicherheitsdamm, der unterhalb eines Stauwerkes zum Schutze der stromab lebenden Bevölkerung für den Fall eines Bruches des primären Staudammes errichtet werden müßte, wenn beim Entwurf von Wasserkraftwerken entsprechende Sicherheitsmaßstäbe angelegt würden wie beim Entwurf von Kernkraftwerken.)

Für den Sicherheitseinschluß gibt es zwei Möglichkeiten: Einschluß von Reaktorsystemen in gasdichte und druckfeste Containerschalen, Errichtung von Reaktorsystemen in Felskammern. Für den Einschluß von Forschungsreaktoren und kleineren Versuchskraftwerken werden derzeit vorwiegend vertikale zylindrische Stahlschalen verwendet, die Reaktoranlagen großer Kernkraftwerke werden in der Regel in sphärische Stahlschalen eingeschlossen.

In Kap. 19 werden gasdichte Umschließungsbauwerke für Forschungsreaktoren beschrieben, die möglichen Reaktor-Schadensfälle, deren resultierende Druck- und Temperaturwirkungen die Grundlage für die Bemessung gasdichter und druckfester Containerschalen für Leistungsreaktoren bilden, werden erläutert, die Probleme von Entwurf, Bauausführung und Prüfung stählerner Containerschalen werden eingehend behandelt und durch Beschreibung einiger ausgeführter Konstruktionen illustriert, abschließend werden die sicherheitstechnischen Aspekte des Felskammer-Einschlusses denen des Container-Einschlusses gegenübergestellt. (Eine vollständige Übersicht über die bisher auf dem Gebiete des Sicherheitseinschlusses durchgeführten Untersuchungen und ein umfassendes Arbeitsprogramm für die weitere experimentelle und theoretische Forschung wurde von R. O. BRITTAN [16] ausgearbeitet.)

Literatur zu 1[1]

[1] MÜLLER, W. D.: Strahlengefährdung und Strahlenschutz (Schriftenreihe „Die Atomwirtschaft"). Düsseldorf: Verlag Handelsblatt 1957
[2] STEPHENSON, R.: Introduction to Nuclear Engineering, 2nd Ed. New York/Toronto/London: McGraw-Hill 1958
[3] BONILLA, C. F. (Hrsgb.): Nuclear Engineering. New York/Toronto/London: McGraw-Hill 1957
[4] ETHERINGTON, H. (Hrsgb.): Nuclear Engineering Handbook. New York/Toronto/London: McGraw-Hill 1958
[5] RIEZLER, W., u. W. WALCHER (Hrsgb.): Kerntechnik. Stuttgart: B. G. Teubner 1958
[6] GROTENHUIS, M.: Lecture Notes on Reactor Shielding. ANL-6000, März 1959
[7] GOLDSTEIN, H.: The Attenuation of Gamma Rays and Neutrons in Reactor Shields. US. Government Printing Office, Washington, 1. Mai 1957; neubearbeitete Ausgabe als H. GOLDSTEIN: Fundamental Aspects of Reactor Shielding. Reading, Mass.: Addison-Wesley und London/Paris: Pergamon Press 1959

---

[1] Ein Code der Berichtsliteratur befindet sich auf den Seiten 383 u. 384.

[8] FANO, U., L. V. SPENCER u. M. J. BERGER: Penetration and Diffusion of X-Rays. In S. FLÜGGE (Hrsgb.): Handbuch der Physik Bd. 38/2: Neutronen uod verwandte Gammastrahlenprobleme, S. 660—817. Berlin/Göttingen/Heidelberg: Springer 1959

[9] Concrete for Radiation Shielding. Detroit, Mich.: American Concrete Institute 1958

[10] DESSOW, A. E.: Schwere und hydratierte Betone (russisch). Moskau: Akademie für Bauwesen und Architektur der USSR 1956

[11] KOMAROWSKIJ, A. N.: Baumaterialien für die Abschirmung der Strahlung von Kernreaktoren und Beschleunigern (russisch). Moskau: Atomizdat 1958

[12] JAEGER, TH.: Technischer Strahlenschutz: I. Strahlenabschirmung durch Beton, II. Beseitigung radioaktiver Abfallstoffe. München: Karl Thiemig 1959

[13] SEETZEN, J.: Technologie der Abschirmbetone. Düsseldorf: Werner 1960

[14] BIBERGAL, A. W., U. J. MARGULIS u. E. I. WOROBJOW: Schutz vor Röntgen- und Gammastrahlung (russisch). Moskau: Staatsverlag für medizinische Literatur (Medgiz) 1955

[15] BRAESTRUP, C. B., u. H. O. WYCKOFF: Radiation Protection. Springfield, Ill.: Charles C. Thomas 1958

[16] BRITTAN, R. O.: Reactor Containment. Including a Technical Progress Review. ANL-5948, Mai 1959

2. Atomphysikalische Grundlagen

Die Entwicklung und der Entwurf der verschiedenartigen technischen Einrichtungen für den Strahlenschutz, bei der Nutzung von Strahlen- und Atomkernenergie, berührt die Physik des Atomkernes. Daher setzt die Arbeit auf dem Gebiete der Strahlenschutztechnik beim Ingenieur im Mindestfalle ein elementares Verständnis einiger Grundbegriffe der Atomkernphysik voraus, so daß eine Zusammenarbeit mit dem Physiker an den jeweiligen Aufgaben möglich ist. Im Höchstfalle ist eine eingehende Kenntnis der Erscheinungen der Radioaktivität, der Kernspaltung und der Wechselwirkung von Photonen- und Neutronenstrahlung mit Materie aus dem technischen Sichtwinkel erforderlich, d. h. unter dem Aspekt der konstruktiven Verwertung der betreffenden kernphysikalischen Daten.

In diesem Kapitel werden einige kernphysikalische Begriffe und Erscheinungen, die für die Strahlenschutztechnik von Bedeutung sind, in knapper Form erläutert. Von der Vielzahl der auf den verschiedensten Ebenen liegenden Darstellungen des Gebietes der Kern- und Strahlungsphysik sei auf die in voraussetzungsloser Form abgefaßte Einführung von W. BRAUNBECK [1], auf das weitgehend aus der experimentellen Perspektive geschriebene Buch von R. D. EVANS [2] und auf das theoretische Standardwerk von J. M. BLATT und V. F. WEISSKOPF [3] hingewiesen; als Standardwerk auf dem Gebiete der Quantentheorie der Strahlung gilt das Buch von W. HEITLER [4]; (unter den physikalisch-technischen Lexika ist [5] hervorzuheben).

2.1 Atomare und nukleare Struktur

Nach dem anschaulichen, aber nicht streng gültigen BOHRschen Atommodell bestehen die Atome aus einem positiv geladenen, sehr dichten Atomkern, dessen Durchmesser in der Größenordnung von 10^{-12} cm liegt, und aus einer Elektronenhülle mit einem Durchmesser in der Größenordnung von 10^{-8} cm, in der negativ geladene Elektronen den Kern auf bestimmten Bahnen (Schalen) umkreisen. Nahezu die gesamte Masse eines Atoms ist im Kern konzentriert.

2.11 Bausteine des Atoms

Die hauptsächlichen Bausteine der atomaren und nuklearen Struktur sind das Proton p, das Neutron n (gemeinsame Benennung von p und n: Nukleon) und das Elektron e. Die Ladungs- und Massencharakteristiken dieser Elementarteilchen sind:

Partikel	Ladung [e]	Ruhemasse [ME]
Proton	+1	1,00759
Neutron	0	1,00898
Elektron	−1	0,00055

Der Wert der Elementarladung ist $1 e = 4,8 \cdot 10^{-10}$ ESE, der Wert der Kernmasseneinheit ist $1 \text{ ME} = 1,66 \cdot 10^{-24}$ g. Nach der EINSTEINschen Gleichung der Äquivalenz von Masse und Energie

$$E = mc^2, \qquad (2.1/1)$$

wobei c die Lichtgeschwindigkeit bedeutet, ist $1 \text{ ME} = 931,1$ MeV. Das Elektronenvolt (eV) ist das in der Kernphysik gebräuchliche Energiemaß:

$$1 \text{ eV} = 1,6 \cdot 10^{-12} \text{ erg}; \quad (1 \text{ keV} = 10^3 \text{ eV}, \ 1 \text{ MeV} = 10^6 \text{ eV}).$$

Der Atomkern ist aus Protonen und Neutronen zusammengesetzt und hat damit eine positive Ladung gleich der Summe der Ladungen aller enthaltenen Protonen. Die Anzahl der Hüllenelektronen, die durch COULOMB-Kräfte an den Kern gebunden sind, entspricht der Anzahl der Elementarladungen im Atomkern. Die Elektronenbahnen liegen auf relativ weit voneinander entfernten Schalen, denen verschiedene Energieniveaus zugeordnet sind. Die Schalen werden in der Reihenfolge der niedrigsten potentiellen Energie (dem Kern am nächsten) zur höchsten potentiellen Energie (am weitesten vom Kern entfernt) als K-, L-, M-, N-, O- und P-Schale bezeichnet.

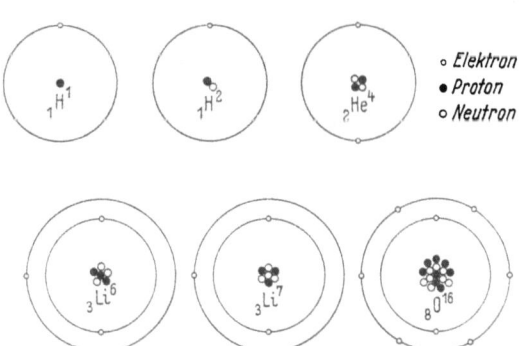

Abb. 2.1/1. Schematische Darstellung der atomaren und nuklearen Struktur einiger leichter Elemente und Isotope

Die chemischen Eigenschaften eines Elementes werden durch den Aufbau der Elektronenhülle und damit durch die Kernladungszahl Z bestimmt, die gleichzeitig die Ordnungszahl des betreffenden Atoms im Periodischen System der Elemente angibt. Die Massenzahl A eines Atoms wird durch die Anzahl der Protonen und Neutronen im Kern gegeben. Von sämtlichen Elementen existieren Varianten mit verschiedenen Massenzahlen, die als Isotope des betreffenden Elementes bezeichnet werden. In der Kernphysik wird jedes Nuklid (durch seinen Kern charakterisiertes Atom) durch die Schreibweise

$$_Z(\text{Symbol des Elementes})^A$$

gekennzeichnet. Beispielsweise wird normaler Wasserstoff durch das Symbol $_1H^1$, schwerer Wasserstoff durch $_1H^2$ oder $_1D^2$, Helium durch $_2He^4$ dargestellt (Abb. 2.1/1). Das Element Uran ist in der Natur in der Zusammensetzung 99,27% $_{92}U^{238}$ (92p + 146n), 0,72% $_{92}U^{235}$ (92p + 143n) und 0,01% $_{92}U^{234}$ (92p + 142n) vorhanden.

2.12 Stabilität der Atomkerne

In Abb. 2.1/2 sind die verschiedenen bekannten Nuklide der zehn leichtesten Elemente in einem Diagramm mit der Protonenzahl als Abszisse und der Neutronenzahl als Ordinate aufgetragen. Die Isotope (gleiches Z) liegen auf der gleichen vertikalen Linie, die Isotone (gleiches $N = (A-Z)$) auf der gleichen horizontalen Linie und die Isobaren (gleiches A) auf der gleichen Diagonalen. Nur gewisse Neutronen-Protonen-Verhältnisse der Elemente besitzen energetische Stabilität. Sämtliche Nuklide liegen innerhalb eines schmalen Streifens, dessen Mittellinie die sogenannte Stabilitätslinie bildet. Die Stabilitätslinie verläuft bei den leichteren Nukliden entlang $N/Z = 1$, weicht aber mit zunehmender Ordnungszahl immer mehr gegen Werte $N/Z > 1$ ab, da mit steigender Ordnungszahl ein größerer Anteil von Neutronen erforderlich ist, um die elektrostatischen Abstoßungskräfte der Protonen zu kompensieren. Der schwerste stabile Kern ist $_{83}Bi^{209}$ mit einem Verhältnis $N/Z \sim 1,5$.

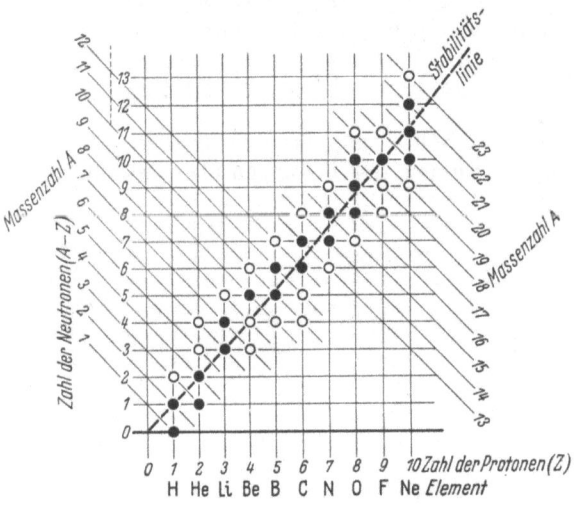

Abb. 2.1/2. Die stabilen (●) und radioaktiven (○) Atomkerne der zehn leichtesten Elemente (nach BRAUNBECK [1], S. 35)

Je weiter sich das Neutronen-Protonen-Verhältnis eines Kernes von der Stabilitätslinie entfernt, desto instabiler ist der Kern. Die instabilen (radioaktiven) Nuklide wandeln sich durch spontanen Zerfall in stabile Nuklide um. Oberhalb der Stabilitätslinie liegende Isotope emittieren negative Partikel, wodurch Neutronen in Protonen umgewandelt und der Kern in den Stabilitätsbereich übergeführt wird. Die unterhalb der Stabilitätslinie liegenden Isotope streben durch Emission positiver Partikel dem Stabilitätsbereich zu. Relativ weit von der Stabilitätslinie entfernte radioaktive Isotope durchlaufen mehrere Zerfallsstadien (radioaktive Zerfallsreihen) bevor sie den Stabilitätsbereich erreichen.

Die Gesamtzahl der stabilen Nuklide beträgt rund 300. Etwa 40 instabile Nuklide kommen in der Natur vor. Sämtliche natürlich vorkommenden Kernarten lassen sich durch künstlich herbeigeführte Kernreaktionen umwandeln. Bisher sind, insbesondere durch Beschießen mit energiereichen Partikeln, fast 1000 verschiedene instabile Nuklide künstlich erzeugt worden.

2.13 Massendefekt und Bindungsenergie

Der Zusammenhalt der aus Protonen und Neutronen aufgebauten Atomkerne wird durch Kernkräfte mit sehr geringer Reichweite bewirkt. Der Summe der in einem Atomkern wirksamen Kernkräfte entspricht die Gesamt-Bindungsenergie. Diese stellt das Energieäquivalent [Gl. (2.1/1)] der als Massendefekt bezeichneten Differenz dar, um die die Gesamtmasse der in einem Atomkern untereinander gebundenen Nukleonen unter der Summe der Massen der hypothetisch isolierten Nukleonen liegt; die Bindungsenergie ist daher eine *negative* Größe. Zu jeder Anzahl von Protonen gibt es eine bestimmte Neutronenzahl, die bei der Zusammensetzung einen maximalen Betrag der Bindungsenergie und damit einen stabilen Kern ergeben.

In Abb. 2.1/3 ist der Bindungsenergieanteil pro Nukleon als Funktion der Massenzahl angegeben. Die Kurve steigt mit zunehmendem A zunächst mit

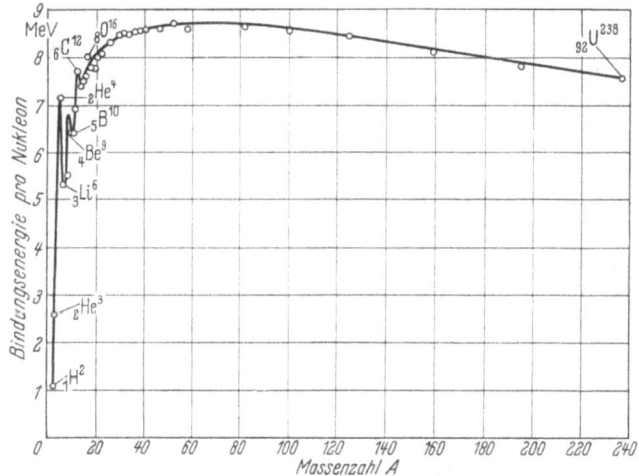

Abb. 2.1/3. Variation der Bindungsenergie pro Nukleon als Funktion der Massenzahl
(nach LAPP u. ANDREWS [6])

einigen starken Fluktuationen sehr steil an, verläuft zwischen $A = 20$ und $A = 200$ im Durchschnitt bei 8,5 MeV und fällt für $A > 200$ etwas stärker ab. Aus dieser Kurve lassen sich die beiden potentiellen Möglichkeiten der Gewinnung von Atomkernenergie ersehen: Durch Verschmelzen sehr leichter Kerne zu etwas schwereren Kernen kann Energie freigesetzt werden, da bei diesen die Bindungsenergie pro Nukleon größer ist als bei den sehr leichten Kernen (thermonuklearer Verschmelzungsprozeß von Wasserstoff- zu Heliumkernen). Aus demselben Grunde kann Energie durch Spaltung sehr schwerer Kerne in zwei mittelschwere Kerne freigesetzt werden (Uran- und Plutoniumspaltung).

2.14 Kernanregung

Jeder Atomkern — mit Ausnahme der leichtesten Nuklide — kann sich außer im Grundzustand auch in einer Anzahl angeregter Zustände mit höherem Energieniveau befinden. Der Übergang von Kernen in angeregte Zustände (Kernanregung) kann durch Energiezuführung bei Auftreffen energiereicher γ-Photonen und Partikel oder durch elektromagnetische Wechselwirkungen im COULOMB-Feld veranlaßt werden. Bei radioaktiven Kernumwandlungen und bei der Kernspaltung entstehen die Folgekerne in der Regel in angeregten Zuständen.

Bei leichten Kernen befindet sich der erste angeregte Zustand etwa 1 bis 3 MeV über dem Grundzustand. Der Abstand der ersten angrenzenden Energieniveaus liegt in der Größenordnung von 1 MeV. Mit steigender Anregungsenergie nimmt der Abstand der Energieniveaus rapide ab, bei einer Anregungsenergie von 8 MeV liegt er in der Größenordnung von 1 keV und bei 16 MeV liegen die einzelnen Niveaus nur um wenige eV auseinander. Mit zunehmender Ordnungszahl nimmt die Energie des ersten angeregten Zustandes ab und die Niveaudichte zu. Bei schweren Kernen liegt der erste angeregte Zustand vielfach weniger als 0,1 MeV über dem Grundzustand, und bereits bei 8 MeV betragen die Abstände der Energieniveaus nur noch wenige eV.

Angeregte Kerne gehen innerhalb äußerst kurzer Zeiten von selbst in den Grundzustand über. Die frei werdende Energie wird meist in Form eines oder mehrerer kaskadenartig aufeinanderfolgender γ-Photonen emittiert; bei über der Bindungsenergie von Protonen, α-Partikeln oder Neutronen liegender Anregungsenergie ist auch die Emission von Partikeln möglich.

2.2 Radioaktivität

Die Eigenschaft gewisser Nuklide, sich von selbst und unbeeinflußt von jeder äußeren Einwirkung umzuwandeln und dabei eine charakteristische Strahlung auszusenden, wird als Radioaktivität bezeichnet. Es gibt verschiedene Arten der radioaktiven Umwandlung (radioaktiver Zerfall), die ihre Ursache in den verschiedenen Möglichkeiten der Instabilität von Atomkernen haben. Durch den radioaktiven Zerfall werden Nuklide mit außerhalb des Neutronen-Protonen-Stabilitätsbereiches (Abschn. 2.12) liegendem Neutronen-Protonen-Verhältnis in den Stabilitätsbereich übergeführt.

Es gibt über 40 verschiedene natürlich vorkommende radioaktive Isotope, die mit wenigen Ausnahmen, wie K^{40}, zu den Elementen mit den höchsten Ordnungszahlen im periodischen System (81 bis 92) gehören. Die natürliche Radioaktivität dieser schweren Elemente ist durch ihre komplexe nukleare Struktur bedingt. Mit Hilfe der von Kernreaktoren und Partikelbeschleunigern emittierten Partikel und elektromagnetischen Strahlungen können in sämtlichen Elementen Kernumwandlungen herbeigeführt werden, durch die etwa 1000 verschiedene künstliche radioaktive Isotope erzeugt werden können.

2.21 Zerfallsarten und -schemata

Die Art des Zerfalls eines radioaktiven Isotops ist eine Funktion seines Neutronen-Protonen-Verhältnisses, das durch die Emission von geladenen Teilchen (Helium-Kerne = α-Partikel, Elektronen = β^--Partikel, Positronen = β^+-Partikel), ungeladenen Teilchen (Neutronen) oder elektromagnetischer Strahlung (γ-Strahlung = γ-Photonen, Röntgenstrahlung = Bremsstrahlungsphotonen) in den stabilen Bereich übergeführt wird.

α-*Emission*. Beim α-Zerfall verliert das Ausgangsisotop durch das emittierte α-Partikel (= $_2He^4$) 2 positive Ladungseinheiten und 4 Kernmasseneinheiten:

$$_ZX^A \rightarrow {}_2He^4 + {}_{Z-2}X^{A-4}.$$

Diese Zerfallsart tritt in der Regel bei den schwersten natürlichen Elementen und bei den Transuranen auf, bei denen die Bindungsenergien verhältnismäßig gering sind; der Zerfallsprozeß wird in den meisten Fällen von der Emission von γ-Photonen begleitet. Ein Beispiel ist

$$_{88}Ra^{226} \rightarrow {}_2He^4 + {}_{86}Em^{222}.$$

Das Zerfallsschema von Ra^{226} ist in Abb. 2.2/1a dargestellt; in 100 Zerfallsprozessen werden 94 α-Partikel von 4,88 MeV, 6 α-Partikel von 4,69 MeV und 6 γ-Photonen von 0,19 MeV Energie emittiert.

β^--Emission. Bei der β^--Emission gehört der Folgekern zum nächsthöheren Element, die Atommasse verändert sich nur unwesentlich

$$_zX^A \rightarrow {}_{-1}e^0 + {}_{z+1}X^A.$$

Diese Zerfallsart, die meist von der Emission von γ-Photonen begleitet wird, ist typisch für die Kerne, die einen Neutronenüberschuß besitzen. Da das Verhältnis der Zahl der Neutronen zur Zahl der Protonen in schweren Kernen größer ist als in leichten, besitzen die bei der Spaltung schwerer Kerne entstehenden Kernbruchstücke (Spaltprodukte s. Abschn. 2.42) einen besonders großen Neutronenüberschuß, den sie gewöhnlich durch wiederholte Elektronenemission, die der Reaktion

$$_0n^1 \rightarrow {}_{-1}e^0 + {}_1H^1$$

äquivalent ist, in Protonen verwandeln. Ein Beispiel für einen reinen β^--Zerfall ist (Abb. 2.2/1b):

$$_{15}P^{32} \rightarrow {}_{-1}e^0 + {}_{16}S^{32},$$

ein Beispiel für eine Spaltprodukt-Zerfallskette ist (Abb. 2.2/1c):

$$_{56}Ba^{140} \rightarrow {}_{-1}e^0 + {}_{57}La^{140} \rightarrow {}_{-1}e^0 + {}_{58}Ce^{140}.$$

β^+-Emission. Der β^+-Zerfall, bei dem sich ein Proton des Kernes in ein Neutron verwandelt,

$$_zX^A \rightarrow {}_{+1}e^0 + {}_{z-1}X^A$$

tritt bei solchen künstlich radioaktiven Kernen mit niederer Massenzahl auf, die im Vergleich mit der stabilen Zusammensetzung zu viele Protonen enthalten und über ein Energiegefälle $\geq 1{,}02$ MeV zum Tochterkern verfügen, da 1,02 MeV die für die Erzeugung eines Positrons erforderliche Energie ist. Das emittierte Positron vereinigt sich binnen sehr kurzer Zeit mit einem Elektron, wobei sich die Ruhemasse dieser beiden Partikel in 2 γ-Photonen von je 0,51 MeV Energie umwandelt (Vernichtungsstrahlung). Ein Beispiel für den β^+-Zerfall ist (Abb. 2.2/1d):

$$_8O^{14} \rightarrow {}_{+1}e^0 + {}_7N^{14}.$$

K-Einfang. Der Einfang eines Elektrons aus der innersten Schale (*K*-Schale) durch den Kern kann bei Protonen-Überschuß, aber zur Emission eines Positrons nicht hinreichender Energie, eintreten. Der Endeffekt ist für den Kern derselbe wie beim β^+-Zerfall. Die in der *K*-Schale entstandene Lücke wird durch Einfang eines äußeren Hüllenelektrons unter Emission einer charakteristischen Röntgenstrahlung wieder geschlossen. Ein Beispiel ist (Abb. 2.2/1e):

$$_{24}Cr^{51} + {}_{-1}e^0 \rightarrow {}_{23}V^{51}.$$

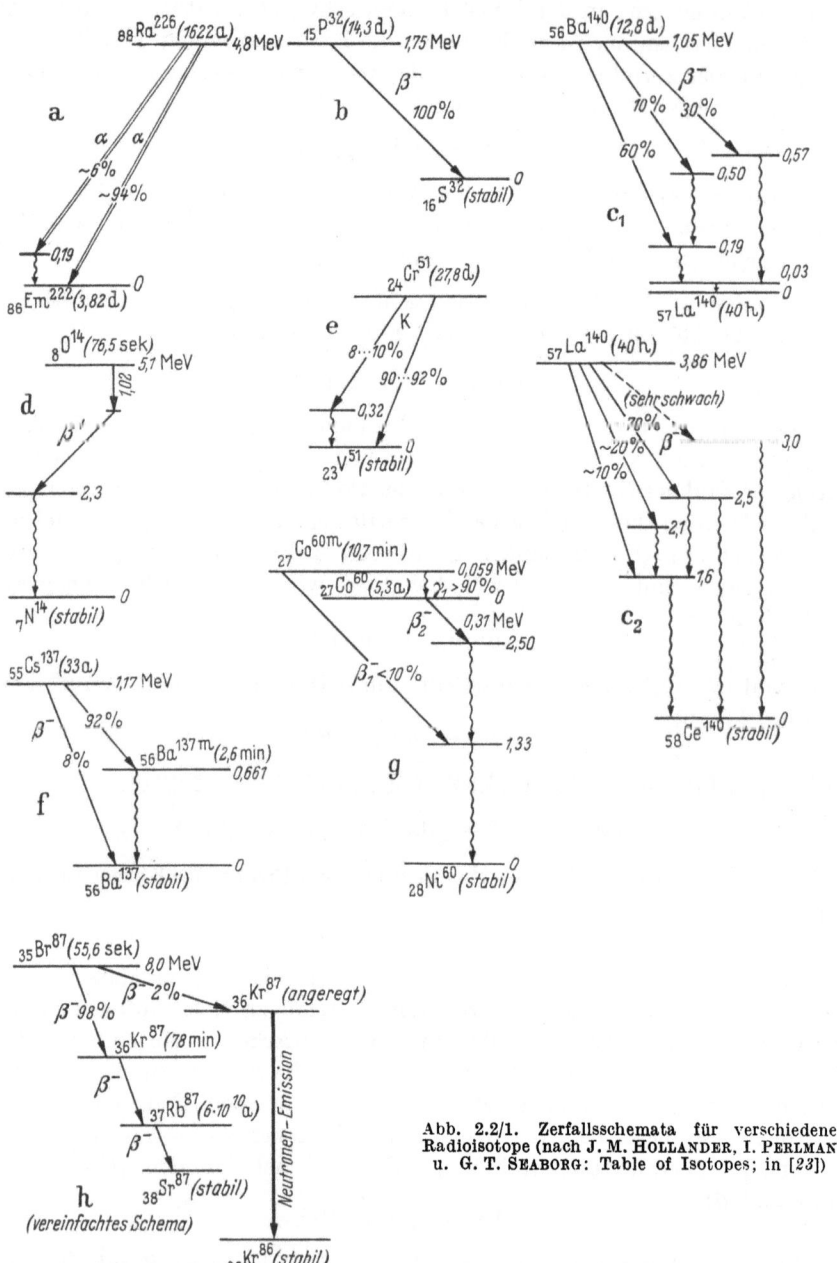

Abb. 2.2/1. Zerfallsschemata für verschiedene Radioisotope (nach J. M. HOLLANDER, I. PERLMAN u. G. T. SEABORG: Table of Isotopes; in [23])

Kern-γ-Emission und *isomerer Übergang*. Der aus Partikel-Emission oder K-Einfang eines Isotops resultierende Folgekern kann sich in angeregtem Zustand befinden. Die Energiedifferenz zwischen dem angeregten Zwischenkern und dem Folgekern wird in den meisten Fällen unmittelbar, innerhalb von etwa 10^{-18} sek, durch Emission eines oder mehrerer aufeinanderfolgender γ-Photonen abgestrahlt (Abb. 2.2/1 a, c, d, e). Bei einigen Isotopen bleibt jedoch der angeregte Zwischenkern wesentlich länger erhalten und zerfällt mit unabhängiger Halbwertzeit. Ein Beispiel ist Cs^{137} (Abb. 2.2/1f).

Kernumwandlungsprozesse können auch zu isomeren Formen führen, die mit verschiedenen charakteristischen Halbwertzeiten zerfallen. Beispielsweise bilden sich durch Neutronenabsorption aus C^{59} zwei Co^{60}-Isomere mit sehr unterschiedlichen Zerfallscharakteristiken:

$$_{27}Co^{59} + {}_{0}n^{1} \begin{array}{c} \longrightarrow {}_{27}Co^{60m} \xrightarrow{10,7 \text{ min}} \\ \longrightarrow {}_{27}Co^{60} \xrightarrow{5,3 \text{ Jahre}} \end{array} {}_{-1}e^{0} + {}_{28}Ni^{60}.$$

Das Zerfallsschema ist in Abb. 2.2/1g dargestellt.

n-Emission. Neutronen-Emission durch einen Kern kann nur in Fällen eintreten, bei denen eine radioaktive Zerfallsreihe auf ein Energieniveau eines Kernes kommt, das sich um einen höheren Energiebetrag, als die Bindungsenergie eines Nukleons beträgt (im Durchschnitt 6 bis 8 MeV), über dem Grundzustand befindet. In einem solchen Falle kann der Kern anstelle eines β-Partikels ein Neutron emittieren, wobei die nach Emission des Neutrons vorhandene Überschußenergie als kinetische Energie des Neutrons erscheint. Ein Beispiel ist der in Abb. 2.2/1h dargestellte Zerfall von Br^{87}.

2.22 Aktivität

Die Stärke der Aktivität eines radioaktiven Präparates wird durch die Anzahl der in der Sekunde in ihm zerfallenden Atomkerne bestimmt. Die Einheit der Aktivität ist das Curie (C). 1 Curie ist definiert als der Zerfall von $3,7 \cdot 10^{10}$ Kernen/sek, was ungefähr der Aktivität von 1 g Radium ohne Folgeprodukte entspricht. Kleinere Einheiten sind das Millicurie (1 mC = 10^{-3} C) und das Mikrocurie (1 µC = 10^{-6} C), größere Einheiten sind das Kilocurie (kC = 1000 C) und das Megacurie (1 MC = 10^{6} C). Die Zahl der emittierten Strahlungspartikel braucht nicht identisch mit der Zahl der Zerfallsprozesse zu sein (Abschn. 2.21).

Ein für das Arbeiten mit radioaktiven Isotopen besonders wichtiger Begriff ist die „spezifische Aktivität", die als Aktivität in Curie je Masseneinheit der betreffenden Substanz definiert ist. Die spezifische Aktivität eines radioaktiven Isotops ist um so höher, je mehr Kerne in der Zeiteinheit zerfallen, d. h. je kleiner seine Halbwertzeit ist.

2.23 Zerfallsgesetz

Alle Arten des radioaktiven Zerfalls sind statistische Prozesse. Jeder radioaktiven Kernart ist eine bestimmte unveränderliche Wahrscheinlichkeit für den Zerfall in der Zeiteinheit zugeordnet. Das Maß für die Zerfallswahrscheinlichkeit je Sekunde wird als Zerfallskonstante λ bezeichnet. Die Anzahl der in der Zeiteinheit zerfallenden Atomkerne einer bestimmten radioaktiven Substanz ist proportional der zu jedem Zeitpunkt t vorhandenen instabilen Kerne $N(t)$:

$$\frac{dN}{dt} = -\lambda N, \qquad (2.2/1)$$

$$N = N_0 e^{-\lambda t}, \qquad (2.2/2)$$

wobei N_0 die Anzahl der instabilen Kerne zur Zeit $t = 0$ ist. Die Anzahl der eine Zeitdauer t bestehenden und im Intervall $t + dt$ zerfallenden instabilen Atomkerne ist

$$\lambda N \, dt = \lambda N_0 e^{-\lambda t} dt. \tag{2.2/3}$$

Der als „mittlere Lebensdauer" bezeichnete Erwartungswert der noch verbleibenden Dauer des Bestehens eines instabilen Kernes im ungeänderten Zustand wird durch die Beziehung

$$T_m = \frac{-\int_0^\infty t \, dN}{N_0} = \frac{\int_0^\infty \lambda N_0 e^{-\lambda t} t \, dt}{N_0} = \frac{1}{\lambda} \tag{2.2/4}$$

gegeben. In der Zeit $1/\lambda$ nimmt die Menge der instabilen Kerne jeweils auf $1/e$ ab. Der zur Darstellung der Geschwindigkeit des radioaktiven Zerfalls gewöhnlich verwendete Begriff der „Halbwertzeit" $T_{1/2}$ ist als die Zeit definiert, in der die Anzahl der radioaktiven Kerne einer bestimmten Art durch Zerfallsprozesse auf die Hälfte des Anfangswertes absinkt. Setzt man in Gl. (2.2/2) $N = N_0/2$, so ergibt sich

$$T_{1/2} = \frac{\ln 2}{\lambda} = \frac{0{,}693}{\lambda} = 0{,}693 \, T_m. \tag{2.2/5}$$

Halbwertzeiten werden in Sekunden (sek), Minuten (min), Stunden (h), Tagen (d) oder Jahren (a) angegeben. Die Halbwertzeiten der bekannten radioaktiven Atome liegen im Bereich von 10^{-7} sek und 10^{18} a.

2.24 Zerfallsreihen [7a], [7b]

In vielen Fällen ist das Zerfallsprodukt B eines radioaktiven Atomkernes A selbst radioaktiv, B kann wiederum zu einem radioaktiven Folgekern C zerfallen, usw.:

$$A \xrightarrow{\lambda_A} B \xrightarrow{\lambda_B} C \xrightarrow{\lambda_C} \ldots X.$$

A kann (1) der Mutterkern einer natürlichen radioaktiven Zerfallsreihe, oder (2) ein durch Neutroneneinfang gebildeter instabiler Kern (Abschn. 2.74), oder (3) ein radioaktives Spaltprodukt (Abschn. 2.42) sein; X stellt das stabile Endprodukt ($\lambda = 0$) der Zerfallsreihe dar.

Die vorstehend angegebene Zerfallsreihe wird durch folgendes System von Differentialgleichungen beschrieben:

$$\frac{dN_A}{dt} = S - \lambda_A N_A, \tag{2.2/6a}$$

wobei S den Quellenterm für die Entstehung des primären Radioisotops A bedeutet,

$$\frac{dN_B}{dt} = \lambda_A N_A - \lambda_B N_B, \tag{2.2/6b}$$

$$\frac{dN_C}{dt} = \lambda_B N_B - \lambda_C N_C. \tag{2.2/6c}$$

Die Gl. (2.2/6) drücken aus, daß die Änderungsgeschwindigkeit der Anzahl der Kerne einer Art in der radioaktiven Zerfallsreihe gleich der Differenz zwischen ihrer Entstehungs- und ihrer Zerfallsgeschwindigkeit ist. Die Lösungen des Gleichungssystems (2.2/6) werden für die drei einfachsten Grundfälle angegeben:

Fall 1: Die Substanzen A, B und C liegen ursprünglich in den Mengen N_{Ao}, N_{Bo} und N_{Co} vor, eine primäre Quelle ist nicht vorhanden ($S = 0$):

$$N_A = N_{Ao}\,e^{-\lambda_A t}, \tag{2.2/7a}$$

$$N_B = N_{Bo}\,e^{-\lambda_B t} + \lambda_A N_{Ao}\left(\frac{e^{-\lambda_A t}}{\lambda_B - \lambda_A} + \frac{e^{-\lambda_B t}}{\lambda_A - \lambda_B}\right), \tag{2.2/7b}$$

$$N_C = N_{Co}\,e^{-\lambda_C t} + \lambda_B N_{Bo}\left(\frac{e^{-\lambda_B t}}{\lambda_C - \lambda_B} + \frac{e^{-\lambda_C t}}{\lambda_B - \lambda_C}\right) + \tag{2.2/7c}$$

$$+ \lambda_A \lambda_B N_{Ao}\left[\frac{e^{-\lambda_A t}}{(\lambda_B - \lambda_A)(\lambda_C - \lambda_A)} + \frac{e^{-\lambda_B t}}{(\lambda_A - \lambda_B)(\lambda_C - \lambda_B)} + \frac{e^{-\lambda_C t}}{(\lambda_A - \lambda_C)(\lambda_B - \lambda_C)}\right].$$

Fall 2: Ursprünglich ist $N_{Ao} = N_{Bo} = N_{Co} = 0$, eine primäre Quelle erzeugt A in einer Geschwindigkeit $S = \text{konst.}$:

$$N_A = \frac{S}{\lambda_A}\left(1 - e^{-\lambda_A t}\right), \tag{2.2/8a}$$

$$N_B = \frac{S}{\lambda_B - \lambda_A}\left[\left(1 - e^{-\lambda_A t}\right) - \frac{\lambda_A}{\lambda_B}\left(1 - e^{-\lambda_B t}\right)\right], \tag{2.2/8b}$$

$$N_C = S\lambda_A\lambda_B\left[\frac{1 - e^{-\lambda_A t}}{\lambda_A(\lambda_B - \lambda_A)(\lambda_C - \lambda_A)} + \frac{1 - e^{-\lambda_B}}{\lambda_B(\lambda_A - \lambda_B)(\lambda_C - \lambda_B)} + \frac{1 - e^{-\lambda_C t}}{\lambda_C(\lambda_A - \lambda_C)(\lambda_B - \lambda_C)}\right].$$
$$\tag{2.2/8c}$$

Fall 3: Eine primäre Quelle erzeugt A in einer Geschwindigkeit $S = \text{konst.}$ in einem Zeitabschnitt $t = 0$ bis $t = \tau$, bei $t > \tau$ ist $S = 0$. Die zur Zeit $t > \tau$ vorhandenen Mengen N_A, N_B und N_C können durch Berechnung von $N_{A\tau}$, $N_{B\tau}$ und $N_{C\tau}$ aus den Gl. (2.2/8) und Einsetzen dieser Werte anstelle von N_{Ao} und N_{Co} in die Gl. (2.2/7) ermittelt werden.

2.3 Wechselwirkungen

2.31 Wirkungsquerschnitt

Die Wahrscheinlichkeit des Eintretens einer besonderen atomaren Reaktion (Streuung, Absorption, Spaltung) bei Durchgang von Korpuskeln oder Photonen durch Materie wird durch die effektive Zielfläche des beschossenen Kerns oder Elektrons für diesen besonderen Prozeß unter vorgeschriebenen Bedingungen angegeben. Diese spezifische Kenngröße wird als „Wirkungsquerschnitt" bezeichnet. (Ein Vergleich zwischen dem Wellen- und dem Korpuskularbegriff des Wirkungsquerschnitts findet sich in [4], Anhang A, 2.)

Ein gleichförmiges paralleles Bündel von I Partikeln/cm² treffe in einem gegebenen Zeitintervall senkrecht auf eine Schicht von der Dicke dx cm eines Mediums mit N Atomkernen (oder Elektronen)/cm³ (Abb. 2.3/1). Die Anzahl der Teilchen je cm² des Targetmediums ist dann $N\,dx$. Q sei die Zahl der je cm² eintretenden Einzelprozesse. Der *mikroskopische Wirkungsquerschnitt* für eine bestimmte Reaktion wird als die

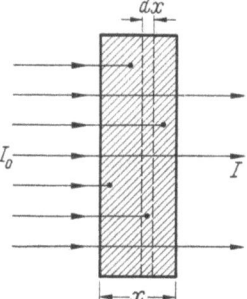

Abb. 2.3/1. Skizze zur Abschwächung der Intensität eines monodirektionalen Bündels von Strahlungspartikeln in einem absorbierenden Medium

durchschnittliche Anzahl von Einzelprozessen bezogen auf ein Targetteilchen und ein einfallendes Partikel definiert:

$$\sigma = \frac{Q}{N\,dx\,I} \quad [\text{cm}^2/\text{Targetteilchen}]. \tag{2.3/1}$$

Da mikroskopische Wirkungsquerschnitte vorwiegend im Bereich von 10^{-22} bis 10^{-26} cm²/Kern (oder Elektron) liegen, werden sie üblicherweise in der Einheit barn = 10^{-24} cm²/Targetteilchen angegeben. Der Begriff des mikroskopischen Wirkungsquerschnittes als effektive Zielfläche je Targetteilchen leitet sich aus der zu $\sigma N\,dx = Q/I$ umgeordneten Gl. (2.3/1) unmittelbar her, in welcher die linke Seite als der für einen bestimmten Prozeß reaktionsfähige Teil der betrachteten Fläche angesehen werden kann.

Die Anzahl der eintretenden Reaktionen in einer differentialen Dicke dx ist proportional der Intensität der Strahlung. Unter der Annahme, daß die Geschwindigkeiten (oder Energien) der Partikel sich beim Durchgang durch die Dicke x eines Mediums nicht wesentlich ändern, so daß die Wirkungsquerschnitte konstant bleiben, und daß eine Reaktion mit einem Targetteilchen die Entfernung des einfallenden Partikels aus dem Strahlenbündel bewirkt, gilt:

$$-dI = I\,\sigma\,N\,dx \quad \text{oder} \quad -\frac{dI}{I} = \sigma N\,dx; \tag{2.3/2}$$

aus
$$\int_{I_0}^{I_x} -\frac{dI}{I} = \sigma N \int_0^x dx \quad \text{folgt:} \quad \ln\frac{I_o}{I_x} = \sigma N x,$$

und daraus das Absorptionsgesetz:

$$I_x = I_0\,e^{-\sigma N x}. \tag{2.3/3}$$

Die Größe σN bedeutet den Wirkungsquerschnitt aller Kerne oder freien Elektronen in 1 cm³ der durchstrahlten Materie und heißt *makroskopischer Wirkungsquerschnitt* Σ [cm^{-1}] = σN [cm²/cm³]. (Dieser wird in der technischen Literatur häufig als linearer Schwächungskoeffizient μ bezeichnet; das Symbol Σ ist wegen der Verwechslungsmöglichkeit mit dem Summationszeichen eine etwas unglückliche Wahl). Ist das Targetmaterial ein Element vom Atomgewicht A und der Dichte ϱ [g/cm³], dann ist die Anzahl der Atome (oder Kerne) je cm³: $N_A = \varrho L/A$, wobei L die LOSCHMIDTsche Zahl (6,02 · 10²³ Atome/Grammatom oder Moleküle/Mol) ist. Die Anzahl der Elektronen N_E/cm³ ergibt sich aus der Multiplikation mit der Kernladungszahl Z. Somit gilt

$$\Sigma = \frac{\varrho L}{A}\sigma \quad [\text{cm}^{-1}]. \tag{2.3/4}$$

2.32 Intensität des Strahlungsfeldes

Die Intensität eines Photonen- oder Neutronen-Strahlungsfeldes wird durch die Angabe von Ort, Energie (oder Geschwindigkeit) und Richtung aller Partikel in einem gegebenen Bereich beschrieben; dabei werden die Begriffe „Flußdichte" (oder „Fluß") und „Strömungsdichte" (oder „Strömung") verwendet.

Die Anzahl der Partikel mit der Energie E im Bereich dE in einem Einheits-Volumenelement am Punkte $\vec{r}$, die sich in der Zeiteinheit in Richtung des

2.3 Wechselwirkungen

Einheitsvektors $\vec{\Omega}$ innerhalb des differentialen Raumwinkels $d\Omega$ bewegen, ist

$$n(\vec{r}, E, \vec{\Omega})\, dE\, d\Omega. \tag{2.3/5}$$

Die Größe $n(\vec{r}, E, \vec{\Omega})$, die die differentiale Energie- und Winkelverteilung der Partikeldichte darstellt, ist eine Funktion von sechs Variablen: der drei Komponenten des Ortsvektors $\vec{r}$, der zwei Komponenten des Richtungsvektors $\vec{\Omega}$ und der Energie E.

Die Partikeldichte in einem bestimmten Energiebereich ist

$$n(\vec{r}, E) = \int n(\vec{r}, E, \vec{\Omega})\, d\Omega \quad [\text{ncm}^{-3}], \tag{2.3/6}$$

wobei sich die Integration über alle Richtungen erstreckt. Diese Größe gibt die Gesamtzahl der Partikel einer bestimmten Energie in der Raumeinheit am Punkte $\vec{r}$ an.

Der Winkelfluß der Partikel, der als Produkt der Geschwindigkeit v und der Anzahl der Partikel mit dieser Geschwindigkeit geschrieben wird,

$$\Phi_n(\vec{r}, E, \vec{\Omega}) = n(\vec{r}, E, \vec{\Omega})\, v \tag{2.3/7}$$

bedeutet die Anzahl der Partikel, die je Zeiteinheit und Raumwinkeleinheit eine am Punkte $\vec{r}$ gelegene und jeweils normal zu dem Geschwindigkeitsvektor $\vec{\Omega}$ gerichtete Flächeneinheit durchqueren.

Die Partikel-*Flußdichte* $\Phi_n(\vec{r}, E)$ wird durch Summierung des Winkelflusses über sämtliche Richtungen erhalten:

$$\Phi_n(\vec{r}, E) = \int n(\vec{r}, E, \vec{\Omega})\, v\, d\Omega \quad [\text{ncm}^{-2}\text{sek}]; \tag{2.3/8}$$

diese Größe ist ein Skalar und bedeutet die Anzahl der Partikel, die in der Zeiteinheit in eine Kugel mit dem Mittelpunkt im Punkte $\vec{r}$ und der projizierten Fläche „1" eintreten. Der Partikelfluß wird mittels eines isotropen Detektors gemessen. Dieser ist charakterisiert durch eine kleine Kugel mit nach allen Richtungen gleicher Targetgröße und mißt die Intensität der durch ein gegebenes Volumen durchtretenden Strahlung ohne Rücksicht auf ihre Richtung (Abb. 2.3/2a). Die Winkelströmung der Partikel von einer bestimmten Energie ist eine Vektorgröße

$$\vec{J}_n(\vec{r}, E, \vec{\Omega}) = n(\vec{r}, E, \vec{\Omega})\, v\, \vec{\Omega}, \tag{2.3/9}$$

die die Winkelverteilung der Geschwindigkeitsvektoren darstellt.

Die Partikel-*Strömungsdichte* $\vec{J}_n(\vec{r}, E)$ wird durch Summierung der Winkelströmung über alle Richtungen erhalten:

$$\vec{J}_n(\vec{r}, E) = \int n(\vec{r}, E, \vec{\Omega})\, v\, \vec{\Omega}\, d\Omega; \tag{2.3/10}$$

diese Vektorgröße bedeutet die Netto-Anzahl der Partikel, die in der Richtung von $\vec{J}_n$ je Zeiteinheit durch die Flächeneinheit normal zu dieser Richtung von einer Seite zur anderen durchtreten. Die Komponente der Partikel-Strömungsdichte in Richtung eines gegebenen Richtungsvektors $\vec{k}$ ist

$$\vec{J}_{nk}(\vec{r}, E) = \vec{J}_n \cdot \vec{k} = \int n(\vec{r}, E, \vec{\Omega})\, v\, \omega\, d\Omega, \tag{2.3/11}$$

wobei ω der Cosinus des Winkels zwischen $\vec{\Omega}$ und $\vec{k}$ ist. Die Partikel-Strömungsdichte wird mittels eines gerichteten Detektors gemessen. Dieser ist charakterisiert durch eine kleine dünne Scheibe, die nur die Komponente der Strahlung in einer gegebenen Richtung mißt (Abb. 2.3/2b); bei Aufstellung unter einem Winkel ist der Empfang proportional dem Cosinus dieses Winkels.

Bei einem monodirektionalen Strahlenbündel ist in Richtung des Strahlenbündels $J_n = \Phi_n$. Für eine Richtung, die mit der Richtung des Strahlenbündels den Winkel ω einschließt, ist $J_n = \Phi_n \cos\omega$. Bei beliebiger Richtungsverteilung der Partikelbewegung ist in jeder Richtung $J_n \leq \Phi_n$, da Partikel mit entgegengesetzten Bewegungsrichtungen sich hinsichtlich der Strömungsdichte gegenseitig aufheben, während sie hinsichtlich der Flußdichte addiert werden.

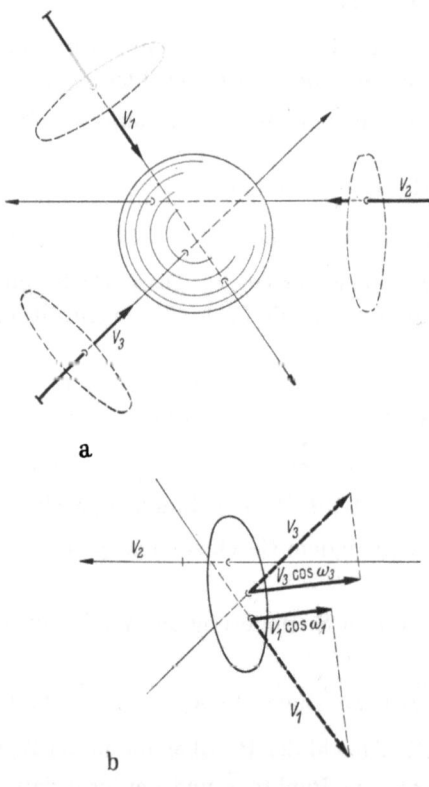

Abb. 2.3/2. Erläuterungsskizze
a) zur Flußdichte und b) zur Strömungsdichte

Die Partikelbewegung durch ein Material wird in Abb. 2.3/3 schematisch dargestellt. Die Strömungsdichte der Partikel mit einer Geschwindigkeitskomponente in der positiven x-Richtung wird mit J_{+x} bezeichnet, die Strömungsdichte der Partikel mit einer Geschwindigkeitskomponente in der negativen x-Richtung mit J_{-x}. Die Netto-Anzahl der Partikel, die in der Zeiteinheit durch die normal zur x-Richtung gelegene Flächeneinheit durchtreten, ist $J = J_{+x} - J_{-x}$.

Die Wechselwirkungswahrscheinlichkeit zwischen Strahlungspartikeln und Atomen oder Atomkernen eines Targetmaterials ist unabhängig von der Richtung des einfallenden Partikels. Für die Bestimmung der Anzahl der isotropen Wechselwirkungsprozesse je cm³ des Targetmaterials je Sekunde wird dabei die Partikel-Flußdichte verwendet. Dagegen wird der Begriff der Partikel-Strömungsdichte in den Fällen verwendet, wenn der Transport von Strahlungspartikeln durch eine Fläche hindurch zu bestimmen ist. Allgemein sind Volumenphänomene mit dem

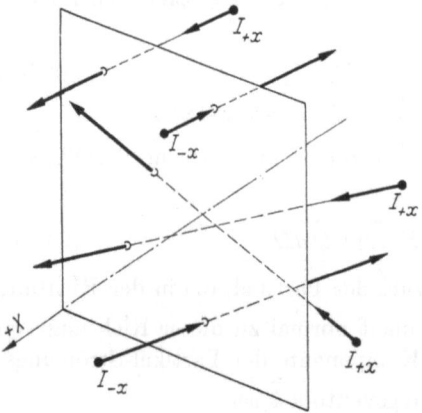

Abb. 2.3/3. Partikelbewegung durch 1 cm² einer Schnittfläche eines Mediums

Begriff der Flußdichte verknüpft, Oberflächenphänomene mit dem Begriff der Strömungsdichte.

Entsprechend den Begriffen der Partikel-Flußdichte und der Partikel-Strömungsdichte werden die Begriffe der Energie-Flußdichte und der Energie-Strömungsdichte verwendet, die durch Multiplikation mit E aus der ersteren hervorgehen.

2.33 Mittlere freie Weglänge und Relaxationslänge

Die mittlere freie Weglänge λ für eine bestimmte atomare Reaktion ist als die durchschnittliche Entfernung definiert, die ein Partikel des Strahlenbündels vor dem Eintreten dieser Reaktion in einem Medium zurücklegt.

$$\lambda = \frac{\int_0^\infty x\, I_0\, e^{-\Sigma x}\, \Sigma\, dx}{I_0} = \int_0^\infty x\, e^{-\Sigma x}\, \Sigma\, dx. \qquad (2.3/12)$$

In dem Integral bedeutet $e^{-\Sigma x}$ die Wahrscheinlichkeit, daß ein Partikel frei bis zur Koordinate x vordringt, und $\Sigma\, dx$ ist die Wahrscheinlichkeit, daß es im nächsten Intervall dx mit einem Targetteilchen reagiert. Das Produkt ist damit die Wahrscheinlichkeit des Eintretens einer bestimmten Reaktion zwischen x und dx. Integration über alle möglichen Weglängen von $x = 0$ bis $x = \infty$ ergibt

$$\lambda = \left[-x\, e^{-\Sigma x} - \frac{e^{-\Sigma x}}{\Sigma} \right]_{x=0}^{x=\infty} = \frac{1}{\Sigma} \quad [\text{cm}]. \qquad (2.3/13)$$

Damit kann Gl. (2.3/3) alternativ geschrieben werden:

$$I_x = I_0\, e^{-x/\lambda}. \qquad (2.3/14)$$

Für die Dicke eines Mediums $x = \lambda$ ist $I_x/I_0 = 1/e$. Somit ist die mittlere freie Weglänge λ diejenige Dicke eines Mediums, in der ein Bruchteil $1/e$ der einfallenden Strahlung nicht die besondere, betrachtete Reaktion eingegangen ist.

Unter der Annahme, daß eine Reaktion mit einem Targetteilchen die Entfernung des einfallenden Partikels aus dem Strahlenbündel bewirkt (exponentielle Schwächung), ist λ die (konstante) Absorberdicke, die die Intensität der Strahlung auf einen $1/e$-fachen Wert reduziert. Aus diesem Grunde wird die Größe λ auch als „Relaxationslänge" des Mediums für eine gegebene Strahlung bezeichnet. Sie kann allgemein definiert werden durch:

$$\frac{1}{\lambda} = -\frac{d \ln I(x)}{dx} = -\frac{1}{I(x)}\frac{dI(x)}{dx}. \qquad (2.3/15)$$

Wenn $I(x)$ eine Exponentialfunktion von x ist, wie in Gl. (2.3/14), ist der Wert von λ konstant; ist die Strahlenabschwächung aber nicht exponentiell, dann variiert die Relaxationslänge mit x.

Für technische Berechnungen ist es bequem, mit Halb- oder Zehntelwertdicken zu arbeiten, d. h. mit den Dicken eines Mediums, die zur Reduzierung der Intensität der einfallenden Strahlung auf 1/2 bzw. 1/10 ihres Wertes erforderlich sind. Relaxationslänge, Halb- und Zehntelwertdicken sind wie folgt konvertierbar:

Relaxationslänge	Halbwertdicke	Zehntelwertdicke
1	1,443	0,4343
0,6931	1	0,3010
2,303	3,322	1

2.34 Schmales und breites Strahlenbündel

Der Gesamtwirkungsquerschnitt eines Materials für Strahlenabschwächung wird experimentell unter den Bedingungen des „schmalen Strahlenbündels" ermittelt (Abb. 2.3/4a). Gestreute Strahlung wird im Idealfall vom Meßgerät nicht empfangen, so daß es den Anschein hat, als sei sie absorbiert worden. Der Gesamtwirkungsquerschnitt Σ_{ges} einer zwischen zwei Kollimatoren in ein Strahlenbündel von der Intensität I_0 gestellten Materialschicht von der Dicke t wird durch Einsetzen des gemessenen reduzierten Wertes I_t in Gl. (2.3/3) bestimmt. Die Anteile der Teilwirkungsquerschnitte werden auf theoretischem Wege oder mit Hilfe spezieller Versuche ermittelt.

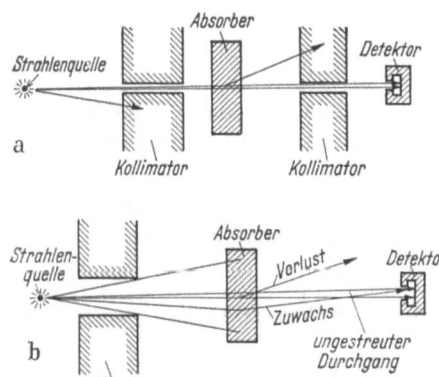

Abb. 2.3/4. Schema der Meßanordnung
a) für schmales Strahlenbündel,
b) für breites Strahlenbündel

Die Bedingungen des schmalen Strahlenbündels sind bei praktischen Strahlenabschirmungsaufgaben nicht gegeben. Unter den Bedingungen des „breiten Strahlenbündels"(Abb.2.3/4b) wird ein großer Teil der gestreuten Strahlung in den Detektor hineingestreut; der Verlust der ursprünglich auf den Detektor gerichteten Strahlung infolge Streuung kann durch Hineinstreuen von Photonen mit anderem anfänglichen Richtungsvektor in den Detektor weitgehend kompensiert werden. Der aus Intensitätsmessungen am breiten Strahlenbündel abgeleitete mikroskopische Wirkungsquerschnitt hat daher einen kleineren Wert als der aus Messungen am schmalen Strahlenbündel bestimmte Gesamtwirkungsquerschnitt.

2.4 Kernspaltung

Aus der Variation der Bindungsenergie pro Nukleon als Funktion der Massenzahl (Abb. 2.1/3) geht hervor, daß die Spaltung eines Kernes in zwei Teile vergleichbarer Masse unter Emission der Überschußneutronen bei Massenzahlen von $A > \sim 80 (Z > \sim 35)$ energetisch möglich ist. Durch Beschuß mit sehr hochenergetischen Neutronen, Protonen, Deuteronen, α-Partikeln oder Photonen kann die Energie der meisten Kerne mit $Z > 35$ über eine Potentialbarriere gehoben werden, die der Trennung von Kernbruchstücken entgegensteht. Die durch ein Neutron zugeführte Anregungsenergie ist gleich der Summe von Bindungsenergie und kinetischer Energie des Neutrons.

Der Wert des Wirkungsquerschnittes für die Kernspaltung ist in den meisten Fällen sehr gering. Nur im Falle von Elementen mit $Z > 90$ besitzt der Wirkungsquerschnitt für neutroneninduzierte Spaltung einen genügend hohen Wert, daß die bei der Spaltung frei werdenden Neutronen unter bestimmten Bedingungen ihrerseits weitere Spaltprozesse bewirken und so fort, so daß sich eine selbsttätig fortschreitende Kernspaltungs-Kettenreaktion ergibt. Die bei dieser Reaktion frei werdende Energie kann in Kernreaktoren technisch genutzt werden. Die nukleare Energiefreisetzung bei der Kernspaltung von Spaltstoffen ist je Atom etwa 10^8 mal größer als die chemische Energiefreisetzung bei der Verbrennung von Brennstoffen. Die technisch wichtigen Kernspaltungsprozesse sowie Kernumwandlungsprozesse zur künstlichen Erzeugung spaltbaren Materials, und die Physik der Kernreaktoren werden in den Referenzen [2] bis [5] zu Kap. 1 ausführlich behandelt.

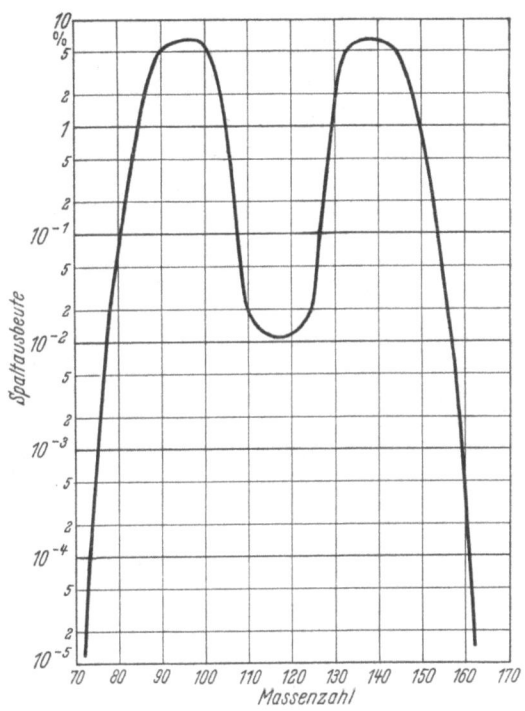

Abb. 2.4/1. Spaltproduktausbeute bei der thermischen Spaltung von U^{235}

2.41 Spaltstoffe

Die Wirkungsquerschnitte für neutroneninduzierte Spaltung der als technisch verwendbare Spaltstoffe in Frage kommenden Isotope mit $Z > 90$ weisen sehr große Variationen als Funktion der Kernstruktur der Nuklide und der Neutronenenergie auf. In der Regel besitzen Nuklide mit ungerader Neutronenzahl eine geringere Stabilität als Nuklide mit gerader Neutronenzahl. Im ersten Falle kann allein die Bindungsenergie des einfallenden Neutrons für die Verursachung der Kernspaltung hinreichen, im zweiten Falle ist dagegen eine zusätzliche kinetische Energie des Neutrons von > 1 MeV erforderlich. Sämtliche durch thermische ($E = 0{,}0253$ eV) oder langsame Neutronen spaltbare Nuklide sind auch durch schnelle Neutronen spaltbar, oft jedoch mit weit geringerem Wirkungsquerschnitt.

Die wichtigsten der durch thermische und langsame Neutronen spaltbaren Isotope sind $_{92}U^{233}$, $_{92}U^{235}$, $_{94}Pu^{239}$ und $_{94}Pu^{241}$. Davon ist das mit 0,72% im natürlichen Uran vorhandene Uran-235 das einzige in der Natur vorkommende Isotop, die anderen Spaltstoffe werden durch künstliche Kernumwandlungen erzeugt. Die wichtigsten der nur durch Neutronen mit Energien > 1 MeV spaltbaren

Isotope sind das mit 99,27% im natürlichen Uran vorhandene $_{92}U^{238}$ und das ebenfalls in der Natur vorkommende $_{90}Th^{232}$ (100%).

2.42 Spaltprodukte

Die Spaltung des durch Neutroneneinfang gebildeten Zwischenkerns kann auf mehr als 40 verschiedene Arten erfolgen, so daß über 80 verschiedene primäre Folgenuklide (primäre Spaltprodukte) entstehen, von denen die große

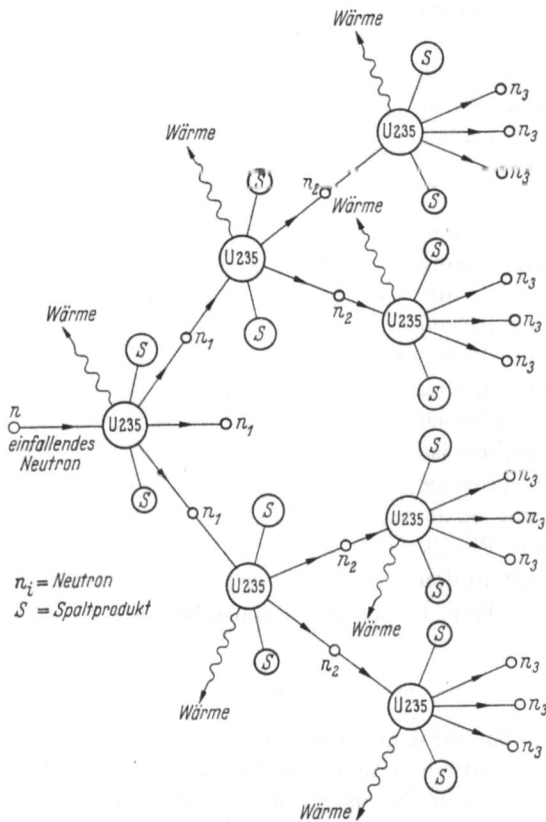

Abb. 2.4/2. Schematische Darstellung der Kernkettenreaktion (nach CH. HINTON: Nuclear Reactors and Power Production. London 1954)

Mehrzahl hochgradig instabil ist und unter Emission von β^{--}-Partikeln (Abschnitt 2.21) und begleitender γ-Strahlung zerfällt. Der Bereich der Massenzahlen der Spaltprodukte erstreckt sich von 72 bis 162. Die Spaltprodukt-Verteilungskurve (Abb. 2.4/1) weist zwei ausgeprägte Maxima bei den Massenzahlen 95 und 140 auf (die Gesamt-Spaltproduktausbeute addiert sich zu 200%).

2.43 Energiefreisetzung bei der Spaltung

Die Energiefreisetzung bei der Spaltung eines schweren Kerns kann aus der Differenz der Summe der Bindungsenergien je Nukleon (Abb. 2.1/3) für den Spaltstoffkern und für die Spaltproduktkerne ermittelt werden; die frei werdende

Energie ist gemäß Gl. (2.1/1) äquivalent der Differenz der Massen der Systeme [Targetnuklid + einfallendes Neutron] und [Spaltprodukte + emittierte Neutronen]. Die bei der Kernspaltung frei werdende Energie setzt sich aus folgenden Anteilen zusammen:

kinetische Energie der Spaltprodukte	168 MeV
kinetische Energie der emittierten Spaltungsneutronen	5 MeV
Energie der prompten Spaltungs-γ-Photonen	7 MeV
Energie der Spaltprodukt-β-Partikel	7 MeV
Energie der Spaltprodukt-γ-Photonen	7 MeV
gesamte Spaltungsenergie:	194 MeV

Hinzu kommt noch ein auf die, den β-Zerfall begleitende, Emission von Neutrinos entfallender Energiebetrag von 11 MeV, der technisch nicht nutzbar ist, da diese Partikel nur in verschwindend geringem Maße in Wechselwirkung mit Materie treten. Durch Einfang von Neutronen kann jedoch ein etwa ebenso großer Energiebetrag zusätzlich freigesetzt werden.

2.44 Kernkettenreaktion

Die bei neutroneninduzierten Kernspaltungsprozessen frei werdenden Neutronen können unter günstigen Bedingungen weitere Kerne spalten und so fort, so daß eine Kernkettenreaktion entsteht (Abb. 2.4/2). Eine notwendige Bedingung für die Entstehung einer Kettenreaktion ist eine Mindestgröße der Anordnung des spaltbaren Materials (kritische Masse), so daß nicht zu viele Neutronen durch Austritt aus der Oberfläche verlorengehen.

2.5 Wechselwirkung geladener Teilchen mit Materie

2.51 α-Partikel

Die Emission von α-Partikeln ($_2$He^4-Kerne) durch radioaktive Nuklide erfolgt in Gruppen, denen eine bestimmte Energie zugeordnet ist. Der hauptsächliche Wechselwirkungsprozeß beim Durchgang von α-Partikeln durch Materie besteht in der Loslösung von Hüllenelektronen aus dem Atomverband, so daß positiv geladene Ionen erzeugt werden, die zusammen mit den freien Elektronen Ionenpaare bilden (primäre Ionisation). Bei genügender kinetischer Energie können die freigesetzten primären Elektronen sekundäre Ionisationen auslösen.

Wegen seiner im Vergleich mit dem Elektron sehr großen Masse ist der Energieverlust des α-Partikels selbst bei einer zentralen Kollision mit einem Elektron sehr gering. Der Wert des Energieverlustes je Ionisationsprozeß ist in erster Näherung unabhängig von der Energie des α-Partikels. Die Anzahl der je cm Bahnlänge erzeugten Ionenpaare (spezifische Ionisation) nimmt mit abnehmender Energie des α-Partikels zu. Ein natürliches α-Partikel erzeugt auf seiner Bahn etwa 10^5 Ionenpaare bevor es soweit abgebremst ist, daß es sich durch Einfang von zwei Elektronen in ein neutrales Helium-Atom umwandelt.

Die Strecke, nach der α-Partikel beim Durchgang durch ein bremsendes Medium im Mittel ihre gesamte Energie verloren haben, wird als Reichweite bezeichnet. Die Reichweite von α-Teilchen ist eine ziemlich scharf definierte

Größe (±3%), die eine Funktion von Anfangsenergie der Teilchen und Zahl der in der Raumeinheit vorhandenen Hüllenelektronen ist. Die maximale Reichweite von α-Partikeln mit 4 MeV in Luft von 760 Torr und 15 °C beträgt 2,5 cm. (Unter gleichen Bedingungen beträgt die Reichweite von Deuteronen 14,2 cm und die Reichweite von Protonen 23,1 cm.) Die Stärke der Abbremsung von α-Partikeln in einem Medium wird gewöhnlich in Termen des relativen Bremsvermögens ausgedrückt, das als das Verhältnis der Reichweite von α-Partikeln einer bestimmten Energie in Luft zur entsprechenden Reichweite in dem betreffenden Material definiert ist. Das relative Bremsvermögen ist in erster Näherung unabhängig von der Energie der α-Partikel.

Wechselwirkungsprozesse von geringer Bedeutung sind die Anregung der Elektronenhülle (Hebung eines Hüllenelektrons auf ein höheres Energieniveau) und die Streuung (Bahnablenkung) des α-Partikels. Beim Aufprall auf einen Atomkern können energiereiche α-Partikel unter Umständen Kernumwandlungen bewirken; sie sind aber verglichen mit den leichteren Deuteronen und Protonen in dieser Hinsicht wenig wirksam.

2.52 β-Partikel und künstlich beschleunigte Elektronen [9]

Im Gegensatz zu dem Linienspektrum von α-Partikeln besitzen von radioaktiven Nukliden emittierte β-Partikel (freie Elektronen) ein kontinuierliches Energiespektrum mit einem Maximum, das der Energiedifferenz des radioaktiven Übergangs entspricht. Der Durchgang von β-Partikeln durch Materie ist — außer im Falle langsamer Elektronen — wesentlich komplizierter als der von schweren geladenen Teilchen. Der Energieverlust von Elektronen mit Anfangsenergien < 10 MeV resultiert in der Hauptsache aus ionisierenden Wechselwirkungsprozessen mit den Hüllenelektronen des absorbierenden Mediums. Demzufolge ist das Bremsvermögen eines Elementes für Elektronen in diesem Energiebereich in erster Linie proportional seiner Ordnungszahl.

Wegen seiner kleineren Masse verursacht ein β-Partikel nicht nur eine geringere spezifische Ionisation als ein α-Partikel, sondern es wird durch Kollisionen mit Atomkernen und Hüllenelektronen auch in erheblichem Maße gestreut. Der kombinierte Effekt des kontinuierlichen Energiespektrums und der starken Richtungsablenkung durch Streuprozesse bedingt, daß β-Partikel im Unterschied zu α-Partikeln keine definite Reichweite in Materie haben. Die Anzahl der ein Medium durchdringenden β-Partikel nimmt mit zunehmender Absorberdicke zunächst in annähernd exponentieller Weise und nach einem Abschwächungsfaktor 10 in immer stärkerem Maße ab. Die maximale Reichweite t_{max} [cm] von β-Partikeln mit der maximalen Energie E_{max} [MeV] wird für $E_{max} > 0,6$ MeV durch die empirische Beziehung

$$t_{max}\varrho = 0{,}526\, E_{max} - 0{,}094 \quad [\text{g/cm}^2] \qquad (2.5/1)$$

beschrieben, wobei ϱ [g/cm³] die Materialdichte bedeutet.

Elektronen können wegen ihrer geringen Masse im COULOMB-Feld von Atomkernen große negative Beschleunigungen erfahren, die im Mittel zu einer Reduzierung der kinetischen Energie auf die Hälfte ihres jeweiligen Wertes führen. Der Abbremsvorgang ist mit der Emission von Strahlungsquanten

(γ-Photonen) verbunden, deren Energie aus dem Verlust der kinetischen Energie der Elektronen resultiert. Diese als Bremsstrahlung bezeichnete Photonenemission besitzt ein kontinuierliches Energiespektrum bis zu einer maximalen Energie gleich der kinetischen Energie der einfallenden Elektronen.

Der Energieverlust von Elektronen durch Emission von Bremsstrahlung nimmt mit wachsender Elektronenenergie zu. Die durchschnittliche Intensität der von energiereichen Elektronen in sehr dünnen Targets emittierten Bremsstrahlung ist ungefähr proportional Z^2. In dicken Targets ist die durchschnittliche Intensität der Bremsstrahlungsphotonen näherungsweise proportional Z, da die Elektronen bereits nach kurzer Wegstrecke in den Energiebereich hinein gebremst sind, in dem Ionisationskollisionen der bei weitem überwiegende Abschwächungsprozeß sind. Das Verhältnis von Bremsstrahlungs- zu Ionisations-Energieverlusten für Elektronen mit Energien > 2 MeV läßt sich in grober Näherung durch die Beziehung

$$\frac{(dE/dx)_{\text{brems}}}{(dE/dx)_{\text{ion}}} \approx \frac{ZE}{800} \qquad (2\text{:}5/2)$$

angeben, in der E die Elektronenenergie in [MeV] bedeutet.

2.6 Wechselwirkung von Photonen mit Materie

Elektromagnetische Strahlung nimmt mit zunehmender Frequenz Eigenschaften an, die besser mit bewegten Partikeln (Photonen) als mit wandernden Wellen assoziiert beschrieben werden können. Für die hier betrachteten Strahlungen mit Energien > 10 keV werden die Strahlen als bewegte Photonen mit der Energie $E = h\nu$ betrachtet, wobei h die PLANCKsche Konstante und ν die Frequenz der elektromagnetischen Strahlung bedeuten. Wechselwirkungen dieser Photonen mit Materie sind unabhängig von der Art der Entstehung des Photons und lediglich eine Funktion der Energie.

2.61 Klassifizierung der Wechselwirkungen

Beim Durchgang von Photonen durch Materie können 12 verschiedene Arten der Wechselwirkung eintreten (eine einführende Erläuterung findet sich in [10], eine übersichtliche Klassifizierung wurde von U. FANO [11] aufgestellt). Im Energiebereich von etwa 0,1 bis 15 MeV brauchen im Zusammenhang mit Strahlenabschirmungsproblemen nur drei Wechselwirkungsprozesse berücksichtigt zu werden: Photoelektrischer Effekt, COMPTON-Effekt und Paarbildung. Bei Photonenenergien zwischen 0,01 und 0,1 MeV, also im Bereich der weichen Röntgenstrahlen, spielt die kohärente (RAYLEIGHsche) Streuung, bei der bei einem Stoßprozeß zwischen einem Photon und einem Hüllenelektron der Rückstoß rein elastisch vom ganzen Atom aufgenommen wird, eine gewisse Rolle; der Anteil dieses Effekts an der Abschwächung von relativ weicher Photonenstrahlung beträgt maximal etwa 10%. Bei Photonenenergien > 15 MeV gewinnt der Kernphotoeffekt, d. h. die (γ, n)-Umwandlung von Atomkernen, Bedeutung. Die Schwellenenergie für die (γ, n)-Reaktion ist gleich der Neutronen-Bindungsenergie, der Wirkungsquerschnitt ist aber bei Photonenenergien < 15 MeV sehr gering.

2.62 Photoelektrischer Effekt

Photonen können mit Atomhüllen-Elektronen in Wechselwirkung treten und dabei ihre gesamte Energie abgeben. Ein auf ein Hüllenelektron auftreffendes Photon, das eine höhere kinetische Energie E besitzt als der Bindungsenergie des Elektrons E_X entspricht, löst dieses aus der Atomhülle heraus (Abb. 2.6/1). Diese Erscheinung heißt *photoelektrischer Effekt*. Die Energiebilanz dieses Prozesses wird durch die EINSTEINsche Gleichung [12] wiedergegeben:

$$\frac{m_e v^2}{2} = E - E_X ; \qquad (2.6/1)$$

die Energie des einfallenden Photons, vermindert um die Bindungsenergie des Elektrons, wird in kinetische Energie des Elektrons umgewandelt.

Ein Elektron kann elektromagnetische Strahlung nur absorbieren, wenn es in einem Atom gebunden ist. Bei im Vergleich mit der Bindungsenergie hohen Photonenenergien erscheint die Bindung als verhältnismäßig schwach, und die Wahrscheinlichkeit für das Eintreten des photoelektrischen Effekts ist gering. Der Wirkungsquerschnitt für photoelektrische Emission eines Elektrons sinkt mit zunehmender Photonenenergie rapide von seinem scharfen Maximum (Absorptionsecke), das bei $E = E_K$, E_L, E_M, ... liegt, ab. Mit zunehmender Ordnungszahl nimmt die Bindungsenergie der Hüllenelektronen und damit der Wirkungsquerschnitt für den photoelektrischen Effekt stark zu. Unter Voraussetzung, daß $E > E_K$, finden etwa 80% der photoelektrischen Absorption in der K-Schale statt, deren Elektronen am festesten gebunden sind. Diese Absorptionsecke hat die Bindungsenergie

$$E_K = (Z-1)^2 \, 13{,}5 \, \text{eV}. \qquad (2.6/2)$$

(Bei $E_K > E > E_L$ tritt der photoelektrische Effekt in der L-Schale und in höheren Schalen ein.)

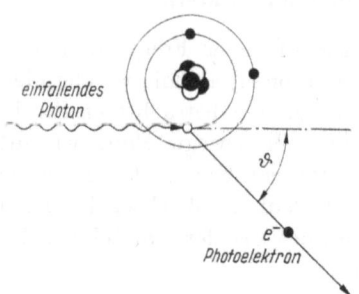

Abb. 2.6/1. Schematische Darstellung des photoelektrischen Effekts

Der Wirkungsquerschnitt für den photoelektrischen Effekt in der K-Schale eines Atoms mit der Ordnungszahl Z ist näherungsweise [4]:

$$\sigma_{\text{phot } K} = \frac{8\pi r_0^2}{3} \frac{Z^5}{137^4} \, 4 \sqrt{2} \left(\frac{m_e c^2}{E}\right)^{7/2}, \qquad (2.6/3)$$

wobei $r_0 = 2{,}82 \cdot 10^{-13}$ cm der sog. Elektronenradius und $m_e c^2 = 0{,}51$ MeV die Elektronen-Ruheenergie ist. In der Nähe einer Absorptionsecke und wenn relativistische Effekte von Bedeutung sind, ist diese einfache Formel ungenau. — Zusammenfassend kann festgestellt werden, daß die Bedeutung des photoelektrischen Effekts mit zunehmender Ordnungszahl des Strahlenabschirmungsmediums und abnehmender Energie der Photonen zunimmt. Der photoelektrische Effekt hat auch bei Absorbern hoher Ordnungszahl nur bis zu Energien von etwa 1,5 MeV einen wesentlichen Einfluß auf die Absorption von Photonenstrahlung.

Der Abspaltung eines inneren Hüllenelektrons folgt die Einnahme der Fehlstelle durch ein Elektron aus einer äußeren Schale, das dadurch fester gebunden wird. Die Differenz der Bindungsenergie wird in Form eines charakteristischen

Quants geringer Energie abgestrahlt. Der Prozentsatz der je Fehlstelle emittierten Fluoreszenzphotonen wird als Fluoreszenzausbeute der Elektronenschale bezeichnet [13]. Die Fluoreszenzstrahlung hat eine weit geringere Durchdringungskraft als die primäre Photonenstrahlung und kann bei der Strahlenabschirmung vernachlässigt werden. Daraus folgt, daß der photoelektrische Effekt vom Standpunkt der Strahlenabschirmung als echter Absorptionsprozeß angesehen werden kann.

2.63 Compton-Streuung

Photonen, deren kinetische Energie die Bindungsenergie der Hüllenelektronen wesentlich übersteigt, treten in bedeutendem Maße in Form von Stoßprozessen mit den Elektronen in Wechselwirkung. Der als COMPTON-Effekt [14], [15], [16] bezeichnete inelastische Stoß zwischen einem Photon und einem Hüllenelektron wird in der Theorie als elastische Streuung eines Photons an einem ungebundenen, stationären Elektron behandelt, da für Photonenenergien $>0,1$ MeV die Abtrennungsarbeit für das Elektron im Vergleich zur Photonenenergie im allgemeinen vernachlässigbar klein ist — eine Ausnahme bilden die K-Schalenelektronen der schweren Elemente, deren Bindungsenergie die Größenordnung von 0,1 MeV erreicht.

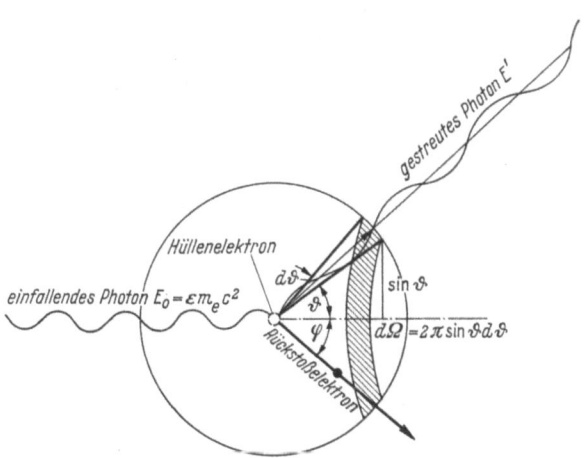

Abb. 2.6/2. Schematische Darstellung der COMPTON-Streuung

Bei der COMPTON-Streuung gibt das Photon einen Teil seiner Energie an das gestoßene Elektron ab und erfährt eine Richtungsänderung. Der Wirkungsquerschnitt eines Atoms für COMPTON-Streuung, σ_s, ist ungefähr direkt proportional der Anzahl der Hüllenelektronen der Elemente.

Die Beziehung zwischen der Energie des einfallenden Photons E_0, der des gestreuten Photons E und dem Streuwinkel ϑ (Abb. 2.6/2) lautet bei Einführung des Parameters $\varepsilon_0 = E_0/m_e c^2$, wobei $m_e c^2 = 0,51$ MeV die Ruheenergie des Elektrons bedeutet:

$$E = \frac{E_0}{1 + \varepsilon_0 (1 - \cos \vartheta)}. \qquad (2.6/4)$$

Für kleine Streuwinkel ist $\cos \vartheta \sim 1$ und damit $E \sim E_0$. Für sehr große einfallende Photonenenergie, $\varepsilon_0 \gg 1$, nähert sich die Energie jedes gestreuten Photons einem maximalen Wert, der lediglich eine Funktion des Streuwinkels ist; beispielsweise ergibt sich für $\vartheta = 180°$: $E \to 0,255$ MeV, für $\vartheta = 90°$: $E \to 0,51$ MeV und für $\vartheta = 60°$: $E \to 1,02$ MeV. Das Verhältnis E/E_0 nimmt für einen gegebenen Streuwinkel mit steigender Energie des einfallenden Photons ab.

Der differentiale Kollisions-Wirkungsquerschnitt eines freien Elektrons für die Streuung unpolarisierter Photonen von der Energie E_0 unter einem Richtungswinkel ϑ in ein differentiales Raumwinkelelement $d\Omega = 2\pi \sin\vartheta\, d\vartheta$ wird durch die KLEIN-NISHINA-Formel [15], [17] mit guter Genauigkeit dargestellt:

$$d\,(_e\sigma) = \frac{r_0^2}{2} d\Omega \left(\frac{E}{E_0}\right)^2 \left(\frac{E_0}{E} + \frac{E}{E_0} - \sin^2\vartheta\right). \quad [\text{cm}^2/\text{Elektron}] \quad (2.6/5)$$

In Abb. 2.6/3 ist der differentiale Kollisions-Wirkungsquerschnitt für COMPTON-Streuung von Photonen für alle Winkel aufgetragen [2]. Bei nichtrelativistischen Energien, $\varepsilon_0 \ll 1$, ist der differentiale Wirkungsquerschnitt symmetrisch in bezug auf $\cos\vartheta$. Mit zunehmender Photonenenergie wächst die Asymmetrie der Wirkungsquerschnittskurve. Integration von Gl. (2.6/5) über sämtliche Werte von ϑ liefert den durchschnittlichen Kollisions-Wirkungsquerschnitt je Elektron für COMPTON-Streuung $_e\sigma$.

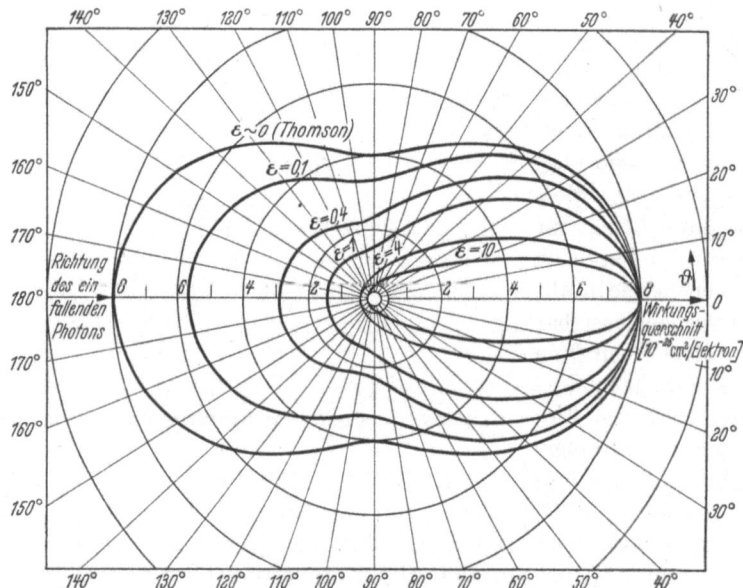

Abb. 2.6/3. Differentialer Kollisions-Wirkungsquerschnitt für COMPTON-Streuung von Photonen mit der Energie $\varepsilon\, m_e c^2$ als Funktion des Streuwinkels ϑ in [10^{-26} cm^2/Elektron/sterad.] (nach EVANS [2], S. 683, u. E. P. BLIZARD: ORNL-LR- Dwg-3466)

Der differentiale Streu-Wirkungsquerschnitt $d(_e\sigma_s)$, der sich auf den Energieinhalt der gestreuten Photonen bezieht, folgt aus der Beziehung:

$$d(_e\sigma_s) = \frac{E}{E_0} d(_e\sigma). \quad (2.6/6)$$

Anwendung von Gl. (2.6/6) und Substitution von Gl. (2.6/4) in Gl. (2.6/5) ergibt den differentialen Streu-Wirkungsquerschnitt für unpolarisierte Photonenstrahlung als explizite Funktion des Streuwinkels ϑ und der einfallenden Photonenenergie:

$$d(_e\sigma_s) = r_0^2\, d\Omega \frac{1 + \cos^2\vartheta}{2} \frac{1}{[1 + \varepsilon_0(1 - \cos\vartheta)]^3} \left\{1 + \frac{\varepsilon_0^2(1 - \cos\vartheta)^2}{(1 + \cos^2\vartheta)[1 + \varepsilon_0(1 - \cos\vartheta)]}\right\}.$$
$$(2.6/7)$$

Ein durch eine COMPTON-Kollision gestreutes Photon hat einen Energieverlust erfahren, der seine Durchdringungsfähigkeit herabsetzt. Bei genügender Abschwächung der Energie durch mehrere Streuprozesse kann das Photon schließlich durch photoelektrischen Effekt absorbiert werden.

2.64 Paarbildung

Photonen mit einer Energie $>1{,}02$ MeV können sich im COULOMB-Feld eines Atomkerns in ein Elektron-Positron-Paar umwandeln (Abb. 2.6/4) [20]. Der Energieüberschuß über das Ruhemassenäquivalent $2m_e c^2 = 2 \cdot 0{,}51$ MeV erscheint bis auf einen geringen, auf den Kern übertragenen Betrag als kinetische Energie des Teilchenpaares, das sich vorwiegend in Richtung des eingefallenen Photons bewegt. Paarbildung kann auch im Kraftfeld eines Hüllenelektrons eintreten, jedoch hat dieser Prozeß eine Schwellenenergie von 2,04 MeV, und die Rückstoßenergie des Hüllenelektrons ist ziemlich groß.

Der Wirkungsquerschnitt für Paarbildung σ_{paar} ist etwa proportional $(E - 1{,}02)$, wobei E in [MeV] steht, und $(Z^2 + Z)$, wobei der erste Term die in Kernkraftfeldern und der zweite die in Elektronenkraftfeldern erfolgenden Prozesse erfaßt. Bei Elementen hoher Ordnungszahl wird die Zunahme von σ_{paar} nahe 50 MeV flacher, für leichtere Elemente bei höheren Energien. Die Energie, oberhalb der die Paarbildung zum dominierenden

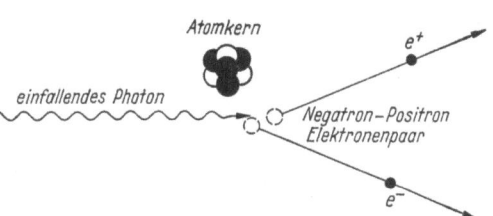

Abb. 2.6/4. Schematische Darstellung der Paarbildung

Wechselwirkungsprozeß von Photonen mit Materie wird, beträgt für Wasserstoff 78 MeV, für Aluminium 15 MeV, für Eisen 9,5 MeV und für Blei 5,0 MeV. Ein theoretischer Ausdruck für σ_{paar} läßt sich nicht in geschlossener Form anschreiben.

Die entstehenden Positronen sind nur von sehr kurzer Lebensdauer und vereinigen sich nach Abbremsung im Strahlenabschirmungsmedium mit einem Elektron. Bei der Neutralisierung der geladenen Teilchen zerstrahlt ihre Masse im allgemeinen zu zwei 0,51 MeV-Photonen (Vernichtungsstrahlung). Wegen der verhältnismäßig geringen Energie dieser Strahlung und ihrer isotropen Verteilung, so daß der in Richtung des einfallenden Photonenbündels fortlaufende Anteil klein ist, wird für Strahlenabschirmungsberechnungen die Paarbildung als echter Absorptionsprozeß angesehen.

2.65 Gesamtwirkungsquerschnitt

Die Gesamtwahrscheinlichkeit für das Eintreten von Wechselwirkungen zwischen Photonen und Materie ist die Summe der Wahrscheinlichkeiten des Eintretens der verschiedenen Elementarprozesse. Da andere als die drei besprochenen Wechselwirkungsprozesse von nur sehr geringem Einfluß auf die Abschwächung von Photonenstrahlung in Materie sind, kann der Gesamtwirkungsquerschnitt eines Materials für Photonenstrahlen-Abschwächung genügend genau durch die Summe

$$\sigma_{ges} = \sigma_{phot} + Z_e \sigma_s + \sigma_{paar} \qquad (2.6/8)$$

ausgedrückt werden. Die relative Bedeutung der drei Teilwirkungsquerschnitte ist in Abb. 2.6/5 als Funktion von Photonenenergie und Ordnungszahl dargestellt [2]. Die Kurven stellen die Grenzen dar, auf denen zwei der Teilwirkungsquerschnitte einander gleich sind.

Der makroskopische Gesamtwirkungsquerschnitt Σ_{ges} für die Wechselwirkung von Photonen mit Materie wird in der technischen Literatur häufig als linearer Absorptionskoeffizient μ [cm^{-1}] bezeichnet. Für Abschirmungsberechnungen und für Vergleiche der Abschirmungswirksamkeit verschiedener Materialien ist es zweckmäßig, diese Koeffizienten auf Massenbasis zu beziehen: μ/ϱ [cm²/g], wobei ϱ die Dichte des Materials bedeutet (Abb. 12.3/1). Die Wahrscheinlichkeiten für die Wechselwirkung von Photonen mit einem aus verschiedenen Elementen bestehenden Abschirmungsmedium addieren sich ohne gegenseitige Beeinflussung,

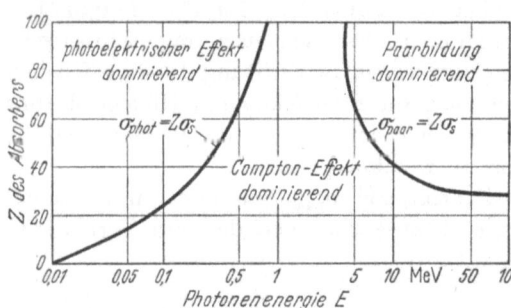

Abb. 2.6/5. Relative Bedeutung der drei Teilwirkungsquerschnitte σ_{phot}, σ_s und σ_{paar} als Funktion von Photonenenergie und Ordnungszahl (nach EVANS [2], S. 712)

so daß sich der Massenabsorptionskoeffizient für ein Medium aus der Gleichung

$$\frac{\mu}{\varrho} = \sum_{i=1}^{n} p_i \frac{\mu_i}{\varrho_i} \qquad (2.6/9)$$

berechnet, wobei p_i die relativen Gewichtsanteile der einzelnen Elemente bedeutet. — In [22] wird eine Zusammenstellung der Wirkungsquerschnitte sämtlicher Elemente mit den Ordnungszahlen 1 bis 100 für Photonen im Energiebereich von 0,01 bis 100 MeV in den Dimensionen barn/Atom und cm²/g angegeben. (Die Werte wurden durch Interpolation aus den von G. WHITE GRODSTEIN [21] für mehrere Elemente theoretisch bestimmten Wirkungsquerschnitten ermittelt.) Der für ein polyenergetisches Photonenbündel für ein bestimmtes Material ermittelte Gesamtwirkungsquerschnitt ist eine Funktion der Dicke der durchstrahlten Wand. Die Photonen, deren Energie eine höhere Wechselwirkungswahrscheinlichkeit mit der Materie entspricht, werden im Laufe des Eindringens schneller aus dem Strahlenbündel entfernt als die mit geringerer Wechselwirkungswahrscheinlichkeit. Somit resultiert ein Filtrationseffekt, wobei die durchdringende Komponente der Strahlung mit tieferem Eindringen vorherrschender wird, so daß der durchschnittliche Wert des Schwächungskoeffizienten mit zunehmender Dicke des durchquerten Mediums abnimmt. Da die durchdringende Komponente der Strahlung im allgemeinen die energiereichere ist, wird dieser Effekt auch „Härtung" genannt.

2.66 Energieabsorption

Zur Bestimmung der Energie, die beim Durchgang eines schmalen Strahlenbündels durch Materie absorbiert wird, muß die Wahrscheinlichkeit jedes Wechselwirkungsprozesses mit dem wahrscheinlichen Anteil f der Photonenenergie, die im Absorber als Ergebnis dieses Prozesses absorbiert wird, multipliziert werden. Der „Energieabsorptions-Koeffizient" ist damit definiert durch:

$$\mu_e = f_{\text{phot}}\,\mu_{\text{phot}} + f_{\text{compt}}\,\mu_{\text{compt}} + f_{\text{paar}}\,\mu_{\text{paar}}. \qquad (2.6/10)$$

Werte der Anteile f können aus folgenden Gleichungen ([23] S. 647) bestimmt werden:

$$f_{\text{phot}} = 1 - F_K K_\alpha / h\nu, \qquad (2.6/11)$$

$$f_{\text{compt}} = 1 - R_{\text{compt}} - 1/h\nu \int_0^{T_{\max}} p_{\text{compt}}(h\nu, T)\, T\, G_{\text{brems}}(T)\, dT, \qquad (2.6/12)$$

$$f_{\text{paar}} = 1 - 2mc^2/h\nu - 1/h\nu \int_0^{h\nu - 2mc^2} p_{\text{paar}}(h\nu, T^+, T^-)\,[T^+ G_{\text{brems}}(T^+) + T^- G_{\text{brems}}(T^-)]\, dT^+, \qquad (2.6/13)$$

wobei

F_K	= K-Fluoreszenzausbeute
K_α	= Energie der Strahlung in der K-Serie
R_{compt}	= Anteil der Energie des einfallenden Photons, der dem Compton-gestreuten Photon erhalten bleibt (Durchschnitt für alle Streuwinkel)
$p_{\text{compt}}(h\nu, T)$	= Wahrscheinlichkeit, daß Compton-Streuung ein Rückstoßelektron der Energie T ergibt
$p_{\text{paar}}(h\nu, T^+, T^-)$	= Wahrscheinlichkeit, daß Paarbildung ein Positron der Energie T^+ und ein Elektron der Energie T^- ergibt
$G_{\text{brems}}(T)$	= Anteil der als Bremsstrahlung abgegebenen Elektronenenergie.

2.7 Wechselwirkungen von Neutronen mit Materie

Während die Wirkungsquerschnitte für Wechselwirkung von Photonen mit Materie verhältnismäßig einfache Funktionen der Energie sind, ist die Variation der Neutronen-Wirkungsquerschnitte als Funktion der Energie von sehr komplizierter Art. Für die Klassifizierung der verschiedenartigen Wechselwirkungen ist eine Einordnung der Neutronen in folgende Energiegruppen üblich [24]:

thermische Neutronen:	Neutronen im thermischen Gleichgewicht mit Materie bei einer Temperatur T, die eine MAXWELLsche Geschwindigkeitsverteilung haben. Bei $T = 20\,°\text{C}$ hat ihre Geschwindigkeit ein Maximum bei 2200 m/sek mit einer entsprechenden kinetischen Energie $E = 0,0253$ eV
langsame Neutronen:	$E_{\text{thermisch}}$ bis $E = 1000$ eV
mittelschnelle Neutronen:	$E = 1$ bis 500 keV
schnelle Neutronen:	$E = 0,5$ bis 10 MeV
sehr schnelle Neutronen:	$E = 10$ bis 50 MeV
ultraschnelle Neutronen:	$E > 50$ MeV.

2.71 Klassifizierung der Wechselwirkungen

Die verschiedenen Typen von Kernreaktionen lassen sich durch die allgemeine Gleichung

$$a + X \to Y + b \quad \text{oder abgekürzt:} \quad X(a, b)Y$$

ausdrücken. Dabei bedeutet X den Targetkern, Y den aus der Kernreaktion hervorgehenden Kern, a das einfallende Partikel und b das emittierte Partikel. Die theoretische Behandlung der Kernreaktionen wird vereinfacht, wenn der

2. Atomphysikalische Grundlagen

Reaktionsprozeß in zwei Stadien betrachtet wird: 1. Bildung eines *Zwischenkerns* C durch Kombination von einfallendem Partikel und Targetkern und 2. Zerfall des Zwischenkerns in die endgültigen Reaktionsprodukte:

$$a + X \to C \to Y + b.$$

Beim Durchgang von Neutronen durch Materie können folgende Grundreaktionen mit den Kernen des Mediums eintreten: Elastische Streuung (n, n); inelastische Streuung (n, n'); radiativer Einfang (n, γ); Einfang mit Emission geladener Teilchen (n, α), (n, p); Emission von Neutronen $(n, 2n)$, $(n, 3n)$, ...; Spaltung (n, f). Bei leichten und mittelschweren Kernen kann die Zwischenkern-Theorie bis in den Bereich der sehr schnellen Neutronen und bei schweren Kernen bis in den Anfangsbereich der ultraschnellen Neutronen als hinreichend gültig angesehen werden.

2.72 Elastische Streuung

Wenn bei einem Auftreffen eines Neutrons auf einen Atomkern X die gesamte kinetische Energie erhalten bleibt, kann die Reaktion als $X(n, n) X$ geschrieben werden. Dieser Fall wird als elastische Streuung bezeichnet. Das Abbremsen mittelschneller Neutronen erfolgt im wesentlichen durch elastische Zusammenstöße mit den Kernen des durchquerten Mediums. Der Prozeß kann als elastische Einfangstreuung über die Bildung eines Zwischenkerns, der dann wieder in seine ursprünglichen Teile zerfällt, vor sich gehen, oder ohne Durchdringung der Kernoberfläche als Potentialstreuung. Der Vorgang der elastischen Streuung läßt sich durch die klassischen Gesetze des elastischen Stoßes beschreiben.

Der Energieverlust eines Neutrons bei der elastischen Streuung wird durch das durchschnittliche logarithmische Energiedekrement je Stoßprozeß, das mit ξ bezeichnet wird, ausgedrückt:

$$\xi = \frac{\overline{\ln E_i}}{\ln E_{i+1}} = 1 + \frac{(A-1)^2}{2A} \ln \frac{A-1}{A+1}. \qquad (2.7/1)$$

Der Wert von ξ ist unabhängig von der Energie des Neutrons vor dem Stoß und ist lediglich eine Funktion der Masse des streuenden Kerns. Bei jeder Kollision mit einem Kern einer bestimmten Art verliert ein Neutron im Durchschnitt jeweils den gleichen Prozentsatz Energie. Der Wert $\xi = 1$ für H bedeutet, daß im Durchschnitt die Energie eines mit H-Kernen zusammenstoßenden Neutrons bei jeder Kollision um einen Faktor e abnimmt. Bei sehr großem A ist ξ sehr klein. Ein Neutron verliert bei einem elastischen Zusammenstoß mit einem schweren Kern verschwindend wenig Energie.

Wenn das bremsende Medium eine Verbindung oder homogene Mischung mit n Kernarten ist, errechnet sich ein Durchschnittswert $\bar{\xi}$ zu:

$$\bar{\xi} = \frac{\Sigma_{s_1} \xi_1 + \Sigma_{s_2} \xi_2 + \cdots + \Sigma_{s_n} \xi_n}{\Sigma_{s_1} + \Sigma_{s_2} + \cdots + \Sigma_{s_n}}. \qquad (2.7/2)$$

Die durchschnittliche Anzahl von Stoßprozessen, die zur Abbremsung eines Neutrons von einer Anfangsenergie E_a auf eine Endenergie E_e erforderlich ist, ist

$$N = \frac{1}{\xi} \ln \frac{E_a}{E_e}. \qquad (2.7/3)$$

N beträgt für das Abbremsen von 2 MeV-Neutronen auf thermische Energie bei Wasserstoff 18, bei Uran 2172. Nach Gl. (2.7/3) ist der Wert ξ umgekehrt proportional der Anzahl der zum Abbremsen eines Neutrons erforderlichen Streuprozesse. Jedoch ist ein großer Wert von geringer Bedeutung, wenn nicht die Wahrscheinlichkeit der Streuung, d. h. der Wirkungsquerschnitt des gegebenen Materials für Streuung schneller Neutronen ebenfalls groß ist. Das Produkt $\xi \Sigma_s$ ist ein Maß für die Wirksamkeit eines Mediums für das Abbremsen von Neutronen.

2.73 Inelastische Streuung

Wenn die Energie E_0 des einfallenden Neutrons den Wert der Energie des niedrigsten angeregten Zustands des Targetkerns über dem Grundzustand übersteigt, wird der Prozeß der inelastischen Streuung energetisch möglich, bei dem das aus dem Zwischenkern wieder emittierte Neutron den Targetkern X auf einen angeregten Zustand X' hebt: $X(n, n') X'$. Die Energiegleichung lautet:

$$E_0 + T_n = E_i + T_n + E,$$

wobei T_n die Trennungsenergie des Neutrons im Zwischenkern und E_i ein Energieniveau des Kerns ist. Die kinetische Energie des gestreuten Neutrons kann einen der Werte $E = E_0 - E_i$ haben. Die Anregungsenergie des Targetkerns wird folgend in Form eines oder mehrerer γ-Photonen von der Gesamtenergie $E_\gamma = E_0 - E$ emittiert. Die Schwellenenergie für inelastische Streuung liegt im Bereich von etwa 0,1 MeV (schwere Elemente) und einigen MeV (leichte Elemente) (Abschn. 2.14). Die Bedeutung der inelastischen Streuung nimmt mit zunehmender Massenzahl zu wegen der zahlreicher werdenden zulässigen Energieniveaus und der geringer werdenden Entfernung der ersten Niveaus vom Grundzustand. Die Energie der γ-Photonen aus inelastischer Streuung hängt von dem Wert E ab und davon, ob die Energie in Form eines oder mehrerer Photonen emittiert wird; schwere Elemente geben mehr und dabei weichere γ-Photonen ab als leichtere Elemente. Ausnahmen dieser allgemeinen Regeln sind die schweren „magischen" Kerne, die sich hinsichtlich der inelastischen Streuung wie leichte Kerne verhalten.

2.74 Neutroneneinfang

Bei Neutroneneinfang-Reaktionen geht der angeregte Zwischenkern durch Rückhaltung des einfallenden Neutrons und Emission von Photonen oder geladenen Teilchen in einen stabileren Zustand über. Der häufigste Einfangprozeß ist die (n, γ)-Reaktion. Dabei wird ein langsames oder thermisches Neutron von einem Kern absorbiert, wobei sich ein Zwischenkern in angeregtem Zustand bildet, der seine Überschußenergie in Form von Einfang-γ-Strahlen abgibt:

$$_ZX^A + {_0}n^1 \to [_ZY^{A+1}]' \to {_Z}Y^{A+1} + E_\gamma.$$

Die Gesamt-Überschußenergie ist gleich der Neutronenbindungsenergie E_b (kinetische Energie des langsamen Neutrons vernachlässigbar), die aus der Gleichung:

Massenäquivalent von E_b = Masse von X + Masse von n − Masse von Y

erhalten wird. Gewöhnlich wird diese Energie in der Form eines oder mehrerer γ-Photonen prompt abgegeben. In manchen Fällen ist der Y-Kern instabil und zerfällt durch β- und γ-Emission zu einem stabilen Kern.

(n, α)- und (n, p)-Reaktionen treten in der Hauptsache bei Neutronen mit hoher Energie und Elementen niedriger Ordnungszahl ein, da geladene Teilchen von einem Kern nur emittiert werden können, wenn sie über die Trennungsenergie hinaus genügend Energie zur Überwindung des COULOMB-Potentials besitzen.

2.75 Neutronen-Wirkungsquerschnitte

Die umfassendste Zusammenstellung von Wirkungsquerschnitts-Werten für thermische und langsame Neutronen ist [25]; diese Zusammenstellung wird periodisch auf den neuesten Stand gebracht. Wirkungsquerschnitte für höhere Neutronenenergien sind in [26] zu finden. Die experimentellen Methoden für die Messung von Neutronen-Wirkungsquerschnitten werden in [27] erläutert.

Literatur zu 2

[1] BRAUNBEK, W.: Grundbegriffe der Kernphysik. Buchreihe der Atomkernenergie Bd. 1. München: Karl Thiemig 1958
[2] EVANS, R. D.: The Atomic Nucleus. New York/Toronto/London: McGraw-Hill 1955
[3] BLATT, J. M., u. V. F. WEISSKOPF: Theoretical Nuclear Physics. New York: John Wiley & Sons 1953
[4] HEITLER, W.: The Quantum Theory of Radiation, 3. Aufl. Oxford: Oxford University Press 1954
[5] HÖCKER, K. H., u. K. WEIMER: Lexikon der Kern- und Reaktortechnik. 2 Bände. Stuttgart: Franckh'sche Verlagshandlung 1959
[6] LAPP, R. E., u. H. L. ANDREWS: Nuclear Radiation Physics. Englewood Cliffs, N. J.: Prentice Hall 1954
[7a] BRADFORD, J. D.: Fundamentals of Radiochemistry. In J. D. BRADFORD (Hrsgb.): Radioisotopes in Industry. New York: Reinhold 1953
[7b] SHAPIRO, M. M.: Nuclear Physics. In United States Atomic Energy Commission: Reactor Handbook Vol. I, Physics. New York/Toronto/London: McGraw-Hill 1955
[8] KATCHOFF, S.: Fission Product Yields from U, Th and Pu. Nucleonics Vol. 16 (1958) No. 4, S. 78—85
[9] BIRKHOFF, R. D.: The Passage of Fast Electrons Through Matter. In S. FLÜGGE (Hrsgb.): Handbuch der Physik Bd. 34, Korpuskeln und Strahlung in Materie II, S. 53—165. Berlin/Göttingen/Heidelberg: Springer 1958
[10] BETHE, H. A., u. J. ASHKIN: Passage of Radiation Through Matter. In E. SEGRÉ (Hrsgb.): Experimental Nuclear Physics Vol. 1, S. 305—349. New York: John Wiley & Sons 1953
[11] FANO, U.: Gamma Ray Attenuation. Part I, Basic Processes. Nucleonics Vol. 11 (1953) No. 8, S. 8—12
[12] EINSTEIN, A.: Zur Quantentheorie der Strahlung. Mitteilungen der Physikalischen Gesellschaft, Zürich (1916) Nr. 18, S. 47; Physikalische Zeitschrift Bd. 18 (1917) S. 121—128
[13] BURHOP, E. H. S.: The Auger Effect. Cambridge: Cambridge University Press 1952
[14] COMPTON, A. H.: A Quantum Theory of the Scattering of X-Rays by Light Elements. The Physical Review Vol. 21 (1923) S. 483—502
[15] EVANS, R. D.: Compton Effect. In S. FLÜGGE (Hrsgb.): Handbuch der Physik Bd. 34: Korpuskeln und Strahlung in Materie II, S. 218—298. Berlin/Göttingen/Heidelberg: Springer 1958
[16] CROSS, W. G., u. N. F. RAMSEY: The Conservation of Energy and Momentum in Compton Scattering. The Physical Review Vol. 80 (1950) S. 929—936

[17] KLEIN, O., u. Y. NISHINA: Über die Streuung von Strahlung durch freie Elektronen nach der neuen relativistischen Quantendynamik von Dirac. Zeitschrift für Physik Bd. 52 (1929) S. 853—868
[18] DAVISSON, C. M., u. R. D. EVANS: Gamma-Ray Absorption Coefficients. Reviews of Modern Physics Vol. 24 (1952) S. 79—107
[19] NELMS, A. T.: Graphs of the Compton Energy-Angle Relationship and the Klein-Nishina Formula from 10 keV to 500 MeV. National Bureau of Standards Circular 542. Washington, 1953
[20] BLACKETT, P. M. S., u. G. P. S. OCCHIALINI: Some Photographs of the Tracks of Penetrating Radiation. Proceedings of the Royal Society, London. Series A Vol. 139 (1933) S. 699—726
[21] WHITE GRODSTEIN, G.: X-ray Attenuation Coefficients from 10 keV to 100 MeV. National Bureau of Standards Circular 583. Washington, 30. April 1957
[22] STORM, E., E. GILBERT u. H. ISRAEL: Gamma-Ray Absorption Coefficients for Elements 1 Through 100 Derived from the Theoretical Values of the National Bureau of Standards. LA-2237, 18. November 1958
[23] U.S. Atomic Energy Commission: Reactor Handbook Vol. 1, Physics. New York/Toronto/London: McGraw-Hill 1955
[24] HOYT, F. C.: Nuclear Physics. In H. ETHERINGTON (Hrsgb.): Nuclear Engineering Handbook. New York/Toronto/London: McGraw-Hill 1958
[25] HUGHES, D. J., u. R. B. SCHWARTZ: Neutron Cross Sections. BNL-325, 2nd Ed., 1. Juli 1958
[26] SOODAK, H.: Nuclear Data. In H. ETHERINGTON (Hrsgb.): Nuclear Engineering Handbook. New York/Toronto/London: McGraw-Hill 1958
[27] HUGHES, D. J.: Neutron Cross Sections. International Series of Monographs on Nuclear Energy, Division II, Vol. 1. London/New York/Paris: Pergamon Press 1957

3. Strahlennachweisgeräte [1] bis [5]

Nachweis und Messung von Photonen- und Partikelstrahlung werden durch die Wechselwirkungen der Strahlung mit Materie ermöglicht. In den Strahlennachweisgeräten wird die Strahlung unter Ausnutzung eines bestimmten physikalischen Effekts in eine leicht meßbare Größe umgewandelt, die durch gekoppelte Meßgeräte angezeigt und registriert wird.

Für den Nachweis von Photonen- und Partikelstrahlung ist eine Vielzahl verschiedenartiger Typen von Strahlendetektoren entwickelt worden, deren Wirkungsweise in der Messung einer der drei folgenden Erscheinungen der Energiefreisetzung beim Durchgang geladener Teilchen durch geeignete Medien besteht:

1. Ionisation durch die einfallende Strahlung oder durch sekundäre Partikel, die bei der Wechselwirkung der Primärstrahlung mit dem Medium gebildet werden;

2. Fluoreszenz bestimmter Substanzen beim Zerfall kurzlebiger angeregter Zustände, die in ihren Molekülen durch Wechselwirkung mit der Primär- oder Sekundärstrahlung induziert werden;

3. strahlungsinduzierte chemische Reaktionen, die den Zustand eines Materials permanent verändern.

Für den praktischen Strahlennachweis müssen die Ionisations- und Fluoreszenzeffekte verwendenden Strahlendetektoren mit geeigneten Anzeige- und Registriergeräten gekoppelt sein. Die Strahlendetektoren, deren Wirkungsweise auf dem 3. Effekt beruht, liefern keine aktive Anzeige, sondern speichern die Information, bis die Auswertung vorgenommen wird.

3.1 Strahlendetektoren auf der Grundlage der Gasionisation

Die Wirkungsweise der meisten Strahlendetektoren beruht auf der durch energiereiche Strahlung in einem Gasvolumen auf direktem (α-, β-Teilchen) oder indirektem Wege (γ-Photonen, Neutronen) bewirkten Erzeugung von Ionenpaaren. Die Rückbildung neutraler Atome aus positiven Ionen und losgelösten Elektronen kann durch ein elektrisches Feld von genügender Stärke, das die Elektronen zur Anode und die positiven Ionen zur Kathode wandern läßt, verhindert werden. Bei größeren Feldstärken können ursprünglich kleine Ionisationseffekte wesentlich verstärkt werden. Die auf den beiden Elektroden gesammelten Ladungsmengen liefern, entsprechend der Verwendung integrierender oder nichtintegrierender Meßinstrumente, ein Maß für die eingefallene Strahlungsmenge bzw. für die Intensität der einfallenden Strahlung.

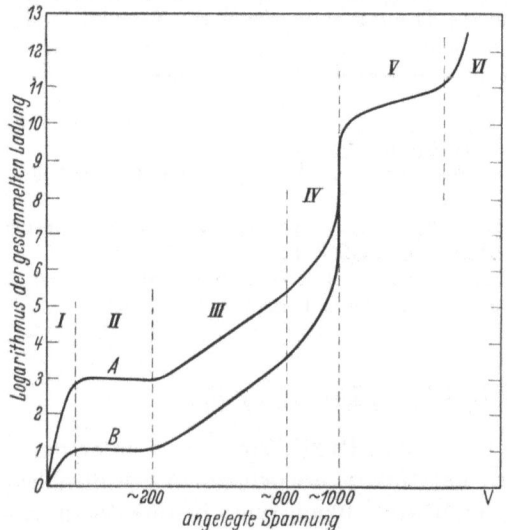

Abb. 3.1/1. Variation der gesammelten Ladung als Funktion der angelegten Spannung

Die Größe der auf den Elektroden gesammelten Ladungen ist eine Funktion der angelegten Spannung, wie in Abb. 3.1/1 schematisch dargestellt. Die Kurven A und B entsprechen größenordnungsmäßig den Ionisierungsverhältnissen von α- und β-Teilchen mit Energien von 1 MeV in Luft. Die Kurven weisen sechs verschiedene Bereiche auf, von denen drei für Strahlungsmessungen verwendet werden können. Bei sehr geringer Potentialgradiente (Bereich I) ist die Bewegung der Ionen im elektrischen Feld verhältnismäßig langsam, so daß auf dem Wege zu den Elektroden zahlreiche freie Elektronen und Ionen durch Rekombination verlorengehen.

Oberhalb einer gewissen Spannung (~ 50 V) bewegen sich die Ionen mit genügender Geschwindigkeit, so daß sämtliche primär erzeugten Ladungsträger die Elektrode erreichen. Eine weitere Steigerung der Spannung zu dem bis ~ 200 V reichenden Bereich II führt zu keiner Vermehrung der Anzahl der gesammelten Ionenpaare. In diesem „Sättigungsintervall" arbeitet die Ionisationskammer. Dieses Gerät besteht aus einem gasgefüllten (Luft, Argon) geschlossenen Gefäß mit metallener Wandung und isoliert eingeführter Innenelektrode, an die eine Potentialdifferenz gelegt ist (Abb. 3.1/2). Die an der Elektrode gesammelte Ladungsmenge kann durch ein Elektrometer oder ein Röhrenvoltmeter gemessen werden. Die Abmessungen der Ionisationskammer und der Druck der Gasfüllung werden auf den besonderen Verwendungszweck abgestimmt. Die häufigste Anwendung findet die Ionisationskammer zur Messung der Intensität von Röntgenstrahlen.

Bei Erhöhung der Spannung über den Bereich *II* hinaus tritt die Erscheinung der Stoßionisation auf. Die Potentialgradiente reicht nun aus, um die durch Strahlungspartikel primär gebildeten freien Elektronen und Ionen genügend zu beschleunigen, daß sie in dem Gas sekundäre Ionisationen hervorrufen können. Diese sekundär gebildeten Ionenpaare können weitere Ionenpaare erzeugen und so fort, so daß ein einziges Ionenpaar eine „Ionisationslawine" auslösen kann. Die durch ein primäres Ionenpaar bewirkte Anzahl der Sekundärionisationen wird als Gasverstärkungsfaktor bezeichnet.

In dem Bereich *III*, in dem die Summe der gesammelten Ladungen gleich der mit dem Gasverstärkungsfaktor multiplizierten Anzahl der primär gebildeten Ionenpaare ist, arbeitet das Proportionalzählrohr. Die Proportionalität zwischen Primär- und Sekundärionisation gestattet die Unterscheidung zwischen verschieden stark ionisierenden Strahlungspartikeln, was sich in dem parallelen Verlauf der Kurven *A* und *B* in Abb. 3.1/1 ausdrückt. Der Wert des Gasverstärkungsfaktors nimmt mit Erhöhung des Spannungspotentials rasch zu und erreicht am Ende des Bereiches *III* eine

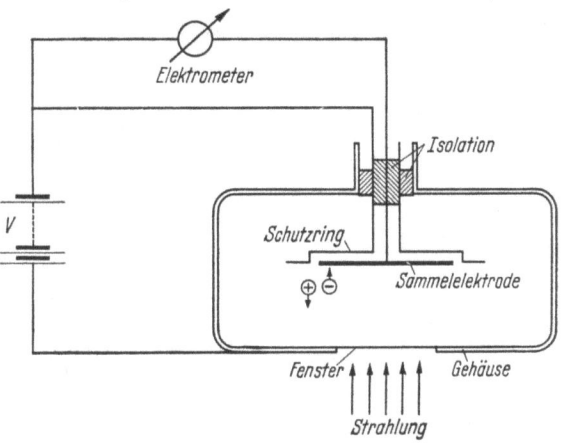

Abb. 3.1/2. Schematische Darstellung einer Ionisationskammer

Größenordnung von 10^3 bis 10^4, so daß ein verhältnismäßig kräftiger Stromstoß entsteht. Für eine gegebene Spannung hat der Faktor einen definiten Wert, der von der Anordnung der Elektroden und der Art der Gasfüllung abhängt.

Der Stoßionisationsprozeß kann mittels eines hochohmigen Ableitwiderstands in kürzester Zeit zum Abreißen gebracht werden. Eine alternative Möglichkeit der Löschung des Entladungsvorgangs besteht im Zusatz bestimmter organischer Dämpfe zur Edelgasfüllung des Zählrohrs. Derartige selbstlöschende Zählrohre haben einen großen zeitlichen Auflösungseffekt. Die Stromstöße können durch ein Elektrometer oder nach Röhrenverstärkung durch einen Lautsprecher oder ein mechanisches Zählwerk angezeigt werden. Mit Hilfe von Untersetzern, die nur einen bestimmten Bruchteil der Impulse auf das Zählwerk leiten, können zeitliche Auflösungen bis zu 10^{-6} sek erreicht werden.

Auf den Proportionalitätsbereich folgt der Bereich *IV*, in dem die gesammelten Ladungen den Primärionisationen nur noch in beschränktem Maße proportional sind; dieser Bereich ist für die Strahlungsmessung ungeeignet. Bei einer Spannung von ~ 1000 V beginnt der als Auslösebereich bezeichnete Bereich *V*, der durch die Erzeugung eines von der Anzahl der Primärionen unabhängigen Ionisationsstroms gekennzeichnet ist: die Kurven *A* und *B* in Abb. 3.1/1 fallen zusammen. Die Erstreckung der „Ionisationslawine" beschränkt sich in diesem hohen Potentialgefälle nicht mehr auf einen kleinen Bereich der Anode, sondern breitet sich über ihre ganze Oberfläche aus.

In dem durch einen nur geringen Anstieg der Ionisationskurve charakterisierten Bereich V arbeitet das GEIGER-MÜLLER-Zählrohr, das sich durch einen sehr hohen Gasverstärkungsfaktor ($\sim 10^8$) auszeichnet. Das GEIGER-MÜLLER-Zählrohr besteht, ähnlich wie das Proportionalzählrohr, aus einem mit Edelgas (meist Argon) unter vermindertem Druck gefüllten Metallrohr und einem axial gespannten, isolierten dünnen Stahl- oder Wolframdraht, zwischen denen eine Spannung von 800 bis 1500 V angelegt werden kann (Abb. 3.1/3). Höhere Spannungswerte (Bereich VI) sind, wegen des Eintretens von Dauerentladungen, für den Nachweis und die Messung ionisierender Strahlungen nicht mehr geeignet.

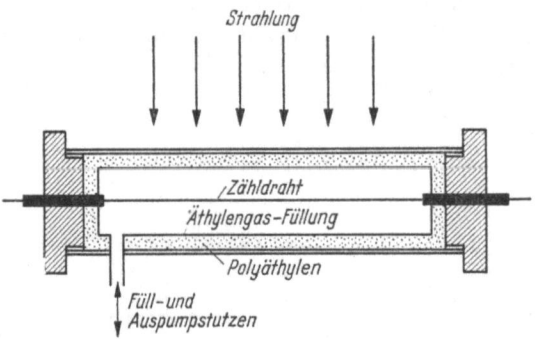

Abb. 3.1/3. Schematische Darstellung eines Zählrohrs für den Nachweis schneller Neutronen

Das natürliche Anwendungsgebiet des Zählrohrs ist die Messung nicht zu weicher β-Strahlung. Die Metallwandung des Zählrohrs muß so dünn sein, daß sie von den β-Partikeln durchschlagen werden kann. Je dünner die Wandung ist, desto energieärmere Elektronen werden noch registriert. Durch Abwandlung der Ausbildung der äußeren Wandung können Zählrohre auch zur Messung anderer Strahlenarten geeignet gemacht werden. Da natürliche α-Partikel, Protonen sowie β-Partikel von sehr geringer Energie bereits durch papierdünne Schichten fester Körper vollkommen abgeschirmt werden, müssen die zu ihrer Messung dienenden Zählrohre mit einem sehr dünnen „Fenster", durch das diese Partikel in den Innenraum eintreten können, hergestellt werden. Derartige Zählrohre haben die Form einer Glocke, als Material für das Fenster wird gewöhnlich Glimmer verwendet. Dagegen muß die Zählrohrwandung, um die Zählung von γ-Photonen zu ermöglichen, eine dicke Bleiumhüllung erhalten, so daß eine möglichst große Wahrscheinlichkeit für die Erzeugung von Sekundärelektronen, die in das empfindliche Volumen eindringen, gegeben ist.

Für die Zählung thermischer Neutronen werden die Reaktionen $_5B^{10}(n,\alpha)$ $_3Li^7$ oder $_3Li^6(n,\alpha)\,_1H^3$ ausgenutzt. Entweder erhält die Zählrohrwandung eine Auskleidung aus Bor- oder Lithium-haltigem Material, oder für die Füllung des Zählrohrs wird BF_3-Gas verwendet. Andere Prozesse, die für die Messung thermischer Neutronenstrahlung ausgenutzt werden können, sind die Spaltung von U^{235} und die Reaktion $_2He^3(n,p)\,_1H^3$. Für die Zählung schneller Neutronen werden die bei elastischen Streuungen durch H entstehenden Rückstoßprotonen verwendet. Entweder erhält die Zählrohrwandung eine Auskleidung aus Paraffin, oder für die Füllung des Zählrohrs wird Wasserstoff unter hohem Druck (bis 90 atü) verwendet. Aus diesen Möglichkeiten der Anpassung von Zählrohren an die Art der zu messenden Strahlungen gehen die vielfältigen Anwendungsmöglichkeiten bei Arbeiten mit radioaktiven Isotopen und an Kernreaktoren hervor.

3.2 Szintillationszähler

Bestimmte optisch transparente anorganische und organische Stoffe werden beim Auftreffen von energiereichen Partikeln und von Sekundärelektronen auslösenden γ-Photonen durch Hebung von Hüllenelektronen auf höhere Energieniveaus zur Emission kurzzeitiger Lichtblitze angeregt. Diese als Szintillationen bezeichneten Lumineszenzeffekte bilden die Grundlage der Wirkungsweise des Szintillationszählers. Das Gerät wird insbesondere zur Messung von γ-Strahlung verwendet. Der Szintillationszähler hat vor dem Zählrohr den Vorteil einer höheren Nachweisempfindlichkeit für γ-Photonen. Während das zeitliche Auflösungsvermögen des Zählrohrs 10^{-6} sek erreicht, beträgt es beim Szintillationszähler bis zu 10^{-9} sek. Die in gewissen Grenzen bestehende Proportionalität zwischen der Energie eines einfallenden Partikels und der Lichtausbeute der ausgelösten Szintillation ermöglicht die Verwendung des Szintillationszählers für spektrometrische Messungen.

Die hauptsächlichen Anforderungen, die an lumineszierende Stoffe (Phosphore) gestellt werden, sind: hohe Lichtausbeute und kurze Dauer des Lichtblitzes. Es gibt eine große Zahl von anorganischen und organischen Phosphoren, die sich für den Nachweis der verschiedenen Strahlenarten eignen. Für den Nachweis von γ-Strahlung werden in erster Linie mit Spuren von Thallium aktiviertes Natriumjodid und die organischen Verbindungen Anthrazen, Stilben und Phenanthren verwendet. Die Phosphore können aus großen durchsichtigen Kristallen bestehen oder in transparente Kunststoffe oder Flüssigkeiten eingebettet sein. Da auch die im Inneren von durchsichtigen Körpern entstehenden Lichtblitze nachweisbar sind, kann man Phosphore in verhältnismäßig großer Dicke verwenden, so daß eine hohe Wahrscheinlichkeit der Wechselwirkung mit γ-Photonen erreicht wird.

Die Registrierung der Lichtblitze erfolgt mit Hilfe einer photoelektrischen Zelle und einem nachgeschalteten Photoelektronen-Vervielfacher. Die Photonen des im Leuchtstoff ausgelösten Lichtblitzes schlagen aus der Photokathode Elektronen heraus. Die Photoelektronen werden dann durch ein elektrisches Feld in Richtung auf die erste Elektrode des Vervielfachers beschleunigt, aus deren Oberfläche jedes auftreffende Elektron n Sekundärelektronen auslöst, die wiederum durch ein elektrisches Feld in Richtung auf die nächste Elektrode beschleunigt werden, usw. Der Vervielfachungsvorgang wiederholt sich bis zur Endelektrode k, so daß ein Photoelektron n^k Sekundärelektronen (bis zu 10^{10}) auslöst, die am Ausgang des Vervielfachers Stromstöße erzeugen. Die Stromstöße werden dann weiter verstärkt und registriert.

3.3 Photographische Emulsionen [6], [7]

Ionisierende Strahlungen erzeugen beim Auftreffen auf photographische Emulsionen (Silberhalogenide) Schwärzungskörner. Der Schwärzungsgrad der Emulsion, der nach dem Entwickeln photometrisch bestimmt werden kann, ist etwa proportional der empfangenen Strahlendosis. Photographische Emulsionen lassen sich für die Registrierung von Photonen-, Elektronen- und Neutronenstrahlung empfindlich machen; die Anordnung verschiedener Filter ermöglicht die Unterscheidung verschiedener Strahlenarten und Energiebereiche. Da es durch geeignete Auswahl und Behandlung der Emulsion sowie feuchtigkeitsdichten Einschluß des Films möglich ist, den Rückgang des latenten Bildes, der früher registrierte Dosen bei der Akkumulation gegenüber den zuletzt belichteten abwerten könnte, weitgehend zu eliminieren, ist für einige Wochen eine fast vollständige Integration der Strahlendosen gewährleistet. Die ständige Meßbereitschaft und die Handlichkeit photographischer Filme sowie die einfache Auswertbarkeit und dokumentarische Fixierung der Strahlenregistrierung, machen den Filmdosimeter besonders geeignet für die Individualdosimetrie zur periodischen individuellen Überwachung der Strahlenbelastung von Personen mit berufsmäßiger Strahlenexposition.

Literatur zu 3

[1] WILKINSON, D. H.: Ionisation Chambers and Counters. Cambridge: Cambridge University Press 1950
[2] SHARPE, J.: Nuclear Radiation Detectors. London: Methuen & Co. 1955
[3] RENNE, H. S.: Atomic Radiation Detection and Measurement. Indianapolis: Howard W. Sams & Co. 1955
[4] PRICE, W. J.: Nuclear Radiation Detection. New York/Toronto/London: McGraw-Hill 1957
[5] FÜNFER, E., u. H. NEUERT: Zählrohre und Szintillationszähler, 2. Aufl. Karlsruhe: G. Braun 1959
[6] YAGODA, H.: Radioactive Measurements with Nuclear Emulsions. New York: John Wiley & Sons 1949
[7] MERGLER, H.: Filmdosimetrie. In B. RAJEWSKY: Wissenschaftliche Grundlagen des Strahlenschutzes, S. 343—347. Karlsruhe: G. Braun 1957

4. Strahlenbiologische Grundlagen [1], [2], [3]

Die Einwirkung energiereicher Strahlungen auf lebendes Zellgewebe führt über durch physikalische Primärvorgänge ausgelöste chemisch-biologische Sekundärvorgänge zu einer Schädigung der bestrahlten Organismen. Wenn auch die heute vorliegenden Ergebnisse der biophysikalischen und medizinischen Forschung noch nicht gestatten, ein eindeutiges Bild der strahlungsinduzierten Reaktionskomplexe im menschlichen Organismus aufzuzeichnen, so ist man doch in der Lage, durch systematische Auswertung der Vielzahl der vorliegenden Beobachtungen höchstzulässige Werte abzuleiten, die die Basis für die Planung der technischen Strahlenschutzmaßnahmen darstellen. Die gegenwärtig geltenden höchstzulässigen Strahlenbelastungswerte, von denen nach dem derzeitigen Wissensstande angenommen wird, daß sie noch unterhalb der Schwelle eines nennenswerten schädigenden Einflusses auf die Gesundheit des Individuums und das Erbbild der Bevölkerung liegen, lassen nur ein Strahlenbelastungsverhältnis zur natürlichen Umweltstrahlung von etwa 100:1 für somatische Wirkungen und 10:1 für genetische Wirkungen zu.

4.1 Biologische Strahlenwirkung

Die Grundvorgänge bei der Absorption energiereicher Strahlung in biologischen Systemen bestehen in der Erzeugung von Ionenpaaren und angeregten Atomen im Protoplasma des Zellgewebes. Ionen und angeregte Atome weisen ein anderes physikalisches und chemisches Verhalten auf als die entsprechenden Atome im Grundzustand, so daß jede primäre Energieabsorption eine komplizierte biochemische Reaktionskette auslöst, die zu einer Störung des physikochemischen Gleichgewichts und des Stoffwechsels einer Zelle und damit zu morphologischen und funktionellen Änderungen des Zellgewebes führt. Auf dem Wege über die Schädigung einer Gewebeart kommt es zu Organschäden und dadurch zu Schädigungen des Organismus, die sich je nach der empfangenen Strahlendosis in einer allgemeinen Herabsetzung der Leistungsfähigkeit des Individuums, schweren Gesundheitsschäden (die oft erst nach einer langen Latenzzeit eintreten) oder in akuter Strahlenkrankheit und Strahlentod manifestieren können. Eine Strahlenabsorption in der Erbsubstanz führt zu Gen-Mutationen und manifestiert sich erst in den dem bestrahlten Individuum folgenden Generationen.

4.11 Physikalisch-chemische Vorgänge

Der physikalische Primärprozeß, auf dem die biologische Wirkung energiereicher Strahlung beruht, besteht in der Ionisierung und Anregung der Atome und Moleküle des durchstrahlten Zellengewebes. Die Strahlenwirkung von Neutronen beruht auf sekundären Wechselwirkungsprozessen. Die wichtigsten Reaktionen mit langsamen Neutronen sind (n, γ)-Einfang durch H (Emission von 2,2 MeV-Photonen) und (n, p)-Reaktionen mit N (0,57 MeV-Protonen), die eine hohe spezifische Ionisation bewirken. Schnelle Neutronen werden im Zellgewebe hauptsächlich durch elastische Zusammenstöße mit H, O, C und N abgebremst. Die kinetische Energie des Rückstoßkerns wird durch Ionisierung, Anregung und elastische Zusammenstöße mit anderen Kernen verzehrt. Wegen der hohen Durchdringungsfähigkeit schneller Neutronen können sich diese Prozesse im ganzen Körpervolumen ereignen.

Die bei diesen Primärvorgängen erfolgende diskontinuierliche Energieabgabe kann entweder am Ort der Energieabsorption zu einer direkten Schädigung von Zellkern oder Zytoplasma durch Überwärmung von Eiweißmolekülen führen oder über die Zwischenschaltung chemischer Reaktionsketten eine indirekte biologische Schädigung bewirken. Die biologischen Strahlenreaktionen in der Zelle werden zum überwiegenden Teil durch biochemische Reaktionsketten ausgelöst.

Die Ionisierung der Wassermoleküle, die den Hauptbestandteil des Zellgewebes bilden, stellt den bedeutendsten Faktor bei der Einleitung der komplizierten biologischen Reaktionskette dar, an deren Ende die biologisch feststellbaren Strahlenwirkungen liegen. Die aus der Einwirkung energiereicher Strahlung auf Wassermoleküle resultierende Dissoziation führt zur Bildung von H_2O_2, O_2 und den freien Radikalen OH und HO_2, welche stark oxydierend auf die Zellsubstanzen wirken, und beispielsweise die Bildung toxischer Moleküle bewirken oder durch Inaktivierung von Enzymen eine Fehlsteuerung biologischer Prozesse verursachen können.

4.12 Strahlenpathologie

Einer der strahlenempfindlichsten physiologischen Vorgänge ist die Zellteilung. Da das blutbildende Gewebe (Knochenmark) und die Schleimhaut des Magen-Darm-Kanals die höchste Zellneubildungsrate aufweisen, zeigt sich nach einer Ganzkörperbestrahlung eine akute Strahlenschädigung zuerst und in besonders schwerer Weise in diesen Organsystemen. Bedingt durch den zeitlichen Ablauf der durch eine Strahlenbelastung im Organismus hervorgerufenen Kette von Folgereaktionen braucht sich ein akuter Strahlenschaden erst nach einer Latenzzeit von einigen Wochen oder Monaten zu manifestieren.

Über die Gefahr akuter Frühschäden hinaus birgt eine Straheinwirkung auch die Gefahr der Erzeugung von Spätschäden in sich, die sich Jahre oder Jahrzehnte nach Abklingen der akuten Strahlenreaktionen, oder ohne daß überhaupt eine deutliche Frühschädigung aufgetreten war, manifestieren können. Spätschäden haben ihre Ursache in der Entartung von Zellgewebe durch Übertragung strahlungsinduzierter irreversibler Änderungen der Zellkernstruktur auf die Tochterzellen. Die hauptsächlichen Spätschäden sind nach Ganzkörperbestrahlung die Leukämie und nach lokaler Bestrahlung der Strahlenkrebs und der Strahlenkatarakt der Augenlinse. Eine allgemeine Form der Spätschädigung ohne sichtbare pathologisch-anatomische Manifestierung ist die Verkürzung der Lebenserwartung.

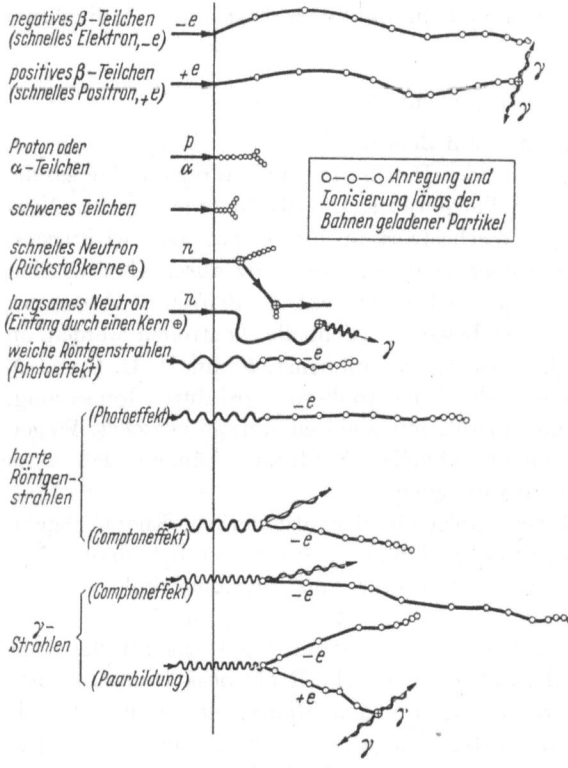

Abb. 4.1/1
Schematische Darstellung der Wirkung energiereicher Partikel und Photonen beim Durchgang durch Materie (nach HANLE [4])

4.13 Spezifische Ionisation

Das Ausmaß der Strahlenschädigung von Zellgewebe ist bei dosimetrisch vergleichbarer Strahlenbelastung in erster Linie eine Funktion der von Art und Energie der Strahlung abhängigen spezifischen Ionisation; die biologische Strahlenwirkung nimmt für eine gegebene Energieabsorption mit der spezifischen Ionisation zu. Unter spezifischer Ionisation versteht man die Anzahl von Ionenpaaren, welche ein rasch bewegtes Strahlungsteilchen in dem durchquerten Medium je cm Weglänge erzeugt. Die geladenen Teilchen wirken direkt, die Neutronen und Photonen indirekt über die von ihnen erzeugten geladenen Partikel.

Abb. 4.1/1 gibt eine schematische Darstellung der Wirkung von geladenen Teilchen, Neutronen und Photonen beim Durchgang durch Materie. Die spezifische Ionisation nimmt mit fortschreitender Abbremsung der geladenen Teilchen zu. Bei gleicher Energie ist die spezifische Ionisation eines Teilchens um so geringer, je leichter es ist. In Luft unter Standardbedingungen beträgt beispielsweise bei 1 MeV Energie die spezifische Ionisation eines Elektrons etwa 50, die eines Protons rund 8000 und die eines α-Teilchens über 60000 Ionenpaare je cm Weglänge.

4.14 Systematik der Strahlenschäden

Trotz des gleichen biologischen Wirkungsmechanismus sind Natur und Ausmaß der durch Einwirkung ionisierender Strahlung verursachten Gesundheitsschäden von zahlreichen Umständen abhängig. — Man unterscheidet ganz allgemein zwei verschiedene Bestrahlungsbedingungen:

1. Die Einwirkung durchdringender Strahlungen von außen; dabei handelt es sich um Röntgen- und γ-Strahlen und Neutronen (β-Partikel wirken nur als Oberflächenbestrahlung).

2. Die Bestrahlung von innen durch Inkorporation α-, β- und γ-strahlender Substanzen; hierbei sind die dicht ionisierenden Strahlungen vom radiobiologischen Standpunkt am gefährlichsten. — Ein in den Körper aufgenommener α-Strahler verursacht eine beträchtliche Strahlenschädigung, da die Energie eines α-Teilchens innerhalb einer

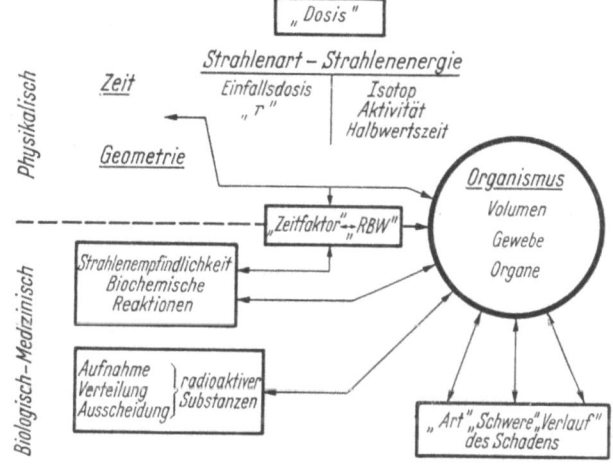

Abb. 4.1/2. Übersichtsschema zur Systematik der Strahlenschäden (nach K. AURAND: Die Systematik der Strahlenschäden; in [2], S. 27)

kurzen Weglänge verzehrt wird. Bei äußerer Einwirkung sind α-Teilchen ungefährlich, da ihre Reichweite auch im MeV-Bereich nicht ausreicht, um die Epidermis zu durchdringen. Die Reichweite von β-Teilchen hoher Energie in Zellgewebe beträgt einige Millimeter; bei direktem äußeren Kontakt können sie somit „Verbrennungen" der Haut verursachen.

Das Ausmaß einer biologischen Schädigung ist eine Funktion sowohl der gesamten empfangenen Strahlendosis als auch der Dosisleistung, d. h. der in gegebener Zeit empfangenen Strahlendosis. Bei gleicher Gesamtstrahlendosis hat im allgemeinen eine chronische, fraktionierte oder dauernde Einwirkung relativ geringer Strahlenintensitäten weit weniger ernste Konsequenzen als eine akute Einwirkung einer verhältnismäßig großen Strahlendosis innerhalb eines kurzen Zeitintervalls. Der Organismus verfügt offensichtlich über eine gewisse Erholungsfähigkeit, so daß bei einer über einem Schwellenwert liegenden chronischen Strahleneinwirkung die biologische Schädigung nicht annähernd linear kumulierend ist; das gilt jedoch nicht für genetische Effekte — die die Erbsubstanz treffende Strahlenmenge wird voll akkumuliert.

Die durch Strahlenwirkung verursachte biologische Schädigung ist eine Funktion des der Strahlung ausgesetzten Körpervolumens (Ganz- oder Teilkörperbestrahlung). Diesem Umstand wird durch den Begriff der Integraldosis, definiert als Produkt von Strahlendosis und durchstrahlter Körpermasse, Rechnung getragen. Begrenzte Teile des Körpers können hohe Strahlendosen empfangen, ohne daß der Gesamt-Gesundheitszustand eine wesentliche Beeinträchtigung zu erfahren braucht. Verschiedene Körperteile weisen unterschiedliche Strahlenempfindlichkeit auf. Das „kritische Organ" bestimmt die höchstzulässige Strahlendosis.

Bei der Analyse von Strahlungsgefahren ist somit die rein physikalische Seite des jeweiligen Problems von der biologisch-medizinischen zu trennen. Die Beziehungen zwischen den verschiedenen Faktoren der Strahlenbelastung sind in dem in Abb. 4.1/2 dargestellten Schema veranschaulicht.

4.15 Zeitfaktor

Ein großer Teil der somatischen Strahlenwirkungen hängt nicht nur von der Strahlendosis, sondern auch von der zeitlichen Dosisverteilung ab. Bei kontinuierlicher (protrahierter) oder fraktionierter Bestrahlung mit geringer Dosisleistung bzw. kleinen Einzeldosen über einen längeren Zeitraum sind im allgemeinen geringere somatische Wirkungen zu erwarten als bei einmaliger kurzzeitiger Einwirkung der gesamten Strahlendosis. Das Verhältnis der Strahlendosis, die bei protrahierter oder fraktionierter Bestrahlung zur Erzielung einer bestimmten biologischen Wirkung notwendig ist, zu der Dosis, die bei kurzzeitiger einmaliger Bestrahlung unter sonst gleichartigen Bedingungen den gleichen Effekt hervorruft, wird als Zeitfaktor bezeichnet.

Die Abhängigkeit der somatischen Strahlenwirkung von der zeitlichen Dosisverteilung ist darauf zurückzuführen, daß die Strahlenschädigung an Zellsystemen angreift, die ständig erneuert werden, daß die unter der Strahlenwirkung entstehenden toxischen Substanzen vom Organismus abgebaut und ausgeschieden werden und daß der Organismus durch Einsatz der verschiedensten Regulationen bestrebt ist, eine erfolgte Strahlenschädigung wieder zu beheben. Wegen der Vielfältigkeit der biochemischen und physiologischen Prozesse, die in die Ursachenkette von den primären physikalisch-chemischen Grundvorgängen bis zur Manifestation eines Strahlenschadens eingreifen, gelten für jede Strahlenreaktion und für jede Art der zeitlichen Dosisverteilung andere Zeitfaktoren. Bei einer zeitlichen Dosisverteilung, bei der akute Strahlenschäden ausbleiben, können jedoch andere, zunächst latent bleibende Wirkungen partiell oder total kumulieren, bis sie sich als Spätschäden manifestieren.

4.16 Kritisches Organ

Maßgebend für die Festsetzung von höchstzulässigen Strahlendosen sind die für die jeweilige Strahlenart und eine bestimmte zeitliche Dosisverteilung empfindlichsten Organe (s. Abschn. 4.23). Für kurzzeitige schwere Strahlenbelastung lassen sich auf Grund der morphologischen Zellveränderungen Organe und Gewebe in folgender Reihe abnehmender Strahlenempfindlichkeit anordnen:

Lymphatische Organe, Knochenmark, Gonaden, Schleimhäute des Magen-Darm-Kanals, Augenlinse, Haut, Knorpel, wachsende Knochen, drüsige Organe, Lunge, Zentralnervengewebe, Skelettmuskulatur, Bindegewebe, Knochen.

Bei der Inkorporation radioaktiver Substanzen ist nicht die absolut höchste Strahlenempfindlichkeit maßgebend, sondern es treten die schwersten Strahlenschädigungen natürlich an den Stellen auf, an denen die radioaktive Substanz ihren chemischen Eigenschaften und den bei der Inkorporierung vorliegenden physiologischen Verhältnissen entsprechend abgelagert wird. Nach der Definition von B. Rajewsky wird als kritisches Organ für ein bestimmtes radioaktives Isotop dasjenige Körperorgan bezeichnet, von dem anzunehmen ist, daß seine mit der Inkorporierung dieses Radioisotops verbundene Strahlenbelastung für die Gesundheit des Individuums am nachteiligsten ist, weil dieses Organ lebenswichtig ist, das entsprechende Element besonders konzentriert und es nur langsam ausscheidet.

4.17 Genetische Wirkungen

Mit der strahleninduzierten Schädigung funktionstragender Zellgebilde, die zur Störung physiologischer Prozesse im Organismus führt, sind die möglichen biologischen Wirkungen ionisierender Strahlungen nicht erschöpft. Durch Strahleneinwirkung können auch die erbtragenden Strukturen der Keimzellen geschädigt werden, so daß Gen-Mutationen eintreten. Während im Falle der Strahlenexposition von funktionstragendem Körpergewebe bei nicht zu starker Strahlenbelastung mit einer gewissen Erholung vom Strahleninsult noch gerechnet werden kann, wird die die Erbsubstanz treffende Strahlenmenge voll akkumuliert (Zeitfaktor = 1). Die Durchsetzung von Populationen mit mutierten rezessiven Erbanlagen erweitert die Strahlenbelastung von Individuen zu einer Kollektivgefährdung.

Die durch Bestrahlung eines Individuums hervorgerufenen Gen-Mutationen übertragen sich nach den Erbgesetzen auf künftige Generationen. Da die Erbkonstitution der Lebewesen sich durch eine ungezählte Generationen während Evolution in harter Auslese der Umwelt angepaßt hat, haben zusätzlich zu den natürlichen spontanen Mutationen durch ionisierende Strahlung ausgelöste Mutationen stets vitalitätsherabsetzende Folgen für die Individuen, in denen sie wirksam werden. Sie geben sich durch körperliche und geistige Anomalien und eine geschwächte Widerstandskraft gegenüber verschiedenen Leiden zu erkennen.

4.2 Einheiten der Strahlendosis

Die Wirkung ionisierender Strahlung auf biologische Systeme ist eine Funktion physikalischer und biologischer Faktoren. Eine Maßeinheit für die Strahlendosis D muß auf einfache physikalische Größen bezogen leicht meßbar sein und zugleich die biologische Strahlenwirkung proportional zu erfassen gestatten. Es ist aber bisher nicht möglich gewesen, eine Maßeinheit aufzustellen, die zugleich den biologischen und physikalischen Erfordernissen genügt; die tatsächlich verwendeten Einheiten bedeuten in diesem Sinne einen Kompromiß.

4.21 Ionendosis

Da die biologische Strahlenwirkung hauptsächlich auf Ionisationsprozessen beruht, wird für Strahlenschutzzwecke eine auf diesen Strahlungseffekt bezogene Einheit für die Strahlendosis, das „Röntgen" (r) verwendet. 1 r (= 1000 mr) ist definiert als diejenige Menge einer Röntgen- oder γ-Strahlung, die in Luft je 0,001293 g (Masse von 1 cm³ trockener Luft bei 0 °C und einem Druck von 760 Torr) eine solche Korpuskularemission bewirkt, daß die dadurch in Luft erzeugten Ionen beiderlei Vorzeichens je eine Elektrizitätsmenge von einer elektrostatischen Einheit (1 ESE) tragen, was $2{,}08 \cdot 10^9$ Ionenpaaren/cm³ Luft entspricht.

Da bei der Bildung eines Ionenpaares in Luft im Durchschnitt 32,5 eV verzehrt werden, entspricht einem r eine Energieabsorption von $6{,}77 \cdot 10^4$ MeV/cm³ oder 83,8 erg/g Luft. 1 g weiches Zellengewebe würde unter gleichen Bedingungen des Strahlungsfeldes etwa 93 erg absorbieren. (Diese Gleichsetzungen mit der Energieabsorption sind nur gerechtfertigt, wenn die Orte der Entstehung und der Absorption der Ionenpaare praktisch zusammenfallen.)

Die Dosisleistung L ist der Differentialquotient der Dosis nach der Zeit $L = dD/dt$. Für praktische Zwecke interessiert die mittlere Dosisleistung über einen gewissen Zeitbereich $L = D/t$, die beispielsweise in r/h, mr/sek usw. an-

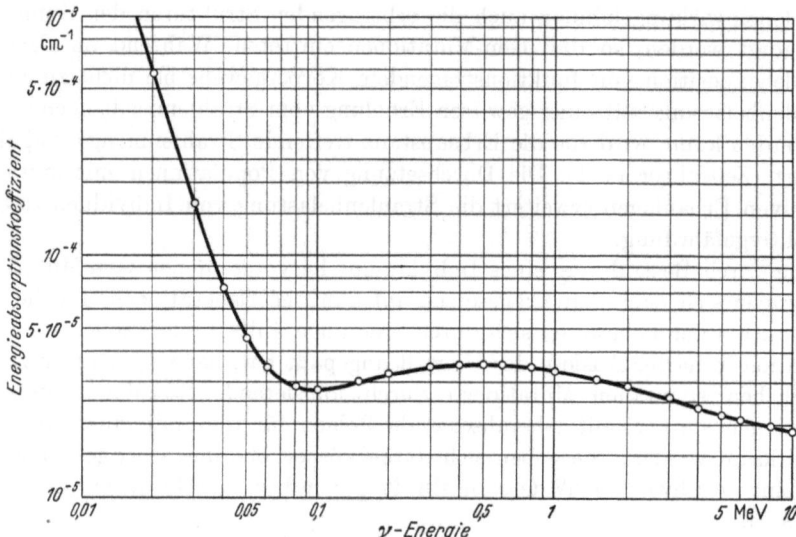

Abb. 4.2/1. Variation des Energieabsorptionskoeffizienten von Luft (78% N_2, 21% O_2, 1% A bei 20 °C) als Funktion der Photonenenergie (nach [5], S. 145)

gegeben wird. Die Verwendung der Dosisleistung als Maß für die Intensität I Photonen/cm²sek ist streng nur für eine jeweils bestimmte Energie E möglich, da die Dosisleistung proportional $I\,E\,\mu_e(E)$ ist, wobei $\mu_e(E)$ den energieabhängigen Energieabsorptionskoeffizienten von Luft bedeutet (Abb. 4.2/1). In dem Bereich von 0,07 bis 2,0 MeV ist μ_e annähernd (Toleranz $\pm 10\%$) $3{,}35 \cdot 10^{-5}$ cm^{-1}, so daß in diesem Bereich näherungsweise r/h $= 1{,}78 \cdot 10^{-6}\,I\,E$ gesetzt werden kann, wobei E in [MeV] auszudrücken ist.

4.22 Energiedosis

Bei der Messung der Ionendosis in höheren Energiebereichen bereitet die Erfassung der sekundären Ionisationsprozesse, die in einem sehr viel größeren Volumen Luft erfolgen, Schwierigkeiten. Ferner gestattet die lediglich auf die Luftionisation durch Röntgen- und γ-Strahlung bezogene Einheit „Röntgen" nicht den Vergleich der biologischen Wirkung verschiedener Strahlenarten. Aus diesem Grunde wurde neben der Einheit für die Ionendosis auch eine Einheit der Energiedosis geschaffen.

Die Energiedosis ist ein Maß für die an die Masseneinheit eines Absorbers abgegebene Energie einer Strahlenmenge (erg/g). Die mit dem r verknüpfte Einheit der Energiedosis ist das rep (roentgen equivalent physical). Das rep bezieht sich auf die Energieabgabe einer Ionendosis von 1 r an die Masseneinheit Luft. Als allgemeines Maß für die Absorption einer bestimmten Strahlungsenergiemenge an der interessierenden Stelle eines beliebigen Stoffs ist die Einheit rad (radiation absorbed dose) eingeführt worden, die als Energieabsorption von 100 erg/g bestrahlten Materials definiert ist.

4.23 Relative biologische Wirksamkeit

Bei gleicher absorbierter Strahlendosis variiert die biologische Wirkung beträchtlich mit der Strahlenart, sie ist in wesentlichem Maße eine Funktion der spezifischen Ionisation (s. Abschn. 4.13). Als Bezugsbasis für den Vergleich der Strahlenwirkung ionisierender Strahlungen wird die physikalische Dosis von 200 kV-Röntgenstrahlen genommen und die relative biologische Wirksamkeit (RBW) definiert als

$$\text{RBW} = \frac{\text{Dosis [rad] von 200 kV-Röntgenstrahlen zur Erzielung der biologischen Wirkung } W}{\text{Dosis [rad] der Vergleichsstrahlung zur Erzielung der biologischen Wirkung } W}.$$

Bei einer bestimmten Strahlenart gilt für jedes der Strahleneinwirkung ausgesetzte Objekt ein besonderer Wert der RBW. Für Zwecke des Strahlenschutzes wird aber meist ein einziger Wert für die RBW einer bestimmten Strahlung verwendet, der sich auf den biologischen Effekt gründet, für den die RBW für am größten geschätzt wird. Für den Fall der Dauerbestrahlung mit kleiner Dosisleistung werden die folgenden Zahlenwerte empfohlen:

Strahlung	RBW	Biologische Wirkung
Röntgen-Strahlen, γ-Strahlen und β-Strahlen aller Energien	1	Ganzkörper-Bestrahlung (kritisch für blutbildende Organe)
Schnelle Neutronen und Protonen bis zu 10 MeV	10	Ganzkörper-Bestrahlung (kritisch für Kataraktbildung)
Thermische Neutronen	3	. . . .
Natürlich vorkommende α-Teilchen	10	Carcinogenese
Schwere Rückstoßkerne	20	Kataraktbildung

4.24 Das „rem"

Eine Kombination des biologischen Bewertungsfaktors „RBW" mit der Energieabsorption je g ergibt das zur Zeit objektivste Maß für die biologische Wirkung ionisierender Strahlen, das rem (roentgen equivalent man), definiert durch die Beziehung:

$$\text{Dosis in rem} = \text{RBW} \times \text{Dosis in rad}.$$

Da 1 rem einer Art Strahlung in einem gegebenen Zellgewebe definitionsgemäß die gleiche biologische Schädigung verursacht wie 1 rem einer beliebigen anderen ionisierenden Strahlung, sind die in rem gemessenen Dosen verschiedener Strahlungen additiv. Damit ist das rem zur Beurteilung der biologischen Wirkung einer aus verschiedenen Strahlenarten zusammengesetzten Gesamtbestrahlung geeignet. Beispielsweise ergibt sich die effektive kombinierte Gesamtdosis einer heterogenen Einstrahlung bestehend aus den Komponenten A, B und C zu

$$D_{\text{eff}} = (\text{RBW})_a\, A + (\text{RBW})_b\, B + (\text{RBW})_c\, C.$$

4.3 Natürliche und außerberufliche zivilisatorische Strahlenbelastung

Die natürlichen energiereichen Strahlungen der Umwelt bilden das Grundniveau der Strahlenbelastung des Menschen. Die hauptsächlichen Komponenten der natürlichen Strahlenbelastung sind:

1. die kosmische Ultra-Strahlung, deren Ionisationswert mit der Höhe über dem Meeresspiegel und der geographischen Breite zunimmt;

2. die aus dem Gehalt der Erdkruste an natürlichen radioaktiven Substanzen resultierende Umgebungsstrahlung, die je nach den geologischen Verhältnissen geographisch sehr verschieden verteilt ist;

3. das radioaktive Isotop K^{40} (Häufigkeit 0,012% im Kalium-Isotopengemisch), das dem Körper mit der Wasser- und Nahrungsaufnahme ständig zugeführt wird und sich annähernd gleichförmig im Körper verteilt, und das radioaktive Isotop Ra^{226}, das sich in der Knochensubstanz konzentriert;

4. der Radon-Gehalt der irdischen Atmosphäre. In geschlossenen Räumen werden zwar die kosmische und die Umgebungsstrahlung teilweise abgeschirmt, jedoch kann die von den Baustoffmassen auf Grund ihres eigenen Gehalts an Radioisotopen emittierte Strahlung den Abschirmungseffekt überkompensieren.

Die Dosiswerte infolge der natürlichen Umweltsstrahlung sind örtlich unterschiedlich, ihre Größenordnung ist — von Extremfällen, wie Uranerzlagerstätten, abgesehen — im wesentlichen die gleiche. Zu der natürlichen Strahlenbelastung kommt noch eine allgemeine künstliche Strahlenbelastung infolge der radioaktiven Ausstreuung von Kernwaffen-Versuchsexplosionen (besonders gefährliches Radioisotop: Sr^{90}). Die Dosiswerte infolge der Test-Explosionen sind im Gesamtdurchschnitt noch geringfügig im Vergleich mit der natürlichen Strahlenbelastung; sie können jedoch in Abhängigkeit von besonderen meteorologischen Bedingungen örtlich relativ hohe Werte erreichen. — Die in ihre hauptsächlichen Komponenten aufgegliederte natürliche Strahlenbelastung des Menschen ist in Tab. 4.3/1 zusammengestellt. Aus der Gegenüberstellung dieser Werte mit dem bei beruflicher Strahlenbelastung heute international angenom-

4.3 Natürliche und außerberufliche zivilisatorische Strahlenbelastung

menen durchschnittlichen höchstzulässigen Wert von 5 rem/Jahr (Abschn. 4.4) ist die Schmalheit des Spielraums ersichtlich, der für die Nutzung von Kernenergie und energiereichen Strahlungen zur Verfügung steht.

Tabelle 4.3/1. *Natürliche Strahlenbelastung des Menschen* (nach A. SCHRAUB: *Die natürliche Strahlenbelastung.* In B. RAJEWSKY [2], S. 195)

Strahlungskomponente	Dosisleistung [mrem/Jahr]
kosmische Strahlung	∼35 (33—37)
Umgebungsstrahlung	∼70 (40—240)
Kalium-40 (im Gesamtkörper)	20
Radium (im Knochen)	50
Radon-Folgeprodukte (Lunge)	25—250

Vor allem in den zivilisatorisch hochstehenden Ländern werden auch die Menschen, die beruflich nicht mit energiereichen Strahlungen zu tun haben, unter verschiedenen alltäglichen Verhältnissen künstlichen Strahlenbelastungen ausgesetzt: Fußdurchleuchtungsgeräte in Schuhgeschäften, Leuchtzifferblätter von Armaturen und Armbanduhren, Fernsehgeräte usw. Der bei weitem bedeutendste Strahlenbelastungseinfluß besteht in der in den letzten Jahren stark steigenden Tendenz der Anwendung von Röntgenstrahlen und radioaktiven Isotopen in der medizinischen Diagnostik. In einigen Ländern ist die gesamte Dosis, die den Patienten durch Röntgendiagnostik verabfolgt wird, sehr viel größer als die Gesamtdosis, die berufsmäßig mit energiereichen Strahlungen arbeitende Personen empfangen. In den USA wurde eine bei diagnostischen Untersuchungen pro Kopf der Gesamtbevölkerung durchschnittlich erhaltene Dosis von 2 r/Jahr (Hautdosis) ermittelt. — In Tab. 4.3/2 sind einige größenordnungsmäßige Werte für zivilisatorische Strahlenbelastungen aus verschiedenen Quellen zusammengestellt; ferner sind charakteristische Dosiswerte für Frühschädigungen infolge einmaliger kurzzeitiger Ganzkörperbestrahlung angegeben.

Tabelle 4.3/2. *Zusammenstellung verschiedener zivilisatorischer Strahlenbelastungswerte sowie einiger charakteristischer Dosiswerte für einmalige kurzzeitige Ganzkörperbestrahlung*

Strahlenquelle	Strahlenbelastung
Röntgenaufnahme der Lunge	0,02—0,5 r/Aufnahme
Röntgenaufnahme des Magens	1,5—3 r/Aufnahme
Röntgendurchleuchtung	3—25 r/min
örtliche Totaldosis bei Tumorbestrahlung	3000—7000 r
Schuhdurchleuchtung (∼20 sek)	∼1 r
Heim-Fernsehgerät (Oberfläche der Bildröhre)	∼2 mr/h
Leuchtziffer-Armbanduhr (Dosis für mittleren Körperteil)	∼40 mr/Jahr

Auswirkungen bei einmaliger Ganzkörperbestrahlung	Strahlendosis
vorübergehende gerade feststellbare pathologische Veränderungen an einigen Organen	5 r
Gefährdungsschwelle für Blutbildveränderungen	25 r
Strahlenkrankheit	100 r
schwere Strahlenkrankheit, 50% Mortalität	400 r

4.4 Höchstzulässige Strahlenbelastung

Die Werte für die höchstzulässige Strahlendosis infolge äußerer und innerer Strahleneinwirkung bilden die Grundlage für die Planung der technischen Einrichtungen und der betrieblichen Maßnahmen des Strahlenschutzes. Die höchstzulässigen Strahlenbelastungswerte sind mit dem Fortschreiten der Erkenntnisse der Strahlenbiologie und -medizin im Abstande von jeweils einigen Jahren periodisch herabgesetzt worden, so daß die heute geltenden Werte einen nur geringen Spielraum zwischen der natürlich vorhandenen Umgebungsstrahlung und der höchstzulässigen künstlichen Strahlenbelastung definieren.

Die Erfahrungen der US Atomic Energy Commission und der United Kingdom Atomic Energy Authority zeigen, daß bei der in diesen Institutionen geübten äußersten Sorgfalt der Planung des technischen und betrieblichen Strahlenschutzes das Arbeiten in dem als zulässig definierten Strahlenbelastungs-Spielraum nicht nur mit mehr als 99,5%iger Sicherheit möglich ist, sondern daß sich die Strahlenbelastung der großen Mehrzahl der Strahlenbeschäftigten innerhalb von 1/10 bis 1/5 der höchstzulässigen Werte halten läßt (Halbjahres- bzw. Jahresberichte der U.S.A.E.C. und U.K.A.E.A.). Im Gegensatz dazu hat die laufende Strahlenschutzüberwachung von medizinischen und industriellen Röntgen- und Radioisotopenbetrieben gezeigt, daß bei medizinischem Personal und bei Arbeitern in der Kathodenstrahlröhren-Fabrikation und der Leuchtfarbenindustrie sehr häufige Dosisüberschreitungen von zum Teil erschreckend hohem Ausmaß vorkommen [6].

4.41 Äußere Einstrahlung [7]

Auf der Grundlage von Erfahrungen über Strahleneffekte bei Radiologen und röntgentechnischem Personal, strahlentherapeutischen Erfahrungen, Tierversuchen u. a. empfiehlt die Internationale Kommission für Strahlenschutz gegenwärtig für chronische Ganzkörperbestrahlung von Strahlenbeschäftigten durch äußere Quellen einen höchstzulässigen Wert von 0,3 rem/Woche; (für Teilbestrahlung der Hände kann der dreifache Wert angesetzt werden). Die maximal zulässige akkumulierte Dosis ist in rem in jedem Alter gleich dem fünffachen der Zahl der Lebensjahre N oberhalb 18, vorausgesetzt, daß die jährliche Belastung 15 rem nicht übersteigt:

$$D = 5\,(N - 18) \quad [\text{rem}] \qquad (4.4/1)$$

Wenn im Jahr eine Gesamtdosis von 5 rem für die Strahlenbeschäftigten nicht überschritten werden soll, so bedeutet das eine mittlere Wochendosis von 0,1 rem. Von einer derartigen Strahlenbelastung wird nach heutigem Wissensstand angenommen, daß sie noch keinen nennenswerten nachteiligen Einfluß auf Gesundheit und Wohlbefinden einer Person hat. Für Personen, die sich außerhalb der durch Strahlenschutz-Spezialisten ständig oder periodisch überwachten Bereiche befinden und Strahlung von einem dieser Bereiche erhalten können, sollen die maximalen Dosiswerte 1/10 der für berufliche Strahlenbelastung gültigen Werte sein. Die durchschnittliche Strahlenbelastung für die Gonaden der Gesamtbevölkerung soll, um eine Gefährdung nachfolgender Generationen durch eine zu starke Erhöhung der Mutationsrate zu verhüten, pro Generationszeit, d. h. in den ersten 30 Lebensjahren, 10 r nicht überschreiten.

Für die einmalige kurzzeitige Ganzkörperbestrahlung von Angehörigen von Dekontaminierungsabteilungen und Katastrophen-Einsatztrupps wird als Richt-

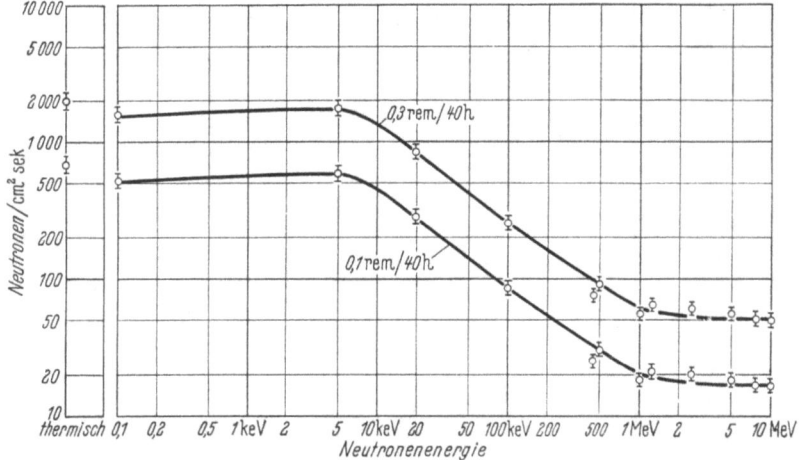

Abb. 4.4/1. Neutronenfluß, der eine Dosisleistung von 0,3 rem/40 h bzw. von 0,1 rem/40 h ergibt, als Funktion der Neutronenenergie (nach ROSSI [8])

wert im Hinblick auf die Vermeidung der akuten Strahlenkrankheit ein höchstzulässiger Dosiswert von 12,5 rem (Notstandsdosis) angegeben. Diese Dosis muß aber in die Formel (4.4/1) eingerechnet werden.

Die höchstzulässige Dosis wird zur Gewinnung des Ausgangspunkts für technische Strahlenschutzberechnung in höchstzulässige durchschnittliche Strahlenflüsse umgerechnet. Für den γ-Strahlenfluß ergibt sich bei Zugrundelegung des in Abschn. 4.21 angeführten Wertes

$$\mu_e = 3{,}35 \cdot 10^{-5}\ [\text{cm}^{-1}]$$

für den Energieabsorptionskoeffizienten von Luft als näherungsweises Äquivalent für eine Dosisleistung von 0,3 r/40 h die Beziehung $4000/E$ [Photonen/cm² sek], wobei E in [MeV] einzusetzen ist. — In Abb. 4.4/1 sind Werte für höchstzulässige durchschnittliche Neutronenflüsse als Funktion der Energie aufgetragen [8].

4.42 Intrakorporale Strahler

Eine Einverleibung radioaktiver Isotope kann durch Resorption über den

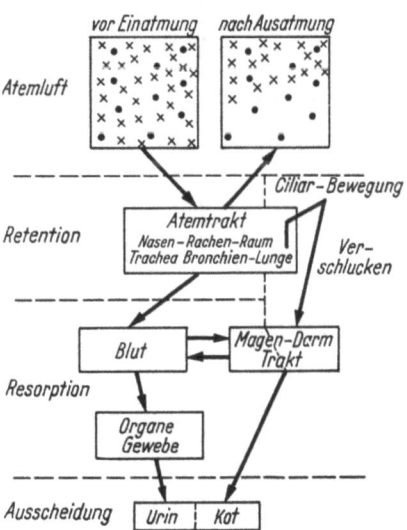

Abb. 4.4/2. Schematische Darstellung der Retention und Verteilung radioaktiver Substanzen im menschlichen Organismus nach Inhalation (nach W. JACOBI: Biophysikalische Gesichtspunkte zum Problem der radioaktiven Aerosole; in [2], S. 254)

Magen-Darm-Trakt oder durch Retention und Resorption über den Atemtrakt (Abb. 4.4/2) erfolgen. Bei Aufnahme in den Körper werden selbst Spurenmengen von Radioisotopen in der Größenordnung von einem millionstel Curie biologisch

Tabelle 4.4/1. *Maximal zulässiger Gesamtgehalt des Körpers an Radioisotopen und maximal zulässige Konzentration in Wasser und Luft bei Dauerzufuhr* (nach B. RAJEWSKY [1])

Ordnungszahl und Element	Isotop	Strahlung α	Strahlung β	Strahlung γ	kritisches Organ	wirksame Energie (RBW)·ΣE_{eff} [MeV]	effektive Halbwertzeit T_{eff} [d]	maximal zulässige Menge im gesamten Körper (MZM) [µC]	maximal zulässige Konzentration in Wasser (MZK$_W$) [µC/cm³]	in Luft (MZK$_L$) [µC/cm³]
11 Natrium	Na^{24}	—	β$^-$	γ	Gesamtkörper	2,7	0,60	15	$8 \cdot 10^{-3}$	$2 \cdot 10^{-6}$
15 Phosphor	P^{32}	—	β$^-$	—	Knochen	0,68	14	10	$2 \cdot 10^{-4}$	10^{-7}
16 Schwefel	S^{35}	—	β$^-$	—	Haut	0,055	18	300	$5 \cdot 10^{-3}$	10^{-6}
18 Argon	A^{41}	—	β$^-$	γ	Gesamtkörper	1,8		33	$5 \cdot 10^{-4}$	$5 \cdot 10^{-7}$
19 Kalium	K^{42}	—	β$^-$	γ	Muskulatur	1,6	0,51	21	10^{-2}	$2 \cdot 10^{-6}$
20 Kalzium	Ca^{45}	—	β$^-$	—	Knochen	0,43	151	14	10^{-4}	$8 \cdot 10^{-9}$
25 Mangan	Mn^{56}	—	β$^-$	γ	Nieren	1,1	0,10	25	0,15	$4 \cdot 10^{-6}$
26 Eisen	Fe^{55}	—	k	—	Blut	$6 \cdot 10^{-3}$	61	1000	$5 \cdot 10^{-3}$	$7 \cdot 10^{-7}$
	Fe^{59}	—	β$^-$	γ	Blut	0,54	27	13	10^{-4}	$2 \cdot 10^{-8}$
27 Kobalt	Co^{60}	—	β$^-$	γ	Leber	0,72	8,4	3	$2 \cdot 10^{-2}$	10^{-6}
38 Strontium	Sr^{89}	—	β$^-$	—	Knochen	2,8	52	3	$7 \cdot 10^{-5}$	$2 \cdot 10^{-8}$
	Sr^{90} + Y^{90}	—	β$^-$	—	Knochen	5,1	2700	2	$8 \cdot 10^{-7}$	$2 \cdot 10^{-10}$
44 Ruthenium	Ru^{106} + Rh^{106}	—	β$^-$	γ	Magen-Darm	1,4		1	10^{-4}	$2 \cdot 10^{-8}$
45 Rhodium	Rh^{105}	—	β$^-$	γ	Magen-Darm	0,30			10^{-3}	$2 \cdot 10^{-7}$
53 Jod	I^{131}	—	β$^-$	γ	Schilddrüse	0,22	7,5	0,6	$6 \cdot 10^{-5}$	$6 \cdot 10^{-9}$
55 Cäsium	Cs^{137} + Ba^{137}	—	β$^-$	γ	Muskulatur	0,57	17	98	$2 \cdot 10^{-3}$	$2 \cdot 10^{-7}$
56 Barium	Ba^{140} + La^{140}	—	β$^-$	γ	Knochen	4,1	12	1	$5 \cdot 10^{-4}$	$2 \cdot 10^{-8}$
86 Radon + Folgeprodukte	Rn^{220}	α	—	—	Lungen	219				10^{-7}
	Rn^{222}	α	—	—	Lungen	200				10^{-7}
88 Radium + 55% Folgeprodukte	Ra^{226}	α	—	γ	Knochen	162	$1,6 \cdot 10^4$	0,1	$4 \cdot 10^{-8}$	$8 \cdot 10^{-12}$
92 Uran	nat. U (löslich)	α	—	—	Nieren	94	30	0,04	10^{-4}	$3 \cdot 10^{-11}$
	nat. U (unlöslich)	α	—	γ	Lungen	94	120	0,01		$3 \cdot 10^{-11}$
94 Plutonium	Pu^{239} (löslich)	α	—	—	Knochen	267	$4,3 \cdot 10^4$	0,04	$6 \cdot 10^{-6}$	$2 \cdot 10^{-12}$
	Pu^{239} (unlöslich)	α	—	γ	Lungen	54	360	0,02		$2 \cdot 10^{-12}$

wirksam, insbesondere wenn die Rückhaltung im Körper hoch ist und eine selektive Speicherung in bestimmten Organen stattfindet; beispielsweise ist Strontium ein „Knochensucher", Caesium geht in die Muskulatur, Jod wird in der Schilddrüse konzentriert und gespeichert. Das Organ, welches das betrachtete Radioisotop bevorzugt konzentriert, nur langsam ausscheidet und daher infolge der Organschädigung die Gesundheit des Individuums am meisten benachteiligt, gilt als kritisches Organ (Abschn. 4.16).

Die besondere Gefahr inkorporierter Radioisotope besteht in folgenden Faktoren:

1. Das Organ, in dem sich radioaktives Material konzentriert, wird kontinuierlich bestrahlt, bis das radioaktive Material entweder wieder aus dem Körper ausgeschieden oder seine Aktivität auf unbedeutende Werte abgeklungen ist.

2. Dicht ionisierende α- und β-Partikel, die bei äußerer Einwirkung auf den Körper keine bzw. nur eine unwesentliche Strahlengefahr darstellen, erlangen bei Inkorporierung eine totale Wirksamkeit, da sie ihre gesamte Energie in einem kleinen Volumen des Körpers abgeben.

3. Nach dem derzeitigen Stand der Therapie ist es nicht möglich, die Ausscheidung radioaktiver Substanzen aus dem Körper nennenswert zu beschleunigen.

Ein über den Magen-Darm-Kanal oder die Lunge in den Körper aufgenommenes Radioisotop nimmt am Stoffwechsel teil, wobei es sich hinsichtlich Verteilung, Ablagerung und Ausscheidung wie ein stabiles Element verhält. An der Abnahme der Radioaktivität im Körper sind neben den Zerfallsprozessen die biologischen Ausscheidungsprozesse beteiligt. Ab einer gewissen Zeit nach erfolgter Inkorporierung kann die zeitliche Ausscheidung eines Radioisotops als näherungsweise exponentiell angesehen werden, so daß für die effektive Halbwertzeit des Radioaktivitätsabfalls im Körper die Beziehung

$$T_{\text{eff}} = \frac{T\,T_b}{T + T_b} \qquad (4.4/2)$$

gilt, wobei T die physikalische und T_b die biologische Halbwertzeit des betreffenden Radioisotops bedeutet.

Die höchstzulässigen Konzentrationen von Radioisotopen in Luft und Wasser werden aus der Bedingung abgeleitet, daß die resultierende Strahlendosis bei

Tabelle 4.4/2. *Maximal zulässige Konzentration einiger Radioisotope unter Notstandsbedingungen* (MZK[Not]) (nach B. RAJEWSKY [1])

			MZK[Not] 10 Tage lang entspricht einer			
			x-fachen MZK bei Dauerzufuhr x	erzeugt im kritischen Organ	in 30 Tagen [rem]	in 50 Jahren [rem]
P^{32}	$2 \cdot 10^{-1}\ \mu C/cm^3$ $3 \cdot 10^{-5}\ \mu C/cm^3$	Wasser Luft	1000 300	Knochen	23,4	30
Sr^{89}	$2 \cdot 10^{-2}\ \mu C/cm^3$ $2,5 \cdot 10^{-6}\ \mu C/cm^3$	Wasser Luft	290 125	Knochen	10,8	30
Sr^{90}	$5 \cdot 10^{-4}\ \mu C/cm^3$ $6 \cdot 10^{-8}\ \mu C/cm^3$	Wasser Luft	625 300	Knochen	0,2	30
I^{131}	$2 \cdot 10^{-3}\ \mu C/cm^3$ $3 \cdot 10^{-7}\ \mu C/cm^3$	Wasser Luft	33 50	Schilddrüse	26,6	30

kontinuierlicher Berufstätigkeit für die meisten kritischen Körperorgane den Wert von 0,3 rem/Woche, für die Gonaden oder den Gesamtkörper den Wert von 0,1 rem/Woche nicht überschreitet. Einige entsprechende Werte sind in Tab. 4.4/1 zusammengestellt (auf der Grundlage der ICRP-Empfehlungen vom Jahre 1954, da [9] bei der Drucklegung noch nicht vorlag). — Für weiträumige Kontaminierungen sind die höchstzulässigen Konzentrationen mit 1/100 der für berufliche Strahlenbelastung geltenden Werte anzusetzen. — Einige Werte für höchstzulässige Radioisotopenkonzentrationen unter Notstandsbedingungen sind in Tab. 4.4/2 wiedergegeben.

4.43 Biozyklen

Die Bestimmung der Radioisotopenkonzentrationen in Trinkwasser und Atemluft erlaubt noch keine ausreichenden Schlüsse auf den Grad der Gesundheitsgefährdung des Menschen. Die Gefährdung bei einer weiträumigen radio-

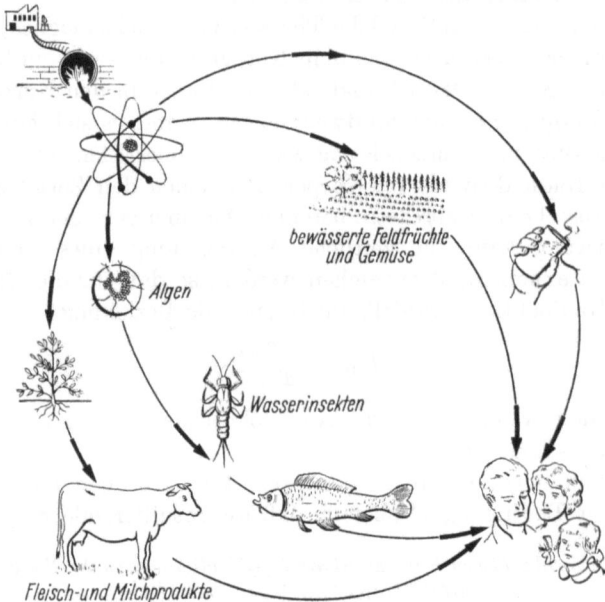

Abb. 4.4/3. Wege radioaktiver Substanzen über das Wasser zum Menschen (nach TSIVOGLOU, HARWARD u. INGRAM [10])

aktiven Verseuchung ergibt sich nicht so sehr auf direktem Wege durch die unmittelbare Aufnahme der Radioisotope aus der Luft und dem Trinkwasser, als vielmehr auf indirektem Wege über die dem Menschen als Nahrung dienenden Organismen. Auf dem Wege über die Nahrungsketten Wasser/Boden–Pflanze–Tier–Mensch können beträchtliche Änderungen des Verteilungsmusters der Radioisotope eintreten. Durch selektive biologische Anreicherung und Speicherung bestimmter Radioisotope kann es zu großen, bis zu millionenfachen Konzentrationserhöhungen von Radioaktivitäten gegenüber der ursprünglichen in

Wasser vorhandenen oder aus der Luft ausgestreuten oder ausgeregneten radioaktiven Substanzen kommen, so daß es irreführend ist, eine radioaktive Verseuchung des Wassers oder der Luft nur danach zu beurteilen, ob sie bei Ingestion oder Inhalation für den Menschen gefährlich sein kann. Abb. 4.4/3 zeigt die Wege, auf denen radioaktive Substanzen über das Wasser zum Menschen gelangen können. Die Passage Wasser/Boden–Pflanze–Kuh–Milch zum Kleinkind ist besonders gefährlich.

Die Anreicherung bestimmter Radioisotope auf dem Wege über biologische Passagen ist besonders eingehend am Columbia River in Washington untersucht worden ([10] bis [15]). Für die Durchlaufkühlung der Plutonium-Produktionsreaktoren der Hanford-Werke bei Richland wird Wasser aus dem Columbia River entnommen und wieder in den Fluß zurückgeleitet. Das Abwasser enthält normalerweise Spurenmengen radioaktiver Isotope, die durch Neutronenaktivierung gelöster Mineralstoffe entstanden sind. Das Wasser des Columbia River stromab der Hanford-Werke wird von mehreren Städten als Trinkwasser genutzt — die Radioisotopenkonzentrationen im Fluß liegen an den Entnahmestellen weit unterhalb der höchstzulässigen Werte für Trinkwasser. Untersuchungen der Biozyklen im und am Columbia River haben gezeigt, daß das Plankton im Fluß, bezogen auf den Gehalt an Phosphor-32, etwa 2000mal soviel Radioaktivität besitzt wie das Flußwasser selbst — je Gramm gerechnet. Junge Flußenten haben 40000mal mehr P^{32}-Aktivität als das Flußwasser, Flußfische 150000mal mehr, junge Schwalben, die von den alten Tieren mit Wasserinsekten gefüttert werden, 0,5 Millionen mal mehr, und das Eigelb von Flußvögeln 1,5 Millionen mal mehr.

Literatur zu 4

[1] Rajewsky, B.: Strahlendosis und Strahlenwirkung, 2. Aufl. Stuttgart: Thieme 1956
[2] Rajewsky, B. (Hrsgb.): Wissenschaftliche Grundlagen des Strahlenschutzes. Bibliotheca Biophysica. Karlsruhe: G. Braun 1957
[3] Beck, H. R., H. Dresel u. H.-J. Melching: Leitfaden des Strahlenschutzes für Naturwissenschaftler, Techniker und Mediziner. Stuttgart: Thieme 1959
[4] Hanle, W.: Wechselwirkung energiereicher Strahlung mit Materie. Atomkernenergie Bd. 1 (1956) S. 84—88
[5] Kinsman, S. (Hrsgb.): Radiological Health Handbook. U.S. Department of Health, Education and Welfare, Robert A. Taft Sanitary Engineering Center, Cincinnati, Ohio, Januar 1957
[6] Brichzy, W., u. F. Wachsmann: Ergebnisse der Strahlenschutzüberwachung nach der Filmschwärzungsmethode in den Jahren 1957 und 1958. Atompraxis Bd. 5 (1959) S. 305—310
[7] Jaeger, R. G.: Die Ausarbeitung internationaler Strahlenschutzempfehlungen durch die International Commission of Radiological Protection (ICRP). Atomkernenergie Bd. 4 (1959) S. 261—267
[8] Rossi, H. H.: Maximum Permissible Radiation Levels for High-Energy Installations. In Proceedings of the Conference on Shielding of High-Energy Accelerators, New York, 11.—13. April 1957, S. 148—154, TID-7545, 6. Dezember 1957
[9] International Commission on Radiological Protection: Permissible Dose for Internal Radiation. London/New York/Paris: Pergamon Press 1959
[10] Tsivoglou, E. C., E. D. Harward u. W. M. Ingram: Stream Surveys for Radioactive Waste Control. 2nd Nuclear Engineering and Science Conference, Philadelphia, 11.—14. März 1957, Paper No. 57-NESC-21

[*11*] ROBECK, G. G., C. HENDERSON u. R. C. PALANGE: Report of Water Quality Studies on the Columbia River. Public Health Service, Robert A. Taft Sanitary Engineering Center, Cincinnati, Ohio 1954
[*12*] FOSTER, R. F., u. R. E. ROSTENBACH: Distribution of Radioisotopes in Columbia River. Journal of the American Water Works Association Vol. 46 (1954) S. 633—640
[*13*] FOSTER, R. F., u. J. J. DAVIS: The Accumulation of Radioactive Substances in Aquatic Forms. Proceedings of the International Conference on the Peaceful Uses of Atomic Energy Vol. 13, S. 364—367. New York: United Nations 1956
[*14*] HANSON, W. C., u. H. A. KORNBERG: Radioactivity in Terrestrial Animals Near an Atomic Energy Site. Proceedings of the International Conference on the Peaceful Uses of Atomic Energy Vol. 13, S. 385—388. New York: United Nations 1956
[*15*] DAVIS, J. J., R. W. PERKINS, R. F. PALMER, W. C. HANSON u. J. F. CLINE: Radioactive Materials in Aquatic and Terrestrial Organisms Exposed to Reactor Effluent Water. Second United Nations International Conference on the Peaceful Uses of Atomic Energy, Genf, 1.—13. September 1958, Paper No. A/CONF. 15/P/393

5. Gamma- und Neutronen-Strahlenquellen

Bei der Planung von Sicherheitsvorkehrungen zur Verhütung der Inkorporierung radioaktiver Substanzen (Radioisotopen-Laboratorien, radioaktive Abfallstoffe) ist neben der Aktivitätsmenge die relative Radiotoxidität der Isotope von Bedeutung. — Beim Entwurf von Strahlenabschirmungen besteht der Ausgangspunkt in der Bestimmung von Art, Energie und Intensität der abzuschirmenden Strahlenquellen: radioaktive Präparate, Kernreaktorsysteme oder Partikelbeschleuniger.

Den kompliziertesten Strahlenquellen-Typ stellen die Kernreaktorsysteme dar. Die bei dem Entwurf der Abschirmung zu berücksichtigenden Strahlungen enthalten prompte Neutronen, verzögerte Neutronen, prompte γ-Strahlen, Spaltprodukt-γ-Strahlen vom Spaltstoff (U^{235}, Pu^{239} oder U^{233}), Einfang-γ-Strahlen von evtl. Brutmaterial (U^{238} oder Th^{232}), Einfang- und Aktivierungs-γ-Strahlen von Moderator, Konstruktionsteilen im Reaktor, Kühlmittel und Abschirmungsanlage, γ-Strahlung aus inelastischer Neutronenstreuung, Aktivierungsneutronen (Wasser) und Photoneutronen. Bei Reaktoren mit festem Spaltstoff ist während des Reaktorbetriebs die prompte γ- und Neutronen-Strahlung und die Einfang-γ-Strahlung vorrangig; Energie und Ort der Erzeugung können die Einfang-γ-Strahlung zum maßgebenden Faktor für die Bemessung der Reaktor-Abschirmung machen. Danach stehen in der Reihenfolge ihrer Bedeutung Spaltprodukt-γ-Strahlung, inelastische Streuungs-γ-Strahlung und induzierte γ-Aktivitäten. Nach der Stillegung dominiert die Spaltprodukt-γ-Strahlung; die in der Reaktorkonstruktion und im Kühlmittel induzierten γ-Aktivitäten sind im allgemeinen von zweitrangiger Bedeutung.

5.1 Radioaktive Isotope

5.11 Einordnung von α-, β-, γ-Strahlern nach der relativen Radiotoxidität

Die in Abschn. 4.42 angegebenen Werte für die höchstzulässigen Konzentrationen radioaktiver Isotope sind nur ein grober Anhalt für die relative Gefährlichkeit von nicht hermetisch eingeschlossenen Radioisotopen, bei denen die

Möglichkeit der Inkorporierung besteht. Bei der Ermittlung der relativen Radiotoxidität sind außer den Konzentrationen, die im kritischen Organ die höchstzulässigen Strahlendosen erzeugen, noch weitere Faktoren, wie chemische Verbindungen, spezifische Aktivität, Löslichkeit, Flüchtigkeit usw., von Bedeutung. In Tab. 5.1/1 sind eine Reihe von in der Isotopentechnik gebräuchlichen Radioisotopen gemäß der relativen Radiotoxidität in vier Gefahrenklassen eingeordnet.

Tabelle 5.1/1. *Einordnung von in der Radioisotopentechnik gebräuchlichen Radioisotopen gemäß der relativen Radiotoxidität je Mengeneinheit in 4 Gefahrenklassen, bei Anordnung der Isotope in jeder Gruppe in der Reihenfolge zunehmender Ordnungszahl*
(nach C. R. McCullough [*1*], Tab. 6.4)

Klasse 1 sehr hohe Radiotoxidität	$Sr^{90} + Y^{90}$, *Pb^{210} + Bi^{210} (RaD + E), $(\alpha)Po^{210}$, $(\alpha)At^{211}$, $(\alpha)Ra^{226}$ + 55% *Tochterprodukte, Ac^{227}, (α)*U^{233}, (α)*Pu^{239}, (α)*Am^{241}, $(\alpha)Cm^{242}$
Klasse 2 hohe Radiotoxidität	Ca^{45}, *Fe^{59}, Sr^{89}, Y^{91}, Ru^{106} + *Rh^{106}, I^{131}, *Ba^{140} + La^{140}, Ce^{144} + *Pr^{144}, Sm^{151}, *Eu^{154}, *Tm^{170}, *Th^{234} + *Pa^{234}, * natürliches Thorium, * natürliches Uran
Klasse 3 mittlere Radiotoxidität	*Na^{24}, P^{32}, S^{35}, Cl^{36}, *K^{42}, *Sc^{46}, Sc^{47}, *Sc^{48}, *V^{48}, *Mn^{56}, Fe^{55}, *Co^{60}, Ni^{59}, *Cu^{64}, *Zn^{65}, *Ga^{72}, *As^{76}, *Rb^{86}, *Zr^{95} + *Nb^{95}, *Mo^{99}, Tc^{96}, *Rh^{105}, Pd^{103} + *Rh^{103}, *Ag^{109}, Ag^{111}, Cd^{109} + *Ag^{109}, *Sn^{113}, *Te^{127}, *Te^{129}, Cs^{137} + *Ba^{137}, *La^{140}, Pr^{143}, Pm^{147}, *Ho^{166}, *Lu^{177}, *Ta^{182}, *W^{181}, *Re^{183}, *Ir^{190}, *Ir^{192}, *Pt^{191}, *Pt^{193}, *Au^{196}, *Au^{198}, *Au^{199}, *Tl^{200}, Tl^{202}, Tl^{204}, *Pb^{203}
Klasse 4 relativ geringe Radiotoxidität	H^3, *Be^7, C^{14}, F^{18}, *Cr^{51}, Ge^{71}, *Tl^{201}

* = γ-Emission

5.12 Einordnung von γ-Strahlern nach Energie und Halbwertzeit

In Tab. 5.1/2 sind die wichtigsten γ-Strahler mit Halbwertzeiten > 6 h und Photonenenergien $> 0,1$ MeV nach Strahlungsenergie und Halbwertzeit geordnet angegeben. Bei γ-Strahlern mit komplizierterem Zerfallsschema sind nur die drei bedeutendsten Energiegruppen in die Tabelle aufgenommen (die verschiedenen Gammagruppen liegen im gleichen Halbwertzeit-Intervall). Die Aufstellung basiert auf der Isotopentabelle [*2*].

5.13 Neutronenquellen [*3*]

Durch den Beschuß von leichten Elementen (Li, Be, B, F, Na, Mg u. a.) mit von natürlichen radioaktiven Elementen (Po, Ra, U) emittierten α-Partikeln können freie Neutronen erzeugt werden: (α, n)-Reaktion. Bedingt durch die zahlreichen unterschiedlichen α-Energien ergibt sich ein kontinuierliches Neutronenenergie-Spektrum. Die größte Ausbeute wird bei Verwendung von Beryllium als Target-Element erzielt. Die hauptsächliche Kernreaktion ist:

$$_4Be^9 + {_2He^4} \rightarrow {_6C^{12}} + {_0n^1} + 5{,}76 \text{ MeV}.$$

Tabelle 5.1/2. *Gamma-strahlende Radioisotope, angeordnet*

	Gamma-Energie in [MeV]			
	0,1—0,3	0,3—0,5	0,5—0,7	0,7—0,9
6—24 h	Te^{99m}, Xe^{133m}, W^{187}, Re^{188}, Pt^{197}, Pb^{212}, Np^{236}	Zn^{69m}, Xe^{135}, Ir^{194}	K^{43}, Cu^{64}, Sr^{91}, Nb^{90}, Cd^{107}, I^{130}, I^{133}, Xe^{135}, W^{187}	Ga^{72}, Tc^{95}, Cd^{107}, I^{130}, I^{133}, W^{187}
1—3 d	Sc^{44m}, Cu^{67}, Ga^{67}, As^{71}, As^{77}, Ru^{97}, In^{111}, Ce^{137}, Ce^{143}, Pm^{151}, Sm^{153}, Hg^{197}, Th^{231}, Pa^{232}	La^{140}, Ce^{143}, Pm^{151}, Au^{198}	Ni^{57}, Ge^{69}, As^{71}, As^{72}, As^{76}, As^{77}, Br^{82}, Cd^{115}, Sb^{122}, Ce^{143}, Sm^{153}	Ga^{67}, As^{72}, Br^{82}, Zr^{97}, Mo^{99}, Pm^{151}
3—10 d	Sc^{47}, Ag^{111}, Yb^{175}, Lu^{177}, Re^{186}, Au^{199}, Ra^{224}	Ag^{111}, I^{131}, Yb^{175}	Zr^{89}, I^{124}, I^{131}	Tc^{96}, I^{124}, I^{131}, Re^{186}
10—50 d	Fe^{59}, Ag^{105}, In^{114}, Ba^{131}, Ce^{141}, Os^{191}, Pb^{203}	Cr^{51}, Ru^{103}, Rh^{105}, Ag^{105}, I^{126}, Ba^{131}, Ba^{140}, Pr^{147}, Nd^{147}, Hf^{181}	As^{74}, Rb^{84}, In^{114}, Te^{121}, I^{126}, Ba^{140}, Pr^{147}, Nd^{147}, Hf^{181}, Pb^{203}	Rb^{84}, Nb^{95}
50 d—1 a	Co^{57}, Se^{75}, Ce^{139}, Ce^{144}, Ga^{153}, Ta^{182}, Au^{195}, Hg^{205}, Cm^{242}	Be^{7}, Cr^{51}, Se^{75}, Sn^{113}, Ir^{192}	Co^{57}, Co^{58}, Sr^{89}, Tc^{95m}, Sb^{124}, Os^{185}, Ir^{192}	Sc^{46}, Mn^{54}, Co^{56}, Co^{58}, Zr^{95}, Tc^{95m}, Ag^{110m}, Os^{185}, Po^{210}
1—10 a	Eu^{152}, Eu^{155}, Th^{228}	Sb^{125}, Ba^{133}, Eu^{152}	Na^{22}, Kr^{85}, Sb^{125}	Cs^{134}
>10 a	Lu^{176}, Ra^{226}, Th^{230}, Pu^{238}, Cm^{243}	Eu^{154}, Lu^{176}	Cs^{137}, Bi^{207}, Po^{209}	Nb^{94}, Eu^{154} Po^{209},

Halbwertzeit in Stunden (h), Tagen (d) oder Jahren (a)

Das Neutronenspektrum von einer Ra-α-Be-Quelle ist in Abb. 5.1/1 dargestellt, die maximale Neutronenenergie liegt bei 13,2 MeV. Bei Verwendung von Bor als Targetmaterial wird eine geringere Breite der Neutronenenergieverteilung erhalten. In erster Linie werden Neutronen bei der Reaktion

$$_5B^{11} + {}_2He^4 \rightarrow {}_7N^{14} + {}_0n^1 + 0{,}28 \text{ MeV}$$

emittiert.

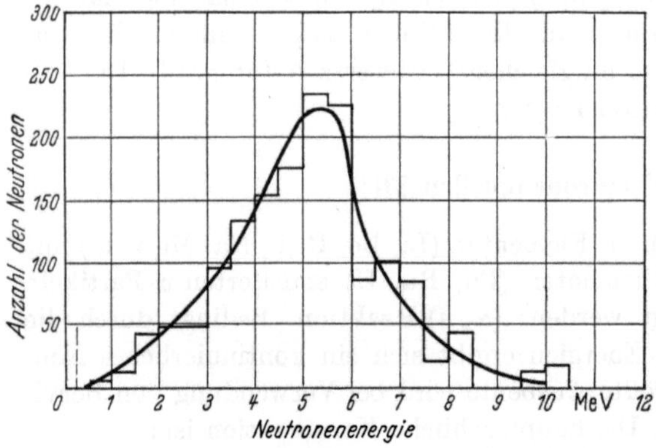

Durch γ-Photonen, deren kinetische Energie die Bindungsenergie der Neutronen in Atomkernen übersteigt, können Photoneutronen aus dem Kern herausgeschlagen werden. Die Schwellenenergie für die (γ, n)-Reaktion beträgt bei den meisten Kernen 6 bis 8 MeV. Bei Beryllium liegt die Schwellenenergie jedoch bei nur 1,67 MeV und bei Deuterium bei 2,23 MeV,

Abb. 5.1/1. Neutronen-Energiespektrum von einer Ra-α-Be-Quelle (nach PULLMAN [3], S. 3)

nach Strahlungsenergie und Halbwertzeit

Gamma-Energie in [MeV]					
0,9—1,1	1,1—1,3	1,3—1,5	1,5—2,0	2,0—3,0	> 3,0
Mg^{28}, K^{43}, Ga^{66}, Sr^{91}, Nb^{96}, Tc^{95}, Re^{188}	Nb^{90}, Nb^{96}, Re^{188}	Na^{24}, Mg^{28}, Co^{55}, Cu^{64}, Sr^{91}, I^{133}	K^{42}, Co^{55}, Pr^{142}, Ir^{194}	Na^{24}, Co^{55}, Ga^{66}, Ga^{72}, I^{135}	Ga^{66}
Sc^{48}, Cd^{115}, Au^{198}, Pa^{232}, Np^{238}	Ge^{69}, Sb^{122}	Sc^{48}, Ni^{57}, As^{76}, Br^{82}	Ni^{57}, Ge^{69}, As^{76}, Ho^{166}	As^{76}, La^{140}	La^{140}
Zr^{89}, Mn^{94}	Tc^{96}	Mn^{52}	I^{124}		
V^{48}, Fe^{59}, Rb^{86}	V^{48}, Fe^{59}, Cd^{115m}	I^{126}		V^{48}, Eu^{156}	
Y^{88}, Zr^{95}, Tc^{95m}	Sc^{46}, Co^{56}, Zn^{65}, Y^{91}, Ta^{182}	Ag^{110m}	Y^{88}, Ag^{110m}, Sb^{124}	Sb^{124}, Co^{56}, Y^{88}	
	Na^{22}, Co^{60}, Cs^{134}	Co^{60}, Cs^{134}			
Bi^{207}	Eu^{154}		Nb^{94}, Bi^{207}		

so daß die Auslösung der (γ, n)-Reaktion mit Hilfe harter γ-Strahler, wie Na^{24}, Ga^{72}, Sb^{124} und La^{140} (s. Tab. 5.1/2), möglich ist. Monoenergetische γ-Photonen bewirken die Emission monoenergetischer Neutronen. Die (γ, n)-Reaktionen in Be und D sind:

$$_4Be^9 + \gamma \rightarrow {_4Be^8} + {_0n^1} - 1{,}67 \text{ MeV}$$
$$_1D^2 + \gamma \rightarrow {_1H^1} + {_0n^1} - 2{,}23 \text{ MeV}.$$

Die Energie der durch den (γ, n)-Prozeß erzeugten Neutronen ist eine Funktion der Energie des einfallenden γ-Photons, der Bindungsenergie des Neutrons und der kinetischen Energie des Rückstoßkerns, die von der Masse A des Targetatoms und dem Winkel zwischen der Richtung des einfallenden γ-Photons und der Richtung des emittierten Neutrons abhängt.

5.2 Reaktorkern

5.21 Prompte Neutronen

Die bei der Kernspaltung unmittelbar, innerhalb von 10^{-14} sek, frei werdenden Neutronen werden als prompte Neutronen bezeichnet; ihr Anteil an den gesamten bei dem Spaltprozeß entstehenden freien Neutronen beträgt über 99%. Die übrigen Neutronen erscheinen verzögert über Neutronen emittierende Mutterkerne. Bei der Spaltung von U^{235} werden durchschnittlich 2,5 schnelle Neutronen je Spaltprozeß freigesetzt, bei anderen spaltbaren Isotopen ist die Anzahl etwas verschieden.

Das Energiespektrum der gesamten Spaltungs-Neutronen, das wegen des geringen Anteils der verzögerten Neutronen im wesentlichen das Energiespektrum der prompten Neutronen darstellt, wird für die thermische Spaltung von U^{235} durch die WATTsche Gleichung [4]

$$n(e) = \sqrt{\frac{2}{\pi e}} \sinh \sqrt{2E}\, e^{-E} = 0,484 \sinh \sqrt{2E}\, e^{-E} \qquad (5.2/1)$$

mit guter Genauigkeit wiedergegeben; dabei bedeutet $n(e)$ den auf ein erzeugtes Spaltneutron normalisierten Anteil der Neutronen je Einheit des Energiebereichs und E die Neutronenenergie in MeV. — Die Intensität der prompten Neutronenstrahlung ist aus der Verteilung der Leistungsdichte im Reaktorkern zu errechnen.

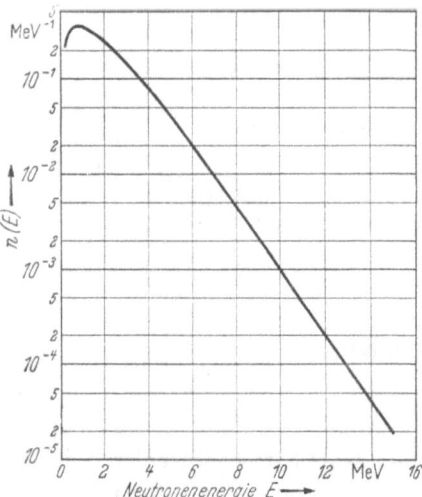

Abb. 5.2/1. Energiespektrum der prompten Spaltungsneutronen: Anzahl von Neutronen pro MeV Energieintervall als Funktion der Neutronenenergie (nach BLIZARD [5])

Das Energiespektrum der prompten Spaltungs-Neutronen aus der thermischen Spaltung von U^{235} ist in Abb. 5.2/1 in halb-logarithmischer Form aufgetragen. Es ist ersichtlich, daß die meisten der prompten Neutronen Energien zwischen 1 und 2 MeV besitzen. Obwohl nur ein kleiner Teil der prompten Neutronen Energien > 8 MeV besitzt, haben diese wegen ihrer hohen Durchdringungsfähigkeit eine große Bedeutung für die Bemessung der Abschirmung. Die Spaltungs-Neutronenspektren von U^{233} und Pu^{239} unterscheiden sich nur geringfügig von dem Neutronen-Energiespektrum aus der Spaltung von U^{235}; sie sind etwas härter. — Übersichten über die Ergebnisse der Untersuchungen betreffend das Spaltungs-Neutronenspektrum von U^{233} und Pu^{239} finden sich in [6], [7].

5.22 Verzögerte Neutronen [8], [9]

Weniger als 1% der bei der Kernspaltung freigesetzten Neutronen werden erst Sekunden bis Minuten nach dem Spaltprozeß emittiert. Diese verzögerten Neutronen stellen bei Reaktoren mit zirkulierendem Spaltstoff eine bedeutende Strahlenquelle dar, da sie auch im äußeren Teil des primären Kühlkreises, z. B. im primären Wärmeaustauscher, emittiert werden und somit im sekundären Kühlsystem Radioaktivität induzieren können.

Die verzögerten Neutronen werden nach den Halbwertszeiten ihrer exponentiell abfallenden Emissionsrate in sechs Gruppen zusammengefaßt. Halbwertzeit, mittlere Energie und relative Häufigkeit der einzelnen Gruppen verzögerter

Neutronen bei der thermischen Spaltung von U^{235} sind in Tab. 5.2/1 angegeben. Die Energien der verzögerten Neutronen sind, verglichen mit denen der prompten Neutronen, verhältnismäßig gering.

Tabelle 5.2/1. *Verzögerte Neutronen bei der thermischen Spaltung von U^{235}* (nach G. R. KEEPIN, T. F. WIMETT und R. K. ZEIGLER [*9*])

Gruppe	Halbwertzeit [sek]	mittlere Energie [MeV]	Häufigkeit, bezogen auf 100 bei der Spaltung emittierte Neutronen	Mutterkern
1	54,5	0,250	0,025	Br^{87}
2	21,8	0,460	0,143	I^{137}
3	6,0	0,405	0,126	Br^{89}
4	2,2	0,450	0,273	
5	0,5	0,520	0,086	
6	0,2		0,017	
			$\Sigma = 0,670$	

Die verzögerten Neutronen resultieren aus Spaltprodukt-Zerfallsreihen, bei denen hochenergetische Zwischenzustände auftreten, die den *n*-Zerfall ermöglichen (Abschn. 2.21). Die Transformationsvorgänge gehen augenblicklich vonstatten, so daß die verzögerten Neutronen in Übereinstimmung mit der Halbwertzeit des vorhergehenden Kerns (Mutterkern) emittiert werden. Die verzögerten Neutronen der 1. Gruppe können dem Zerfall des Isotops Br^{87} (Abb. 2.2/1h) und die der 2. Gruppe dem Zerfall des Isotops I^{137} zugeordnet werden.

5.23 Prompte γ-Strahlen

Beim Spaltprozeß werden prompte γ-Photonen in einem Energiebereich von 0,3 MeV bis 10 MeV abgegeben. Ferner werden infolge des Zerfalls kurzlebiger ($\sim 10^{-6}$ sek) isomerer Zustände primärer Spaltprodukte γ-Photonen von 0,15 MeV bis etwa 2,0 MeV emittiert, die für Strahlenabschirmungszwecke als prompt angesehen werden können. Die bisher zuverlässigsten Meßergebnisse über das Energiespektrum der prompten γ-Strahlen wurden von F. C. MAIENSCHEIN u. Mitarb. [*10*], [*11*] erhalten, sie sind für das Zeitintervall bis 10^{-7} sek nach der Spaltung in Abb. 5.2/2 wiedergegeben. Die je Spaltprozeß in Form von γ-Photonen im Energieintervall von 0,3 bis 10 MeV prompt (bis $5 \cdot 10^{-8}$ sek) emittierte Gesamt-Energie beträgt $(7,2 \pm 0,8)$ MeV, die Gesamtzahl der im gleichen Energieintervall je Spaltprozeß emittierten Photonen ist $(7,4 \pm 0,8)$. Die im Zeitintervall von $5 \cdot 10^{-8}$ sek bis 10^{-5} sek freigesetzte Photonenenergie beträgt $(5,7 \pm 0,3)\%$ der prompten Gammastrahlungsenergie.

5.24 Spaltprodukt-γ-Strahlen

Die γ-Strahlenquelle während des Reaktorbetriebs setzt sich aus der prompt abgegebenen Spaltungs-γ-Strahlung und der von der Reaktor-Betriebszeit abhängigen Spaltprodukt-γ-Strahlung zusammen. Die Spaltprodukt- (verzögerte) γ-Strahlung ist wegen der großen Zahl der bei der Kernspaltung entstehenden radioaktiven Isotope sehr komplex. Die Gesamtenergie der verzögerten γ-Photonen wird auf 7,0 MeV/Spaltprozeß geschätzt [*19*]. Der größere Teil dieser

66   5. Gamma- und Neutronen-Strahlenquellen   [Lit. S. 88

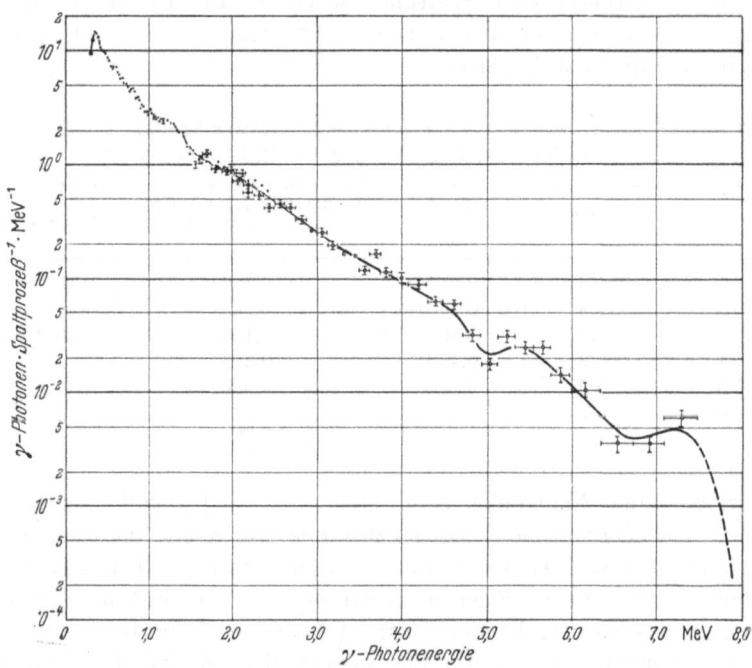

Abb. 5.2/2
Energiespektrum der prompten Spaltungs-γ-Photonen (nach MAIENSCHEIN, PEELLE, LOVE u. ZOBEL [10])

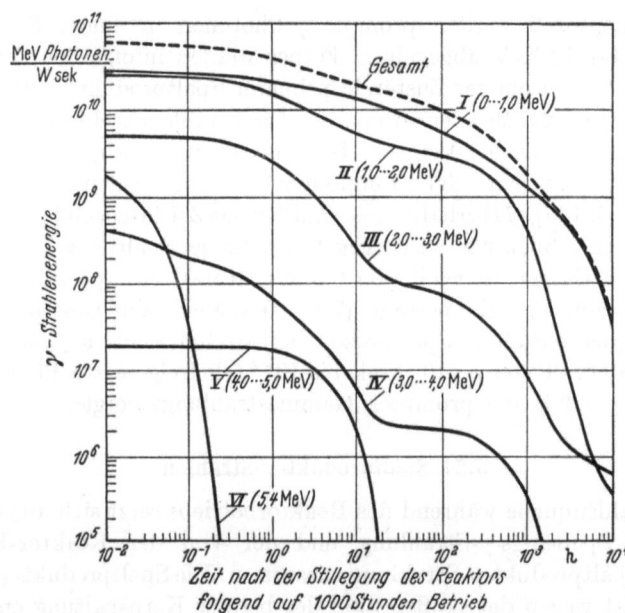

Abb. 5.2/3. In sechs Energiegruppen geordnete Spaltprodukt-γ-Strahlen. Energie-Emission als Funktion der Kühlzeit folgend auf eine Reaktor-Bestrahlungszeit von 1000 Stunden (nach SCOLES [18])

γ-Energie wird innerhalb von 30 Minuten nach erfolgter Kernspaltung abgestrahlt. Die gesamte Spaltprodukt-γ-Energiefreisetzung im Sättigungszustand ist der

Tabelle 5.2/2. *Gammastrahler mit Photonenenergien $>2{,}5$ MeV in Spaltprodukt-Zerfallsketten* (nach GOLDSTEIN [6])

Isotop mit γ-Spektrum $>2{,}5$ MeV	Halbwert-zeit	direkter Spaltertrag [%]	Mutterkern	Halbwertzeit	Spaltertrag des Mutterkerns [%]	γ-Photonen-energie $>2{,}5$ MeV [MeV]	Anteil von γ-Photonen $>2{,}5$ MeV [%]
Br^{84}	31,8 min	—	Se^{84}	1,8 min	1,0	2,82—3,93	18,3
Br^{87}	55,6 sek	2,5	—	—	—	3,0 —5,4	70
Kr^{87}	1,3 h	—	Br^{87}	55,6 sek	2,5	2,57	22
Kr^{89}	3,2 min	1,9	Br^{89}	4,5 sek	2,7	$>2{,}6$	<47
Rb^{88}	17,8 min	—	Kr^{88}	2,8 h	3,6	2,68—4,87	3,9
Rb^{89}	15,4 min	0,4	Kr^{89}	3,2 min	1,9	2,59—3,52	17,7
Rb^{90}	2,7 min	0,8	Kr^{90}	33 sek	5,0	2,6 —5,3	111
Ag^{112}	3,14 h	—	Pd^{112}	21 h	0,01	2,5 —2,8	6
I^{135}	6,75 h	1,7	Te^{135}	<30 sek	4,4	2,5 —2,6	~ 1
I^{136}	1,44 min	3,1	—	—	—	2,63—3,18	21,9
Cs^{138}	32,2 min	1,1	Xe^{138}	17 min	4,6 ($I^{138}+Xe^{138}$)	2,63—3,34	7,5
La^{140}	1,68 d	—	Ba^{140}	12,8 d	6,4	2,50—3,0	1

Energiefreisetzung durch prompte γ-Strahlung ungefähr gleich. Die durchschnittliche Energie der verzögerten γ-Strahlung liegt jedoch mit 0,7 MeV beträchtlich unterhalb der durchschnittlichen Energie der prompten γ-Strahlung (Abb. 5.2/2). Harte γ-Strahler mit Photonenenergien $>2{,}5$ MeV in Spaltprodukt-Zerfallsketten sind in Tab. 5.2/2 zusammengestellt.

Experimentell ermittelte Werte für den Zerfall der γ-Aktivität und die Variation des Energiespektrums der kurzlebigen U^{235}-Spaltprodukte als Funktion der Zeit zwischen 1 und 1600 sek werden in [12] angegeben. Diese Werte sind insbesondere für die Bestimmung der Strahlenquellenstärke des primären Kreislaufsystems von Reaktoren mit zirkulierendem Spaltstoff von Bedeutung.

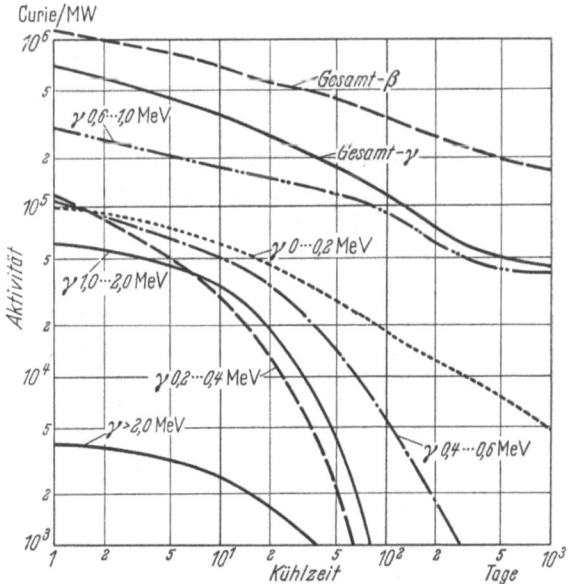

Abb. 5.2/4. β- und γ-Aktivitäten als Funktion der Kühlzeit folgend auf unendlich lange Reaktor-Bestrahlungszeit (nach STEHN u. CLANCY [19])

Die von den langlebigen Spaltprodukten emittierte γ-Strahlung ist während des Reaktorbetriebs von untergeordneter Bedeutung; nach der Stillegung des Reaktors stellen die langlebigen Spaltprodukte jedoch die dominierende Strahlenquelle dar. Die Werte für die Variation der β- und γ-Aktivität und des γ-Strahlen-Energiespektrums des Spaltproduktgemisches für längere Kühlzeiten (d. h. Zeit nach Stillegung der Kernkettenreaktion), folgend auf verschiedene Reaktor-Betriebszeiten, bilden die Grundlage für den Entwurf von Strahlenabschirmung und Kühlungssystem für Speicherbecken für bestrahlten Spaltstoff, Transportbehälter, Trennanlagen, Speicherbehälter für die Abfallösung von Trennanlagen usw. Es sind zahlreiche detaillierte Berechnungen der Spaltprodukt-γ-Strahlungen als Funktion von Reaktorbetriebszeit und Kühlzeit (s. Abschn. 2.24, Fall 3) angestellt worden ([13] bis [16], [17] bis [20]).

In Abb. 5.2/3 sind Ergebnisse der Berechnungen von J. F. Scoles [18], [18a] für die Variation der Spaltprodukt-γ-Strahlenenergie von thermischen U^{235}-Reaktoren als Funktion von Kühlzeiten zwischen 10^{-2} und 10^4 h für den speziellen Fall einer 1000stündigen Betriebsperiode in sechs Energiegruppen geordnet angegeben. Ergebnisse von Berechnungen von J. R. Stehn und E. F. Clancy [19] betreffend die Variation der β- und γ-Aktivität der Spaltprodukte als Funktion der Kühlzeit für den Extremfall unendlich langer Reaktor-Betriebszeit sind in Abb. 5.2/4 aufgetragen. Die in den mit langen Spaltstoff-Bestrahlungszeiten arbeitenden Leistungsreaktoren erreichten Spaltprodukt-Aktivitätsbedingungen kommen dem hypothetischen Fall der Sättigungsaktivität nach unendlich langer Bestrahlungszeit sehr nahe.

5.3 Reaktorkonstruktion und -abschirmung

5.31 Einfang-γ-Strahlen

Der Einfang von Neutronen (Abschn. 2.74) ist in den meisten Fällen mit der Emission sehr harter Einfang-γ-Strahlung verbunden. Die Gesamtenergie der je Neutroneneinfang prompt emittierten γ-Photonen ist gleich der Neutronen-Bindungsenergie E_b plus der kinetischen Energie E_k des einfallenden Neutrons. Die Neutronen-Bindungsenergien liegen bei der Mehrzahl der Elemente zwischen 6 und 7 MeV, ihr Bereich erstreckt sich von 2,23 MeV für Neutroneneinfang durch H bis ungefähr 11 MeV für Neutroneneinfang durch B^{10}, N^{14}, Mg^{25}, Si^{29}, Ca^{44}, $Ti^{47, 49}$ und V^{50}. Da der (n, γ)-Wirkungsquerschnitt der Elemente bei höheren als thermischen Neutronenenergien sehr klein ist, hat für Abschirmungszwecke nur der Einfang thermischer Neutronen Bedeutung.

Die Emission der Einfang-γ-Strahlung geht bei den weitaus meisten Elementen über angeregte Zwischenzustände vonstatten, so daß mehrere Photonen je Einfangprozeß emittiert werden. Die Einfang-γ-Spektren lassen sich in drei Spektraltypen einteilen: Das γ-Spektrum vom Typ 1 weist wenige Einfang-γ-Photonen auf, direkter Grundzustand-Übergang dominiert, der größte Teil der Überschußenergie wird durch ein einziges Photon mit einer Energie von gleich oder nahezu gleich E_b emittiert (Abb. 5.3/1). Das γ-Spektrum vom Typ 2 hat ausgeprägte Linienstruktur und weist zahlreiche verschiedene Einfang-γ-Photonen auf — typisch für mittelschwere Elemente mit ziemlich weiten Niveauabständen, der Übergang in den Grundzustand erfolgt über Zwischenniveaus und direkt (Abb. 5.3/2). Das γ-Spektrum von Typ 3 weist viele verschiedene Einfang-γ-Photonen auf, keine Linienstruktur unterhalb von 5 MeV, sowie Emission des überwiegenden Energieanteils im Bereich < 5 MeV, — typisch für

5.3 Reaktorkonstruktion und -abschirmung

Tabelle 5.3/1. *Energiespektrum der aus dem Einfang thermischer Neutronen resultierenden prompten Gammastrahlen*

Element	Ordnungszahl	thermischer (n,γ)-Absorptions-Wirkungsquerschnitt [barn]	Spektraltyp	Einfang-Gammastrahlenenergie in MeV je Neutroneneinfang Energie der emittierten Photonen [MeV]										höchstenergetisches Gamma-Photon [MeV]
				0—1	1—2	2—3	3—4	4—5	5—6	6—7	7—8	8—9	9—10	
Wasserstoff	1	0,332	1			2,23								2,230
Beryllium	4	0,01	1				1,70		5,12					6,814
Kohlenstoff	6	0,0034	1				1,10	3,47						4,95
Stickstoff	7	0,08	2				1,07	0,72	4,77	1,07	0,66	0,35	0,09	10,8
Fluor	9	0,010	1					1,83	3,20	2,82				6,63
Natrium	11	0,505	2	0,80	0,39	1,44	1,05		0,33	0,83				6,41
Magnesium	12	0,063	2			0,62	2,68	0,25	0,31	0,27	0,01	0,26	0,05	9,216
Aluminium	13	0,230	1			0,60	1,29	1,29	0,51	0,42	1,90			7,724
Silizium	14	0,16	2			0,37	1,61	2,14	3,89	0,47	0,92	0,62	0,14	10,55
Phosphor	15	0,20	2				2,17	1,51	0,66	1,04	0,58			7,94
Schwefel	16	0,52	2	0,40		1,77	1,62	1,92	4,64	0,29	0,22	0,09		8,64
Chlor	17	33,6	2	0,40		1,57	1,07	1,57	1,45	1,89	1,06	0,12		8,56
Kalium	19	2,07	2	0,24	0,61	0,83	1,80	1,86	1,99	0,24	0,39	0,01		9,28
Kalzium	20	0,44	2	0,07	0,94	0,41	1,08	1,96	1,28	2,32	0,07			7,83
Titan	22	5,8	2	0,14	1,59	0,08	0,37	0,72	0,09	6,58	0,11	0,02	0,01	9,39
Vanadium	23	4,98	3	0,16	0,21	0,15	0,39	0,50	1,33	2,16	1,07	0,008		7,305
Chrom	24	3,1	1				0,26	0,29	0,62	0,75	1,87	3,93	1,11	9,716
Mangan	25	13,2	2		0,21	0,38	0,25	1,24	0,98	1,11	1,78			7,261
Eisen	26	2,53	1	0,05	0,30	0,20	0,37	0,45	0,84	0,67	2,66	0,25	0,20	10,16
Kobalt	27	37,0	2	0,34	0,25	0,08	0,77	0,87	1,57	1,70	0,57			7,486
Nickel	28	4,8	1	0,07	0,06	0,04	0,20	0,51	0,81	1,32	1,35	4,57	0,98	8,997
Kupfer	29	3,77	1					0,61	0,62	0,94	3,13	0,016		7,914
Arsen	33	4,3	3				1,01	0,93	0,65	0,64	0,17			7,30
Strontium	38	1,21	2-3				1,46	1,03	0,91	2,18	0,79	0,29	0,02	9,22
Zirkon	40	0,18	3				2,52	1,71	1,07	1,15	0,15	0,11		8,66
Niob	41	1,15	3				1,22	0,88	0,68	0,20	0,04			7,19
Molybdän	42	2,7	3				1,93	1,41	0,90	0,66	0,16	0,05		9,15
Rhodium	45	156	3				0,82	0,68	0,45	0,17				6,792
Silber	47	63	3			0,24	1,52	1,28	0,81	0,23	0,04			7,27
Kadmium	48	2450	3	0,46	0,34	0,40			0,52	0,13	0,11	0,03	0,02	9,046
Indium	49	196	3				0,76	0,55	0,26					5,86
Zinn	50	0,625	3				3,64	1,89	1,24	0,65	0,25		0,04	9,35
Antimon	51	5,7	3				0,78	0,64	0,45	0,28				6,80
Barium	56	1,2	3				1,89	1,08	0,69	0,10	0,01	0,01	0,01	9,23
Praseodym	59	11,6	3				0,76	0,59	0,45					5,83
Samarium	62	5600	3	0,53	0,21	0,77	1,21	0,55	0,28	0,07				7,89
Gadolinium	64	46000	3				0,64	0,30	0,15	0,06				7,78
Hafnium	72	105	3					0,50	0,51	0,17	0,026			7,62
Tantal	73	21	3					0,05	0,10	0,04				6,07
Wolfram	74	19,2	3				1,28	0,77	0,58	0,33	0,03			7,42
Platin	78	8,8	3				10,7	0,71	0,75	0,08	0,06			7,92
Gold	79	98,8	3				1,01	1,53	1,31	1,10	0,01			6,494
Quecksilber	80	380	3	0,21	0,50	0,56	1,35	1,94	1,91	0,63	0,04			6,446
Thallium	81	3,4	3				0,94	2,15	2,68	0,96				6,54
Blei	82	0,17	1								7,40			7,38
Wismut	83	0,034	1					4,17						4,17

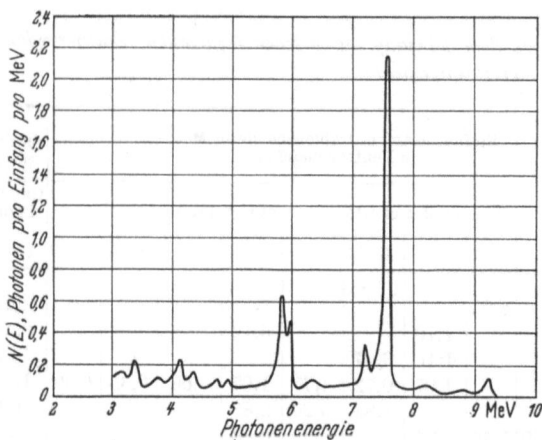

Abb. 5.3/1. Thermisches Neutroneneinfang-γ-Strahlenenergiespektrum für Eisen (nach DELOUME [23])

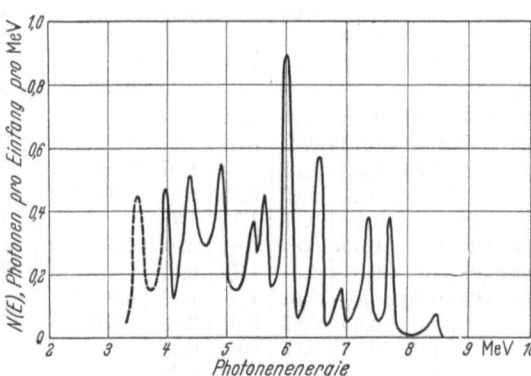

Abb. 5.3/2. Thermisches Neutroneneinfang-γ-Strahlenenergiespektrum für Chlor (nach DELOUME [23])

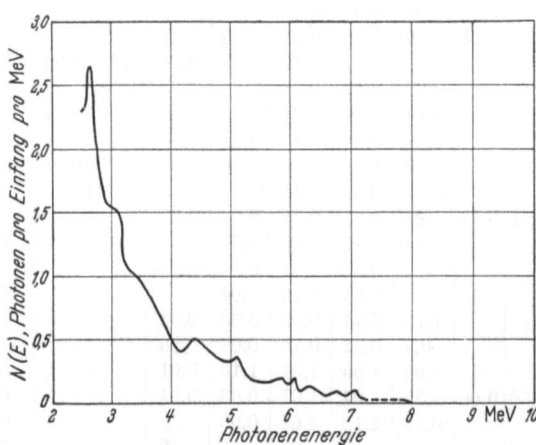

Abb. 5.3/3. Thermisches Neutroneneinfang-γ-Strahlenenergiespektrum für Zinn (nach DELOUME [23])

für schwere Elemente (Ausnahme: Pb, Bi) mit hoher Niveaudichte und Übereinandergreifen der höchsten Niveaus (Abb. 5.3/3).

Zusammenstellungen über die Energiespektren der aus dem Einfang thermischer Neutronen resultierenden prompten γ-Photonen finden sich in [21], [22], [23], [24]. In Tab. 5.3/1 sind die Einfang-γ-Spektren aus [23] und die Energiewerte für das höchstenergetische γ-Photon aus [21] entnommen (es treten nur geringfügige Diskrepanzen auf), die Angaben über den Spektraltyp stammen aus [21] und die thermischen (n, γ)-Absorptionswirkungsquerschnitte aus [25].

Reaktionen mit langsamen Neutronen, die von der Aussendung eines geladenen Teilchens, α-Partikel oder Proton, begleitet werden, sind selten. Von besonderem Interesse vom Standpunkt der Strahlenabschirmung sind die Reaktionen

$$_5B^{10} + {}_0n^1 \rightarrow [{}_5B^{11}]' \rightarrow$$
$$\rightarrow {}_3Li^7 + {}_2He^4$$

und

$$_3Li^6 + {}_0n^1 \rightarrow [{}_3Li^7]' \rightarrow$$
$$\rightarrow {}_1H^3 + {}_2He^4.$$

Die Isotope B^{10} (mit 18,8% im natürlichen Element vorhanden) und Li^6 (mit 7,52% im natürlichen Element vorhanden) haben sehr große thermische (n, α)-Wirkungsquerschnitte: 4010 bzw. 945 barn. Die B^{10} (n, α) Li^7-Reaktion läuft in 93% der Einfänge über das angeregte

0,478 MeV-Niveau von Li⁷, so daß ein begleitendes γ-Photon von 0,478 MeV mit einer Häufigkeit von 93% emittiert wird. Bei der Li⁶ (n,α)H³-Reaktion entsteht keine γ-Strahlung. Ein Vergleich mit den Werten von Tab. 5.3/1 zeigt, daß die (n,α)-Neutroneneinfang-Wirkungsquerschnitte von B¹⁰ und Li⁷ die (n,γ)-Wirkungsquerschnitte der meisten anderen Elemente um einige Größenordnungen übersteigen. Aus diesem Grunde sind B und Li für die Neutronenabschirmung als Unterdrücker von Einfang-γ-Strahlung wertvoll; (das 0,478 MeV-Photon aus der B¹⁰ (n,α)-Reaktion hat nur geringe Durchdringungsfähigkeit).

5.32 Aktivierungs-γ-Strahlen

Der Neutroneneinfang führt bei vielen Target-Isotopen zur Bildung eines radioaktiven Kerns, der durch β- und γ-Emission zu einem stabilen Kern zerfällt. Bei Vernachlässigung des Abbrandes der Targetkerne lautet der Ausdruck für die Anzahl N_1 der in einem Gramm des Targetmaterials aktivierten Atome:

$$N_1 = \frac{\varphi \sigma N_0}{\lambda}(1 - e^{-\lambda t}), \qquad (5.3/1)$$

wobei φ = Neutronenfluß [n/cm² sek], N_0 = Anzahl der Atome des Target-Isotops [Atome/g], σ = Isotop-Aktivierungswirkungsquerschnitt [cm²], $\lambda = 0,693 t_{1/2}$, $t_{1/2}$ = Halbwertszeit [sek] und t = Bestrahlungszeit [sek] bedeuten. In Tab. 5.3/2 sind auf der Grundlage von [25] und [26] Werte für die (n,γ)-Aktivierung von Metallen durch thermische Neutronen zusammengestellt.

Die in Konstruktionswerkstoffen und Abschirmungsmaterialien induzierte Aktivität ist während des Reaktorbetriebs, verglichen mit Spalt- und Einfang-γ-Strahlung, nur eine Strahlenquelle zweiter Ordnung; sie kann jedoch die Durchführung von Instandsetzungsarbeiten am primären System nach Stilllegung des Reaktors in entscheidendem Maße erschweren. Bei der Ermittlung der möglichen Art und Intensität induzierter Aktivitäten sind nicht nur die Hauptbestandteile der Materialien zu berücksichtigen, sondern es muß auch untergeordneten Legierungskomponenten und selbst Spurenelementen Beachtung geschenkt werden. Bei nichtrostendem Stahl spielen insbesondere die Legierungs- bzw. Unreinheitselemente Mn, Cr und Ta eine Rolle. — Makroskopische experimentelle Untersuchungen über in Eisen-, Nickel-, Aluminium-Legierungen, Beton und anderen Konstruktionswerkstoffen durch thermische Neutronen induzierte γ-Aktivitäten werden in [27], [28] beschrieben.

5.33 Inelastische Streuungs-γ-Strahlen

Ein durch einen inelastischen Streuprozeß mit einem schnellen Neutron auf ein höheres Energieniveau gehobener Kern gibt seine Anregungsenergie innerhalb sehr kurzer Zeit ($\sim 10^{-14}$ sek) durch Emission eines oder mehrerer γ-Photonen ab (Abschn. 2.73). Gegenwärtig stehen erst verhältnismäßig wenige experimentell ermittelte Werte für die Energiespektren der aus inelastischer Neutronenstreuung resultierenden γ-Strahlen zur Verfügung, die meisten davon für

Tabelle 5.3/2. *Werte für die γ-Aktivierung von Metallen durch thermische Neutronen*

Element	Target-Nuklide			radioaktive Nuklide		
	Isotop	Vorkommen im natürlichen Element %	thermischer (n,γ)-Aktivierungs-Wirkungsquerschnitt für das Isotop [barn]	Isotop	Halbwertzeit der induzierten Radioaktivität	pro Zerfallsprozeß emittierte γ-Photonen [MeV] (%)
$_{11}$Na	Na^{23}	100	0,53	Na^{24}	15,0 h	1,38 (100%), 2,76 (100%), 4,14 (0,04%)
$_{12}$Mg	Mg^{26}	11,29	0,026	Mg^{27}	9,5 min	0,84 (58,2%), 1,02 (41,4%)
$_{13}$Al	Al^{27}	100	0,21	Al^{28}	2,3 min	1,78 (100%)
$_{19}$K	K^{39}	93,08	3,0	K^{40}	$1,3 \cdot 10^9$ a	1,46 (11%)
	K^{41}	6,91	1,15	K^{42}	12,5 h	1,51 (20%)
$_{23}$V	V^{51}	99,76	4,5	V^{52}	3,76 min	1,50 (100%)
$_{24}$Cr	Cr^{50}	4,31	13,5	Cr^{51}	27,8 d	0,32 (~9%)
$_{25}$Mn	Mn^{55}	100	13,4	Mn^{56}	2,58 h	0,82 (100%), 1,77 (30%), 2,06 (20%)
$_{26}$Fe	Fe^{58}	0,31	0,9	Fe^{59}	46 d	0,20 (50%), 1,10 (50%), 1,30 (50%)
$_{27}$Co	Co^{59}	100	16	Co^{60m}	10,4 min	0,06 (100%)
	Co^{59}	100	20	Co^{60}	5,28 a	1,17 (100%), 1,33 (100%)
$_{28}$Ni	Ni^{64}	1,16	1,6	Ni^{65}	2,56 h	0,37 (14%), 1,12 (29%), 1,49 (14%)
$_{29}$Cu	Cu^{63}	69,10	3,9	Cu^{64}	12,8 h	1,34 (0,5%)
	Cu^{65}	30,90	1,8	Cu^{66}	5,14 min	1,04 (7%)
$_{30}$Zn	Zn^{64}	48,89	0,5	Zn^{65}	250 d	1,12 (45%)
	Zn^{68}	18,56	0,097	Zn^{69m}	13,8 h	0,44 (100%)
$_{40}$Zr	Zr^{94}	17,40	0,09	Zr^{95}	63 d	0,23 (1%), 0,72 (99%)
	Zr^{96}	2,80	0,1	Zr^{97}	17 h	0,75 (100%)
$_{42}$Mo	Mo^{92}	15,86	<0,006	Mo^{93}	6,9 h	0,26, 0,69, 1,51
	Mo^{98}	23,75	0,45	Mo^{99}	2,8 d	0,18 (97%), 0,74 (18%), 0,78 (3%), u. a.
	Mo^{100}	9,62	0,20	Mo^{101}	14,3 min	0,19 (100%), 0,96 (70%)

5.3 Reaktorkonstruktion und -abschirmung

Element	Isotop	%	σ	Produkt	$T_{1/2}$	Energien (Anteile)
$_{46}$Pd	Pd^{108}	26,70	12	Pd^{109}	13,6 h	0,09 (8%)
	Pd^{110}	13,50	0,3	Pd^{111}	22 min	0,56, 0,65, 0,73
$_{47}$Ag	Ag^{107}	51,35	44	Ag^{108}	2,3 min	0,45 (0,5%), 0,66 (1%)
	Ag^{109}	48,65	2,8	Ag^{110m}	270 d	0,66 (97%), 0,88 (80%), 1,52 (17%), u. a.
	Ag^{109}	48,65	110	Ag^{110}	24,2 s	0,66 (60%), 0,90
$_{48}$Cd	Cd^{106}	1,22	1,0	Cd^{107}	6,7 h	0,09 (6%), 0,85 (0,4%)
	Cd^{110}	12,39	0,2	Cd^{111}	49 min	0,15 (25%), 0,25 (94%)
	Cd^{114}	28,86	0,14	Cd^{115m}	43 d	0,50 (2%), 0,96 (1%), 1,30 (<1%), u. a.
	Cd^{114}	28,86	1,1	Cd^{115}	2,2 d	0,33 (58%), 0,50 (21%), 0,52 (21%), u. a.
	Cd^{116}	7,58	1,5	Cd^{117}	2,9 h	1,2
$_{50}$Sn	Sn^{112}	0,95	1,3	Sn^{113}	112 d	0,39 (73%)
	Sn^{116}	14,24	0,006	Sn^{117}	14,5 d	0,159 (100%), 0,162 (91%)
	Sn^{118}	24,01	0,010	Sn^{119}	250 d	0,024 (13%), 0,065 (100%)
	Sn^{124}	5,98	0,004	Sn^{125}	10 d	1,90
$_{55}$Cs	Cs^{133}	100	0,017	Cs^{134m}	3,2 h	0,13 (31%)
	Cs^{133}	100	26	Cs^{134}	2,3 a	0,60 (100%), 0,79 (91%), 1,36 (5%), u. a.
$_{56}$Ba	Ba^{130}	0,101	10,1	Ba^{131}	12 d	0,12 (50%), 0,37 (50%), 0,49 (50%), u. a.
	Ba^{132}	0,097	7	Ba^{133}	7,2 a	0,08 (77%), 0,32 (98%)
	Ba^{138}	71,66	0,5	Ba^{139}	1,42 h	0,16 (26%), 1,05 (0,6%)
$_{73}$Ta	Ta^{181}	100	0,030	Ta^{182m}	16,4 min	0,18
	Ta^{181}	100	19	Ta^{182}	111 d	0,07 bis 1,22
$_{74}$W	W^{180}	0,14	10	W^{181}	140 d	0,03, 0,60, 0,80
	W^{184}	30,60	2,1	W^{185}	73 d	0,13
	W^{186}	28,40	34	W^{187}	24 h	0,13 (58%), 0,48 (40%), 0,78 (5%), u. a.
$_{77}$Ir	Ir^{191}	38,50	260	Ir^{192m}	1,4 min	0,06
	Ir^{191}	38,50	700	Ir^{192}	74 d	0,31 (81%), 0,47 (41%), 0,61 (14%), u. a.
	Ir^{193}	61,50	130	Ir^{194}	19 h	0,29, 0,33, 1,51
$_{79}$Au	Au^{197}	100	96	Au^{198}	2,7 d	0,41 (100%), 0,68 (1%), 1,09 (0,5%)
$_{80}$Hg	Hg^{202}	29,80	3,8	Hg^{203}	47,9 d	0,28 (79%)

Neutronenenergien < 4 MeV. Einige Werte für inelastische γ-Spektralbereiche sind in Tab. 5.3/3 zusammengestellt.

Tabelle 5.3/3. *Spektralbereiche von bei der inelastischen Streuung emittierten γ-Photonen; Neutronenenergie im Falle von C und O 14 MeV, in allen anderen Fällen ≤ 4 MeV* (zusammengestellt aus B. T. PRICE, C. C. HORTON und K. T. SPINNEY [29], Tab. 3.4/3, und H. GOLDSTEIN [6], Tab. 3—5)

Element	Schwellenenergie für inelastische Streuung [MeV]	Bereich der Photonenenergie [MeV]	Element	Schwellenenergie für inelastische Streuung [MeV]	Bereich der Photonenenergie [MeV]
B^{10}	0,717	0,717—2,20	Ni	1,33	0,59 —2,66
C^{12}	4,42	4,42	Cu	0,90	0,37 —2,58
N^{14}	2,30	2,30	Zn		1,02 —1,6
O^{16}	6,09	6,09	Zr	0,92 ($Zr^{92,\,94}$)	0,69 —3,23
F	0,11	0,11 —1,56		2,17 (Zr^{90})	
Mg		1,37 —1,82	Mo		0,73 —2,5
Al	0,85	0,17 —3,10	Cd		0,57 —2,8
Ca	1,16 (Ca^{44})	0,51 —3,90	In		0,61 —2,08
	3,35 (Ca^{40})		Sn		0,69 —2,0
Cr	1,44	0,75 —1,43	Ta		0,137—0,485
Mn	0,90	0,58 —2,2	Pb	0,85 ($Pb^{206,\,207}$)	0,35 —3,0
Fe	0,85	0,12 —3,52	Bi	0,90	0,49 —3,35
Co		0,60 —2,5			

5.34 Photoneutronen

Die Erzeugung von Photoneutronen ist von dem Vorhandensein von γ-Photonen mit über der Schwellenenergie für den Kernphotoeffekt liegender Energie abhängig. Die Photoneutronen-Erzeugung ist während des Reaktorbetriebs vernachlässigbar im Vergleich mit den prompten Spaltungsneutronen. Nach Stillegung des Reaktors kann die (γ, n)-Reaktion eine gewisse Bedeutung erlangen, wenn in dem Reaktorsystem Isotope mit niedriger (γ, n)-Schwellenenergie vorhanden sind, wie Be^9 ($E_s = 1{,}67$ MeV), D^2 ($E_s = 2{,}23$ MeV), C^{13} ($E_s = 4{,}95$ MeV), Li^6 ($E_s = 5{,}30$ MeV). Einige Spaltprodukte (z. B. die Ba-La-Zerfallsreihe) emittieren γ-Photonen mit über diesen Schwellenwerten liegenden Energien, desgleichen können die von aktiviertem Natrium-Kühlmittel emittierten γ-Photonen die (γ, n)-Reaktion hervorrufen. Die Energie der Photoneutronen ist eine Funktion der Differenz zwischen der Energie des auftreffenden Photons und der Schwellenenergie für den Kernphotoeffekt.

5.4 Reaktor-Kühlsystem

5.41 Primäres Kühlmittel

Das primäre Kühlmittel eines Reaktorsystems ist beim Durchgang durch den Reaktorkern einem hohen Neutronenfluß ausgesetzt, der in Abhängigkeit von der spezifischen Reaktorleistung bis zu 10^{15} n/cm² sek betragen kann. Die Kühlmittel-Atome fangen Neutronen ein oder erleiden Zusammenstöße, die zur Bildung instabiler Isotope führen. Die gesamte Aktivität des Kühlmittels resultiert aus der Eigenaktivität und der Unreinheiten-Aktivität. Um die erforderliche Strahlenabschirmung berechnen zu können, muß die spezifische Aktivität des Kühlmittels als Funktion des Orts und der Zeit, sowie die Art der Strahlung, bekannt sein.

Gleichungen für die Aktivierung eines durch den Reaktorkern zirkulierenden Kühlmittels werden in [30], [31] und [32] für verschiedene besondere Bedingungen angegeben. Im folgenden wird die Ableitung von M. GROTENHUIS und J. W. BUTLER [32] für den einfachen Fall der Aktivierung eines einen Reaktorkern von konstanter gleichförmiger Neutronenflußdichte durchströmenden Kühlmittels ohne Berücksichtigung des Abbrandes aktiver Nuklide wiedergegeben. Die Aktivierungs-Differentialgleichungen lauten:

$$\frac{dA}{dt} = N(t)\,\sigma\,\varphi(t) - \lambda A(t), \tag{5.4/1}$$

$$\frac{dN}{dt} = -N(t)\,\sigma\,\varphi(t)\,; \tag{5.4/2}$$

in diesen Gleichungen bedeutet:

$A(t)$ Anzahl der aktiven Atome je cm³ zur Zeit t [Atome/cm³],
$N(t)$ Anzahl der Atome des bestrahlten Kühlmittels je cm³ zur Zeit t [Atome/cm³],
λ Zerfallskonstante des aktiven Nuklides [sek^{-1}],
$\varphi(t)$ Neutronenfluß [Neutronen/cm² sek],
σ Wirkungsquerschnitt für die Erzeugung des betrachteten radioaktiven Nuklides [cm²].

Bei Vernachlässigung des Abbrandes von bestrahltem Material, $\frac{dN}{dt} = 0$, vereinfacht sich die Gl. (5.4/1) zu

$$\frac{dA}{dt} = N_0\,\sigma\,\varphi(t) - \lambda A(t), \tag{5.4/3}$$

wobei N_0 die Anzahl der Atome des bestrahlten Kühlmittels zur Zeit $t = 0$ ist. Umformung von Gl. (5.4/3) in

$$\frac{d}{dt}[e^{\lambda t}A(t)] = N_0\,\sigma\,\varphi(t)\,e^{\lambda t}, \tag{5.4/4}$$

und Integration von Gl. (5.4/4) über einen Betriebszyklus von $t = (n-1)\,T$ bis $t = nT$, wobei T die vollständige Umlaufzeit eines Kühlmittelteilchens und n die Anzahl der vollständigen Zyklen bedeutet, ergibt:

$$e^{n\lambda T}A(nT) - e^{(n-1)\lambda T}A(nT - T) = N_0\,\sigma \int_{(n-1)T}^{nT} \varphi(t)\,e^{\lambda t}\,dt. \tag{5.4/5}$$

Setzt man in Gl. (5.4/5) $\varphi(t) = \varphi_0$ für $(nT - t_r) \leq t \leq nT$, wobei t_r die Durchlaufzeit durch die aktive Zone bezeichnet, und zu jeder anderen Zeit $\varphi(t) = 0$, so folgt:

$$e^{n\lambda T}A(nT) - e^{(n-1)\lambda T}A(nT - T) = \frac{N_0\,\sigma\,\varphi_0}{\lambda}(1 - e^{-\lambda t_r})\,e^{n\lambda T}. \tag{5.4/6}$$

Dieser Ausdruck kann bei Einführung von $B_n = A(nT)e^{n\lambda T}$ geschrieben werden

$$B_n - B_{n-1} = \frac{N_0\,\sigma\,\varphi_0}{\lambda}(1 - e^{-\lambda t_r})\,e^{n\lambda T}. \tag{5.4/7}$$

Summierung der rekursierenden Terme unter der Annahme $A(0) = 0$ ergibt:

$$B_n = \frac{N_0\,\sigma\,\varphi_0}{\lambda}(1 - e^{-\lambda t_r})\sum_{j=1}^{n} e^{j\lambda T} = \frac{N_0\,\sigma\,\varphi_0}{\lambda}(1 - e^{-\lambda t_r})\,e^{\lambda T}\,\frac{1 - e^{n\lambda T}}{1 - e^{\lambda T}}, \tag{5.4/8}$$

$$A(nT) = \frac{N_0\,\sigma\,\varphi_0}{\lambda}(1 - e^{-\lambda t_r})\,\frac{1 - e^{-n\lambda T}}{1 - e^{-\lambda T}}. \tag{5.4/9}$$

Für $n \to \infty$ vereinfacht sich Gl. (5.4/9) zu

$$A(nT) \to \frac{N_0 \sigma \varphi_0}{\lambda} \frac{1 - e^{-\lambda t_r}}{1 - e^{-\lambda T}}. \qquad (5.4/10)$$

Wenn λT sehr klein ist, ergibt sich für Gl. (5.4/9) die Näherung

$$A(nT) \sim \frac{N_0 \sigma \varphi_0}{\lambda} \frac{t_r}{T} (1 - e^{-n\lambda T}). \qquad (5.4/11)$$

5.411 Gas

Bei Reaktoranlagen mit Durchlauf-Luftkühlung bilden sich unter dem Neutronenbeschuß im Reaktorkern in der Kühlluft die Radioisotope N^{16}, O^{19}, C^{14} und A^{41}:

O^{16} + schnelles Neutron = N^{16} (HWZ: 7,4 sek) + Proton,
O^{18} + langsames Neutron = O^{19} (HWZ: 29 sek) + γ,
N^{14} + schnelles Neutron = C^{14} (HWZ: 5500 a) + Proton,
A^{40} + langsames Neutron = A^{41} (HWZ: 1,83 h) + γ.

Argon-41, ein γ-Strahler von 1,37 MeV Energie, ist das wichtigste dieser vier radioaktiven Isotope. Der Wirkungsquerschnitt für die $A^{40}(n, \gamma)A^{41}$-Reaktion beträgt 0,53 barn; Luft enthält unter Standardbedingungen 0,94 Volumenprozent Argon. Das Haupt-Gefahrenmoment der Durchlauf-Luftkühlung bilden jedoch nicht die Gasmoleküle selbst, sondern die unter dem Neutronenbeschuß radioaktiv gewordenen Schwebestoffe, die deshalb vor der Abgabe der Kühlluft an die Atmosphäre durch elektrostatische Abscheidung, Filterung durch Glasfasermatten, usw., zurückgehalten werden müssen.

Als Wärmeträger von Reaktoren mit geschlossenem Gaskreislauf werden in erster Linie Helium und Kohlendioxyd verwendet. In Helium wird keine Aktivität induziert. In CO_2 bildet sich, außer den Radioisotopen N^{16} und O^{19} nach den o. a. Gleichungen auch C^{14}:

C^{13} + langsames Neutron = C^{14} (HWZ = 5500 a) + γ.

Natürlicher Kohlenstoff enthält 1,1% des Isotops C^{13}, das einen Wirkungsquerschnitt von 1 mb für thermische Neutronen hat.

5.412 Wasser [33]

Für die in Kühlwasser induzierte Aktivität gibt es vier Quellen: 1. Aus dem Sauerstoff hervorgehende Radioisotope, 2. gelöste Mineralstoffe und Gase, 3. radioaktive und nicht-radioaktive aus der Reaktorkonstruktion korrodierte Elemente (s. Abschn. 5.42) und 4. Rückstoßatome, die in das Wasser hineingestoßen werden (s. vergleichsweise [33a]).

Die in Wasser induzierte Eigenaktivität wird von den Radioisotopen H^3, N^{16}, O^{19} und N^{17} gebildet; dabei ist die $H^2(n, \gamma)H^3$-Reaktion nur von untergeordneter Bedeutung. Die für die Strahlenabschirmung wichtigste Reaktion ist die $O^{16}(n, p)N^{16}$-Reaktion mit der Schwellenenergie 9 MeV; der Wirkungsquerschnitt ist in Abb. 5.4/1 aufgetragen. Die hauptsächliche γ-Strahlenenergie ist 6,13 MeV, die maximale γ-Energie liegt bei 7,1 MeV. Das aus der $O^{17}(n, p)N^{17}$-

Reaktion (Schwellenenergie: 7,9 MeV) entstandene Produkt N^{17} zerfällt unter Emission von einem 1 MeV-Neutron je Zerfallsprozeß mit der Halbwertzeit von 4,14 sek. Der Wirkungsquerschnitt für diese Reaktion ist in Abb. 5.4/1 dargestellt. Das Isotop O^{17} ist mit 0,04% im natürlichen Element vorhanden.

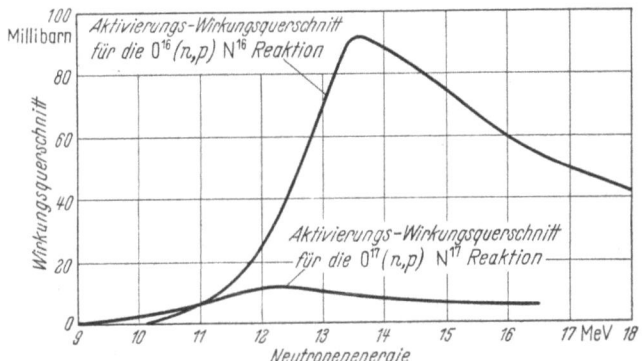

Abb. 5.4/1. Aktivierungs-Wirkungsquerschnitt für die $O^{16}(n,p)N^{16}$- und die $O^{17}(n,p)N^{17}$-Reaktion als Funktion der Neutronenenergie (nach ROCKWELL III [30], S. 90)

5.413 Flüssigmetall

Flüssige Alkalimetalle sind besonders geeignete Wärmeträger für die Abführung großer Wärmemengen aus einem kleinen Reaktorkern, da sie den Vorzug niedrigen Dampfdrucks bei hohen Temperaturen mit ausgezeichneten Wärmeübertragungseigenschaften verbinden. In Tab. 5.4/1 sind Werte für die in Alkali-Flüssigmetallen durch thermische Neutronen induzierten Aktivitäten angegeben. Die Aktivierungs-Wirkungsquerschnitte für schnelle Neutronen liegen um zwei bis drei Größenordnungen niedriger als die für thermische Neutronen, jedoch ist der Neutronenfluß in einem schnellen Reaktor um einige Größenordnungen höher als in einem thermischen Reaktor.

Tabelle 5.41 *Induzierte Aktivitäten in Alkali-Flüssigmetall-Kühlmitteln*

Target-Isotop	vorhanden im natürlichen Element %	Wirkungsquerschnitt für thermische Neutronen [barn]	radioaktives Produkt der Reaktion	Halbwertzeit	Energie der Strahlung [MeV]	γ-Photonen je Zerfallsprozeß
Na^{23}	100	0,53	Na^{24}	15,0 h	2,76; 1,38(γ)	je 1
K^{41}	6,91	1,15	K^{42}	12,5 h	1,51(γ)	0,20
Li^{7}	92,48	0,033	Li^{8}	0,88 sek	13,4(β) u. resultier. Bremsstrahlung	

5.42 Kühlwasser-Verunreinigungen

5.421 Allgemeines

Verunreinigungen des Reaktorkühlmittels können bei genügenden Konzentrationen zu einer wesentlichen Strahlungsquelle werden, und die Zugänglichkeit des primären Kühlsystems nach Stillegung des Reaktors einschränken. Bei wassergekühlten Reaktoren erlangt die in Korrosionsprodukten und anderen im Kühlwasser befindlichen Verunreinigungen induzierte Aktivität den maßgebenden Einfluß im stillgelegten Reaktorsystem. Das ist nicht nur der Fall wegen der hochgradig korrosiven Natur des erhitzten Wassers — im primären Kühlkreislauf eines Druckwasserreaktors wird auf 300 °C erhitztes Wasser unter einem Druck von etwa 150 at gehalten, so daß es nicht verdampfen kann —, sondern weil auch die im Wasser selbst induzierte Aktivität sehr kurzlebig ist und somit die aktivierten Verunreinigungen bereits ganz kurze Zeit nach Stillegung des Reaktors zur hauptsächlichen Strahlungsquelle werden. Zur Verhütung des zunehmenden Aufbaus langlebiger Aktivitäten im primären Kühlkreislauf ist eine kontinuierliche Wasserreinigung erforderlich.

Der zulässige Gesamtanteil der Verunreinigungen des primären Kühlwassers ist sehr gering; er beträgt $1 : 10^6$ Gewichtsteile (vergleichsweise enthält Trinkwasser mineralische Verunreinigungen bis zu $200 : 10^6$ und Wasser in Kesselsystemen zwischen 50 und $500 : 10^6$ [30]. Die Erzielung einer hinreichend niedrigen Konzentration von Korrosionsprodukten und anderen mineralischen Verunreinigungen im Reaktor-Kühlwasser wird auf vier Wegen angestrebt:

1. Peinlichste Reinigung der Konstruktion des primären Kühlsystems,
2. Einfüllen von sehr reinem Wasser in das Kühlsystem,
3. Reduzierung der Korrosion der Konstruktionswerkstoffe und des Verschleißes bewegter Teile auf das geringstmögliche Maß und
4. Verwendung eines kontinuierlich arbeitenden Nebenkreislauf-Reinigungssystems.

Die Zugänglichkeit des Reaktor-Kühlsystems wird kurze Zeit nach der Stillegung von den kurzlebigen Aktivitäten beeinflußt, während die Möglichkeit

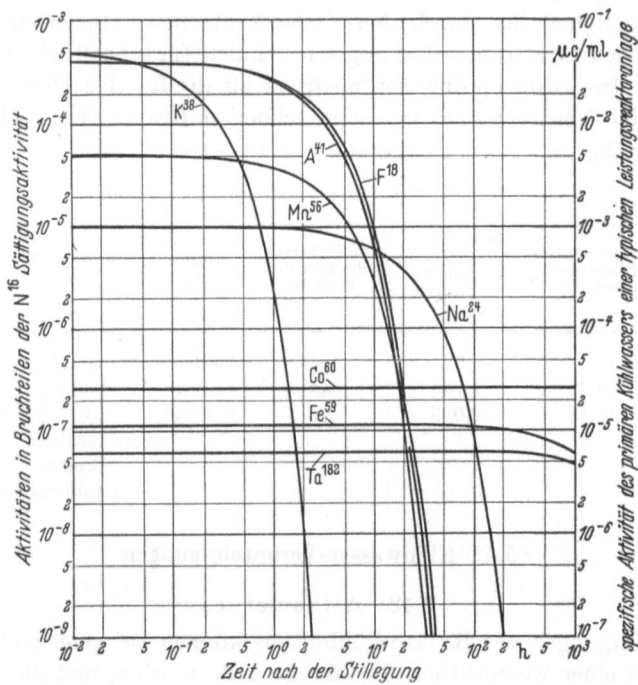

Abb. 5.4/2
Zerfall radioaktiver Nuklide von typischem Reaktor-Kühlwasser (nach ROCKWELL III [30], S. 236)

eines länger andauernden späteren Zutritts zur Anlage durch die langlebigen Aktivitäten bestimmt wird. Bei Verwendung von nichtrostendem oder Kohlenstoffstahl als Konstruktionswerkstoff des Kühlsystems rührt fast die gesamte kurzlebige Aktivität im Kühlmittel von löslichen Korrosionsprodukten her. Ein großer Anteil der Gesamtaktivität stammt von dem löslichen, kurzlebigen Mn^{56} (HWZ 2,6 h). Quellen langlebiger Aktivität sind vor allem unlösliches Fe^{59} (HWZ 46 Tage) und Co^{60} (HWZ 5,3 Jahre), Abb. 5.4/2. Durch selektive Ablagerung unlöslicher Korrosionsprodukte in bestimmten Teilen des Kühlsystems, wo Änderungen der Strömungsverhältnisse und Druckunterschiede auftreten, können „heiße" Stellen entstehen, daher muß die Konzentration der unlöslichen Korrosionsprodukte unterhalb des Punktes gehalten werden, an dem sich Ablagerungen bilden können.

5.422 Nebenkreislauf-Wasserreinigung

Die Berechnung der erforderlichen Leistungsfähigkeit des Wasser-Reinigungssystems einer Kernkraftanlage gründet sich in der Regel auf das Gleichgewichtsmaß der Korrosion. Die Entfernung von Korrosionsprodukten aus dem Kühlsystem vor der Erreichung dieses Zustands erfolgt durch zusätzliche Reinigungseinheiten oder unter Zugrundelegung einer geringeren Lebensdauer. Die gelösten Korrosionsprodukte werden durch einen Ionenaustauschprozeß entfernt, die unlöslichen durch Filterung. Da die Teile des Reinigungssystems Aktivität akkumulieren, werden sie zu starken Strahlungsquellen, die häufig eine besondere Abschirmung erhalten müssen. Der Durchfluß des Kühlmittels durch das Reinigungssystem muß zumindest zur Aufrechterhaltung der Gleichgewichtskonzentration im Kühlmittel innerhalb der durch die Zugänglichkeitserfordernisse gegebenen Grenzen ausreichen.

5.423 Aktivierung von Verunreinigungen im primären Kühlmittel

Die Aktivierung der Verunreinigungen ist eine Funktion der im Kühlmittel vorhandenen Menge der Verunreinigungen, ihrer Zirkulationsweise und -zeit, ihrer Anlagerung an den Wandflächen, sowie der auftretenden Isotope.

Der Aufbau von Aktivität als Funktion der Zeit infolge Aktivierung von Korrosionsprodukten wird durch ein von TH. ROCKWELL III [30] aufgestelltes und gelöstes System von sechs gekoppelten linearen Differentialgleichungen erster Ordnung beschrieben. Die Anordnung der Komponenten des primären Kühlkreislaufs und die bei der Aufstellung der Gleichungen berücksichtigten Faktoren sind in Abb. 5.4/3 dargestellt. Die für einen typischen wassergekühlten Reaktor angeschriebenen Gleichungen sind für andere Reaktorkühlmittel ebenso gültig.

Der mathematischen Formulierung des Problems liegen folgende Annahmen zugrunde: Das Material des Kühlsystems korrodiert gleichförmig und homogen, und die Zusammensetzung der Korrosionsprodukte entspricht dem Verhältnis der chemischen Zusammensetzung des korrodierenden Materials. Die Anlagerung von Aktivität an die mit dem Kühlwasser in Berührung stehenden Flächen ist proportional der Konzentration der Korrosionsprodukte im Wasser, und ein Teil dieser Anlagerungen wird proportional der Oberflächendichte wieder in das

Kühlmittel zurückgeführt. Ionenaustauscher und Filter entfernen Verunreinigungen proportional ihrer Konzentration im Kühlmittel und verhindern ihren Rücktritt in das Kühlwasser vollständig. Aktivitätsänderungen infolge von im

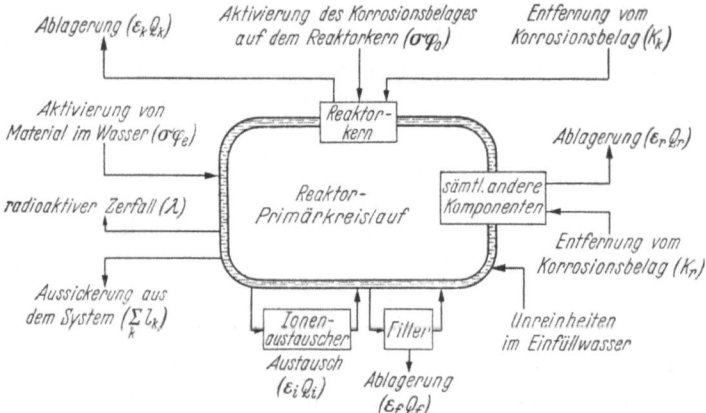

Abb. 5.4/3. Fließbild für das Problem der Aktivierung von Verunreinigungen im primären System wassergekühlter Leistungsreaktoren (nach ROCKWELL III [30], S. 238)

Speisewasser ursprünglich vorhandenen Unreinheiten sind bei der Aufstellung der Gleichungen nicht berücksichtigt worden.

Die zeitliche Änderung der Konzentration n_w des aktiven Materials im primären Kühlwasser ist bestimmt durch:

$$\frac{dn_w}{dt} = \sigma \varphi_e N_w - \left(\sum_j \frac{\varepsilon_j Q_j}{V_w} + \sum_k \frac{l_k}{V_w} + \lambda\right) n_w + \frac{K_r}{V_w} n_r + \frac{K_k}{V_w} n_k, \quad (5.4/12)$$

wobei

σ thermischer Wirkungsquerschnitt für die Produktion des radioaktiven Isotops aus dem Target-Kern [cm²],

φ_e effektiver Fluß für $\frac{t_r}{T} \varphi_0$ (dabei ist φ_0 der durchschnittliche thermische Neutronenfluß im Reaktorkern, T die Zirkulationszeit eines Teilchens durch das primäre Kühlsystem und t_r die Länge der Zeit, die dieses Teilchen bei seinem Umlauf dem thermischen Neutronenfluß ausgesetzt ist) [Neutronen/cm² sek],

N_w Konzentration der Target-Kerne im Wasser [Atome/cm³],

$\sum_j \varepsilon_j Q_j = \varepsilon_i Q_i + \varepsilon_r Q_r + \varepsilon_k Q_k + \varepsilon_f Q_f$,

V_w Volumen des Kühlwassers [cm³],

l_k Geschwindigkeit, in der der Kreislauf Wasser durch das k-te Leck verliert [cm³/sek],

λ Zerfallskonstante des radioaktiven Isotops [sek⁻¹],

K_r Geschwindigkeit, in der Material von Anlagerungen an der Oberfläche der Rohrleitungswände entfernt wird [cm³/sek],

n_r Konzentration der radioaktiven Kerne auf den Rohrleitungswänden [Atome/cm³-Anlagerung],

K_k Geschwindigkeit, in der Material von Anlagerungen im Reaktorkern entfernt wird [cm³/sek],

n_k Konzentration der radioaktiven Kerne in den Anlagerungen im Reaktorkern [Atome/cm³-Anlagerung].

Die Größen $\varepsilon_i Q_i$, $\varepsilon_r Q_r$, $\varepsilon_k Q_k$ und $\varepsilon_f Q_f$ sind die Geschwindigkeiten der Materialabnahme durch Ionenaustauscher, Rohrleitung, Reaktorkern bzw. Filter.

Der erste Ausdruck in Gl. (5.4/12) stellt die Erzeugung von aktiven Kernen aus stabilen Target-Kernen dar. Der zweite Ausdruck bedeutet die Geschwindigkeit, in der radioaktive Kerne aus dem Kreislauf entfernt werden als Ergebnis der Reinigung des Kühlmittels durch Ionenaustauscher und Filter, Anlagerung an den Rohrleitungswänden und im Reaktorkern, durch Lecks und Zerfall. Der dritte und vierte Ausdruck sind die Geschwindigkeiten, mit denen Radioaktivität wieder in das Kühlmittel eingeführt wird infolge von Erosion der Anlagerungen oder durch erneute Lösung von an Rohrwänden und im Reaktorkern angelagerten Aktivitäten.

Die Geschwindigkeit, mit der sich die Konzentration der Target-Kerne ändert, wird gegeben durch:

$$\frac{dN_w}{dt} = -\left(\sum_j \frac{\varepsilon_j Q_j}{V_w} + \sum_k \frac{l_k}{V_w} + \sigma \varphi_e\right) N_w + \frac{K_r}{V_w} N_r + \frac{K_k}{V_w} N_k + \frac{C_0 S N_0}{V_w A} f_n f_s, \quad (5.4/13)$$

wobei

N_r Konzentration der Target-Kerne an den Rohrwänden [Atome/cm³-Anlagerung],
N_k Konzentration der Target-Kerne im Reaktorkern [Atome/cm³-Anlagerung],
C_0 effektive Korrosionsgeschwindigkeit des Systems [g/cm² sek],
S Fläche des mit dem Kühlmittel in Kontakt stehenden Systemmaterials [cm²],
N_0 6,023 · 10²³ Atome/Grammol, LOSCHMIDTsche Zahl,
A Gramm-Isotopengewicht der Target-Kerne,
f_n prozentualer Anteil der Target-Kerne im natürlichen Element,
f_s Vorkommen des chemischen Elements im Systemmaterial [Gewichts-%].

Der erste Ausdruck ist die Geschwindigkeit des Verlustes von Target-Material infolge: Reinigung des Kühlmittels durch Ionenaustauscher und Filter, Anlagerung im System, Austreten aus dem System durch Lecks und Umwandlung unter der Einwirkung des thermischen Neutronenflusses. Der zweite und dritte Ausdruck stellt die Geschwindigkeit dar, mit der Material von Anlagerungen an Rohrwänden bzw. im Kern dem Kreislauf wieder zugeführt wird. Der letzte Ausdruck bedeutet die Geschwindigkeit, in der dem Kühlkreislauf Target-Material durch Korrosion zugeführt wird.

Die nächste Gleichung beschreibt die differentiale Änderung der Aktivität auf den Oberflächen des Kühlsystems innerhalb des Reaktorkerns:

$$\frac{dn_k}{dt} = \sigma \varphi_0 N_k + \frac{\varepsilon_k Q_k}{V_k} n_w - \left(\frac{K_k}{V_k} + \lambda\right) n_k, \quad (5.4/14)$$

wobei

V_k Volumen der Anlagerungen im Kern [cm³],
φ_0 durchschnittlicher thermischer Neutronenfluß im Reaktorkern [Neutronen/cm² sek].

Die Änderung des Anlagerungsprozesses von Target-Kernen im Reaktorkern ist:

$$\frac{dN_k}{dt} = \frac{\varepsilon_k Q_k}{V_k} N_w - \left(\frac{K_k}{V_k} + \sigma \varphi_0\right) N_k, \quad (5.4/15)$$

und die des Anlagerungsprozesses von aktiven Atomen an den Rohrwänden ist:

$$\frac{dn_r}{dt} = \frac{\varepsilon_r Q_r}{V_r} n_w - \left(\frac{K_r}{V_r} + \lambda\right) n_r, \quad (5.4/16)$$

wobei V_r das Volumen der Anlagerung an den Rohrwänden darstellt. Die Änderung des Anlagerungsprozesses von Target-Material an den Rohrwänden ist:

$$\frac{dN_r}{dt} = \frac{\varepsilon_r Q_r}{V_r} N_w - \frac{K_r}{V_r} N_r. \quad (5.4/17)$$

Zeitabhängige Lösungen der Gl. (5.4/12) bis (5.4/17) sind mit Hilfe eines elektronischen Rechengeräts unter Verwendung von Parameterwerten, die an der Naval Reactor Testing Facility, Arco, Idaho, USA, ermittelt wurden, erhalten worden und sind in [30] in Kurventafeln wiedergegeben.

Bei der Bestimmung von Gleichgewichtslösungen wird die Korrosionsgeschwindigkeit des Kühlsystem-Materials als konstant angesetzt:

$$\frac{C_0 S N_0}{V_w A} f_n f_s = S_w = \text{konst.} \tag{5.4/18}$$

Wenn ein Beharrungszustand erreicht worden ist, werden die differentialen Änderungen der n und N simultan gleich Null. Somit muß folgende Matrix-Gleichung gelöst werden, um Ausdrücke für die Gleichgewichtswerte der n und N zu erhalten:

Gl. Nr.	N_w	N_r	N_k	n_w	n_r	n_k				
(5.4/13)	a_{11}	a_{12}	a_{13}	0	0	0	$N_w(\infty)$		S_w	
(5.4/17)	a_{21}	a_{22}	0	0	0	0	$N_r(\infty)$		0	
(5.4/15)	a_{31}	0	a_{33}	0	0	0	$N_k(\infty)$	=	0	(5.4/19)
(5.4/12)	a_{41}	0	0	a_{44}	a_{45}	a_{46}	$n_w(\infty)$		0	
(5.4/16)	0	0	0	a_{54}	a_{55}	0	$n_r(\infty)$		0	
(5.4/14)	0	0	a_{63}	a_{64}	0	a_{66}	$n_k(\infty)$		0	

Da die Variablen $N_w(\infty)$, $N_r(\infty)$ und $N_k(\infty)$ in keiner Weise mit den $n_w(\infty)$, $n_r(\infty)$ und $n_k(\infty)$ gekoppelt sind, können sie getrennt erhalten werden durch Lösung der Systeme:

$$\begin{pmatrix} a_{11} & a_{12} & a_{13} \\ a_{21} & a_{22} & 0 \\ a_{31} & 0 & a_{33} \end{pmatrix} \begin{pmatrix} N_w(\infty) \\ N_r(\infty) \\ N_k(\infty) \end{pmatrix} = \begin{pmatrix} S_w \\ 0 \\ 0 \end{pmatrix}. \tag{5.4/20}$$

Diese Koeffizientendeterminante sei mit Δ_1 bezeichnet.

$$\begin{pmatrix} a_{44} & a_{45} & a_{46} \\ a_{54} & a_{55} & 0 \\ a_{64} & 0 & a_{66} \end{pmatrix} \begin{pmatrix} n_w(\infty) \\ n_r(\infty) \\ n_k(\infty) \end{pmatrix} = \begin{pmatrix} s_w \\ 0 \\ s_k \end{pmatrix}, \tag{5.4/21}$$

wobei $s_w = -a_{41} N_w(\infty)$ und $s_k = -a_{63} N_k(\infty)$. Die Koeffizientendeterminante sei mit Δ_2 bezeichnet.

Die Lösungen für den stabilen Zustand sind:

$$\left.\begin{aligned} N_w(\infty) &= a_{22} a_{33} S_w \Delta_1^{-1}, \\ N_r(\infty) &= -a_{21} a_{33} S_w \Delta_1^{-1}, \\ N_k(\infty) &= -a_{31} a_{22} S_w \Delta_1^{-1}, \end{aligned}\right\} \tag{5.4/22}$$

$$\left.\begin{aligned} n_w(\infty) &= -a_{55}\left(a_{41} a_{66} + \frac{a_{31} a_{46} a_{63}}{a_{33}}\right) N_w(\infty)\, \Delta_2^{-1}, \\ n_r(\infty) &= a_{54}\left(a_{41} a_{66} + \frac{a_{31} a_{46} a_{63}}{a_{33}}\right) N_w(\infty)\, \Delta_2^{-1}, \\ n_k(\infty) &= a_{55} a_{64}\left(a_{41} + \frac{a_{31} a_{46} a_{63}}{a_{33} a_{66}}\right) N_w(\infty)\, \Delta_2^{-1} + \frac{a_{31} a_{63}}{a_{33} a_{66}} N_w(\infty). \end{aligned}\right\} \tag{5.4/23}$$

In praktischen Fällen wird der Gleichgewichtszustand ziemlich schnell erreicht, und die Korrosionsgeschwindigkeit ist konstant; daher sind die obigen Lösungen im Normalfall anwendbar. Die Größen $\varepsilon_j Q_j/V_q$ und K_j/V_q bedeuten allgemein die anteilmäßige Austauschgeschwindigkeit. $(\varepsilon_j Q_j/V_q) N_j$ ist der Anteil der Menge N_j, der je Sekunde von einem durch den Index j gekennzeichneten Bereich in einen durch den Index q bezeichneten Bereich übergeführt wird. Entsprechend stellt $(K_j/V_j) N_q$ den Anteil der Menge N_q dar, der je Sekunde von einem Bereich mit dem Index q in einen mit dem Index j übergeführt wird.

Die Größen $\varepsilon_i Q_i/V_w$ und $\varepsilon_i Q_i/V_i$ können unmittelbar aus der Kenntnis der Wirksamkeit ε_i, mit der der Ionenaustauscher-Bereich des Demineralisierers die betreffenden Atome entfernt, bestimmt werden, sowie aus dem ebenfalls bekannten Durchfluß durch den Ionenaustauscher Q_i und dem Volumen des Demineralisierer-Harzbettes V_i und des primären Kühlsystems V_w. Die Größen $\varepsilon_r Q_r/V_w$, $\varepsilon_r Q_r/V_r$, K_r/V_w, K_r/V_r, $\varepsilon_k Q_k/V_w$, $\varepsilon_k Q_k/V_k$, K_k/V_w und K_k/V_k können nicht direkt auf die Geometrie des Systems bezogen werden, sondern müssen von Aktivitätsmessungen abgeleitet werden, die in einem tatsächlichen Reaktorsystem oder an einem Experimentierkreislauf angestellt werden. Sie stellen die meßbaren makroskopischen Resultate mikroskopischer Adsorptions- und belagbildender Reaktionen dar, die mit den bereits gegebenen Methoden nicht analysiert werden können. Werte für diese Parameter sind aus Aktivitätsmessungen an der Naval Reactor Testing Facility, Arco, Idaho, abgeleitet worden [30]. Bei der Bestimmung des Wertes der Reinigungsgeschwindigkeit $\varepsilon_i Q_i/V_w$ können bei Systemen aus nichtrostendem Stahl (nicht jedoch bei Kohlenstoffstahl-Systemen) Anlagerung an den Systemwänden, erneute Lösung angelagerten Materials und Verluste infolge Undichtheiten als Einflüsse zweiter Ordnung betrachtet werden, die im Vergleich mit der Entfernung von Aktivität durch den Ionenaustauscher vernachlässigbar sind. Unter dieser Annahme können Gl. (5.4/12) und (5.4/13) geschrieben werden:

$$\frac{dn_w}{dt} = \sigma \varphi_e N_w - \left(\frac{\varepsilon_i Q_i}{V_w} + \lambda\right) n_w, \qquad (5.4/24)$$

$$\frac{dN_w}{dt} = -\left(\frac{\varepsilon_i Q_i}{V_w} + \sigma \varphi_e\right) N_w + \frac{C_0 S N_0}{V_w A} f_n f_s. \qquad (5.4/25)$$

Die Erfüllung der Forderung, daß die Höhe der Gleichgewichts-Aktivität einer dominierenden Strahlenquelle (z. B. Mn^{56}) $\lambda N_w(\infty) \leq G$ [Zerfallsprozesse/cm^3 sek] ist, ergibt für $\varepsilon_i Q_i/V_w$ bei $dN_w/dt = dn_w/dt = 0$:

$$\frac{\varepsilon_i Q_i}{V_w} = -\frac{\sigma \varphi_e + \lambda}{2} + \left[\frac{(\sigma \varphi_e)^2 + \lambda^2}{2} + \frac{\lambda \sigma \varphi_e}{G} \frac{C_0 S N_0}{V_w A} f_n f_s\right]^{1/2}. \qquad (5.4/26)$$

Die differentiale Aktivitätsänderung in einem Ionenaustauscher wird durch folgende Gleichung beschrieben:

$$\frac{dn_i}{dt} = \frac{\varepsilon_i Q_i}{V_i} n_w - \lambda n_i, \qquad (5.4/27)$$

wobei n_i die Konzentration radioaktiver Isotope im Ionenaustauscher bedeutet [Atome/cm^3] und V_i das Volumen des Ionenaustausch-Harzes ist. Die Aktivitätsänderung im Filter ist:

$$\frac{dn_f}{dt} = \frac{\varepsilon_f Q_f}{V_f} n_w - \lambda n_f, \qquad (5.4/28)$$

wobei n_f die Konzentration radioaktiver Isotope in den Filterablagerungen ist [Atome/cm³ Ablagerung] und V_f das Volumen der Ablagerung im Filter. Der Rücktritt radioaktiven Materials aus Ionenaustauscher und Filter in das Kühlsystem wird als vernachlässigbar angesehen. Bei konstanter Korrosionsgeschwindigkeit des Systemmaterials ergeben sich folgende Gleichgewichtslösungen:

$$n_i(\infty) = -(a_{22}a_{33}a_{41}a_{55}a_{66} + a_{22}a_{31}a_{46}a_{55}a_{63})\frac{\varepsilon_i Q_i}{V_i \lambda} S_w \Delta_1^{-1} \Delta_2^{-1}, \quad (5.4/29)$$

$$n_f(\infty) = -(a_{22}a_{33}a_{41}a_{55}a_{66} + a_{22}a_{31}a_{46}a_{55}a_{63})\frac{\varepsilon_i Q_f}{V_f \lambda} S_w \Delta_1^{-1} \Delta_2^{-1}. \quad (5.4/30)$$

Die mathematische Erfassung der auf die Korrosion des Reaktorkerns folgenden Freisetzung von gasförmigen, löslichen und unlöslichen Spaltprodukten ist sehr kompliziert. Das allgemeine Problem ist in den USA für die Lösung durch ein Elektronen-Digital-Rechengerät programmiert worden [*30*].

5.43 Kreislauf von Homogenreaktoren

Die Strahlenquellenstärke des Primärkreislaufes von Homogenreaktoren ist in erster Linie eine Funktion der Spaltprodukt-Konzentration. Während in heterogenen Reaktoren der Spaltstoff kontinuierlich bestrahlt wird, ist in Reaktoren mit zirkulierendem Spaltstoff jede Volumeneinheit der Spaltstoff-Flüssigkeit einer regelmäßigen intermittierenden Bestrahlung ausgesetzt. Die Menge eines im Reaktorkreislauf vorhandenen Spaltproduktes ist von den nuklearen Prozessen der Spaltprodukt-Bildung und des -Zerfalls, sowie von den technologischen Prozessen der Abtrennung gasförmiger radioaktiver Spaltprodukte und der kontinuierlichen Aufbereitung der Spaltstoff-Lösung oder -Suspension, abhängig. Die durch nukleare Prozesse bedingte Mengenänderung eines bestimmten Isotops als Funktion der Zeit wird durch folgende Gleichung ausgedrückt:

$$\frac{dN_2}{dt} = Y_1 \sigma_f \varphi_e N_u + \lambda_1 N_1 + \sigma_{a1} \varphi_e N_a - \lambda_2 N_2 - \sigma_{a2} \varphi_e N_2. \quad (5.4/31)$$

In dieser Gleichung bedeutet der erste Term: Entstehung durch Kernspaltung, der zweite Term: Bildung aus einem radioaktiven Mutterkern, der dritte Term: Bildung durch Neutronenabsorption, der vierte Term: Abnahme durch radioaktiven Zerfall, und der fünfte Term: Entfernung durch Neutronen-Abbrand. Die in Gl. (5.4/31) verwendeten Bezeichnungen bedeuten:

N_i Gesamtmenge des Nuklides i im Kreislauf;
N_u Gesamtmenge des Spaltstoffes im Kreislauf;
Y_i Spaltausbeute des Nuklides i;

$\varphi_e = \varphi \dfrac{t_r}{T}$ = effektiver Neutronenfluß, wobei φ den konstanten Neutronenfluß im Reaktorkern, t_r die Zeit des Durchganges eines Volumenelementes durch den Reaktorkern und T die gesamte Umlaufzeit ist;

σ_f Wirkungsquerschnitt für Spaltung;
σ_a Wirkungsquerschnitt für Neutronenabsorption;
λ_i Zerfallskonstante des radioaktiven Nuklides i.

Außer den durch die Gleichung (5.4/31) erfaßten nuklearen Faktoren sind noch die technologischen Faktoren zu berücksichtigen. Bei gleichzeitiger Erfassung sämtlicher Einzelfaktoren wäre die Lösung der vollen Differentialgleichung außerordentlich schwierig, so daß es zweckmäßiger ist, Gleichungen für bestimmte vereinfachte Sätze von Bedingungen abzuleiten und das tatsächliche System durch Kombination der erhaltenen Gleichungen anzunähern. C. J. L. LOCK [*34*] hat derartige Gleichungen für elf verschiedene Fälle abgeleitet. Die Form der Gleichungen ist der Form der in den Abschn. 5.41 und 5.42 angegebenen Gleichungen sehr ähnlich.

Im folgenden wird die Ableitung für den Fall von Bildung und Zerfall radioaktiver Spaltprodukte ohne Berücksichtigung des Abbrandes und der technologischen Entfernung von Nukliden wiedergegeben: Betrachtet wird das differentiale Volumenelement dV der Flüssigkeit, das dN_u spaltbare Atome enthält

$$dN_u = N_u \frac{dV}{V}. \tag{5.4/32}$$

Die zur Zeit t gebildete differentiale Menge des Spaltproduktes 1 ist

$$dN_1 = N_1 \frac{dV}{V}. \tag{5.4/33}$$

Wenn man vom Nullwert ausgeht, ist nach der Zeit t_r

$$dN_1 = \frac{Y_1 \sigma_f \varphi \, dN_u}{\lambda_1} (1 - e^{-\lambda_1 t_r}), \tag{5.4/34}$$

nach der Zeit $T = t_r + t_z$

$$dN_1 = \frac{Y_1 \sigma_f \varphi \, dN_u}{\lambda_1} (1 - e^{-\lambda_1 t_r}) e^{-\lambda_1 t_z}, \tag{5.4/35}$$

nach der Zeit $T + t_r$

$$dN_1 = \frac{Y_1 \sigma_f \varphi \, dN_u}{\lambda_1} [(1 - e^{-\lambda_1 t_r})(e^{-\lambda_1 (t_r + t_z)}) + (1 - e^{-\lambda_1 t_r})], \tag{5.4/36}$$

nach der Zeit $nT = t$

$$\left. \begin{array}{l} dN_1 = \dfrac{Y_1 \sigma_f \varphi \, dN_u}{\lambda_1} [(1 - e^{-\lambda_1 t_r}) e^{-\lambda_1 t_z} (1 + e^{-\lambda_1 T} + e^{-2\lambda_1 T} + \cdots + e^{-(n-1)\lambda_1 T})], \\[6pt] dN_1 = \dfrac{Y_1 \sigma_f \varphi \, dN_u}{\lambda_1} (1 - e^{-\lambda_1 t_r}) e^{-\lambda_1 t_z} \dfrac{(1 - e^{-\lambda_1 t})}{(1 - e^{-\lambda_1 T})}. \end{array} \right\} \tag{5.4/37}$$

Wenn die Halbwertzeit des Isotops 1 sehr groß ist im Vergleich mit der Umlaufzeit T, kann Gleichung (5.4/37) näherungsweise geschrieben werden

$$dN_1 = \frac{Y_1 \sigma_f \varphi \, dN_u}{\lambda_1} \frac{\lambda_1 t_r}{\lambda_1 T} (1 - e^{-\lambda_1 t}) = \frac{Y_1 \sigma_f \varphi_e \, dN_u}{\lambda_1} (1 - e^{-\lambda_1 t}), \tag{5.4/38}$$

woraus für die Gesamtmenge des gebildeten Spaltproduktes 1 folgt:

$$N_1 = \frac{Y_1 \sigma_f \varphi_e N_u}{\lambda_1} (1 - e^{-\lambda_1 t}). \tag{5.4/39}$$

5.5 Partikel-Beschleuniger

5.51 Kommerzielle Elektronenbeschleuniger

Die Abbremsung von Elektronen in Materie resultiert in der Emission einer als Röntgenstrahlung oder Bremsstrahlung bezeichneten Photonenemission mit kontinuierlichem Energiespektrum, dem die $K, L, \ldots$-Spitzen der charakteristischen Strahlung des Target-Atoms überlagert sind. (Diese Spitzen sind in der Röntgenstrahlentechnologie von Bedeutung; ihre Existenz kann aber bei der Strahlenabschirmung vernachlässigt werden.) In der Röntgenröhre

(Abb. 5.5/1) werden Elektronen durch ein elektrisches Feld gegen ein Target beschleunigt. Durch Wechselwirkung der monoenergetischen Elektronen mit den Target-Atomen werden Bremsstrahlungsphotonen erzeugt. Die Hauptcharakteristiken der Bremsstrahlung sind die Form des Energiespektrums und die Winkelverteilung der Bremsstrahlungsintensität um die Auftreffrichtung der Elektronen; ein Beispiel ist in Abb. 5.5/2 dargestellt. Diese Charakteristiken sind Funktionen der Beschleunigungsspannung, der Ordnungszahl des Target-Materials und der Dicke des Targets. (Eine detaillierte Darstellung der Physik der Röntgenstrahlen wird in [35] gegeben.)

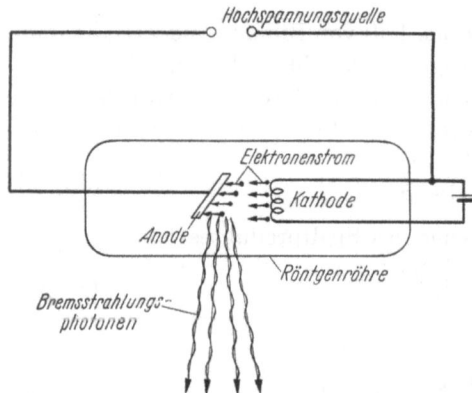

Abb. 5.5/1. Schema der Erzeugung von Röntgenstrahlen

Elektronenbeschleuniger mit Beschleunigungsenergien $> \sim 8$ MeV (Linearbeschleuniger, Elektronen-Zyklotron, Elektronen-Synchrotron, Betatron) sind auch Quellen von Photoneutronenstrahlung. Die Freisetzung eines

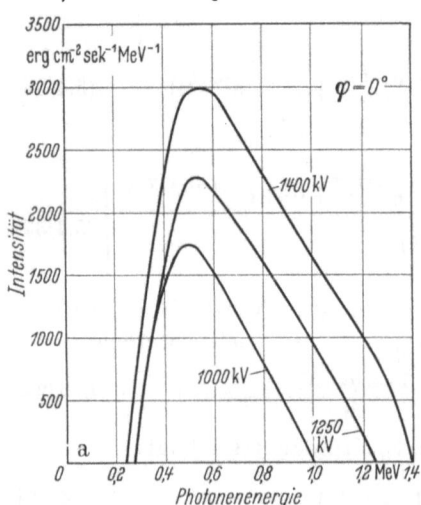
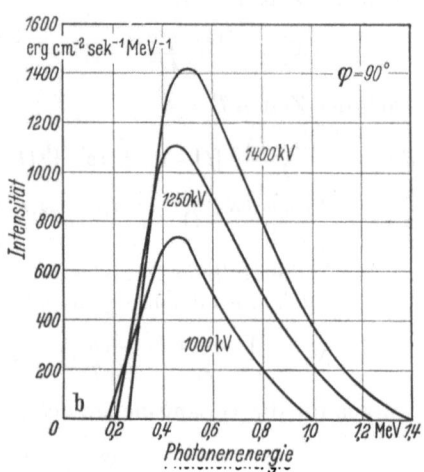

Abb. 5.5/2. Durch ausgeblendete Elektronen-Strahlenbündel von 0,5 mA in einem Wolfram-Target von etwas über der maximalen Reichweite der Elektronen liegender Dicke erzeugte Bremsstrahlen-Intensitätsspektren (nach MILLER, MOTZ u. CIALELLA [36])
a) in Vorwärtsrichtung; b) senkrecht zur Richtung des Elektronenbündels

Neutrons aus einem Atomkern kann erfolgen, wenn die absorbierte Photonenenergie die Bindungsenergie des Neutrons im Kern (zwischen 6 und 18 MeV, meist >10 MeV) übersteigt; (nähere Angaben in [38], [39]).

5.52 Hochenergie-Beschleuniger [40], [41], [42], [43]

Hochenergie-Beschleuniger sind außerordentlich komplexe Strahlenquellen, da die auf extrem hohe Energien beschleunigten Partikel sogenannte „Stern"-Prozesse auslösen können (Bezeichnung nach dem auf Kernemulsionsplatten erzeugten Bild). Ein auf einen Atomkern auftreffendes Proton mit einer im GeV-Bereich liegenden Energie ejiziert aus dem Targetkern unmittelbar eine Anzahl von Protonen und Neutronen mit Energien in der Größenordnung von 10^2 MeV. Da diese augenblicklich emittierten hochenergetischen Nukleonen qualitativ ähnliche nukleare Disintegrationen auslösen können wie das primäre Teilchen, werden sie als Kaskadenpartikel bezeichnet. Nach diesem Emissionsprozeß gibt der getroffene Kern einen großen Teil der verbleibenden Überschußenergie durch Emission sogenannter Verdampfungsprotonen und -neutronen mit Energien von etwa 10 MeV ab. Zusätzlich können geladene und ungeladene π-Mesonen erzeugt werden, die ihrerseits neue Kernzerfallsprozesse mit Freisetzung von Neutronen und Protonen hervorrufen können. Außer der Partikelemission werden im Verlaufe der Disintegration des Targetkernes hochenergetische γ-Photonen erzeugt, die Photonen-Elektronen-Kaskaden auslösen können. Abb. 5.5/3 zeigt eine schematische Übersicht über die Wechselwirkung von 25 GeV-Protonen mit Materie; tabellarische Übersichten werden in

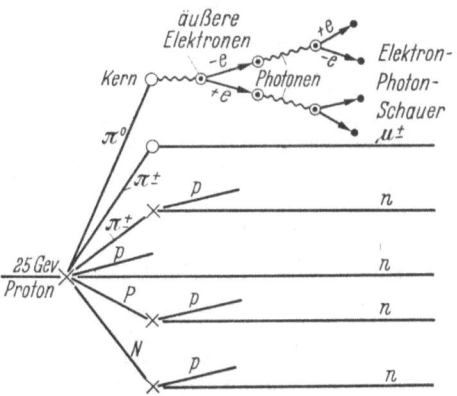

Abb. 5.5/3. Schematische Übersicht über die Wechselwirkung von 25 GeV-Protonen (nach CITRON, GENTNER u. SITTKUS [40])
× bedeutet einen „Stern"-Prozeß, O einen Zerfallsprozeß. p und n steht für Proton und Neutron; große Buchstaben sind für dieselben Teilchen gebraucht, wenn ihre Energie hoch genug ist, um weitere Sterne hervorzurufen

[41] und [42] gegeben. Die biologisch bedeutsamen Komponenten des Strahlungsfeldes sind Neutronen und γ-Strahlen, deren Spektren sich über einen weiten Energiebereich erstrecken. In der Regel stellen Neutronen außerhalb der Abschirmung die Hauptkomponente der Strahlung dar.

Literatur zu 5

[1] McCullough, C. R.: Safety Aspects of Nuclear Reactors. Princeton/New York/Toronto/London: D. Van Nostrand 1957
[2] Hollander, J. M., I. Perlman u. G. T. Seaborg: Table of Isotopes. In United States Atomic Energy Commission: Reactor Handbook Vol. 1, Physics. New York/Toronto/London: McGraw-Hill 1955
[3] Pullman, I.: Experimental Methods. In United States Atomic Energy Commission: Reactor Handbook Vol. 1, Physics. New York/Toronto/London: McGraw-Hill 1955
[4] Watt, B. E.: Energy Spectrum of Neutrons from Thermal Fission of U^{235}. The Physical Review Vol. 87 (1952) S. 1037—1041
[5] Blizard, E. P.: Reactor Shielding. Nuclear Engineering and Science Congress, Cleveland, Dezember 1955, Paper NED-56-11, ORNL Central Files No. 56-4-7
[6] Goldstein, H.: Fundamental Aspects of Reactor Shielding. Reading, Massachusetts: Addison-Wesley, und London/Paris: Pergamon Press 1959
[7] Leachman, R. B., L. Allen, J. P. Balagna, R. E. Carter, L. Cranberg, P. C. Fisher, J. Grundl, G. E. Hansen, M. M. Hoffman, G. R. Keepin, P. G. Koontz, J. S. Levin, J. J. Neuer, C. J. Orth, J. A. Sayeg, W. E. Stein, J. J. Wagner, S. L. Whetstone u. M. E. Wyman: Neutrons and Radiations from Fission. Second United Nations International Conference on the Peaceful Uses of Atomic Energy, Genf, 1.—13. September 1958, Paper No. A/CONF. 15/P/665

[8] KEEPIN, G. R.: Delayed Neutrons. In: R. A. CHARPIE, D. J. HUGHES, D. J. LITTLER u. S. HOROWITZ (Hrsgb.): Progress in Nuclear Energy, Series I, Physics and Mathematics Vol. 1. London/New York/Paris: Pergamon Press 1956

[9] KEEPIN, G. R., T. F. WIMETT u. R. K. ZEIGLER: Delayed Neutrons from Fissionable Isotopes of Uranium, Plutonium and Thorium. The Physical Review Vol. 107 (1957) S. 1044

[10] MAIENSCHEIN, F. C., R. W. PEELLE, T. A. LOVE u. W. ZOBEL: Energy Spectra of Fission-Associated Gamma Radiation. Paper presented at Symposium VI 58 „Radiation Shielding" of the European Atomic Energy Society, Cambridge, 26.—29. August 1958

[11] MAIENSCHEIN, F. C., R. W. PEELLE, W. ZOBEL u. T. A. LOVE: Gamma Rays Associated with Fission. Second United Nations International Conference on the Peaceful Uses of Atomic Energy, Genf, 1.—13. September 1958, Paper No. A/CONF. 15/P/670

[12] ZOBEL, W., u. T. A. LOVE: Time and Energy Spectra of Fission Product Gamma Rays Measured at Short Times after Uranium Sample Irradiation. Chapter 17 in ORNL-2081, 20. November 1956

[13] MOTEFF, J.: Fission Product Decay Gamma Energy Spectrum. APEX-134, Juni 1953

[14] CLARK, F. H.: Decay of Fission Product Gammas. NDA-27-39, 30. Dezember 1954

[15] BURRIS, L., Jr., u. I. G. DILLON: Estimation of Fission Product Spectra in Discharged Fuel from Fast Reactors. ANL-5742, Juli 1957

[16] BLOMEKE, J. O., u. M. TODD: U^{235} Fission Product Production as a Function of Thermal Neutron Flux, Irradiation Time, and Decay Time. ORNL-2127, 9. August 1957

[17] PERKINS, J. F., u. R. W. KING: Energy Release from the Decay of Fission Products. Nuclear Science and Engineering Vol. 3 (1958) S. 726

[18] SCOLES, J. F.: Fission Product Gamma Ray Spectra. FZM-1042, 1. August 1958

[18a] SCOLES, J. F.: Calculated Gamma Ray Spectra from U^{235} Fission Products. FZK-9-132, 29. August 1958

[19] STEHN, J. R., u. E. F. CLANCY: Fission-Product Radioactivity and Heat Generation. Second United Nations International Conference on the Peaceful Uses of Atomic Energy, Genf, 1.—13. September 1958, Paper No. A/CONF. 15/P/1071

[20] PRAWITZ, J., K. LÖW u. R. BJÖRNERSTEDT: Gamma Spectra of Gross Fission Products from Thermal Reactors. Second United Nations International Conference on the Peaceful Uses of Atomic Energy, Genf, 1.—13. September 1958, Paper No. A/CONF. 15/P/149

[21] MITTELMAN, P. S., u. R. A. LIEDTKE: Gamma Rays from Thermal-Neutron Capture. Nucleonics Vol. 13 (1955) No. 5, S. 50—51

[22] BARTHOLOMEW, G. A., u. L. A. HIGGS: Compilation of Thermal Neutron Capture Gamma Rays. CRGP-784, Juli 1958

[23] DELOUME, F. E.: Gamma Ray Energy Spectra from Thermal Neutron Capture. APEX-407, August 1958

[24] GROSHEV, L. V., A. M. DEMIDOV, V. N. LUTSENKO u. V. I. PELEKHOV: Atlas of γ-Ray Spectra from Radiative Capture of Thermal Neutrons. London/New York/Paris/Los Angeles: 1959

[25] HUGHES, D. J., u. R. B. SCHWARTZ: Neutron Cross Sections, BNL-325 2nd Ed., 1. Juli 1958

[26] GUSSJEW, N. G.: Handbuch für radioaktive Strahlen und Strahlenschutz (russisch). Moskau: Staatsverlag für medizinische Literatur (Medgiz) 1956

[27] BOPP, C. D.: Gamma Radiation Induced in Engineering Materials. ORNL-1371, 6. Mai 1953

[28] BOPP, C. D., u. O. SISMAN: How to Calculate Gamma Radiation Induced in Reactor Materials. Nucleonics Vol. 14 (1956) No. 1, S. 46—50

[29] PRICE, B. T., C. C. HORTON u. K. T. SPINNEY: Radiation Shielding. London/New York/Paris: Pergamon Press 1957

[30] ROCKWELL III, TH.: Reactor Shielding Design Manual. TID-7004, März 1956

[31] ALLARD, G. A.: Activation of a Fluid Circulating Through a Neutron Flux. KAPL-665, 14. Dezember 1951

[32] GROTENHUIS, M., u. J. W. BUTLER: Calculations of Water Activity. Chapter 1.12 in United States Atomic Energy Commission: The Reactor Handbook Vol. 2: Engineering. AECD-3646, Mai 1955

[33] DIX, G. P., R. C. GROSCUP u. J. M. LEFFLER: The Origin and Disposal of Power Reactor Wastes. MND-1235, 5. Februar 1958
[33a] BRASSERT, W. L., G. K. GARDINER u. F. H. MORSE: Reco ilActivity from Stainless-Steel Cladding: A Major Contribution to Coolant-Stream Radioactivity in GCR-2. MIT-OR-4, 4. August 1959
[34] LOCK, C. J. L.: Mathematics of Fission Product Formation in Reactors with Circulating Fuel. A. E. R. E. C/M 278, Mai 1956
[35] BLOCHIN, M. A.: Physik der Röntgenstrahlen. Berlin: VEB Verlag Technik 1957
[36] MILLER, W., J. W. MOTZ u. C. CIALELLA: Physical Review Vol. 96 (1954) S. 1344
[37] National Bureau of Standards Handbook 60: X-ray Protection. Washington, 1. Dezember 1955
[38] National Bureau of Standards Handbook 55: Protection against Betatron-Synchrotron Radiations up to 100 Million Electron Volts. Washington, 26. Februar 1954
[39] National Bureau of Standards Handbook 63: Protection against Neutron Radiation up to 30 Million Electron Volts. Washington. 22. November 1957
[40] CITRON, A., W. GENTNER u. A. SITTKUS: Überlegungen zum Strahlenschutz für ein 25 Milliarden Volt Protonen-Synchrotron. Strahlentherapie Bd. 94 (1954) Nr. 1, S. 23—28
[41] MOYER, B. J.: Build-up Factors. Conference on Shielding of High-Energy Accelerators, Held at New York, 11.—13. April 1957, TID-7545, 6. Dezember 1957, S. 96—100
[42] SOLON, L. R.: The Shielding of High-Energy Accelerators. Symposium on Technical Methods in Health Physics, Riso, Dänemark, 25.—28. Mai 1959; TID-7577, August 1959
[43] WALLACE, R., J. S. HANDLOSER, B. J. MOYER, H. W. PATTERSON, L. PHILLIPS u. A. R. SMITH: Safety Problems Associated with High-Energy Machines. In: W. G. MARLEY u. K. Z. MORGAN (Hrsgb.): Progress in Nuclear Energy, Series XII, Health Physics Vol. 1, S. 175—184

6. Geometrie der Strahlenquellen

Die für die Bemessung von Strahlenabschirmungsanlagen notwendige Bestimmung der Intensität des Strahlungsfeldes, wie sie von an verschiedenen Stellen angeordneten Detektoren gemessen würde, infolge der von in verschiedener Form linear, flächenhaft oder räumlich verteilten Quellen emittierten Strahlung, erfordert Gleichungen, die die geometrischen Beziehungen zwischen Strahlenquelle und Detektor ausdrücken.

Die strahlengeometrischen Beziehungen gründen sich auf die Annahme der Fortbewegung von Photonen oder Neutronen entlang der Verbindungsgeraden zwischen Quelle und Detektor. Das ist für den ungestreuten Strahlenfluß unmittelbar zutreffend, dessen Abschwächung exponentiell von der entlang dieser Verbindungsgeraden gemessenen Dicke des Strahlenschutzmaterials abhängt; dem Einfluß der Streustrahlung kann durch Verwendung eines Zuwachsfaktors B Rechnung getragen werden; (dieser Begriff ist in erster Linie mit der Abschwächung von γ-Strahlen verbunden). Die Gleichungen können zur Berechnung der erforderlichen Dicke von Strahlenabschirmungsanlagen entweder unter Verwendung grundlegender kernphysikalischer Werte verwendet werden, oder zur Umrechnung von an einfachen Strahlenabschirmungsmodellen gewonnenen Meßergebnissen auf andere geometrische Verhältnisse angewandt werden.

Jede beliebige Strahlenquelle kann als eine Verteilung von Punktquellen angesehen werden. Die strahlengeometrischen Formeln werden durch Betrachtung der Strahlenquelle als Kollektiv infinitesimaler Punktquellen, Integration über die gesamte Erstreckung der Quelle und Verwendung eines exponentiellen Abschwächungskernes erhalten. Nicht-isotrope Emission der Strahlung kann oft durch eine Cosinus-Beziehung ausgedrückt werden.

Wenn nicht die geometrischen Verhältnisse eines gegebenen Problems so weitgehend wie möglich vereinfacht werden, können sich sehr komplizierte Integralausdrücke ergeben, die nur durch numerische Integration gelöst werden können. Lösungen für einige der einfacheren Fälle können in Termen von Standard-Exponentialintegralen und Sekanten-Integralfunktionen ausgedrückt werden.

Ableitungen und/oder Zusammenstellungen von Formeln für die Strahlenintensität für verschiedenartige Form und geometrische Anordnung von Strahlenquelle, Abschirmung und Detektor sind in [1] bis [9] zu finden. Strahlengeometrische Transformationsgleichungen werden in [3] und [8a] angegeben. Werte für die in den Gleichungen vorkommenden Integralfunktionen sind in den Tabellenwerken [10] bis [14] zu finden, oder können Kurventafeln in [4] und [9] entnommen werden. In den folgenden Abschnitten werden einige einfache Beispiele für die Ableitung strahlengeometrischer Beziehungen gegeben. Es werden nur homogene, isotrope Strahlenquellen betrachtet. (Ableitungen für den für die Praxis besonders wichtigen Fall der Zylinderquelle sind zu kompliziert, als daß sie in den Rahmen dieses Kapitels hätten aufgenommen werden können.)

In der Praxis können kleinere γ-Strahlenquellen und Neutronenquellen, wie sie in Abschn. 5.1 behandelt sind, als Punkt-Quellen angesehen werden. Reaktorsysteme und Apparate radiochemischer Trennanlagen (s. Abschn. 14.2) stellen dagegen komplizierte Anordnungen großer Strahlenquellen dar, die in einem Volumen absorbierenden Materials verteilt sind. Zur Bestimmung der Strahlungsintensität an einem gegebenen Punkte ist es erforderlich, das komplizierte Strahlenquellensystem in zahlreiche Einzelquellen zu zerlegen, deren Gestalt durch einfache geometrische Formen, wie Linien, Scheiben, Zylinder oder Kugeln, für die strahlengeometrische Formeln existieren, angenähert werden kann. Die resultierende Strahlungsintensität wird durch Summierung der Einflüsse aller Einzelquellen erhalten. Beispielsweise waren für die Berechnung des Strahlungsniveaus innerhalb der Apparatekammer des primären Systems des natriumgekühlten Enrico Fermi-Kernkraftwerks (s. Abschn. 12.244) 25000 einzelne Dosisberechnungen erforderlich [18].

6.1 Punkt-Quelle

6.11 Punkt-Quelle mit konzentrischer Abschirmung [1]

Abb. 6.1/1 zeigt das Schema einer punktförmigen isotropen Strahlenquelle von der Stärke S_0 [sek^{-1}], die konzentrisch von einem homogenen Abschirmungsmedium mit dem linearen Schwächungskoeffizienten μ (s. Abschn. 2.31) umgeben ist. Der Zuwachsfaktor B (s. Abschn. 2.34 und 8.1) wird der Einfachheit halber gleich Eins gesetzt. Die Dicke der hohlkugelförmigen Abschirmungswand ist $t = (r_2 - r_1)$ [cm]. In einer Entfernung $a > r_2$ ist ein Punktdetektor angeordnet. Der Ausdruck für die von diesem außerhalb der Abschirmung liegenden Detektor empfangene Strahlungsintensität

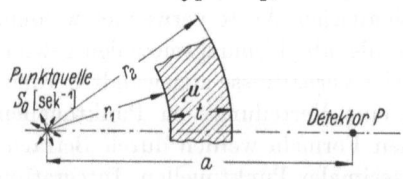

Abb. 6.1/1. Skizze zur Punktquellengleichung

(vgl. Abschn. 2.31) lautet:

$$\varphi = J = \frac{S_0}{4\pi a^2} e^{-\mu t}. \tag{6.1/1}$$

Gl. (6.1/1) ist die einfachste Strahlenschwächungsfunktion. Der als *Punktkern* bezeichnete Ausdruck

$$\frac{e^{-\mu t}}{4\pi a^2} \tag{6.1/2}$$

bildet den Kern aller strahlengeometrischen Beziehungen, da jede beliebige Strahlenquelle (linear, flächenhaft oder räumlich) als eine Punktquellenverteilung angesehen werden kann. — Bei aus n Schichten bestehenden Abschirmungen ist die Größe μt durch

$$b = \sum_{i=1}^{i=n} \mu_i t_i \tag{6.1/3}$$

zu ersetzen. Dabei bedeutet t_i die Dicke der i-ten Schicht und μ_i den zugehörigen linearen Schwächungskoeffizienten.

6.12 Punkt-Quelle mit ebener Abschirmung

In Abb. 6.1/2 ist eine Punkt-Quelle mit ebener Abschirmung dargestellt. Bei Zugrundelegung von $B = 1$ lauten die Gleichungen für den Strahlenfluß an der Stelle P_1:

$$\varphi = \frac{S_0}{4\pi a^2} e^{-\mu t}, \tag{6.1/4}$$

und an der Stelle P_2:

$$\varphi = \frac{S_0}{4\pi (a \sec \vartheta)^2} e^{-\mu t \sec \vartheta}. \tag{6.1/5}$$

6.2 Linien-Quelle [4]

Die geometrischen Verhältnisse einer Linien-Quelle mit Abschirmungsplatte sind in Abb. 6.2/1 dargestellt. Die Ableitung der

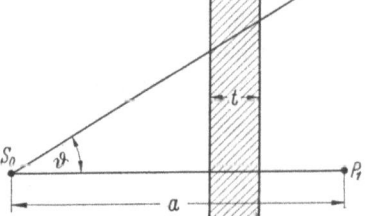

Abb. 6.1/2. Geometrie einer Punkt-Quelle mit ebener Abschirmung

Gleichungen für den ungestreuten Strahlenfluß an den Punkten P_i erfolgt durch Integration über den Punktkern. Die einzelnen Schritte der Ableitung werden im folgenden für den Punkt P_2 angegeben. Der Beitrag von dl zum ungestreuten Fluß ist:

$$d\varphi = \frac{S_L \, dl}{4\pi (a \sec \vartheta)^2} e^{-\mu t \sec \vartheta}. \tag{6.2/1}$$

Durch Einsetzen von $dl = a \sec^2 \vartheta \, d\vartheta$ erhält man:

$$d\varphi = \frac{S_L}{4\pi a} e^{-\mu t \sec \vartheta} d\vartheta \tag{6.2/2}$$

und

$$\varphi = \frac{S_L}{4\pi a} \left(\int_0^{\vartheta_1} e^{-\mu t \sec \vartheta} d\vartheta + \int_0^{\vartheta_2} e^{-\mu t \sec \vartheta} d\vartheta \right). \tag{6.2/3}$$

Bei Einführung der Bezeichnung

$$F(\vartheta, \mu t) = \int_0^\vartheta e^{-\mu t \sec \vartheta} d\vartheta \tag{6.2/4}$$

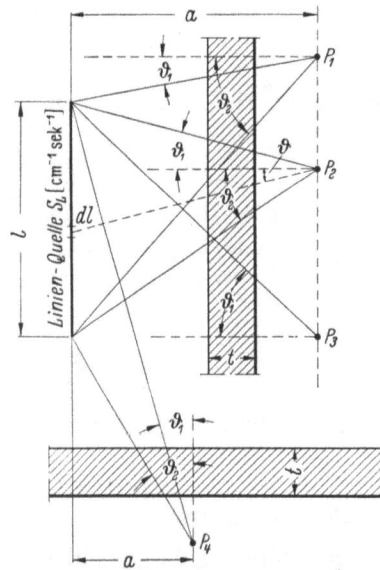

Abb. 6.2/1. Geometrie einer Linien-Quelle mit Abschirmungsplatte (nach BLIZARD [8])

für die Sekanten-Integralfunktion ergibt sich für den Strahlenfluß an der Stelle P_2:

$$\varphi = \frac{S_L}{4\pi a}[F(\vartheta_1, \mu t) + F(\vartheta_2, \mu t)]. \quad (6.2/5)$$

An den Stellen P_1 und P_4 gilt die Beziehung

$$\varphi = \frac{S_L}{4\pi a}[F(\vartheta_2, \mu t) - F(\vartheta_1, \mu t)], \quad (6.2/6)$$

und an der Stelle P_3 ist:

$$\varphi = \frac{S_L}{4\pi a} F(\vartheta_1, \mu t). \quad (6.2/7)$$

6.3 Ebene Quellen

6.31 Unendlich ausgedehnte ebene Quelle [1]

Betrachtet werde der Durchgang der ungestreuten Strahlung von einer unendlich großen ebenen isotropen Quelle mit der Flächenquellenstärke S_F [cm^{-2} · sek^{-1}] durch eine plattenförmige Abschirmung (Abb. 6.3/1). Der von einem differentialen Kreisring vom Radius r und der Breite dr einen isotropen Detektor P erreichende Primärstrahlenfluß ergibt sich aus der Punktquellengleichung (6.1/1) zu

$$d\varphi = \frac{S_F 2\pi r\, dr\, e^{-\mu t \sec\vartheta}}{4\pi a^2 \sec^2\vartheta}. \quad (6.3/1)$$

Bei Einführung von $r = a\,\text{tg}\,\vartheta$ und $dr = a\sec^2\vartheta\,d\vartheta$, Durchführung der Integration

$$\varphi = \frac{S_F}{2}\int_0^{\pi/2}(\text{tg}\,\vartheta)\,e^{-\mu t\sec\vartheta}\,d\vartheta \quad (6.3/2)$$

und Substitution von $y = \mu t\sec\vartheta$ ergibt sich:

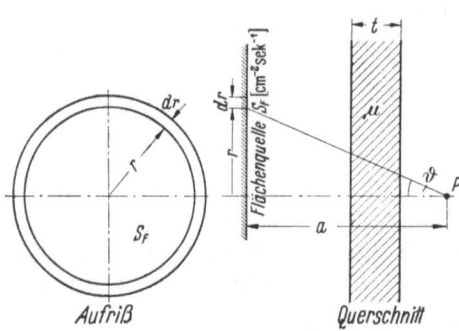

Abb. 6.3/1. Skizze zur unendlich ausgedehnten ebenen Quelle

$$\varphi = \frac{S_F}{2}\int_{\mu t}^{\infty}\frac{e^{-y}}{y}\,dy = \frac{S_F}{2}E_1(\mu t). \quad (6.3/3)$$

Numerische Werte für die Exponential-Integralfunktion erster Ordnung, die nicht in Termen einfacher Funktionen ausgewertet werden kann, sind Tabellen höherer Funktion zu entnehmen. [Für die Funktionen $E_1(x)$ wird in [10] die Beziehung $-Ei(-x)$ verwendet.]

Um die von einem gerichteten Detektor parallel zur Strahlenquelle gemessene Strömungsdichte zu erhalten, ist Gl. (6.3/2) mit einem Faktor $\cos\vartheta$ zu multiplizieren. Es ergibt sich die KINGsche Funktion [15]:

$$J = \frac{S_F}{2}\mu t\int_{\mu t}^{\infty}\frac{e^{-y}}{y^2}\,dy = \frac{S_F}{2}[e^{-\mu t} - \mu t\,E_1(\mu t)]. \quad (6.3/4)$$

6.32 Kreisscheiben-Quelle [4]

In Abb. 6.3/2 ist eine Kreisscheiben-Quelle mit paralleler Abschirmungsplatte dargestellt. Im folgenden wird der Ausdruck für den ungestreuten Strahlenfluß für einen auf der Mittelachse der Kreisscheibe liegenden Punkt P_1 abgeleitet. Entsprechend Gl. (6.3/1) erhält man

$$d\varphi = \frac{S_F 2\pi r\, dr}{4\pi \varrho^2} e^{-\mu t \sec \vartheta'}. \quad (6.3/5)$$

Da $\varrho^2 = r^2 + a^2$, ist $\varrho\, d\varrho = r\, dr$; ferner ist $\sec \vartheta' = \varrho/a$. Damit ergibt sich

$$d\varphi = \frac{S_F}{2} \frac{d\varrho}{\varrho} e^{-\mu t \varrho/a}. \quad (6.3/6)$$

Einführung von $y = \mu t \varrho/a$ und Integration über die Kreisscheibe ergibt

$$\varphi = \frac{S_F}{2} \int_{\mu t}^{\mu t \sec \vartheta_0} \frac{e^{-y}}{y} dy \quad (6.3/7)$$

oder

$$\varphi = \frac{S_F}{2} [E_1(\mu t) - E_1(\mu t \sec \vartheta_0)]. \quad (6.3/8)$$

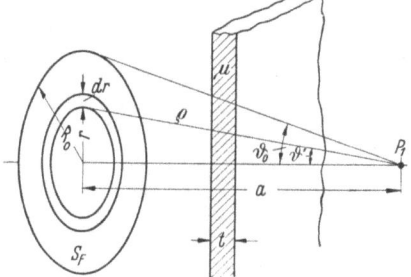

Abb. 6.3/2. Geometrie einer Kreisscheiben-Quelle mit Abschirmungsplatte

(Die Beziehungen für den anderen grundlegenden Fall einer begrenzten Flächenquelle, die Rechteck-Quelle mit paralleler Abschirmungsplatte, sind in [16] abgeleitet.)

6.4 Kegelstumpf-Quelle [5]

Abb. 6.4/1 zeigt einen Schnitt durch die Achse einer homogenen Kegelstumpf-Strahlenquelle $ABCD$ von der Dicke h, die von einer Abschirmungsplatte von der Dicke t bedeckt wird. Die Volumenquellenstärke beträgt S_v [cm^{-3} sek^{-1}],

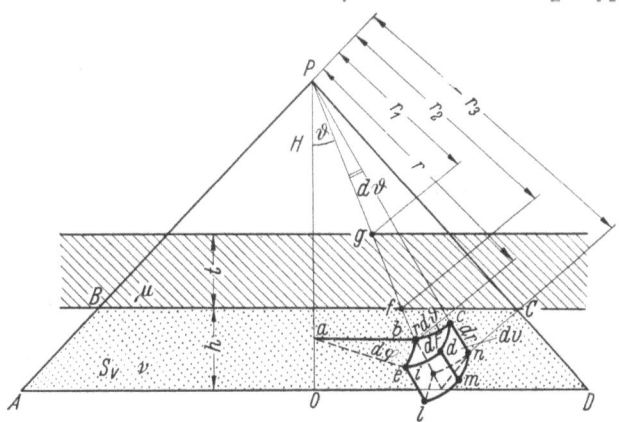

Abb. 6.4/1. Geometrie einer Kegelstumpf-Quelle mit Abschirmungsplatte (nach GORSCHKOW [5])

der lineare Schwächungskoeffizient des Quellenmaterials wird mit ν [cm^{-1}] und der des Abschirmungsmaterials mit μ bezeichnet. Der Detektorpunkt P befindet sich im Scheitelpunkt des Kegels.

Die Ausstrahlung von einem differentialen Volumenelement dV mit den Eckpunkten $bcdeilmn$ muß die Strecke $\overline{bf} = (r - r_2)$ im Material der

Strahlenquelle und die Strecke $\widehat{fg} = (r_2 - r_1) = t\sec\vartheta$ im Abschirmungsmaterial durchqueren. Damit ist der differentiale Strahlenfluß im Punkte P infolge der Strahlenemission des Volumenelements dV:

$$d\varphi = \frac{S_v\,dV}{r^2} e^{-\nu(r-r_2)} e^{-\mu(r_2-r_1)}. \tag{6.4/1}$$

Das Volumen dV ist gleich dem Produkt aus der Fläche $dF = r\,d\vartheta\,dr$ und dem Bogen $\widehat{be} = r\sin\vartheta\,d\varphi$:

$$dV = r^2 \sin\vartheta\,d\vartheta\,d\varphi\,dr. \tag{6.4/2}$$

Es folgt:

$$\varphi = S_v \int_0^{2\pi} d\varphi \int_0^{\vartheta_0} e^{-\mu t\sec\vartheta} \sin\vartheta\,d\vartheta \int_{r_2}^{r_3} e^{-\nu(r-r_2)}\,dr$$

$$= S_v\, 2\pi \int_0^{\vartheta_0} e^{-\mu t\sec\vartheta} \sin\vartheta\,d\vartheta\, \frac{1}{\mu}\,(1 - e^{-\nu h\sec\vartheta})$$

$$= \frac{2\pi S_v}{\nu} \int_0^{\vartheta_0} e^{-\mu t\sec\vartheta} \sin\vartheta\,d\vartheta - \frac{2\pi S_v}{\nu} \int_0^{\vartheta_0} e^{-(\mu t+\nu h)\sec\vartheta} \sin\vartheta\,d\vartheta. \tag{6.4/3}$$

Die Integrale der Gl. (6.4/3) können in die Form der KING schen Funktion

$$\Phi(x) = e^{-x} - x \int_x^\infty \frac{e^{-y}}{y}\,dy \tag{6.4/4}$$

gebracht werden, so daß bei der numerischen Berechnung auf Tabellen zurückgegriffen werden kann. Für das Integral im ersten Term von Gl. (6.4/3) wird gesetzt:

$$\int_0^{\vartheta_0} e^{-\mu t\sec\vartheta} \sin\vartheta\,d\vartheta = \int_0^{\pi/2} e^{-\mu t\sec\vartheta} \sin\vartheta\,d\vartheta - \int_{\vartheta_0}^{\pi/2} e^{-\mu t\sec\vartheta} \sin\vartheta\,d\vartheta$$

$$= \Phi(\mu t) - \cos\vartheta_0\,\Phi(\mu t\sec\vartheta_0). \tag{6.4/5}$$

Es werden folgende Beziehungen eingeführt:

$$y = \mu t\sec\vartheta;\quad \frac{1}{y} = \frac{\cos\vartheta}{\mu t};\quad -\frac{\sin\vartheta\,d\vartheta}{\mu t} = d\!\left(\frac{1}{y}\right);\quad \sin\vartheta\,d\vartheta = -\mu t\,d\!\left(\frac{1}{y}\right).$$

Für $\vartheta = 0$ ist $y = \mu t$, für $\vartheta = \vartheta_0$ ist $y = \mu t\sec\vartheta_0$ und für $\vartheta = \pi/2$ ist $y = \infty$. Daher kann Gl. (6.4/5) folgendermaßen geschrieben werden:

$$\int_0^{\vartheta_0} e^{-\mu t\sec\vartheta} \sin\vartheta\,d\vartheta = -\mu t \int_{y=\mu t}^{y=\infty} e^{-y} d\!\left(\frac{1}{y}\right) + \mu t \int_{\mu t\sec\vartheta_0}^{\infty} e^{-y} d\!\left(\frac{1}{y}\right). \tag{6.4/6}$$

Die rechte Seite der Gl. (6.4/6) wird partiell integriert. Dabei wird $e^{-y} = u$ und $d\!\left(\frac{1}{y}\right) = dv$ gesetzt, woraus folgt: $du = -e^{-y}dy$ und $v = \frac{1}{y}$. Für die partielle Integration gilt die Gleichung

$$\int e^{-y} d\!\left(\frac{1}{y}\right) = e^{-y}\frac{1}{y} + \int e^{-y}\frac{1}{y}\,dy. \tag{6.4/7}$$

Substitution der entsprechenden Werte in Gl. (6.4/7) und Ausführung der partiellen Integration liefert:

$$\int_0^{\vartheta_0} e^{-\mu t \sec\vartheta}\sin\vartheta\,d\vartheta$$

$$= -\mu t\, e^{-y}\frac{1}{y}\Big]_{\mu t}^{\infty} - \mu t\int_{\mu t}^{\infty} e^{-y}\frac{1}{y}\,dy + \mu t\, e^{-y}\frac{1}{y}\Big]_{\mu t \sec\vartheta_0}^{\infty} + \mu t\int_{\mu t \sec\vartheta_0}^{\infty} e^{-y}\frac{1}{y}\,dy$$

$$= e^{-\mu t} - \mu t\int_{\mu t}^{\infty} e^{-y}\frac{1}{y}\,dy - \left[\frac{\mu t}{\mu t \sec\vartheta_0} e^{-\mu t \sec\vartheta_0} - \mu t\int_{\mu t \sec\vartheta_0}^{\infty} e^{-y}\frac{1}{y}\,dy\right]$$

$$= \Phi(\mu t) - \cos\vartheta_0\left[e^{-\mu t \sec\vartheta_0} - \mu t \sec\vartheta_0\int_{\mu t \sec\vartheta_0}^{\infty} e^{-y}\frac{1}{y}\,dy\right]$$

$$= \Phi(\mu t) - \cos\vartheta_0\,\Phi(\mu t \sec\vartheta_0),$$

was zu beweisen war. Analog kann gezeigt werden, daß für das Integral des zweiten Terms in Gl. (6.4/3) geschrieben werden kann:

$$\int_0^{\vartheta_0} e^{-(\mu t + \nu h)\sec\vartheta}\sin\vartheta\,d\vartheta = \Phi(\mu t + \nu h) - \cos\vartheta_0\,\Phi[(\mu t + \nu h)\sec\vartheta_0]. \qquad (6.4/8)$$

Für die Intensität des Strahlenfeldes an der Stelle P ergibt sich daher:

$$\varphi = \frac{2\pi S_\nu}{\nu}\{\Phi(\mu t) - \cos\vartheta_0\,\Phi(\mu t \sec\vartheta_0) - \Phi(\mu t + \nu h) + \cos\vartheta_0\,\Phi[(\mu t + \nu h)\sec\vartheta_0]\}. \qquad (6.4/9)$$

Aus dieser Gleichung können auf einfache Weise verschiedene Sonderfälle abgeleitet werden.

6.5 Platten-Quelle

Abb. 6.5/1 zeigt das Schema einer unendlich ausgedehnten Platten-Quelle mit paralleler Abschirmungsplatte. Der den Punkt P von dem differentialen Element zwischen x und $x + dx$ erreichende ungestreute Strahlenfluß wird durch die Gl. (6.3/3) beschrieben, wenn $S_F = S_\nu(x)\,dx$ gesetzt und die Selbstabsorption in der Strahlenquelle berücksichtigt wird:

$$d\varphi = \frac{S_\nu(x)\,dx}{2}\,E_1[\mu t + \nu(h-x)]. \qquad (6.5/1)$$

Integration dieser Gleichung für $S_\nu(x) = S_\nu$ = konst. ergibt:

$$\varphi = \frac{S_\nu}{2\nu}[E_2(\mu t) - E_2(\mu t + \nu h)], \qquad (6.5/2)$$

wobei E_2 das Exponential-Integral 2. Grades bedeutet. — Die allgemeine Definition der Exponentialintegral-Funktion ist:

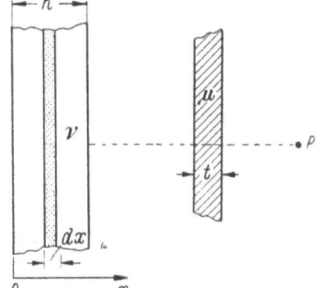

Abb. 6.5/1. Schema einer unendlich ausgedehnten Platten-Quelle mit paralleler Abschirmungsplatte

$$E_n(x) = \int_1^{\infty} e^{-xu} u^{-n}\,du = x^{n-1}\int_x^{\infty} e^{-u} u^{-n}\,du, \quad n \geq 0 \qquad (6.5/3)$$

Wertetabellen für diese in strahlengeometrischen Beziehungen häufig vorkommende Funktion sind [10] bis [14] enthalten.

6.6 Kugel-Quelle

6.61 Kugel-Quelle ohne Abschirmung [17]

Die Gesamtstrahlung $\overline{S}_v$ der in Abb. 6.6/1 dargestellten homogenen sphärischen Strahlenquelle mit dem Radius R und der Volumenquellenstärke S_v [cm^{-3} sek^{-1}] ist

$$\overline{S}_v = \int_V S_v \, dV = S_v \frac{4}{3} \pi R^3. \qquad (6.6/1)$$

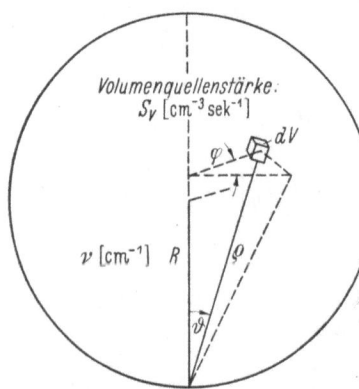

Abb. 6.6/1. Kugelquelle ohne Abschirmung (nach THOMPSON u. RODGERS [17])

Bei Vernachlässigung der gestreuten Strahlung ergibt sich die normal zur Kugeloberfläche austretende Strömung (s. Abschn. 2.32) durch Integration über das gesamte Kugelvolumen, dessen Absorptionskoeffizient $\nu = $ konst. ist, und Multiplikation mit dem Faktor $\cos \vartheta$:

$$J = \int \frac{S_v \, dV}{4\pi \varrho^2} \cos \vartheta \, e^{-\nu \varrho}. \qquad (6.6/2)$$

Einsetzen von $dV = \varrho \, d\vartheta \, \varrho \sin \vartheta \, d\varphi \, d\varrho$ liefert für die Austrittsströmung den Ausdruck

$$J = \frac{S_v}{4\pi} \int_{\vartheta=0}^{\pi/2} \int_{\varrho=0}^{2R\cos\vartheta} \int_{\varphi=0}^{2\pi} e^{-\nu\varrho} \, d\varphi \, d\varrho \sin\vartheta \cos\vartheta \, d\vartheta; \qquad (6.6/3)$$

Integration und Substitution von $\alpha = 2R\nu$ ergibt:

$$J = \frac{S_v R}{2\alpha} \left\{ 1 - \frac{2}{\alpha^2} [1 - (1+\alpha) e^{-\alpha}] \right\}. \qquad (6.6/4)$$

Das Strahlenaustrittsverhältnis wird definiert als

$$L = \frac{J}{\overline{S}_v} \frac{4\pi R^2 J}{\frac{4}{3}\pi R^3 S_v} = \frac{3}{2\alpha} \left\{ 1 - \frac{2}{\alpha^2} [1 - (1+\alpha) e^{-\alpha}] \right\}. \qquad (6.6/5)$$

Für $\nu \to 0$ ergibt sich $L = 1$. Während für Abschirmungsberechnungen die Kenntnis der Austrittsströmung notwendig ist, beruhen die Berechnungen der Stärke von Sekundär-Strahlenquellen, von nuklearer Wärmeerzeugung und Strahlendosis auf dem Fluß. Für den von einem isotropen Detektor an der Kugeloberfläche registrierten Fluß gilt die Gleichung

$$\varphi = \int \frac{S_v \, dV}{4\pi \varrho^2} e^{-\nu\varrho}, \qquad (6.6/6)$$

woraus folgt

$$\varphi = \frac{S_v R}{\alpha^2} [\alpha + e^{-\alpha} - 1]. \qquad (6.6/7)$$

Für das Verhältnis von Fluß zu Strömung ergibt sich

$$\frac{\varphi}{J} = 2\alpha \frac{\alpha + e^{-\alpha} - 1}{\alpha^2 - 2 + 2(1+\alpha) e^{-\alpha}}; \qquad (6.6/8)$$

es ist $1{,}5 < \frac{\varphi}{J} < 2$.

6.62 Kugel-Quelle mit konzentrischer Abschirmung

Abb. 6.6/2 zeigt das Schema einer Kugel-Quelle mit der Volumenquellenstärke S_v und einem linearen Schwächungskoeffizienten des Quellenmaterials ν,

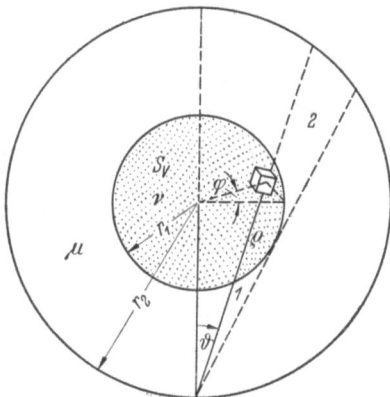

Abb. 6.6/2. Kugel-Quelle mit konzentrischer Abschirmung (nach THOMPSON u. RODGERS [17])

die von einer konzentrischen Abschirmung mit dem Schwächungskoeffizienten μ umgeben ist. Das Strahlenaustrittsverhältnis ist in diesem Falle

$$L = \frac{3 r_2^2}{4\pi r_1^3} \int_{\vartheta=0}^{\sin^{-1}(r_1/r_2)} \int_{\varrho_1}^{\varrho_2} \int_{\varphi=0}^{2\pi} e^{-[\nu(\varrho-\varrho_1)+\mu\varrho_1]} \cos\vartheta \sin\vartheta \, d\varphi \, d\varrho \, d\vartheta. \qquad (6.6/9)$$

Integration nach ϱ und φ liefert:

$$L = \frac{3 r_2^2}{2 r_1^3 \nu} \int_{\vartheta=0}^{\sin^{-1}(r_1/r_2)} e^{-\mu\varrho_1}[1-e^{-\nu(\varrho_2-\varrho_1)}] \cos\vartheta \sin\vartheta \, d\vartheta; \qquad (6.6/10)$$

woraus nach einigen Umformungen und bei Verwendung der Bezeichnungen $A = \mu r_1$, $B = \mu r_2$, $c = \nu/\mu$ und $u = \mu\varrho_1$ folgt:

$$L = \frac{3}{8A^3} \int_{\sqrt{B^2-A^2}}^{B-A} e^{-u} \frac{\left[1 - e^{-\frac{(B^2-A^2)}{u} - u}\right]}{c} \left[u - \frac{(B^2-A^2)^2}{u^3}\right] du. \qquad (6.6/11)$$

Literatur zu 6

[1] STEPHENSON, R.: Introduction to Nuclear Engineering, 2nd Ed., S. 202—209. New York/Toronto/London: McGraw-Hill 1958
[2] STORM, M. L., H. HURWITZ, JR., u. G. M. ROE: Gamma-Ray Absorption Distribution from Plane, Spherical and Cylindrical Geometries. KAPL-783, 24. Juli 1953
[3] GLASSTONE, S.: Principles of Nuclear Reactor Engineering, S. 589—604, S. 623—630. Princeton/New York/Toronto/London: D. Van Nostrand 1955
[4] ROCKWELL III, T. (Hrsgb.): Reactor Shielding Design Manual. S. 345—425. TID-7004, März 1956
[5] GORSCHKOW, G. W.: Ausstrahlung radioaktiver Körper (russisch). Leningrad: Verlag der Leningrader Universität 1956
[6] CULLER, F. L.: Reprocessing of Reactor and Blanket Materials by Solvent Extraction. In: Proceedings of the International Conference on the Peaceful Uses of Atomic Energy Vol. 9, S. 481, New York: United Nations 1956

[7] PRICE, B. T., C. C. HORTON, u. K. T. SPINNEY: Radiation Shielding. London/New York/Paris: Pergamon Press 1957
[8] BLIZARD, E. P.: Nuclear Radiation Shielding. In H. ETHERINGTON: Nuclear Engineering Handbook. S. 7/93—7/109. New York/Toronto/London: McGraw-Hill 1958
[8a] ANDREWS, D. G.: Gamma Ray Shielding for Engineers. Report 5225 (Declassified Reprint), EMC/P-29, SWP/P 8, Datum des Manuskriptes: September 1954), U. K. Atomic Energy Authority, Industrial Group Headquarters, Risley, Warrington, 1959
[9] GROTENHUIS, M.: Lecture Notes on Reactor Shielding. ANL-6000, März 1959, S. 33—84
[10] JAHNKE, E., F. EMDE u. LÖSCH: Tafeln höherer Funktionen, 6. Aufl. Stuttgart: B. G. Teubner 1960
[11] Tables of Sines, Cosines, and Exponential Integrals. Federal Work Agency Project, WPA, U.S. Government Printing Office, 1940
[12] PLACZEK, G.: The Functions $E_n(x) = \int_1^\infty du\, e^{-xu} u^{-n}$. National Research Council of Canada, 1547, MT-1, 1946
[13] LECAINE, J.: A Table of Integrals Involving the Functions $E_n(x)$. National Research Council of Canda, 1553, MT-131, April 1948
[14] PLACZEK, G.: The Functions $E_n(x) = \int_1^\infty du\, e^{-xu} u^{-n}$. Tables of Functions and Zeros
[14a] TRUBEY, D. K.: A Table of Three Exponential Integrals. ORNL-2750, 2. Juli 1959 of Functions. U.S. Dept. of Commerce, National Bureau of Standards, MT-37, November 1954
[15] KING, L. V.: Note on the Cosine Law of Radiation. Absorption Problems in Radioactivity. Philosophical Magazine, Series 6, Vol. 23 (1912) S. 237—250
[16] OSANOV, D. P., u. E. E. KOVALEV: Die Abschirmung rechteckiger γ-Strahlenquellen (russisch). Atomnaja Energia Vol. 6 (1959) No. 6, S. 670—672
[17] THOMPSON, A. S., u. O. E. RODGERS: Thermal Power from Nuclear Reactors. New York: John Wiley & Sons und London: Chapman & Hall 1956
[18] CHALTRON, W. F., u. H. E. HUNGERFORD: Survey of the Radiation Levels in the Containment Vessel of the Enrico Fermi Atomic Power Plant. Part I. Gamma Radiation Levels in the Equipment Compartment Due to Primary Sodium Activity and Associated Fission Product Contamination. AECU-4063, 4. September 1958

7. Experimentiereinrichtungen für Reaktorstrahlung-Abschirmungsmessungen

7.1 Einführung

Wegen der extremen Schwierigkeiten der theoretischen Berechnung der Strahlenabschwächung in ausgedehnten Medien und bei Abweichungen von den allereinfachsten geometrischen Verhältnissen bilden experimentelle Untersuchungen über die Abschwächung von Gamma- und Neutronenstrahlung die wesentliche Grundlage für die Bemessung von Strahlenabschirmungen. Die Durchführung von Abschirmungsmessungen erfordert intensive Gammastrahlen- und Neutronenquellen.

γ-Strahlenquellen von hinreichender Intensität für Strahlenschwächungsmessungen an dicken Abschirmungen stehen in Form radioaktiver Präparate ohne weiteres zur Verfügung. Abb. 7.1/1 zeigt einen Versuchsaufbau zur Bestimmung der γ-Strahlenschwächung in Beton für breites und für schmales Strahlenbündel [1]. Aus den verschiedenen auf ihre Abschirmungseigenschaften für Co^{60}-γ-Strahlung zu untersuchenden Betonen wurden 75×75 cm große Platten von 10 cm Dicke hergestellt. Als Strahlenquelle fand eine industrielle Co^{60}-Bestrahlungsanlage mit einer Aktivität von 20 Curie Verwendung. Die Ausblendung

7.1 Einführung

eines schmalen Strahlenbündels wird durch mehrere Bleischirme mit einer Bohrung in der Mitte erzielt; der Detektor ist von einem Bleikasten umgeben, um den Empfang gestreuter Strahlung auszuschließen.

Die Ergebnisse derartiger Untersuchungen mit monoenergetischen γ-Photonen können jedoch wegen des Unterschieds im Spektrum nicht ohne weiteres

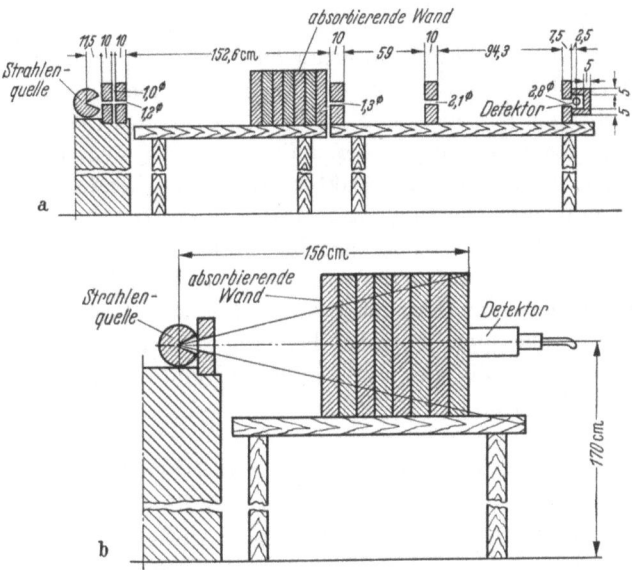

Abb. 7.1/1. Versuchsanordnung für γ-Strahlenschwächungsmessungen
a) mit schmalem Strahlenbündel, b) mit breitem Strahlenbündel (nach DESSOW [1])

als Bezugswerte für die Berechnung der Abschirmung von Reaktor-γ-Strahlung verwendet werden. Standard-Neutronenquellen, wie z. B. Po-Be, von hinreichender Intensität sind praktisch nicht herstellbar. Demnach muß zur Bestimmung der Strahlenschwächungseigenschaften von Kernreaktor-Abschirmungen der Spaltprozeß selbst als Strahlenquelle Verwendung finden.

Die nächstliegende Methode der Verwendung des Spaltprozesses als Strahlenquelle für Abschirmungsmessungen besteht in der Benutzung einer Öffnung in der Abschirmung eines Reaktors für das Einsetzen der auf ihre Strahlenschwächungseigenschaften zu untersuchenden Materialien. Die erste Experimentiereinrichtung dieser Art war die 1947 hergerichtete „Core Hole Facility" in der Abschirmung des mit natürlichem Uran arbeitenden, graphitmoderierten X-10-Forschungsreaktors im Oak Ridge National Laboratory. Die abgestufte Öffnung in der 210 cm dicken Abschirmungswand aus Beton hatte einen durchschnittlichen Querschnitt von 60×60 cm. Die zu untersuchenden Materialien wurden in Schichten von variabler Dicke in die Öffnung eingesetzt. [2]

Die Unzulänglichkeit dieser Experimentiereinrichtung stellte sich bald heraus. Durch unvermeidliche Ritzen zwischen den Prüfplatten und der Öffnungsleibung trat trotz der abgestuften Ausführung der Öffnung ein Durchsickern von Strahlung auf. Bei Materialien, die den Beton der X-10-Abschirmung an Abschirmungswirksamkeit übertrafen, wurden die Meßergebnisse zusätzlich durch das Hineinstreuen seitlich durch den Beton gedrungener Strahlung in den

Detektor empfindlich verfälscht. Günstigstenfalls erhielt man für Abschwächungsfaktoren von der Größenordnung 10^5 brauchbare Ergebnisse, während bei der Abschirmung von Reaktoren Abschwächungen auf 10^{-8} bis 10^{-12} erforderlich sind [*2*], [*3*].

7.2 Lid-Becken Abschirmungseinrichtungen

Lid-Becken Abschirmungseinrichtungen verwenden als Strahlenquellen „Konverterplatten" aus natürlichem Uran oder angereichertem Uran-235, die eine Öffnung in einer Reaktorabschirmung wie ein Lid überdecken. Die aus dem Reaktor entweichenden thermischen Neutronen spalten das U^{235} in der Scheibe. Eine Konverterplatte stellt eine besser definierte Neutronen- und γ-Strahlenquelle dar als die direkt aus dem Reaktorkern entweichende Strahlung. Ihre Intensität kann mit guter Genauigkeit geeicht werden. Die mit der zweidimensionalen Strahlenquelle erhaltenen Ergebnisse können mit Hilfe strahlengeometrischer Beziehungen auf andere geometrische Verhältnisse transformiert werden. Die Abschirmungsexperimente werden in einem Wasserbehälter durchgeführt. Wasser gewährt dem Personal bei guten Sichtverhältnissen und bei freier Bewegungsmöglichkeit für die Prüfkörper und Meßinstrumente einen wirksamen Strahlenschutz.

7.21 ORNL-Lid Tank Shielding Facility [*2*], [*3*], [*5*], [*6*]

Die Lid Tank Shielding Facility (LTSF) des Oak Ridge National Laboratory ist aus der unzulänglichen Core Hole Facility entwickelt worden, indem eine flache Kreisscheibe aus natürlichem Uran von 71 cm Dmr. hinter der Öffnung in der Abschirmungswand des X-10-Reaktors angeordnet wurde. Ein großer

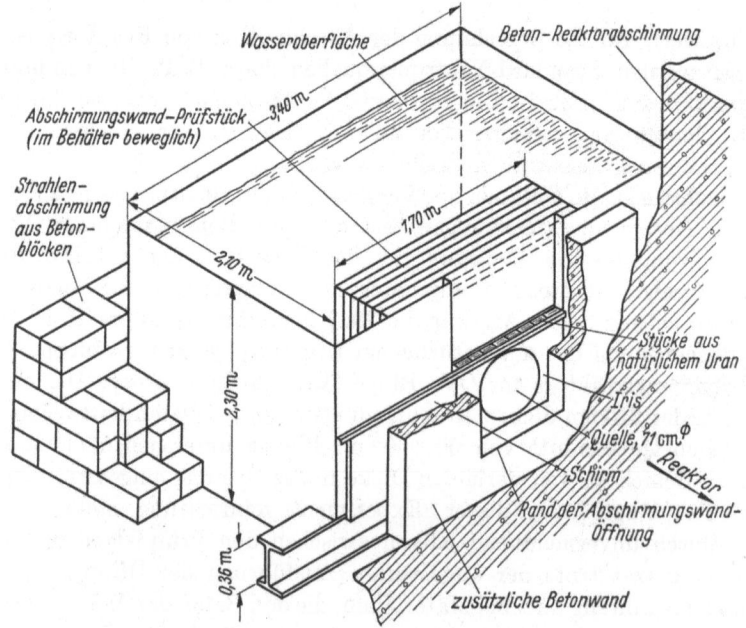

Abb. 7.2/1
Isometrische Ansicht der O. R. N. L.-Lid Tank Shielding Facility (nach BLIZARD [*4*] u. CLIFFORD [*5*])

Teil der in der Uranscheibe erzeugten Neutronen- und γ-Strahlung tritt in einen Wasserbehälter ein, in den die zu untersuchende Modell-Abschirmung eingesetzt ist (Abb. 7.2/1). Die Wärmeleistung der Konverterplatte beträgt 3 Watt.

Durch genügend große Überdeckung der Strahlenquelle durch die Abschirmungsplatten läßt sich das seitliche Vorbeiströmen der Strahlung auf vernachlässigbare Werte reduzieren. Die Prüfkörper und die Strahlenmeßgeräte sind während der Durchführung der Experimente im Behälter von genügend Wasser bedeckt, so daß ein adäquater Strahlenschutz für das Bedienungspersonal gewährleistet ist. — (Die Konstruktion der LSTF ist beim Entwurf der Strahlenabschirmungs-Experimentiereinrichtung des Batelle Memorial Institute weiterentwickelt worden [7].)

7.22 BNL-Lid Tank Shielding Facility [2], [8]

Die Lid Tank Shielding Facility des Brookhaven National Laboratory unterscheidet sich dadurch von der Lid-Beckenanlage des O. R. N. L., daß die Strahlenquellen-Platte horizontal und innerhalb der Reaktor-Abschirmung angeordnet ist. Die Experimentiereinrichtung besteht aus einem in die Beton-Abschirmungsdecke des mit natürlichem Uran arbeitenden, graphitmoderierten BNL-Forschungsreaktors eingebauten Wasserbehälter (Querschnitt 90×120 m) mit zwischen dem Reaktor-Graphit und dem Behälterboden angeordneten Uran-Strahlenquellenplatten und Strahlungsfiltern. Wegen der unmittelbaren Lage am Reaktorkern ist die Strahlenquellenstärke verhältnismäßig groß; die Wärmeleistung beträgt 1290 Watt. Ein Nachteil der inneren Anordnung der Konverterplatte besteht in der hohen Hintergrundstrahlung im Wasserbehälter.

7.3 Wasserbecken-Reaktoren

Die Verwendbarkeit von Lid-Becken Abschirmungseinrichtungen wird einerseits begrenzt durch die verhältnismäßig geringe Strahlenquellenstärke, die für Dosismessungen hinter dicken Abschirmungen nicht ausreicht, und andererseits durch die parallele Plattenanordnung, die bei der Übertragung der Ergebnisse auf dreidimensionale Fälle weitgehende geometrische Vereinfachungen und komplizierte Transformationsrechnungen erforderlich macht. Diese Unzulänglichkeiten führten zur Entwicklung des Wasserbecken-Reaktortyps, der über seine Verwendung als Abschirmungs-Experimentierreaktor hinaus zu einem wichtigen allgemeinen Werkzeug der kernphysikalischen Forschung geworden ist.

Ein Wasserbecken-Reaktor besteht aus einem oben offenen Betonbecken, auf dessen oberem Rand eine Laufbrücke verfahrbar aufgesetzt ist, die den Reaktor, Regeleinrichtungen und Instrumentierung trägt. Der Reaktorkern befindet sich etwa 6 m unter dem Wasserspiegel.

7.31 ORNL-Bulk Shielding Facility [2], [9]

Der Bulk Shielding Reactor (BSR) des Oak Ridge National Laboratory ist ein mit angereichertem U^{235} arbeitender, Leichtwasser-moderierter und -gekühlter Reaktor mit einer Wärmeleistung von 100 kW, der in einem Wasserbecken mit den Abmessungen 12,8 m Länge, 6,7 m Breite und 6,1 m Tiefe eingetaucht ist. Im Beckenboden befindet sich eine $4,3 \times 4,3 \times 1,5$ m große Vertiefung, die mit umbaufähigen Betonblöcken ausgelegt ist. Reaktor und Instrumente sind längs des Beckens verfahrbar. Die Anlage ermöglicht die Durchführung von Strahlenabschwächungsmessungen an größeren Abschirmungsmodellen, die den Reaktorkern an mehreren Seiten umgeben.

7.32 Wasserbecken-Reaktor mit großem Fenster

Große Strahlen-Austrittsfenster in der Beckenwand von Wasserbecken-Reaktoren ermöglichen es, Strahlenabschwächungsmessungen an Abschirmungsplatten im Trockenen durchzuführen. Der 1000 kW-Forschungsreaktor „Apsara" des indischen Kernforschungszentrums Trombay enthält die bisher größte

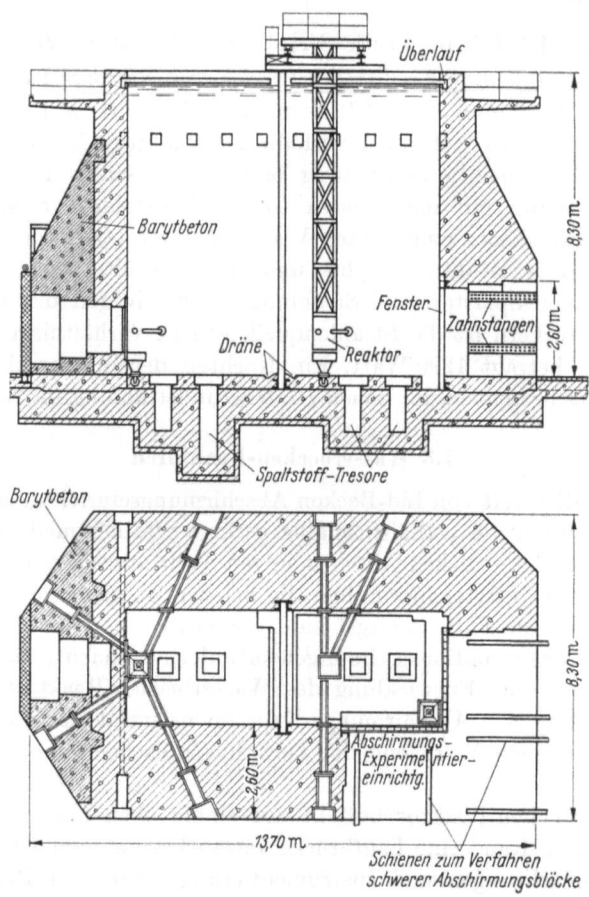

Abb. 7.3/1
Horizontal- und Vertikalschnitt durch den Wasserbecken-Reaktor „Apsara" (nach PRASAD u. RAO [10])

derartige Experimentiereinrichtung (Abb. 7.3/1) [10]. In einer Ecke des 8,0 m langen, 3,1 m breiten und 8,3 m tiefen Reaktorbeckens ist die 2,5 m dicke Betonwand durch 25 mm dicke Aluminiumplatten ersetzt, so daß ein Raum für den Einbau von Abschirmungsplatten zur Verfügung steht. Bei der Durchführung der Strahlenabschirmungs-Experimente wird der Reaktorkern in eine Lage unmittelbar neben der Aluminiumwand gebracht, an deren Außenseite die auf ihre Abschirmungseigenschaften zu untersuchenden Prüfkörper aufgestellt werden. Bei Nichtbenutzung des Fensters wird die Öffnung durch zwei auf Schienen verfahrbare, 50 t schwere Betonblöcke geschlossen.

7.4 Einrichtungen für Luftstreuungsmessungen

Für die Entwicklung von Strahlenabschirmungen für Flugzeugantrieb-Reaktoren (s. Abschn. 12.38) ist die experimentelle Untersuchung von Strahlenabschirmungsproblemen, bei denen den Wechselwirkungen der Reaktorstrahlung mit der umgebenden Luft besondere Bedeutung zukommt, notwendig. Eine Möglichkeit der Ausschaltung der bei der Durchführung von Luftstreuungsmessungen störenden Einflüsse der Bodenstreuung ist die Aufhängung der Strahlenquelle und ihrer Abschirmung in hinreichender Höhe, so daß die vom Erdboden rückgestreute Strahlungskomponente vernachlässigbar ist. Eine Alternative besteht in der Ausfilterung der vom Boden gestreuten Strahlung [11].

7.41 Luftstreuungs-Meßturm [12], [13]

Die Tower Shielding Facility (TSF) des Oak Ridge National Laboratory ist die erste große Experimentiereinrichtung zur Durchführung von Luftstreuungsmessungen mit Kernreaktor-Strahlung. Diese Einrichtung besteht im wesent-

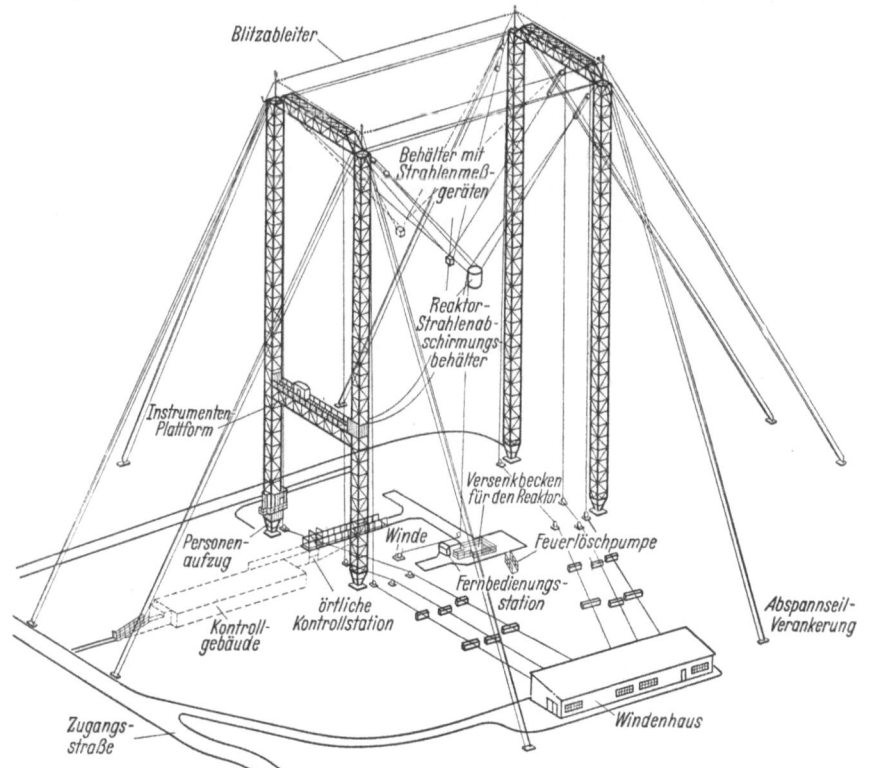

Abb. 7.4/1
Ansicht des Luftstreuungs-Meßturmes des Oak Ridge National Laboratory (nach ABOTT [12] u. MORRIS [13])

lichen aus vier 100 m hohen Stahlmasten, an denen ein mit hochgradig angereichertem Uran-235 arbeitender Reaktor in einem primären Abschirmungsbehälter, Schattenabschirmungen und Meßinstrumente in eine hinreichende Höhe über der Erde gezogen werden können, daß die Versuchsbedingungen näherungsweise die Bedingungen eines in der Luft befindlichen Flugzeuges mit Kernenergie-Antrieb simulieren. Die minimal erforderliche Höhe der Aufhängung des Reaktors wurde auf der Grundlage detaillierter Berechnungen über den von der bodengestreuten Strahlung zu erwartenden Strahlungshintergrund ermittelt [14]. Desgleichen wurde die maximal zulässige Masse der Konstruktion als Funktion der Entfernung von der Strahlungsquelle festgelegt.

Der Entwurf des Luftstreuungs-Meßturms, bei dem ein Minimum an Masse der Konstruktion anzustreben war, mußte folgenden Kriterien genügen: Eine Last von 50 t (Strahlungsquelle) und eine von 27 t (Instrumentation) sind getrennt in eine Höhe von 60 m über Gelände zu heben; die 27 t-Last muß darüber hinaus in der angegebenen Höhe horizontal verschiebbar sein, so daß der Abstand zwischen den Lasten zwischen 10 und 30 m variieren kann. Zwischen Strahlungsquelle und Instrumentation muß eine weitere Last von 36 t (Schattenabschirmung) eingehängt werden können. Die aus mehreren Vergleichsentwürfen hervorgegangene Konstruktion ist in Abb. 7.4/1 dargestellt. Sie besteht aus zwei mit je vier doppelten Stahlseilen abgespannten Gittermastrahmen in 60 m Abstand, die oben durch vorgespannte Stahlseile zusammengezogen werden. Jeder dieser Rahmen setzt sich aus zwei 100 m hohen Gittermasten, die oben durch einen 30 m langen Fachwerkriegel miteinander verbunden sind, zusammen.

7.42 Flugzeug-Abschirmungs-Experimentierreaktor [15]

Die besten Versuchsbedingungen für Abschirmungsuntersuchungen, die zur Entwicklung von Flugzeugreaktor-Strahlenabschirmungen dienen, können mit in Flugzeugen eingebauten Abschirmungs-Experimentierreaktoren geschaffen werden. Diese optimalen Versuchsbedingungen werden jedoch mit konstruktiven und betrieblichen Schwierigkeiten erkauft.

Der erste Reaktor der während eines Fluges kritisch wurde (1955), ist der in einem B-36-Flugzeug eingebaute Aircraft Shield Test Reactor (ASTR) der Convair-Werke. Die Konstruktion dieses Reaktors wurde auf der Grundlage folgender allgemeiner Bedingungen entwickelt: Betrieb mit hochgradig angereichertem Uran-235, 1000 kW Wärmeleistung, Wasser–Luft-Wärmeaustauscher; Abmessungen und Gewicht so gering, daß der Flug der B-36 auch in großen Höhen möglich ist; fernbediente Durchführung von Veränderungen der Abschirmungskonstruktion während des Fluges; zuverlässiges Arbeiten sämtlicher Systeme unter extremen Bedingungen von Temperatur, Feuchtigkeit, Druck, Schwingungen und Stoß; Möglichkeit der vollständig fernbedienten Montage, Demontage und Instandhaltung.

Die Reaktor-Abschirmung besteht aus neun Abschirmungsbehältern, die am Boden oder im Fluge unabhängig voneinander mit wäßrigen Lösungen gefüllt oder entleert werden können. Die vordere Schattenabschirmungskonstruktion besteht aus einem mehrteiligen Behälter, dessen Kammern während der Bodenwartung mit Blei oder wäßrigen Lösungen gefüllt oder entleert werden können. Insgesamt lassen sich durch geeignete Kombinationen gefüllter und leerer Abschirmungsbehälter 26 wesentlich verschiedene Abschirmungsanordnungen herstellen.

Bei Erreichen der gewünschten Betriebsbedingungen wird die Reaktorleistung stabilisiert und die Messungen werden aufgenommen. Die Strahlungsintensitäten werden im abgeschirmten Mannschaftsraum und an zahlreichen anderen Stellen des Flugzeuges registriert. Die luftgestreute Strahlung wird von Begleitflugzeugen aus gemessen.

Literatur zu 7

[1] Dessow, A. E.: Schutz vor radioaktiven Einwirkungen (russisch). Stroitelnaja Promyschlenost 1956, No. 2, S. 28—31
[2] Goldstein, H.: Fundamental Aspects of Reactor Shielding. Chapter 4. Reading, Mass.: Addison Wesley und London/Paris: Pergamon Press 1959
[3] Blizard, E. P.: The Shielding of Nuclear Reactors. Second United Nations International Conference on the Peaceful Uses of Atomic Energy, Genf, 1.—13. Sept. 1958, Paper No. A/CONF. 15/P/2162
[4] Blizard, E. P.: Nuclear Radiation Shielding. In: J. G. Beckerley (Hrsgb.): Annual Review of Nuclear Science. Vol. 5 Stanford, California: Annual Reviews 1955
[5] Clifford, C. E.: Experimental Shielding Techniques Used at Oak Ridge National Laboratory. Paper presented at Symposium VI-58 „Radiation Shielding" of the European Atomic Energy Society, Cambridge, 26.—29. August 1958
[6] Czapek, E. L.: General Survey of Lid Tank Shielding Facility. ORNL-1636, 1957
[7] Morgan, W. R., H. M. Epstein, J. N. Anno, Jr., u. J. W. Chastein, Jr.: Shielding Research Area at Batelle. BMI-1291, 18. September 1958
[8] Rand, A. C., Jr.: Mechanical Features of the Brookhaven Shielding Facility. BNL-139, 1. Dezember 1951
[9] U. S. Atomic Energy Commission: Research Reactors, S. 87—150. New York/Toronto/London: McGraw-Hill 1955
[10] Prasad, N. B., u. A. S. Rao: The Swimming Pool Reactor, Apsara. Second United Nations International Conference on the Peaceful Uses of Atomic Energy, Genf, 1.—13. September 1958, Paper No. A/CONF. 15/P/1625
[11] Clark, et. al.: Test Data from the 2π Solid Angle Shield-Cover Experiment. APEX-439, 19. Dezember 1958
[12] Abbott, L. S. (Hrsgb.): The Tower Shielding Facility Safeguard Report. ORNL-1550 (Del.), 9. Juni 1953
[13] Morris, G.: Tower for Radiation Testing Meets Unusual Requirements. Civil Engineering Vol. 9 (1956) S. 598—600
[14] Simon, A., u. R. H. Ritchie: Background Calculations for the Tower Shielding Facility. ORNL-1273, 15. Oktober 1952
[15] Nance, J. C., u. L. W. Perry: Aircraft Shield Test Reactor. Nucleonics Vol. 16 (1958) No. 1, S. 58—61

8. Berechnung der Schwächung von Gamma-Strahlen

Wenn die einzige Wechselwirkung von Strahlung mit Materie in der Entfernung des betrachteten Partikels aus dem Strahlenbündel besteht, dann ist die Wahrscheinlichkeit p, daß ein Photon oder Neutron bis zu einer Entfernung x durchdringt: $p = G e^{-\Sigma x}$, wobei G einen geometrischen Faktor bedeutet. Wenn jedoch Streuprozesse ebenfalls eintreten, dann wird die Berechnung viel komplizierter, da sich bei jedem Streuprozeß eine „neue" Strahlungsquelle bildet. Die Gesamtzahl der Photonen in einem System wird durch Compton-Kollisionen nicht geändert, da an die Stelle eines primären Photons stets ein gestreutes Photon tritt. Bei der Paarbildung werden für ein absorbiertes Photon zwei neue

Annihilationsphotonen erzeugt. Nur durch photoelektrische Absorption wird die *Anzahl* der Photonen reduziert. Die Akkumulation der sekundären, hauptsächlich der COMPTON-gestreuten Photonen beeinflußt in hohem Maße den ganzen Prozeß des Strahlendurchgangs durch Materie. Bei gegebener Verteilung der γ-Strahlenquelle besteht demnach das allgemeine Problem der Berechnung der Durchdringung von Gamma-Strahlung durch ein Medium in der Bestimmung der primären (ungestreuten) und sekundären (gestreuten) γ-Photonen, die an jedem Punkt des Mediums in jeder Richtung strömen.

8.1 Gesamtschwächung von Photonenstrahlung und Zuwachsfaktor

Trotz der großen Akkumulation der sekundären γ-Photonen stellt die exponentielle Abschwächung der primären Photonen (wie unter den Bedingungen des „schmalen Strahlenbündels" ermittelt) in der Regel den bedeutendsten Einzelfaktor dar, der auf die γ-Strahlendurchdringung von Einfluß ist, besonders da für die Primärstrahlung gewöhnlich ein geringerer Schwächungsfaktor gilt als für irgendwelche Sekundärphotonen. Wenn jedoch die Energie E_0 der Primärphotonen die Energie $E_{\min}$, bei welcher der Schwächungskoeffizient für schmales Strahlenbündel seinen minimalen Wert erreicht, übersteigt, können die in den kritischen Spektralbereich hineingebremsten Photonen die Hauptrolle bei der Durchdringung spielen. (Für Elemente mit $Z < 15$ ist $E_{\min} > 20$ MeV; für Fe ($Z = 26$) ist $E_{\min} = 9{,}0$ MeV, für Ba ($Z = 56$) ist $E_{\min} = 3{,}9$ MeV und für Pb ($Z = 82$) ist $E_{\min} = 3{,}4$ MeV). Da im Falle von Photonenstrahlung die Wahrscheinlichkeit der Absorption bei hohen und niedrigen Energien hoch und der Energieverlust je Streuprozeß groß ist, kann die Schwächung der primären γ-Strahlen als erster grober Anhalt für die Schwächung der γ-Strahlen im breiten Strahlenbündel genommen werden [1].

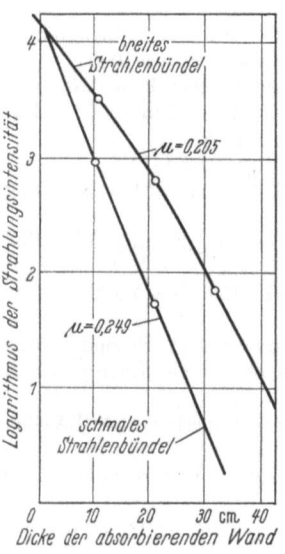

Abb. 8.1/1. Schwächung von schmalen und von breiten Bündeln von Co^{60}-γ-Strahlen durch Schwerbeton ($\varrho = 4{,}2$ t/m³) mit Limonit- und Eisenschrott-Zuschlägen (nach DESSOW [2])

In Abb. 8.1/1 sind Versuchsergebnisse über die Schwächung von Co^{60}-γ-Strahlen durch Schwerbeton von der Dichte $\varrho = 4{,}2$ t/m³ (Limonit- und Eisenschrottzuschläge) für schmales und breites Strahlenbündel [2] wiedergegeben. Das Verhältnis der Ordinaten der Kurve für breites Strahlenbündel zu den Ordinaten der Kurve für schmales Strahlenbündel wird als „Zuwachsfaktor" bezeichnet:

$$B(E_0, \mu_0 x) = \frac{\text{tatsächlicher Photonenfluß}}{\text{primärer Photonenfluß}} = 1 + \frac{\text{Fluß gestreuter Photonen}}{\text{primärer Photonenfluß}}, \quad (8.1/1)$$

wobei

E_0 Anfangsenergie der Strahlung
μ_0 Schwächungskoeffizient für schmales Strahlenbündel für die Energie E_0 [cm^{-1}]
x Entfernung [cm].

Für praktische Abschirmungsberechnungen wird der Gesamtwirkungsquerschnitt in der Exponentialfunktion verwendet und dem Einfluß der Streustrah-

8.1 Gesamtschwächung von Photonenstrahlung und Zuwachsfaktor

lung durch den Zuwachsfaktor Rechnung getragen. Der Photonenzuwachsfaktor B_n ist das Verhältnis des tatsächlichen Photonen-Mengenflusses n zu dem Fluß der ungestreuten Photonen n_0 allein. Die entsprechende Definition kann für den Energiefluß verwendet werden, der das Produkt des Photonenflusses und der Photonenenergie integriert über alle Energien ist — man erhält einen Energiezuwachsfaktor B_E —, oder für die Dosisleistung, die das Integral über alle Energien des Produkts von Photonenfluß und -energie und den Energieabsorptionskoeffizienten von Luft (oder Zellengewebe) ist —, es ergibt sich ein Dosiszuwachsfaktor B_D.

Bei Berücksichtigung der Streustrahlung ergibt sich für Gl. (2.3/3):

$$I_x = I_0\, B\, e^{-\mu x}. \tag{8.1/2}$$

Die aus Gl. (8.1/2) erhaltenen Werte müssen für praktische Abschirmungsberechnungen über verschiedenartig geformte Körper, wie Zylinder, Kugel, Platte usw., integriert werden. Die Integrale für den ungestreuten Strahlenfluß, bei dem die Abschwächungsfunktion ein einfaches Exponential ist, sind gewöhnlich leicht zu bestimmen. Die Einführung des Zuwachsfaktors führt jedoch zu Komplikationen. Einer der ersten Versuche, den Zuwachs in grober Näherung durch eine bequeme analytische Funktion darzustellen, war die Einführung der einfachen linearen Form:

$$B(\mu, x) = 1 + \mu x, \tag{8.1/3a}$$

oder der verbesserten Form:

$$B(\mu, x) = 1 + k\mu x, \tag{8.1/3b}$$

wobei k eine Korrekturkonstante bedeutet.

J. J. Taylor [3] hat gezeigt, daß eine Beschreibung von Zuwachsfaktoren in Termen von Exponentialen stets zu dem gleichen Typ von Integralen wie für den ungestreuten Fluß führt, so daß auch bei genauer Erfassung der gestreuten Strahlung die Integration der analytischen Behandlung zugänglich ist. Durch diesen Kunstgriff ist die Berechnung der γ-Strahlenschwächung durch dicke Abschirmungen sehr vereinfacht worden. Die numerischen Werte der für eine isotrope Punktquelle errechneten γ-Strahlen-Zuwachsfaktoren werden durch eine Funktion von der Form der Summe zweier einfacher Exponentiale angenähert:

$$B_{mgt}(E_0, \mu_0 x) = A_1(E_0)\, e^{[-\alpha_1(E_0)\mu_0 x]} + A_2(E_0)\, e^{[-\alpha_2(E_0)\mu_0 x]}, \tag{8.1/4}$$

wobei

Index m = Abschirmungsmedium,
Index g = Geometrie der Strahlenquelle,
Index t = Typ des Zuwachses (Mengenfluß, Energiefluß oder Dosisleistung),
$A_1 + A_2 = 1$.

Diese analytische Form des Zuwachsfaktors gestattet die gewünschte Reduktion des Problems wie folgt:

$$\psi_{mgt}(E_0, x) = B_{mgt}(E_0, \mu_0 x)\, \psi^0_{mgt}(E_0, x), \tag{8.1/5}$$

wobei $\psi_{mgt}(E_0, x)$ die Strahlungsgröße (Mengenfluß, Energiefluß oder Dosisleistung) von einer Quelle der Energie E_0 und der Geometrie g in einem Medium m an der Stelle x ist; ψ^0_{mgt} ist die äquivalente Größe aus dem Beitrag nur der ungestreuten γ-Photonen. ψ^0_{mgt} kann geschrieben werden:

$$\psi^0_{mgt}(E_0, x) = e^{-\mu_0 x} d(x) f_t(E_0), \tag{8.1/6}$$

wobei $d(x)$ der reine Entfernungseinfluß ist und $f_t(E_0)$ ein Faktor zur Transformation des Mengenflusses in Energiefluß oder Dosisleistung. Kombination von Gl. (8.1/4), (8.1/5) und (8.1/6) ergibt:

$$\psi_{mgt}(E_0, x) = d(x) f_t(E_0) \{A_1(E_0) e^{-[1+\alpha_1(E_0)]\mu_0 x} + A_2(E_0) e^{-[1+\alpha_2(E_0)]\mu_0 x}\}. \tag{8.1/7}$$

Somit ist durch diesen Kunstgriff das Problem des γ-Strahlendurchgangs durch Materie auf zwei Berechnungen von der gleichen Form wie die Berechnung des primären Flusses oder der Dosisleistung der ungestreuten Strahlung reduziert, aber unter Verwendung abgeänderter Wirkungsquerschnitte und geeigneter „Normalisierungsfaktoren". Zur Durchführung von exakten γ-Strahlen-Abschirmungsberechnungen werden also außer einer Tabelle oder Kurventafel der Wirkungsquerschnitte des betreffenden Materials für schmales Strahlenbündel als Funktion von E_0 lediglich noch eine entsprechende Tabelle oder Kurventafel der drei „Zuwachsparameter" α_1, α_2 und A_1 (oder A_2) als Funktion von E_0 benötigt.

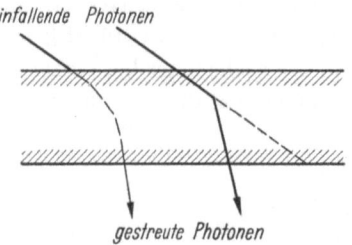

Abb. 8.1/2
Schräg einfallendes Strahlenbündel

Wenn ein unter einem Winkel zur Normalen auf eine Abschirmungswand fallendes Strahlenbündel sich infolge COMPTON-Streuung in der Wand ausbreitet, haben die primären und ein Teil der gestreuten Photonen eine größere Wanddicke zu durchqueren als bei Einfall normal zur Wand; zahlreiche gestreute Photonen jedoch haben viel kürzere Wegstrecken im Abschirmungsmedium zurückzulegen (s. Abb. 8.1/2). Der zusätzliche Durchgang der letzteren kann den verminderten Durchgang der ersteren wesentlich überwiegen [4], [5].

8.2 Die Boltzmannsche Transportgleichung

Der Transport von Partikeln (Gasmoleküle, γ-Photonen oder Neutronen) in einem Medium wird durch die BOLTZMANNsche Transportgleichung vollständig erfaßt. Angewandt auf den Transport von γ-Photonen in einem Medium drückt die Gleichung die Kontinuität in einem 6-dimensionalen Photonenphasenraum aus, der durch drei Komponenten des Ortsvektors $\vec{r}$, zwei Komponenten des Richtungsvektors $\vec{\Omega}$ und die Energiekoordinate E beschrieben wird. Die Ableitung der Gleichung geht von der Betrachtung über das Eindringen und Austreten von Photonen an der Oberfläche eines differentialen Volumenelementes $d\tau$ des definierten 6-dimensionalen Raums aus. (Die verwendeten Bezeichnungen entsprechen denen von H. GOLDSTEIN [6], [7].)

$$d\tau = dV \, d\Omega \, dE. \tag{8.2/1}$$

Photonen können erstens in dem Volumenelement $d\tau$ erzeugt werden, was durch die Quellenfunktion

$$S(\vec{r}, \vec{\Omega}, E) \, dV \, d\Omega \, dE \tag{8.2/2}$$

8.2 Die BOLZMANNsche Transportgleichung

ausgedrückt wird; hierin bedeutet S die an der Stelle $\vec{r}$ je Volumeneinheit in der Richtung $\vec{\Omega}$ je Raumwinkeleinheit emittierte Anzahl von Photonen mit der Energie E je Einheitsbereich von E. Zweitens können Photonen durch Streuung von einem anderen Raumelement $d\tau' = dV\, d\Omega'\, dE'$ in $d\tau$ eindringen. Der differentiale Wirkungsquerschnitt für Streuung von der Richtung $\vec{\Omega}'$ in die Richtung $\vec{\Omega}$ bei Änderung der Energie E' in die Energie E, je Raumwinkeleinheit und Einheits-Energiebereich, ist

$$\sigma(\vec{\Omega}' \to \vec{\Omega}, E' \to E); \qquad (8.2/3)$$

die Beziehung zum differentialen Winkelstreuungs-Wirkungsquerschnitt lautet

$$\int \sigma(\vec{\Omega}' \to \vec{\Omega}, E' \to E)\, dE = \sigma(\vec{\Omega}' \cdot \vec{\Omega}, E'). \qquad (8.2/4)$$

Die Anzahl der in der Zeiteinheit in dV eintretenden Streuprozesse, bei denen Photonen von $d\Omega'\, dE'$ nach $d\Omega\, dE$ gestreut werden, ist:

$$n\, \sigma(\vec{\Omega}' \to \vec{\Omega}, E' \to E)\, d\Omega\, dE\, [N(\vec{r}, \vec{\Omega}', E')\, d\Omega'\, dE']\, dV, \qquad (8.2/5)$$

wobei n die Anzahl der Streuer in dV bedeutet. Integration von Gl. (8.2/5) über sämtliche $\vec{\Omega}'$ und E', von denen Photonen nach $\vec{\Omega}$ und E gestreut werden können, liefert die gesamte Einstreuung.

Der Austritt von Photonen aus $d\tau$ kann durch räumliche Konvektion aus dem Volumenelement dV erfolgen oder durch Streuprozesse, die ein Austreten aus $d\Omega\, dE$ bewirken. Der Netto-Konvektionsverlust von dV in der Zeiteinheit wird durch die Divergenz der räumlichen Strömungsdichte gegeben. Da

$$\vec{\Omega}\, N(\vec{r}, \vec{\Omega}, E)\, d\Omega\, dE \qquad (8.2/6)$$

die räumliche Photonenströmung in $d\tau$ darstellt, beträgt der Konvektionsverlust

$$\nabla \cdot (\vec{\Omega}\, N\, d\Omega\, dE)\, dV. \qquad (8.2/7)$$

Die Anzahl der Streuungen, die in $d\tau$ in der Zeiteinheit eintreten, ist

$$\mu(N\, d\Omega\, dE)\, dV, \qquad (8.2/8)$$

wobei μ den Absorptionskoeffizienten darstellt.

Gleichsetzung des Eindringens und Austretens von Photonen im Beharrungszustand liefert die BOLTZMANNsche Integro-Differentialgleichung

$$\nabla \cdot \vec{\Omega}\, N + \mu N = \iint_{4\pi} N(\vec{r}, \vec{\Omega}', E')\, n\, \sigma(\vec{\Omega}' \to \vec{\Omega}, E' \to E)\, dE'\, d\Omega' + S(\vec{r}, \vec{\Omega}, E). \qquad (8.2/9)$$

Multiplikation von Gl. (8.2/9) mit E führt zu der Transportgleichung in Termen von I:

$$\nabla \cdot \vec{\Omega}\, I + \mu I = \iint_{4\pi} I(\vec{r}, \vec{\Omega}', E')\, n\, \sigma(\vec{\Omega}' \to \vec{\Omega}, E' \to E)\, \frac{E\, dE'}{E'}\, d\Omega' + SE(\vec{r}, \vec{\Omega}, E), \qquad (8.2/10)$$

wobei SE die Energiequellenfunktion ist.

Wegen ihrer Kompliziertheit ist die Transportgleichung der vollständigen Lösung nicht zugänglich, so daß für die Behandlung des Problems des Photonentransportes eine Reihe von Näherungsmethoden entwickelt worden ist, deren wichtigste im folgenden kurz umrissen werden.

8.3 Methode der sukzessiven Streuungen

Ein Iterationsverfahren für die Lösung der Transportgleichung ist von G. H. PEEBLES und M. S. PLESSET [8], [9] entwickelt worden. Bei diesem Verfahren werden die Photonen nach der Anzahl der erfahrenen Streuprozesse gruppiert, und die Transportgleichung wird sukzessiv für jede Komponente gelöst. Ein Kunstgriff, durch den der im Falle zahlreicher Streuungen außerordentlich große Rechenaufwand vermieden wird, besteht in der Teilung des Abschirmungsmediums in so dünne Schichten, daß in einer solchen Schicht die Wahrscheinlichkeit für das Eintreten von mehr als drei Streuprozessen vernachlässigbar ist. Die aus der Schicht i in Richtung auf die Schicht $(i+1)$ austretenden Photonen stellen die Strahlenquelle für letztere Schicht dar. Die grundsätzlichen Merkmale der Methode der sukzessiven Streuungen werden im Folgenden durch die von U. FANO, L. V. SPENCER und M. J. BERGER in [10] gegebene Darstellung erläutert.

„Durchgang und Reflektion von Photonenstrahlung durch eine sehr dünne gleichförmige Abschirmungsschicht kann in Termen eines Transmissionsoperators T und eines Reflektionsoperators R ausgedrückt werden, die den einfallenden Fluß φ in den transmittierten Fluß $T\varphi$ und den reflektierten Fluß $R\varphi$ transformieren. Die Lösung des entsprechenden Problems für eine gleichförmige, oder aus Schichten verschiedener Stoffe bestehende, dicke Abschirmungsbarriere kann in Termen der elementaren Transmissions- und Reflektionsoperatoren leicht erhalten werden. Betrachtet wird eine dicke Abschirmung, die aus n angrenzenden, durch die Operatoren T_i und R_i ($i = 1, 2, \ldots n$) gekennzeichneten Elementar-Abschirmungen besteht. Mit φ_i^+ und φ_i^- werden die Flüsse in Vorwärts- und Rückwärtsrichtung bzw. an der Trennfläche zwischen der i-ten und $(i+1)$-ten Schicht, bezeichnet. Sie sind durch folgende Differenzengleichungen miteinander verknüpft:

$$\varphi_i^+ = T_i \varphi_{i-1}^+ + R_i \varphi_i^-, \qquad 1 \leq i \leq n \qquad (8.3/1)$$

$$\varphi_i^- = T_{i+1} \varphi_{i+1}^- + R_{i+1} \varphi_i^+. \qquad 0 \leq i \leq n-1 \qquad (8.3/2)$$

Bei Annahme, daß der einfallende Fluß φ nur auf einer Seite in die Abschirmung eintritt, ist

$$\varphi_0^+ = \varphi \quad \text{und} \quad \varphi_n^- = 0. \qquad (8.3/3)$$

Die Lösung der Gl. (8.3/1) bis (8.3/3) ist für $n = 2$ besonders einfach. In diesem Falle ist

$$\varphi_2^+ = T_2(1 - R_1 R_2)^{-1} T_1 \varphi \qquad (8.3/4)$$

und

$$\varphi_0^- = T_1 R_2 (1 - R_1 R_2)^{-1} T_1 \varphi + R_1 \varphi. \qquad (8.3/5)$$

Somit wird die aus zwei Elementarabschirmungen bestehende Abschirmung durch einen Transmissionsoperator

$$T^* = T_2(1 - R_1 R_2)^{-1} T_1 \qquad (8.3/6)$$

und einen Reflektionsoperator

$$R^* = T_1 R_2 (1 - R_1 R_2)^{-1} T_1 + R_1 \qquad (8.3/7)$$

gekennzeichnet. Durch wiederholte paarweise Kombination können Lösungen für zusammengesetzte Abschirmungsbarrieren beliebiger Dicke aufgestellt werden. — Bei numerischen Anwendungen können die Flußverteilungen φ_i^+ und φ_i^- in dem betrachteten Bereich durch einen Satz von $j \times k$ diskreten Werten ausgedrückt werden, die j Energien und k Richtungen entsprechen. In diesem Falle sind die Operatoren T_i und R_i Matrizen von der Ordnung $(i \times k)^2$."

Das Verfahren ist für die Behandlung geschichteter Abschirmungswände besonders geeignet. Genaue Berechnungen erfordern aber die Verwendung eines feinmaschigen Gitters, so daß die Matrix-Operationen sehr langwierig sind. Die rechentechnischen Schwierigkeiten begrenzen die praktische Anwendbarkeit des Verfahrens auf die Geometrie ebener Quellen. Bei abnehmenden Photonenenergien, bei denen die Streuprozesse gegen eine isotrope Winkelverteilung streben, wird die Annahme, daß sich die Richtung von Photonen nicht umkehren kann, unzutreffend.

8.4 Momentenmethode

Die wichtigste Methode für die Berechnung der γ-Strahlenschwächung ist die von L. V. Spencer und U. Fano [11], [12] entwickelte Momentenmethode, ein semi-numerisches Verfahren zur Lösung der Transportgleichung. Der größte Teil der verfügbaren theoretischen Werte über den γ-Strahlendurchgang stammt aus Berechnungen, die sich auf dieses Verfahren gründen. Die Momentenmethode wird in [6] und [10] detailliert beschrieben.

Der erste Schritt der Momentenmethode besteht in der Entwicklung des Winkel-Energieflusses in eine Reihe von Legendre-Polynomen, wodurch die ursprüngliche, von drei Variablen (Ort, Richtung und Energie) abhängige Integro-Differentialgleichung in eine Reihe von durch eine Rekursionsformel gekoppelter Integro-Differentialgleichungen transformiert wird, in der die Richtungsvariable nicht erscheint. Darauf werden die Momente der Flußverteilung gebildet, die über den gesamten Raum erstreckte Integrale des Flusses an der Stelle $r = (x, y, z)$ multipliziert mit Potenzen der Koordinaten x, y, z sind. Auf diese Weise erhält man eine Doppelindex-Folge linearer Integralgleichungen vom Volterra-Typ. Diese Gleichungen, die als Variable lediglich die Energie enthalten, können mit Hilfe eines leistungsfähigen Rechenautomaten numerisch integriert werden. Dabei ist es erforderlich, aus der unendlich großen Anzahl von Gleichungen einen bestimmten begrenzten Satz von Gleichungen auszuwählen. Die notwendige Anzahl der Momente ist von der Geometrie der Strahlenquelle abhängig. Für die Rekonstruktion des Flusses aus den berechneten Momenten sind verschiedene Verfahren entwickelt worden. — Bei der Momentenmethode nimmt der Rechenaufwand von Eindringungstiefen von mehr als 15 Relaxationslängen an sehr stark zu, was das Verfahren für extrem große Abschirmungsdicken ungeeignet macht. (Das Problem der Durchdringung von Photonenstrahlung in extrem große Tiefen ist von U. Fano [13] und L. V. Spencer [14] untersucht worden.)

H. Goldstein und J. E. Wilkins [6] haben die Momentenmethode zur Durchführung eines umfangreichen Rechenprogramms über die Durchdringung von γ-Strahlen in einem unendlichen homogenen Medium verwendet. Die Spektren gestreuter Photonen, die von monoenergetischen isotropen Punktquellen oder ebenen monodirektionalen Quellen mit Energie zwischen 0,5 und 10 MeV herrühren, sind für Entfernungen bis zu 20 mittleren freien Weglängen in acht verschiedenen, den Bereich der Ordnungszahlen bedeckenden Medien, ermittelt worden. Die Genauigkeit der mit Hilfe des großen Rechenautomaten des National Bureau of Standards durchgeführten Berechnungen dürfte für fast alle praktischen Anwendungen mehr als adäquat sein.

Es ergibt sich in der Zusammenfassung von E. P. BLIZARD [15] folgendes Resultat: Für eine Energie von 0,5 MeV ist der Zuwachsfaktor für Ordnungszahlen zwischen 30 und 40 und für 1,0 MeV für Z-Werte um 45 annähernd linear, für niedrigeres Z ist der Zuwachs jeweils größer und für höheres Z wegen des Einflusses der photoelektrischen Absorption geringer. Für 2 MeV ist ein linearer Zuwachsfaktor nur für große Abschwächungen und Z-Werte um 45 zutreffend, der Einfluß des photoelektrischen Effektes ist weniger ausgeprägt. Die Abnahme des COMPTON-Wirkungsquerschnittes mit zunehmender Energie bewirkt eine Verschiebung des Maximums des Zuwachsfaktors gegen höhere Z-Werte, er liegt bei großen Abschwächungen für 4 MeV etwa bei $Z = 60$ und für $E > 6$ MeV bei 70. Für jeweils höhere Z-Werte wird der Zuwachs durch den Einfluß der Paarbildung unterdrückt.

8.5 Monte Carlo-Methode

Mit der Verfügbarkeit sehr leistungsfähiger elektronischer Rechenautomaten hat in neuerer Zeit die Anwendung eines Verfahrens auf statistischer Grundlage eine große Bedeutung für die Lösung von Strahlenabschirmungs-Problemen erlangt. Strahlenschwächungsvorgänge sind stochastische Prozesse, die unvorhersehbare Zufallsergebnisse in Verbindung mit determinierten Beziehungen enthalten. Bei dem statistischen Verfahren werden aus der Untersuchung der Trajektorien (Bahngeschichten) einer zufallsmäßig herausgegriffenen Anzahl von Strahlungspartikeln Schlüsse auf das Verhalten der jeweiligen Gesamtmenge der Strahlungspartikel gezogen. Wegen der Verwendung von Zufallszahlen in dem statistischen Analogon für die physikalischen Vorgänge wird das Verfahren als Monte Carlo-Methode bezeichnet. Eine detaillierte Beschreibung der Anwendung dieses Verfahrens auf die Probleme der γ-Strahlenschwächung findet sich in [10]. Die hervorstechenden Merkmale der Monte Carlo-Methode sind große Anpassungsfähigkeit an komplizierte Randbedingungen und außerordentlich großer Rechenaufwand für größere Abschwächungsfaktoren. Das Verfahren ist daher besonders geeignet für spezielle Probleme, bei denen komplizierte geometrische Verhältnisse vorliegen und die Abschwächung nicht groß ist, beispielsweise $< 10^5$.

Die Bahngeschichte eines Photons wird durch den Ort und das Resultat jedes einzelnen sukzessiven Elementarprozesses definiert; sie kann durch folgenden Satz von Koordinaten dargestellt werden:

$$\left.\begin{array}{l} r_1, \quad r_2, \quad \ldots r_i, \quad \ldots r_n, \\ \omega_1, \quad \omega_2, \quad \ldots \omega_i, \quad \ldots \omega_n, \\ E_1, \quad E_2, \quad \ldots E_i, \quad \ldots E_n. \end{array}\right\} \qquad (8.5/1)$$

Dabei bedeutet r_i den Ort, ω_i die Richtung und E_i die Energie des Photons unmittelbar vor der i-ten Kollision. Sämtliche Kollisionen $1, 2, \ldots i, \ldots (n-1)$ sind Streuprozesse, die n-te Kollision bedeutet die Absorption des Photons und damit das Ende der Bahngeschichte. Den Koordinatenwerten wird eine zusätzliche Variable w_i zugeordnet, deren Wert bei einem Streuprozeß $w_i = 1$ und bei Absorption $w_i = 0$ ist. Für den Satz von Koordinaten $(r_i, \omega_i, E_i, w_i)$, der den Zustand eines Photons vor der i-ten Kollision ausdrückt, wird die Bezeichnung α_i eingeführt. Die Bahngeschichten von Photonen werden durch die Übergangswahrscheinlichkeitsdichte $\psi(\alpha_{i+1}|\alpha_i)$ bestimmt.

Entsprechend der Anzahl der Variablen wird der Übergang $\alpha_i \to \alpha_{i+1}$ in folgende separate Vorfälle zerlegt: 1. Fortsetzung der Bahngeschichte (Wahrscheinlichkeit $\frac{\mu_s(E_i)}{\mu_a(E_i)}$); 2. Energieänderung (Auswahl der Energie E_{i+1} nach der i-ten Kollision aus der KLEIN-NISHINA-Verteilung); 3. Richtungsänderung (folgt aus Energieänderung, sämtliche azimutalen Richtungsänderungen zwischen 0 und 2π infolge der Streuung haben gleiche Wahrscheinlichkeit); 4. Ortsveränderung zwischen der i-ten und der $(i+1)$-sten Kollision [Verteilungsfunktion: $f(\xi_i) = \mu(E_{i+1}) e^{-\mu(E_{i+1})\xi_i}$]. Die Entnahme von Zufallsproben x aus den verschiedenen Wahrscheinlichkeitsverteilungen $f(x)$, erfordert die Aufstellung eines Satzes von Zahlen in der Weise, daß die Häufigkeit von Zahlen mit Werten zwischen x und dx proportional $f(x)\,dx$ ist. Die Entnahme von Zufallsproben aus diesem Satz kann mit Hilfe einer Tafel von Zufallszahlen erfolgen, die gleichförmig zwischen Null und Eins verteilt sind. — Die Programmierung der Monte Carlo-Methode für einen Rechenautomaten ist verhältnismäßig einfach, da die Rechnungen sich ständig wiederholen.

Wenn die statistische Auswahl der Photonen aus äquivalenten Möglichkeiten getroffen wird, ergibt sich der Strahlendurchgang aus dem Anteil der Bahngeschichten, bei denen Durchdringen erfolgt. Bei dickeren Abschirmungen stellt das Durchdringen eines Partikels einen seltenen Ausnahmefall dar, der in der Größenordnung von 10^{-6} bis 10^{-10} liegt, so daß für ein genügend genaues Ergebnis die Bestimmung von 10^9 bis 10^{13} Bahngeschichten erforderlich sein kann. Die Durchführung einer derartigen Berechnung liegt selbst bei Verwendung eines großen Rechenautomaten jenseits des Bereiches der praktischen Möglichkeiten. Es ist daher notwendig, den Photonen Gewichte hinsichtlich ihrer Durchdringungschance zuzuordnen und die Berechnungen auf die wichtigsten Bahngeschichten zu konzentrieren, wodurch eine Reduktion der zu berechnenden Fälle um einen Faktor von vielleicht 10^7 bis 10^8 möglich ist. Die Zufallsprobenentnahme wird also durch eine Wichtigkeitsauswahl ersetzt. Für diese Auswahl sind verschiedene Methoden entwickelt worden. Die Wahl kann durch näherungsweise analytische Vorberechnung, physikalische Einsicht in das betreffende Problem, sowie Auswertung der Ergebnisse von Versuchen und von bereits für ähnliche Fälle durchgeführten Berechnungen erfolgen.

8.6 Behandlung homogener Mischungen

Die in den vorstehenden Abschnitten angegebenen Verfahren für die Berechnung der Schwächung von γ-Strahlen können ohne weiteres auf homogene Mischungen von Elementen angewendet werden, wobei Wirkungsquerschnitte entsprechend der anteilmäßigen Zusammensetzung der Mischung zu verwenden sind. Da jedoch die Ergebnisse umfangreicher Rechenprogramme für zahlreiche Elemente vorliegen, ist es zweckmäßig, diese Resultate für Abschirmungsmedien, die als homogene Mischung von Elementen angesehen werden können, auszuwerten, antatt vollkommen neue Berechnungen anzustellen. H. GOLD-STEIN und J. E. WILKINS, JR. [6] geben ein bequemes Näherungsverfahren an, das in dem Aufsuchen einer effektiven Ordnungszahl Z_{eff} für die Mischung besteht, d. h. es ist ein Element zu finden, das bezüglich Streuung und Absorption von γ-Strahlen die gleichen Eigenschaften wie die Mischung hat, und für das die Zuwachsfaktoren bereits berechnet sind. Die Eigenschaften eines Materials für γ-Strahlenabsorption und -streuung werden durch den mit jedem Atom verbundenen Anteil der Gesamtzahl der Elektronen bestimmt. Der Elektronenanteil wird aus

$$\beta_i = \frac{a_i Z_i / A_i}{\sum_k a_k Z_k / A_k} \qquad (8.6/1)$$

bestimmt, wobei a_i der Anteil des Elementes i am Gesamtgewicht ist. Mit den Absorptionskoeffizienten μ_i je Elektron ergibt sich der Gesamtwirkungsquerschnitt des Materials zu

$$\mu(E) = \sum_i \beta_i \mu_i(E) \qquad (8.6/2)$$

und der Streuwirkungsquerschnitt zu

$$\sigma_s(E) = \sum_i \beta_i \sigma_{si}(E). \qquad (8.6/3)$$

Das erste Kriterium für die Bestimmung von Z_{eff} ist, daß die Gestalt der Kurve des Gesamtwirkungsquerschnittes mit der eines Elementes übereinstimmen muß. Das zweite Kriterium ist, daß das Verhältnis $\sigma_s(E)/\mu(E)$ für das Gemisch in der gleichen Weise mit der Energie variieren muß wie das des natürlichen Elementes. Theoretische und experimentelle Nachprüfungen haben die für praktische Zwecke hinreichende Genauigkeit der Methode erwiesen, nur bei Mischungen von Elementen mit stark verschiedenen Z-Werten (z. B. mit Bleiverbindungen gefüllter Kunststoff) sind größere Ungenauigkeiten zu erwarten.

8.7 Behandlung schichtförmiger Abschirmungen

Für die Verwendung von Zuwachsfaktoren B bei der Berechnung der γ-Strahlenschwächung in aus Schichten verschiedener Materialien zusammengesetzten Abschirmungen gibt es eine Faustregel, die hier für den einfachsten Fall einer aus zwei Schichten bestehenden Abschirmung angegeben wird [6]:

Bei einer Schichtung, in der auf ein Material mit hoher Ordnungszahl Z ein Material mit niedrigem Z folgt, und bei einer Strahlenquelle von geringer Energie, kann der Gesamt-Zuwachsfaktor in grober Näherung als das Produkt der Zuwachsfaktoren für die gegebenen Dicken der beiden Materialien angesetzt werden. Die Begründung dafür ist, daß die gestreuten Photonen in dem Material mit hohem Z nur eine geringe Abschwächung der Energie und eine geringe Ablenkung von der Richtung der ungestreuten Photonen erfahren. Somit wird die auf den zweiten Absorber einfallende Intensität der ungestreuten Strahlung mit dem Zuwachsfaktor des Materials mit hohem Z multipliziert.

Bei Quellenenergien im mittleren Energiebereich (2 bis 3 MeV) sind die gestreuten Photonen im Material mit hohem Z jedoch über einen weiten Energiebereich ziemlich gleichförmig verteilt; so daß das Produkt der Zuwachsfaktoren einen viel zu großen Wert ergeben würde. In diesem Falle erhält man eine bessere Annäherung an die richtigen Werte, wenn man den Zuwachsfaktor für den Strahlendurchgang in beiden Medien so ansetzt, als ob der gesamte Strahlendurchgang im Material mit niedrigem Z erfolgte. Die Grundlage dieses Vorgehens ist, daß sich die Spektren der gestreuten Photonen in den beiden Medien nicht wesentlich unterscheiden, außer bei den sehr niedrigen Streu-Photonenenergien, wo die photoelektrische Absorption tief in das Spektrum einschneidet. Diese Photonen niedriger Energie werden beim Durchgang der Strahlung durch die zweite Schicht von niedrigem Z bei der Herstellung des Gleichgewichtes mit den gestreuten Photonen von mittlerer Energie schnell „regeneriert".

Für den umgekehrten Fall, bei dem auf ein Material mit geringem Z ein Material mit hohem Z folgt, kann man aus ähnlichen Überlegungen schließen, daß der Zuwachsfaktor so anzusetzen ist, als ob der gesamte Strahlendurchgang im Material mit hohem Z erfolgte.

8.8 Streu-Probleme

In den vorhergehenden Abschnitten ist die Streuung von γ-Photonen als Teil des Strahlenabschwächungsprozesses in einem Abschirmungsmedium behandelt worden. Bei Abschirmungskonstruktionen, die die Strahlenquellen nicht allseitig umgeben (z. B. oben offene heiße Zellen, Schattenabschirmungen von Flugzeugreaktoren, usw.), haben Streuprozesse jedoch noch eine andere Bedeutung: Die Strahlung kann um die Begrenzung der Abschirmungen herum gestreut werden. Diese Streuung vergrößert zwar den Weg der Strahlung von der Quelle zum Detektor, jedoch kann die Abschwächung wegen des geringeren Wirkungsquerschnittes des durchquerten Mediums weit geringer sein als bei geradlinigem Durchgang durch die Abschirmung.

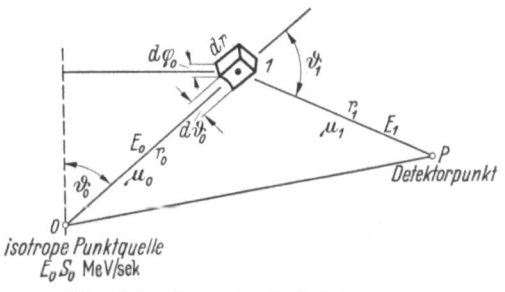

Abb. 8.8/1. Schema der Einfachstreuung (nach ROCKWELL III [16], S. 317)

In Abb. 8.8/1 ist das Schema der Einfachstreuung als des einfachsten Falles dargestellt (s. [16], [17]). Die den Detektorpunkt erreichende Streustrahlung ist das Integral über die Beiträge sämtlicher Volumenelemente $\Delta V = r_0^2 \sin \vartheta_0 \, d\varphi_0 \, dr$, in denen Streuprozesse eintreten können. Im allgemeinen schließen die geometrischen Verhältnisse eine einfache analytische Behandlung des Problems aus; numerische Lösungen von genügender Genauigkeit können aber bei Einteilung des Streuraumes in eine Anzahl von Volumenabschnitten, deren Streustrahlungsbeiträge getrennt berechnet werden, erhalten werden. Die Theorie der Einfachstreuung ist nur zur Behandlung von Luftstreuungsproblemen bei verhältnismäßig geringen Abständen adäquat. Bei größeren Abständen oder bei Streuung in schwereren Medien, beispielsweise Wasser, müssen Zweifach- oder Mehrfachstreuungen berücksichtigt werden. Die Berechnung der Energie- und Winkelverteilungen mehrfach gestreuter nuklearer Strahlung mit analytischen Methoden ist auch bei Einführung wesentlicher Vereinfachungen ein kompliziertes Problem [18]. Für derartige Aufgaben ist die Verwendung der Monte Carlo-Methode zweckmäßig [19], [20].

Ein anderer Streustrahlungseffekt ist die Rückstreuung von Konstruktionen. Bei der theoretischen Behandlung unterscheidet man Streuung durch dünne und durch dicke Materialschichten. Im ersteren Falle wird vorausgesetzt, daß nur die einfach rückgestreuten Photonen von Bedeutung für die rückgestreute Strahlungsintensität sind; bei dicken Materialschichten werden auch Mehrfachstreuungen berücksichtigt [16], [21].

Das Problem der Rückstreuung ist von besonderer Bedeutung beim Entwurf von Schattenabschirmungen und Labyrintheingängen zu Bestrahlungsräumen. Eine Untersuchung von besonderem bautechnischen Interesse ist von K. A. Mahmoud [22] durchgeführt worden: Rückstreuung von γ-Photonen im Energiebereich von 0,15 bis 2,0 MeV durch Beton und Blei. Der allgemeine Einfluß der Bedeckung von Beton mit einer dünnen Bleischicht besteht in der Reduzierung der Compton-rückgestreuten Strahlung von Beton.

Literatur zu 8

[1] Fano, U.: Gamma Ray Attenuation. Part I: Basic Processes. Nucleonics Vol. 11 (1953) No. 8, S. 8—12, Part II: Analysis of Penetration. ibid. No. 9, S. 55—61

[2] Dessow, A. E.: Schutz vor radioaktiven Einwirkungen (russisch). Stroitelnaja Promyschlenost 1956, No. 2, S. 28—31

[3] Taylor, J. J.: Application of Gamma Ray Build-Up Data to Shield Design. WAPD-RM-217, 25. Januar 1954

[4] Kirn, F. S., R. J. Kennedy, u. H. O. Wyckoff: Oblique Attenuation of Gamma-Rays from Cobalt-60 and Cesium-137 in Polyethylene, Concrete and Lead. NBS-2125, 23. Dezember 1952; The Attenuation of Gamma-Rays at Oblique Incidents. Radiology Vol. 63 (1954) S. 94—104

[5] Zerby, C. D.: Transmission of Obliquely Incident Gamma-Radiation Through Stratified Slab Barriers. ORNL-2224, 13. Dezember 1956

[6] Goldstein, H., u. J. E. Wilkins, Jr.: Calculations of the Penetration of Gamma Rays. Final Report. NYO-3075, 30. Juni 1954

[7] Goldstein, H.: Fundamental Aspects of Reactor Shielding. Reading, Mass.: Addison-Wesley und London/Paris: Pergamon Press 1959

[8] Peebles, G. H., u. M. S. Plesset: Transmission of Gamma-Rays Through Large Thicknesses of Heavy Materials. The Physical Review Vol. 81 (1951) S. 430—439

[9] Peebles, G. H.: Gamma-Ray Transmission Through Finite Slabs; Part I, 25. September 1951, und Part II, 2. Mai 1952, RM-653. Gamma-Ray Transmission Through Finite Slabs. RAND R-240, 1. Dezember 1952

[10] Fano, U., L. V. Spencer, u. M. J. Berger: Penetration and Diffusion of X-Rays. In S. Flügge (Hrsgb.): Handbuch der Physik Bd. 38/2: Neutronen und verwandte Gammastrahlenprobleme S. 660—817. Berlin/Göttingen/Heidelberg: Springer 1959

[11] Spencer, L. V., u. U. Fano: Penetration and Diffusion of X-Rays. Calculation of Spatial Distributions by Polynomial Expansion. The Physical Review Vol. 81 (1951) S. 464—466

[12] Spencer, L. V., u. U. Fano: Penetration and Diffusion of X-Rays. Calculation of Spatial Distributions by Polynomial Expansion. Journal of Research, National Bureau of Standards, Vol. 46 (1951) S. 446

[13] Fano, U.: Penetration of X- and Gamma-Rays to Extremely Great Depths. Journal of Research, National Bureau of Standards Vol. 51 (1953) S. 95

[14] Spencer, L. V.: Penetration and Diffusion of X-Rays: Calculation of Spatial Distributions by Semi-Asymptotic Methods. The Physical Review Vol. 88 (1952) S. 792—803

[15] Blizard, E. P.: Nuclear Radiation Shielding. In: J. G. Beckerley (Hrsgb.): Annual Review of Nuclear Science Vol. 5, Annual Reviews, Stanford, Calif.: 1955

[16] Rockwell III, T. (Hrsgb.): Reactor Shielding Design Manual. TID-7004, März 1956.

[17] JULIENS, J.: Calculation of Sky Shine Radiation. Paper presented at Symposium VI-58 „Radiation Shielding" of the European Atomic Energy Society, Cambridge, 26.—29. August 1958
[18] SECREST, E. L.: Multiple Scattering of Nuclear Radiation. Convair-Fort Worth Report MR-N-1 (CVAC-212), Januar 1954
[19] WELLS, M. B.: The Scattering of Neutrons and Gamma Rays in Air and Ground. FZM-1128, 1. August 1958
[20] LYNCH, R. E., J. W. BENOIT, W. P. JOHNSOHN, u. C. D. ZERBY: A Monte Carlo Calculation of Air-Scattered Gamma Rays. ORNL-2292, 7. Oktober 1958
[21] PRICE, B. T., C. C. HORTON u. K. T. SPINNEY: Radiation Shielding. New York/London/Paris: Pergamon Press 1957
[22] MAHMOUD, K. A.: Quantitative and Qualitative Estimation of Gamma Radiation Scattered from Protective Barriers. Second United Nations International Conference on the Peaceful Uses of Atomic Energy, Genf, 1.—13. September 1958, Paper No. A/CONF. 15/P/1484

9. Berechnung der Schwächung von Neutronenstrahlung

Die fundamentale Art der Berechnung der Abschwächung von Neutronen durch ein Abschirmungsmedium bestünde in der Anwendung der Transporttheorie (s. Abschn. 8.2) in Verbindung mit den Streu- und Absorptions-Wirkungsquerschnitten des Abschirmungsmediums als Funktion der Neutronenenergie. Wegen ihrer Komplexheit ist die Transportgleichung jedoch der vollständigen Lösung nicht zugänglich, so daß für die Behandlung des Problems des Neutronentransportes die Verwendung von Näherungsverfahren notwendig ist. Die hauptsächliche Schwierigkeit für die Berechnung der Schwächung von Neutronen-Strahlung, — im Vergleich mit der Berechnung der Schwächung von Gamma-Strahlung —, besteht in der komplizierten Variation der Neutronen-Wirkungsquerschnitte als Funktion von Energie und Atomgewicht.

Die vom Standpunkt der Reaktor-Strahlenabschirmung wichtigsten Spektralbereiche der Spaltungs-Neutronen sind der Energiebereich zwischen 3 und 8 MeV und die thermische Energie. Die bei der Durchdringung dominierende Neutronenenergie ist eine Funktion von Materialzusammensetzung und Dicke der Abschirmung; sie ist als das Maximum des Produktes von Durchdringung und prozentualem Anteil im Spaltungs-Neutronenspektrum definiert und liegt bei dickeren Abschirmungen bei etwa 8 MeV. Eine der bedeutendsten Komponenten der eine Reaktor-Abschirmung durchdringenden Strahlung ist die bei der Absorption thermischer Neutronen emittierte Einfang-γ-Strahlung, so daß außer der Bestimmung der Abschwächung der schnellen Neutronenströmung auch eine möglichst genaue Ermittlung der Verteilung des thermischen Neutronenflusses erforderlich ist.

9.1 Vergleich zwischen Gammastrahlen- und Neutronenschwächung

In der formalen mathematischen Struktur des Strahlenschwächungsproblems bestehen kaum Unterschiede zwischen Gammastrahlen und Neutronen; denn die BOLTZMANNsche Transportgleichung, Gl. (8.2/9), kann in Termen unspezifizierter Partikel geschrieben werden [1]. Die Ursache für die bei der Entwicklung der Berechnungsmethoden beschrittenen verschiedenen Wege liegt in den unterschiedlichen Charakteristiken der Wirkungsquerschnitte für Photonen-

und Neutronen-Wechselwirkungen. Während die Wirkungsquerschnitte für Wechselwirkung von Photonen mit Materie glatte Funktionen von Energie und Atomgewicht sind, weisen die Neutronen-Wirkungsquerschnitte aufeinanderfolgender Elemente, besonders bei den leichten Elementen, wenig Ähnlichkeit miteinander auf, und die Variation der Wirkungsquerschnitte als Funktion der Neutronenenergie ist von sehr komplizierter Art. Zudem ist im Gegensatz zu den Gammastrahlen-Wirkungsquerschnitten, die für sämtliche Elemente durch direkte Bestimmung oder einfache Interpolation mit guter Genauigkeit über einen großen Energiebereich bekannt sind, die Kenntnis der totalen und differentialen Neutronen-Wirkungsquerschnitte noch sehr lückenhaft. Wegen des kontinuierlichen Energiespektrums von Spaltungs-Neutronen und der komplizierten Variation der Wirkungsquerschnitte als Funktion der Energie ist bereits die Bestimmung des ungestreuten Neutronenflusses eine schwierige Aufgabe, und der Begriff des Zuwachsfaktors verliert somit seine Zweckmäßigkeit.

Übersichten über die verschiedenen Methoden für die Berechnung der Schwächung von Neutronen-Strahlung mit umfassenden Schrifttumsangaben werden in [1] und [1a] gegeben. Die theoretischen Berechnungsmethoden lehnen sich entweder an die für die Berechnung der Gammastrahlen-Schwächung entwickelten Methoden an, oder gründen sich auf die Theorie der Neutronen-Abbremsung und -Diffusion. Das wichtigste Verfahren der ersten Gruppe ist die Momentenmethode, die, wie im Falle der Gammastrahlenschwächung, auf unendliche homogene Medien beschränkt ist. Die unterschiedlichen mathematischen Aspekte bei der Anwendung der Methode auf Photonen und auf Neutronen, die in erster Linie in der Behandlung des Streuintegrals liegen, werden in [1] erläutert. Schwierigkeiten bereitet die mangelhafte Kenntnis der benötigten Differential-Wirkungsquerschnitte. Die auf die Theorie der Neutronendiffusion gegründete Gruppen-Diffusionsmethode wird im folgenden Abschnitt näher erläutert. Die Monte Carlo-Methode ist wegen der noch lückenhaften Kenntnis der Differentialwirkungsquerschnitte bisher nicht in wesentlichem Maße für die Berechnung der Schwächung von Neutronen-Strahlung verwendet worden.

Die Verwendung der Momentenmethode, der Gruppen-Diffusionsmethode mit zahlreichen Gruppen, oder die Verwendung der Monte Carlo-Methode für die Berechnung von Neutronenflußverteilungen führt in das Dilemma eines übermäßigen mathematischen Arbeitsaufwandes, der nur mit Hilfe elektronischer Rechengeräte bewältigt werden kann. Bei der Berechnung dicker Reaktor-Abschirmungen bietet die Verwendung einer semi-empirischen Näherungsmethode einen Ausweg: Diese Methode konzentriert sich auf die bei der Durchdringung dicker Abschirmungen dominierende Komponente der Reaktorstrahlung mit der anfänglichen Energie von etwa 8 MeV und verwendet einen experimentell ermittelten makroskopischen Parameter: den *effektiven Neutronenausscheid-Wirkungsquerschnitt* (effective neutron removal cross section).

9.2 Gruppen-Diffusionsmethode

Eine Vereinfachung der mathematischen Behandlung des Neutronen-Transportproblems wird durch Vernachlässigung der Energieabhängigkeit des Neutronenflusses erreicht. In diesem Falle reduziert sich die auf den Neutronentransport angewendete Gl. (8.2/9) auf die Eingeschwindigkeitsgleichung

$$\nabla \cdot \varphi(\vec{r}, \vec{\Omega}) + N \sigma_a \varphi(\vec{r}, \vec{\Omega}) = \int_{\vec{\Omega}'} N \sigma_s(\vec{\Omega}, \vec{\Omega}') \varphi(\vec{r}, \vec{\Omega}') d\vec{\Omega}' + S(\vec{r}, \vec{\Omega}). \quad (9.2/1)$$

Diese Gleichung für den stationären monoenergetischen Fall kann durch Entwicklung nach Kugelfunktionen näherungsweise gelöst werden. Wird in erster Näherung (P_1-Approximation) angenommen, daß sich in der Raumwinkelverteilung der Neutronen-Geschwindigkeitsvektoren keine Vorzugsrichtung ausprägt (isotrope Streuung), so reduziert sich die Integro-Differentialgleichung (9.2/1) auf eine als *Diffusionsgleichung* bezeichnete Differentialgleichung für den stabilen Zustand in einem Medium, in dem Neutronen erzeugt werden ([2] bis [5]):

$$D \nabla^2 \varphi(\vec{r}) - \Sigma_a \varphi(\vec{r}) + S(\vec{r}) = 0. \quad (9.2/2)$$

In dieser Gleichung bedeutet ∇^2 den LAPLACEschen Operator, S den Quellenausdruck für die Neutronenerzeugung [n/cm³ sek], Σ_a den makroskopischen Neutronenabsorptions-Wirkungsquerschnitt und D den Diffusionskoeffizienten des Neutronenflusses, der für ein Medium mit relativ schwacher Neutronenabsorption ($\Sigma_a/\Sigma_s \ll 1$) durch folgende Beziehung zum makroskopischen Streu-Wirkungsquerschnitt Σ_s bzw. zur mittleren freien Weglänge für Streuung λ_s, definiert ist:

$$D = \frac{1}{3\Sigma_s(1-b)} = \frac{\lambda_s}{3(1-b)} = \frac{1}{3}\lambda_{\text{tr}}, \quad (9.2/3)$$

wobei b den durchschnittlichen Wert des Kosinus des Streuwinkels bezeichnet. Bei sphärisch symmetrischer Streuung im Labor-System ist $b = 0$, so daß die mittlere freie Transportweglänge λ_{tr} gleich der mittleren freien Streuweglänge λ_s ist. Die P_2-Approximation liefert die gleiche Differentialgleichung wie die P_1-Approximation. Der Unterschied besteht in dem Auftreten eines verbesserten Wertes für den Diffusionskoeffizienten:

$$D = \frac{1}{3\Sigma_s(1-b)\left(1 - \frac{4}{5}\frac{\Sigma_a}{\Sigma_s} + \frac{\Sigma_a}{\Sigma_s}\frac{b}{1-b}\right)}. \quad (9.2/4)$$

Zu einer alternativen Schreibweise für Gl. (9.2/2) gelangt man bei Einführung der Diffusionslänge $L = \sqrt{D/\Sigma_a}$.

Neutronensysteme mit kontinuierlichem Energiespektrum können in eine endliche Anzahl von Energieintervallen unterteilt werden. Jeder dieser Gruppen wird ein durchschnittlicher Energiewert beigemessen, und dem durchdrungenen Medium werden für jede dieser Energiegruppen durchschnittliche kernphysikalische Eigenschaften zugeordnet. Es wird postuliert, daß die Neutronen innerhalb jeder Gruppe, gemäß der monoenergetischen Diffusionsgleichung, ohne Energieverlust diffundieren, bis sie die zur Senkung in die nächstniedere Energiestufe durchschnittlich erforderliche Anzahl Zusammenstöße $(1/\xi) \ln (E_{i-1}/E_i)$ (s. Abschn. 2.72) erfahren haben. Es wird die Annahme getroffen, daß sich der Übergang in die jeweils nächstniedere Gruppe sprunghaft vollzieht. Mit dem Verschwinden eines Neutrons aus einer bestimmten Gruppe erfolgt simultan sein Auftreten in der darunterliegenden Gruppe. Dieser Prozeß setzt sich fort, bis die Neutronenenergie von der höchsten Gruppe in die unterste (thermische)

Gruppe abgemindert ist. Die Gruppen-Diffusionsgleichung kann in der Form

$$D\nabla^2 \varphi(\vec{r}) - \Sigma_a \varphi(\vec{r}) + S(\vec{r}) + \frac{\partial q(\vec{r})}{\partial E} = 0 \qquad (9.2/5)$$

geschrieben werden, wobei q die Bremsdichte bedeutet. q ist definiert als die Anzahl von Neutronen/cm³ sek, die unter eine gegebene Energie E abgebrenst werden:

$$q(E) = \varphi(E)\, \xi \Sigma_s E. \qquad (9.2/6)$$

Der Quellenterm schließt die durch Spaltung oder inelastische Streuung in das System eingeführte Neutronen ein. Im letzteren Fall enthält Σ_a einen Term für inelastische Streuung aus der betrachteten Gruppe. Integration von Gl. (9.2/5) über die Energiebreite der i-ten Gruppe liefert die Mehrgruppen-Diffusionsgleichung:

$$D_i \nabla^2 \varphi_i(\vec{r}) - \Sigma_{ai}\, \varphi_i(\vec{r}) + S_i(\vec{r}) + q_{\text{ein}}(\vec{r}) - q_{\text{aus}}(\vec{r}) = 0. \qquad (9.2/7)$$

q_{ein} und q_{aus} bedeuten die Abbremsdichten an der oberen bzw. der unteren Energiegrenze der Gruppe, die Konstanten D_i und Σ_{ai} sind über das Energieintervall gemittelte Werte und die Quelle $S_i(r)$ wird über die gesamte Gruppenbreite integriert.

Bei der einfachsten Mehrgruppen-Methode, der Zweigruppen-Methode werden die Neutronen in eine schnelle und eine thermische Gruppe unterteilt. Für die Gruppe der schnellen Neutronen, die sämtliche Neutronen oberhalb des thermischen Energiebereiches enthält, werden geeignete kernphysikalische Durchschnittswerte verwendet. Entsprechend der Diffusionslänge für thermische Neutronen wird die Abbremslänge für schnelle Neutronen definiert durch

$$L_s = \sqrt{D_s \Big/ \frac{\Sigma_s \xi}{\ln(E_s/E_{\text{th}})}}, \qquad (9.2/8)$$

wobei D_s den Diffusionskoeffizienten für schnelle Neutronen bedeutet. Lösungen für die Zweigruppen-Methode werden in [7] für den Fall der Diffusion von Neutronen von einer unendlich großen ebenen Quelle in eine angrenzende Platte eines nicht-multiplizierenden Mediums (d. h. Medium ohne Neutronenerzeugung) von unendlicher Ausdehnung und endlicher Dicke angegeben. Der Vergleich der Ergebnisse des Verfahrens mit in einer Reaktorabschirmung gemessenen Werten zeigt, daß die Anwendung der Zweigruppen-Diffusionsmethode bei Verwendung durchschnittlicher kernphysikalischer Werte auf Reaktor-Abschirmungsprobleme, wo die Aufmerksamkeit sich (anstatt auf das durchschnittliche Verhalten der Neutronen wie bei der Berechnung von Reaktorkern und Reflektor) auf einen kleinen Teil hochenergetischer Neutronen konzentrieren muß, sehr ungenaue, auf der unsicheren Seite liegende Ergebnisse liefert [7]. Die Diskrepanz kann einem geringen Bruchteil des schnellen Neutronenflusses zugeschrieben werden, dessen Abbremslänge wesentlich größer als die durchschnittliche Abbremslänge für den übrigen, überwiegenden Teil der schnellen Neutronen ist, und dessen Einfluß daher mit wachsendem Eindringen in die Abschirmung zunimmt und einen flacher werdenden Verlauf der Abschwächungskurve des thermischen Neutronenflusses bewirkt.

Experimentelle Untersuchungen haben gezeigt, daß der überwiegende Teil der durch dicke Reaktor-Abschirmungswände durchdringenden Neutronen anfängliche Energien von über 7 MeV, durchschnittlich 8 MeV, besitzt, obgleich diese nicht mehr als 2% aller prompten Spaltungsneutronen (s. Abschn. 5.21) ausmachen. Das bedeutet, daß die Wirkungsquerschnitte für diese Neutronenenergie von ausschlaggebender Wichtigkeit sind. Die Abschwächung dieser besonders durchdringenden Komponente des schnellen Neutronenflusses kann in hinreichend wasserstoffhaltigen Medien als Funktion eines exponentiellen Schwächungsfaktors, der als effektiver Neutronenausscheid-Wirkungsquerschnitt bezeichnet wird, beschrieben werden (s. Abschn. 9.4). Bei Einführung eines auf den semi-empirischen Begriff des effektiven Neutronenausscheid-Wirkungsquerschnittes gestützten Exponentialausdruckes für den schnellen Neutronenfluß als Quellenterm in eine Eingruppen-Diffusionsgleichung ergeben sich besonders einfache Ausdrücke für die überschlägige Vorberechnung von Reaktor-Abschirmungen [8].

Die Eingruppen-Diffusionsgleichung für thermische Neutronen für ein Medium, in dem keine Neutronen erzeugt werden, lautet:

$$D_{th}\nabla^2 \varphi_{th}(\vec{r}) - \Sigma_{a\,th}\varphi_{th}(\vec{r}) + S_{th}(\vec{r}) = 0. \qquad (9.2/9)$$

Bei der Annahme, daß ein schnelles Neutron durch eine einzige Kollision auf thermische Energie abgebremst wird, kann der Quellenterm als negative Divergenz der schnellen Neutronenströmung ausgedrückt werden:

$$S_{th}(\vec{r}) = -\operatorname{Div}\vec{J_s}; \qquad (9.2/10)$$

die Divergenz des Vektors $\vec{J_s} = J_{s+} - J_{s-}$ bedeutet die Nettozahl der in der Raumeinheit je Zeiteinheit ausgeschiedenen schnellen Neutronen. Für den Fall der Platten-Geometrie, in der das Koordinatensystem so gewählt ist, daß die Quellenebene in die Ebene $x = 0$ fällt, sowie für einen exponentiell abfallenden schnellen Neutronenfluß

$$\varphi_s(x) = \varphi_s(0)\,e^{-\sigma x} \qquad (9.2/11)$$

und der auf der sicheren Seite liegenden Annahme $|J_s| = \varphi_s$ lautet der Ausdruck für den thermischen Neutronenfluß

$$\varphi_{th}(x) = A\,e^{\varkappa_{th} x} + B\,e^{-\varkappa_{th} x} + C\,e^{-\sigma x} \quad [n/\text{cm}^2\text{sek}], \qquad (9.2/12)$$

wobei

$$\varkappa_{th} = \sqrt{\frac{\Sigma_a}{D_{th}}}\;[\text{cm}^{-1}]$$

der Reziprokwert der Diffusionslänge für thermische Neutronen,

$$\sigma = -\frac{d}{dx}\ln\varphi_s(x)\;[\text{cm}^{-1}]$$

der Reziprokwert der Relaxationslänge des schnellen Neutronenflusses,

$$C = \frac{\sigma\,\varphi_s(0)}{D_{th}(\varkappa_{th}^2 - \sigma^2)}$$

und A und B Konstanten sind, die aus den Randbedingungen bestimmt werden. Die Randbedingungen sind: Gegebener thermischer Neutronenfluß an der Oberfläche der Strahlenquelle; Stetigkeit des thermischen Neutronenflusses und der -strömung an Zwischenflächen einzelner Bereiche; Verschwinden des thermischen Neutronenflusses nach unendlicher Dicke der Abschirmung. (Das Verfahren ist als Grundlage für die Bemessung der Abschirmung für den Siedewasser-Versuchsreaktor EBWR [9] und für den organisch moderierten Reaktor OMR [10] verwendet worden.)

Wenn das Abschirmungsmedium keine genügende Moderierfähigkeit hat, um die Verwendung des Neutronenausscheid-Wirkungsquerschnittes im Quellenterm der thermischen Gruppe in der Eingruppen-Diffusionsgleichung zu rechtfertigen, oder im Falle der Abschirmung schneller Reaktoren, ist zur besseren Erfassung der Neutronen-Absorptionsdichte eine Zwischengruppe einzuführen. Die entsprechenden Gleichungen sind in [11], [12] abgeleitet. Aus der Diffusionsgleichung für die Zwischengruppe:

$$D_z \nabla^2 \varphi_z(\vec{r}) - \Sigma_{az} \varphi_z(\vec{r}) + S_z(\vec{r}) = 0 \qquad (9.2/13)$$

ergibt sich im Falle von Plattengeometrie für den Neutronenfluß in dieser Gruppe:

$$\varphi_z(x) = A e^{\varkappa_z x} + B e^{-\varkappa_z x} + C e^{-\sigma_z x} \quad [\text{n/cm}^2 \text{sek}] \qquad (9.2/14)$$

und für den thermischen Neutronenfluß:

$$\varphi_{\text{th}}(x) = D e^{\varkappa_{\text{th}} x} + E e^{-\varkappa_{\text{th}} x} + F e^{\varkappa_z x} + G e^{-\varkappa_z x} + H e^{-\sigma x} \quad [\text{n/cm}^2 \text{sek}]. \quad (9.2/15)$$

Die Koeffizienten A, B, D und E in diesen Gleichungen sind aus den Randbedingungen zu bestimmen, für die übrigen Koeffizienten gelten folgende Beziehungen:

$$C = \frac{-\sigma \varphi_s(0)}{D_z \sigma^2 - \Sigma_{az}}, \quad F = \frac{-\Sigma_{az} A}{D_{\text{th}} \varkappa_z^2 - \Sigma_{a\text{th}}}, \quad G = \frac{-\Sigma_{az} B}{D_{\text{th}} \varkappa_z^2 - \Sigma_{a\text{th}}}, \quad H = \frac{-\Sigma_{az} C}{D_{\text{th}} \sigma^2 - \Sigma_{a\text{th}}}.$$

Dieses Verfahren ist bei der Vorberechnung der Betonabschirmung für den Natrium-Experimentierreaktor SRE verwendet worden [13]. Neutronenflußmessungen an geschichteten Eisen–Wasser-Abschirmungen haben ergeben, daß in diesem Fall die detaillierte Verteilung des thermischen Neutronenflusses bei Einführung von zwei empirisch abgeleiteten allgemeinen Parametern für die beiden Medien mit weniger als 20% Abweichung bestimmt werden kann [14]. (Die verschiedenen Probleme der Anwendung der Gruppen-Diffusionsmethode in Verbindung mit Neutronenausscheid-Wirkungsquerschnitten für die schnelle Gruppe werden von M. GROTENHUIS [12] detailliert behandelt.)

Bei Verwendung einer höheren Anzahl von Gruppen kann die Lösung der Mehrgruppen-Diffusionsgleichungen in nicht-multiplizierenden Medien nach einer von F. L. FILLMORE und R. J. DOYAS [15] entwickelten Matrixmethode mit Hilfe einer Büro-Rechenmaschine bewältigt werden. Das Verfahren ist unter Verwendung von sechs Neutronen-Energiegruppen für die Bestimmung der Neutronenflußverteilung in der aus Stahl- und Natriumschichten bestehenden thermischen Abschirmung und in der biologischen Betonabschirmung des natriumgekühlten Reaktors SRE benutzt worden. Der Vergleich zwischen gemessenen Werten für den thermischen Neutronenfluß und der theoretisch bestimmten Flußverteilung zeigt eine sehr zufriedenstellende Übereinstimmung. — Da die Matrixmethode für die Lösung der Mehrgruppen-Diffusionsgleichung unter den verschiedenen, für eine genauere Ermittlung der Neutronenflußverteilung in Abschirmungen entwickelten Verfahren dasjenige darstellt, dessen Rechenoperationen dem Ingenieur geläufig sind, und das er möglicherweise aus diesem Grunde bevorzugen wird, werden die Ableitungen, sowie ein Anwendungsbeispiel, aus der Arbeit von F. L. FILLMORE und R. J. DOYAS [15], Abschn. III, übernommen.

In der Mehrgruppen-Diffusionsgleichung für die i-te Gruppe

$$D_i \nabla^2 \varphi_i - \Sigma_i \varphi_i + q_{i-1} \Sigma_{i-1} \varphi_{i-1} = 0; \qquad i = 1, 2, \ldots, n \qquad (9.2/16)$$

bedeutet n die Anzahl der Gruppen, $\Sigma_i = \Sigma_{ai} + \Sigma_{bi}$, wobei $\Sigma_{bi} = \xi \Sigma_{si}/\ln(E_{i-1}/E_i)$, und q_i ist die Neutronen-Abbremsdichte. Das durch Gl. (9.2/16) definierte System wird durch folgende Substitutionen auf ein System erster Ordnung reduziert:

$$y_i = \varphi_i, \qquad y_{n+i} = D_i \varphi_i', \qquad \text{wobei } i = 1, \ldots n$$
$$y_i' = D_i^{-1} y_{n+i}. \qquad (9.2/17)$$

Damit kann die Diffusionsgleichung für die i-te Gruppe folgendermaßen geschrieben werden:

$$y_{n+i}' + q_{i-1} \Sigma_{i-1} y_{i-1} - \Sigma_i y_i = 0, \qquad i = 1, \ldots n. \qquad (9.2/18)$$

Das durch Gl. (9.2/17 u. /18) gegebene Gleichungssystem wird in der Matrizenschreibweise

$$y' = M y \qquad (9.2/19)$$

ausgedrückt, wobei y die einspaltige Matrix $y_1 \ldots y_{2n}$ (Funktionen von x) und M die $2n \times 2n$ Matrix der Konstanten ist:

$$M = \begin{pmatrix}
0 & \ldots & \ldots & \ldots & 0 & D_1^{-1} & 0 & \ldots & \ldots & 0 \\
0 & \ldots & \ldots & \ldots & 0 & 0 & D_2^{-1} & 0 & \ldots & 0 \\
\vdots & & & & \vdots & \vdots & & & & \vdots \\
0 & \ldots & \ldots & \ldots & 0 & 0 & \ldots & \ldots & 0 & D_n^{-1} \\
\Sigma_1 & 0 & \ldots & \ldots & 0 & 0 & \ldots & \ldots & \ldots & 0 \\
-q_1 \Sigma_1, \Sigma_2 & 0 & \ldots & \ldots & 0 & 0 & \ldots & \ldots & \ldots & 0 \\
0 & -q_2 \Sigma_2, \Sigma_3 & 0 & 0 & 0 & \ldots & \ldots & \ldots & \ldots & 0 \\
\vdots & & & & & & & & & \\
0 & \ldots & 0, & -q_{n-1}\Sigma_{n-1}, & \Sigma_n & 0 & \ldots & \ldots & \ldots & 0
\end{pmatrix}$$

Gl. (9.2/19) kann gelöst werden durch Heraussuchen eines Satzes von skalaren Funktionen, die die Gleichung befriedigen und die Eigenschaft

$$\eta' = \lambda \eta \qquad (9.2/20)$$

haben; λ ist eine skalare Konstante. Einsetzen in Gl. (9.2/19) liefert $\lambda I \eta = M \eta$, worin I die Identitätsmatrix ist. Das ergibt die charakteristische Gleichung

$$|M - \lambda I| = 0.$$

Es wird angenommen, daß sämtliche $2n$ Wurzeln dieser Gleichung bestimmt sind. Jedem Wert von λ entspricht eine Funktion η, die gemäß Gl. (9.2/20) gegeben wird durch

$$\eta_i = e^{-\lambda_i x}, \qquad i = 1 \ldots 2n.$$

Die Lösung von Gl. (9.2/19) kann durch lineare Kombinationen dieses linear unabhängigen Satzes von $2n$ Funktionen ausgedrückt werden. In Matrizenform wird das dargestellt durch:

$$y = S \eta; \qquad \eta = \begin{pmatrix} \eta_1 \\ \vdots \\ \eta_{2n} \end{pmatrix}, \qquad (9.2/21)$$

wobei S eine Konstantenmatrix und y und η lineare Gleichungssätze sind. Die allgemeine Lösung von Gl. (9.2/19) kann nur $2n$ beliebige Konstanten enthalten, und die Beziehung zwischen den $4n^2$ Elementen von S wird aus der Bedingung, daß Gl. (9.2/21) die Gl. (9.2/19) befriedigen muß, bestimmt:

$$y' = S\Lambda\eta = MS\eta; \quad \Lambda = \begin{pmatrix} \lambda_1 & & 0 \\ & \ddots & \\ 0 & & \lambda_{2n} \end{pmatrix}.$$

Da η ein linearer Gleichungssatz ist, muß

$$MS = S\Lambda \quad \text{oder} \quad S^{-1}MS = \Lambda$$

sein. Daher ist das Auffinden von S gleichbedeutend der Diagonalisierung von M. Die Verknüpfung der Mehrgruppen-Gleichungen gestattet die Bestimmung der $2n$ Elemente von S. Für das betrachtete Gruppen-Diffusionsproblem im nicht-multiplizierenden Medium können die Wurzeln λ_i der charakteristischen Gleichung leicht gefunden werden. Eins der resultierenden Elemente S_{ij} ist beliebig. Zuteilung des Wertes 1 für S_{ij} liefert eine partikuläre Lösung von Gl. (9.2/19); die Beziehungen zwischen den übrigen Elementen von S werden durch diese Gleichung ausgedrückt. Die allgemeine Lösung kann in der Form

$$y = SY\vec{a} \tag{9.2/22}$$

geschrieben werden, wobei $\vec{a}$ ein aus den Randbedingungen zu bestimmender konstanter Vektor und Y die Diagonalmatrix

$$\begin{pmatrix} \eta_1 & & 0 \\ & \ddots & \\ 0 & & \eta_{2n} \end{pmatrix}$$

ist. Die im folgenden benötigte Umkehrung von S ergibt sich aus der Lösung der Gleichung

$$S^{-1}M = \Lambda S^{-1}.$$

Zur Bestimmung der Wurzeln λ_i der charakteristischen Gleichung wird M wie folgt in vier $n \times n$ Untermatrizen zerlegt:

$$M = \begin{pmatrix} 0 & D^{-1} \\ M_{21} & 0 \end{pmatrix}; \quad M - \lambda I = \begin{pmatrix} 0 & D^{-1} \\ M_{21} & 0 \end{pmatrix} - \begin{pmatrix} \lambda I & 0 \\ 0 & \lambda I \end{pmatrix} = \begin{pmatrix} -\lambda I & D^{-1} \\ M_{21} & -\lambda I \end{pmatrix};$$

damit ist

$$|M - \lambda I| = -|M_{21}D^{-1} - \lambda^2 I| = -(\varkappa_1^2 - \lambda^2)(\varkappa_2^2 - \lambda^2)\ldots(\varkappa_n^2 - \lambda^2) = 0,$$

wobei $\varkappa_i^2 = \Sigma_i/D_i$. Die Wurzeln dieser Gleichung sind $\lambda_i = \varkappa_i$ und $\lambda_{i+n} = -\varkappa_i$, $(i = 1 \ldots n)$. Die Diagonalmatrix Y kann folgendermaßen geschrieben werden:

$$Y(x) = \begin{pmatrix} \eta_1 & & 0 \\ & \ddots & \\ 0 & & \eta_{2n} \end{pmatrix} = \begin{pmatrix} e^{\lambda_1 x} & & 0 \\ & \ddots & \\ 0 & & e^{\lambda_{2n} x} \end{pmatrix} = \begin{pmatrix} e^{\varkappa_1 x} & & & & 0 \\ & \ddots & & & \\ & & e^{\varkappa_n x} & & \\ & & & e^{-\varkappa_1 x} & \\ & & & & \ddots \\ 0 & & & & e^{-\varkappa_n x} \end{pmatrix}.$$

Die Matrix S und ihre Umkehrung kann nun in Termen der Materialeigenschaften ausgedrückt werden. Die Ergebnisse sind:

$$S = \begin{pmatrix} S_{11} & S_{12} \\ S_{21} & S_{22} \end{pmatrix}; \quad S^{-1} = \begin{pmatrix} (S^{-1})_{11} & (S^{-1})_{12} \\ (S^{-1})_{21} & (S^{-1})_{22} \end{pmatrix},$$

hierin bedeutet

$$S_{11} = S_{12} = D^{-1}PD; \quad S_{21} = -S_{22} = PD\varkappa;$$

$$(S^{-1})_{11} = (S^{-1})_{21} = \tfrac{1}{2}D^{-1}P^{-1}D = \tfrac{1}{2}S_{11}^{-1};$$

$$(S^{-1})_{12} = -(S^{-1})_{22} = -\tfrac{1}{2}\varkappa^{-1}D^{-1}P^{-1} = -\tfrac{1}{2}S_{21}^{-1}$$

9.2 Gruppen-Diffusionsmethode

und
$$D = \begin{pmatrix} D_1 & & 0 \\ & \ddots & \\ 0 & & D_n \end{pmatrix}, \quad \varkappa = \begin{pmatrix} \varkappa_1 & & 0 \\ & \ddots & \\ 0 & & \varkappa_n \end{pmatrix},$$

$$P = \begin{pmatrix} 1 & & 0 & & & 0 & & \ldots\ldots & 0 \\ A_{21}^1 & & 1 & & & 0 & & \ldots\ldots & 0 \\ A_{21}^1 & A_{31}^2 & & A_{32}^2 & & 1 & & \ldots\ldots & 0 \\ A_{21}^1 & A_{31}^2 & A_{41}^3 & A_{32}^2 & A_{42}^3 & & A_{43}^3 & \ldots\ldots & 0 \\ \vdots & & & & & & & & \\ & & & & & & & & 1 \quad 0 \\ A_{21}^1 & \ldots A_{n1}^{n-1} & A_{32}^2 & \ldots A_{n2}^{n-1} & A_{43}^3 & \ldots A_{n3}^{n-1} & \ldots & A_{n,n-1}^{n-1} & 1 \end{pmatrix}$$

wobei
$$A_{\beta\gamma}^\alpha = \frac{P_\alpha \varkappa_\alpha^2}{\varkappa_\beta^2 - \varkappa_\gamma^2}, \qquad \alpha, \beta, \gamma = 1, \ldots n.$$

Für die Einführung der Randbedingungen ist es zweckmäßig, Y und $\vec{a}$ folgendermaßen zu zerlegen:
$$Y = \begin{pmatrix} Y_1 & 0 \\ 0 & Y_2 \end{pmatrix}; \quad \vec{a} = \begin{pmatrix} \vec{a}_1 \\ \vec{a}_2 \end{pmatrix},$$

wobei
$$Y_1 = \begin{pmatrix} e^{\varkappa_1 x} & & 0 \\ & \ddots & \\ 0 & & e^{\varkappa_n x} \end{pmatrix}, \quad Y_2 = \begin{pmatrix} e^{-\varkappa_1 x} & & 0 \\ & \ddots & \\ 0 & & e^{-\varkappa_n x} \end{pmatrix}; \quad \vec{a}_1 = \begin{pmatrix} \vec{a}_1 \\ \vdots \\ \vec{a}_n \end{pmatrix}, \quad \vec{a}_2 = \begin{pmatrix} \vec{a}_{n+1} \\ \vdots \\ \vec{a}_{2n} \end{pmatrix}.$$

Als Beispiel wird ein Zweischichten-Problem in Plattengeometrie behandelt. Die Schicht I hat die Dicke $x = x_1$, die Schicht II hat die Dicke $x = \infty$. Folgende Randbedingungen werden angenommen: 1. Gegebener Fluß bei $x = 0$; 2. Stetigkeit von Fluß und Strömung bei $x = x_1$ und 3. Verschwinden des Flusses bei $x = \infty$.

In Bereich I werden die Bezeichnungen $D_I, \varkappa_I, S, P, Y$ und $\vec{a}$ entsprechend der in den Ableitungen verwendeten Terminologie verwendet. Damit hat die Lösung im Bereich I die Form
$$y(x) = S Y(x) \vec{a}, \qquad 0 \leqq x \leqq x_1. \qquad (9.2/23\text{a})$$

Werden die entsprechenden Größen in Bereich II mit $D_{II}, \varkappa_{II}, T, Q, Z$ und $\vec{b}$ bezeichnet, so erhält die Lösung im Bereich II die Form
$$z(x) = T Z(x) \vec{b}, \qquad 0 \leqq x \leqq \infty; \qquad (9.2/23\text{b})$$

dabei ist in der Lösung für den Bereich II die Koordinate x so gewählt, daß in der Grenzfläche zwischen den beiden Bereichen $x = 0$ ist. Anwendungen der Randbedingungen auf Gl. (9.2/23) liefert die Gleichungen

$$\left. \begin{array}{l} \begin{pmatrix} \varphi(0) \\ \alpha \end{pmatrix} = S Y(0) \vec{a}, \\[4pt] S Y(x_1) \vec{a} = T Z(0) \vec{b}, \\[4pt] \begin{pmatrix} 0 \\ \beta \end{pmatrix} = T Z(\infty) \vec{b}. \end{array} \right\} \qquad (9.2/24)$$

Zunächst wird $\vec{a}$ aus den ersten beiden Gleichungen eliminiert, darauf werden die übrigen Gleichungen für $\vec{b}$ gelöst; das Verschwinden des Flusses für $x = \infty$ erfordert $b_1 = 0$. Nach langwierigen Zwischenrechnungen erhält man:

$$b_2 = \left[\frac{Y_1(x_1) + Y_2(x_1)}{2} A + \frac{Y_1(x_1) - Y_2(x_1)}{2} B \right]^{-1} P^{-1} D_I \varphi(0),$$

wobei
$$A = P^{-1} D_I D_{II}^{-1} Q D_{II}; \qquad B = \varkappa_I^{-1} P^{-1} Q D_{II} \varkappa_{II}.$$

Aus Gl. (9.2/24) erhält man den Vektor $\vec{a}$:

$$\vec{a_1} = \tfrac{1}{2} Y_2(x_1) D_I^{-1} [A - B] \vec{b_2}; \qquad \vec{a_2} = \tfrac{1}{2} Y_1(x_1) D_I^{-1} [A + B] \vec{b_2}. \qquad (9.2/25)$$

Für Neutronenfluß und -strömung ergeben sich die Beziehungen:

$$\left.\begin{aligned}
\varphi_I(x) &= D_I^{-1} P D_I [Y_1(x) \vec{a_1} + Y_2(x) \vec{a_2}], & 0 &\leq x \leq x_1 \\
\varphi_{II}(x) &= D_{II}^{-1} Q D_{II} Z_2(x) b_2, & 0 &\leq x \leq \infty \\
J_I(x) &= - P D_I \varkappa_I [Y_1(x) \vec{a_1} - Y_2(x) \vec{a_2}], & 0 &\leq x \leq x_1 \\
J_{II}(x) &= Q D_{II} \varkappa_{II} Z_2(x) b_2, & 0 &\leq x \leq \infty.
\end{aligned}\right\} \quad (9.2/26)$$

In diesen Gleichungen wird x in Bereich II von der Grenze zwischen den Bereichen I und II gemessen.

Die Mehrgruppen-Diffusionsmethode eignet sich ausgezeichnet für die Programmierung für elektronische Digitalrechengeräte. Nach einer Mitteilung von K. T. SPINNEY [16], [16a] wird in Harwell eine Sechs-Gruppenmethode, deren Ergebnisse eine sehr zufriedenstellende Übereinstimmung mit experimentellen Werten aufweisen, für Strahlenabschirmungsberechnungen mit Hilfe eines Rechenautomaten verwendet. Eine Programmierung für den IBM-704-Rechenautomaten für die Lösung der Mehrgruppen-Diffusionsgleichung in Platten-, zylindrischer und sphärischer Geometrie wird in [17] erläutert.

9.3 Monte Carlo-Methode

Die in Abschn. 8.5 erläuterte Monte Carlo-Methode konnte wegen des Fehlens detaillierter Werte für die differentialen Neutronen-Wirkungsquerschnitte bisher noch nicht in gleichem Umfange für Neutronen-Abschirmungsberechnungen verwendet werden, wie es für Gammastrahlen-Abschirmungsberechnungen getan worden ist. Ein Überblick über die bisherigen Anwendungen wird in [1] gegeben. Die einzelnen Schritte bei der Monte Carlo-Berechnung des Neutronendurchganges durch eine plattenförmige Abschirmung sind wie folgt [18]:

1. Ein Neutron wird zufallsmäßig aus der Menge der mit gegebener Energie- und Winkelverteilung einfallenden Neutronen entnommen. Seine Energie wird mit ε_0 und sein Einfallswinkel mit der Plattennormalen mit λ_0 bezeichnet.

2. Die Stelle der ersten Kollision, x_1, wird aus der Verteilung

$$h(x_1) = \frac{\mu_0}{\cos \lambda_0} e^{-\frac{\mu_0 x_1}{\cos \lambda_0}}$$

gewählt, wobei μ_0 der reziproke Wert der mittleren freien Weglänge ist.

3. Die Art des Kernes, mit dem die erste Kollision erfolgt, wird zufallsmäßig gewählt, in Übereinstimmung mit den Wahrscheinlichkeiten, die durch die Zusammensetzung des Materials und durch die Wirkungsquerschnitte der verschiedenen Kerne bestimmt sind.

4. Darauf wird die Art der Kollision gewählt. Absorption beendet die Bahngeschichte. Bei Eintreten eines Streuprozesses wird aus der zugehörigen Energieverteilung eine neue Neutronenenergie zufallsmäßig ausgewählt.

5. Bei inelastischer Streuung wird der Streuwinkel ϑ_1 aus der Winkelverteilungsfunktion für inelastische Streuungen ausgewählt. Bei elastischer Streuung wird der Winkel aus der Energieänderung berechnet.

6. Schließlich wird ein neuer Winkel mit der Normalen aus der sphärisch-trigonometrischen Formel $\cos \lambda_1 = \cos \lambda_0 \cos \vartheta_1 + \sin \lambda_0 \sin \vartheta_1 \cos \varphi_1$ bestimmt. Dabei bedeutet der Winkel φ_1 die Richtungsänderung im Azimuth, die bei Vernachlässigung von Polarisationseffekten eine Zufallszahl mit gleichförmiger Verteilung von 0 bis 2π ist. Diese sechs Schritte werden wiederholt, bis der Bahngeschichte des Neutrons entweder durch Absorption ein Ende gesetzt ist oder bis das Neutron durch die äußere Plattenfläche hindurchtritt.

9.4 Effektiver Neutronenausscheid-Wirkungsquerschnitt

Der überwiegende Teil der durch dicke Reaktorabschirmungen durchdringenden Neutronen besitzt Ursprungsenergien von über 7 MeV, durchschnittlich 8 MeV, obgleich diese nicht mehr als 2% aller prompten Spaltungs-Neutronen darstellen. Das bedeutet, daß die Wirkungsquerschnitte für diese Energie von besonderer Wichtigkeit sind. Die Kollision eines schnellen Neutrons mit einem Wasserstoffkern kann in dicken Abschirmungen näherungsweise mit einem Absorptionsprozeß gleichgesetzt werden, da das durchschnittliche logarithmische Energiedekrement groß ist (s. Abschn. 2.72), und die mit abnehmender Neutronenenergie starke Zunahme des Wirkungsquerschnitts von H für elastische Streuung eine rasche Abbremsung herbeiführt. Inelastische Streuungen durch schwere Kerne haben für die Abschirmung ebenfalls näherungsweise den Charakter einer Absorption, wenn in dem Abschirmungsmedium außer dem schweren Material auch Wasserstoff vorhanden ist (s. Abschn. 12.13). Auf Grund dieser Tatsache ist von R. D. ALBERT und T. A. WELTON [19] der Begriff des effektiven Neutronenausscheid-Wirkungsquerschnittes (effective neutron removal cross section) als Teil einer semi-empirischen Theorie des Neutronendurchganges durch wasserstoffhaltige Medien entwickelt worden. Diese Theorie stellt einen Versuch dar, die Neutronenabschwächung durch einen einfachen exponentiellen Abschwächungskern zu beschreiben.

Durch die von E. P. BLIZARD und Mitarbeitern in der ORNL-Lid Tank Shielding Facility (s. Abschn. 7.21) durchgeführten experimentellen Untersuchungen ist der Begriff des effektiven Neutronenausscheid-Wirkungsquerschnittes zu einem außerordentlich praktischen Werkzeug für die Berechnung von Reaktorabschirmungen entwickelt worden [1], [1a], [12], [20], [21], [22]. Der Wert dieser makroskopischen Größe wird durch Einsetzen dünner Platten eines Abschirmungsmaterials in das Lidbecken bestimmt, indem der Neutronenfluß hinter den eingesetzten Platten für verschiedene Plattendicken und Anordnungen im Becken gemessen wird. Für Wasserdicken zwischen Spaltungs-Neutronenquelle und Detektor von mehr als 100 cm kann die Abschwächung der Intensität des Neutronenflusses als Funktion eines einzigen exponentiellen Schwächungsfaktors, der als effektiver Neutronenausscheid-Wirkungsquerschnitt bezeichnet wird, beschrieben werden.

Exakt exponentielle Strahlenschwächung ist charakteristisch für Absorptionsprozesse allein. Natürlich herrschen im Falle schneller Neutronen andere

Prozesse vor, jedoch ist bei zur Ausfilterung abgebremster oder abgelenkter Neutronen hinreichender Wasserdicke ein großer Teil der Wechselwirkungsprozesse gleichbedeutend mit Absorption. Diese Prozesse schließen sämtliche inelastischen und etwa die Hälfte der elastischen Streuungen ein. Wegen des in den höheren Energiebereichen rapiden Abfalles des Spaltungs-Neutronenspektrums (s. Abschn. 5.21) und der großen Zunahme des Wasserstoff-Wirkungsquerschnittes mit abnehmender Neutronenenergie, beziehen sich die Werte des effektiven Neutronenausscheid-Wirkungsquerschnittes unter den angegebenen Versuchsbedingungen auf Neutronen mit in einem schmalen Energiebereich um 8 MeV liegenden Ursprungsenergien. Diese Werte sind verhältnismäßig glatte, mehr oder weniger monotone Funktionen des Atomgewichtes, so daß Neutronenausscheid-Wirkungsquerschnitte mit genügender Genauigkeit durch Interpolation zwischen gemessenen Werten geschätzt werden können (Abbildung 9.4/1).

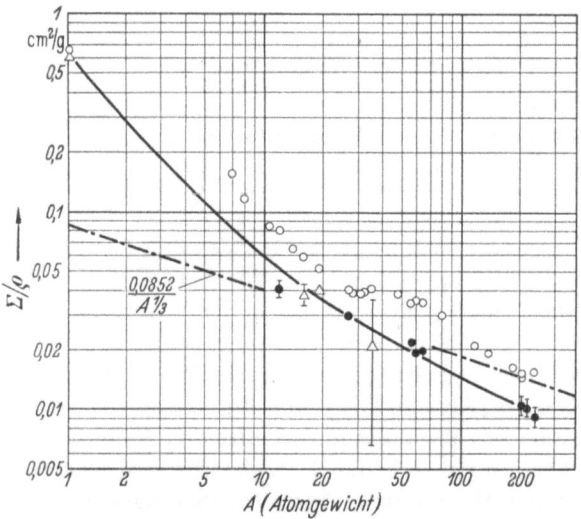

Abb. 9.4/1. Neutronenausscheid-Wirkungsquerschnitte bezogen auf die Masseneinheit als Funktion des Atomgewichtes (nach CHAPMAN u. STORRS [21]) ○ Gesamtwirkungsquerschnitte bei 8 MeV; △ an Verbindungen gemessene Neutronenausscheid-Wirkungsquerschnitte; ● an Elementen gemessene Neutronenausscheid-Wirkungsquerschnitte

Gemäß den Versuchsbedingungen, unter denen sie ermittelt werden, sind effektive Neutronenausscheid-Wirkungsquerschnitte strikt anwendbar auf wasserstoffhaltige Medien mit eingesetzten Platten, in denen auf das schwere Material eine hinreichend dicke wasserstoffhaltige Schicht folgt. Wenn nicht genügend Wasserstoff vorhanden ist, um ein Neutron nach der ersten Kollision abzubremsen und zu absorbieren, dann resultiert ein größerer Durchgang von Neutronen mittlerer Energie und die Abschwächungsfunktion verliert ihre exponentielle Form. Beispielsweise ist Eisen ein sehr wirkungsvoller inelastischer Streuer von Neutronen mit Energien $>0{,}84$ MeV, deren Energie um einen großen Faktor reduziert wird. Die elastische Streuung in Eisen resultiert aber nur in einem sehr geringen Energieverlust, so daß zur Abbremsung eines Neutrons auf thermische Energie eine große Anzahl von Streuprozessen erforderlich sind. Ohne hinreichenden Wasserstoffgehalt ist also eine Eisenabschirmung zwar wirkungsvoll in der Abbremsung von Neutronen, deren Energie über der Schwellenenergie für inelastische Streuung liegt, aber unterhalb dieser Schwelle werden Neutronen nur sehr langsam abgebremst, was in einem großen Durchgang von mittelschnellen Neutronen resultiert [23], [12].

Effektive Neutronenausscheid-Wirkungsquerschnitte sind auch auf Fälle anwendbar, bei denen das schwere Material gleichförmig in einem wasserstoffhaltigen Medium verteilt ist. Bedingung ist, daß die mittelschnellen und langsamen Neutronen dabei nicht durchdringender als die schnellen Neutronen sind. Im allgemeinen ist es erforderlich, daß die Abschirmung eine bestimmte Mindestmenge gleichförmig verteilten Wasserstoffes enthält: In gewöhnlichem Beton wird diese Mindestmenge bei einem Wassergehalt von 7 Gewichtsprozent erreicht [24].

Literatur zu 9

[1] GOLDSTEIN, H.: Fundamental Aspects of Reactor Shielding. Reading, Mass.: Addison-Wesley und London/Paris: Pergamon Press 1959

[1a] BLIZARD, E. P.: The Shielding of Nuclear Reactors. Second United Nations International Conference on the Peaceful Uses of Atomic Energy, Genf, 1.—13. September 1958, Paper No. A/CONF. 15/P/2162

[2] GLASSTONE, S., u. M. C. EDLUND: The Elements of Nuclear Reactor Theory. Princeton/New York/Toronto/London: D. Van Nostrand 1952

[3] SOODAK, H., u. E. C. CAMPBELL: Elementary Pile Theory. New York: J. Wiley 1950

[4] LITTLER, D. J., u. J. F. RAFFLE: An Introduction to Reactor Physics. London/New York: Pergamon Press 1955

[5] CASE, K. M., F. DE HOFFMANN, u. G. PLACZEK: Introduction to the Theory of Neutron Diffusion Vol. 1. Washington: U.S. Government Printing Office 1954

[6] BONILLA, C. F. (Hrsgb.): Nuclear Engineering, S. 192. McGraw-Hill 1957

[7] ILIFFE, C. E.: Shielding Against Nuclear Radiation. The Journal of the British Nuclear Energy Conference Vol. 1, No. 3 (Okt. 1956) S. 241—260; Proceedings of the Symposium on Nuclear Energy, 28th March 1956, Institution of Mechanical Engineers, London 1956, S. 54—75

[8] DUNCAN, D. S., u. H. O. WHITTUM, JR.: Application of Fast Neutron Removal Theory to the Calculation of Thermal Neutron Flux Distribution in Reactor Shields. NAA-SR-2380, 1. Juli 1958

[9] GROTENHUIS, M., u. J. W. BUTLER: Experimental Boiling Water Reactor (EBWR) Shield Design. ANL-5544, August 1956

[10] DUNCAN, D. S.: Results of Preliminary Shield Analysis for the 45.5 MW OMR. NAA-SR-2234, 15. November 1958

[11] GROTENHUIS, M.: The Prediction of Neutron Flux from First Principles and Comparison with Experiment. Paper presented at Symposium VI-58 „Radiation Shielding" of the European Atomic Energy Society, Cambridge, 26.—29. August 1958

[12] GROTENHUIS, M.: Lecture Notes on Reactor Shielding. ANL-6000, März 1959

[13] VERNON, A. R.: Analysis of the Biological Shield of the Sodium Reactor Experiment. NAA-SR-1949, 15. Juni 1957

[14] COOPER, C., J. D. JONES, u. C. C. HORTON: Some Design Criteria for Hydrogen-Metal Reactor Shields. Second United Nations International Conference on the Peaceful Uses of Atomic Energy, Genf, 1.—13. September 1958, Paper No. A/CONF. 15/P/84

[15] FILLMORE, F. L., u. R. J. DOYAS: Analysis of Neutron Flux in the Shielding of the Sodium Reactor Experiment. NAA-SR-2953, 15. Oktober 1958

[16] SPINNEY, K. T.: Mitteilung auf dem Symposium VI-58 „Radiation Shielding" der European Atomic Energy Society, Cambridge, 26.—29. August 1958

[16a] AVERY, A. F., D. E. BENDALL, J. BUTLER u. K. T. SPINNEY: Methods of Calculation for Use in the Design of Shields for Power Reactors. AERE-R-3216, 25. Mai 1960

[17] BUTLER, M. K., u. J. M. COOK: RE-34, an IBM-704 Reactor Shielding Program. ANL-5859, Juni 1959

[18] KAHN, H.: Random Sampling (Monte Carlo) Techniques in Neutron Attenuation Problems. Nucleonics Vol. 6 (1950) No. 5, S. 27—33, 37, No. 6, S. 60—65

[19] ALBERT, R. D., u. T. A. WELTON: A Simplified Theory of Neutron Attenuation and Its Application to Reactor Shield Design. WAPD-15, 30. November 1950 (klassifiziert; Bezugsnahmen in [1], [1a], [21])

[20] BLIZARD, E. P.: Procedure for Obtaining Effective Removal Cross Sections from Lid Tank Data. CF-54-6-164, 22. Juni 1954, deklassifiziert 1955

[21] CHAPMAN, G. T., u. C. L. STORRS: Effective Neutron Removal Cross Sections for Shielding. AECD-3978, 19. Sept. 1955
[22] BLIZARD, E. P.: Nuclear Radiation Shielding, In: J. G. BECKERLEY (Hrsgb.): Annual Review of Nuclear Science. Vol. 5 Stanford, Calif.: Annual Reviews 1955
[23] WOOD, D. E.: Intermediate Energy Neutron Leakage Through Iron. Nuclear Science and Engineering Vol. 5 (1959) No. 1, S. 45—48
[24] BLIZARD, E. P., u. J. M. MILLER: Radiation Attenuation Characteristics of Structural Concrete. ORNL-2193, 13. August 1958

10. Wärmeerzeugung durch Strahlung

Die Berechnung der Wärmeerzeugung durch Strahlung in einem Abschirmungsmedium ist unmittelbar mit der Berechnung der Abschwächung von Gamma- und Neutronen-Strahlung verknüpft. Fast das gesamte Energieäquivalent der abgeschwächten Strahlung wird in Wärmeenergie umgewandelt. Die Bestimmung der durch die Abschwächung von Gamma- und Neutronen-Strahlung in einer Reaktorkonstruktion bedingten Wärmeerzeugung bildet die Grundlage für die Berechnung der Wärmespannungen im Reaktorbehälter und in der Abschirmung, sowie für den Entwurf des Abschirmungs-Kühlsystems. Die analytische Behandlung der strahlungsinduzierten Wärmeerzeugung muß folgende Faktoren berücksichtigen: physikalische Eigenschaften und geometrische Anordnung des absorbierenden Mediums; Art, Energiespektrum und geometrische Form der Strahlenquelle; Intensität, Energie- und Winkelverteilung der auf das absorbierende Medium auftreffenden Strahlung. Die Lösung des Problems erfordert die getrennte Bestimmung der Anteile von primärer γ-Strahlung, Neutroneneinfang-γ-Strahlung, inelastischer Streuungs-γ-Strahlung und elastischer Neutronen-Streuung an der Wärmeerzeugung [1], [2]. Aus der Lösung für die räumliche Intensitätsverteilung der Wärmeerzeugung kann dann durch Wärmeübertragungsberechnungen die Temperaturverteilung ermittelt werden, und aus dieser wiederum die Verteilung der Wärmespannungen.

10.1 Wärmeerzeugung durch primäre γ-Strahlung

Die durch γ-Strahlung bewirkte Wärmeerzeugung beruht in erster Linie auf der Aufzehrung der bei den verschiedenen Wechselwirkungsprozessen von γ-Photonen mit Materie auf Elektronen übertragenen kinetischen Energie. Die Wärmeerzeugung wird in Termen der in der Zeiteinheit in der Volumen- oder Masseneinheit des Abschirmungsmediums absorbierten Energie ausgedrückt. Zur Beschreibung der Wärmeerzeugung in diesen Einheiten an einer bestimmten Stelle eines Mediums muß die gesamte, in einem diesen Punkt umgebenden kleinen Volumenelement ΔV, absorbierte Energie betrachtet werden. Da die Erwärmung weitgehend durch Sekundär-Elektronen hervorgerufen wird, ist die gesamte in ΔV absorbierte Energie, oder gleichbedeutend die Wärmeerzeugung in ΔV, nicht notwendig eine direkte Funktion des γ-Strahlenfeldes an dieser Stelle. Das ist nur dann der Fall, wenn ein Gleichgewichtszustand existiert, so daß die, durch innerhalb ΔV entstandene Sekundärelektronen, aus ΔV herausgetragene Energiemenge ausgeglichen wird durch eine gleich große Energiemenge, die von außerhalb ΔV entstehenden Sekundär-Elektronen in ΔV hineingetragen wird. Zwei verschiedene Methoden für die Berechnung der Wärmeerzeugung durch primäre γ-Strahlen, worunter in diesem Falle sämtliche ungestreuten und gestreuten γ-Photonen in einem Medium verstanden werden, die ursprünglich als γ-Photonen auf das Abschirmungsmedium auftreffen, werden in [3] und [4] angegeben.

10.2 Wärmeerzeugung durch Neutronen-induzierte γ-Strahlen

Den weitaus größten Anteil an der Wärmeerzeugung in den einen Reaktorkern umgebenden Konstruktionen haben (n, γ)-Reaktionen. Gleichungen für die Wärmeerzeugung durch Neutronen-induzierte γ-Strahlen werden in folgenden Abhandlungen aufgestellt: für γ-Strahlenemission beim Einfang thermischer Neutronen in [5], [6], [7], für γ-Strahlenemission beim Einfang schneller Neutronen in [1] und für γ-Strahlenemission bei der inelastischen Streuung schneller Neutronen in [8]. Hier wird nur die Ableitung der allgemeinen Gleichung für die Wärmeerzeugung durch Neutronen-induzierte γ-Strahlen in einer Platte von endlicher Dicke t und unendlich großer Ausdehnung wiedergegeben [1]:

Wird mit x' ein beliebiger Punkt $x (0 \leq x \leq t)$ bezeichnet, in dessen Nachbarschaft die Wärmeerzeugung H je Raum- und Zeiteinheit infolge der Beiträge einer gegebenen Art der (n, γ)-Reaktion, die an allen Punkten (x, y, φ) des betrachteten Volumens eintritt, zu bestimmen ist, so gilt:

$$H(x') = \int_{x=0}^{t} \int_{y=0}^{\infty} \int_{\varphi=0}^{2\pi} dH(x, x', y, \varphi) = \int_{x=0}^{t} \int_{y=0}^{\infty} \int_{\varphi=0}^{2\pi} \frac{E P(x) y \, dy \, d\varphi \, dx \, \mu' e^{-\mu l}}{4 \pi l^2}, \qquad (10.2/1)$$

wobei

    t Plattendicke

    E γ-Energie

  $P(x)$ räumliche Verteilung der γ-Strahlenquelle

    μ Gesamtwirkungsquerschnitt des Materials für γ-Photonen von der Energie E (s. Abschn. 2.65)

    μ' Energieabsorptions-Koeffizient des Materials für γ-Photonen von der Energie E (s. Abschn. 2.66)

    l^2 $|x - x'|^2 + y^2$

Bei Berücksichtigung, daß für $y = 0$ oder ∞ $l = x - x'$ bzw. ∞ ist, und daß $y \, dy = l \, dl$, da x für jede Integration über y konstant ist, kann Gl. (10.2/1) geschrieben werden:

$$H(x') = \frac{\mu' E}{4\pi} \int_{x=0}^{t} P(x) \, dx \int_{l=|x-x'|}^{\infty} e^{-\mu l} \frac{dl}{l} \int_{\varphi=0}^{2\pi} d\varphi = \frac{\mu' E}{2} \int_{x=0}^{t} P(x) \, dx \int_{l=|x-x'|}^{\infty} \frac{e^{-\mu l}}{l} \, dl,$$

$$H(x') = \frac{\mu' E}{2} \int_{x=0}^{t} P(x) E_1(\mu |x - x'|) \, dx \, ; \qquad (10.2/2)$$

dabei bedeutet E_1 die Exponential-Integralfunktion erster Ordnung (s. Abschnitt 6.31). Gl. (10.2/2) kann nach Bestimmung der Funktion $P(x)$ integriert werden. Das eigentliche Problem der Berechnung der Wärmeerzeugung durch Neutroneninduzierte γ-Strahlen besteht in der Bestimmung der Funktion $P(x)$.

10.3 Wärmeerzeugung durch elastisch gestreute Neutronen

Der direkte Anteil von Neutronen an der strahlungsinduzierten Wärmeerzeugung ist von untergeordneter Bedeutung. Die Berechnung der Wärmefreisetzung infolge elastischer Neutronenstreuung gründet sich auf die Ermittlung der Flußdichte $\varphi(E)\,dE$ der schnellen Neutronen im Abschirmungsmedium. Der Aufstellung der allgemeinen Gleichung liegen folgende Annahmen zugrunde:
1. Die gesamte von dem Neutron bei einem elastischen Streuprozeß verlorene kinetische Energie wird auf den Rückstoßkern übertragen. 2. Die kinetische Energie der Rückstoßkerne wird so nahe am Kollisionspunkt in Wärmeenergie umgewandelt, daß die Weglänge vernachlässigt werden kann. Damit lautet die allgemeine Gleichung für die Wärmeerzeugung durch elastisch gestreute Neutronen:

$$H = \int_0^\infty \Sigma_s(E)\, E_n\, g\, \varphi(E)\, dE\,; \qquad (10.3/1)$$

dabei bedeutet:

Σ_s makroskopischer Wirkungsquerschnitt
E_n Neutronenenergie
$\varphi(E)\,dE$ Fluß von Neutronen mit Energien im Bereich E bis $E + dE$
g durchschnittlicher fraktioneller Energieverlust eines elastisch gestreuten Neutrons

Nähere Ausführungen über die Ermittlung der Funktion g und über mögliche Vereinfachungen bei der Bestimmung des Neutronenflusses sind in [9] enthalten.

10.4 Temperaturverteilung

Für ein System mit innerer Wärmequelle lautet die Wärmeleitungsgleichung für den Beharrungszustand in dem eindimensionalen Falle einer in x- und y-Richtung unendlich großen Platte mit nur von z abhängiger innerer Wärmequelle $Q(z)$ [W/cm³]:

aus $F\,dz$ ausgeleitete Wärme — in $F\,dz$ eingeleitete Wärme = in $F\,dz$ erzeugte Wärme,

wobei F eine senkrecht zum Wärmefluß $q(z)$ [W/cm²] liegende Fläche ist. Die Grundgleichung für die Wärmeleitung verbindet den Wärmefluß mit der Temperaturgradiente

$$q(z) = -\lambda \frac{dT}{dz}, \qquad (10.4/1)$$

wobei λ die Wärmeleitzahl und T die Temperatur bedeutet. Damit ist

$$q_{\text{ein}} = -\lambda \left(\frac{dT}{dz}\right)_z \quad \text{und} \quad q_{\text{aus}} = -\lambda \left(\frac{dT}{dz}\right)_{z+dz}.$$

Differenzbildung und Entwicklung des Ausdrucks für q_{aus} in eine Reihe ergibt

$$q_{\text{aus}} - q_{\text{ein}} = -\lambda \left\{\left[\left(\frac{dT}{dz}\right)_z + \left(\frac{d^2T}{dz^2}\right)_z dz + \cdots\right] - \left(\frac{dT}{dz}\right)_z\right\} = -\lambda \frac{d^2T}{dz^2} dz \quad (10.4/2)$$

bei Vernachlässigung der Termen höherer Ordnung. Damit folgt aus der Gleichung des Beharrungszustands

$$-\lambda \frac{d^2T}{dz^2} = \frac{dq}{dz} = Q(z). \qquad (10.4/3)$$

Bei bekannter Wärmefreisetzungsfunktion $Q(z)$ kann die Temperaturverteilung in einer Platte der Dicke t durch zweifache Integration bestimmt werden

$$q(z) = \int_0^z Q(z)\, dz + q_0;$$
(10.4/4)

die Konstante q_0 ist ein vorgegebener Wärmefluß bei $z = 0$;

$$T(z) = T_0 - \frac{1}{\lambda} \int_0^z q(z)\, dz,$$

$$\int_0^t q(z)\, dz = \lambda(T_0 - T_t),$$
(10.4/5)

wobei t die Plattendicke ist und T_0 und T_t die Randwerte der Temperatur sind.

Diese Gleichungen können in einfacher Weise mittels eines von D. B. HALLIDAY [10] entwickelten graphischen Verfahrens ausgewertet werden, das durch Abb. 10.4/1 erläutert wird. Die Temperaturverteilungskurve infolge der Wärmefreisetzung in der Strahlenabschirmungswand wird erhalten, indem zunächst die Wärmefreisetzungskurve durch Auftragen der Flächensummen unter der Kurve von der Außenseite der Abschirmungswand ausgehend integriert wird. Die Konstante in Gl. (10.4/4) kann eliminiert werden durch Einführung

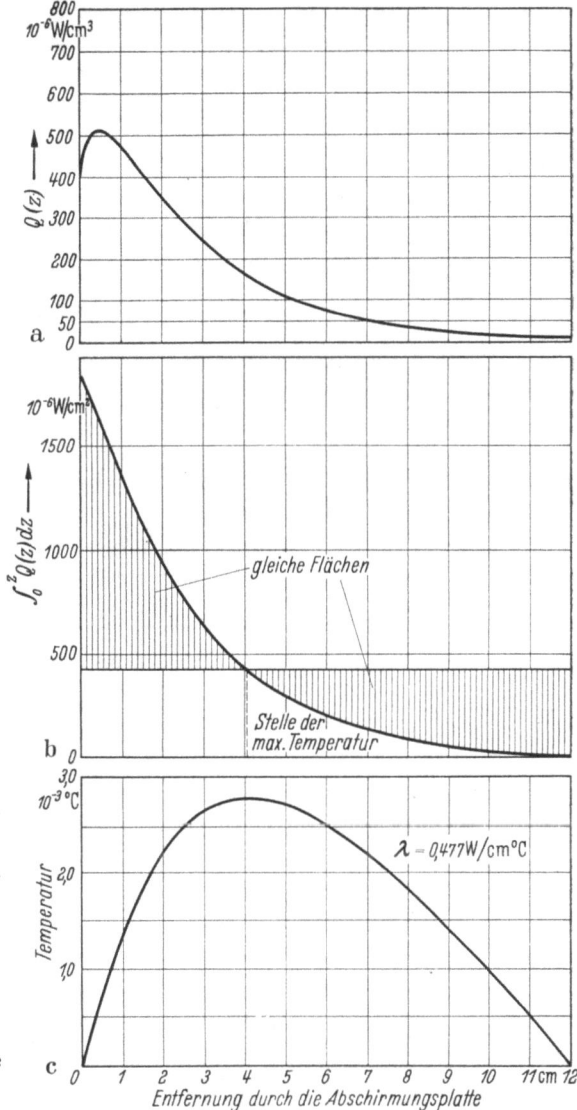

Abb. 10.4/1. Graphische Bestimmung der Temperaturverteilung in einer Abschirmungsplatte (nach HALLIDAY [10])
a) Wärmefreisetzungskurve für eine Eisen-Abschirmungsplatte infolge von 10^{10} einfallenden thermischen Neutronen/cm² sek; b) Bestimmung der Stelle der maximalen Temperatur in der integrierten Wärmefreisetzungskurve; c) Temperaturverteilung in der Eisen-Abschirmungsplatte bei beiderseits gleicher Oberflächentemperatur infolge Einstrahlung thermischer Neutronen von 1 mW/cm²

einer Parallelen zur Abszisse als Bezugslinie, die die Fläche unter der Kurve gleich $\lambda(T_0 - T_t)$ macht. Im vorliegenden Falle wurde der Einfachheit halber angenommen, daß Innen- und Außenseite der Abschirmungswand die gleiche Temperatur haben, $T_0 = T_t$, die als Bezugstemperatur genommen wird. Dabei muß das gesamte Integral verschwinden, d. h. die horizontale Bezugslinie muß so gelegt werden, daß die beiderseits des Schnittpunktes gelegenen Flächen gleich groß sind. Die heißeste Stelle z' der Strahlenabschirmungswand aus der Bedingung $q(z') = 0$ wird durch diesen Schnittpunkt bestimmt. Durch Teilung der q-Werte durch λ wird die Temperaturgradiente durch die Abschirmungswand erhalten. Durch Integration dieser Gradientenkurve wird die Temperaturverteilungskurve bestimmt. — H. S. Davis [11] hat die Analogie des Verfahrens zu der Methode der Berechnung von Momenten in Trägern aufgezeigt.

Die allgemeine Differentialgleichung für den Beharrungszustand in einem isotropen System mit innerer Wärmequelle lautet:

$$Q(\vec{r}) = -\lambda \nabla^2 T, \qquad (10.4/6)$$

wobei ∇^2 der Laplacesche Operator ist. Bei Verwendung kartesischer Koordinaten

$$Q(r) = -\lambda \left(\frac{\partial^2 T}{\partial x^2} + \frac{\partial^2 T}{\partial y^2} + \frac{\partial^2 T}{\partial z^2} \right) \qquad (10.4/7)$$

reduziert sich im eindimensionalen Fall Gl. (10.4/6) auf Gl. (10.4/3). In Kugelkoordinaten lautet Gl. (10.4/6):

$$Q(r) = -\lambda \left(\frac{d^2 T}{dr^2} + \frac{2}{r} \frac{dT}{dr} \right), \qquad (10.4/8)$$

und für die Wärmeleistung in einem Zylinder in radialer Richtung ergibt sich

$$Q(r) = -\lambda \left(\frac{d^2 T}{dr^2} + \frac{1}{r} \frac{dT}{dr} \right). \qquad (10.4/9)$$

10.5 Wärmespannungen

Die Theorie der Wärmespannungen ist ein Wissensgebiet für sich, das im Rahmen dieses Buches nicht behandelt werden kann. Detaillierte Abhandlungen bieten die Werke [12] bis [17]. Als Systeme mit *innerer* Wärmequelle bedingen Reaktorkonstruktionen eine Erweiterung der Problematik dieses Gebietes. Ein detailliertes Beispiel für die praktische Durchführung der Berechnung strahlungsinduzierter Wärmespannungen in der Wandung eines Reaktor-Druckbehälters gibt der Bericht [18]. In [19] sind zahlreiche Literaturangaben betreffend die Berechnung von Wärmespannungen in Reaktorkonstruktionen enthalten.

Literatur zu 10

[1] Byrum, B. L., u. J. A. Biggerstaff: Nuclear Radiation Heating. Martin Company, Baltimore, Report ER-8018 (ohne Datum)

[2] Byrum, B. L., u. J. A. Biggerstaff: Nuclear Radiation Heating: Preliminary Design Considerations. Nuclear Science and Engineering Vol. 5 (1959) No. 1, S. 28—31

[3] Alexander, L. G.: The Integral Spectrum Method for Gamma Heating Calculations in Nuclear Reactors. In J. R. Dunning u. B. R. Prentice (Hrsgb.): Advances in Nuclear Engineering Vol. II, S. 513—525. London/New York/Paris: Pergamon Press 1957

[4] French, R. L.: Reactor Shield Heating Calculations for Gamma Rays. FZM-1076, Juni 1958

[5] Enlund, H. L. F.: Energy Absorption of Capture Gammas. ORNL-CF-52-6-99, 1952

[6] Alexander, L. G.: Application of the NDA Build-up Factors to the Calculation of Capture Gamma Heating in a Reactor Pressure Vessel. ORNL-CF-55-4-140, 15. April 1955

[7] CHAPMAN, R. H.: Analysis of Spherical Pressure Vessel Having an Energy Source within the Wall. ORNL-1987, 26. Oktober 1954
[8] DAVIS, J. P.: Heat Generation by Inelastic Scattering Gamma Rays. CERD-S 1C-108, 9. April 1956
[9] ROCKWELL III, T. (Hrsgb.): Reactor Shielding Design Manual. TID-7004, März 1956, S. 80
[10] HALLIDAY, D. B.: Heat Release in Concrete Reactor Shields. A. E. R. E. R/R 1963, 17. November 1954 (deklassifiziert 15. Mai 1956)
[11] DAVIS, H. S.: Thermal Considerations in the Design of Concrete Structures for Shielding Atomic Power Plants. Nuclear Engineering and Science Conference, Chicago. 17.—21. März 1958, Preprint No. 9
[12] TIMOSHENKO, S., u. J. N. GOODIER: Theory of Elasticity, 2nd Ed. NewYork/Toronto/London: McGraw-Hill 1951
[13] MELAN, E., u. H. PARKUS: Wärmespannungen infolge stationärer Temperaturfelder. Wien: Springer 1953
[14] MELAN, E., u. H. PARKUS: Wärmespannungen infolge instationärer Temperaturfelder. Wien: Springer 1957
[15] DAVIS, D. M.: Thermal Stresses in Cylinders and Plates. WAPD-CTA(CE)-65, 19. Juni 1957
[16] FREUDENTHAL, A. M.: Thermal-Stress Analysis and Mechanical Design. In C. F. BONILLA (Hrsgb.): Nuclear Engineering. Chapter 11. New York/Toronto/London: McGraw-Hill 1957
[17] GATEWOOD, B. E.: Thermal Stresses. With Applications to Airplanes, Missiles, Turbines, and Nuclear Reactors. New York/Toronto/London: McGraw-Hill 1957
[18] KROEGER, H. R., I. M. NEOU u. J. L. MEEM: The Effect of Gamma Heating on the APPR-1 Pressure Shell. APAE-Memo-85, September 1956
[19] MILLER, D. R.: Bibliography on Thermal Stresses and Low Cycle Fatigue. KAPL-2048, 20. August 1959

11. Thermische Abschirmung von Kernreaktoren

11.1 Allgemeines

11.11 Funktion der thermischen Abschirmung

In Abhängigkeit von der Intensität der auf die biologische Abschirmung eines Kernreaktors einfallenden Reaktorstrahlung und von den physikalischen Eigenschaften des Materials und der Konstruktionsform der biologischen Abschirmung (die die Reaktorstrahlung auf ein biologisch zulässiges Maß reduziert), kann die Umwandlung der aus dem Reaktorkern entweichenden Neutronen- und γ-Strahlungsenergie in Wärmeenergie zu einer Temperaturschädigung der inneren Zonen der biologischen Abschirmung und zu unzulässigen Wärmespannungen führen. Zwischen Reaktorkern und biologischer Abschirmung wird daher in der Regel eine thermische Abschirmung angeordnet, deren Funktion in der Absorption des größten Teils der aus dem Reaktor entweichenden Strahlungsenergie besteht, so daß die Anforderungen an die Konstruktionswerkstoffe der biologischen Abschirmung herabgesetzt werden und demzufolge verhältnismäßig billige Materialien verwendet werden können.

Ein für die Konstruktion thermischer Abschirmungen geeignetes Material muß folgende Eigenschaften besitzen: möglichst hohe Dichte, großer Neutroneneinfang-Wirkungsquerschnitt, hinreichend hoher Schmelzpunkt, Strahlungsresistenz und gute Wärmeleitfähigkeit. Ein Material mit hoher Dichte und großem Neutroneneinfang-Wirkungsquerschnitt bewirkt eine weitgehende Konzentrierung der als Wärme freigesetzten Strahlungsenergie, die damit bequem abgeführt werden kann.

Der Bau von Hochdruck-Reaktorsystemen bedingt die Verwendung kleiner Reaktorkerne mit hoher spezifischer Leistung, um den Durchmesser des Reaktor-Druckbehälters gering halten zu können. Die hohe Strahlungsintensität verursacht in der Wandung des durch Innendruck und Wärmeträgertemperatur hochbeanspruchten Druckbehälters erhebliche zusätzliche Temperaturspannungen. Ferner bewirkt die Neutronenbestrahlung der stählernen Druckbehälterwandung eine nachteilige Veränderung der mechanischen Eigenschaften des Materials. Zur Abminderung der direkten und indirekten Einflüsse der Reaktorstrahlung auf den Druckbehälter werden zwischen Reaktorkern und Druckbehälterwand schichtförmige thermische Abschirmungen aus nichtrostendem Stahl angeordnet. Abb. 11.1/1 zeigt den Reaktor-Druckbehälter des Yankee-Kernkraftwerkes (Wärmeleistung des mit angereichertem U^{235} arbeitenden Druckwasser-Reaktors: 480 MW) [1]. Als thermische Abschirmung innerhalb des Druckbehälters (Wanddicke: 200 mm) dienen drei konzentrische Zylinder aus nichtrostendem Stahlblech von 25 mm und 75 mm Dicke.

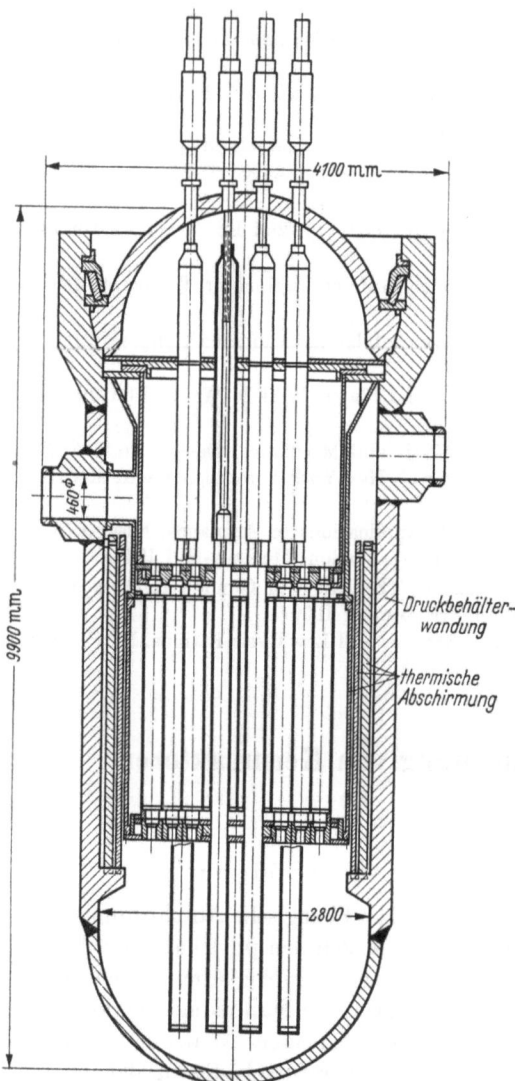

Abb. 11.1/1. Reaktor-Druckbehälter des Yankee-Kernkraftwerkes (nach REED, CREAGAN u. WOODMAN [1])

11.12 Strahlenschädigung des Druckbehälter-Werkstoffes

Durch Neutronenstrahlung können Änderungen in der inneren Struktur fester Körper hervorgerufen werden, die ihre physikalischen, chemischen und mechanischen Eigenschaften beeinflussen. Der größte Anteil der in kristallinen Körpern beobachteten strahlungsinduzierten Effekte resultiert aus Neutronenkollisionen, die Leerstellen und Zwischenatome im Gitter und Gitterverschiebungen erzeugen. Die mechanischen Eigenschaften von Metallen, besonders das plastische Verhalten, werden stark durch Gitterverschiebungen und in gewissem Ausmaße auch durch punktartige Defekte beeinflußt.

Die durch Neutronenbestrahlung bewirkten Änderungen der mechanischen Eigenschaften von Druckbehälterstählen sind eingehend untersucht worden ([2] bis [6a]). Die Neutronenbestrahlung verursacht eine Heraufsetzung der Fließgrenze und in geringerem Maße der Zugfestigkeit, eine Herabsetzung der Bruchdehnung und der Kerbschlagzähigkeit (Abb. 11.1/2). Die Neigung zum Sprödbruch bei einer gegebenen Temperatur wird erhöht, und die Temperaturgrenze für den Übergang vom bildsamen zum spröden Verhalten wird heraufgesetzt. Der Verlust an Energieabsorptionsvermögen ist bei grobkörnigem Stahl größer als bei feinkörnigem. Bei höheren Temperaturen wird die Änderung der mechanischen Eigenschaften der mit hohen Neutronenflüssen bestrahlten Metalle geringer infolge einer Erhöhung der Beweglichkeit der im Kristallgitter erzeugten Defekte. Allgemein sind die durch Strahlungseinwirkung hervorgerufenen Änderungen der mechanischen Eigenschaften von Stahl den durch eine Kaltstreckung bewirkten ähnlich.

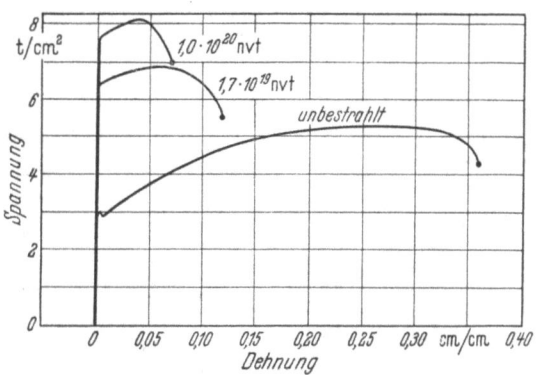

Abb. 11.1/2. Zugspannungs-Dehnungskurven für einen ASTM A-212 Grade B Stahl (nach WILSON [5])

Die Gefahr, die eine strahlungsinduzierte Versprödung hochbeanspruchter Konstruktionsteile bildet, macht eine Herabsetzung der Intensität der Neutronenstrahlung durch Einbau einer thermischen Abschirmung zwischen Reaktorkern und Druckbehälterwand erforderlich. Für die Berechnung dieser inneren thermischen Abschirmung sind also zwei Kriterien anzusetzen: die höchstzulässige Temperaturspannung in der Druckbehälterwand und der höchstzulässige integrierte Neutronenfluß für die angesetzte Betriebszeit; (darauf werden die Strahlenflüsse weiterverfolgt). Für die äußere thermische Abschirmung an der Innenseite der biologischen Abschirmung sind die für die biologische Abschirmung geltenden Temperatur- und Wärmespannungs-Grenzwerte maßgebend.

11.2 Werkstoffe

11.21 Eisen

Eisen, in Form von Stahl, besitzt die für die Konstruktion thermischer Abschirmungen erforderlichen Eigenschaften, aber es hat den Nachteil der Emission sehr harter Einfang-γ-Strahlung (7,6 MeV). Eine Erhöhung der Wahrscheinlichkeit des Neutroneneinfangs ohne Erzeugung harter Einfang-γ-Strahlung kann durch Zusatz von Bor in gleichförmiger Verteilung erreicht werden. Wegen der sehr geringen Bindungsenergie eines Neutrons in B^{10} (2,8 MeV) wird die Gesamt-Wärmeerzeugung infolge Neutroneneinfang herabgesetzt. Der Einfluß der Legierung mit 2% Bor auf den aus einer thermischen Abschirmung aus Eisen austretenden Wärmefluß ist in Abb. 11.2/1 dargestellt [7]. Die Legierung eines Stahls mit Bor bewirkt eine Reduzierung der Bildsamkeit [8], deren Ausmaß eine Funktion der anderen Legierungselemente des Stahls ist. Während Stähle mit einem Borgehalt von 3,5 bis 4,5% mit Nickelzusatz sich als nicht schmiedbar erwiesen, ließen sich entsprechende Bor-Stähle mit Siliziumzusatz gut schmieden [9]. Unter dem Einfluß der Neutronenbestrahlung ergeben sich erhebliche Änderungen der mechanischen Eigenschaften von Bor-Stahl, die zusammenfassend als starke Versprödung beschrieben werden können. Bei einer mikroskopischen Untersuchung bestrahlter Prüfkörper wurden an die Boridphasen-Einschlüsse angrenzende Mikroporen entdeckt, deren Anzahl und Größe mit zunehmender Integraldosis zunahm [10]. Wegen der geringfügigen Beanspruchung thermischer Abschirmungskonstruktionen spielen diese nachteiligen Veränderungen aber kaum eine Rolle. Da bei hohen Temperaturen selbst reines Wasser — frei von ionischen Verunreinigungen und freiem Sauerstoff — stark korrosiv wird, kann eine Verwendung des starken Neutronenabsorbers Bor als Legierungselement für innerhalb des Druckbehälters wassergekühlter Reaktorsysteme liegende thermische Abschirmungen zu einer Verminderung der Neutronen-Wirtschaftlichkeit führen.

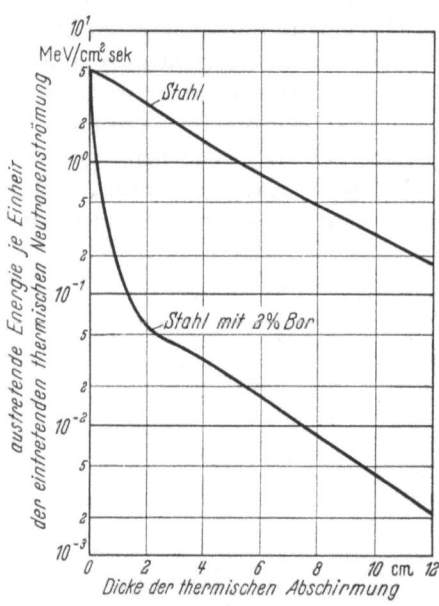

Abb. 11.2/1. Relative Wirksamkeit von gewöhnlichem Stahl und von Stahl mit 2% Borgehalt als Absorber der Energie thermischer Neutronen. (In der Abbildung ist die je Einheit der einfallenden thermischen Neutronenströmung durch thermische Abschirmungen dringende gesamte Energiemenge, die hauptsächlich die Form von Einfang-γ-Strahlung hat, aufgetragen. In der Berechnung sind die isotrope Emission der Einfang-γ-Strahlung sowie die Bindungsenergien und Einfangspektren in den beiden Medien berücksichtigt) (nach PRICE, HORTON u. SPINNEY [7], S. 252)

11.22 Boral

„Boral" ist die Handelsbezeichnung für eine Mischung von Borkarbid (B_4C) und Aluminiumpulver, die in Aluminiumrahmen zu Barren gegossen, mit Aluminiumblech plattiert und zu Blechen ausgewalzt wird (Abb. 11.2/2) [11], [12]. Das Material genügt in hohem Maße den kernphysikalischen und mechanischen Anforderungen, die an einen Werkstoff für thermische Abschirmungen gestellt werden, nur die Dichte ist gering ($\varrho = 2{,}5$ g/cm³). B_4C ist eine verhältnismäßig billige Form von hochkonzentriertem (75 bis 80%) Bor. Zur Verbesserung der Verarbeitbarkeit wird Borkarbid, das eine sehr große Härte besitzt, mit einem bildsameren Material verbunden. Aluminium erscheint als das geeignetste Bindemittel: Es hat einen geringen Wirkungsquerschnitt für die Erzeugung harter Einfang-γ-Strahlung, eine hohe Wärmeleitfähigkeit, ist korrosionsresistent und leicht zu bearbeiten. Boral ist thermisch stabil bis zum Schmelzpunkt von Aluminium. Da sich Aluminium in den Boralblechen in zusammenhängender Phase befindet, ist die Beeinträchtigung der mechanischen Eigenschaften des Materials durch die strahlungsinduzierte Destruktion der suspendierten B_4C-

Partikel nicht schwerwiegend. Die Diffusion von Helium aus der (n, α)-Reaktion bewirkt keine Beschädigung der Bleche. Boralbleche werden mit einem B_4C-Gehalt zwischen 10 und 50 Gew.-% geliefert. Ein handelsübliches Blech von 6,5 mm Dicke mit 35% B_4C-Gehalt reduziert thermische Neutronenstrahlung um einen Faktor 10^8 [12].

11.23 Blei-Cadmium

Cadmium ($\varrho = 8{,}7$ g/cm^3) hat einen hohen Einfang-Wirkungsquerschnitt für thermische Neutronen, emittiert jedoch zum Unterschied zu Bor eine harte Einfang-γ-Strahlung. Die Energie der emittierten Photonen liegt zum überwiegenden Teil im Bereich von 3 bis 5 MeV. Wegen der Unzulänglichkeit der mechanischen Eigenschaften des reinen Materials und zur Abschwächung der Einfang-γ-Strahlung wird Cadmium mit Blei legiert.

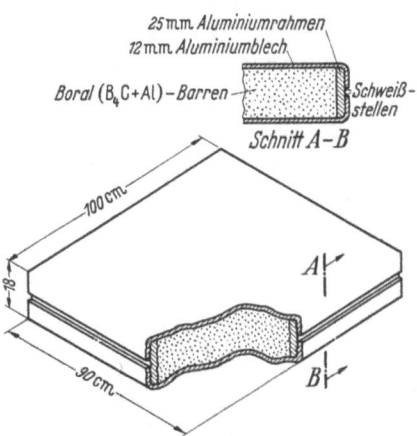

Abb. 11.2/2. Boral-Block vor dem Auswalzen zu einem Blech von 6,5 mm Dichte (nach MCKINNEY u. ROCKWELL III [11])

Ein Blei-Blech von 13 mm Dicke, das 5% Cadmium in feiner Dispersion enthält, reduziert thermische Neutronen etwa um einen Faktor 500 [7].

11.24 Borierter Graphit

Graphit mit einigen Prozent feinverteiltem Bor wird insbesondere zur thermischen Abschirmung von schnellen Reaktoren verwendet. Dieser Reaktortyp hat einen kleinen Kern aus hochgradig angereicherten oder reinem Spaltstoff und arbeitet mit dem unmoderierten Neutronenspektrum. Bei einem solchen Reaktor ist die Intensität des aus dem Reaktorkern entweichenden Neutronenflusses wesentlich größer als bei einem moderierten thermischen Reaktor, bei dem der Spaltstoff auf viel größerem Raum in verhältnismäßig sehr geringer Konzentration verteilt ist. Außerdem ist das Spektrum des abzuschirmenden Neutronenflusses erheblich „härter" als das entsprechende Spektrum eines thermischen Reaktors. Aufgabe der thermischen Abschirmung muß es sein, die Neutronen in hinreichendem Maße abzubremsen und einzufangen.

Graphit besitzt ein hohes Neutronen-Moderiervermögen und eine ausgezeichnete Wärmeleitfähigkeit. Durch Zufügung einiger Gew.-% Bor in feiner Dispersion wird ein kombiniertes Material erhalten, das die beiden Aufgaben der Neutronenbremsung und -absorption erfüllt. — Graphit mit einem Gehalt von 4 Gew.-% natürlichem Bor ergibt bei einer Schichtdicke von 25 mm eine Abschwächung thermischer Neutronen um einen Faktor 400 ([7], S. 257).

Abb. 11.2/3 zeigt einen Querschnitt durch die thermische Abschirmung des natriumgekühlten 300 MW-Schnell-Brutreaktors des Enrico Fermi-Kernkraftwerks, die von einer primären und einer sekundären biologischen Abschirmung aus Beton (Abb. 12.2/6) umgeben wird [13]. Die seitliche thermische Abschirmung innerhalb des Reaktorbehälters besteht aus in Schichten mit dazwischenliegenden Kühlmittelpassagen angeordneten nichtrostenden Stahlblechen mit einer Gesamtdicke von 30 cm. Diese innere thermische Abschirmung schwächt Neutronen mit Energien >1 MeV um einen Faktor 100 ab, Neutronen im 0,05 bis 0,5 MeV-Bereich werden um einen Faktor 20 reduziert und Neutronen im 1 bis 20 keV-Bereich um einen Faktor 2 bis 3. Neutronen mit Energien <1 keV sind im einfallenden Spektrum nicht enthalten.

Die thermische Abschirmung außerhalb des Reaktorbehälters ist so angeordnet, daß eine besondere Kühlung nicht erforderlich ist. Direkt an die Behälter-

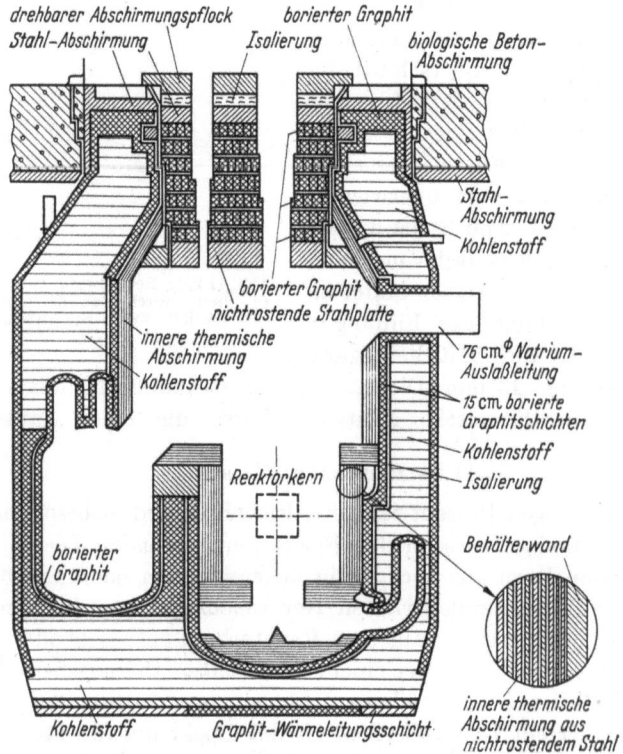

Abb. 11.2/3. Vertikalschnitt durch die thermische Abschirmung des Schnell-Brutreaktors des Enrico Fermi-Kernkraftwerkes (nach HUNGERFORD u. MANTEY [13])

wand grenzt eine 15 cm dicke Schicht Graphit mit 5% Borgehalt an, die außen mit 7,5 cm Wärmeisolierung bedeckt ist. Die in dem borierten Graphit erzeugte Wärme (~ 60 kW) wird zum Reaktorbehälter zurückgeleitet, wo sie vom primären Kühlmittel abgeführt wird. Nach außen schließen sich 90 bis 270 cm Kohlenstoff und eine weitere 15 cm dicke, mit 5% Bor imprägnierte Graphitschicht an. Der Wärmedurchgang durch die Isolierung ist sehr gering. Die in der außerhalb der Isolierung liegenden thermischen Abschirmung erzeugten 2,5 kW Wärmeenergie werden an die umgebende Luft abgeführt. Die Temperaturen innerhalb der Wärmeisolierungsschicht entsprechen der Kühlmitteltemperatur (390 °C), die durchschnittliche Temperatur in dem außerhalb der Isolierung liegenden Teil der thermischen Abschirmung beträgt etwa 175 °C.

Literatur zu 11

[1] REED, G. A., R. J. CREAGAN u. W. C. WOODMAN: The Yankee Atomic Electric Plant. Annual Meeting of the American Society of Mechanical Engineers. New York, 25. bis 30. November 1956, Paper No. 56-A-166

[2] ZARTMANN, I. F.: Effects of Nuclear Reactor Radiations on Structural Materials. Journal of the Structural Division. No. ST 2, Proceedings of the American Society of Civil Engineers, Paper No. 918, März 1956

[3] MAKIN, M. J., A. T. CHURCHMAN, D. R. HARRIES u. R. E. SMALLMAN: The Mechanical Properties, Embrittlement and Metallurgical Stability of Irradiated Metals and Alloys. Second United Nations International Conference on the Peaceful Uses of Atomic Energy, Genf, 1.—13. September 1958, Paper No. A/CONF. 15/P/80

[4] TRUDEAU, L. P.: Effects of Neutron Irradiation on Mechanical Properties of Ferritic Steels and Irons. ibid., Paper No. A/CONF. 15/P/190

[5] WILSON, J. C.: Effects of Irradiation on the Structural Materials in Nuclear Power Reactors. ibid., Paper No. A/CONF. 15/P/1978

[6] PRAVDYUK, N. F., S. T. KONOBEYEVSKY, A. D. AMAYEV u. J. T. POKROVSKY: The Effect of Neutron Irradiation on the Mechanical Properties of Structural Materials. ibid., Paper No. A/CONF. 15/P/2052

[6a] PUGH, S. F.: The Effect of Irradiation in a Nuclear Reactor on the Mechanical Properties of Steel. I. G. Report 145 (RD/C): Brittleness in Metals. S. 23—30, 1959

[7] PRICE, B. T., C. C. HORTON u. K. T. SPINNEY: Radiation Shielding. London/New York/Paris: Pergamon Press 1957

[8] SALLER, H. A., J. T. STACY u. H. L. KLEBANOW: High-Boron Steels for Reactor Shielding. BMI-1039, 27. September 1955, decl.: 12. Februar 1957

[9] HOCHMANN, J., u. A. DESESTRET: Les aciers a forte teneur en bore. Second United Nations International Conference on the Peaceful Uses of Atomic Energy, Genf, 1.—13. September 1958, Paper No. A/CONF. 15/P/1272

[10] WATANABE, H. T., u. W. O. SCHAFFNIT: Radiation Damage Studies of Boron Stainless Steel. IDO-16483, 18. September 1958

[11] MCKINNEY, V. L., u. TH. ROCKWELL III: Boral: a New Thermal Neutron Shield. A. S. KITZES u. W. Q. HULLINGS: Supplement I. AECD-3625, Mai 1954

[12] ROCKWELL III, TH.: Reactor Shielding Design Manual. TID-7004, März 1956, S. 188 bis 190

[13] HUNGERFORD, H. E., u. R. F. MANTEY: Shielding the Enrico Fermi Fast Breeder Reactor. Nucleonics Vol. 16 (1958) No. 11, S. 120—125

12. Biologische Abschirmung von Kernreaktoren

12.1 Allgemeine Erläuterung

Die Abschirmung eines Kernreaktors, die die Strahlung auf ein biologisch zulässiges Maß reduziert, wird als biologische Abschirmung bezeichnet. Tatsächlich tragen sämtliche außerhalb des Reaktorkerns liegenden Teile des Reaktorsystems zu der Strahlenabschirmung bei, aber die Bezeichnung „biologische Abschirmung" bezieht sich gewöhnlich nur auf den Teil der Abschirmung, der keinem anderen Zwecke dient.

Der Entwurf der biologischen Abschirmungsanlage für ein Reaktorsystem ist ein integraler Aspekt des Entwurfs der Reaktoranlage; er wird in der Regel in zwei Phasen ausgearbeitet. In der ersten Phase wird unter Berücksichtigung der Betriebserfordernisse des Reaktorsystems die allgemeine Anordnung der Strahlenabschirmungsanlage im Zusammenhang mit dem Gesamtentwurf des Systems bestimmt. Darauf werden die höchstzulässigen Intensitäten des Strahlungsfeldes für die verschiedenen Bereiche außerhalb der biologischen Abschirmung für die Bedingungen des betriebenen und des stillgelegten Reaktors festgelegt. Bei Kernkraftsystemen ist der Betrieb jedes Teiles der Ausrüstung der Reaktoranlage zu analysieren, um die erforderliche Zeit zu ermitteln, die das Bedienungspersonal für Betrieb, Unterhaltung und Reparatur in dem Bereich verbringen muß. Auf der Basis dieser Analyse ist für jeden Bereich eine durchschnittlich erforderliche Zutrittszeit in Stunden/Tag festzulegen, woraus die höchstzulässige Intensität des Strahlungsfeldes ermittelt wird. Bei Forschungsreaktoren sind für die Festlegung der höchstzulässigen Intensität des Strahlungsfeldes im allgemeinen nicht die biologischen Werte, sondern die für die Durchführung von kernphysikalischen Messungen notwendige Reduktion der „Störstrahlung" maßgebend.

Nach Bestimmung von Lage, Energie und Intensität der abzuschirmenden primären und sekundären Strahlenquellen werden die Baustoffe für die Abschirmungsanlage gewählt und die erforderlichen Wanddicken mit Hilfe stark vereinfachter Verfahren im großen festgelegt. Wahl, Anordnung und Dicke der Baustoffe der Strahlenabschirmung müssen in Form einer Kompromißlösung dreier oft nicht miteinander vereinbarer Ziele erfolgen;

a) Maximale Abschwächung sowohl der Neutronen- als auch der γ-Strahlung ist anzustreben. Gleichzeitig muß die Entstehung sekundärer Strahlenquellen hinsichtlich Intensität und Energie gering gehalten werden.

b) Gewicht, Raumbedarf und/oder Kosten müssen auf ein Minimum eingeschränkt werden.

c) Der Entwurf darf für die Ausführung nicht zu kompliziert werden. Beispielsweise würde einer großen Anzahl von Schichten eine einfachere Ausführung vorgezogen werden, wenn die Erhöhung des Materialverbrauches dabei nicht wesentlich ins Gewicht fällt.

Bei stationären Kraftwerksreaktoren wird in der Regel das wirtschaftliche Optimum, bei mobilen Antriebsreaktoren das raum- und gewichtsmäßige Optimum angestrebt. Bei Forschungsreaktoren bietet eine Herabsetzung der Abschirmungswanddicke oft erhebliche Vorteile für das Experimentieren, so daß die Verwendung der für dünnere Wände erforderlichen teureren Materialien gerechtfertigt sein kann.

In der zweiten Phase des Entwurfs wird die detaillierte Berechnung und Bemessung der Strahlenabschirmung durchgeführt. Eine äußerst mühsame Aufgabe ist die Erfassung des Einflusses der geometrischen Unregelmäßigkeiten (Kanäle, Konstruktionsteile etc.) in der Abschirmungsanlage auf die Strahlenabschwächung. Um den Zeitaufwand für die Durchführung der Abschirmungsberechnung in erträglichen Grenzen zu halten, ist die Einführung zahlreicher vereinfachender Annahmen notwendig. In die Berechnung von Abschirmungen mobiler Reaktorsysteme, die zu einem raum- und gewichtsmäßigen Optimum entwickelt werden sollen, dürfen nicht so weitgehende Vereinfachungen eingeführt werden, wie sie bei der Berechnung massiver Abschirmungen von stationären Leistungsreaktoren gewöhnlich verwendet werden, und eine Nachprüfung der detaillierten Berechnungen durch Modellmessungen ist erforderlich. — Ein wichtiger Aspekt der Abschirmungsberechnung ist die Bestimmung der Wärmefreisetzung in der Reaktor-Abschirmungsanlage und der resultierenden Temperaturspannungen.

12.1 Allgemeine Erläuterung

Kernreaktoren für Elektrizitätserzeugung oder Schiffsantrieb werden häufig zusammen mit dem primären Wärmeabführungssystem in einer Reaktorraum-Strahlenabschirmungsanlage untergebracht (Abb. 12.1/1). Die Reaktor- (oder primäre) Abschirmung reduziert die aus dem Reaktor entweichende Strahlung auf einen Wert, der niedriger liegt als der des aktivierten Kühlmittels. Reaktor

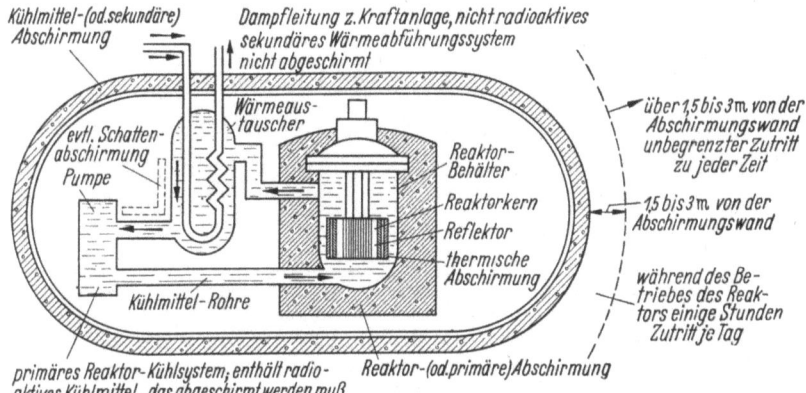

Abb. 12.1/1
Schema der Strahlenabschirmungsanlage für ein Leistungsreaktorsystem (nach EDWARDS [1], abgeändert)

und primäres Kühlsystem werden von einer Kühlsystem- (oder sekundären) Abschirmung umgeben, die die Strahlung in den angrenzenden Bereichen auf die festgelegten zulässigen Dosiswerte senkt. Besonders intensive Strahlenquellen im primären Kühlsystem werden durch „Schattenschutzwände" abgeschirmt. — Die Anordnung der Strahlenabschirmungsanlage muß eine hinreichende Zugänglichkeit für Unterhaltungs- und Reparaturarbeiten gewährleisten.

12.11 Abschirmung des Reaktorkernes [2] [3]

Im Prinzip enthält das Problem der Abschirmung eines Reaktorkernes drei Aspekte: (1) Abbremsung der schnellen Neutronen, (2) Einfang der abgebremsten oder ursprünglich langsamen Neutronen und (3) Absorption aller Arten von γ-Strahlung einschließlich der durch Wechselwirkung von schnellen und langsamen Neutronen in der Abschirmung gebildeten inelastischen Streuungs-γ-Strahlung und Einfang-γ-Strahlung (Abb. 12.1/2).

Die erforderliche Strahlenabschwächung durch die primäre Abschirmung wird — um zu einer ausgeglichenen Bemessung der gesamten Strahlenabschirmungsanlage zu gelangen — durch die Intensitäten der anderen Strahlenquellen, insbesondere der des aktivierten Kühlmittels, mitbestimmt.

Die Reaktor- (oder primäre) Abschirmung muß folgenden Bedingungen genügen [3]:

a) Der aus dem Reaktor entweichende Neutronenfluß muß hinreichend abgeschwächt werden, um eine übermäßige Aktivierung des sekundären Kühlmittels zu verhüten. Das ist erforderlich zur Eliminierung der Notwendigkeit einer Abschirmung des sekundären Kühlsystems und zur Verhütung der Inkorporierung unzulässiger Mengen radioaktiver Teilchen in den Körper bei einer eventuellen Durchsickerung von sekundärem Kühlmittel in die Arbeitsräume.

12. Biologische Abschirmung von Kernreaktoren

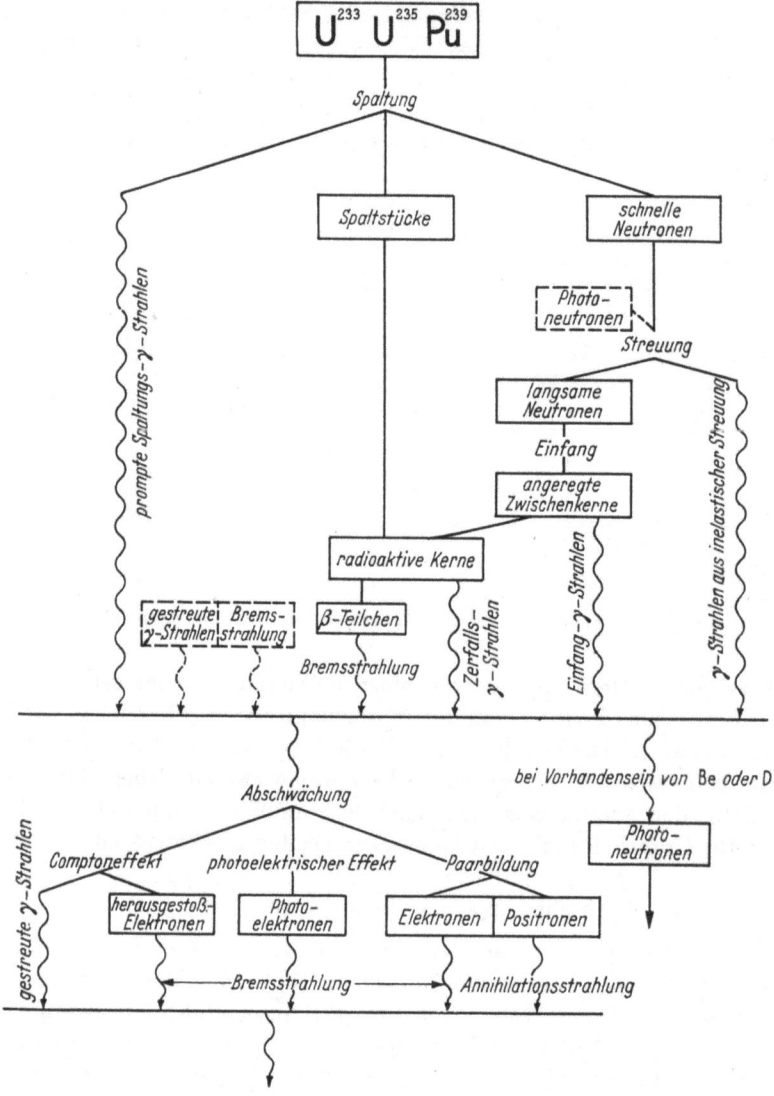

Abb. 12.1/2. Stammbaum-Schema der Kernreaktor-Strahlung

b) Der aus dem Reaktor entweichende Neutronenfluß muß hinreichend abgeschwächt werden, um die Erzeugung von Einfang-γ-Quanten in der Kühlmittel-Abschirmung auf ein vernachlässigbares Maß zu reduzieren.

c) Die γ-Strahlung des Reaktors muß auf eine Dosis reduziert werden, die unterhalb der des aktivierten primären Kühlmittels liegt.

d) Die Reststrahlung des Reaktorkerns muß in einem Maße abgeschwächt werden, daß der Zutritt zu dem Raum zwischen primärer und sekundärer Strahlenabschirmung in angemessener Zeit nach der Stillegung des Reaktors möglich ist.

e) Der Neutronenfluß des Reaktors muß hinreichend abgeschwächt werden, so daß der Aufbau induzierter Aktivität in Konstruktion und Ausrüstung nicht ein Maß annimmt, das die vorgeschriebene Zutrittsmöglichkeit verwehrt. Das Abschirmungsmaterial, das zur Erfüllung dieser Bedingung erforderlich ist, ist für den größten Teil des Volumens der primären Abschirmung verantwortlich.

12.12 Abschirmung des Reaktor-Kühlsystems

Die Kühlmittel- (oder sekundäre) Abschirmung muß folgenden Bedingungen genügen [3]:

a) γ- und Neutronenflüsse müssen auf ein festgesetztes zulässiges Maß an der Außenseite der Strahlenabschirmungsanlage reduziert werden.

b) Übermäßiger Durchgang von Strahlung durch Abschirmungswand-Durchdringungen, wie z. B. Dampfleitungen, darf nicht erfolgen. (Das „Durchsickern" von Strahlung durch Abschirmungswand-Durchdringungen kann oft auf ein Minimum beschränkt werden, indem diese Durchdringungen in Bereichen angeordnet werden, wo die Abschirmungswand nur von Streustrahlung oder unter sehr stumpfem Winkel auftreffender Direktstrahlung getroffen wird.)

c) Radioaktiv kontaminierte Luft darf nicht aus dem abgeschirmten Raum hinausdringen.

Wenn die spezifische Aktivität des Kühlmittels, die sich aus Eigenaktivität und Unreinheiten-Aktivität zusammensetzt, für alle Stellen des primären Kreislaufsystems ermittelt ist, wird das Reaktor-Kühlsystem, das Rohre, Wärmeaustauscher, Pumpen, Behälter, Demineralisierer, Ventile und anderes mehr enthalten kann, in einzelne Abschnitte unterteilt. Jede Quelle kann dann durch Zylinder, Linien, Punkte oder Scheiben geometrisch angenähert werden, womit die Berechnung der Strahlendosis nach Formeln erfolgen kann. Für die Ermittlung der notwendigen Strahlenabschirmung zur Reduzierung der Strahlendosis auf festgesetzte Werte für einen gewählten Punkt außerhalb der sekundären Abschirmung wird die Summe der Einzeldosen benachbarter Quellen gebildet. In der Regel ist es vorteilhaft, zunächst die Abschirmungswanddicken einschließlich der Konstruktion zu schätzen, darauf die Summe der Strahlendosen der einzelnen Quellen zu berechnen und schließlich die Bemessung der Abschirmung zur Abschwächung der Strahlung auf die festgelegte höchstzulässige Strahlendosis zu berichtigen.

12.13 Abschirmungsmaterialien [2], [4]

Da die Wirksamkeit eines Materials für die Abbremsung von Neutronen seiner Massenzahl umgekehrt proportional ist, ist Wasserstoff in Form von Wasser bei nicht zu hohen Neutronenenergien ein als Bremsmittel ausgezeichnet geeigneter Stoff. Bei hohen Neutronenenergien ist jedoch der Wirkungsquerschnitt von Wasserstoff zu klein, so daß zur Abbremsung solcher Spaltneutronen eine beträchtliche Wasserdicke erforderlich wäre. Durch Einführung von Elementen mittlerer und hoher Massenzahl, wie Eisen, Barium oder Blei, können schnelle Neutronen durch inelastische Zusammenstöße in den Energiebereich unter etwa 0,5 MeV abgebremst werden; in diesem Bereich ist der Wirkungsquerschnitt leichter Elemente für elastische Streuung groß.

Ziel des Abbremsprozesses ist es, schnelle Neutronen auf thermische Energien abzubremsen, so daß dann Einfangprozesse die gewünschte Abschwächung bringen. Der Einfang-Wirkungsquerschnitt von H für thermische Neutronen beträgt nur 0,33 barn, jedoch ist die Anzahl der für Abbremszwecke in einer Reaktor-Abschirmung vorhandenen Wasserstoffkerne gewöhnlich hinreichend, um auch einen großen Teil der Neutronen zu absorbieren. Der Neutroneneinfang durch Wasserstoff wird von der Emission von 2,2 MeV-γ-Strahlung begleitet.

Eisen hat einen Einfang-Wirkungsquerschnitt von 2,43 barn/Atom. Der Nachteil der Neutronenabsorption durch Fe beruht in der Emission eines besonders großen Anteils von hochenergetischen (vor allem 7,6 MeV) Einfang-γ-Strahlen (s. Abb. 5.3/1). Da diese Einfang-γ-Strahlen auch abgeschirmt werden müssen, ist es erwünscht, diesen Effekt durch geeignete Wahl von Abschirmungsmaterialien so gering als möglich zu halten. Die Isotope B^{10} (mit 18,8% im natürlichen Element vorhanden) und Li^6 (mit 7,5% im natürlichen Element vorhanden) emittieren bei Neutroneneinfang α-Teilchen, deren Reichweite sehr gering ist. Weiterhin haben B^{10} und Li^6 sehr große Wirkungsquerschnitte für den Einfang thermischer Neutronen: 3990 bzw. 910 barn. Das Lithium-Isotop gibt keine Einfang-γ-Strahlung ab, das Bor-Isotop in 93% der Einfänge ein γ-Photon von 0,5 MeV, das leicht absorbiert wird.

Die Abschwächung der primären und sekundären γ-Strahlung wird im wesentlichen durch die Masse des Abschirmungsmaterials bestimmt; die Dicke der für einen gegebenen Abschwächungsgrad erforderlichen γ-Strahlenabschirmung ist grob umgekehrt proportional der Dichte des Materials. Der Bestandteil der Reaktor-Abschirmungsanlage, der als inelastischer Streuer für Neutronen dient, beispielsweise Eisen, Barium oder Blei, ist zugleich ein wirksamer Absorber von γ-Strahlen. — Jede Strahlenabschirmungsanlage, die schnelle Neutronen und primäre und sekundäre γ-Photonen hinreichend abschwächt, reduziert automatisch auch die Diffusion der thermischen Neutronen in genügendem Maße.

Zusammenfassend kann festgestellt werden, daß eine gute Reaktor-Strahlenabschirmung aus einer geeigneten Kombination leichter und schwerer Elemente bestehen muß. Die Zufügung eines guten Neutronenabsorbers, der Neutronen einfängt, ohne dabei harte γ-Photonen zu emittieren, ist vorteilhaft. Leichtes und schweres Material kann entweder in Form alternierender Schichten angeordnet sein oder sich in gut verteilter Mischung wie im Falle von Beton befinden.

Im allgemeinen besteht kein großer Unterschied im Gewicht von Abschirmungswänden von gleicher Strahlenschwächungswirksamkeit aus verschiedenen, in ihren Abschirmungseigenschaften ähnlichen Baustoffen (z. B. Wolfram anstelle von Blei). Deshalb sollten nach Möglichkeit Werkstoffe verwendet werden, die ohne größere Schwierigkeiten zu beschaffen, relativ billig und verhältnismäßig einfach zu bearbeiten sind. Andere Gesichtspunkte — außer Abschwächungseigenschaften — sind: mechanische Festigkeit, Temperaturbeständigkeit, Entflammbarkeit und Strahlenschädigung.

Beton ist ein wirksames und dabei wirtschaftliches Material für die Abschwächung von Neutronen- und γ-Strahlung mit zugleich guten mechanischen Eigenschaften. Beton ist ein Material von in doppelter Hinsicht hervorragender Anpassungsfähigkeit: erstens hinsichtlich der Formgebung und zweitens hinsichtlich seiner Strahlenabschirmungseigenschaften. Diese Merkmale machen Beton für die Abschirmung stationärer Reaktoranlagen besonders geeignet.

Für die Abschirmung mobiler Reaktoranlagen werden geschichtete Abschirmungswände aus Stahl und/oder Blei für die γ-Strahlenschwächung und Materialien geringer Ordnungszahl für die Neutronenschwächung konstruiert.

Auf diese Weise lassen sich Gewichtsersparnisse im Vergleich mit Beton-Abschirmungen erzielen. Als Neutronenabschirmungsmaterial werden wasserstoffhaltige Substanzen, wie Wasser und organische Verbindungen, verwendet. Wo die Verwendung eines flüssigen Abschirmungsmediums technische Schwierigkeiten bereiten würde, kommen Kunststoffplatten zur Anwendung. Polyäthylen, zuweilen mit einem geringen Borzusatz, ist der am häufigsten verwendete Kunststoff.

Metall-Hydride erscheinen vom kernphysikalischen Standpunkt aus als ideale Reaktor-Abschirmungsmaterialien, da eine einzige Legierung, wie z. B. Wolfram- oder Tantal-Borhydrid, Blei-Lithiumhydrid, hohe Neutronenbrems- und -absorptionsfähigkeit und ausgezeichnete γ-Strahlenschwächungseigenschaften in sich vereinen kann. Wesentliche Nachteile sind jedoch die ungenügende thermische Stabilität vieler Hydride sowie die hohen Materialkosten. Die mögliche Verwendung bestimmter thermisch hinreichend stabiler Metall-Hydride dürfte sich auf die Abschirmung von Flugzeugantriebsreaktoren beschränken.

12.14 Unregelmäßigkeiten in der Abschirmung

Eine der mühsamsten Aufgaben bei der Berechnung einer Reaktor-Abschirmung ist die Erfassung des Einflusses der konstruktiv bedingten Unregelmäßigkeiten in der Abschirmung auf den Durchgang von Neutronen- oder γ-Strahlung. Diese Unregelmäßigkeiten können Verschlußpflöcke für Experimentier- und Ladeöffnungen sein, Rohrleitungen und Kanäle, Tragwerksteile usw. Beispielsweise können Stahlkonstruktionsteile durch einen Wasserbehälter, eine Betonwand oder eine Bleiplatte Durchdringungspfade für die Strahlung bedeuten, die in keinem Verhältnis zu der Größe dieser Teile stehen. Für die Berechnung des Einflusses einer Anzahl von geometrischen Unregelmäßigkeiten stehen Formeln zur Verfügung (s. z. B. [3], [4]), die sich jedoch auf z. Z. noch magere Versuchsergebnisse für einen engen Bereich von Bedingungen stützen.

Die Grundzüge des Problems werden im folgenden anhand einiger Beispiele, betreffend den Durchgang von Neutronen durch Öffnungen, das „Durchströmen" von Neutronen durch Konstruktionswerkstoffe mit „Tälern" im Wirkungsquerschnitt und den Durchgang von γ-Strahlung durch Konstruktionsteile mit geringerer Abschirmungswirksamkeit als das umgebende Material, erläutert. Den Betrachtungen liegt die implizite Annahme zugrunde, daß die durch die eigentliche Abschirmung dringende Strahlenintensität im Vergleich mit dem Strahlendurchgang durch o. a. Unregelmäßigkeiten in der Abschirmung vernachlässigbar ist.

Wenn der Einfluß des örtlichen Durchdringens von Strahlung in Beziehung zur Ganzkörperbestrahlung gesetzt wird, so sind zwei Fälle möglich:

1. Eine sich entlang der Abschirmung bewegende Person empfängt eine größere durchschnittliche Gesamtkörper-Strahlungsdosis als bei einer homogenen Abschirmung.

2. Eine direkt vor einer Intensitätsspitze der Strahlung stehende Person empfängt nur in einem Teil des Körpers eine höhere Strahlenbelastung.

Eine solche Betrachtung führte zu folgender Festsetzung für die Abschirmung von Schiffsantriebsreaktoren [3]: Der örtliche Einfluß von Durchdringungspfaden kann vernachlässigt werden, wenn der Spitzenwert des Strahlenflusses kleiner als das 7fache des umgebenden Strahlungsfeldes ist — vorausgesetzt, daß die Gesamtfläche alter Intensitätsspitzen nicht mehr als 1% der Oberfläche der Abschirmung ausmacht.

12.141 Durchgang von Neutronen durch Öffnungen

Reaktor-Strahlenabschirmungen werden in der Regel von einer Vielzahl von betriebsnotwendigen Öffnungen von unterschiedlicher Größe und Form durchdrungen. Bei diesen Öffnungen kann es sich um die engen Ringlücken zwischen Laderöhren oder Experimentierkanälen und ihren Verschlußpflöcken handeln (Abb. 12.1/3), um Rohrleitungen des primären Kühlsystems (s. Abb. 12.2/3) usw. Die Berechnung des Neutronendurchgangs durch Öffnungen bereitet wegen der vielen Variablen, von denen einige schwer voneinander zu trennen sind, erhebliche Schwierigkeiten. Experimentelle Ergebnisse stehen nur für einen engen Bereich von Bedingungen zur Verfügung. Die Berechnung muß sich daher auf eine Anzahl verhältnismäßig einfacher semi-empirischer Formeln stützen, die

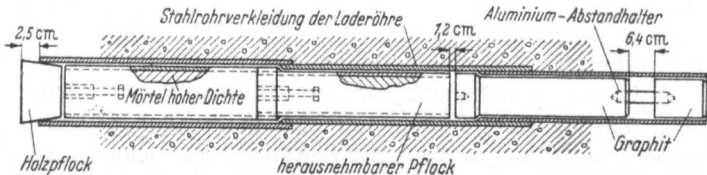

Abb. 12.1/3. Typischer Laderöhren-Verschlußpflock des BNL-Forschungsreaktors (nach United States Atomic Energy Commission: Research Reactors, S. 405. New York/Toronto/London: McGraw-Hill 1955

für die Abschirmung stationärer Reaktoren hinreichend genaue Ergebnisse liefern. Die für thermische Neutronen und den einfachsten geometrischen Fall, die gerade zylindrische Öffnung, von A. SIMON und C. E. CLIFFORD [5] abgeleitete Gleichung für den Neutronendurchgang, ist für die Behandlung von einfach und mehrfach geknickten zylindrischen Kanälen und zylinderringförmigen Öffnungen erweitert worden, und ihre Koeffizienten sind für verschiedene Geometrien und Materialien durch experimentelle Messungen bestimmt worden. Ableitungen einiger semi-empirischer Formeln sowie experimentelle Ergebnisse sind in [3] und [4] zusammengestellt.

Während beim Entwurf der Abschirmung für stationäre Reaktoren eine Überkompensierung der Unsicherheitsspanne in der Berechnung des Neutronendurchgangs durch Öffnungen durch Verwendung großer Sicherheitsfaktoren keine wesentliche Rolle spielt, ist das bei mobilen Reaktoren aus Gewichtsgründen nicht der Fall. Experimentelle Bestimmungen des Neutronendurchgangs können praktisch nur für eine Anzahl von Standard-Öffnungen durchgeführt werden. Die Untersuchung zahlreicher Varianten erfordert ein exaktes Berechnungsverfahren, das für Digital-Rechengeräte programmiert werden kann; die Grundgedanken werden in [6] dargelegt.

12.142 Durchströmen von Neutronen

Neutronen-Durchströmung kann als selektiver Durchgang bestimmter Bereiche des Energiespektrums von Neutronen durch ein Abschirmungsmaterial infolge von „Tälern" in dessen Wirkungsquerschnitt definiert werden. Folgendes Beispiel ([3], S. 283) illustriert den Einfluß eines Tales im Wirkungsquerschnitt eines Materials auf die Neutronenabschwächung: Auf eine 120 cm dicke Abschirmungswand fällt ein Neutronenfluß mit

$$\varphi_0(E) = 1; \quad 0 < E < 10 \text{ eV},$$
$$\varphi_0(E) = 0; \quad E > 10 \text{ eV}.$$

Der angenommene makroskopische Wirkungsquerschnitt des Abschirmungsmaterials für die Entfernung von Neutronen ist in Abb. 12.1/4 dargestellt. 95% des einfallenden Spektrums treffen einen makroskopischen Wirkungsquerschnitt von 0,1 cm^{-1} und 5% zwischen 4,5 und 5 eV einen von 0,01 cm^{-1}. Die Abschwächung kann als Verhältnis des austretenden zum einfallenden Fluß geschrieben werden:

$$\frac{\varphi}{\varphi_0} = 0{,}95\, e^{-120 \cdot 0{,}1} + 0{,}05\, e^{-120 \cdot 0{,}01} = 6 \cdot 10^{-6} + 1{,}5 \cdot 10^{-2}.$$

Somit ist die Abschwächung der Strahlung allein durch das „Loch" im Wirkungsquerschnitt bestimmt, und faktisch alle austretenden Neutronen haben diese Strömungsenergie von 4,5 bis 5 eV.

Im Falle eines langen Strömungspfades von geringen Querschnittsabmessungen — beispielsweise eines die Abschirmung durchdringenden Konstruktionsteils — besteht die Durchsickerung aus Neutronen, die in diesem Konstruktionsmaterial keine Kollisionen erfahren haben. Diese Neutronen werden Energien haben, die den Energien entsprechen, bei denen der Wirkungsquerschnitt des Materials klein ist. Eisen hat mehrere Antiresonanzen im Intervall von 25 bis 100 keV mit dem größten „Tal" bei 25 keV, so daß der größte Teil

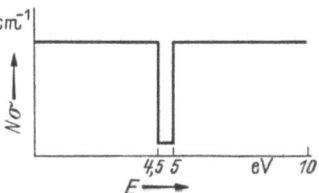

Abb. 12.1/4. Angenommener makroskopischer Wirkungsquerschnitt für die Abschwächung von Neutronenstrahlung als Funktion der Neutronenenergie (nach ROCKWELL III [3], S. 283)

der durchströmenden Neutronen diese Energie hat. Da Nickel an dieser Stelle einen großen Wirkungsquerschnitt aufweist, kann in Stählen mit Nickelgehalt dieses „Tal" kompensiert werden. [7], [8], [9], [10]

12.143 Durchgang von γ-Strahlung

Die Wahl der Art der Abstützung von Bleiplatten durch eine Stahlkonstruktion kann beträchtliche Auswirkung auf das Gewicht haben. Abb. 12.1/5 zeigt zwei mögliche Arten der Abstützung. Bei a) verlaufen Aussteifungen der Grundplatte durch die Bleiplatte, bei b) besteht die Tragkonstruktion lediglich aus der Grundplatte, die wesentlich dicker sein muß als bei a). Vergleichsrechnungen zeigten, daß der Art a) der Vorzug zu geben ist.

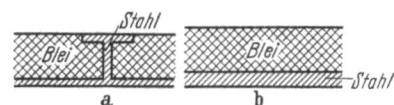

Abb. 12.1/5. Durch Stahl abgestützte sekundäre Bleiabschirmungswand (nach ROCKWELL III [3], S. 313)

Abb. 12.1/6 zeigt den Durchgang von γ-Strahlen von einer ebenen, isotropen N^{16}-Quelle durch eine 12,5 cm dicke Bleiplatte mit Aussteifungen nach der Art a) bezogen auf den Strahlendurchgang durch eine homogene Bleiplatte.

Der Spitzenwert des Strahlenflusses ist das Vielfache des durchschnittlichen Strahlendurchgangs durch die Abschirmungswand, jedoch ist die Spitze örtlich eng begrenzt.

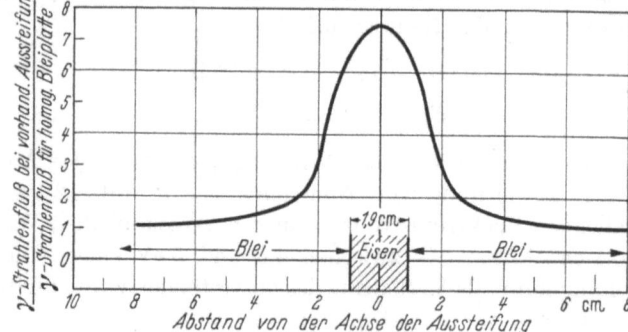

Abb. 12.1/6. Einfluß einer stählernen Aussteifung auf den γ-Strahlenfluß durch eine Bleiplatte (nach ROCKWELL III [3], S. 315)

12.15 Prüfung der Strahlenabschirmungsanlage

Das erste Ziel der Prüfung einer Strahlenabschirmungsanlage ist die Feststellung, ob Bereiche außerhalb der Abschirmung existieren, wo die Strahlungsintensität die für den Entwurf festgesetzten Werte überschreitet, um Anhalt für die notwendige Behebung der unzulässigen Bedingungen zu liefern. Zu diesem Zweck werden Strahlungsmessungen während des Reaktorbetriebs und nach Stillegung des Reaktors in den Bereichen angestellt, zu denen das Personal Zutritt hat.

Die Prüfung der Strahlenabschirmungsanlage kann auch noch ein weiteres Ziel haben: Die Beschaffung von so viel Werten über die Strahlungsfelder innerhalb der Strahlenabschirmungsmaterialien und in nicht zugänglichen Bereichen der Kernkraftanlage als irgend möglich. Dazu gehören u. a. auch chemische und Reaktivitäts-Analysen von Proben des primären Kühlmittels und der Strahlenabschirmungsflüssigkeit der primären Schutzanlage. Derartige Werte gestatten die Prüfung der Genauigkeit der Strahlenabschirmungsberechnung und ergeben wertvolle Grundlagen für den Entwurf zukünftiger Abschirmungsanlagen. Die Kenntnis der Neutronenflüsse gestattet z. B. die Berechnung der Akkumulation induzierter Aktivitäten in Konstruktionswerkstoffen und irgendwelchen vorhandenen Unreinheiten. Diese Kenntnis ist besonders wichtig für die Bestimmung der zulässigen Zutrittszeiten zu Komponenten der Kernkraftanlage längere Zeit nach Stillegung des Reaktors. Neutronen- und γ-Strahlenmessungen gestatten die Abschätzung von Strahlenschädigung, Korrosion und Gasentwicklung in den Strahlenabschirmungsmaterialien.

12.2 Beton[1] [11], [12]

12.21 Betonzusammensetzung

Gewöhnlicher Kiesbeton ist, da er keine Elemente hoher Ordnungszahl enthält, ein besseres Neutronen- als γ-Strahlen-Abschirmungsmaterial. Neben den H-Atomen tragen die O-, Ca- und Si-Atome wesentlich zur Abbremsung

---

[1] Eine detailliertere Abhandlung hat der Verfasser in „Technischer Strahlenschutz", München: Thiemig 1959, gegeben.

der Neutronen bei. Ein verhältnismäßig wasserreicher Beton ist hinsichtlich der Abbremsung von Neutronen durch elastische Streuung nahezu ebenso wirksam wie Wasser. Zur Verbesserung der Abschwächungseigenschaften für γ-Strahlen und sehr energiereiche Neutronen finden verschiedene Arten schwerer Zuschlagstoffe Verwendung. Die optimale Zusammensetzung eines Reaktorabschirmungsbetons ist so, daß eine Abschwächung der Neutronen- und γ-Strahlung im Verhältnis der erforderlichen Reduktion der jeweiligen Strahlenflüsse erzielt wird.

12.211 Zement und Wasser

Bei Reaktorabschirmungen aus gewöhnlichem Kiesbeton gewährleistet der hydratisierte Zement einen für die Neutronenschwächung mehr als ausreichenden Wasserstoffgehalt. Der kritische Wert des Wassergehalts liegt bei 4%, was eine sehr trockene Mischung bedeutet, so daß die Verarbeitbarkeit der maßgebende Faktor ist. Bei Verwendung schwerer Erze als Betonzuschläge läßt sich der erforderliche Wassergehalt durch einen mäßig hohen Wasserzementfaktor erreichen oder aber durch niedrigen Wasserzementfaktor in Verbindung mit kristallwasserhaltigen Zuschlägen. Bei Verwendung metallischer Zuschläge kann die Erzielung befriedigender Neutronenschwächungseigenschaften Schwierigkeiten bereiten.

Der Gehalt an gebundenem Wasser im Beton ist um so größer, je höher der Zementgehalt und der ursprüngliche Wasserzementfaktor, je feuchter die Nachbehandlungsbedingungen, je länger die Nachbehandlungsperiode und je niedriger die Betriebstemperaturen sind. Mit Oxychlorid- und Oxysulfat-Zementen läßt sich eine bis dreimal größere Wasserbindung als durch Portlandzement erzielen [13], jedoch hat sich mit derartigen Spezialzementen hergestellter Beton vor allem hinsichtlich der Dauerhaftigkeit nicht als zufriedenstellend erwiesen [14]. (Das anfängliche starke Interesse für derartige Spezialzemente beruhte auf einer zu hohen Einschätzung des Wertes des für adäquate Neutronenabschwächung minimal erforderlichen Wassergehaltes.)

12.212 Zuschlagstoffe

Die Dichte von gewöhnlichem Beton, der Sand und Kies oder gebrochenen Fels als Zuschlagstoff enthält, beträgt etwa 2,3 t/m³. Zur Verbesserung der Abschirmungswirksamkeit für γ-Photonen und energiereiche Neutronen finden verschiedene Gruppen schwerer Zuschläge Verwendung: natürliche schwere Erze, Schmelzbeiprodukte und metallisches Eisen. Die Art des verwendeten Zuschlagstoffs ist von ausschlaggebendem Einfluß auf die Eigenschaften und Kosten des Abschirmungsbetons. Die geeignetsten Mineralien mit einem spezifischen Gewicht $> 3,5$ g/cm³ sind Baryt ($BaSO_4$), Goethit ($Fe_2O_3 \cdot H_2O$), Limonit ($2 Fe_2O_3 \cdot 3 H_2O$) und Magnetit (Fe_3O_4). Das chemisch inerte Phosphoreisen (Fe_3P, Fe_2P, FeP) und metallisches Eisen sind ziemlich teure Zuschläge. Mit Goethit- oder Limonit-Zuschlägen ($\varrho = 3,6$ bis $3,8$ g/cm³) werden Betondichten von 3,0 t/m³, mit Baryt ($\varrho = 4,0$ bis $4,2$ g/cm³) Betondichten von 3,6 t/m³ und mit Magnetit ($\varrho = 4,6$ bis $5,0$ g/cm³) Betondichten von 3,9 t/m³ erzielt. Beton mit Phosphoreisenzuschlägen ($\varrho = 6,3$ g/cm³) hat eine Dichte von etwa 4,8 t/m³, und mit Stahlstanzabfällen und Eisenschrot ist eine maximale Betondichte von 6,6 t/m³ erreicht worden. Goethit und Limonit können als feiner Zuschlagstoff in Verbindung mit metallischem Eisen oder Magnetit als grobem Zuschlag verwendet werden, um den Gehalt des Betons an gebundenem Wasser zu erhöhen. [15], [16]

12.213 Borzusätze

Zur Erhöhung der Wahrscheinlichkeit des Neutroneneinfangs ohne Erzeugung harter Einfang-γ-Strahlung werden dem Beton zuweilen Bor-Verbindungen zugesetzt. Lösliches Bor hat selbst in kleinsten Mengen einen schädigenden Einfluß auf Beton, es verzögert das Abbinden und setzt die Festigkeit des erhärteten Betons herab. Das verhältnismäßig leicht lösliche Mineral (Colemanit (2 CaO · 3 B_2O_3 · 5 H_2O) darf daher keinesfalls in staubfeiner Form zugefügt werden; der abbindeverzögernden Wirkung kann bis zu einem gewissen Grade durch Zusatz von Kalziumchlorid oder Verwendung eines Tonerdezements entgegengewirkt werden [14], [17]. Borcalciterz (CaO · 2 B_2O_3 · 4 H_2O) hat einen weniger ausgeprägten Einfluß auf die Betoneigenschaften [18]. Eine Borverbindung von geringerer Wasserlöslichkeit als die der Bor-Erze ist Borfrit, ein Borax-Kieselsäure-Sinterprodukt; das synthetische Material ist ziemlich teuer und enthält kein Kristallwasser.

12.214 Wirtschaftliche Gesichtspunkte

Bei der Auswahl der Zuschlagstoffe für Strahlenabschirmungsbeton spielen außer technischen Überlegungen auch wirtschaftliche Gesichtspunkte eine bedeutende Rolle. Ein einfaches, vorläufiges Kriterium, mit Hilfe dessen verschiedene Betonarten miteinander verglichen werden können, ist der „Abschirmungswert", der als Reziprokwert der Kosten je Flächeneinheit einer Abschirmungsplatte, die die dominierende Komponente der Strahlung um einen Faktor e abschwächt, definiert ist [19]. Transportkosten und zusätzliche Aufbereitungskosten sind den reinen Materialkosten zuzuschlagen. Für die mittels des Abschirmungswert-Kriteriums in die engere Wahl aufgenommenen Betonarten sind Kostenvoranschläge, die die Schalungs- und Betonierkosten enthalten, aufzustellen.

Die vermehrten Kosten je m³ bei Verwendung eines teuren Betons von besserer Abschirmungswirksamkeit können nicht nur durch reduziertes Volumen der Abschirmung selbst aufgewogen werden, sondern auch von den infolge der Verkürzung der Reichweite durch die Abschirmung reduzierten Kosten von Fernbedienungswerkzeugen und anderen Installationen und durch eine mögliche Verringerung des Gebäudevolumens, die besonders im Falle des Einschlusses des Reaktors in eine gasdichte und druckfeste Containerschale eine wesentliche Rolle spielen kann. Die Bestimmung der zur Anwendung kommenden Betonart muß von Gesamtkostenanschlägen ausgehen, wenn nicht andere Erfordernisse maßgebend sind, wie z. B. die Vorteile, die eine Herabsetzung der Abschirmungsdicke von Forschungsreaktoren für die Durchführung von Experimenten bietet.

Die Kosten der Betonzuschläge unterliegen natürlich erheblichen örtlichen Preisvariationen, aber diesen Variationen ist die ausgeprägte allgemeine Tendenz eines ziemlich steilen Kostenanstiegs mit zunehmender Dichte der Zuschläge überlagert. Kostenschätzungen, die sich auf eingebauten Beton gründen, haben gezeigt, daß für jede Reaktorgröße eine zugeordnete optimale Dichte des Abschirmungsbetons existiert [20]. Für die Abschirmung von Kernkraftsystemen mit großem Reaktorkern (mit natürlichem Uran arbeitende, gasgekühlte Systeme) ist gewöhnlicher Kiesbeton das gegebene Material. Die Verwendung von Beton mit natürlichen schweren Zuschlägen kann für die Abschirmung von Kernkraftsystemen mit kleinem Reaktorkern (mit angereichertem Spaltstoff arbeitende, Flüssigkeits- oder Flüssigmetall-gekühlte Systeme) und von Forschungsreaktoren wirtschaftlich sein. Die Verwendung metallischer Zuschlagstoffe ist auf die Abschirmung von kleineren Forschungsreaktoren beschränkt, bei denen aus betrieblichen Gründen minimale Abschirmungsdicken angestrebt werden müssen.

12.22 Bauausführung von Abschirmungen aus Beton

12.221 Allgemeines

Das wesentliche Problem bei der Errichtung von Reaktorabschirmungen aus Beton besteht in dem Einbringen des Betons in die oft komplizierte und von zahlreichen Aussparungen durchdrungene Schalung. Die besonderen mechanischen Charakteristiken von Beton mit schweren Zuschlagstoffen bereiten zusätzliche Schwierigkeiten. Es empfiehlt sich, die ausführungstechnischen Probleme bei der Aufstellung des Entwurfs gebührend zu berücksichtigen. In allen Phasen der Bauausführung ist ein sehr hoher Güte-Standard anzulegen, um der Voraussetzung eines homogenen Betons von festgesetzter Zusammensetzung, auf den sich die Abschirmungsberechnung gründet, in höchstmöglichem Grade gerecht zu werden.

Beton mit Zuschlagstoffen von einigermaßen gleichartiger Dichte kann mit dem üblichen Betonierverfahren in zufriedenstellender Weise eingebracht werden; es ist jedoch äußerst schwierig, die Entmischung von Beton mit Zuschlägen von stark unterschiedlichem spezifischem Gewicht zu verhüten. Für das Einbringen von Beton mit hoher Entmischungstendenz können bewährte Spezialverfahren angewendet werden.

12.222 Übliches Betonierverfahren

Beim üblichen Betonierverfahren werden Zuschlagstoffe, Zement und Wasser in der Mischmaschine gemischt, und die Mischung wird dann in die Schalung gefüllt. Bei Verwendung von Schwerbeton ist die Mischerfüllung nicht nur im Verhältnis der Dichte des Schwerbetons zur Dichte von gewöhnlichem Kiesbeton herabzusetzen, sondern weiterhin auch unter Berücksichtigung des größeren Hebelarmes der an der Außenseite der Mischertrommel konzentrierten kleinen schweren Füllung. Beim Mischen kleiner Betonvolumina in einer großen Trommel kann die Menge von Zement und feinem Zuschlagstoff, die zum Anhängen an der Innenseite der Mischtrommel neigen, einen bedeutenden Teil des Gesamtgehalts ausmachen, so daß sich die Zusammensetzung des aus dem Mischer entladenen Betons von den Beschickungsanteilen unterscheidet. Dieser Schwierigkeit kann durch Verwendung plastizierender Zusatzmittel abgeholfen werden.

Die mahlende Wirkung metallischer Eisenzuschläge im Mischer resultiert in der Vergrößerung der Oberfläche des Zementanteils, was zu einer Beschleunigung des Abbindeprozesses führt, so daß der Zusatz von Abbindeverzögerern zweckmäßig sein kann. Feine Magnetitzuschläge können an groben Stahlzuschlägen magnetisch anhaften und einen guten Verbund mit der Zementpaste verhindern. Dadurch kann die Betonfestigkeit erheblich herabgesetzt werden. Es empfiehlt sich in diesem Falle, die groben Zuschläge mit einer kleinen Menge Zement und Wasser vorzumischen, so daß die Stahlzuschläge vor der Zugabe des Magnetitsandes mit Zementpaste überzogen sind.

Eine Verdichtung des in die Schalung eingebrachten Betons durch Innenrüttler ist unbedingt erforderlich, um eine porenfreie, vollständige Ausfüllung der Schalung zu erreichen. Das Rütteln des Betons ist bei Verwendung zerreibbarer Zuschlagstoffe vorsichtig zu handhaben. Auf eine gute Verarbeitbarkeit der Betonmischung ist besonderer Wert zu legen, um eine gute Verdichtung auch an schlecht zugänglichen Stellen bei geringer Rüttelzeit zu erreichen, so daß Absonderung schwerer Zuschläge und Wasserabscheidung vermieden werden. Neben der genauen Abstimmung des Wasserzementfaktors kann eine Verbesserung der Verarbeitbarkeit durch Zusatz eines Benetzungsmittels und durch Erhöhung des Zementgehalts erreicht werden. Die Zementkosten stellen bei Schwerbeton einen weit geringeren Anteil der Materialkosten dar als bei gewöhnlichem Kiesbeton. Eine Erhöhung des Zementgehalts setzt jedoch bei Schwerbetonen die Dichte herab. Das Problem besteht daher in dem Auffinden einer optimalen Kompromißlösung zwischen Verarbeitbarkeit und Dichte; das kann bei einem Beton mit winkeligen Eisenabfällen als Zuschlagstoff besonders schwierig sein. — Der Entmischung an horizontalen Arbeitsfugen kann durch Aufbringen einer 1 bis 2 cm dicken Mörtelschicht auf jede Schicht unmittelbar vor dem Einbringen der nächsten Schicht begegnet werden.

Das Pumpen von Beton von der Mischmaschine in die Schalung ist nur eine besondere Form des Einbringens von üblichem Beton. Es ist dabei von wesentlicher Bedeutung, daß der Beton der Einbaustelle in Mengen zugeführt wird, die bequem verarbeitet werden können. Das Pumpverfahren ist durch eine gleichförmige Zuführungsgeschwindigkeit des Betons charakterisiert; für das Betonieren von Reaktorabschirmungen ist aber wegen der Komplexheit der Schalung eine flexible Betonzuführung erwünscht. Diese Diskrepanz ist durch eine gut durchdachte Planung der Betonierarbeiten nach Möglichkeit auszugleichen. Das Pumpverfahren ist bei Beton mit natürlichen schweren Zuschlagstoffen anwendbar, jedoch wegen der Entmischungsgefahr nicht bei Beton mit Abfalleisen-Zuschlägen. Wegen dem für gute Pumpfähigkeit notwendigen höheren Wasserzementfaktor (Beton muß gut plastische Beschaffenheit haben) können bei Verwendung des Pumpverfahrens keine so hohen Betondichten erzielt werden wie bei Einschütten des Betons in die Schalungen.

12.223 Puddelverfahren

Um die Schwierigkeiten der Verarbeitung und die Gefahr der Entmischung beim Einbringen von Beton mit Stahlstanzabfällen und anderem Stahlschrott zu umgehen, kann das sogenannte Puddelverfahren angewendet werden [21]. Bei diesem Verfahren werden Mörtelschichten von 10 bis 20 cm Dicke in die Schalung eingebracht und mit einer gleichförmigen Schicht grober metallischer Zuschläge bedeckt, die unter Stochern und Rütteln zum Einsinken in die Mörtelschicht gebracht werden. Eine strenge Überwachung von Mörtelsteife und Puddelarbeit ist notwendig, um eine gleichförmige Dichte in aufeinanderfolgenden Schichten zu erzielen.

Einer der Hauptnachteile des Puddelverfahrens besteht darin, daß die groben Zuschlagstoffe nicht mehr in größerem Maße horizontal bewegt werden können, wenn sie einmal im Mörtel stecken [22]. Da es Schwierigkeiten bereitet, grobe Zuschläge unter Aussparungen in der Abschirmungskonstruktion zu schieben, ist das Verfahren in seiner Anwendbarkeit begrenzt auf offene Schalungen, die relativ frei von Einbauten sind.

12.224 Auspreßverfahren

Bei einem der gebräuchlichsten Auspreßverfahren, dem Intrusion-Prepakt-Verfahren [23], [24], [25], werden grobe Zuschläge mit einem Mindest-Korndurchmesser von 12 mm nach Abwaschen des an der Oberfläche haftenden Staubes in die Schalung eingebracht und durch Rütteln verdichtet. Es entsteht ein Steingerüst, in das durch eingesetzte Rohre unter geringem Überdruck ein besonderer Mörtelbrei eingeleitet wird. Die Mörtel-Einleitung beginnt an der tiefsten Stelle in der Schalung. Bei sinnvoller Verteilung der Zuführung steigt der Mörtel langsam und gleichmäßig im Kornskelett hoch und füllt sämtliche Hohlräume aus. Bei Verwendung dichter Schalungen ist es vorteilhaft, das Steingerüst mit Wasser zu fluten; das Wasser „führt" den Mörtel in die kleinsten Hohlräume hinein. Es wird, ohne sich mit dem Mörtel zu mischen, von diesem an die Oberfläche gebracht und wird abgepumpt, wenn es aus dem Steingerüst austritt.

Außer Zement, Sand und Wasser enthält der Intrusion-Mörtel „Alfesil" und „Intrusion Aid". „Alfesil" ist die Handelsbezeichnung einer besonders aufbereiteten Flugasche, die 30 bis 50% des sonst benötigten Zements ersetzt. Das feine Silikatpulver verhindert im Mörtelbrei die Zusammenballung der Zementpartikel und setzt die Wasserabscheidung herab; mit dem während des Abbindeprozesses frei werdenden Kalk geht es eine unlösliche, die Festigkeit erhöhende Verbindung ein. „Intrusion Aid" verhindert das frühe Erstarren des Mörtels; es wirkt weiterhin dadurch als Verflüssiger, daß es die festen Teilchen in Suspension hält, und schließlich setzt es vor dem Erstarren des Mörtels eine geringe Menge Wasserstoff frei, so daß der Mörtel etwas quillt. Der Intrusion-Mörtel kann ohne Gefahr der Verstopfung durch lange Rohrleitungen gepumpt werden — selbst bei Unterbrechung der Pumparbeit für die Dauer von etwa einer Stunde.

Die Verwendung des Intrusion-Prepakt-Verfahrens wird empfohlen, wenn Anzahl und/oder Anordnung von Einsätzen in der Schalung einer Abschirmungskonstruktion das Einbringen der Betonmischung von oben und die Überwachung der Arbeit erheblich erschweren würde [26], sowie bei Verwendung von metallischen groben Zuschlägen. H. S. Davis [15], [27] nennt folgende Vorteile dieses Verfahrens gegenüber dem üblichen Betonierverfahren:

1. Die Neigung grober schwerer Zuschlagstoffe zur Absonderung kann auf ein Minimum eingeschränkt werden, auch bei Verwendung eines Gemisches grober Zuschläge von unterschiedlichem spezifischem Gewicht.

2. Beton von gleichförmigem Gefüge läßt sich ohne weiteres auch in schwer zugänglichen Bereichen und um eingebettete Einsätze herum herstellen, an sehr schwierigen Stellen kann durch Einbringen der Zuschläge mit der Hand eine auf keine andere Art erreichbare Gleichförmigkeit des Betons erzielt werden.

3. Bei gleicher Betonzusammensetzung läßt sich ein Beton von größerer Dichte und Homogenität erzielen als mit anderen Methoden.

4. Die Lage der eingebetteten Rohreinsätze und anderer Installationsteile kann vor Beginn des Mörtelpumpens nachgemessen und justiert werden; das Einströmen des Intrusion-Mörtels ist ein ruhiger, erschütterungsfreier Vorgang und verändert die Lage dieser Teile nicht.

5. Eine Änderung der Art der groben Zuschläge bereitet beim Einbringen in die Schalung keinerlei Schwierigkeiten, so daß das Abschirmungsmaterial in optimaler Weise verteilt werden kann.

12.23 Thermische Aspekte bei der Bemessung von Beton-Strahlenabschirmungen

Thermische Aspekte spielen bei der Verwendung von Beton für die Abschirmung von Kernreaktoren eine bedeutende Rolle [28]. Der Beton ist dabei zwei Wärmequellen ausgesetzt: 1. der Wärmeübertragung von den heißen Teilen des Reaktorsystems und 2. der durch die Abschwächung der Neutronen- und γ-Strahlung bewirkten inneren Wärmeerzeugung.

Die Einwirkung der erstgenannten Wärmequelle auf die Betonkonstruktion kann in vielen Fällen durch ein adäquates Kühlsystem gering gehalten werden. Einer übermäßigen Wärmeerzeugung in der Abschirmung selbst wird durch Anordnung einer gekühlten thermischen Abschirmung zwischen dieser und dem Reaktorkern vorgebeugt. Bisher ist man bei der thermischen Bemessung von Beton-Strahlenabschirmungen sehr vorsichtig vorgegangen, d. h. die thermische Abschirmung ist meist erheblich überbemessen worden. Da thermische Abschirmungen aber ziemlich teure Objekte sind, lassen sich durch realistischere Einschätzungen der Materialeigenschaften und Berücksichtigung des plastischen Verhaltens von Beton wesentliche Ersparnisse erzielen.

12.231 Einfluß hoher Temperaturen auf die mechanischen Eigenschaften von Beton

Bei Temperaturen oberhalb etwa 85 °C wird neben dem freien Wasser auch ein Teil des Hydratationswassers aus dem Beton ausgetrieben. Dehydratation des Betons verursacht eine Herabsetzung seiner Festigkeitswerte, des Elastizitätsmoduls, der Wärmedehnzahl und der Wärmeleitfähigkeit. Tab. 12.2/1 zeigt als Beispiel den Einfluß von Erhitzung auf verschiedene physikalische Eigenschaften von Schwerbeton mit Eisenerzzuschlägen aus den Running Wolf Lagerstätten in Montana, USA. (Das dort gewonnene Erz ist eine Mischung von Magnetit, Hämatit und Limonit, wobei Magnetit vorherrschend ist; dieses Erz ist in den USA für den Bau von Reaktor-Strahlenabschirmungen von besonderem Interesse, da es über hohe Dichte, einen mäßig hohen Wassergehalt und hohe Festigkeit kombiniert verfügt.) Die Prüfkörper wurden nach 30 Tagen feuchter Lagerung 62 Tage im Laboratoriumsraum bei 50% relativer Luftfeuchtigkeit gelagert, wobei sie etwa 25% des Mischwassers verloren, und wurden darauf 14 Tage lang Temperaturen von 85 °C, 200 °C oder 350 °C ausgesetzt, um den Einfluß der statischen Erhitzung zu untersuchen [29]. — Bei Betonprüfkörpern, die großen Temperaturfluktuationen ausgesetzt wurden, sind zwei- bis dreifach größere Festigkeitseinbußen festgestellt worden als im Falle konstanter hoher Temperatur [30].

Tabelle 12.2/1. *Einfluß von Erhitzung auf physikalische Eigenschaften von Schwerbeton mit Eisenerzzuschlägen aus den „Running Wolf" Lagerstätten in Montana, USA; Werte in Prozent der 90 Tage-Werte für nicht erhitzten Beton [29]. Mischungsverhältnis: 390 kg/m³ Portlandzement, 170 l/m³ Wasser, 1620 kg/m³ grober Zuschlag, 1410 kg/m³ feiner Zuschlag.*

Alter in Tagen	92	106	106	106
Lagerungsbedingungen	Laborluft	85 °C	200 °C	350 °C
Raumgewicht:	3,55 t/m³	99%	97%	94%
Zylinderdruckfestigkeit (15·30 cm, Zylinder)	630 kg/cm²	—	90%	77%
Biegezugfestigkeit (15·15·60 cm, Träger)	65 kg/cm²	109%	100%	90%
Würfeldruckfestigkeit (Prüfträgerenden)	750 kg/cm²	69%	65%	64%
Haftfestigkeit, 20 mm ⌀ Rundstahl, 23 cm, Würfel, bei Gleitung von:				
0,00025 cm	83 kg/cm²	—	86%	34%
0,00125 cm	100 kg/cm²	—	97%	62%
Wärmedehnzahl	$9{,}93 \cdot 10^{-6}$	96%	91%	83%
Elastizitätsmodul (bei einer Spannung v. 140 kg/cm²)	600000 kg/cm²	—	68%	45%
Wassergehalt:				
freies Wasser	45 kg/m³	0%	0%	0%
Hydratationswasser	82 kg/m³	80%	53%	39%
Kristallwasser der Zuschläge	86 kg/m³	96%	91%	8%
Betondicke, die schnelle Neutronenstrahlung ($\sim$ 2—6 MeV) auf $1/10$ abschwächt	21 cm	107%	110%	120%

In welchem Maße die Gelstruktur der Zementpaste durch die Strahlung direkt geschädigt wird, ist noch ungeklärt; denn die bisherigen Bestrahlungsversuche sind nicht in einer Weise durchgeführt worden, die eine Unterscheidung zwischen Wärmeschädigung und Strahlenschädigung zuläßt. Es kann jedoch als erwiesen angesehen werden, daß der Strahlenschädigung des Betons nur eine zweitrangige Bedeutung zukommt.

Die an kleinen Prüfkörpern ermittelten Werte für die Wärmeschädigung von Beton brauchen jedoch nicht indikativ für das Verhalten massiger Reaktor-Strahlenabschirmungskonstruktionen zu sein. Wegen der Natur der Umwandlung der Strahlungsenergie in Wärmeäquivalente innerhalb der Strahlenabschirmung, und da die wesentlichen Wärmequellen meist nur an der Innenseite der Schutzanlage liegen, wird sich die Wärmeschädigung des Betons in der Regel auf die ersten Dezimeter an ihrer Innenseite beschränken. Ebenfalls kann der Wasserdiffusionsprozeß bei einer dicken Beton-Strahlenabschirmung Jahre in Anspruch nehmen. Ferner schützt eine Verminderung der Wärmeleitfähigkeit des Betons in den ersten Dezimetern an der Innenseite der Abschirmung den Beton im Inneren der Wand [30].

Volumenänderungen des Betons (Schwinden, Wärmedehnung) können bedeutende Faktoren beim Entwurf einer Strahlenabschirmungsanlage sein. Schwerbetone mit Limonit- oder Goethit-Zuschlägen schwinden bei erhöhten Temperaturen in stärkerem Maße als Beton mit Magnetit- oder Barytzuschlägen. Die Wärmedehnzahl für Barytbeton ist 1,5 bis 2 mal größer als die für andere Betonarten. In einigen Fällen kann die Wärmedehnung die Schwindeffekte aufheben.

12.232 Einfluß hoher Temperaturen auf die Strahlenabschirmungseigenschaften von Beton

Der Wasserverlust bei erhöhten Temperaturen setzt die Abschwächungswirksamkeit von Beton für schnelle Neutronenstrahlung herab; in der letzten Zeile von Tab. 12.2/1 ist die Erhöhung der Zehntelwertdicken für schnelle Neutronen für den vorstehend beschriebenen Beton angegeben. Abb. 12.2/1 zeigt den Einfluß aufeinanderfolgender Lagerungen von je dreiwöchentlicher Dauer im Trockenofen bei 100 °C, 175 °C und 320 °C auf die Neutronenschwächungseigenschaften von Magnetit-Limonit-Beton mit einer anfänglichen Zusammensetzung von 390 kg/m³ Zement, 200 kg/m³ Wasser, 2240 kg/m³ Magnetit und 750 kg/m³ Limonit [*31*].

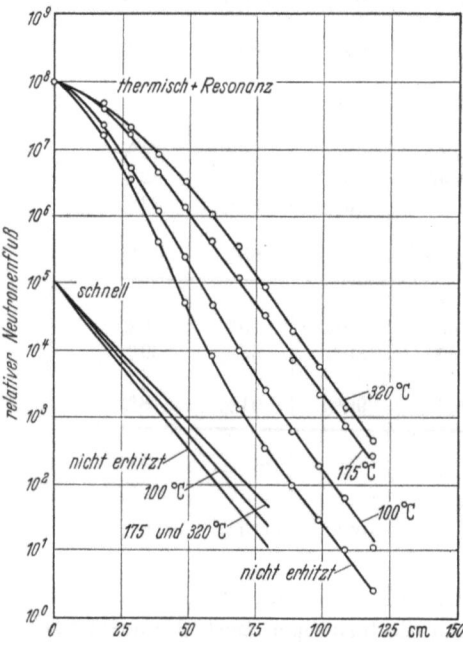

Abb. 12.2/1. Relativer Neutronenfluß als Funktion der Tiefe (Wanddicke) in auf 100 °C, 175 °C und 320 °C erhitztem Magnetit-Limonit-Beton (nach FRYAR u. PETERSON [*31*])

12.233 Wärmespannungen

Wärmespannungen stellen meist die Hauptbeanspruchung dar, der eine Reaktor-Strahlenabschirmungsanlage aus Beton ausgesetzt ist. Die nichtlinear verteilte Wärmeerzeugung innerhalb einer Reaktor-Abschirmung führt zu Problemen der nichtlinearen Mechanik in der Festigkeitsberechnung. Detaillierte analytische Verfahren für die Berechnung der durch nichtlineare Temperaturverteilungen hervorgerufenen Spannungen sind kompliziert und zeitraubend. Eine sehr bequeme graphische Methode für die überschlägige Bestimmung von Temperatur- und Wärmespannungs-Verteilungen in ungerissenen Betonquerschnitten wird von H. S. DAVIS [*30*] angegeben.

Die thermischen Einflüsse verlangen bei der Aufstellung des Entwurfs einer Strahlenabschirmungsanlage aus Beton die Beantwortung folgender Fragen:

1. Wie hoch ist die maximal zulässige Temperatur in einer Abschirmung aus Beton von gegebener Zusammensetzung und Nachbehandlung für einen bestimmten Temperaturzyklus?
2. Welches Temperaturdifferential ist in einer Betonabschirmung mit einem bestimmten Bewehrungsprozentsatz und gegebener Verteilung der Bewehrung zulässig, unter Berück-

sichtigung der veränderten mechanischen Eigenschaften von Beton bei hohen Temperaturen und des Spannungsabbaus durch Krieckeffekte?

3. Ist es wirtschaftlicher, mehr Stahl für die innere thermische Abschirmung aufzuwenden (Reduzierung des einfallenden Energieflusses) oder für die Bewehrung der umgebenden Beton-Abschirmung (Heraufsetzung des höchstzulässigen Temperaturdifferentials)?

4. Welches ist die wirksamste Anordnung der Bewehrung, um mit einem wirtschaftlich vertretbaren Stahlaufwand die Rißbildung auf ein Mindestmaß herabzudrücken und eine möglichst gleichförmig verteilte Rißentwicklung zu erzielen? Kann Vorspannung der Beton-Strahlenabschirmungsanlage technische und wirtschaftliche Vorteile bieten?

12.24 Verschiedenartige Reaktor-Abschirmungskonstruktionen

12.241 Einrüstung großer Deckenkonstruktionen

Der Bau weitgespannter Strahlenabschirmungsdecken für mit natürlichem Uran arbeitende graphitmoderierte, gasgekühlte Reaktoren gibt verschiedene Probleme auf, von denen die Konstruktion der Einrüstung das bedeutendste ist. Die Faktoren, die in der Regel die übliche Art der Abstützung von unten verbieten, sind: die Notwendigkeit der Gewährleistung eines schnellen Arbeitsfortschritts und/oder die Anordnung einer thermischen Abschirmung aus Stahlplatten an der Unterseite der Decke mit Zwischenraum für das Durchströmen von Kühlluft und für eine evtl. Wärmeisolierung. Bei Anordnung einer thermischen Abschirmung mit Kühlluftzwischenraum unter der Betondecke liegt die offensichtliche Lösung des Problems in der Aufhängung von Schalung und thermischer Schutzwand, wofür zwei Systeme in Frage kommen: 1. Träger, die dann in die Deckenplatte einbetoniert werden, oder 2. über der Platte angeordnete Träger.

Die Einrüstung der 14 · 18 m großen, 2,6 m dicken Strahlenabschirmungsdecke der Windscale-Reaktoren ist zu einem Vorbild für spätere Konstruktionen geworden [32], [33]. Da die große Anzahl der Öffnungen, die in der Platte vorgesehen werden mußten, der Anordnung von Trägern in der Decke erhebliche Einschränkungen auferlegte, und weiterhin das Einlegen einer Bewehrung normal zu den Trägerachsen für die in zwei Richtungen spannende Platte Schwierigkeiten bereitet hätte, wurden über der Platte angeordnete Schalungsträger gewählt. Es wurden sieben Doppel-Doppel-BAILEY-Brückenträger von je 18,5 m Länge in 1,9 m Abstand zur Überbrückung der langen Rechteckseite verwendet (Abb. 12.2/2). Unter den BAILEY-Trägern hängen paarweise [-16, an denen je zwölf Hängestangen von 38 mm Durchmesser befestigt sind. An diesen Stangen hängen ⊥-Träger, auf denen die Stahlplatten der thermischen Abschirmung mit Spielraum für die Wärmedehnung frei aufliegen. Die Lage der Platten wird durch Kanäle im Graphitaufbau bestimmt, mit denen die Löcher in den Platten mit einer Toleranz von ± 0,7 mm übereinstimmen müssen. Diese feine Justierung wurde durch Verschieben der Platten auf den ⊥-Trägerflanschen mit Hilfe von Keilen und Schraubenpressen erzielt. Nach dem Richten der thermischen Abschirmung wurden die 7,5 cm dicken Isolierungskästen auf ihr ausgelegt und untereinander verbunden.

Darauf wurden an den Hängestangen Doppelwinkel mit einem zwischen den Knotenblechen der Aufhängung durchlaufenden Futter befestigt. Die Kontaktflächen von Winkel und Futter waren zur Erzielung vollkommener Mörteldichtigkeit mit einem Farbanstrich versehen und zusammengenietet worden, während der Anstrich noch frisch war. Der Steg des zusammengesetzten Profils erhielt Bohrungen zur Durchführung der untersten Bewehrungsanlage. Auf den Winkelflanschen wurden dann die 12 mm dicken Stahlschalungsbleche verlegt und zur Erzielung einer mörteldichten Konstruktion untereinander und mit den

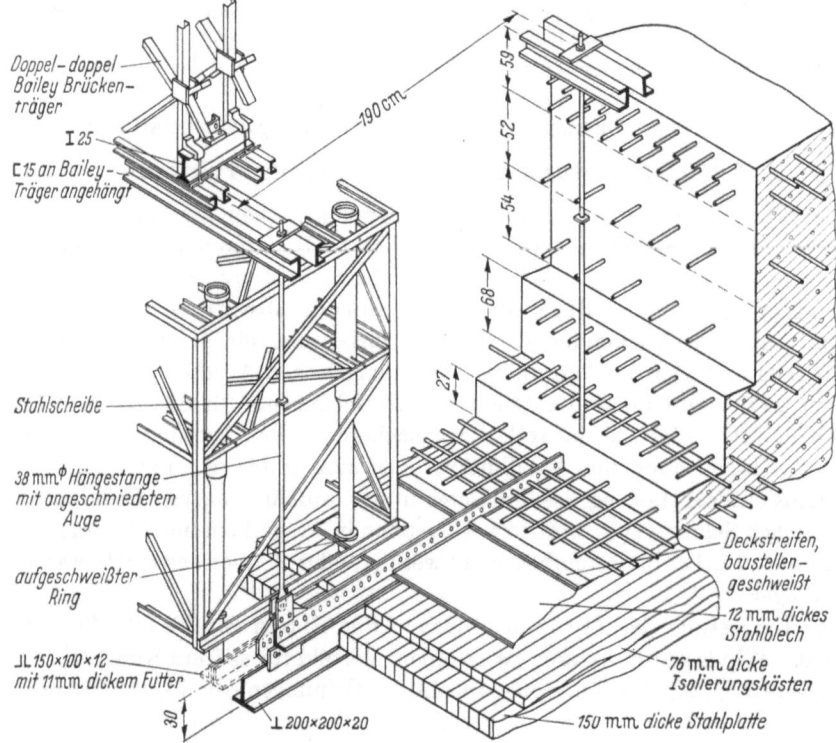

Abb. 12.2/2. Isometrische Schnittzeichnung der Strahlenabschirmungsdecke eines Windscale-Reaktors und ihrer Einrüstung (nach DICK [*32*], [*33*])

Winkeln mit durchlaufenden Nähten verschweißt. Schließlich wurden die undichten Stellen an der Aufhängung mit einer Dichtungsmasse geschlossen.

Nun mußten die Schalungsrohre für die Kanäle, durch die die Steuerung der vielen Sicherheitseinrichtungen usw. arbeiten sollte, eingebaut werden. Da diese Kanäle genau mit den entsprechenden Kanälen in dem Graphitaufbau (der noch nicht errichtet war), übereinstimmen mußten, wurde die Unterseite der thermischen Abschirmung durch Nachstellen der Hängestangen-Muttern genau in die Horizontale gebracht, damit exakte Bezugspunkte zum Einmessen gewonnen werden konnten. Die in diesem Stadium von den BAILEY-Trägern getragene Last betrug 1,7 t/m². Ein Abweichen von der Horizontalen nach unten nach Fertigstellung der Strahlungsschutzdecke war unzulässig, ein geringes Abweichen nach oben konnte zugelassen werden.

Die Kanäle waren von zwei verschiedenen Typen: Für den ersten Typ wurden im Durchmesser abgestufte Stahlrohre als Hülsen einbetoniert, in die nach Fertigstellung der Deckenplatte Rohre kleineren Durchmessers eingesetzt wurden. Der Zwischenraum wurde mit Zementmörtel ausgefüllt. Die engen Abstände der Rohre des zweiten Typs verboten die Verwendung von Hülsenrohren, so daß diese bei Beibehaltung ihrer genauen Lage direkt einbetoniert werden mußten. Die Rohre wurden daher durch eine an der Stahlschalung festgeschweißte leichte Fachwerkkonstruktion gehalten. Das genaue Einrichten geschah mit Hilfe von Justierschrauben an den Ober- und Unterenden der Rohre. Die Schalung erhielt zum Ausgleich der Deckendurchbiegung und der Durch-

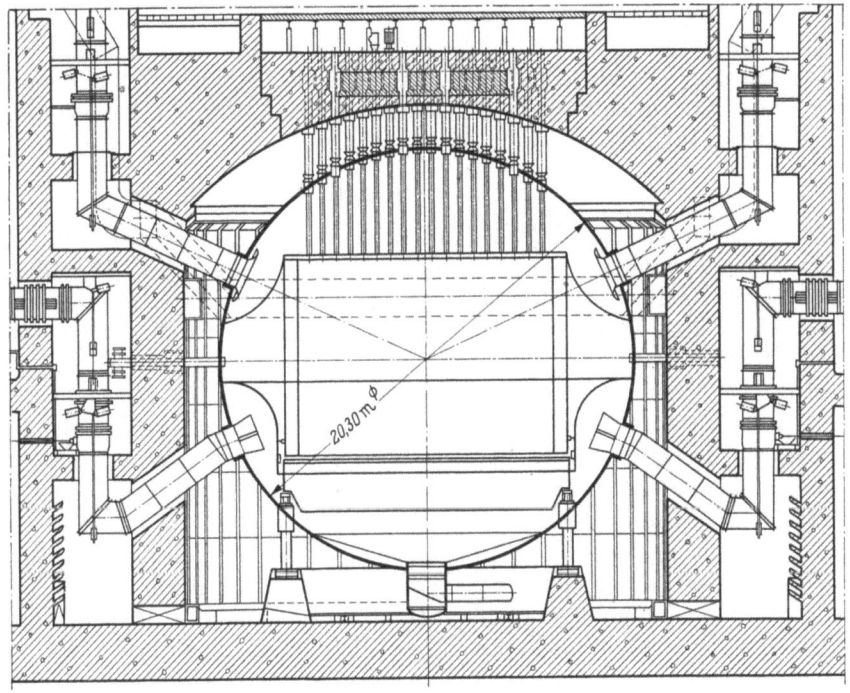

Abb 12.2/3. Vertikalschnitt durch die Beton-Strahlenabschirmung des BRADWELL-Kernkraftwerkes (nach VAUGHAN u. ANDERSON [35])

biegung der BAILEY-Träger, der der überwiegende Anteil zukommt, durch Anziehen der Muttern am oberen Ende der Hängestangen eine Überhöhung von maximal 22 mm in Deckenmitte. Der für den Ausgleich der Durchbiegung der BAILEY-Träger erforderliche Anteil der Überhöhung wurde durch eine Versuchsbelastung zweier Träger ermittelt.

Das Betonieren der 2,60 m dicken Strahlenabschirmungsdecke erfolgte in fünf Schichten, deren erste 27 cm dick war und von der permanenten Stahlschalung getragen wurde. Sie bildete ihrerseits die Schalung für die zweite 68 cm dicke Schicht. Um Rißbildungen infolge Schwinden und der Durchbiegung der BAILEY-Träger zu verhüten, wurde eine zwischen den Wänden und der Deckenplatte umlaufende Lücke gelassen, die drei Tage nach Fertigstellung der Deckenplatte ausbetoniert wurde. Der zweiten Schicht wurde sieben Tage Zeit zum Erhärten gelassen, ehe sie durch die 54 cm dicke dritte Schicht belastet wurde. Die ersten beiden Schichten nahmen nun den wesentlichen Lastanteil auf. Nach siebentägigem Erhärten der dritten Schicht war die nun 149 cm dicke Deckenplatte in der Lage, die aufgehenden Betonschichten selbst zu tragen; die Hängestangen wurden daher abgeschnitten und das BAILEY-Trägersystem entfernt. Die Hängestangen sind gegen Herausziehen durch die Lasten der Stahlplatten der thermischen Schutzwand durch angeschweißte kleine Stahlscheiben gesichert.

Bei Verzicht auf einen Kühlluftzwischenraum ist die Ausbildung der thermischen Abschirmung als freitragende Stahlblechkuppel eine zweckmäßige Lösung. Erstmalig wurde diese Lösung beim Bau des BRADWELL-Kernkraftwerks angewendet (Abb. 12.2/3). Um einen schnellen Arbeitsfortschritt zu gewährleisten, wurde am Boden eine Stahlblechkuppel hergestellt, die unmittelbar nach Fertigstellung der Druckbehälterschale auf die Wände der Strahlenabschirmungsanlage aufgesetzt wurde und die permanente Schalung für das Betonieren der Decke bildete. [34], [35]

12.242 Verwendung des Intrusion-Prepakt-Verfahrens [26], [37], [38]

Der Materialprüfreaktor (MTR) bei Arco, Idaho, wird seitlich von einer 275 cm dicken biologischen Abschirmung aus Barytbeton umgeben. Die äußeren Abmessungen des Reaktors bilden ungefähr einen Würfel von 10 m Kantenlänge (Abb. 12.2/4). Der schwere Zuschlagstoff wurde verwendet, um die biologische Abschirmung nicht zu massig und damit für die zahlreichen Experimentiereinrichtungen zu kompliziert werden zu lassen. Die Abschirmungswand wird von etwa 100 Kanälen verschiedener Art durchdrungen. Sämtliche Einfassungen der Experimentierkanäle sind zwischen die Stahlplatten geschweißt, die als permanente innere und äußere Schalung des Betons dienen. Diese stählernen Hülsenrohre mußten auf Bruchteile von Millimetern genau justiert werden.

Die Gesamtmenge des für den Bau der biologischen Abschirmung des MTR verwendeten Barytbetons beträgt 760 m³, wovon ein Drittel mit den üblichen Betoniermethoden im unteren Teil der Strahlenabschirmung eingebracht wurde. Der Oberteil der Abschirmung enthält eine Vielzahl von Reaktorbetriebs- und Experimentierkanälen, Rohren und Leitungen (die Toleranzen für die Lage vieler Kanäle betragen Bruchteile von Millimetern). Der Oberteil wurde nach dem Intrusion-Prepakt-Verfahren betoniert, was die erste Anwendung dieses Verfahrens für den Bau von Beton-Strahlenabschirmungsanlagen für Kernreaktoren darstellt (November 1951).

Die groben Zuschläge für den oberen Teil der Strahlenabschirmungsanlage wurden aus vier getrennten Korngrößen gemischt: 12,5 cm, 7,5 cm, 4 cm und 2 cm; Körnungsanteile unter 1,2 cm wurden abgesiebt. Der Sand für den Intrusion-Mörtel wurde durch ein 0,6 mm-Sieb von den gröberen Bestandteilen getrennt. Vor dem Einbringen der gewaschenen groben Zuschläge in die Stahlblechschalungen wurden Mörtelpumprohre von 20 mm Durchmesser eingesetzt. Unter Einbauten gekrümmte Rohre wurden unmittelbar über der Krümmung gestoßen, so daß der gerade Teil wie alle im ganzen geraden Rohre mit fortschreitender Vermörtelung gezogen werden konnte. Diese Rohre reichen bis über die Oberkante der Strahlenabschirmungsanlage, wo die Mörtelzuführungsleitungen angeschlossen werden. Dicht neben jedes Mörtelpumprohr wurde ein perforiertes Peilrohr von 50 mm Durchmesser und ein Lüftungsrohr von 20 mm Durchmesser eingesetzt. Insgesamt waren es fast 150 Rohre.

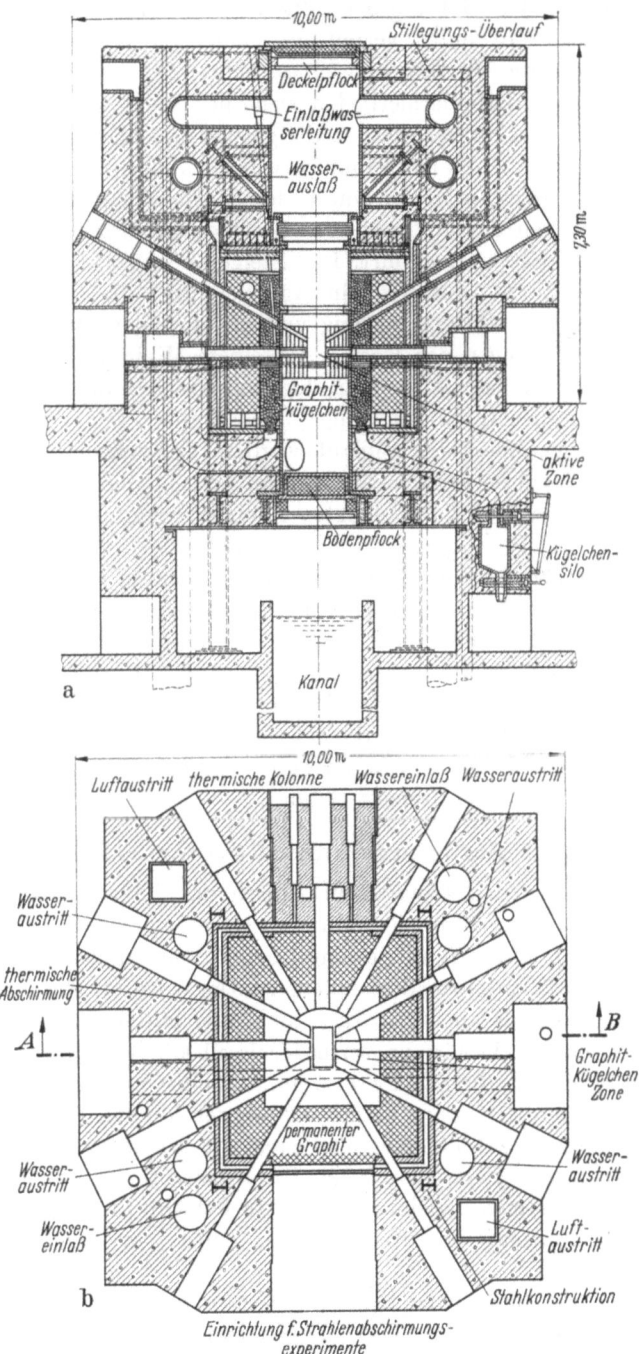

Abb. 12.2/4
a) Vertikalschnitt durch die Mittellinie der Reaktorkonstruktion des MTR;
b) Horizontalschnitt (nach United States Atomic Energy Commission [36])

Das Einbringen der 1100 t grober Zuschläge erfolgte innerhalb von fünf Tagen. Die Abb. 12.2/4a und b vermitteln einen Eindruck von der Komplexheit der Einbauten, die die Erzielung eines dichten Betons von gleichförmigem Gefüge mit üblichen Betoniermethoden sicherlich nicht zugelassen hätte. An engen Stellen zwischen Rohren wurden die groben Zuschläge mit der Hand eingebracht. Mörtelmischer und Mörtelpumpe wurden außerhalb des Gebäudes aufgestellt, und der Intrusion-Mörtel wurde den Mörtelrohren durch drei Hauptleitungen, die sich an der Oberseite der Strahlenabschirmung in je zwei Zuführungsleitungen teilten, zugeführt. Das Steigen des Mörtels wurde mit Hilfe einer Kartierung, in die laufende Eintragungen über die Peilungen gemacht wurden, verfolgt. Die Mörtelzuführung zu den einzelnen Rohren erfolgte so, daß Horizontalbewegungen des Mörtels auf einem Minimum gehalten wurden. Der Intrusion-Mörtel stieg mit 15 cm/h; die Pumparbeiten dauerten 56 Stunden. Ursprünglich war die Anordnung einer Deckschalung zur Verhinderung des Aufschwimmens der Zuschläge geplant worden. Versuche ergaben jedoch die Überflüssigkeit einer derartigen Maßnahme wegen des hohen spezifischen Gewichts des Zuschlagstoffs. Die obersten 15 cm wurden mit gemischtem Beton abgeschlossen.

Die Menge des benötigten Intrusion-Mörtels stimmte sehr gut mit dem geschätzten Porenraum überein. Die erzielte Betondichte wurde zu 3,64 t/m³ ermittelt, gegenüber 3,5 t/m³ Dichte des nach den üblichen Verfahren hergestellten Betons. Eine umfassende Untersuchung der Integrität der Strahlenabschirmungsanlage während des Reaktorbetriebs brachte keine Anzeichen für irgendwelche Mängel zutage. Die Gesamtkosten je m³ eingebauten Beton betrugen für den nach dem üblichen Verfahren eingebrachten Beton $ 254 verglichen mit $ 246 für den Intrusion-Prepakt-Beton.

12.243 Betonieren eines Reaktorbeckens

Abb. 12.2/5 zeigt einen Längsschnitt durch das 200 m³ fassende Reaktorbecken des Forschungsreaktors in München-Garching, zu dessen Herstellung 190 m³ Barytbeton und 260 m³ gewöhnlicher Beton eingebaut wurden [39], [40], [41]. Die schlaff bewehrte Beckenkonstruktion wird als Ganzes sowohl zur Strahlenabschirmung als auch zur Aufnahme aller statischen Lastfälle herangezogen. Die durch die Abschirmungserfordernisse bedingten großen Wanddicken ergaben die Möglichkeit, die Stahlbetonwandung selbst wasserdicht herzustellen, so daß eine besondere Isolierung eingespart werden konnte. Unter der Beckensohle wurde eine bis in Fußbodenhöhe reichende Dichtungswanne aus 4 mm dicker, geschweißter Bleifolie ausgeführt. Die Innenseite des Betons erhielt eine doppelte Keramikfliesenverkleidung. Die erste Schicht Fliesen, die beiderseits schwalbenschwanzförmige Nuten aufweisen, wurde an der Innenseite der Schalung angebracht.

Die komplizierte Bewehrung der Beckenkonstruktion und der zusätzliche Einbau von Winkeleisengestellen für die Stützung und Justierung der Stahlrohrauskleidung der Experimentierkanäle erschwerten die Betonierarbeiten. Das Einbringen der mit größter Sorgfalt zusammengesetzten Betonmischung in die 10 m hohen Beckenwände erfolgte in pausenlosem Betonierbetrieb mit Hilfe von Hosenrohren. Um einen möglichst gleichförmigen Abbindeprozeß zu erzielen, wurde die Betonmischung für die Beckensohle und den unteren Bereich der Beckenwandung kühl gehalten, und die Temperatur der Betonmischung für den dünneren oberen Wandbereich wurde etwas erhöht. Für die Verdichtung wurden Innenrüttler mit hoher Frequenz eingesetzt. Zur Verhütung der Bildung

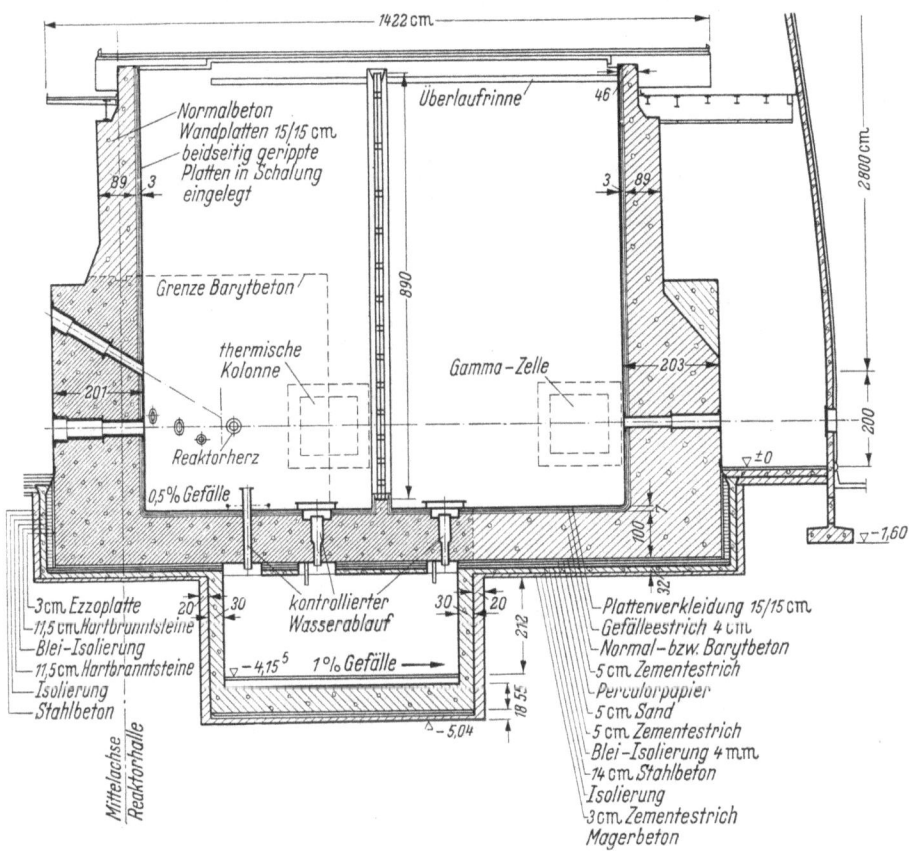

Abb. 12.2/5
Längsschnitt durch das Reaktorbecken des Forschungsreaktors München-Garching (nach BROSCH [39])

von Wassersäcken und Zementschlamm-Abscheidungen an der Unterseite von Stahlrohren und anderen Einbauten wurden diese eingebetteten Teile mit sauber gewaschenen groben Zuschlägen in stabilen Maschendrahtkörben umpackt. Das Auspressen der einzelnen Kornskelette erfolgte nach Erhärten des Behälterbetons nach dem Durchspülverfahren unter Verwendung von mehreren Entlüftungsrohren, die die Entstehung einer porigen Struktur des Verpreßkörpers in der an den erhärteten Beton angrenzenden oberen Schicht verhüten sollten.

12.244 Doppelwand-Abschirmung eines schnellen Reaktors

Abb. 12.2/6 zeigt einen Horizontalschnitt durch die doppelwandige Beton-Abschirmung des Natrium-gekühlten schnellen Reaktors des Enrico Fermi-Kernkraftwerks [42] bis [45]. Die Funktion der die thermische Abschirmung (s. Abschnitt 11.24) umgebenden primären Betonwand besteht in erster Linie in der

Abschwächung des Neutronenflusses zur Verhütung einer Aktivierung des sekundären Natrium-Kreislaufes. Die Dicke der Wand aus gewöhnlichem Beton beträgt 76 cm, sie wird beiderseits von einer permanenten 12 mm dicken Stahlblechschalung verkleidet, die die Möglichkeit eines Kontaktes von Natrium mit Beton ausschließen soll. Der aus der thermischen Abschirmung austretende

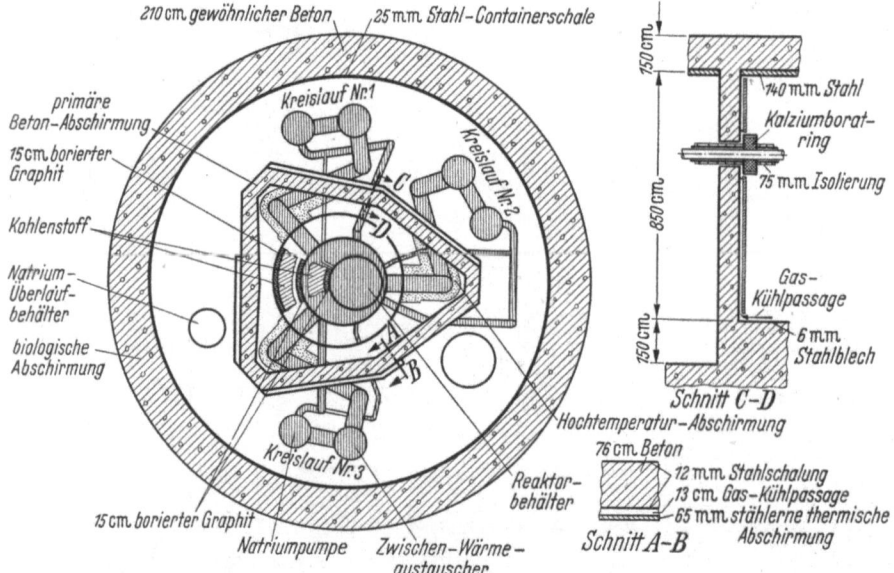

Abb. 12.2/6. Horizontalschnitt durch die Strahlenabschirmungsanlage des Enrico Fermi-Reaktors (nach HUNGERFORD u. MANTEY [45])

gesamte Neutronenfluß wird auf $2{,}2 \cdot 10^8$ n/cm² sek geschätzt, mit einem Anteil der schnellen Neutronen von 11%. Die Abschirmungswand schwächt die Neutronenflußdichte auf 10^4 n/cm² sek ab.

Der Grundriß der primären Betonwand wird durch die umschlossenen Aggregate und Rohrleitungen bestimmt. Zu beiden Seiten der Wand befinden sich starke γ-Strahlenquellen. In den an die stärksten Na^{24}-Quellen angrenzenden Bereichen wird der Beton durch eine vorgelagerte sekundäre thermische Abschirmung aus 65 mm dicken Stahlplatten vor übermäßiger strahlungsinduzierter Erwärmung geschützt. Zwischen dieser thermischen Abschirmung und der Betonoberfläche ist eine 13 cm breite Kühlpassage für die Zirkulation von Stickstoff-Gas vorgesehen. Zur Verhütung eines Verlusts an Hydratationswasser wird die Betontemperatur unterhalb 100 °C gehalten.

Der untere Bereich der gasdichten Containerschale, in dem der Reaktor und das primäre Kühlkreislaufsystem untergebracht sind, wird von einer 150 bis 210 cm dicken Stahlbetonplatte auf 14 cm dicken Stahlplatten überdeckt. Die Abschirmungsdecke dient als Betriebsplattform. Die primäre Betonwand ist zwischen Boden und Decke eingespannt, sie ist in zwei Schichten kreuzweise bewehrt und dient als Geschoßbarriere im Falle einer plötzlichen Energiefreisetzung bei Durchgehen des Reaktors. Der untere Bereich der Containerschale wird von einer 210 cm dicken Beton-Abschirmung umgeben, die sich unmittelbar an die Abschirmungsdecke anschließt (s. Abschn. 19.454).

12.245 Spannbeton-Reaktorbehälter

Bei Kernkraftsystemen, die als Wärmeträger ein komprimiertes Gas verwenden, ist bei gegebener höchstzulässiger Temperatur der Spaltstoffelemente die Steigerung der Nettoleistung des Reaktorsystems proportional der Vergrößerung des Durchmessers des Reaktorkerns und der Erhöhung des Gasdrucks. Somit wird die Bemessung des Druckbehälters zum Kardinalpunkt der Bemessung der ganzen Kernkraftanlage. Die drei Erfordernisse: 1. Druckhaltevermögen, 2. Gasdichtigkeit und 3. Strahlenabschirmung werden üblicherweise durch Verwendung eines stählernen Druckbehälters mit umgebender Strahlenabschirmung aus Beton erfüllt. Der Bau sehr großer Druckbehälter aus Stahl gibt schwierige

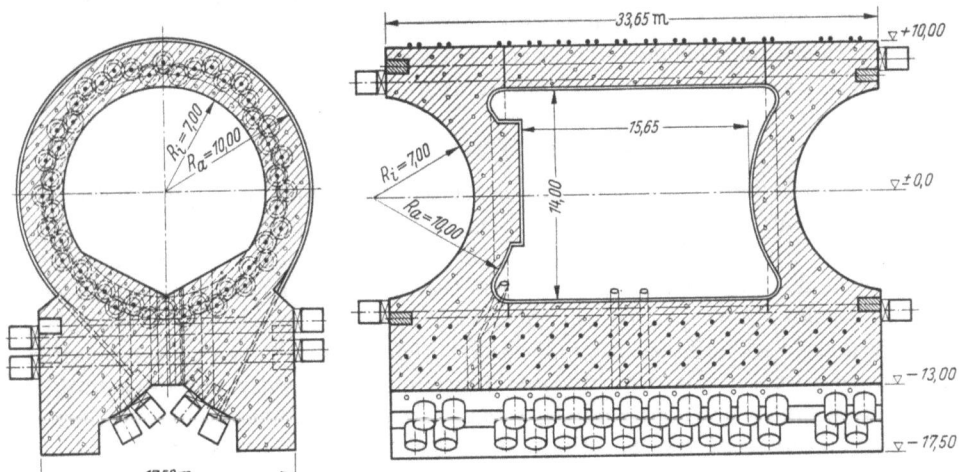

Abb. 12.2/7. Schnitte durch den Reaktordruckbehälter aus Spannbeton des G 2-Reaktors (nach [48] u. DELEUZE u. TOURASSE [48a])

schweißtechnische Probleme auf. Bei der Errichtung der mit natürlichem Uran arbeitenden, graphitmoderierten, CO_2-gekühlten G 2- und G 3-Reaktoren in Marcoule ist eine alternative Lösung zur Anwendung gekommen: Ein Reaktor-Druckbehälter aus Spannbeton kombiniert Druckhaltevermögen und Strahlenabschirmung, die Gasdichtigkeit wird durch eine innere Stahlblechauskleidung erzielt [46], [47], [48], [48a], [48b]. Spannbeton scheint ein Maximum an technischen Möglichkeiten für den Bau sehr großer Druckbehälter zu bieten: große Formgebungsfreiheit, die Ermöglichung von Behälterabmessungen und Drücken, wie sie sich bei Verwendung von Stahl nicht erzielen lassen, sowie hohe Sicherheit.

Abb. 12.2/7 zeigt die Konstruktion des Spannbeton-Druckbehälters des G 2-Reaktors in Längs- und Querschnitt [48], [48a]. Der Behälter besteht aus einem horizontalen Hohlzylinder mit einem Innendurchmesser von 14,0 m, einer Länge von 18,0 m und einer Wanddicke von 3,0 m und zwei kuppelförmig nach innen gewölbten Endteilen, die durch 46 Spannkabel parallel zur Zylinderachse gehalten werden. Die 57 Ringvorspannkabel umschließen den Zylinder über einen Zentriwinkel von 250° und werden tangential zu der unter dem Behälter verlaufenden Verankerungsgalerie geführt. Die Sicherheit des Druckbehälters läßt sich durch die Höhe der eingetragenen Vorspannung beeinflussen. Um die Möglichkeit eines plötzlichen Bruches auszuschließen, wurde eine mäßige Vorspannung gewählt, so daß einerseits eine genügende Vorwarnung des Bruchs durch stärkere Rißbildung gegeben ist, und andererseits eben durch die sich im Katastrophenfall in genügender Anzahl und Weite vor dem Bruch bildenden Risse eine Reduktion des Druckes erreicht wird. Alle Spannkabel werden mit 1200 t vorgespannt.

Der Behälter ist für einen Betriebsdruck von 15 atü bemessen; die Durchführung der Druckprobe erfolgte mit 30 atü. Gasdruck und Reaktorleistung sind so gewählt, daß die statisch erforderliche Dicke der Behälterwandung gleich der für die biologische Abschirmung erforderlichen Dicke ist. Zur Erzielung vollkommener Gasdichtigkeit wurde die innere Behälterwandung mit Stahlblech ausgekleidet. Neben dem CO_2-Hauptkreislauf mit einer maximalen Gastemperatur von 350 °C ist ein sekundäres Kühlkreislaufsystem installiert, das die den Reaktorkern umgebende gußeiserne thermische Abschirmung kühlt und so bemessen ist, daß die Betontemperatur überall unter 100 °C bleibt.

12.3 Metall, Wasser, Polyäthylen

Der auf die Gewichtseinheit bezogene Gesamtwirkungsquerschnitt für schnelle Neutronen ist für leichte Elemente wesentlich größer als für schwere Elemente. Schwere Elemente sind dagegen je Gewichtseinheit wirksamer in der Abschwächung von γ-Strahlung als leichte Elemente. Wenn bei der Konstruktion einer Reaktor-Abschirmung ein möglichst geringes Gewicht anzustreben ist, müssen als Werkstoffe leichte und schwere Elemente in geeigneter Kombination verwendet werden. Bei schichtweiser Anordnung des leichten und des schweren Materials lassen sich bedeutende Gewichtsersparnisse, verglichen mit homogenen Mischungen, erzielen. Die in gewissen Grenzen mögliche Trennung der Neutronen- und der γ-Strahlenschwächung hat den Vorteil, daß das schwere Material im wesentlichen in der Nähe des Reaktorkerns konzentriert werden kann, wodurch das Volumen des für die γ-Strahlenabschwächung erforderlichen schweren Materials reduziert wird. Der mögliche Grad der Trennung der beiden Abschirmungsfunktionen hängt hauptsächlich von der Erzeugung von Einfang-γ-Strahlung im leichten Material ab, die eine Anordnung von leichtem und schwerem Material in alternierenden Schichten zweckmäßig macht [4]. Die Bestimmung einer optimalen Materialverteilung in der Abschirmung, d. h. die Festlegung der einzelnen Schichtdicken in einer Weise, daß die für die Gesamtabschirmung größte Abschirmungswirksamkeit jeder differentialen Materialschicht erzielt wird, bereitet erhebliche Schwierigkeiten. Die hauptsächliche Ursache dieser Schwierigkeiten liegt in dem Problem der theoretischen Bestimmung des thermischen Neutronenflusses in geschichteten Abschirmungen begründet. (Über eine experimentelle Untersuchung zur Ermittlung der Verteilung des thermischen und epithermischen Neutronenflusses in den Eisenplatten und dem angrenzenden Wasser einer geschichteten Metall-Wasser-Abschirmung wird in [49] berichtet.)

12.31 Blei

Blei ist wegen seiner hohen Dichte ($\varrho = 11{,}35$ g/cm^3), seiner leichten Bearbeitbarkeit und seiner verhältnismäßig geringen Kosten ein für γ-Strahlenabschirmung sehr gut geeignetes Material. Wegen seines hohen Wirkungsquerschnittes für photoelektrische Absorption und für Paarbildung ist es besonders wirksam in der Abschwächung von Photonen mit geringer Energie (<0,5 MeV) und von hochenergetischen Photonen (>5 MeV); das Minimum des Gesamtwirkungsquerschnitts liegt bei 3 MeV. Abb. 12.3/1 zeigt eine Gegenüberstellung der für die Bedingung des schmalen Strahlenbündels errechneten Massenabsorptionskoeffizienten für Blei und gewöhnlichen Kiesbeton ($\varrho = 2{,}3$ g/cm³) als Funktion der Photonenenergie [50]. Die Konstruktion von Bleiabschirmungen erfordert wegen der schlechten mechanischen Eigenschaften des Werkstoffes, insbesondere bei erhöhten Temperaturen, die Verwendung von skelettartigen oder flächenhaften stählernen Stützkonstruktionen und eine sehr wirksame Kühlung.

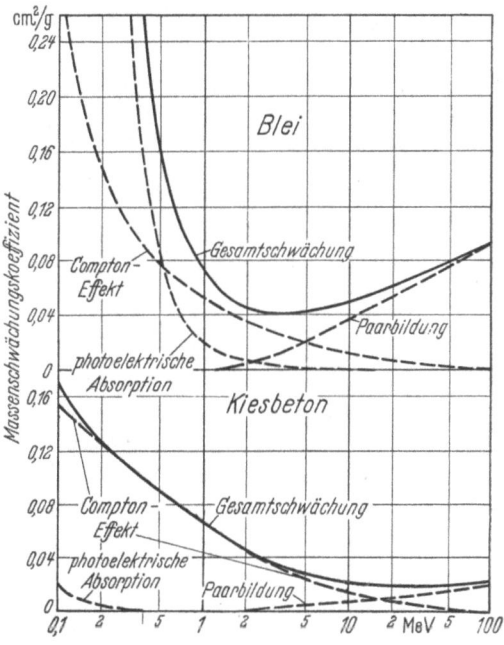

Abb. 12.3/1. Für die Bedingung des schmalen Strahlenbündels errechnete Massenabsorptionskoeffizienten für Blei und Beton als Funktion der Photonenenergie (nach FOSTER [50])

Blei stellt eine Art Standardmaterial für die Photonenabschirmung dar. Zur Kennzeichnung einer Abschirmung gegebener Dicke aus irgendeinem Material ist in der Praxis die Angabe des *Bleigleichwertes* gebräuchlich, d. h. der Vergleich mit der Dicke d_{Pb} einer Bleischicht, die die Strahlung in gleichem Maße abschwächt wie die Schicht d_x eines gegebenen Materials. Der γ-Strahlendurchgang durch eine Blei-Abschirmungswand kann für die Bedingung des breiten Strahlenbündels geschrieben werden:

$$I_{Pb} = I_0 \, B_{Pb} \, e^{-\mu^0_{Pb} d_{Pb}}. \tag{12.3/1}$$

Der entsprechende Ausdruck für eine Abschirmung aus beliebigem Material ist:

$$I = I_0 \, B \, e^{-\mu^0 d}. \tag{12.3/2}$$

Durch Gleichsetzen erhält man nach einigen Umformungen:

$$\mu^0_{Pb} d_{Pb} - \mu^0 d = \ln \frac{B_{Pb}}{B} \tag{12.3/3}$$

und daraus

$$\varrho \, d = \frac{(\mu^0/\varrho)_{Pb}}{(\mu^0/\varrho)} (\varrho d)_{Pb} + \frac{1}{(\mu^0/\varrho)} \ln \frac{B}{B_{Pb}}. \tag{12.3/4}$$

Der erste Ausdruck auf der rechten Seite dieser Gleichung für die Flächenbelegung des Absorbers $\varrho \, d$ [g/cm²] ist die Näherung erster Ordnung, der zweite ist die Korrektur für die Zuwachsunterschiede zwischen Blei und dem besonders betrachteten Material.

12.32 Eisen

Auf Gewichtsbasis bezogen beträgt die γ-Strahlen-Abschirmungswirksamkeit von Eisen ($\varrho = 7{,}85$ g/cm³) im Bereich von 1 bis 5 MeV durchschnittlich nur etwa 75% der Wirksamkeit von Blei, im niedrigeren wie im höheren Energiebereich ist das Verhältnis der Abschirmungswirksamkeiten noch ungünstiger. In Abb. 12.3/2 ist Äquivalentgewicht und -dicke von Eisen bezogen auf Blei als Funktion der γ-Strahlenenergie für drei verschiedene Abschwächungen (ausgedrückt als Relaxationslängen) für breites Strahlenbündel angegeben [3]. Wegen seiner ausgezeichneten mechanischen Eigenschaften ist Stahl das gegebene Material für kombinierte Konstruktions- und Abschirmungszwecke. Bei Verwendung von nichtrostendem Stahl in Bereichen hohen Neutronenflusses ist darauf zu achten, daß der Mangan-, Tantal- und Kobalt-Gehalt so gering als möglich ist, da diese Elemente durch Neutroneneinfang zu Quellen induzierter γ-Strahlung werden.

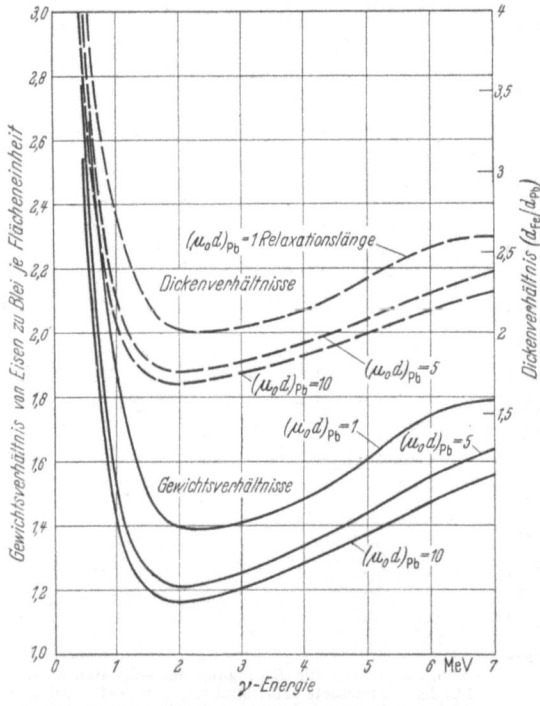

Abb. 12.3/2. Äquivalentgewicht und -dicke von Eisen bezogen auf Blei als Funktion der γ-Strahlenenergie für drei verschiedene Abschwächungen (ausgedrückt als Relaxationslängen) (nach ROCKWELL III [3], S. 193)

12.33 Wasser

Wasser ist wegen seines hohen Wasserstoffgehalts ($6{,}7 \cdot 10^{22}$ H-Atome/cm³) ein sehr wirksames Material für die Abschwächung von Neutronenstrahlung durch elastische Kollisionen. Beim Entwurf der Abschirmungs-Wasserbehälter muß der Dekomposition von Wasser im Strahlungsfeld durch Verhütung der Entstehung von Gas-Taschen Rechnung getragen werden. Die Erhöhung der Korrosionswirkung infolge der strahlungsinduzierten chemischen Prozesse ist bei Abschirmungswasser, das gleichzeitig als zirkulierendes Kühlmittel dient, besonders zu beachten.

Langsame Neutronen verursachen wahrscheinlich keine direkte Dekomposition von Wasser; jedoch werden beim radiativen Einfang von Neutronen durch H-Atome γ-Strahlen von 2,2 MeV Energie erzeugt, die die Zersetzung des Wassers bewirken. Der Einfluß von schnellen Neutronen kann auf hochenergetische Rückstoßprotonen zurückgeführt werden, die beim Auftreffen von Neutronen auf Wasserstoffkerne entstehen. Ionisierende Strahlung verursacht die Zersetzung von Wasser in H-Atome und freie Hydroxyl-Radikale

$$H_2O \to H + OH,$$

die sich entweder zu Wasser rekombinieren oder paarweise verbinden können:

$$H + H \to H_2 \quad \text{und} \quad OH + OH \to H_2O_2.$$

Bei höheren Temperaturen wird H_2O_2 meist nur eine vorübergehende Existenz haben. Von den durch Strahleneinwirkung entstandenen oxydierenden Substanzen könnte eine ausgeprägte Einflußnahme auf Korrosionsprozesse erwartet werden, aber der aus der Korrosion herrührende Überschuß von H wird helfen, diese Stoffe durch Aufrechterhaltung der Reaktionskette

$$H_2 + OH \to H_2O + H$$
$$H + H_2O_2 \to H_2O + OH,$$

die zur Rückbildung von Wasser führt, in Grenzen zu halten. [2]

Die bei Neutroneneinfang durch H erzeugte 2,2 MeV-Einfang-γ-Strahlung kann durch Zufügung geringer Mengen Bor in Form löslicher Borsalze zum Wasser eingeschränkt werden. Die 0,5 MeV Einfang-γ-Strahlung von Bor wird in der Abschirmung wesentlich schneller abgeschwächt. Bei vielen Wasser-Abschirmungen ist die Reaktorkern-γ-Strahlung oder der Neutroneneinfang in den stählernen Behälterwänden (7,6 MeV Einfang-γ-Strahlung) maßgebend für die Bemessung der Abschirmung. Obgleich in solchen Fällen eine Borierung des Wassers keinen Einfluß auf die Gesamtdicke der γ-Strahlenabschirmung hat, wird eine größere Konzentrierung des schweren Materials im inneren Teil der Abschirmung ermöglicht.

12.34 Polyäthylen

Die Verwendung von festem Neutronenabschirmungsmaterial, anstelle von Wasser, bietet in vielen Fällen Vorteile konstruktiver Art. An ein festes Neutronenabschirmungsmaterial werden gewöhnlich folgende Anforderungen gestellt [3]:

1. Hoher Wasserstoffgehalt bei geringem spezifischem Gewicht;
2. schlechte Entflammbarkeit, Ungiftigkeit (auch von bei Erhitzung frei werdenden Gasen), Geruchlosigkeit;
3. Widerstandsfähigkeit gegen Alterung, Wärme, Licht, Wasser und evtl. verschüttete Lösungsmittel oder Öl; glatte Oberfläche und gute Verschleißfestigkeit; Schwind- und Quellfreiheit, keine Aggressivität bei Stahl, Blei, Aluminium;
4. das Material soll leicht auf horizontale, vertikale und unregelmäßig geformte Oberflächen aufgebracht werden können, Entfernung und Reparatur soll leicht möglich sein,
5. unterhalb 70 °C dürfen unter Eigengewicht nur unwesentliche Verformungen eintreten,
6. gute Wärmeisolierungseigenschaften sind wünschenswert, jedoch nicht Bedingung und
7. Widerstandsfähigkeit gegen Strahlungsschädigung.

Polyäthylen $(CH_2)_n$ ist das am häufigsten verwendete feste Neutronenabschirmungsmaterial. Da Polyäthylen ($\varrho = 0,92$ g/cm^3) je Volumeneinheit mehr H-Atome enthält als Wasser (etwa $8 \cdot 10^{22}$ H-Atome/cm^3), ist es in der Neutronenabschwächung etwas wirksamer als dieses. Die höchstzulässige Dauer-

Betriebstemperatur liegt bei 100 °C, der Erweichungspunkt bei 115 °C. Das Material entspricht weitgehend den obengenannten Bedingungen. Bestrahlung des Materials bewirkt die Verbesserung einiger mechanischer Eigenschaften [51]. Zur Erhöhung der Einfangwirksamkeit für thermische Neutronen und Reduzierung der Einfang-γ-Strahlung wird dem für Neutronenabschirmung verwendeten Polyäthylen etwa 1 Gew.-% Bor, in Form von B_2O_3 oder B_4C, in homogener Verteilung zugesetzt.

12.35 Konstruktion zusammengesetzter Strahlenabschirmungsanlagen [3]

Werkstoffe, die spezifisch für die Strahlenabschwächung verwendet werden, z. B. Blei für γ-Strahlen, und wasserstoffhaltige Substanzen für Neutronen, müssen mit einem Konstruktionswerkstoff zu einem selbsttragenden Teil der Reaktoranlage verbunden werden. Der Werkstoff, der die Tragwirkung übernimmt oder als Behälter dient und den flüssigkeits- oder gasdichten Abschluß bildet, beteiligt sich neben seiner konstruktiven Funktion auch an der Abschwächung von γ-Strahlung und in geringem Maße an der Abschwächung von Neutronen.

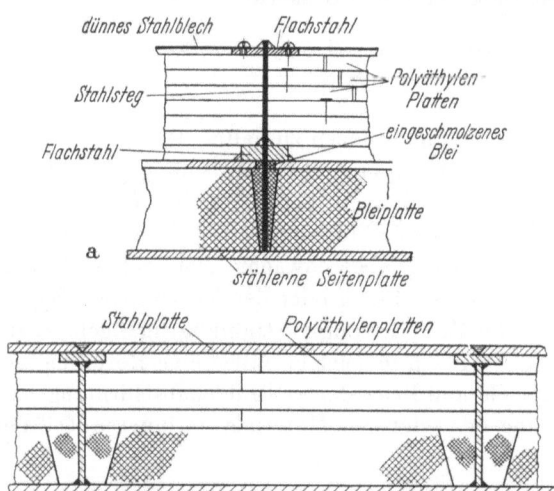

Abb. 12.3/3
Detail einer aus Blei und Polyäthylen zusammengesetzten Reaktorstrahlenabschirmung (nach ROCKWELL III [3], S. 198 u. 200)
a) erste Konstruktionsform; b) zweite Konstruktionsform

Abb. 12.3/3 a zeigt eine Abschirmungswand mit Polyäthylen-Platten als Neutronenschutz, bei der die Tragwirkung in der Hauptsache von stählernen Stegplatten übernommen wird und in geringerem Maße von einer Seitenplatte zwischen Blei und Polyäthylen. Der Kunststoff wird durch ein Leichtmetallblech gegen mechanische Beschädigung und Feuer geschützt. Bei der Konstruktion nach Abb. 12.3/3 b liegt die Seitenplatte außerhalb der Polyäthylen-Platten, wodurch die Tragkonstruktion eine große Steifigkeit erhält, was eine leichtere Ausbildung ermöglicht. Letztere Ausbildung hat noch folgende weiteren Vorzüge: An der stählernen Seitenplatte können Kabel- und Rohrschellen befestigt werden; die Absperrung durch die Stahlplatte verhindert das Eindringen von Wasser und verringert damit die Korrosionsgefahr für die Tragkonstruktion; Gasdichtigkeit läßt sich besser erzielen.

12.36 Optimalisierung

Beim Entwurf einer mobilen (oder transportablen) Kernkraftanlage muß danach gestrebt werden, Gewicht und Raumbedarf der Strahlenabschirmung des Reaktorsystems auf einem Minimum zu halten [52]. Bei gegebenen Abschirmungsmaterialien besteht das Problem

1. in der Bestimmung der Anteile der leichten und schweren Elemente in der primären Abschirmung und ihrer wirksamsten geometrischen Anordnung,
2. in der größtmöglichen Ausnutzung der Komponenten des Kühlkreislaufsystems zur Selbstabschirmung der Strahlung der Reaktoranlage und
3. in der Bestimmung der zweckmäßigsten Verteilung des Abschirmungsmaterials zwischen primärer und sekundärer Abschirmung.

12.361 Optimale Materialverteilung in der primären Abschirmung

Zur Erzielung eines möglichst geringen Gewichts der primären biologischen Abschirmung eines Reaktorkerns ist es erforderlich, das schwere γ-Strahlen-Abschirmungsmaterial so nahe wie möglich an der Innenseite der Abschirmung zu konzentrieren, wo die Fläche am kleinsten ist. Zur Abschwächung der aus der inelastischen Streuung und dem Einfang von Neutronen in der Abschirmung herrührenden sekundären γ-Strahlung muß jedoch schweres Material auch weiter außen in der Abschirmung vorgesehen werden. Eine optimale Abschirmung besteht aus alternierenden Schichten von schwerem und leichtem Material mit nach außen abnehmenden Schichtdicken des schweren Materials. In einer optimalisierten Abschirmung ist das schwere Material so angeordnet, daß der Nachteil der Erzeugung sekundärer γ-Strahlung durch den Gewichtsvorteil, den die Anordnung einer gegebenen Dicke des schweren Materials an einem kleineren Radius bietet, gerade aufgehoben wird.

Die Lösung des allgemeinen Problems, die die Erfassung der Verteilung des Neutronen- und γ-Strahlenflusses bei Variation der Abschirmungsschichtdicken erfordert, bereitet mathematische Schwierigkeiten. Eine Näherungslösung unter der vereinfachenden Annahme, daß die Verteilung des γ-Strahlen-Abschirmungsmaterials keinen Einfluß auf die Neutronenflußverteilung hat, wird von L. TONKS und H. HURWITZ jr., angegeben [*53*], [*54*]. Die vereinfachende Annahme führt einen um so geringeren Fehler ein, je größer die Dichte des Photonen-Abschirmungsmaterials ist. Da die Gewichtskurve ein ziemlich flaches Minimum aufweist, liefert das Berechnungsverfahren einen für praktische Zwecke hinreichenden Anhaltspunkt für die Verteilung des schweren und leichten Materials in der Abschirmung.

12.362 Gesichtspunkte für die optimale Anordnung des Reaktorsystems

Für die Anordnung der verschiedenen Teile eines Schiffsantrieb-Reaktorsystems in dem von der sekundären Abschirmung umschlossenen Raum und das Anstreben minimalen Gewichts für die Strahlenabschirmung gibt TH. ROCKWELL III [*3*] Empfehlungen, die im Lichte der besonderen Erfordernisse des jeweiligen Abschirmungsproblems (Gewicht, Kosten, Stabilität, Zugänglichkeit u. a.) ausgewertet werden müssen:

a) Wenn technisch möglich, sollten die stärksten Strahlenquellen in der Mitte des Raums untergebracht werden und die Komponenten von geringerer Radioaktivität fortschreitend nach außen; auf diese Weise wird eine maximale Selbstabschirmung der Anlage erreicht.

b) Wenn möglich, sollten Anlageteile mit geringer oder keiner Aktivität als Strahlenabschirmung ausgenutzt werden. Derartige Ausrüstungen sollten in die Nähe der sekundären Abschirmung gelegt werden (an der Naval Reactor Testing Facility in Idaho vorgenommene

Messungen haben ergeben, daß die Selbstabschirmung durch Komponenten der Ausrüstung innerhalb des Reaktorraums die aus der primären Abschirmung entweichende Neutronenstrahlung um einen Faktor 20 abschwächt. Diese durch Teile des Reaktorsystems selbst bewirkte Abschirmung kann zur Verringerung der Dicke der primären Neutronenabschirmungswand ausgenutzt werden.)

c) Die Rohrleitungen des primären Kühlsystems sollten so kurz wie möglich gehalten werden.

d) Die erforderliche Strahlenabschirmung für eine Strahlenquelle ist ein Minimum, wenn die Abschirmung die Strahlenquelle so dicht wie möglich umschließt. Es kann von Vorteil sein, Quellen von besonders hoher Aktivität durch direkte Abschirmung auf die Größenordnung der übrigen Quellen zu reduzieren. Wenn z. B. der Reaktor als γ-Strahlenquelle dominiert, empfiehlt es sich, der Reaktorabschirmung weitere Bleischichten zuzufügen.

e) Durch Variation der Dicke der sekundären Abschirmung zur engen Übereinstimmung mit den Strahlenabschirmungserfordernissen kann eine beträchtliche Gewichtsersparnis erzielt werden. Eine übermäßig starke Dickenänderung sollte jedoch durch Installierung örtlicher zusätzlicher Abschirmungen vermieden werden.

f) Bei Reaktoranlagen mit mehr als einem primären Kühlkreislauf empfiehlt es sich, eine symmetrische Anordnung der Kühlkreisläufe anzustreben. Eine asymmetrische Anordnung kann dann von Vorteil sein, wenn Konstruktionsteile, z. B. große Behälter, als Strahlenabschirmung ausgenutzt werden können. Bei mehreren Reaktoren kann aneinander angrenzende Aufstellung die Verwendung gemeinsamer Abschirmungsanlagen gestatten.

g) Die Oberfläche der sekundären Abschirmung ist so klein wie möglich zu halten. Zu dem Zwecke sind die Teile in dem Reaktorraum in kleinstmöglichem Volumen anzuordnen. Die Anlage muß jedoch für Unterhaltungsarbeiten hinreichend zugänglich bleiben, daß nicht durch Erschwerung der Arbeitsbedingungen zu lange Exponierungszeiten resultieren.

h) Die sekundäre Abschirmung eines Schiffsantriebsreaktors braucht nicht stets den Reaktorraum allseitig zu umschließen. Dem Entweichen von Strahlung in das Meer wird aber durch die Rückstreuung eine Grenze auferlegt.

i) Bei der Anordnung der Schiffsausrüstung außerhalb der sekundären Strahlenabschirmung sind die Teile nach Möglichkeit in ihrem Abstand von der Abschirmung entsprechend der erforderlichen Zutrittszeit zu staffeln.

Um zu einer optimalen Lösung zu gelangen, muß das Gewicht der Abschirmung für eine Vielzahl verschiedener Anordnungen des Reaktorsystems ermittelt werden. Dabei genügt es, das Gewicht einiger charakteristischer Entwürfe durch genaue Berechnungen zu ermitteln, und dann die relativen Gewichte der übrigen Versionen durch vereinfachte Berechnungen festzustellen.

12.37 Abschirmung von Schiffsantrieb-Reaktorsystemen

Beim Entwurf der gesamten Konstruktion eines Schiffsantrieb-Reaktorsystems muß innerhalb der Grenzen der Wirtschaftlichkeit ein Minimum an Raumbedarf und Gewicht angestrebt werden, da diese beiden Faktoren ein wesentliches Kriterium für die Wettbewerbsfähigkeit des Kernenergieantriebs gegenüber herkömmlichen Antriebsanlagen bilden. Die Konstruktion der Abschirmung muß genügende Festigkeit und Steifigkeit besitzen, um den Schwingungen und dem Stampfen und Rollen des Schiffes zu widerstehen. Zur Reduzierung von Raumbedarf und Gewicht müssen durch Verwendung angereicherten Spaltstoffes und hoher Kühlmitteltemperaturen die Abmessungen des Reaktorkerns so gering wie möglich gehalten werden, und die Wahl von Art und Verteilung des Abschirmungsmaterials muß auf Raum- und Gewichtsersparnis ausgerichtet werden [55], [55a—c]. Das Gewicht der Abschirmung eines Schiffsantrieb-Reaktorsystems bildet einen wesentlichen Anteil des Gesamtgewichtes der

Antriebsanlage. Beispielsweise beträgt das Gesamtgewicht der Druckwasserreaktor-Kernkraftanlage des 16000 BRT-Eisbrechers „Lenin" 3017 t, davon entfallen auf die biologische Abschirmung 1963 t [56], [57].

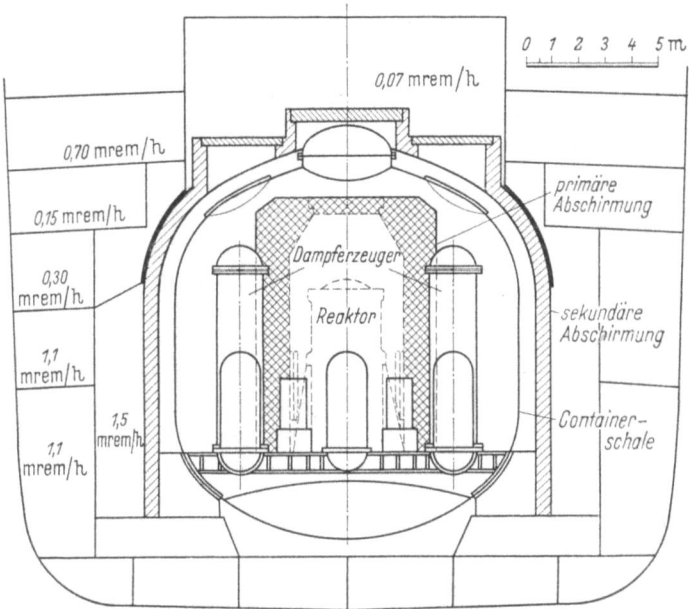

Abb. 12.3/4. Schnitt durch die Reaktorkammer eines 20000 BRT Passagierschiffes (Wärmeleistung des Reaktors 280 MW) (nach TAKEUCHI, OKAMURA u. MURAKAMI [62])

Für die Abschirmungsanlage eines Schiffsantrieb-Reaktorsystems hat sich eine Art Standardkonstruktion herausgebildet ([58] bis [62]): Die primäre Abschirmung, die den Reaktor-Druckbehälter umgibt, besteht aus wassergefüllten stählernen Behältern und/oder Polyäthylen und Blei. Durch sie wird die Intensität des Reaktor-Strahlungsfelds auf die Größenordnung der Intensität der Strahlung des primären Kühlsystems abgeschwächt. Der Reaktorraum, in dem Reaktor und primäres Kühlsystem untergebracht sind, wird von einer sekundären Abschirmung aus Stahl (Containerschale), Blei und/oder Schwerbeton und/oder Polyäthylen umgeben. Abb. 12.3/4 zeigt einen Schnitt durch die Reaktorkammer eines 20000 BRT-Passagierschiffes [62]. Die Anordnung der primären Abschirmung eines Unterseeboot-Antriebsreaktors (Submarine Thermal Reactor) ist in Abb. 12.3/5 schematisch dargestellt [63].

Die Verteilung des Abschirmungsmaterials geringer Dichte (Wasser, Polyäthylen), das hauptsächlich der Neutronenabschirmung dient, und die Verteilung des Materials von hoher Dichte (Blei, Eisen, Schwerbeton), das hauptsächlich der γ-Strahlenabschirmung dient, zwischen primärer und sekundärer Abschirmung ist bei der Aufstellung des Abschirmungsentwurfs Gegenstand eingehender Untersuchungen. Der hauptsächliche Teil des Volumens der primären Abschirmung besteht aus Wasser oder einem anderen wasserstoffhaltigen Material von geringer Dichte. Die Bestrebung richtet sich darauf, das Volumen dieser Komponente möglichst gering zu halten, um Abmessungen und damit

Gewicht der sekundären Abschirmung reduzieren zu können. Die Gewichtsersparnis wird aber infolge der Gewichtserhöhung durch eine bestimmte Dicke Neutronenabschirmungsmaterial, die nun über die viel größere Fläche der sekundären Abschirmung vorgesehen werden muß, teilweise wieder aufgehoben. Andererseits bietet eine Verstärkung des Neutronenschutzes der sekundären Abschirmung zusätzlichen Schutz gegen gestreute Neutronen aus dem Reaktorraum.

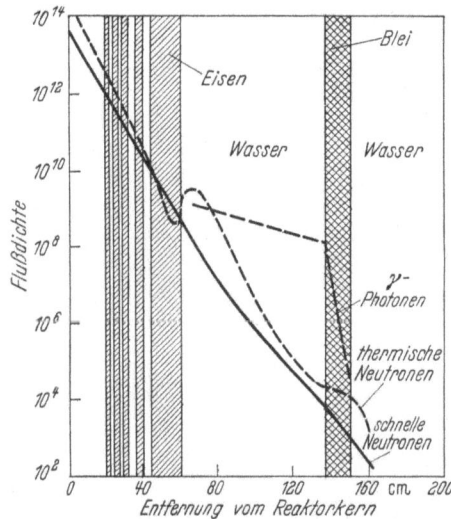

Abb. 12.3/5. Schema der primären Abschirmung des Submarine Thermal Reactor (STR) und der Flußdichten als Funktion der Entfernung vom Reaktorkern (nach PEASLEE [63], S. 272)

Im Interesse der Zugänglichkeit der Nachbarschaft des Reaktors nach seiner Stillegung kann es erforderlich sein, den durch Verringerung des leichten Abschirmungsmaterials reduzierten γ-Strahlenschutz durch eine gewisse Menge Blei wieder zu kompensieren. Die optimale Verteilung des γ-Strahlen-Abschirmungsmaterials zwischen Reaktor- und Reaktorraum-Abschirmung ist eine komplexe Funktion der Anordnung und Stärke der einzelnen Strahlenquellen. Zufügung von Blei zu der primären Abschirmung erspart Gewicht im Vergleich mit der Anordnung entsprechend wirksamer Bleischichten in der sekundären Abschirmung, andererseits nimmt es dort nicht an der Abschirmung der Kühlsystem-Strahlenquellen teil. Es kann sich empfehlen, den Beitrag der γ-Strahlung des Reaktors zur Dosis außerhalb der sekundären Abschirmung bis auf 10% der Gesamtdosis zu senken. [3]

Eine Untersuchung darüber, ob sich das Gesamtgewicht der Strahlenabschirmungsanlage verringert, wenn die Abschirmung der Kühlmittelaktivität eines Druckwasserreaktorsystems direkt auf die verschiedenen Komponenten des Primärkreislaufes aufgebracht wird, anstatt auf die den Reaktorraum umschließende Containerschale, ergab, daß sich dadurch keine wesentliche Gewichtsminderung erzielen läßt. Es empfiehlt sich, bei der Anordnung der Räume und der Schiffsausrüstung außerhalb der sekundären Abschirmungsanlage den sogenannten Abstandseffekt auszunutzen. Die Räume und Komponenten sind nach Möglichkeit in ihrem Abstand von der Abschirmungsanlage entsprechend der erforderlichen Zutrittszeit zu staffeln. Bei Tankern kann es zweckmäßig sein, das Öl als Abschirmungsmaterial mit zu verwenden und nach der Entladung Wasserballast in die den Reaktorraum umgebenden Behälter aufzunehmen [65].

12.38 Abschirmung von Flugzeugantrieb-Reaktorsystemen

Die gesamte Konstruktion eines Flugzeugantrieb-Reaktorsystems muß sich den Gewichtskriterium unterordnen, um für ihren Zweck überhaupt verwendbar zu sein [66]. Ein wesentlicher Teil des Gesamtgewichts eines kernkraftbetriebenen Großflugzeugs entfällt auf die Strahlenabschirmung (in verschie-

12.3 Metall, Wasser, Polyäthylen

denen Veröffentlichungen werden 40 bis 50% genannt), die daher den Alpdruck des Flugzeugkonstrukteurs darstellt. Die starke Gewichtskonzentration der Abschirmung hat einen entscheidenden Einfluß auf die Konstruktion des Flugzeugtragwerks und die aerodynamische Formgebung. Um das Gewicht der Abschirmung soweit wie möglich herabdrücken zu können, ist der Entwurf der Flugzeugkonstruktion auf den größtmöglichen Abstand zwischen Reaktor und Besatzungsraum (evtl. Passagierräume) auszurichten. Dabei wird der sogenannte Abstandseffekt ausgenutzt, und darüber hinaus können Teile der Flugzeugkonstruktion, Nutzlast und evtl. Treibstoff für Hilfstriebwerke mit zur Abschirmung der Direktstrahlung herangezogen werden. Als zweckmäßigste Anordnung des Kernkraft-Antriebsaggregats erscheint eine Lage des Reaktors weit hinten im Flugzeugrumpf mit unmittelbarer Kopplung der Triebwerke.

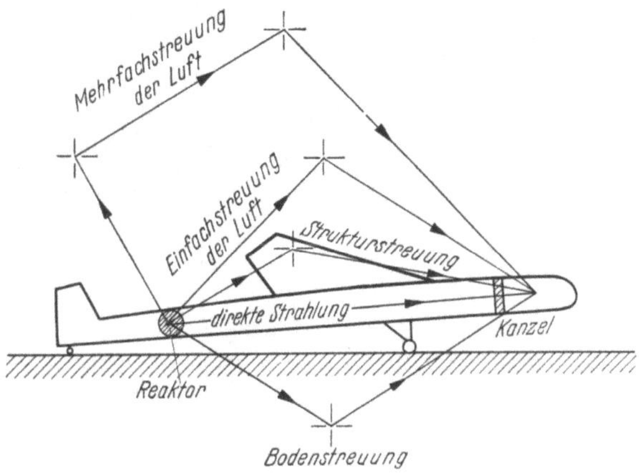

Abb. 12.3/6
Strahlungskomponenten beim Flugzeugreaktor (nach SHORTALL [68])

Die Funktionen des Flugzeugreaktor-Abschirmungssystems bestehen: 1. in der biologischen Abschirmung von Besatzungs- und eventuellen Passagierräumen, 2. in der Verhütung einer unzulässigen Strahlenschädigung hochbeanspruchter Konstruktionsteile und strahlungsempfindlicher Flugzeugausrüstungen, 3. in der Verhütung einer unzulässig hohen Aktivierung von Flugzeugkonstruktion und -ausrüstung durch Neutroneneinfang, und 4. in der teilweisen Abschirmung des Reaktorsystems zur Erleichterung der Durchführung von Wartungsarbeiten am Boden [67]. Die für den biologischen Schutz von Besatzung und eventuellen Passagieren erforderliche Abschirmung stellt das dominierende Problem dar. Die verschiedenen Komponenten der abzuschirmenden Strahlung sind in Abb. 12.3/6 schematisch dargestellt [68].

Für die Anordnung der Abschirmung bestehen praktisch zwei Möglichkeiten, die in Abb. 12.3/7 schematisch angegeben sind [67]: a) Umgebung des Reaktorsystems mit einer Einheitsabschirmung, die die Strahlungsintensitäten in allen außerhalb gelegenen Bereichen auf festgesetzte höchstzulässige Werte hinsichtlich biologischer Strahlendosis, Aktivierung von Konstruktionsteilen und Strahlenschädigung von Werkstoffen reduziert. b) Aufteilung der Abschirmung auf den Reaktor und die Besatzungs- und Passagierräume, sowie eine geringe Anzahl strahlungsempfindlicher Komponenten. Mit einer geteilten Abschirmung läßt sich ein geringeres Gesamtgewicht erzielen als mit einer Einheitsabschirmung; das Entwurfsproblem besteht in der Ermittlung der Verteilung des Abschirmungsmaterials, die das minimale Gesamtgewicht ergibt.

Für die Festlegung der unteren Grenze der erforderlichen Wirksamkeit der direkten Abschirmung des Reaktors bei geteilter Abschirmungskonstruktion ist in der Regel nicht die Strahlenschädigung von Werkstoffen, sondern die Aktivierung von Konstruktions- und Ausrüstungsteilen maßgebend, die zu einer Erschwerung der Bodenwartung des Flugzeugs führt. Quellen induzierter langlebiger Aktivität sind glücklicherweise nicht die Hauptwerkstoffe der Flugzeug- und Triebwerkskonstruktion (Aluminium, Titan, Eisen) sondern Legierungsbestandteile oder Verunreinigungen von Legierungsbestandteilen (Magnesium, Mangan, Kobalt, Tantal). Ergebnisse über die induzierte Aktivität in einem reaktorbestrahlten Düsentriebwerk — ohne und mit Boral-Umhüllung—, aus denen Strahlendosiswerte für die Bodenwartung abgeleitet werden können, werden von J. MOTEFF [69] mitgeteilt. Angaben über Partialabschirmungen für den Schutz des Bodenpersonals finden sich in [70].

Es ist zweckmäßig, in der Reaktorabschirmung ein flüssiges Neutronenabschirmungsmaterial vorzusehen, das nach der Landung abgelassen und durch

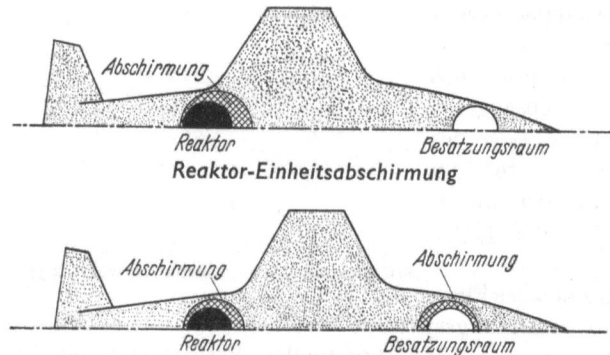

Abb. 12.3/7. Schematische Darstellung zweier verschiedener Flugzeugreaktor-Abschirmungssysteme (nach ASCHENBRENNER [67])

eine Flüssigkeit hoher Dichte für die γ-Strahlenabschirmung des stillgelegten Reaktors ersetzt werden kann. Eine Alternative besteht darin, das Flugzeug nach der Landung über einem kleinen Wasserbecken zum Stehen zu bringen und den Reaktorkern während der Standzeit des Flugzeugs dahinein zu versenken; bei Wasserflugzeugen entsprechend ins Wasser [66].

Die strukturgestreute Komponente der Strahlung ist eine Funktion der jeweiligen Form des Flugzeugtragwerks. Die luftgestreute Komponente der Strahlung nimmt nur linear mit der Entfernung ab, im Gegensatz zur Direktstrahlungskomponente, die eine Funktion des Quadrats der Entfernung ist. Das bedeutet, daß der Anteil der Streustrahlungsdosis an der Gesamtdosis mit zunehmender Entfernung der Besatzungs- und Passagierräume vom Reaktor schnell anwächst. Der Einfluß der Luftstreuung von Neutronen- und γ-Strahlung nimmt proportional der Luftdichte mit zunehmender Höhe ab. Luftgestreute γ-Photonen haben meist eine ziemlich geringe Energie ($<$ 1 MeV) und sind daher verhältnismäßig leicht abzuschirmen. Neutroneninduzierte γ-Photonen besitzen dagegen eine hohe Durchdringungsfähigkeit, sie werden mit Energien bis zu 10,8 MeV (max. Energie der Einfang-γ-Strahlung von N^{14}) emittiert [71]. Bei geringer Flughöhe kann die von Erd- oder Wasseroberfläche rückgestreute Strahlungskomponente verhältnismäßig hoch sein, jedoch beschränkt sich ihre

Einwirkung auf die Start- und Landezeiten. (Für entsprechende Messungen s. [72], [73].)

Die großen Schwierigkeiten der Minimalgewichtsbemessung einer geteilten Abschirmung für ein kernkraftbetriebenes Flugzeug liegen in der wechselseitigen Beeinflussung der Variation von Direkt- und Streustrahlungskomponenten. Das Problem besteht darin, jedes Gramm Abschirmungsmaterial an der Stelle anzuordnen, an der es die für die Abschwächung der Gesamtdosis der Strahlung größte Wirksamkeit hat. Eine theoretische Lösung erscheint nur bei Einführung drastischer Vereinfachungen möglich.

Literatur zu 12

[1] Edwards, J.: Nuclear Propulsion. Prospects for Ships, Aircrafts and on Land. Engineering Vol. 186 (1958) No. 4826, S. 304—312
[2] Glasstone, S.: Principles of Nuclear Reactor Engineering. Princeton/New York/Toronto/London: D. Van Nostrand 1955
[3] Rockwell III, Th. (Hrsgb.): Reactor Shielding Design Manual. TID-7004, März 1956
[4] Price, B. T., C. C. Horton u. K. T. Spinney: Radiation Shielding. London/New York/Paris: Pergamon Press 1957
[5] Simon, A., u. C. E. Clifford: The Attenuation of Neutrons by Air Ducts in Shields. ORNL-1217 (Rev.), 8. März 1954
[6] Edwards, W. E., u. J. E. MacDonald: Reactor Shield Penetration Calculations. Nuclear Engineering and Science Conference, Chicago, 17.—21. März 1958, Preprint 119
[7] Wood, D. E.: Intermediate Energy Neutron Leakage Through Iron. Nuclear Science and Engineering Vol. 5 (1959) No. 1, S. 45—48
[8] Shore, F. J., R. D. Shamberger u. H. D. Sleeper: The Streaming of Neutrons in Carbon Steel, Including the Geometrical Dependence. BNL-265, 1953
[9] Shamberger, R. D., u. F. J. Shore: Neutron Streaming in Steel. The Dependence of the Streaming on the Nickel Content of the Steel. BNL-1444, 1953 decl. April 1957
[10] Blizard, E. P., G. T. Chapman u. J. D. Flynn: A Comparison of the Streaming of Thermal Neutrons Through Iron and Stainless Steel in the ORNL Lid Tank (Exp. 37). CF-53-6-186, 1953
[11] Jaeger, Th.: Concrete — The Convenient Reactor Shielding. Atomic World Vol. 9 (1958) S. 416—418, 438; Vol. 10 (1959) S. 52—55, 63
[12] Jaeger, Th.: Technischer Strahlenschutz. München: Karl Thiemig 1959
[13] Pavlish, A. E., u. I. C. Wynd: Concretes for Pile Shielding. AECD-3007, August 1948, decl. 9. November 1950
[14] Gallaher, R. B., u. A. S. Kitzes: Summary Report on Portland Cement Concretes for Shielding. ORNL-1414, 2. März 1953
[15] Davis, H. S.: How to Choose and Place Mixes for High-Density Concrete Reactor Shields. Nucleonics Vol. 13 (Juni 1955) No. 6, S. 60—65
[16] Dessow, A. E.: Schwere und hydratisierte Betone für die Abschirmung radioaktiver Strahlungen (russisch). Akademija Stroitelstwa i Architekturi CCCP, Moskau 1956
[17] Saxe, H. C.: The Physical Properties of Barytes-Colemanite Concrete. AECU-3617, Februar 1955
[18] Seifert, H.: Der Bau des Frankfurter Reaktors. Teil 2. Die Bautechnik Bd. 35 (1958) S. 281
[19] Sidebotham, E. W., u. T. Standen: Preliminary Report on Shielding Economics. U. K. Atomic Energy Authority Industrial Group, Report No. IGE-R-13
[19a] Komarowskij, A. N.: Abschätzung der ökonomischen Zweckmäßigkeit der Verwendung von Spezialschwerbetonen für den Strahlenschutz. Kernenergie Bd. 2 (1959), S. 150—153
[20] Lane, J. A.: How to Design Reactor Shields for Lowest Cost. Nucleonics Vol. 13 (Juni 1955) No. 6, S. 56—58

[21] FIESENHEISER, E. I., u. B. A. WASIL: Discussion 52-6. Journal of the American Concrete Institute Vol. 28 (Dezember 1956) No. 6, S. 1147
[22] DAVIS, H. S.: Discussion 52-32. ibid., S. 1360
[23] DAVIS, R. E.: Report to Prepakt Concrete Company, Cleveland, Ohio, on Properties of Prepakt Concrete. Berkeley, California, Juni 1947
[24] Intrusion Prepakt: Prepakt Concrete, Intrusion Grout; Composition, Special Properties, Applications. The Prepakt Reporter. Cleveland 1954
[25] MURRAY, J. A., u. J. H. CULLINAN: Report on the Development of High-Density, Homogeneous Concrete Using Pressure Grouting and Other Methods. Building Materials Research Laboratory, Department of Building Engineering and Construction, Massachusetts Institute of Technology, Cambridge, Mass., 1. Mai 1951
[26] TIRPAK, E. G.: Report on Design and Placement Techniques of Barytes Concrete for Reactor Biological Shields. ORNL-1739, Mai 1954
[27] DAVIS, H. S.: High-Density Concrete for Shielding Atomic Energy Plants. Journal of the American Concrete Institute Vol. 29 (Mai 1958) No. 11, S. 965—977
[28] KOMAROWSKIJ, A. N.: Erhitzung der Konstruktionen um einen Kernreaktor (russisch). Atomnaja Energia Bd. 5 (1958) S. 119—123
[29] DAVIS, H. S., u. O. E. BORGE: High Density Concrete Made With Hydrous-Iron Aggregates. Paper presented at Symposium VI 58 „Radiation Shielding" of the European Atomic Energy Society, Cambridge 26—29. August 1958
[30] DAVIS, H. S.: Thermal Considerations in the Design of Concrete Structures for Shielding Atomic Power Plants. Nuclear Engineering and Science Conference, Chicago, 17. bis 21. März 1958, Preprint No. 9; Thermal Considerations in the Design of Concrete Shields. Proceedings ASCE Vol. 84, Paper No. 1755, Journal of the Structural Division, No. ST 5, Part 1, September 1958
[31] FRYAR, R. M., u. E. G. PETERSON: A Summary of Neutron Attenuation in Materials Tested at Hanford. Paper presented at Symposium VI 58 „Radiation Shielding" of the European Atomic Energy Society, Cambridge, 26.—29. August 1958
[32] DICK, D. R. R.: The Design and Construction of the Nuclear Reactor Buildings at Windscale Works, Sellafield. The Structural Engineer Vol. 32 (1954) No. 11, S. 287—303
[33] DICK, D. R. R.: The Civil Engineer and Britain's Atomic Factories. Proceedings of the Institution of Civil Engineers, Part III, Vol. 4 (August 1955) No. 2, S. 514—536
34] VAUGHAN, R. D.: Bradwell-on-Sea Nuclear Power Station. Nuclear Engineering Vol. 2 (April 1957) No. 13, S. 140—145
[35] VAUGHAN, R. D., u. E. ANDERSON: Bradwell Nuclear Power Station. Second United Nations International Conference on the Peaceful Uses of Atomic Energy, Genf, 1.—13. September 1958, Paper No. A/CONF. 15/P/263
[36] National Reactor Test Station (Phillips Petroleum Company): Light-Water-Moderated Reactor: Type III Heterogeneous — Enriched Fuel.; in: United States Atomic Energy Commission: Research Reactors, S. 152—308. New York/Toronto/London: McGraw-Hill 1955
[37] NARROW, L.: Barytes Aggregate and Grout Intrusion Method Used in Shield for Materials Testing Reactor, Civil Engineering Vol. 24 (1954) S. 292—295
[38] NARROW, L., u. LEWIS: Barytes: Handle with Care! Engineering News-Record Vol. 152 (13. Mai 1954) No. 19, S. 36—37, 40
[39] BROSCH, F.: Der Münchener Atomreaktor. Die Bautechnik Bd. 35 (1958) S. 22—27
[40] AMBACH, E.: Über den Bau des Atom-Forschungsreaktors in Garching. Beton- und Stahlbetonbau Bd. 52 (1957) S. 285—292
[41] MAIER-LEIBNITZ, H. (Hrsgb.): Der Forschungs-Reaktor München. München: Karl Thiemig 1958
[42] Enrico Fermi Fast Breeder Reactor Plant. APDA-115, 1. November 1956
[43] BURG, P. C., u. J. G. FELDES: Civil Engineering Aspects of the Fermi Atomic Power Station. Journal of the Power Division, No. PO 2, April 1958, Proceedings of the American Society of Civil Engeneers, Vol. 84, Paper No. 1602
[44] SCOTT, N. L., u. R. F. MANTEY: Additional Aspects of the Enrico Fermi Atomic Power Plant. Proceedings ASCE, Vol. 86 (1960), Journal of the Power Division, No. PO 1

[45] HUNGERFORD, H. E., u. R. F. MANTEY: Shielding the Enrico Fermi Fast Breeder Reactor. Nucleonics Vol. 16 (November 1958) No. 11, S. 120—125
[46] ERTAUD, A.: The French Approach to Power Reactors. The G2 and G3 Double Purpose Reactors. Atomics & Nuclear Energy Vol. 8 (1957) No. 2, S. 52—59
[47] PASCAL, HOROWITZ, BUSSAC, JOATTON, DE LAGGE DE MEUX, MARTIN: General Specifications and Original Aspects of Reactors G2 and G3. Second United Nations International Conference on the Peaceful Uses of Atomic Energy, Genf, 1.—13. September 1958, Paper No. A/CONF. 15/P/1133
[48] Description des Reacteurs G2—G3. Second United Nations International Conference on the Peaceful Uses of Atomic Energy, Genf, 1.—13. September 1958, Paper No. A/CONF. 15/P/1134
[48a] DELEUZE, G., u. M. TOURASSE: Marcoule's Reactors G 2 and G 3. Part A, Active Core and Vessel. Nuclear Engineering & Science Conference, Cleveland, Ohio, 6.—9. April 1959, Preprint V-140
[48b] BELLIER, J., u. M. TOURASSE: Concrete Pressure Vessels. Novel Design and Construction in French Reactors G 2 and G 3. The Civil Engineer, Vol. 13 (1959) No. 2, S. 71—75
[49] COOPER, C., J. D. JONES u. C. C. HORTON: Some Design Criteria for Hydrogen-Metal Reactor Shields. Second United Nations International Conference on the Peaceful Uses of Atomic Energy, Genf, 1.—13. September 1958, Paper No. A/CONF. 15/P/84
[50] FOSTER, B. E.: Absorption by Concrete of X-Rays and Gamma Rays. Journal of the American Concrete Institute Vol. 25 (September 1953) No. 1, S. 45—63
[51] CALKINS, V. P.: Radiation Damage to Liquids and Organic Materials. In H. ETHERINGTON: Nuclear Engineering Handbook. Section 10-5. New York/Toronto/London: McGraw-Hill 1958
[52] KUCHTEVIČ, V. I., u. S. G. CYPIN: Physikalische und technische Probleme bei der Konstruktion eines Strahlenschutzes geringer Abmessungen. Kernenergie Bd. 2 (1959) S. 807—814
[53] TONKS, L., u. H. HURWITZ, JR.: The Economical Distribution of Gamma Ray Absorbing Material in a Spherical Pile Shield. KAPL-76, 8. Juni 1948, decl. 27. Februar 1957
[54] HURWITZ, H., JR.: Note on a Theory of Minimum Weight Shields. KAPL-1441. 23. Januar 1957
[55] MOORE, R. V., u. C. E. ILIFFE: Nuclear Propulsion for Ships. Second United Nations International Conference on the Peaceful Uses of Atomic Energy, Genf, 1.—13. September 1958, Paper No. A/CONF. 15/P/266
[55a] VANN, H. E., M. L. WEISS, u. B. WOLFE: Shielding Aspects of Nuclear Power Plants for Marine Propulsion. Annual Meeting of the Society of Naval Architects and Marine Engineers, New York, 13.—14. November 1958
[55b] SCHLEIFENHEIMER, K.: Abschirmungsprobleme bei Schiffsreaktoranlagen. Zeitschrift des Vereins Deutscher Ingenieure, Bd. 101 (1959), Nr. 32
[55c] MADDOCKS, K.: Some Aspects of Marine Reactor Safety. The Journal of the British Nuclear Energy Conference, Vol. 5, No. 2, April 1960, S. 110—127
[56] ALEXANDROW, A. P., u. I. I. AFRIKANTOW: Ein Kernenergie-betriebener Eisbrecher (russisch). Atomnaja Energia Bd. 5 (1958) S. 393—402
[57] KHLOPKIN, N. S.: The Nuclear Propelled Icebreaker. Second United Nations International Conference on the Peaceful Uses of Atomic Energy, Genf, 1.—13. September 1958, Paper No. A/CONF. 15/P/2140
[58] HODGES, G. H.: Power Plant Design for NS Savannah. The Society of Naval Architects and Marine Engineers, Southern California Section. San Pedro, California, 1958
[59] WHITELAW, R. L.: Design of the Power Plant for the First Nuclear Merchant Ship. Nuclear Engineering & Science Conference, Chicago, 17.—21. März 1958, Preprint 69
[60] GODWIN, R. P., u. D. L. WORF: Design Considerations in Nuclear Merchant Ships. Second United Nations International Conference on the Peaceful Uses of Atomic Energy, Genf, 1.—13. September 1958, Paper No. A/CONF. 15/P/1023
[61] SHIGEMITSU, M.: Nuclear Powered Submarine Tanker. ibid., Paper No. A/CONF. 15/P/1320

[62] TAKEUCHI, S., T. OKAMURA u. S. MURAKAMI: Nuclear Powered Emigrant Ship. ibid., Paper No. A/CONF. 15/P/1319
[63] PEASLEE, D. C.: Shielding of Power Reactors. In C. F. BONILLA: Nuclear Engineering. Chapter 7, S. 272. New York/Toronto/London: McGraw-Hill 1957
[64] SCHLEIFENHEIMER, K.: Bestimmende Faktoren für Größe und Gewicht des Strahlenschutzes von Schiffs-Druckwasseranlagen. Atomkernenergie Bd. 3 (1958) S. 492—498
[65] KLEPPER, O. H.: Influence of Shield Configuration on Cargo Capacity of Nuclear Powered Ships. NNSD-NSPS-1008, 16. Januar 1956
[66] PORTER, W. H. L.: Nuclear Power for Aircraft. Atomics and Nuclear Energy Vol. 8 (1957) No. 1, S. 7—14
[67] ASCHENBRENNER, F. A.: Shielding for Aircraft Nuclear Power Plants. Nuclear Engineering and Science Conference, Chicago, 17.—21. März 1958, Preprint 120
[68] SHORTALL, J. W.: Atomenergieantrieb für Flugzeuge. Atomkernenergie Bd. 3 (1958) S. 397—401, 450—454
[69] MOTEFF, J.: Full-Scale Turbojet Activation Experiment Preliminary Results. Nuclear Engineering and Science Conference, Chicago, 17.—21. März 1958, Preprint 124
[70] MARJON, P. L.: Radiation Protection Characteristics of Partial Shields for Nuclear Aircraft Servicing. NARF-58-20 T, 21. April 1958
[71] KELLER, F. L.: Neutron-Induced Gamma Rays in Air. Paper presented at Symposium VI 58 ,,Radiation Shielding" of the European Atomic Energy Society, Cambridge, 26.—29. August 1958
[72] KELLER, F. L., u. O. S. MERRILL: Analysis of the Recent TSF Secondary Gamma Ray Experiment. ORNL-2586, 23. September 1958
[73] CLARK, R. H., J. G. CARVER, R. F. BRENTON, W. L. WEISS u. R. F. ROHRER: Test Data from the 2π Solid Angle Shield-Cover Experiment. APEX-439, 19. Dezember 1958

13. Entwurf von Radioisotopen-Laboratorien

Radioisotopen-Laboratorien unterscheiden sich von gewöhnlichen Laboratorien [1], [2] durch die Sicherheitsvorkehrungen zur Verhütung einer unzulässigen inneren und äußeren Strahlenbelastung des wissenschaftlichen und technischen Personals. Gewöhnliche Laboratoriumsausrüstungen können nur beim Umgang mit Spurenmengen (Mikrocurie) von Radioisotopen verwendet werden, wobei jedoch spezielle Vorsichtsmaßnahmen getroffen werden, um Inkorporation der radioaktiven Stoffe zu verhüten. Bei höheren Aktivitätsniveaus spielen die Probleme des Einschlusses der radioaktiven Substanzen und der Abschirmung der Strahlung eine dominierende Rolle in der Entwurfskonzeption ([3] bis [7]).

Die Planung eines Radioisotopen-Laboratoriums richtet sich grundsätzlich nach der Art der radioaktiven Isotope, mit denen gearbeitet werden soll, und nach der Höhe des Aktivitätsniveaus. Wegen des weiten Aktivitäts- und Energiebereiches der Strahlung und der Vielzahl der verschiedenen mit Radioisotopen durchzuführenden Arbeiten und Untersuchungen in Industrie und Forschung kann es keine Standardlösungen für den Entwurf bequem und gefahrlos zu betreibender Radioisotopen-Laboratorien geben; jedoch lassen sich feste Grundsätze für den Entwurf angeben, und eine Standardisierung bestimmter Laborausrüstungen ist möglich.

Eine Einstufung der Sicherheitsmaßnahmen kann nach Art und Grad der Aktivität vorgenommen werden; eine präzise begrenzte Einstufung gibt es jedoch zur Zeit noch nicht. Aktivitäten < 1 mc werden im übertragenen Sinne als ,,lau" bezeichnet, für Aktivitäten von 1 mc bis 10 c wird die Bezeichnung ,,warm" und für Aktivitäten > 10 c die Bezeichnung ,,heiß" verwendet. Die Grenzen können jedoch um eine Zehnerpotenz nach oben oder unten abweichen.

Die Gefahr α-strahlender Substanzen liegt in ihrer hochgradigen Toxizität. Für die Abschirmung der α-Partikel reichen bereits verhältnismäßig dünne Folien aus, so daß bei Arbeiten mit reinen α-Strahlern Gummihandschuhe einen genügenden Schutz für die Hände gewähren. Experimente mit gelösten α-Strahlern im Millicurie-Bereich können bei entsprechenden Vorsichtsmaßnahmen in Abzügen getätigt werden. Experimente mit trockenem α-strahlendem Material müssen in nahezu gasdichten Handschuhkästen, die unter negativem Druck gehalten werden, durchgeführt werden. Für die Verarbeitung von Plutonium werden lange Prozeßreihen von miteinander verbundenen Handschuhkästen verwendet. Wegen der Feuergefährlichkeit von Plutonium werden metallurgische Operationen und Bearbeitungen, die zur Entstehung feiner Partikel führen, in einer Edelgas-Atmosphäre (Argon oder Helium) ausgeführt.

β-Partikel haben eine etwas größere Reichweite als α-Partikel. Die Abschirmung der β-Strahlung durch Gummi- oder PVC-Handschuhe bietet nur bei sehr niedrigem Aktivitätsniveau und bei geringer Energie der β-Partikel einen ausreichenden Schutz der Hände. Im „warmen" und „heißen" Bereich müssen Arbeiten mit β-strahlenden Substanzen unter Einschaltung eines schützenden Sicherheitsabstands oder von mehrere Millimeter dicken Abschirmungswänden mit Hilfe von Greifwerkzeugen durchgeführt werden. Die Maßnahmen zur Verhütung einer Verbreitung radioaktiver Kontaminierung entsprechen denen für α-strahlende Substanzen.

Im Unterschied zu α- und β-Partikeln kann die Abschirmung der durchdringenden γ-Strahlung beträchtliche Schutzwanddicken erfordern. Die Abschirmung der γ-Strahlung richtet sich nach der maximal vorhandenen Aktivität und der Energie der Strahlung. Als Material für Abschirmungsanlagen wird im allgemeinen Blei, Eisen oder Beton verwendet. Das Hantieren geschieht bei geringerer Dicke der Abschirmungswände mit langstieligen Greifzangen, bei größerer Dicke mit Hilfe von Parallel-Manipulatoren oder Manipulatorkranen, wenn nicht eine vollständige Automatisierung des betreffenden Arbeitsganges erfolgt. — Die Toxizität von γ-Strahlern ist im allgemeinen geringer als die Toxizität von α- oder β-strahlenden Substanzen. Bei Arbeiten mit αβγ-strahlendem Material muß neben der Abschirmung ein absolut sicherer Einschluß gewährleistet sein.

Abgeschirmte Räume, in denen γ-strahlendes Material im Curie- bis Megacurie-Bereich fernbedient bearbeitet wird, werden als „heiße" Zellen bezeichnet. Je nach dem Zweck, dem eine heiße Zelle dient, unterscheidet man analytische Zellen, metallurgische Zellen, Werkstattzellen, Mehrzweckzellen, Speicherzellen, Verteilerzellen usw.

13.1 Laboratorien mit geringen Abschirmungserfordernissen
13.11 Allgemeine Planungsgrundsätze
13.111 Anordnung der Räume [7]

Das zentrale Problem beim Entwurf und der Einrichtung von Radioisotopen-Laboratorien ist die Kontrolle der Strahlungsfelder und die Verhütung einer Verbreitung radioaktiver Kontaminierung. Ein Laboratorium für das Arbeiten mit radioaktiven Isotopen enthält im allgemeinen folgende Räume: Arbeitsraum für Stoffe mit höherer Aktivität, Arbeitsraum für Stoffe mit geringer Aktivität, Aufbewahrungsraum für Radioisotope, Meßraum, Raum für die Auswertung der Versuchsresultate, Raum für die Durchführung verschiedener Vorarbeiten, Werkstatt, Wasch- und Duschraum, Garderobe. — Bei der Raumaufteilung sind aktive und inaktive Räume streng zu trennen; erstere sind unter sich ebenfalls nach der Aktivitätsstufe der verwendeten Substanzen zu trennen. Zur Verminderung der Staubablagerungsflächen empfiehlt sich der Einbau der Beleuchtungskörper in die Decke und die Installation von Deckenstrahlungsheizungen anstelle von Radiatoren.

13.112 Ventilation

Die Lüftungsanlage für ein Radioisotopenlaboratorium soll den Schutz des Laboratoriumspersonals vor einer Verbreitung radioaktiven Materials (Kontamination) im Gebäude gewährleisten und die radioaktive Kontaminierung der Umgebung verhüten; daneben ist oft eine Einstellung von Raumtemperatur und Luftfeuchtigkeit mittels selbsttätiger Regelung auf festgelegte Werte notwendig. Diese Kriterien können erfüllt werden durch [8], [9]:

1. Zuführung gefilterter Luft in einfachem Durchgang. Die Temperierung und Be- oder Entfeuchtung der Luft ist bei Verwendung von für Temperatur- und Feuchtigkeitsschwankungen empfindlichen Meßgeräten notwendig; wegen der Größe des von den Abzügen benötigten Luftstroms sind die Betriebskosten einer Klimaanlage hoch.
2. Aufrechterhaltung eines von dem Bereich der geringsten potentiellen Kontaminierung zu den Bereichen mit fortschreitend höherem Kontaminierungspotential gerichteten Luftstroms. Büroräume und Korridor sind die Bereiche geringster Kontaminierung eines Laboratoriums, die Laborabzüge sind die Stellen größter Kontaminierung.
3. Verhütung von Zugerscheinungen in den Arbeitsbereichen und Aufrechterhaltung kontrollierter Luftgeschwindigkeiten in den Laborabzügen. Turbulenzerscheinungen im Bereich der Abzüge, die eine erhebliche Kontaminierungsgefahr bedeuten, muß durch einen strömungstechnisch einwandfreien Entwurf des Abzugssystems vorgebeugt werden.
4. Reinigung der Abluft vor der Abgabe an die Atmosphäre durch Filterung, in schwierigeren Fällen durch Waschen oder Adsorption [10], [11]. Die erforderliche Schornsteinhöhe richtet sich u. a. nach Art und Grad der radioaktiven Kontaminierung der Abluft und der Rückhaltekapazität des Luftreinigungssystems.

Eine Verringerung der Schwierigkeiten und Kosten der Ventilation von Radioisotopen-Laboratorien kann durch größtmögliche Beschränkung des kontaminierten Volumens durch Einschluß der Arbeiten mit radioaktiven Substanzen in separat ventilierte, abgedichtete Boxen erzielt werden. Als Werkstoffe für die Konstruktion des Exhaustsystems für radiochemische Laboratorien kommen in erster Linie nichtrostender Stahl, Polyvinylchlorid und Polyäthylen zur Verwendung. Die Kunststoffe besitzen eine hohe Widerstandsfähigkeit gegen Säureangriff und sind von geringer Kontaminierungsempfänglichkeit; nachteilig ist ihre Temperaturempfindlichkeit. Die Gefahr einer Einwirkung von Lösungsmitteln auf die in Ventilationssystemen verwendeten Kunststoffe ist unbedeutend, da der Luftstrom in der Regel zur Verflüchtigung jedes Lösungsmittels hinreichend ist und somit längere Einwirkungszeiten ausschließt.

13.113 Oberflächen

Bei der Ausgestaltung der Räume ist außer der Gewährleistung der notwendigen Strahlenabschirmung auch darauf zu achten, daß sich sämtliche

Oberflächen der Räume und der Einrichtungsgegenstände bequem und einwandfrei reinigen lassen. Auf die betreffenden Fragen wird in Abschn. 13.23 näher eingegangen.

13.114 Abfallbeseitigung

Radioaktive Abwässer dürfen nur nach Verdünnung oder Reinigung auf zulässige Konzentrationen in das öffentliche Kanalisationssystem eingeleitet werden. Die Probleme der Reinigung schwach radioaktiver Abwässer werden in Abschn. 17.21 behandelt. Das Abwassersystem innerhalb des Gebäudes ist im allgemeinen in Leitungen für radio-inaktives Abwasser, für möglicherweise radioaktiv kontaminiertes Abwasser und für radioaktives Abwasser zu trennen, im letzteren Falle ist oft eine weitere Trennung nach dem Aktivitätsniveau im Hinblick auf folgende verschiedenartige Reinigungsprozesse zweckmäßig. Die Leitungen für radioaktives Abwasser müssen glatt, dicht und chemisch widerstandsfähig sein. Geruchsverschlüsse, Schlammfänger und horizontale Stränge sind zu vermeiden, um Ansammlung und Ablagerung radioaktiver Isotope zu verhüten. Für die Leitungen werden Flanschenrohre aus nichtrostendem Stahl empfohlen. Verbindungsstellen und Rohrknicke sollen zugänglich sein, um Strahlungskontrollen zu ermöglichen und Reparaturen vornehmen zu können.

Feste Abfälle, die radioaktive Isotope enthalten, müssen in besonderen, mit Fußpedale schließbaren Behältern aufbewahrt werden. Ihre weitere Behandlung wird in den Abschn. 17.25 und 17.26 erläutert. Veraschung brennbarer radioaktiver Abfälle ist zulässig, wenn die Radioaktivitätskonzentration der an die Atmosphäre abgegebenen Abgase die vorgeschriebenen höchstzulässigen Werte nicht übersteigt.

13.12 Laboratoriums-Einrichtungen

13.121 Isotopentresore

In Radioisotopen-Laboratorien werden ständig feste, flüssige und gasförmige radioaktive Präparate auf Lager gehalten. Die Lagerung erfolgt in Isotopentresoren, die möglichst in einer Nebenkammer gelegen sein sollen, in der verschiedene einfache mit der Aufbewahrung und Verteilung der Präparate in Verbindung stehende Manipulationen durchgeführt werden können. Die hauptsächlichen Entwurfskriterien für Isotopentresore sind: Strahlenabschirmung, Verhütung radioaktiver Kontaminierung der Luft der Aufbewahrungskammer, übersichtliche Lagerung und leichte Erreichbarkeit der einzelnen Präparate mit Ferngreifwerkzeugen.

Isotopentresore werden entweder als stahlblechummantelte Bleikammern industriell gefertigt oder sie werden — bei größerem Volumen — als Betonkammern mit Unterteilung in einzelne horizontale Aufbewahrungsschächte ausgeführt. Es ist zweckmäßig, keine permanente Unterteilung vorzusehen, sondern die Anordnung der Hohlräume wandelbar zu gestalten. Die Unterteilungskonstruktion kann von aufeinandergestapelten U-förmigen Betonschienen gebildet werden [12]. Die einzelnen Aufbewahrungsschächte werden durch Bleipflöcke strahlensicher verschlossen. Bei Verwendung von in die Aufbewahrungsschächte passenden Depoteinheiten aus Blei, Stahl oder Messing wird die Übersichtlichkeit der Isotopen-Lagerung erhöht und die Handhabung erleichtert [12].

Der Verschluß eines Isotopentresors wird von einer Stahltür mit Bleifüllung (evtl. mit Boral- oder Kadmium-Einlage) und einer Asbestschicht zur Erhöhung der Feuersicherheit gebildet. Der Tresor wird durch ein kleines Exhaustsystem ständig auf Unterdruck gehalten, um ein Eindringen radioaktiver Gase oder Aerosole, die durch Gefäßschäden oder evtl. chemische Reaktionen frei werden können, in den Arbeitsbereich zu verhüten.

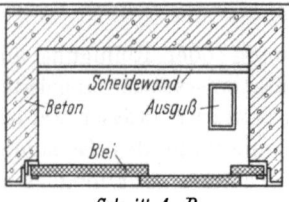

13.122 Abzüge

Abzugschränke für das Arbeiten mit radioaktiven Präparaten im lauen Bereich müssen innen vollständig glatte, leicht dekontaminierbare Oberflächen besitzen. Die wannenförmige Tischplatte muß sich zur Aufnahme schwerer Lasten (Bleiabschirmungen) eignen. Über die Zweckmäßigkeit einer permanenten Inkorporation von Abschirmungen in die Konstruktion des Abzugschrankes sind die Meinungen geteilt. Bedienungsgriffe für Wasser, Gas, Druckluft usw. müssen an der Außenseite des Abzugschrankes liegen. Eine typische Bauart eines Isotopen-Abzugschrankes mit inkorporierter Abschirmung ist in Abb. 13.1/1 dargestellt [7].

Abb. 13.1/1. Abzugschrank für Arbeiten mit radioaktiven Isotopen (nach BORISSOW [7], S. 36)

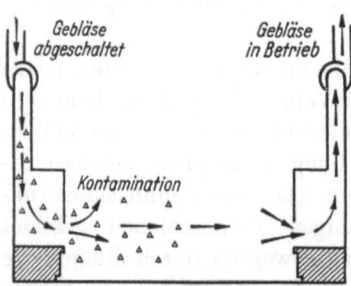

Abb. 13.1/2. Illustration der Gefahr einer Verbreitung radioaktiver Kontamination in einem Raum mit einem an- und einem abgestellten Gebläse (nach WARD [4])

Die Luftführung soll einen gleichmäßigen Luftstrom über die ganze Breite der Arbeitsöffnung gewährleisten. Es ist notwendig, die angesaugte Luft vor ihrer Abgabe an die Atmosphäre zu filtern. Die Luftkanäle dürfen nicht mit denen anderer Abzüge, die nicht für das Arbeiten mit radioaktivem Material vorgesehen sind, vereinigt werden. Für die Überwachung des Betriebs eines Isotopen-Abzugs müssen Druckdifferenzmesser und Zählrohre installiert sein. Die Aufstellung eines Abzugschrankes in einem Laboratoriumsraum darf nicht in Bereichen erfolgen, in denen stärkere Luftströmungen auftreten können. Wenn sich zwei oder mehr Abzugschränke in einem Raum befinden, müssen die Gebläse der Abzüge durch eine gemeinsame Schaltung betrieben werden. Bei separater Schaltung der einzelnen Gebläse besteht die Möglichkeit, daß ein arbeitendes Gebläse Luft aus einem außer Betrieb befindlichen Abzugschrank saugt, mit resultierender radioaktiver Kontamination des Labor-Raums (Abb. 13.1/2).

13.123 Handschuhkästen [13]

Für die Durchführung von Arbeiten auf eng begrenztem Raum mit α-aktivem und/oder sehr schwach β-aktivem Material, das einen unbedingt sicheren Ein-

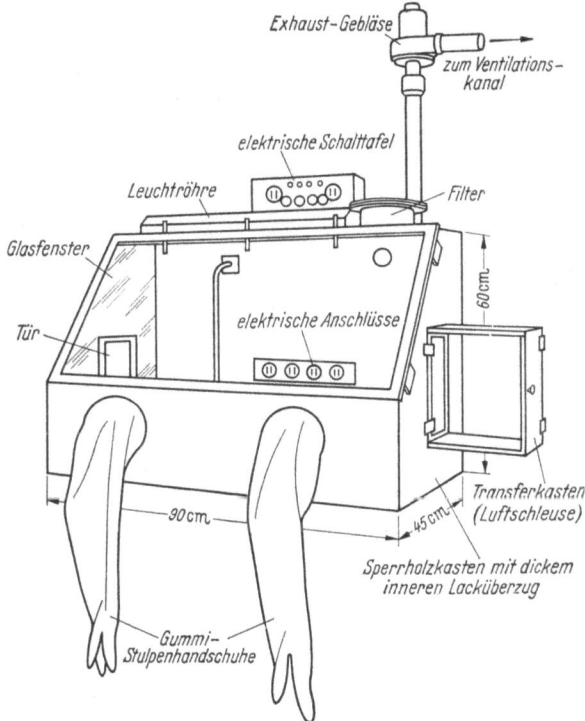

Abb. 13.1/3. Handschuhkasten für Arbeiten mit α-aktivem und schwach β-aktivem Material [nach BRADFORD (Hrsg.) [5], S. 153]

schluß, aber keine Abschirmung erfordert, werden Handschuhkästen verwendet (Abb. 13.1/3). In den Handschuhkästen wird ein Unterdruck aufrechterhalten, damit eine evtl. Luftdurchsickerung stets nur nach innen vor sich geht. Die Lüftung erfolgt durch Ventilator oder Saugstrahlpumpe. Wenn eine Edelgasatmosphäre erforderlich ist, kann ein Kreislauf- und Reinigungsprozeß wirtschaftlich vorteilhaft sein. Zu den für die Herstellung der Kästen geeigneten Werkstoffen gehören Sperrholz, Aluminium, Stahl und Kunstharz. Die Handschuhe bestehen aus Gummi oder Polyvinylchlorid; bei Vorhandensein von β-Aktivität dürfen sie nicht zu dünn sein. Die mit Klemmringen an den Öffnungen befestigten Handschuhe können ohne Unterbrechung des Verschlusses ausgewechselt werden.

188   13. Entwurf von Radioisotopen-Laboratorien   [Lit. S. 227

Ein wichtiger Gesichtspunkt ist leichte Dekontaminierbarkeit der Innenflächen der Kästen. Wenn die Oberfläche eines Werkstoffs den Anforderungen nicht genügt, erhält sie einen Abziehlack-Überzug. Ein Abziehlack ist ein filmbildendes Material, das aufgespritzt wird. Die Haftung des Lackfilms auf der Trägeroberfläche ist so gering, daß er mit einem Spachtel bequem abgestreift werden kann. Bei der Dekontaminierung wird auf den radioaktiv kontaminierten Überzug ein zweiter Lackfilm aufgespritzt, so daß die Radioaktivität zwischen den beiden Schichten fixiert ist, worauf beide Überzüge zugleich abgestreift werden. Eine Alternative zur Dekontaminierung besteht in der Verwendung einer aus PVC-Folie geschweißten Hülle, die innen auf ein Rohrgestell gespannt und bei radioaktiver Kontamination ausgewechselt wird (Abbildung 13.1/4) [14].

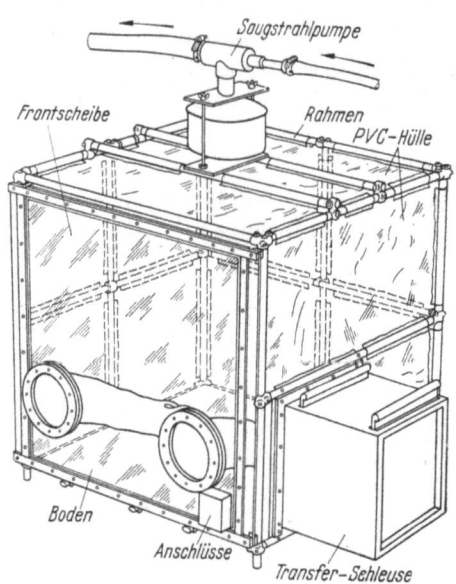

Abb. 13.1/4. Handschuhkasten, bestehend aus einer innen auf ein Rohrgestell gespannten PVC-Hülle (nach CURTIS [14])

13.124 Metall-,,Ziegel''-Abschirmungen, Junior-Zelle

Das Hantieren mit kleinen Mengen γ-emittierender Materialien (bis etwa 1 Curie) kann, wenn keine Kontaminierungsgefahr vorliegt, im Schutze offener

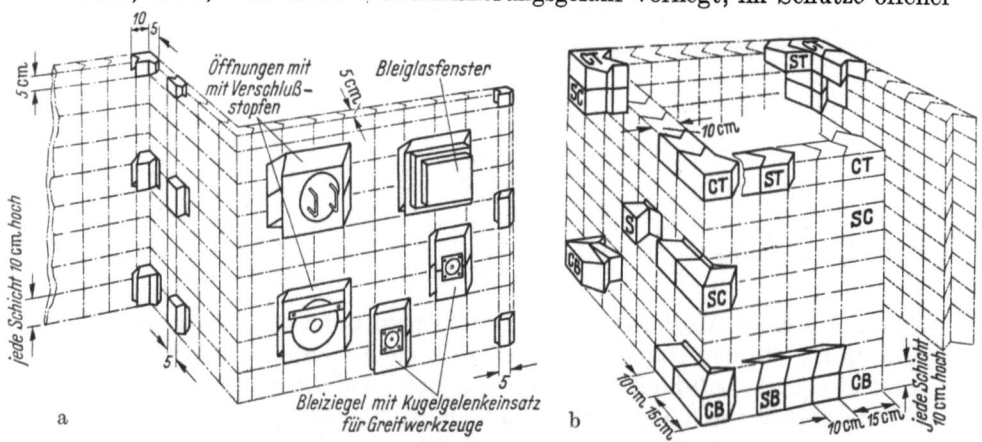

Abb. 13.1/5. Abschirmungswände aus Bleiziegeln
a) 5 cm dicke Abschirmungswand mit verschiedenen Spezialeinsätzen; b) 10 cm dicke Abschirmung (nach Savage and Parsons Ltd.; Sunvic Regler G. m. b. H. [15])

Strahlenabschirmungen erfolgen. Für die Errichtung zeitweiliger Abschirmungswände sind Gußeisen- oder Blei-,,Ziegel'' besonders zweckmäßig (Abb. 13.1/5). Die Manipulation erfolgt mit Hilfe von durch die Wand reichenden geraden oder über die Wand reichenden gewinkelten Ferngreifern.

Arbeiten mit offenen $\alpha\beta\gamma$-aktiven Substanzen werden mit Fernbedienungswerkzeugen in geschlossenen Kästen im Schutze einer vorgelagerten Abschirmungswand vorgenommen. Eine Standard-Laborausrüstung für die Durchführung von Arbeiten im mittleren $\alpha\beta\gamma$-Aktivitätsbereich (bis etwa 10 Curie γ-Aktivität) ist die vom Argonne National Laboratory entwickelte Junior-Zelle (Abb. 13.1/6) [16]. Der Einschlußkasten hat die Abmessungen 76 cm · 152 cm · 104 cm Höhe. In die längs- und querverschiebbare 7,5 cm dicke stählerne Front-Abschirmungsplatte ist ein 100 cm breites, 50 cm hohes Bleiglasfenster eingelassen. Das Hantieren erfolgt mit Hilfe von Greifzangen und von oben eingreifenden kleinen Parallel-Manipulatoren.

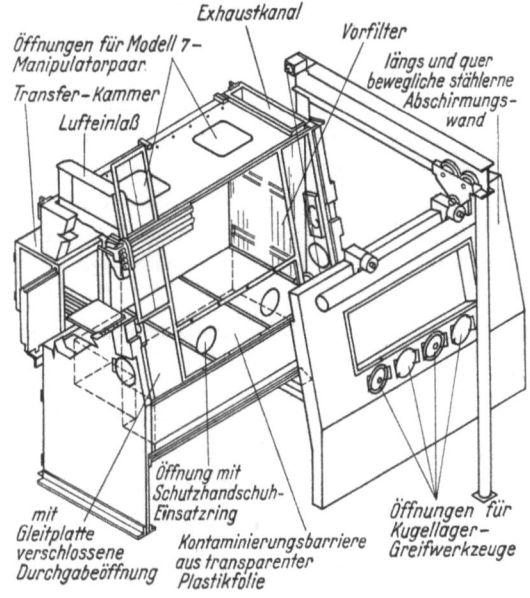

Abb. 13.1/6. Perspektivische Schnittdarstellung einer Junior-Zelle vom Typ ANL-Modell 1 (nach United States Atomic Energy Commission [16], S. 69)

13.125 Greifwerkzeuge

Für das Hantieren mit γ-strahlenden Substanzen hinter Metallziegel-Abschirmungswänden oder in Junior-Zellen werden verschiedene Arten von Greif-

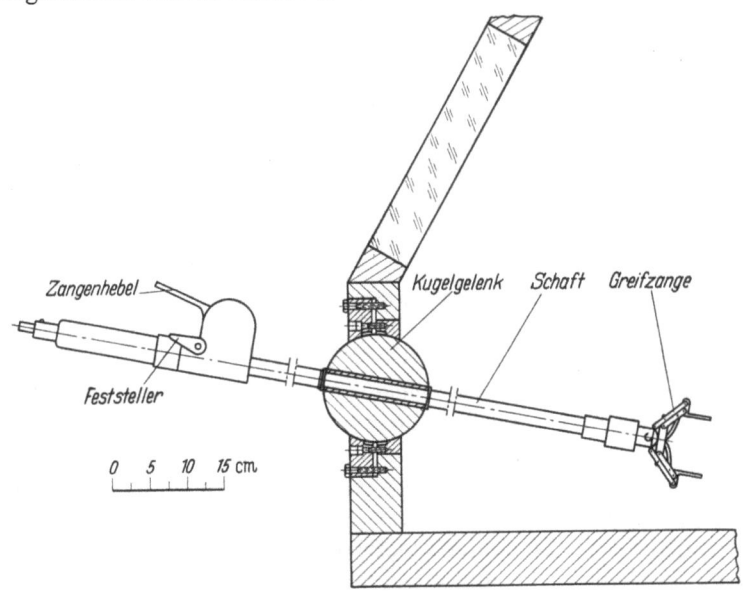

Abb. 13.1/7. Kugelgelenk-Greifzange (nach GOERTZ, FERGUSON u. DOE [17], S. 7—133)

werkzeugen verwendet, die durch die Abschirmung hindurch oder über sie hinweg operieren.

In Abb. 13.1/7 ist ein typisches, durch die Abschirmung operierendes Greifwerkzeug dargestellt: die Kugelgelenk-Greifzange [*17*]. Der durch die Kugel des in die Abschirmung eingesetzten Gelenks verlaufende Schaft des Fernbedienungswerkzeugs ist entlang seiner Achse verschieblich und innerhalb eines kegelförmigen Raums von etwa 60° bis 75° Öffnungswinkel schwenkbar. Auf der Arbeitsseite befindet sich ein Zangenkopf, in den Greiffinger und verschiedene Werkzeuge eingesetzt werden können, die durch Hebeldruck von dem Bedienungsgriff aus betätigt werden. Die Beobachtung der Arbeit erfolgt durch Umlenkspiegel oder Abschirmungsfenster aus Bleiglas.

13.2 Entwurfsdetails von heißen Zellen
13.21 Allgemeines
13.211 Nicht abgedeckte Zellen

Oben offene Zellen werden in der Regel für den Umgang mit γ-strahlenden Isotopen mittlerer Aktivität errichtet. Neben dem wirtschaftlichen Vorteil geringer Bau- und Ausrüstungskosten, im Vergleich mit vollkommen geschlossenen Zellen, bietet die Verwendung oben offener Zellen oft auch betriebliche Vorteile. Der Verzicht auf eine Abdeckung ist natürlich nur bei sehr geringem Kontaminierungspotential der radioaktiven Substanzen möglich. Die für die Abschirmung am häufigsten verwendeten Baustoffe sind Stahl, Blei und Beton. Die Zellen müssen, um eine Kontaminierung der Luft im Arbeitsbereich zu verhüten, durch einen langsam von der Vorderseite zur Rückseite fließenden Luftstrom entlüftet werden.

Die Abschirmung ist so zu bemessen, daß der Durchgang der Direktstrahlung plus der luftgestreuten und der von der Decke des Raums rückgestreuten Strahlung nicht die höchstzulässige Strahlendosis im Arbeitsbereich überschreitet. Der Punkt, an dem die Streustrahlung aus einer oben offenen Zelle unzulässig groß wird, ist eine Funktion von Energie und Aktivität des γ-strahlenden Isotops und der Geometrie der Zelle. Als grobe Regel wird empfohlen ([*18*], S. 417), nicht mehr als 10 bis 20 Curie eines weicheren γ-Strahlers, wie z. B. I^{131}, in einer oben offenen Zelle mit hohen Wänden und nicht mehr als 2 bis 3 Curie in einer oben offenen Zelle mit einer in Kopfhöhe liegenden Wandoberkante zu handhaben. Im Falle harter γ-Strahler, wie z. B. Co^{60}, ist der Einfluß der Luftstreuung geringer, und die angegebenen Werte können etwa verdoppelt werden.

13.212 Überschlägige Bestimmung indirekter Streustrahlung

R. STEPHENSON [*18*] hat überschlägige Berechnungsverfahren für die Bestimmung der Streuung von γ-Strahlung durch eine dicke Platte und für die Luftstreuung von γ-Strahlung entwickelt, die im folgenden wiedergegeben werden.

a) Streuung durch eine dicke Platte. Im Fall eines dicken streuenden Mediums muß die Absorption des einfallenden und des gestreuten Strahlenbündels berücksichtigt werden. Wenn der Empfänger hinreichend weit entfernt ist, daß die Platte als Punktquelle angesehen werden kann, kann die Intensität der gestreuten Strahlung wie folgt berechnet werden:

13.2 Entwurfsdetails von heißen Zellen

Betrachtet werde ein Strahlenbündel vom Querschnitt „1", das auf eine dicke Platte fällt, wie in Abb. 13.2/1 dargestellt. ϑ_1 und ϑ_2 seien die Winkel zwischen der Normalen zur Plattenoberfläche und dem einfallenden bzw. dem ausfallenden Strahlenbündel, Σ_1 und Σ_2 die makroskopischen Wirkungsquerschnitte des Plattenmaterials für einfallende und gestreute Strahlenbündel und ϱ die Dichte des Plattenmaterials. Dann ist in einer Entfernung y unter der Plattenoberfläche die Masse eines kleinen streuenden Plattenteils $\varrho \sec \vartheta_1 \, dy$, und die Strahlungsintensität an dieser Stelle ist $I_0 \, e^{-\Sigma_1 \, y \sec \vartheta_1}$. Der Streuwinkel ist

$$\vartheta = 180° - (\vartheta_1 + \vartheta_2).$$

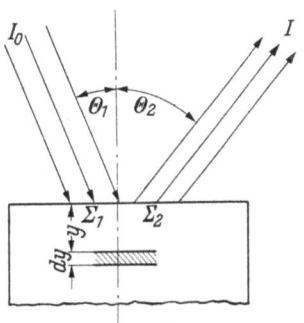

Abb. 13.2/1 Streuung durch eine dicke Platte (nach STEPHENSON [*18*], S. 213)

Der Anteil $e^{-\Sigma_2 \, y \sec \vartheta_2}$ der gestreuten Strahlung erreicht die Oberfläche, so daß die Intensität der gestreuten Strahlung am Empfänger ist:

$$I = \frac{6{,}03 \cdot 10^{23} \, \varrho \, Z \, I_0 \, F \sec \vartheta_1}{A \, x_2^2} \frac{d\sigma}{d\Omega} \int_0^\infty e^{-(\Sigma_1 y \sec \vartheta_1 + \Sigma_2 y \sec \vartheta_2)} dy$$

oder

$$I = \frac{6{,}03 \cdot 10^{23} \, \varrho \, Z \, I_0 \, F}{A \, x_2^2 [\Sigma_1 + \Sigma_2 (\cos\vartheta_1/\cos\vartheta_2)]} \frac{d\sigma}{d\Omega}, \tag{13.2/1}$$

wobei

x_2 Entfernung zwischen Platte und Empfänger,

F Querschnittsfläche des einfallenden Strahlenbündels, wenn die Platte größer als das Strahlenbündel ist. Wenn das Strahlenbündel größer als die Plattenfläche ist, gilt $F = {}_{\text{vorh.}}F_{\text{Platte}} \cdot \cos\vartheta_1$.

Wenn die Platte nur leichte Elemente enthält, ist für γ-Strahlenenergien $> 0{,}1$ MeV die photoelektrische Absorption klein, und der makroskopische Wirkungsquerschnitt resultiert fast allein aus dem COMPTON-Effekt. Für leichte Elemente ist $Z/A \sim 1/2$.

b) Luftstreuung. Betrachtet werde der Fall einer Strahlenquelle, die S Photonen/sek emittiert, wie in Abb. 13.2/2 dargestellt. Für ein differentiales streuendes Teilchen dV bezeichne R_1 den Abstand von der Strahlenquelle unter dem Winkel ψ, R_2 den Abstand zwischen dV und dem Empfänger unter dem Winkel φ, x den Abstand zwischen Strahlenquelle und Empfänger, $\vartheta = \psi + \varphi$ den Streuwinkel und $d\sigma/d\Omega$ den differentialen Streuwirkungsquerschnitt. Es besteht Rotationssymmetrie für Streuung um x, so daß das Volumen des streuenden differentialen Rings ist:

Abb. 13.2/2. Skizze zur Berechnung der Luftstreuung (nach STEPHENSON [*18*], S. 214)

$$dV = (2\pi R_1 \sin\psi) \, R_1 \, d\psi \, dR_1.$$

Die gestreute Strahlung, wie sie von einem isotropen Detektor gemessen wird, ist unter Vernachlässigung der geringen Luftabsorption

$$I = \iint \frac{S\,dV}{4\pi R_1^2 R_2^2} N \frac{d\sigma}{d\Omega}. \qquad (13.2/2)$$

Die Anzahl der Elektronen in 1 cm³ Luft ist bei 1 bar und 24° C: $N = 3{,}6 \cdot 10^{20}$.
Nach dem Sinussatz ist

$$\frac{R_1}{\sin \varphi} = \frac{R_2}{\sin \psi} = \frac{x}{\sin[\pi - (\psi + \varphi)]}. \qquad (13.2/3)$$

Differentiation von Gl. (13.2/3) bei konstant gehaltenem ψ ergibt:

$$\frac{dR_1}{d\varphi} = \frac{x \sin(\psi + \varphi) \cos\varphi - x \cos(\psi + \varphi) \sin\varphi}{\sin^2(\psi + \varphi)}, \qquad (13.2/4)$$

da $\sin[\pi - (\psi + \varphi)] = \sin(\psi + \varphi)$. Der Zähler von Gl. (13.2/4) ist gleich $x \cdot \sin[(\psi + \varphi) - \varphi] = x \cdot \sin \psi$, und die Elimination von φ aus Gl. (13.2/3) ergibt

$$dR_1 = \frac{R_2^2}{x \sin \psi} d\varphi. \qquad (13.2/5)$$

Einsetzen in Gl. (13.2/2) ergibt:

$$I = \frac{SN}{2x} \int_0^\pi \int_0^{\pi - \psi} \frac{d\sigma}{d\Omega} d\psi\, d\varphi. \qquad (13.2/6)$$

Bei isotroper Streuung kann Gl. (13.2/6) direkt integriert werden:

$$I = \frac{\pi N \sigma S}{16\,x} = \frac{\pi \Sigma S}{16\,x}, \qquad (13/2.7)$$

wobei σ der differentiale Gesamtstreuquerschnitt ist.

Bei γ-Strahlen-Streuung ist $d\sigma/d\Omega$ keine Konstante, so daß Gl. (13.2/6) durch numerische Integration gelöst werden muß. Für Streuwinkel $> 90°$ ist jedoch der differentiale Klein-Nishina-Wirkungsquerschnitt in grober Näherung konstant. In vielen praktischen Fällen ist die Strahlung als mäßig schmales Strahlenbündel nach oben gerichtet (Abb. 13.2/3). Unter diesen Bedingungen ist der Streuwinkel $> 90°$, und die Strahlungsintensität am Empfänger kann durch geschlossene Integration von Gl. (13.2/6) erhalten werden. ω ist der Winkel um x, der durch die Zellengeometrie gegeben ist, ψ variiert zwischen den Grenzen ψ_1 und ψ_2, und für einen gegebenen Wert von ψ variiert φ zwischen φ_1 und $\pi - \psi$, so daß

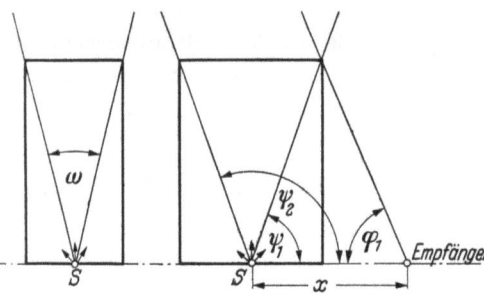

Abb. 13.2/3. Streuung aus typischer Zelle (nach STEPHENSON [18], S. 216).

$$I = \frac{NS\omega}{4\pi x}\left(\frac{\overline{d\sigma}}{d\Omega}\right)\int_{\psi_1}^{\psi_2}\int_{\varphi_1}^{\pi - \psi} d\psi\, d\varphi$$

$$= \frac{NS\omega}{4\pi x}\left(\frac{\overline{d\sigma}}{d\Omega}\right)(\psi_2 - \psi_1)\left(\pi - \frac{\psi_2}{2} - \frac{\psi_1}{2} - \varphi_1\right), \qquad (13.2/8)$$

wobei alle Winkel im Bogenmaß zu messen sind.

13.213 Vollkommen geschlossene Zellen

Vollkommen geschlossene Zellen werden für den Umgang mit γ-strahlenden Isotopen in den höheren Curie-Bereichen und für γ-emittierende hochgradig toxische Materialien verwendet. Im letzteren Falle erhält die Zelle eine gasdichte innere Auskleidung. Die Zellendecke kann — wenn Gasdichtigkeit nicht erforderlich ist — aus abnehmbaren Blöcken oder Platten hergestellt werden, um das Hineinbringen oder Herausnehmen großer Komponenten von oben zu ermöglichen.

Zur Erhöhung der Strahlensicherheit und des Ausnutzungsgrades von heißen Zellen, in denen chemische und mechanische Arbeitsgänge mit einem hohen Kontaminierungspotential durchgeführt werden, werden separate Einschlüsse innerhalb der Zelle verwendet [19]. Durch dieses doppelte Einschlußsystem wird ein hoher Grad der Isolierung der radioaktiven Substanzen erreicht. Man unterscheidet zwei Arten des primären Einschlusses: Die trockene Einschlußmethode ist analog den Handschuhkasten-Operationen in einem α- oder β-Laboratorium. Der primäre Einschlußkasten hat transparente Wände zur Ermöglichung der Beobachtung der Manipulation des Experiments. Der Oberteil, durch den die Manipulatorarme eingreifen, ist entweder akkordeonartig ausgebildet oder mit Gleitplatten versehen (Abb. 13.2/4). Der Kasten wird durch Anschluß an ein separates Ventilationssystem unter negativem Druck gehalten. Die Tauchmethode verhütet durch Vornahme des Arbeitsganges in einem Wasserbehälter mit durchsichtigen Wänden eine Verbreitung radioaktiver Kontaminierung in die Luft. Sie wird mit Vorteil bei späneerzeugenden mechanischen Bearbeitungen radioaktiver Prüfkörper angewandt, sowie bei Experimenten mit frisch bestrahltem Spaltstoffmaterial, das gekühlt werden muß.

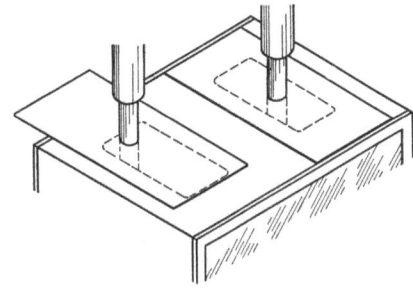

Abb. 13.2/4
Primärer Einschlußkasten mit Gleitplatten zur Verdeckung der Öffnungen für den Eingriff der Manipulatorarme (nach DEILY u. NICHOLSON [19])

13.22 Strahlenabschirmung

13.221 Abschwächung harter γ-Strahlung durch Blei, Eisen, Beton und Ziegel

Zwei in Forschung, Technik und Medizin besonders häufig verwendete harte γ-Strahler sind Kobalt-60 mit 1,17 MeV, 1,33 MeV und Cäsium-137 mit 0,661 MeV (s. Abschn. 2.21 und 5.1). In den Abb. 13.2/5 und 13.2/6 ist der Durchgang von Co^{60}- und Cs^{137}-γ-Strahlen im breiten Strahlenbündel durch Blei, Eisen, gewöhnlichen Beton und Ziegel als Funktion der Dicke der Abschirmungsschicht angegeben [20].

13.222 Strahlenabschirmungen aus Gußeisen und Blei

Die Vorteile der Verwendung von Gußeisen- oder Blei-Blöcken für die Abschirmung heißer Zellen bestehen in dem geringen Raumbedarf, der einfachen Montage und Demontage und der Wandelbarkeit der Abschirmungskonstruktion. Wenn der Bau von Abschirmungen mit einem Bleiäquivalent von mehr als 25 cm erforderlich ist, ist die Verwendung dieser metallischen Baustoffe im allgemeinen nicht mehr wirtschaftlich vertretbar (vgl. J. W. ANTWISS, in [13], S. 362—368). In diesem Falle sind monolithischer Beton, Betonblöcke oder

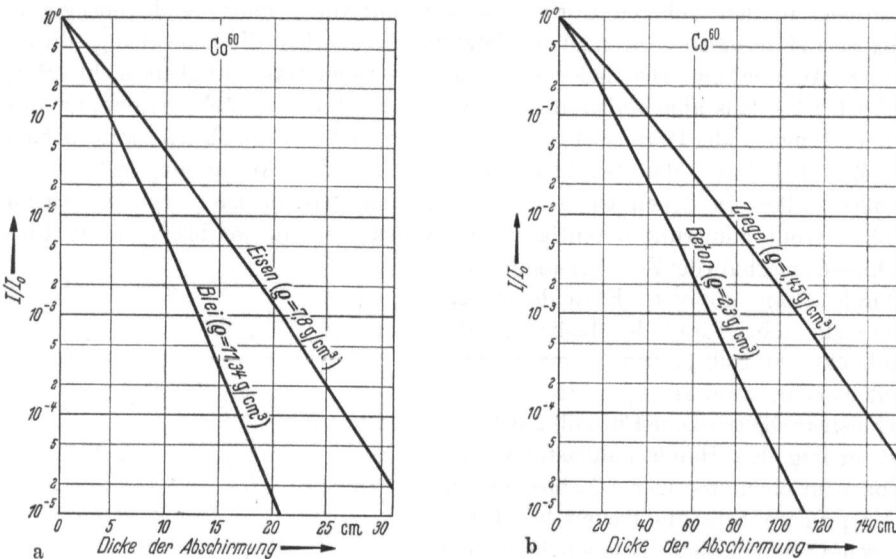

Abb. 13.2/5. Relative Schwächung der Intensität des von Co^{60} emittierten breiten Strahlenbündels a) in Blei und Eisen, b) in Beton und Ziegel (nach BIBERGAL, MARGULIS u. WOROBJOW [20], S. 88 u. 89)

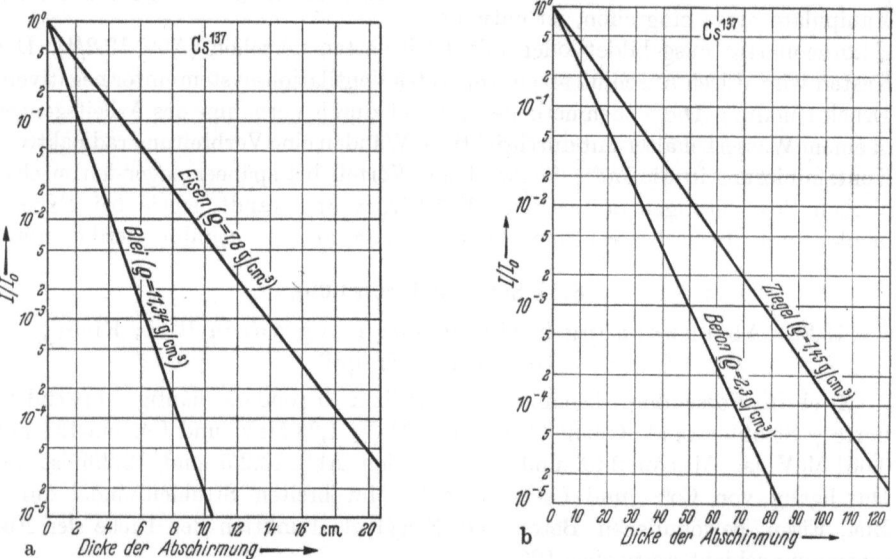

Abb. 13.2/6. Relative Schwächung der Intensität des von Cs^{137} emittierten breiten Strahlenbündels a) in Blei und Eisen, b) in Beton und Ziegel (nach BIBERGAL, MARGULIS u. WOROBJOW [20], S. 91 u. 92)

mit losem Abschirmungsmaterial gefüllte Stahlblechkästen die geeigneten Konstruktionsformen.

In Abb. 13.2/7 ist ein Schnitt durch die Vorderseite einer typischen heißen Zelle mit Bleiblock-Abschirmungswand für das Arbeiten mit γ-strahlenden Substanzen dargestellt [21]. Die Blöcke bestehen aus einer 4%igen Antimon-Blei-

Legierung. Wenn nach dem Guß keine weitere Bearbeitung erfolgt, muß sich der Entwurf der Abschirmungskonstruktion auf die Plus-Toleranz der Abmessungen ausrichten; der Ausgleich der einzelnen Schichten erfolgt durch Bleifolie-Zwischenlagen. Der innere Einschlußkasten besteht aus nichtrostendem Stahlblech mit eingesetzten Perspex-Fenstern. Arbeiten innerhalb des Einschlusses werden mit Hilfe kugelgelagerter Greifzangen durchgeführt, die einen Raumwinkel von 75° bestreichen können. Das Kugelgelenk soll, um eine äquivalente Abschirmung zu gewährleisten, aus einem schwereren Material als Blei bestehen — z. B. aus Uran ($\varrho = 19{,}04$ g/cm³) dem das spaltbare Isotop entzogen wurde, oder „Mallory 1000" ($\varrho = 16{,}96$ g/cm³), einer Legierung aus 90% Wolfram, 6% Nickel und 4% Kupfer [22]. Der Reibungswiderstand wird durch Zuführung von Druckluft (im Falle der in Abb. 13.2/7 dargestellten Konstruktion: 0,35 atü) zu einem ringförmigen Kanal an der Kugelunterseite überwunden. Der Eintritt des Zangenschafts in den Einschlußkasten wird durch eine PVC-Hülle abgedichtet. Ein Nachteil von Bleiblock-Zellen des in Abb. 13.2/7 dargestellten Typs besteht in ihrer betriebstechnischen Inflexibilität,

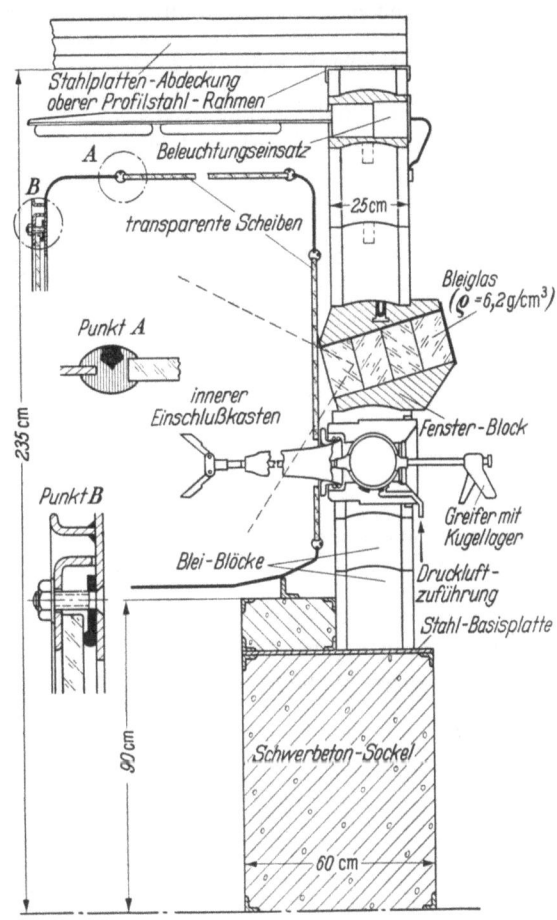

Abb. 13.2/7
Schnitt durch die Vorderseite einer typischen Zelle mit Bleiblock-Abschirmungswand (nach ASHBURN u. ELSON [21])

die durch den verhältnismäßig eng begrenzten Manipulationsbereich der kugelgelagerten Greifzangen und den geringen Sichtbereich durch die Bleiglasfenster bedingt ist (vgl. O. S. PLAIL in [13], S. 395—398).

13.223 Strahlenabschirmungen aus Stahlblechkästen mit losem Füllmaterial

Für den Bau heißer Zellen, deren zukünftige Betriebsbedingungen bei der Projektierung nicht in genügendem Maße vorausgesehen werden können, ist die Verwendung von Stahlblechkästen mit losem Füllmaterial (Sand, schwere Erze, Stahlstanzabfälle, Bleischrot) vorteilhaft Abänderungen an einer derartigen Konstruktion sind viel leichter auszuführen als im Falle von monolithischem Beton. Das lose Füllmaterial gestattet eine flexible Anpassung an die

Abschirmungserfordernisse. Die Behälterkonstruktionen werden nicht nur für individuelle Projekte angefertigt, sondern werden auch als kleinere Kästen mit Abmessungen nach einem Modulsystem in Serie hergestellt [23].

13.224 Strahlenabschirmungen aus Betonblöcken

Wenn die Wände einer heißen Zelle nur eine verhältnismäßig geringe Anzahl von Zugangsöffnungen, Einsätzen, Hülsenrohren, Zuleitungen usw. enthalten, kann die Verwendung industriell gefertigter Betonblöcke (Abb. 13.2/8) wirtschaftliche Vorteile im Vergleich mit monolithischem Beton bieten [23], [24]. Dieser Fall liegt insbesondere bei wenig durchbrochenen Abschnitten langgestreckter Abschirmungswände oben offener Zellen vor. Die Wände können im Mörtelbett versetzt oder in Trockenmauerwerk ausgeführt werden. Beim Entwurf geschlossener Zellen in Betonblock-Bauweise ist zu untersuchen, ob die Verwendung von Stahlbetonplatten für die Deckenkonstruktion der Verwendung einer Schicht von auf Stahlträgern verlegten Betonblöcken vorzuziehen ist. Der Vorteil der Errichtung von Abschirmungen für zeitweilige Anlagen aus Betonblocksteinen besteht in der leicht veränderlichen geometrischen Anordnung und der nahezu vollständigen Wiederverwendbarkeit der Baustoffe.

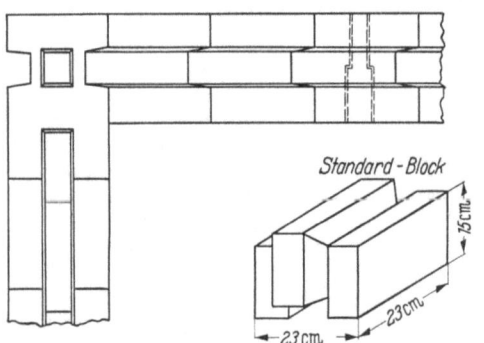

Abb. 13.2/8. Wandkonstruktion aus Beton-Formsteinen (nach WELSHER [23])

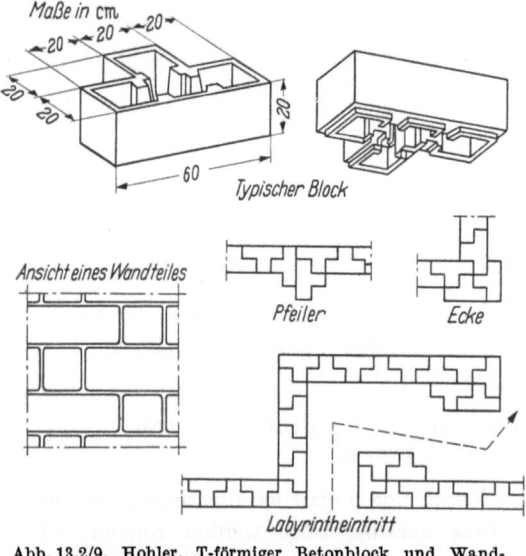

Abb. 13.2/9. Hohler, T-förmiger Betonblock und Wandkonstruktion (nach GOODMAN u. NORTON [26])

Bei Verwendung von schweren Erzen, Eisen- oder Bleiabfällen als Betonzuschläge ist eine sehr gleichförmige Verteilung des schweren Materials in der Zellenwand zu erzielen; denn die Dichte der einzelnen Betonblöcke kann durch Gewichtskontrolle überwacht werden. Eine Beschreibung der Fertigung von Schwerbetonblöcken findet sich in [25]. Ein vom Building Materials Research Laboratory des MIT entwickelter hohler T-förmiger Betonblock ist in Abb. 13.2/9 dargestellt [26]. Diese Blöcke haben einen Hohlraum von 55% des Gesamtvolumens und ein Gewicht von 40 kg. Die hohlen Wände können mit einem losen Abschirmungsmaterial gefüllt werden.

13.225 Strahlenabschirmungen aus monolithischem Beton

Monolithischer Beton kommt zur Anwendung, wenn die Abschirmung einer heißen Zelle von zahlreichen Zugangsöffnungen, Fenstern und Einsätzen für Fernbedienung und Installation durchbrochen wird. Bei der Wahl der Zuschlagstoffe spielen — wie auch bei Betonblöcken — wirtschaftliche Gesichtspunkte die maßgebende Rolle. Bei der Wirtschaftlichkeitsuntersuchung sind die Gesamtkosten der heißen Zelle zu berücksichtigen. Die Verwendung von schweren Zuschlagstoffen ist trotz ihrer höheren Kosten als für Sand und Kies in vielen Fällen wirtschaftlich gerechtfertigt, obwohl die zusätzlichen Materialkosten die Einsparung an Abschirmungsvolumen übersteigen. Besonders bei der Errichtung heißer Zellen in bestehenden Gebäuden kann Platzbedarf ein Faktor von beträchtlicher Bedeutung sein. Eine Reduktion der Abschirmungsdicke ist auch darum von besonderer Bedeutung, weil geringere Längen des mechanischen Verbindungsglieds von Manipulatoren billiger sind und leichtere Bedienung ermöglichen; ebenfalls können bei dünneren Wänden für gleichen Gesichtswinkel die Abmessungen der teuren Abschirmungsfenster verringert werden.

Für den Entwurf einer Strahlenabschirmungskonstruktion werden von E. J. CALLAN [27] folgende Berechnungsschritte formuliert:

a) Bestimme Art und Intensität der Strahlenquelle.

b) Berechne daraus und aus der höchstzulässigen Strahlendosis oder einem niedrigeren festgesetzten Wert die erforderlichen Abschwächungsfaktoren.

c) Berechne für verschiedene Betonarten die erforderliche Abschirmungsdicke.

d) Bestimme aus den gegebenen Lichtraumabmessungen und den erforderlichen Abschirmungsdicken die Grundrißflächen und den Raumbedarf für Abschirmungsanlagen aus verschiedenen in Frage kommenden Betonen.

e) Stelle Kostenanschläge auf, die Schalungskosten, Materialkosten und Betonierkosten für Abschirmungen aus den verschiedenen Betonarten enthalten.

f) Bestimme die Ersparnisse, die sich aus Differenzen der erforderlichen Grundrißflächen, Gebäudegrößen und Fundamentabmessungen ergeben, sowie aus Differenzen der Kosten der die Abschirmung durchdringenden Installationen und Apparaturen.

g) Entscheide auf der Basis von Gesamtkostenanschlägen über die zur Anwendung kommende Betonart.

13.23 Oberflächen

Eine Kontaminierung der inneren Oberfläche einer heißen Zelle mit radioaktiven Substanzen bedeutet bei Betreten der Zelle eine potentielle Gefahr für das Bedienungspersonal und kann infolge der Erhöhung der Hintergrundstrahlung die Durchführung experimenteller Arbeiten mit Radioisotopen empfindlich stören, wenn nicht unmöglich machen. Die Entfernung von radioaktiver Kontaminierung kann besonders im Falle von Verschüttungen radioaktiver Lösungen sehr kostspielige Reinigungsoperationen erforderlich machen. Der Grad der möglichen Entfernung radioaktiver Kontaminierung ist eine Funktion 1. der Art des kontaminierten Materials und seiner Oberflächenbeschaffenheit, 2. der Kontaminierungssubstanz und der Art ihrer Einwirkung, und 3. der Dekontaminierungsmethode.

13.231 Auskleidung der inneren Oberfläche heißer Zellen

Beim Entwurf einer heißen Zelle ist die Bestimmung der Art der Auskleidung der inneren Oberfläche ein wichtiger Faktor. Man kann entweder teure Materialien mit geringer Empfänglichkeit für die Aufnahme von radioaktiven Teilchen und guter Dekontaminierbarkeit verwenden (z. B. nichtrostenden Stahl) oder billige, nicht so gut dekontaminierbare Materialien, die häufig entfernt und zu geringen Kosten wieder aufgebracht werden können (Asphalt, Abziehlacke usw.).

Die allgemeinen Erfordernisse für ein leicht zu dekontaminierendes Auskleidungsmaterial sind:

1. Glatte und dichte Oberfläche, die auch bei der Behandlung mit aggressiveren Dekontaminierungsreagenzien nicht erodiert oder erweicht.

2. Nichtionische Oberfläche (wenn an der Oberfläche Valenzen vorhanden sind, reagieren sie mit den ionisierten radioaktiven Atomen, die dann äußerst schwer zu entfernen sind).

3. Hoher Korrosionswiderstand gegen Säuren, Basen und organische Lösungsmittel, die bei Experimenten in der Zelle verschüttet werden können.

4. Gute Hitzebeständigkeit (zuweilen erforderlich).

5. Hohe Widerstandsfähigkeit gegen Strahlenschädigung (bei etwa 10^8 r [in Luft] werden viele organische Anstriche zerstört) [28].

Von den für die Errichtung heißer Zellen verwendeten Baustoffen weist Beton die schlechteste Dekontaminierbarkeit auf; es folgen nach Laborversuchen im Oak Ridge National Laboratory [29], [30], [31], [32], [33] in der Reihenfolge jeweils besserer Dekontaminierbarkeit:

Blei, nichtrostender Stahl, Fliesen, Glas, luftgetrocknete Farbüberzüge, gebrannte Glasuren und Emaille, Plastikfolien und schließlich Abziehlacke, bei

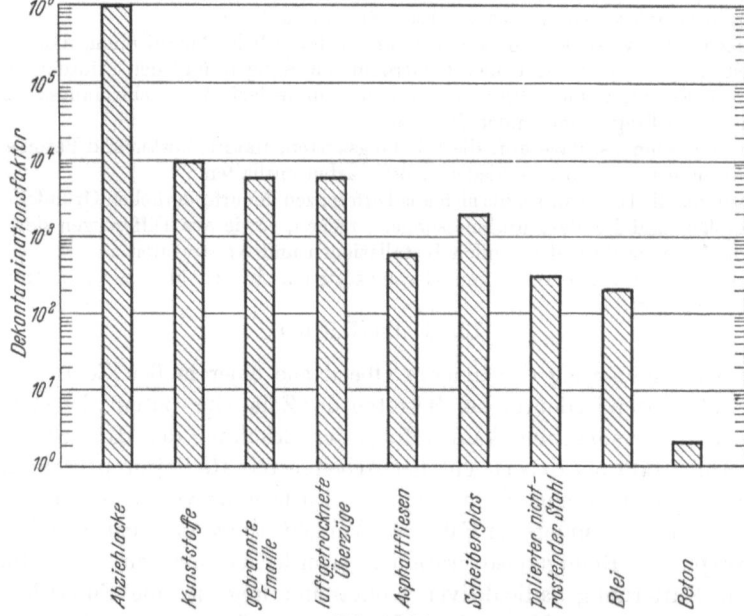

Abb. 13.2/10
Dekontaminationscharakteristik verschiedener Oberflächen nach Kontaminierung mit einer Spaltproduktgemisch-Lösung $\left(\text{Dekontaminierungsfaktor} = \dfrac{\text{anfängliche Aktivität}}{\text{Restaktivität nach Dekontaminierung}}\right)$ (nach Watson [33])

denen Dekontaminierung Ersatz bedeutet (Abb. 13.2/10). Eine glatte Oberfläche nimmt weniger Aktivität auf als eine rauhe Oberfläche, jedoch ist beispielsweise der Einfluß der Oberflächenbearbeitung von nichtrostendem Stahl bei wiederholter Behandlung mit einem Dekontaminierungsreagenz, das eine Oberflächenschicht entfernt, ohne Bedeutung [33]. Jedes schwer zu dekontaminierende Material kann durch Verkleidung mit einer Materialschicht mit überlegenen Dekontaminierungseigenschaften verbessert werden.

Die Anforderungen, die an vertikale Oberflächen gestellt werden, sind in der Regel nicht so hoch wie für horizontale Oberflächen, die über längere Zeiträume dem direkten Kontakt mit Radioisotopen und zugleich der Einwirkung von Säuren und Lösungsmitteln ausgesetzt sein können. Der Schutz der Zellenwände erfolgt meist durch Überzüge. Im allgemeinen bestehen diese schützenden Überzüge aus einer die Poren verschließenden Unterschicht, einer homogenen mittleren Schicht von geringer Empfänglichkeit für radioaktive Kontaminierung und entweder einer permanenten, leicht zu reinigenden, korrosionsfesten äußeren Schicht mit geringer Empfänglichkeit für radioaktive Kontaminierung oder einem entsprechenden Abziehlack, der vorgezogen wird, wo Benetzen der Wände durch radioaktive Flüssigkeiten infolge Verschüttung oder Kondensation möglich ist.

Bei sehr hohen Aktivitäten, oder wo explosives Verspritzen von Radioisotopen vorkommen kann, werden die Wände in der Regel mit nichtrostenden Stahlblechen verkleidet. Die Stahleinfassung wird entweder so stark ausgeführt, daß sie als Betonschalung dienen kann, oder nur von hinreichender Dicke, um wiederholten Dekontaminierungen zu widerstehen. Im letzteren Falle werden die Stahlbleche an Dübel aus nichtrostendem Stahl angeschweißt [81]. (Nichtrostender Stahl soll nicht mit Baustahl verschweißt werden, denn eine Mischung der verschiedenen Stähle in der Schweiße bedeutet eine schwache Stelle in bezug auf radioaktive Kontaminierung.) Die Wirksamkeit einer Verkleidung aus nichtrostenden Stahlblechen ist direkt proportional der Güte der Schweißnähte. Eine nicht vollständig dichte Schweißnaht gestattet das Eindringen von Dekontaminierungsspülwasser mit resultierendem allmählichem Anwachsen der radioaktiven Kontaminierung der Strahlenabschirmung. Im ungünstigsten Falle könnte ein Benetzen an der fehlerhaften Stelle der Schweißnaht mit primärer radioaktiver Flüssigkeit erfolgen.

Zellenböden können bei relativ niedrigen Aktivitäten und geringer mechanischer Beanspruchung mit Kunststoffolie belegt werden, wobei die Fugen sorgfältig zu schließen sind. Zuweilen werden Asphaltfliesen verwendet, die billig sind, für nicht zu schwere Beanspruchung ausreichende mechanische Eigenschaften haben und im Fall radioaktiver Kontaminierung leicht ausgewechselt werden können. (Asphaltfliesen werden vielfach als allgemeiner Fußbodenbelag radiochemischer Laboratorien verwendet.) Glasierte keramische Fliesen sind wegen ihrer verhältnismäßig leichten Dekontaminierbarkeit, ihrer einfachen Auswechselbarkeit und ihrer hohen Widerstandsfähigkeit gegen Lösungsmittel, die Asphaltfliesen angreifen, ein für Zellenbeläge gut geeignetes Material [35]. Bei höheren Aktivitäten und stärkerer mechanischer Beanspruchung ist eine Abdeckung des Zellenbodens mit nichtrostendem Stahlblech zweckmäßig.

13.232 Dekontaminierungsmethoden

Für die Erzielung eines guten Dekontaminationsgrades ist die Entfernung einer dünnen Schicht der kontaminierten Oberfläche notwendig. Bei nichtporösen Oberflächen kann eine gleichförmige Oberflächenentfernung durch

Angriff von Reagenzien erzielt werden. Zahlreiche Dekontaminationsmittel sind untersucht und in ihrer Wirksamkeit unter genormten Bedingungen miteinander verglichen worden ([28] bis [36a]). Grober Oberflächenangriff, der stark erodierte und genarbte Oberflächen erzeugt, kann den Erfolg zukünftiger Dekontaminierungsmaßnahmen in Frage stellen. Durch physikalische Erosion nichtporöser Oberflächen kann auch eine gute Dekontamination erreicht werden. Die erodierende Wirkung eines scharfen Dampfstrahls ist bei Verwendung handelsüblicher synthetischer Reinigungsmittel von guter Wirksamkeit.

Besonders große Erfahrungen liegen über die Dekontaminierung von nichtrostendem Stahl vor; eine der empfohlenen Prozeduren ist wie folgt [33]: Absaugen zur Entfernung loser Teilchen; Behandlung mit Dampf- und Reinigungsmittelstrahl; Scheuern mit einer 3%igen HF- und 20%igen HNO_3-Lösung bei Raumtemperatur (die Verwendung der Lösung bei höherer Temperatur führt zu starker Korrosion); Neutralisierungsspülung mit NaOH gefolgt von mehreren Heißwasser-Spülungen.

Poröse Oberflächen (Beton, Asphaltfliesen) werden am besten durch physikalische Erosion dekontaminiert, beispielsweise durch Scheuern mit einer Bimssteinpaste, Abschleifen oder Sandstrahlen. Eine Behandlung poröser Oberflächen mit korrosiven Flüssigkeiten würde die Aktivität nur noch tiefer in das poröse Medium hineintreiben.

13.24 Türen und Durchgabeöffnungen

Material- und Personalzugangstüren werden aus Stahl, Blei in Stahleinfassung (Abb. 13.2/11), Betonblöcken in Stahlrahmenkonstruktionen oder monolithischem Beton in permanenter Stahlschalung hergestellt. Die Türen werden als Flügeltüren mit kräftigen Türangeln, als auf Schienenwagen aufsitzende, senkrecht oder parallel zur Zellenwand verfahrbare Tore (Abb. 13.2/12) [37], als hängende Schiebetüren (Abb. 13.2/13) [38] oder als hydraulisch oder mechanisch betätigte Hubtüren ausgebildet. Die Türen erhalten, um das Durchdringen von Direktstrahlung zu verhindern, abgestufte oder gekrümmte Kanten. Der Umfang einer Türöffnung stellt bei Flügeltüren, die aus dichterem Material als das Wandmaterial hergestellt sind, stets abschirmungsmäßig eine schwache Stelle dar, die durch Einbau eines Türrahmens aus Stahl oder Blei in Stahleinfassung entsprechend verstärkt werden muß (Abb. 13.2/14) [18]. Allgemein werden die Türrahmen aus dem gleichen Material und in gleicher Dicke ausgeführt wie die Tür selbst. Bei großen und komplizierten Türrahmen sind zum Füllen der Stahleinfassung anstelle von gegossenem Blei Bleikugeln verwendet worden, so daß diese Rahmen in bequemer Weise leer transportiert und montiert werden konnten. Es

Abb. 13.2/11. Bleitür mit stählerner Tragkonstruktion

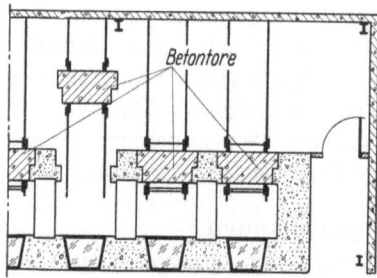

Abb. 13.2/12. Zellenreihe mit rückwärtigen, senkrecht zur Wand verfahrbaren Betontoren (nach FREDERICK [37])

13.2 Entwurfsdetails von heißen Zellen

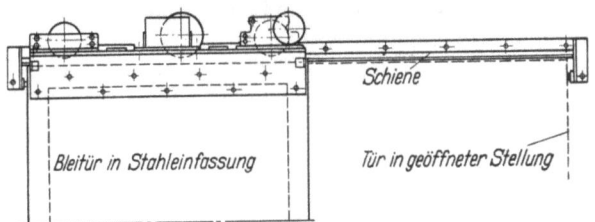

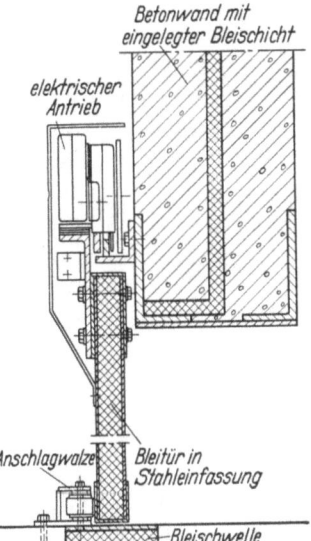

Abb. 13.2/13. Schiebetür mit elektrischem Antrieb (nach Ray Proof Corporation [38])

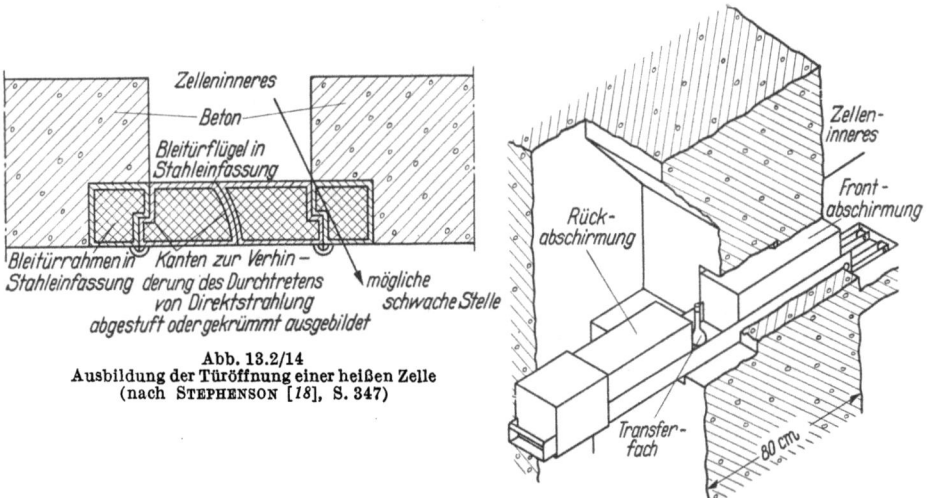

Abb. 13.2/14
Ausbildung der Türöffnung einer heißen Zelle
(nach STEPHENSON [18], S. 347)

Abb. 13.2/15. Transfer-Schublade (nach United States Atomic Energy Commission [16], S. 275)

werden zweckmäßig etwa drei verschiedene Kugelgrößen in solchen Anteilen verwendet, daß sich dichteste Packung ergibt.

Für die Durchgabe kleinerer, nicht radioaktiver Gegenstände oder Reagenzien durch die Zellenwand werden Transfer-Schubladen verwendet, die in geschlossener und offener Stellung die Durchgabeöffnung abschirmen (Abb. 13.2/15). Die Durchgabe von kleinen, hochgradig radioaktiven Prüfkörpern erfordert größere Sicherheitsvorkehrungen. Man verwendet abgeschirmte Transportbehälter mit eingebautem Schiebemechanismus. Eine typische Konstruktion ist in Abb. 13.2/16 dargestellt [39]. Für die Durchführung einer Transfer-Operation wird der Behälter vor die Durchgabeöffnung gefahren, und die Behältertür wird mit dem Verschlußblock der Durchgabeöffnung verbunden, so daß beim Heben des Verschlusses die Behältertür mitgenommen wird. Die Verbindung macht eine Entfernung des Transportbehälters unmöglich, solange sich der Verschlußblock in der geöffneten Stellung befindet.

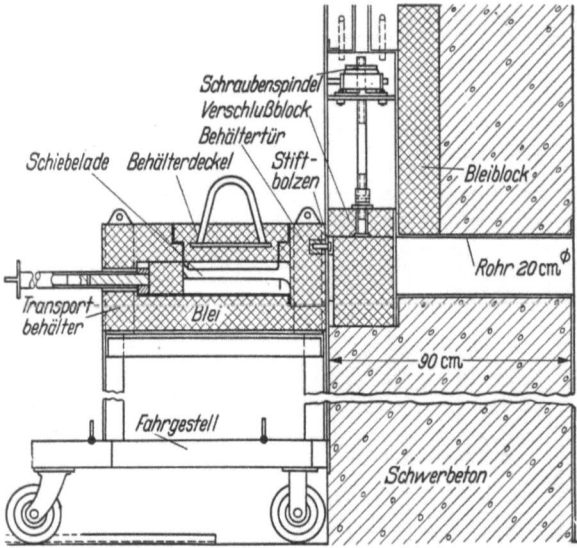

Abb. 13.2/16. Transportbehälter an der Durchgabeöffnung einer heißen Zelle (nach ROBERTS [39])

13.25 Fernbedienung

Arbeiten in heißen Zellen können entweder mittels Fernsteuerung jedes Einzelteils eines Gerätes oder einer Maschine durchgeführt werden oder mit Hilfe von Manipulatoren, mit denen eine Vielzahl verschiedener Arbeitsgänge ausgeführt werden kann.

13.251 Fernbediente Geräte und Maschinen

Nahezu alle Arten von Arbeitsgängen und Experimenten, die mit nichtradioaktiven Materialien durchgeführt werden, werden auch mit radioaktiven Materialien verrichtet. Das macht den ferngesteuerten Betrieb von Werkzeugmaschinen und Prüfgeräten erforderlich, wobei mechanische, pneumatische, hydraulische, elektrische und/oder elektronische Steuerungen verwendet werden. In einigen Fällen sind handelsübliche Standardausrüstungen mit nur geringfügigen Abänderungen verwendbar, in anderen Fällen ist zur Ermöglichung eines ferngesteuerten Betriebs die Entwicklung vollständig neuer Konstruktionen erforderlich. Eine Anzahl von speziell für den Gebrauch in heißen Zellen entwickelten Apparaten ist in einer katalogartigen Zusammenstellung [16] kurz beschrieben. Abb. 13.2/17 zeigt eine handelsübliche Drehbank, die mit Hilfe von mechanischen Verbindungsgliedern und pneumatischen Anschlüssen in annähernd normaler Weise bedient werden kann [40].

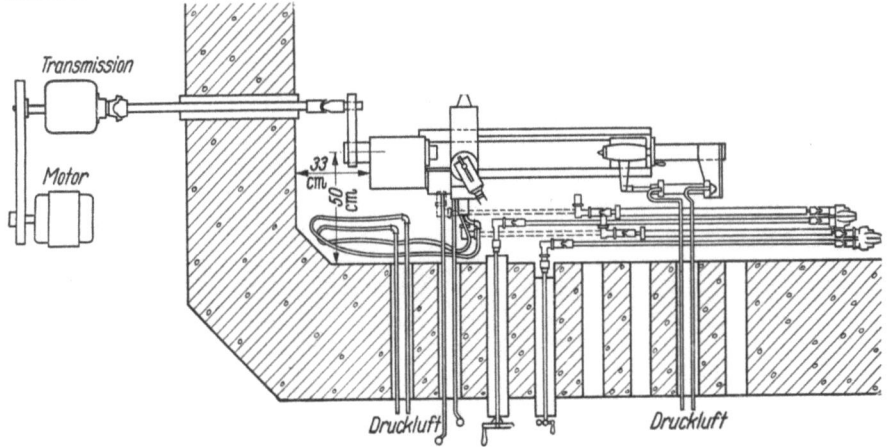

Abb. 13.2/17. Fernbediente Drehbank (nach CRAWFORD u. BAIN [40])

13.252 Manipulatoren

Die grundlegenden Funktionen von Mehrzweck-Manipulatoren sind: Greifen des Objektes, Ortsbewegung in einem bestimmten räumlichen Bereich und Orientierung in jedem beliebigen Winkel. Zur Durchführung dieser Funktionen muß der Manipulator drei Freiheitsgrade für Translation, drei Freiheitsgrade für Rotation und einen Freiheitsgrad zur Bewegung der Greifer oder Finger, insgesamt also mindestens sieben Freiheitsgrade haben. — Art und Größe des zur Verwendung kommenden Manipulators muß vor dem Vorentwurf der heißen Zellen festgelegt werden, da die Innenabmessungen der Zelle weitgehend davon abhängig sind. Der Entwurfsingenieur muß einen hinreichenden Überblick über die verschiedenen verfügbaren Typen von Manipulatoren besitzen, mit denen die von Physiker, Chemiker oder Metallurgen gestellten Forderungen zu befriedigen sind, um zu einem wirtschaftlichen Ausgleich zwischen den Kosten des Manipulators und der Zellenkonstruktion zu kommen.

Das einfachste Gerät für die ferngesteuerte Durchführung vielfältiger Arbeiten ist der mechanische Parallelmanipulator, bei dem die Bewegungen der Führungshand mittels eines rein mechanischen Verbindungssystems analog und kontinuierlich in die Greifhand übertragen werden [41], [42]. Ein wichtiger Wesenszug des mechanischen Parallelmanipulators ist, daß dem Operator das Gefühl für die Lasten und die von der Manipulatorgreifhand ausgeübten Kräfte unmittelbar durch Reflektion in die Führungshand übertragen wird. Die Hauptnachteile des mechanischen Manipulators bestehen in der geringen Kraftkapazität (wenige kp) und den in der Abschirmung heißer Zellen für die Durchführung des Verbindungsgliedes erforderlichen Öffnungen. Der in Abb. 13.2/18 dargestellte Parallelmanipulator vom Typ „Modell 7" operiert durch die Oberseite der heißen Zelle. Das Gerät zeichnet sich durch einfache Bauart des Verbindungsmechanismus aus, ist aber wegen der durch die erforderliche große Deckenöffnung dringende Streustrahlung in seiner Verwendung auf Junior-Zellen und heiße Zellen mit mittlerem Aktivitätsniveau beschränkt.

204   13. Entwurf von Radioisotopen-Laboratorien   [Lit. S. 228

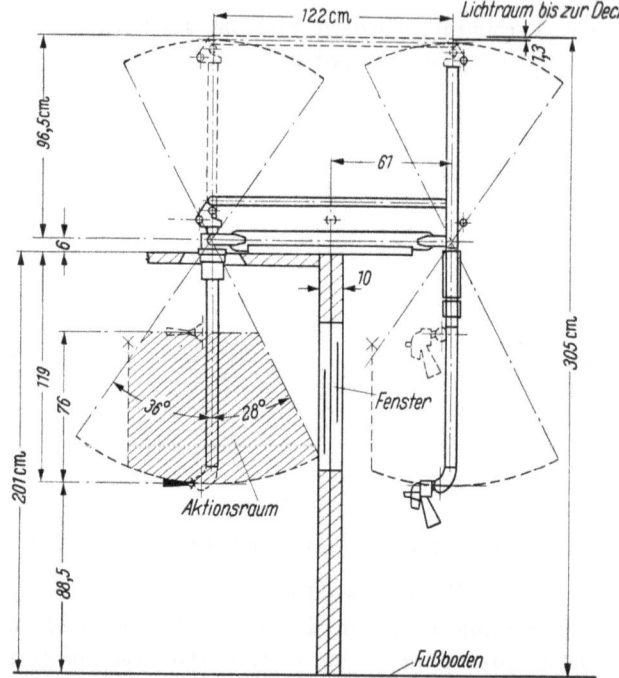

Abb. 13.2/18. Maßskizze zum mechanischen Parallel-Manipulator vom Typ „CRL-Modell 7" (nach Central Research Laboratories, Inc.; Leybold-Hochvakuum-Anlagen G. m. b. H. [43])

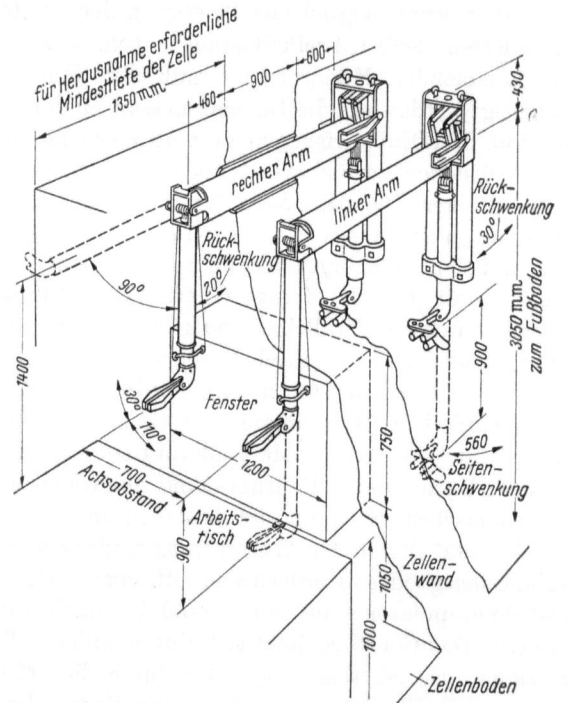

Abb. 13.2/19. Abmessungen und Arbeitsreichweite des mechanischen Parallel-Manipulators vom Typ „Modell SP. 8" (nach Savage and Parsons Ltd.; Sunvic Regler G. m. b. H. [45])

Bei dem in Abb. 13.2/19 dargestellten mechanischen Parallelmanipulator vom Typ „Modell 8" sind die Strahlungseffekte eliminiert. Der gesamte Verbindungsmechanismus zwischen Führungs- und Greifhand ist in einem, durch die Zellenvorderwand geführten, horizontalen Rohr untergebracht. Der Greifarm des Manipulators kann zur Verhütung radioaktiver Kontaminierung eine gasdichte Umhüllung aus PVC-Folie erhalten [46]. Die Herstellung einer hermetischen Dichtung zwischen Greif- und Führungshand bereitet jedoch Schwierigkeiten. — Die Installation des Manipulators erfordert einen genügend großen Lichtraum vor der Zelle. Es ist ersichtlich, daß der Verbindungsarm des Manipulators um so länger sein muß, je dicker die Abschirmungswand ist, und daß demzufolge der vor der Zelle erforderliche Lichtraum von der Dicke der Abschirmungswand mitbestimmt wird.

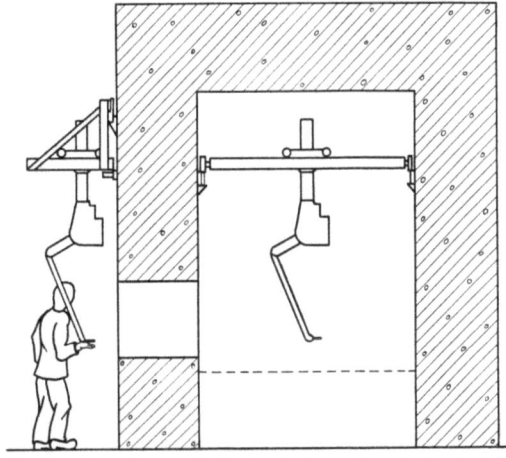

Abb. 13.2/20. Schematische Darstellung eines elektronisch gesteuerten Manipulators vom Typ „ANL Modell 2" (nach United States Atomic Energy Commission [16], S. 122)

Die verschiedenen erwähnten Nachteile des mechanischen Parallelmanipulators können bei Ersatz des mechanischen Verbindungsgliedes durch eine elektrische oder hydraulische Steuerung ausgeschaltet werden; dabei besteht ferner die Möglichkeit der Kraftvervielfachung und der Bestreichung eines größeren Aktionsraumes. Im Fall elektrisch gesteuerter Manipulatoren muß ein Kraftkontrollsystem eingebaut werden. Das optimale ist ein elektronisches Kraftreflektionssystem [47], [48], [49]. Abb. 13.2/20 zeigt eine schematische Darstellung eines elektronisch gesteuerten Manipulators vom Typ „ANL Modell 2".

Für den Umgang mit größeren Lasten (einige hundert kg) werden elektrisch gesteuerte Manipulatorkrane verwendet,

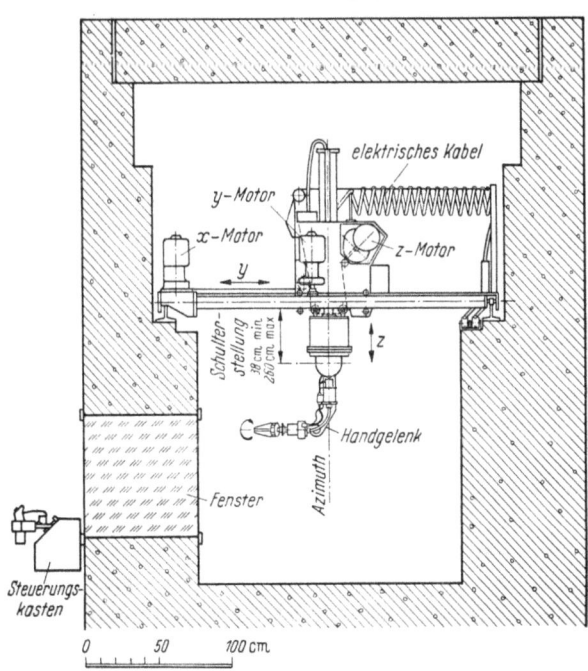

Abb. 13.2/21. Manipulatorkran vom Typ „General Mills Mechanischer Arm Modell O" (nach GOERTZ u. BEVILACQUA [50], S. 865)

dessen Translationsbewegungen stets parallel zu einer Achse sind. Der Manipulatorarm wird querverfahrbar auf einer in Zellen-Längsrichtung auf Schienen verfahrbaren Kranbrücke montiert, so daß er die gesamte Zellenfläche bestreichen kann.

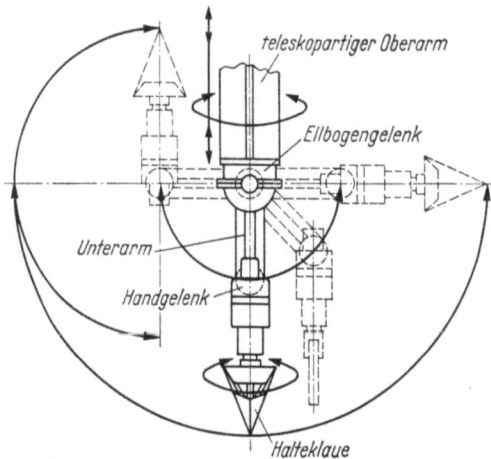

Abb. 13.2/22. Bewegungsmöglichkeiten der Greifhand des Manipulatorkranes der G. E. C. (nach The General Electric Company Limited of England [52])

Abb. 13.2/21 zeigt das Konstruktionsschema des mechanischen Armes der General Mills, Inc., und die Installation des Gerätes in einer heißen Zelle. Die Bewegungsmöglichkeiten der Greifhand eines typischen Manipulatorkranes werden durch Abb.13.2/22 illustriert. Die Greifhand besteht aus einer an einem Handgelenk befestigten Halteklaue, die einer unbeschränkten Drehung fähig ist und über einen Unter- und Oberarm an einer Schulter sitzt. Die Armgelenke sind so gestaltet, daß sich jedes Glied um 180° in seinem Zapfen, das Schulterglenk jedoch unbegrenzt um eine lotrechte Achse drehen kann. Die Schulter sitzt am unteren Ende einer Anzahl von lotrechten Teleskoprohren, deren Oberteil fest an dem Kranwagen angebracht ist. — Die Nachteile von Manipulatorkranen sind: Fehlen der Gefühlsübertragung und Fehlen der allgemeinen Richtungsanalogie zwischen Steuerungshebeln und Greifhand.

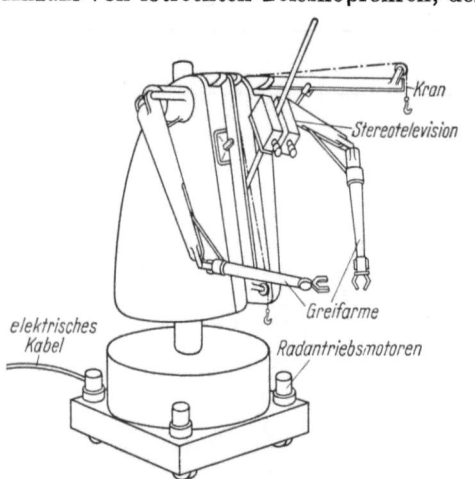

Abb. 13.2/23. Roboter, ANL Modell 3 (nach GOERTZ [54])

Eine noch im Versuchsstadium befindliche Neuentwicklung ist der Sklaven-Roboter „ANL Modell 3" [54]. Dieser mit einem Paar elektronisch gesteuerter Greifhände, zwei Kabelkranen und einer Stereo-Fernsehanlage ausgerüstete Mehrzweck-Manipulator ist auf einem elektrisch betriebenen lenkbaren Wagen montiert. Die Greifhände können durch die Führungshände üblicher elektronisch gesteuerter Parallelmanipulatoren bedient werden. Der Sklaven-Roboter ist so konstruiert, daß er außer den üblichen Aufgaben von Mehrzweck-Manipulatoren vollständige Reparaturen an seinesgleichen ausführen kann, und darüber hinaus imstande ist, Reparaturen an sich selbst durchzuführen — vorausgesetzt, daß wenigstens eine Greifhand und ein Kran betriebsfähig ist.

13.26 Beobachtungseinrichtungen

Rein optische Einrichtungen für die Beobachtung der fernbedienten Durchführung von Arbeiten mit γ-Strahlern hinter Abschirmungswänden oder in geschlossenen heißen Zellen beruhen entweder auf der unterschiedlichen Durchlässigkeit transparenter Materialien für sichtbares Licht und hochenergetische Strahlung oder auf der unterschiedlichen Rückstreuung durch reflektierende Systeme. Einrichtungen der ersten Kategorie, die das sichtbare Licht weitgehend durchlassen, die hochenergetische Strahlung aber abschirmen, sind wassergefüllte Becken, Flüssigkeitsfenster und Glasfenster. Einrichtungen der zweiten Kategorie, die den Labyrintheffekt für die Abschwächung der γ-Strahlung ausnutzen, sind Spiegelsysteme und Periskope. Fernsehgeräte [80] stellen eine dritte Kategorie der Beobachtungseinrichtungen dar. [55], [56]

Die Wahl der geeigneten Beobachtungsmethode ist in erster Linie eine Funktion der für die Durchführung eines besonderen Arbeitsganges notwendigen Sichtverhältnisse. Die Durchführung von Forschungsarbeiten verlangt ein weit größeres visuelles Detail als verhältnismäßig grobe routinemäßige Arbeiten oder die allgemeine Überwachung von Apparaten.

13.261 Wasserbecken

Das einfachste kombinierte Abschirmungs- und Beobachtungssystem ist ein den Erfordernissen der Strahlenabschirmung entsprechend mit Wasser gefülltes Becken, auf dessen Boden die Arbeiten mit dem radioaktiven Material durchgeführt werden. Dieses System wird bei Wasserbecken-Reaktoren, sowie für Transport, Lagerung und einfache mechanische Bearbeitung von aus dem Reaktor entnommenen Spaltstoffelementen verwendet. Abb. 13.2/24 zeigt einen Schnitt durch eine Unterwasser-Werkstatt [57].

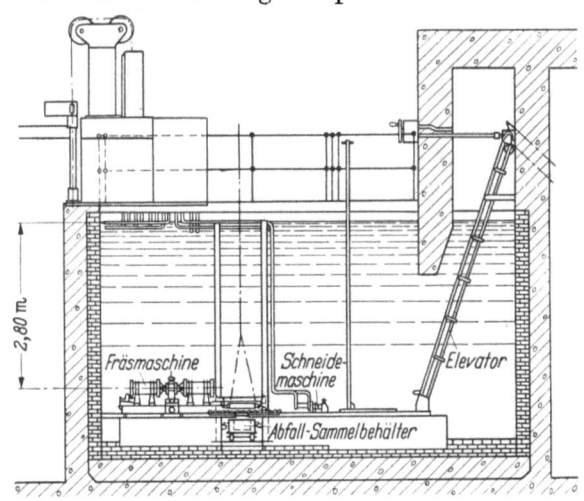

Abb. 13.2/24. Vertikalschnitt durch die Unterwasser-Werkstatt für die mechanische Abtrennung der Hülsen von verbrauchten Spaltstoffelementen des Dounreay Materials Testing Reactor (nach MARSH u. HUMPHREYS [57])

Eine einfache optische Hilfe ist ein flacher Schwimmkasten mit Glasboden. Für die Nahsicht können gewöhnliche Binokulare oder Unterwasser-Periskope verwendet werden. Für die Handhabung des Materials genügen langstielige Greifwerkzeuge und einfache Kransysteme. Ein Nachteil liegt in den Kosten der Anpassung von Maschinen und Apparaten für den Unterwasser-Betrieb.

13.262 Flüssigkeitsfenster

Da ein Abschirmungsfenster gewöhnlich den durchsichtigen Teil einer Strahlen-Abschirmungswand bildet, ist es zweckmäßig, ein transparentes Material zu verwenden, das ungefähr die gleiche Abschwächungswirksamkeit für γ-Strahlung wie das Wandmaterial besitzt. Flüssigkeitsfenster bestehen aus in die Abschirmungswand eingebauten, mit einer durchsichtigen Flüssigkeit gefüllten Behältern.

Wasser ist wegen seiner verhältnismäßig geringen Abschwächungswirksamkeit für γ-Strahlung als Füllflüssigkeit wenig geeignet (in optischer Hinsicht hat es vor anderen Flüssigkeiten den Vorteil, daß es sich unter dem Einfluß der Bestrahlung nicht verfärbt und auch durch größere Dicken eine ausgezeichnete Durchsicht gewährt). Von einer Anzahl untersuchter transparenter Flüssigkeiten mit einem spezifischen Gewicht zwischen 2 und 3 g/cm³ hat sich eine Lösung von etwa 78% Zinkbromid in Wasser als für die Verwendung als Füllflüssigkeit am besten geeignet erwiesen [60], [61]. Die $ZnBr_2$-Lösung hat eine Dichte von 2,52 g/cm³, eine hohe Lichtdurchlässigkeit und hohe Stabilität unter Strahlungseinwirkung; ihre Kosten sind verhältnismäßig gering.

Bei Kontakt mit der Luft oder unter Strahlungseinwirkung kann Färbung und eine entsprechende Herabsetzung der Lichtdurchlässigkeit der $ZnBr_2$-Lösung durch Oxydation von in Spurenmengen vorhandenem Eisen und Umwandlung des Bromid-Ions in freies Brom eintreten. Die Verfärbung kann durch Zusatz einer kleinen Menge Hydroxylaminhydrochlorid ($H_2NOH \cdot HCl$) als reduzierendes Mittel verhütet werden [62].

Der Behälter eines Flüssigkeitsfensters wird entweder permanent in die Abschirmungswand einbetoniert oder in einen in die Schutzwand einbetonierten Rahmen herausnehmbar eingesetzt. Die Behälterwände bestehen meist aus zwei geklebten 2,5 cm dicken Glasplatten. Für die der Direktstrahlung ausgesetzte innere Behälterwand wird ein gegen Strahlungseinflüsse stabiles Glas verwendet. Als Werkstoff für die Behälterkonstruktion wird in der Regel nichtrostender Stahl genommen, der einen Kunstharzanstrich erhält. Ein einwandfreier, strahlungsresistenter Anstrich des Behälters ist von großer Bedeutung, um

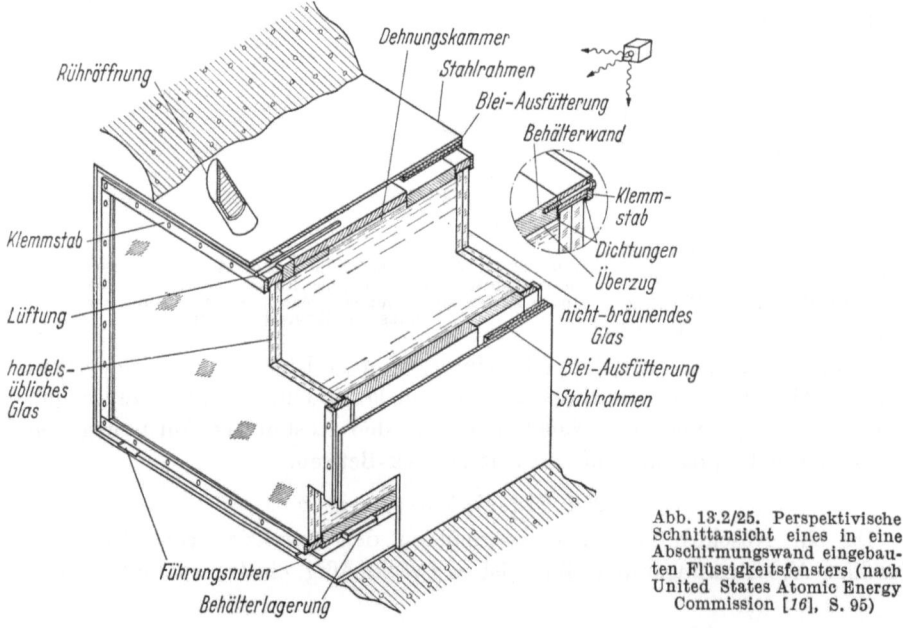

Abb. 13.2/25. Perspektivische Schnittansicht eines in eine Abschirmungswand eingebauten Flüssigkeitsfensters (nach United States Atomic Energy Commission [16], S. 95)

einen Kontakt der Flüssigkeit mit Eisen zu verhüten [63]. Als Dichtungsmaterial wird Teflon (Polytetrafluoräthylen) empfohlen. Periodische Erneuerung des Anstrichs und der Dichtungen ist notwendig (etwa nach Erhalt einer Dosis von 10^6 bis 10^7 r). Eine Alternative besteht in der Verwendung von Kunststoffbehältern, die in einen aus der Abschirmungswand herausnehmbaren Betonblock einbetoniert werden; die Behälter sind billig, sie werden bei fortgeschrittener Strahlenschädigung (etwa nach 10^9 r) durch neue ersetzt [64].

Die Wärmeausdehnung der Flüssigkeit muß möglich sein, bei Streifenbildung muß die Flüssigkeit gerührt werden können. Bei Zinkbromid-Lösung von optischer Qualität [65] ist eine periodische Filterung nicht erforderlich; die Lösung kann γ-Dosen von etwa 10^7 r empfangen, bevor eine Verfärbung eintritt, die die Zugabe von weiterem Reduktionsmittel oder die Entfernung der Lösung zur Aufbereitung erforderlich macht.

Abb. 13.2/25 zeigt ein typisches Flüssigkeitsfenster mit einem in die Abschirmungswand herausnehmbar eingesetzten Behälter aus nichtrostendem Stahlblech mit Doppelscheiben aus eigenspannungsfreiem Glas auf beiden Seiten.

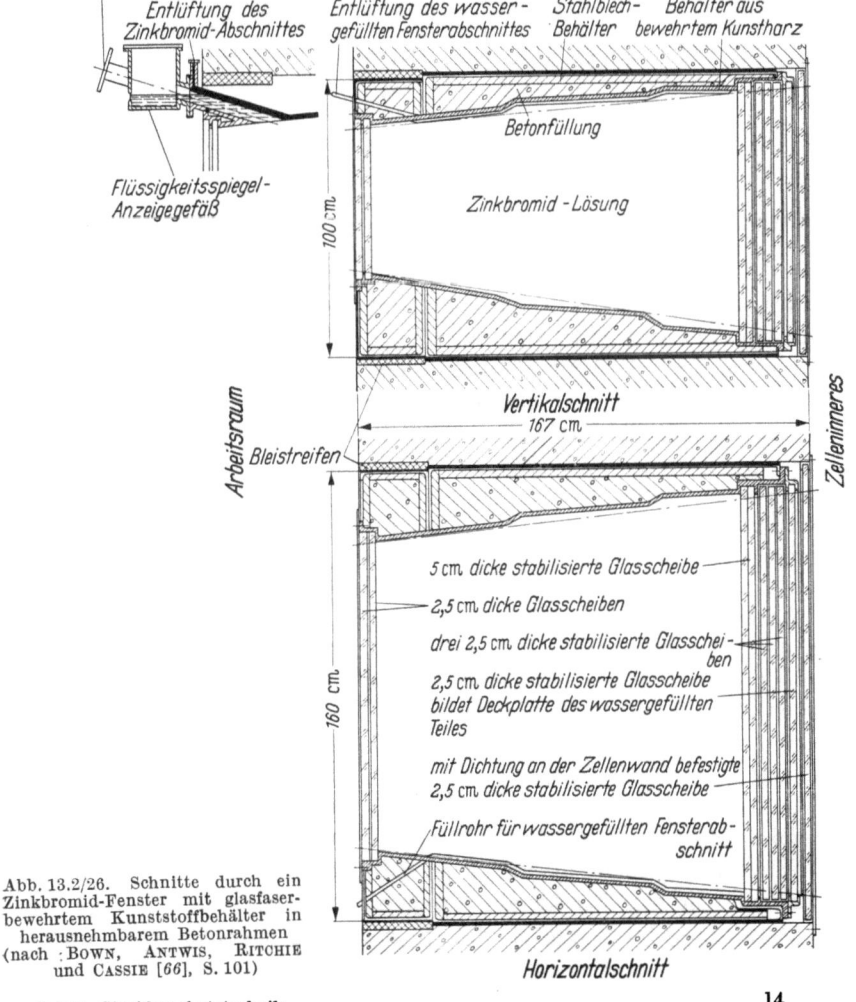

Abb. 13.2/26. Schnitte durch ein Zinkbromid-Fenster mit glasfaserbewehrtem Kunststoffbehälter in herausnehmbarem Betonrahmen (nach BOWN, ANTWIS, RITCHIE und CASSIE [66], S. 101)

Die Verwendung von Doppelglasscheiben setzt bei einem evtl. Unfall die Wahrscheinlichkeit des Auslaufens der Abschirmungsflüssigkeit herab. In Abb. 13.2/26 ist die Konstruktion eines Zinkbromid-Fensters für hohes Aktivitätsniveau mit in einen Betonrahmen einbetoniertem Kunststoff-Behälter dargestellt.

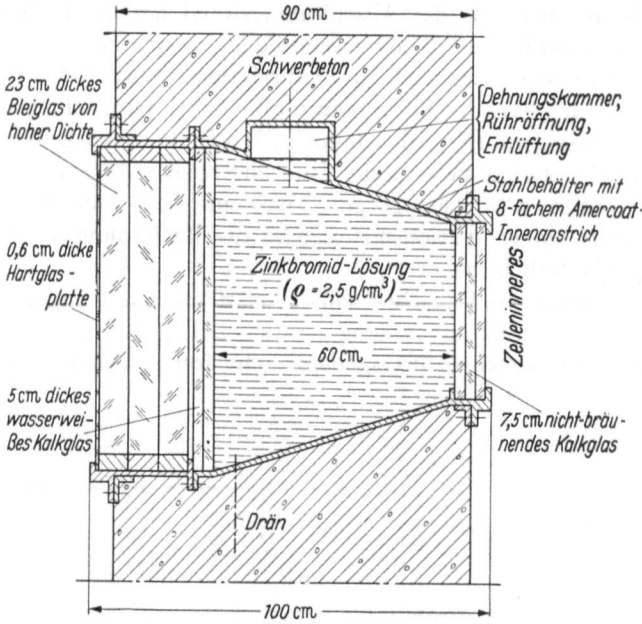

Abb. 13.2/27. Kombiniertes Bleiglas-Zinkbromidfenster (nach Ray Proof Corporation [38])

Um das Gesamt-Strahlenabschirmungsvermögen des Fensters dem der Abschirmungswand anzupassen, ist das Flüssigkeitsfenster mit einigen Bleiglasscheiben von höherer Dichte kombiniert.

Zusammengesetzte Bleiglas-Zinkbromidfenster werden angewendet, um bei Einhaltung der Dicke der Abschirmungswand den Gesamt-Abschirmungswert der Zellenwand zu erreichen, oder wenn bei dicker Abschirmung eine Kombination der hohen Transparenz der Zinkbromid-Lösung mit dem hohen Abschirmungswert von Bleiglas vorteilhaft ist. Abb. 13.2/27 zeigt eine in eine Schwerbetonwand eingebaute kombinierte Fensterkonstruktion (die Form des Fensters ist nicht typisch).

13.263 Glasfenster

Für Abschirmungsfenster sind verschiedene Spezialglassorten entwickelt worden, deren maximal verfügbare Dicke bei 20 cm liegt, so daß ein Fenster bei größeren Abschirmungserfordernissen aus mehreren Platten zusammengesetzt werden muß. Zur Verhütung des Auftretens NEWTONscher Ringe müssen die Platten in Abständen von einigen Zehntelmillimeter voneinander angeordnet sein. In der Regel werden zwischen den einzelnen Glasplatten Zwischenräume von 0,8 mm eingehalten, die zur Eliminierung der Lichtbrechung durch die verschiedenen Glasoberflächen mit einer Flüssigkeit mit möglichst gleich großem Brechungswert (Mineralöl oder Zinkbromidlösung) gefüllt werden. Zur Verhütung direkter Strahlendurchsickerung werden Abschirmungsfenster meist abgestuft ausgeführt. Abb. 13.2/28 zeigt das Schema einer typischen Konstruktion eines Abschirmungs-Glasfensters und seines Einbaus in eine Zellenwand. Wenn das Abschirmungsfenster aus dichterem Material als die Abschirmungswand besteht, kann durch Abschrägung der inneren Zellenwand eine Vergrößerung des Sichtwinkels erzielt werden; diese Abschrägung muß selbstverständlich durch Einlage eines dichteren Materials in die Wand kompensiert werden.

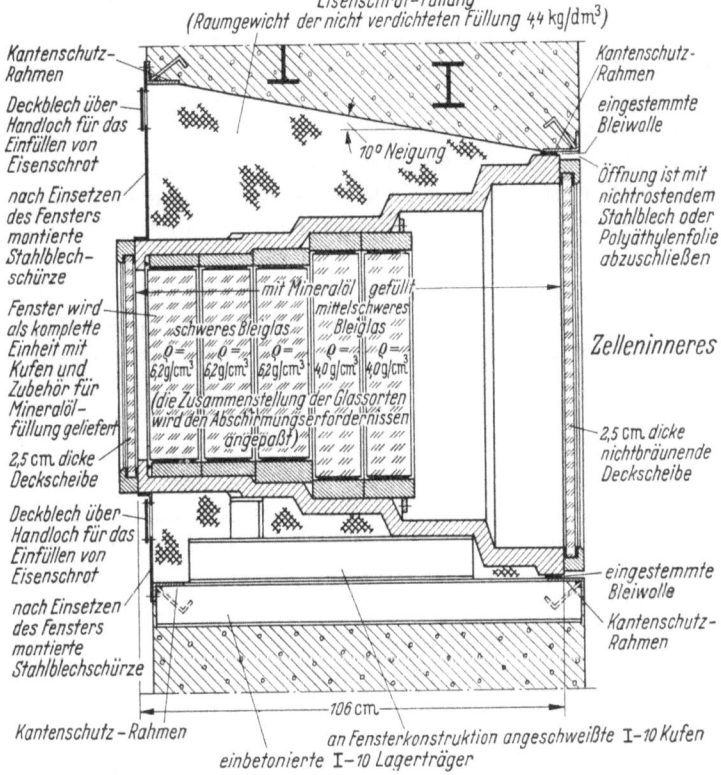

Abb. 13.2/28. Illustrierung des Einbaus eines Bleiglas-Abschirmungsfensters mit Mineralölfüllung in eine dicke Zellenwand (nach Penberthy Instrument Company [73])

Bei der Materialwahl für ein massives Abschirmungs-Glasfenster sind außer der Dichte des Glases drei Faktoren, die auf den Lichtdurchgang von Einfluß sind, zu berücksichtigen: Eigenfärbung des Glases, Verfärbung infolge γ-Bestrahlung und Stabilität der induzierten Verfärbung bei Raumtemperatur (das Eintreten von durch γ-Strahlung hervorgerufenen elektrischen Entadlungen ist eine verhältnismäßig seltene Erscheinung [69a]). Unter dem Einfluß von γ-Strahlung entstehen im Glas Verfärbungen, die durch Displazierung von Elektronen infolge der ionisierenden Wirkung der Strahlung hervorgerufen werden. Die strahlungsinduzierte Verfärbung kann durch Erwärmung und Durchstrahlung mit intensivem weißem Licht wieder rückgängig gemacht werden. Wärme und Licht versehen die in sog. Farbzentren festgehaltenen displazierten Elektronen mit hinreichender Energie, so daß sie an ihre normalen Stellen zurückkehren können [67] bis [69].

Handelsübliche Kalkgläser sind sehr strahlungsempfindlich und verlieren ihre Durchsichtigkeit infolge starker gelbbräunlicher Verfärbung bereits bei

Strahlendosen unterhalb von 10^4 r. Bleigläser sind etwas strahlenresistenter, sie nehmen unter γ-Durchstrahlung eine Grautönung an. Die Verfärbung von Glas unter dem Einfluß von γ-Strahlung kann durch Zusatz einer geringen Menge Ceroxyd weitgehend aufgehalten werden. Die durch Einwirkung der ionisierenden Strahlung displazierten Elektronen werden durch Valenzänderungen im Cer entfernt, so daß die Bildung von Farbzentren reduziert wird. Der Zusatz von Ceroxyd zu einem Glas ergibt einen leichten gelblichen Schimmer. Für den maximalen Lichtdurchgang bei einer bestimmten erhaltenen Strahlendosis gibt es einen optimalen Ceroxyd-Gehalt, der gewöhnlich zwischen 1 und 4 Gewichtsprozent liegt. [67] bis [69]

Für Abschirmungsfenster sind verschiedene Spezialglassorten entwickelt worden. Ein mit Cer stabilisiertes, nichtbräunendes Kalkglas mit einer Dichte von 2,67 g/cm³ eignet sich zur Verwendung für Fenster in Abschirmungswänden aus gewöhnlichem Kiesbeton. Zur Verwendung für Fenster in Schwerbeton-Strahlenabschirmungswänden haben die Corning Glaswerke ein mittelschweres Bleiglas mit der Dichte 3,27 g/cm³ und ein schweres Bleiglas mit der Dichte 6,22 g/cm³ entwickelt [70], [71]. Die Penberthy Instrument Company stellt Bleigläser mit den Dichten 4,0 g/cm³ (47% Bleigehalt), 4,8 g/cm³ (60% Bleigehalt) und 6,2 g/cm³ (75% Bleigehalt) her [72], [73]. Durch geeignete Kombination der einzelnen Glassorten können Abschirmungsfenster für Wände aus beliebigen Schwerbetonarten zusammengestellt werden. In der Regel wird auf der inneren Seite eines Abschirmungsfensters ein stabilisiertes Glas nur so weit verwendet, daß die auf den unstabilisierten Teil des Fensters einfallende Strahlendosis auf einen hinreichend geringen Wert abgeschwächt ist, daß die strahlungsinduzierte Verfärbung keine wesentliche Bedeutung hat. Auf diese Weise wird ein Optimum an Transparenz erreicht.

13.264 Periskope und Spiegelsysteme

Ein Periskop ist ein Linsensystem für die Übertragung realer optischer Bilder von einem Ende des Systems zum anderen. Periskope für heiße Zellen sind ziemlich komplizierte optische Systeme, bei deren Bau Strahlungseffekte berücksichtigt werden müssen [75] bis [79]. Sie vermitteln ein aufrechtes, unverzerrtes Bild und transferieren somit das Auge des Beobachters zur Objektseite des Linsensystems. An der Objektseite eines Periskops ist meist ein Spiegel angebracht, der so verdrehbar ist, daß mit einem Periskop das gesamte Innere einer heißen Zelle in das Blickfeld bekommen werden kann. In der Regel werden aber zwei Periskope eingebaut, um beide Seiten eines Objektes sehen zu können. Bei Verwendung eines Linsenwechslers ist es möglich, in einem weiten Gesichtsfeld ein Objekt auszuwählen und dieses dann durch Linsenwechsel vergrößert in einem kleineren Gesichtsfeld zu beobachten. Gerade Periskope werden schräg durch die Abschirmungswand geführt, so daß keine Direktstrahlung durch das Periskop dringen kann (Abb. 13.2/29). Bei Strahlenquellen von sehr hoher Aktivität werden Periskope mit mehreren rechten Winkeln angeordnet (Abb. 13.2/20).

Die Wahl zwischen einem Periskop und einem Fenster wird von der Art der in der Zelle auszuführenden Arbeit und der Erfahrung und Geschicklichkeit, die vom Operator vorausgesetzt werden kann, bestimmt. Wo schwierigere Arbeiten ausgeführt werden müssen, ist ein Fenster vorzuziehen, da es direkte

Sicht gestattet und ein besseres Raumgefühl vermittelt. Periskope sind billiger als Abschirmfenster und eine Beschädigung bedeutet keine Strahlungsgefahr, wie bei einem evtl. Zerbrechen eines Flüssigkeitsfensters.

Die Verwendung von Spiegelsystemen zum Hineinsehen in oben offene Zellen ist auf einfache Arbeiten mit Materialien von relativ geringer Aktivität

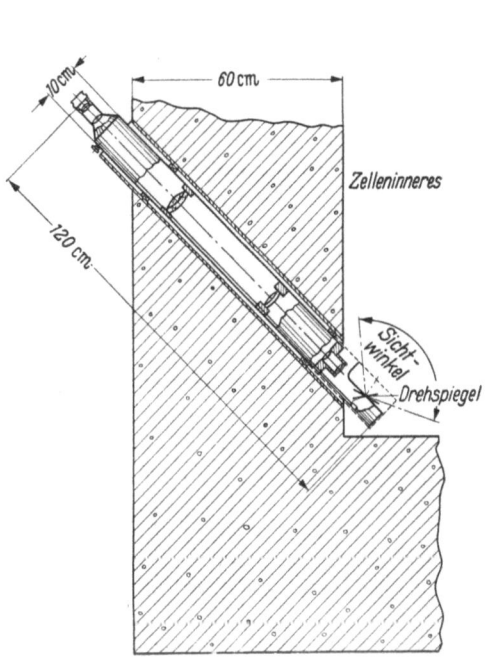

Abb. 13.2/29 Kurzes Periskop für mittleres Aktivitätsniveau (nach MONK, FERGUSON u. UECKER [55], S. 894)

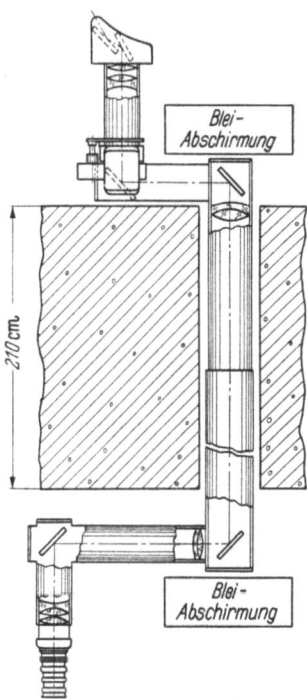

Abb. 13.2/30 Doppelt gewinkeltes Periskop für sehr hohes Aktivitätsniveau (nach MONK, FERGUSON u. UECKER [55], S. 895)

beschränkt. Die Nachteile von Spiegelsystemen sind mangelhaftes Raumgefühl, schlechtes Erkennen von Einzelheiten, schnelles Mattwerden im Strahlungsfeld und die Notwendigkeit der Verwendung sehr großer Spiegel, wenn ein großes Gesichtsfeld erforderlich ist.

13.27 Ventilation

Für die Ventilation geschlossener heißer Zellen gelten im wesentlichen die gleichen Grundsätze wie für die allgemeine Laboratoriums-Lüftung (s. Abschnitt 13.112). Die heiße Zelle wird gegenüber dem Laboratoriumsraum unter Unterdruck gesetzt; als empirischer Anhaltspunkt für die Bemessung des Ventilationssystems wird ein Luftwechsel je Minute angegeben [9]. Eine zu geringe Luftspülung der Zelle ist ebenso nachteilig wie eine zu hohe Strömungsgeschwindigkeit, die zu einem Aufwirbeln von Kontaminierungspartikeln führen kann. Der Luftstrom wird zweckmäßig von oben nach unten gerichtet, um einen Rückfall von Kontaminierungspartikeln in die Zelle zu verhüten. Zur Vermeidung von gebündelten Luftströmungen und Turbulenzerscheinungen in der Zelle ist eine weitgehende Verteilung des Lufteintritts notwendig, was durch Einführung der Luft durch perforierte Bleche oder Rohre erreicht werden kann. Eine gute Konstruktion für einen Exhaustauslaß besteht in einer streifenförmigen schmalen

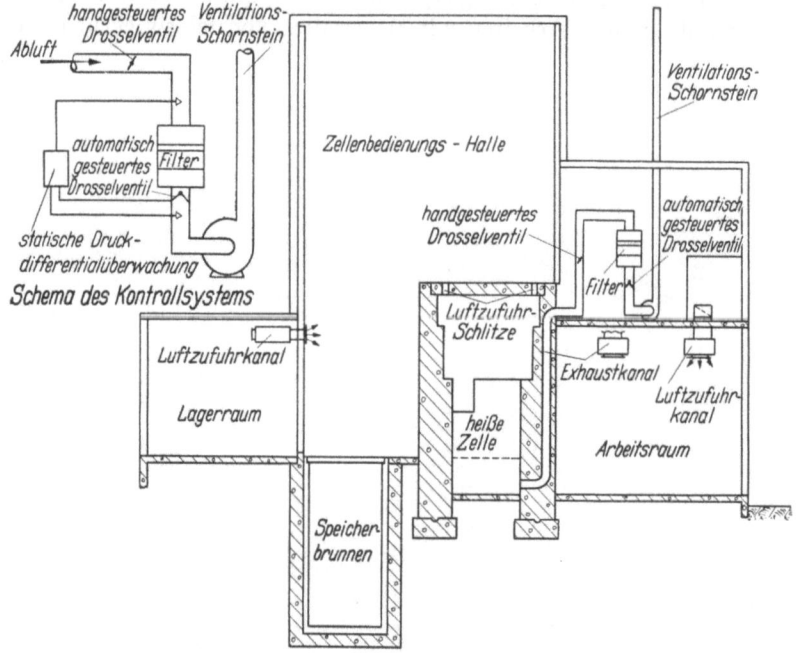

Abb. 13.2/31. Ventilationssystem einer heißen Zelle (nach HALE [9])

Kammer mit verstellbaren Schlitzen in der Vorderwand. Ein typisches Ventilationssystem eines heißen Laboratoriums mit getrennter Entlüftung des Zellen-Betriebsbereiches ist in Abb. 13.2/31 schematisch dargestellt [9].

Insbesondere bei Zellen mit geringem Luftwechsel muß auf die Eliminierung örtlicher Luftströmungen geachtet werden. Für permanente Wärmequellen, wie Beleuchtungskörper, können im Entwurf separate Ventilationssysteme vorgesehen werden. Experimentierausrüstungen, die wegen ihrer Gestalt, Abmessung oder Wärmewirkung die Zellenventilation in stärkerem Maße stören, können zuweilen von kleinen Sub-Einschlüssen umgeben werden, die einen zeitweiligen Anschluß an das Ventilationssystem erhalten. Dadurch wird eine Verbreitung radioaktiver Kontaminierung in sehr wirksamer Weise unterbunden. — Bei der Öffnung von Zellentüren oder Durchgabeöffnungen muß der Luftwechsel beträchtlich erhöht werden, um eine bestimmte Mindest-Einlaßgeschwindigkeit nicht zu unterschreiten. Das Problem wird häufig durch Verwendung eines parallel geschalteten zweiten Gebläses gelöst, das bei Öffnung der Zelle automatisch anspringt.

13.3 Beschreibung einiger heißer Zellen

Die allgemeinen Grundsätze für den Entwurf heißer Zellen werden nachstehend durch Beschreibung einiger ausgeführter Konstruktionen illustriert.

13.31 Kleine heiße Zelle aus monolithischem Beton

13.311 Betrieb der Zelle

Abb. 13.3/1a, b und c zeigen einen Horizontalschnitt und zwei Vertikalschnitte durch eine kleine geschlossene heiße Zelle aus monolithischem Beton [81]. — Die heiße Zelle wird wie folgt betrieben: Die Strahlenquelle wird in

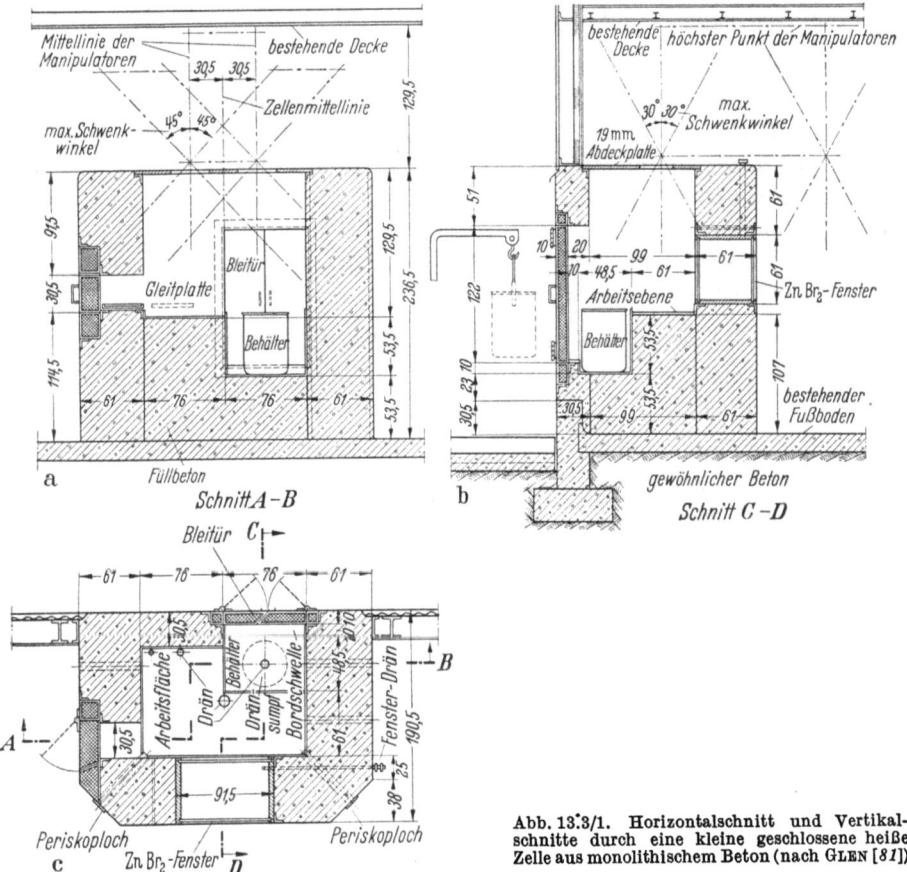

Abb. 13.3/1. Horizontalschnitt und Vertikalschnitte durch eine kleine geschlossene heiße Zelle aus monolithischem Beton (nach GLEN [81])

einem bleigeschützten Transportbehälter mit Hilfe eines Gabelstaplers durch die Material- und Personalzugangstür in die heiße Zelle gebracht. Nach dem Schließen und Verriegeln der Bleitür wird der Behälter durch den Sklavenarm des Manipulators geöffnet. Die Strahlenquelle wird vom Manipulator aus dem Behälter entnommen und auf die Arbeitsplattform gestellt. Auf diesem Platz kann sie durch das Zinkbromidfenster gesehen werden. Das Experimentieren mit Hilfe chemischer oder physikalischer Versuchseinrichtungen, in die die Strahlenquelle eingeführt wird, kann nun erfolgen.

13.312 Strahlenabschirmung

Der Zellenlichtraum ist rund 150 cm breit, 100 cm tief und 130 cm hoch. Die Dicke der Vorderwand und der Seitenwände aus monolithischem Barytbeton beträgt 60 cm. Das ist 19 cm Blei oder 96 cm gewöhnlichem Beton äquivalent. Die Dicke der Rückwand ist auf 30 cm Barytbeton reduziert, da diese Seite vom Betriebspersonal nur beim Hereingeben oder Herausnehmen der Strahlenquelle betreten wird. Die vorderen Zellenecken sind, um ebene Flächen für die Periskopeinsätze zu schaffen und auch Beton zu sparen, unter einem Winkel von 45° abgeschrägt. Die Strahlung durch die Decke der Zelle wird zur Verminderung der Streustrahlung durch eine 5 cm dicke Bleiziegelschicht auf den Stahl-Abdeckplatten abgeschwächt.

13.313 Ausbildung der inneren Zellenoberfläche

Unterer und oberer Zellenboden sind mit nichtrostenden Stahlblechen belegt, desgleichen sind die unteren Teile der Wand bis zur Höhe der Unterseite des Zinkbromidfensters mit nichtrostendem Stahl verkleidet. Die Oberkante der Wandauskleidung ist entweder mit durchgehender Naht mit einbetonierten nichtrostenden Stahlprofilen verschweißt oder mit Blei in einer Nut in der Abschirmungswand verstemmt. Über der Stahlverkleidung sind die Zellenwände und die Decke mit weißem Abziehlack überzogen.

13.314 Material- und Personalzugangsöffnungen

An der Zellenrückseite befindet sich eine Bleitür von 122 × 76 cm Größe und 10 cm Dicke, durch die die Transportbehälter hineingebracht und herausgenommen

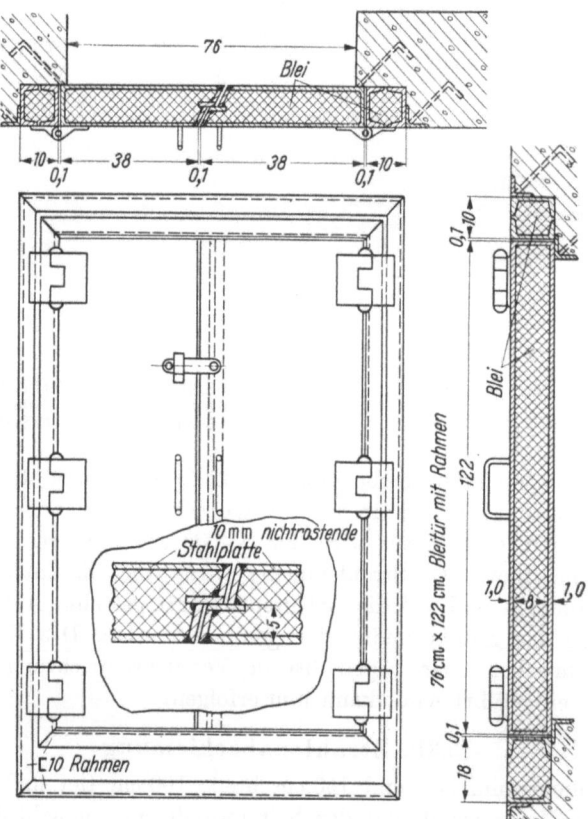

Abb. 13.3/2. 76 × 122 cm große Bleitür mit Rahmen (nach GLEN [81])

werden und das Personal für Änderungen des Aufbaus der Versuchseinrichtung Zutritt zum Zelleninneren hat. Abb. 13.3/2 zeigt Einzelheiten der Türkonstruktion.

Reagenzien oder Spezialwerkzeuge können durch eine 30 × 30 cm große und 20 cm dicke Bleitür in die Zelle eingeführt werden. Diese Stoffe oder Gegenstände werden auf einem Blech auf gleitenden Läufern von der Türnische zu einem Punkt in der Zelle gebracht, wo sie vom Manipulator erreicht werden können. — Die Rahmen für beide Bleitüren bestehen aus nichtrostendem Stahl mit eingefülltem Blei.

13.315 Manipulatoren

Die Zelle ist mit zwei Master-Slave-Manipulatoren vom Typ Argonne Modell 4 bestückt. Für diese Art Manipulatoren, die durch die Zellendecke arbeiten, ist die Dicke der Strahlenabschirmungswand von geringer Bedeutung. Der Eingriff in das Zelleninnere erfolgt durch zwei Ausschnitte in den Stahl-Deckenplatten von 32 × 37 cm Größe. Diese Öffnungen sind für die Bewegung der vertikalen Manipulatorenarme ausreichend.

13.316 Beobachtungseinrichtungen

Das Beobachten des Zelleninneren erfolgt durch ein 60 × 90 cm großes und 61 cm dickes Zinkbromidfenster. Der Metallrahmen des Fensters besteht aus nichtrostendem Stahl, der mit einer weißen Lackfarbe gestrichen ist. Die innere Behälterwand besteht aus zwei 13 mm dicken Platten aus nichtbräunendem Pittsburgh-Glas, die äußere Behälterwand aus zwei 13 mm dicken Platten aus hochfestem Sicherheitsglas. Zusätzlich sind zwei Periskope durch die abgeschrägten Kanten der Zelle eingebaut (Abb. 13.3/1c).

13.317 Installation

Die Zelle enthält ein Ventilationssystem, ein Sprinklersystem, zwei Dränsysteme (für semi-heiße und heiße Abwässer), drei Scheinwerfer, sieben über dem Flüssigkeitsfenster angebrachte 200 Watt-Glühlampen, Gas- und Wasserzuleitungen (dreifach) und eine Vakuumanlage.

13.32 Kleine heiße Zelle aus Betonblöcken

13.321 Strahlenabschirmung

Abb. 13.3/3a, b und c zeigen einen Horizontalschnitt und zwei Vertikalschnitte durch eine kleine geschlossene heiße Zelle, die für die Isotopen-Produktionsabteilung der Reactor Operations Division des Oak Ridge National Laboratory, Tennessee, USA, er-

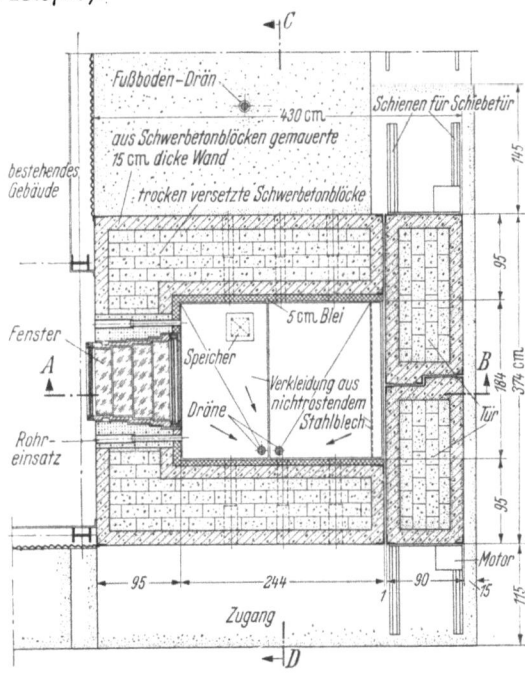

Abb. 13.3/3a—c. Heiße Zelle der Isotopen-Produktionsabteilung des O.R.N.L. (nach GLEN [82])
Abb. 13.3/3a. Horizontalschnitt

richtet wurde [*82*]. Die Vorderwand und die beiden Seitenwände der heißen Zelle sind 95 cm dick und bestehen aus einer inneren und einer äußeren aus $15 \times 15 \times 30$ cm großen Barytbetonblöcken (Dichte 3,45 t/m³) gemauerten 15 cm dicken Wand, trocken versetzten Barytbetonblöcken von der gleichen Größe im 60 cm breiten Zwischenraum und einer 5 cm dicken Bleischicht an der Wandinnenseite. Das Bleiäquivalent der Wände beträgt 33 cm. Die Zellendecke besteht aus einer 75 cm dicken Barytbetonplatte. Die gesamte innere Oberfläche der heißen Zelle ist mit nichtrostendem Stahlblech ausgekleidet. Die Dekontaminierung der Stahlblechauskleidung erfolgt mittels eines permanent installierten Sprinklersystems.

13.322 Tür, Fenster, Manipulator

Die kombinierte Material- und Personal-Zugangstür an der Zellenrückseite ist als zweiteilige Schiebetür ausgebildet, die auf Schienen läuft und deren beide Teile mit einem Antriebsmotor ausgerüstet sind. Die beiden Türteile bestehen aus einer in einem Rahmen aus Winkelstählen aus Schwer-

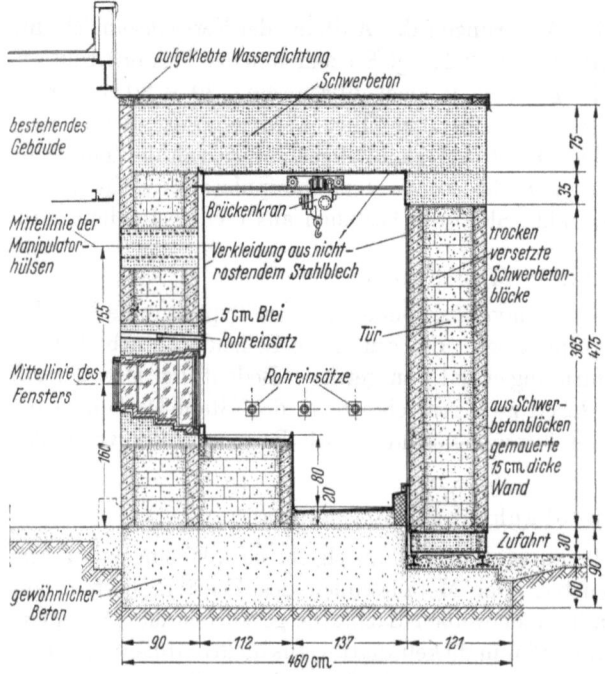

Abb. 13.3/3 b. Vertikalschnitt *A—B*

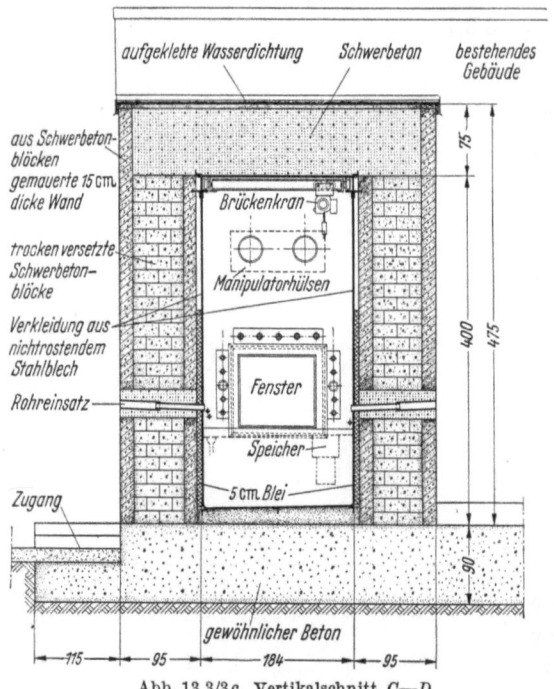

Abb. 13.3/3 c. Vertikalschnitt *C—D*

betonblöcken gemauerten 15 cm dicken Schale und trocken versetzten Schwerbetonblöcken im 60 cm breiten Innenraum. Die zusätzliche 5 cm dicke

Bleischicht wurde weggelassen, da es keinen Anlaß für das Betriebspersonal gibt, einen wesentlichen Teil der Arbeitszeit an der Zellenrückseite zu verbringen.

Die Manipulation der Zelle erfolgt mit Hilfe eines Parallel-Manipulatorpaares vom Typ Argonne Nr. 8 und einen druckluftbetriebenen Brückenkran mit einer Hubkraft von 1 t. Für das Beobachten der Arbeit innerhalb der heißen Zelle ist ein Bleiglas-Mineralöl-Fenster mit einer Dichte von 3,3 g/cm³ vorgesehen. Die äußere oder kalte Seite dieses Fensters besteht aus einer 2,5 cm dicken Glasplatte von 2,5 g/cm³ Dichte, die innere oder heiße Seite aus einer 2,5 cm dicken Platte nichtbräunenden Kalkglases. Der Abschirmungsteil des Fensters setzt sich aus drei 23 cm dicken und einer 18 cm dicken Platte nichtbräunenden Bleiglases von 3,3 g/cm³ Dichte zusammen. Der Fensterrahmen ist als dichter Behälter ausgeführt, da Mineralöl zur Eliminierung der Lichtbrechung durch die verschiedenen Glasoberflächen des zusammengesetzten Fensters verwendet wird.

Die Einsätze für Zuleitungen und Instrumentation dieser Zelle sind um das Abschirmungsfenster in bequemer Reichweite für den Operator angeordnet, der die Manipulatoren bedient. Die Einsätze sind in einen monolithischen Barytbetonblock mit den Abmessungen 135 × 150 × 90 cm einbetoniert, der die Öffnung für den Einbau des Fensters enthält. Die Rohreinsätze für die Durchführung der Periskope und des Manipulatorpaares sind in Barytbetonblöcke von 150 × 30 × 90 cm bzw. 115 × 45 × 90 cm Größe einbetoniert.

13.33 Heiße Zelle für den Multi-kilocurie-Bereich
[83], [84], [85]

13.331 Allgemeine Beschreibung

Die heiße Zelle neben dem Materials Testing Reactor, Arco, Idaho, gestattet das Arbeiten mit Multi-kilocurie-Mengen von harten γ-Strahlern.

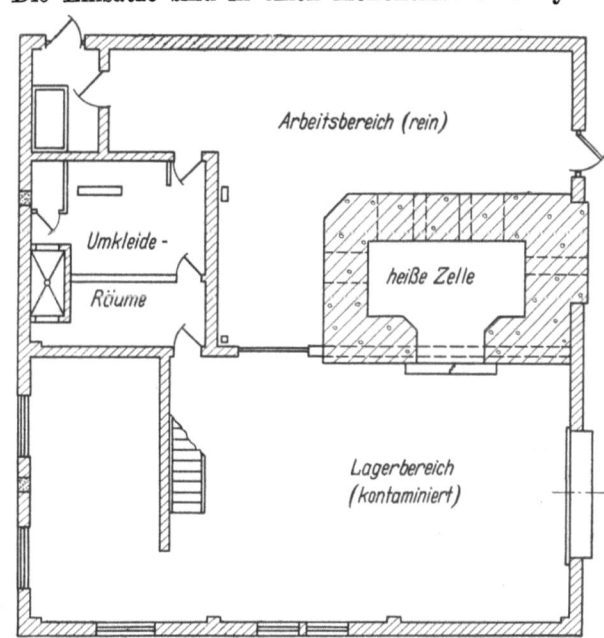

Abb. 13.3/4. Grundriß des heißen Laboratoriums zur Untersuchung und Bearbeitung MTR-bestrahlter Prüfkörper (nach BARTZ und BURNHAM JR. [83], [84])

In ihr kann eine Vielzahl verschiedener Arbeiten ausgeführt werden. (Die heiße Zelle ist mit folgenden Maschinen und Geräten bestückt: Drehbank, Bohrmaschine, Kaltbügelsäge, Vertikalfräsmaschine, Aufnahmegerät für die Späne, Härteprüfgeräte, Zerreißmaschine, Schlagprüfgeräte, Waagen, Meßgeräte zur Messung des elektrischen Widerstands und der Wärmeleitfähigkeit, Schneidemaschine, Presse, Poliermaschine, Waschgerät, Ätzeinrichtungen, makrophotographischer Apparat, Mikrometer, Glühofen.)

Das Gebäude des heißen Laboratoriums (Abb. 13.3/4) ist in zwei allgemeine Bereiche unterteilt: Arbeits- (oder „saubere") Räume und Lager- (oder radioaktiv kontaminierte) Räume. Die Wände zwischen beiden Bereichen sind luftdicht. Während des Betriebs der Zelle werden sämtliche Türen geschlossen gehalten, und ein Gebläse hält im Arbeitsbereich des Laboratoriums einen um 1,2 mm WS höheren Luftdruck als im Lagerbereich.

Die Zelle (Abb. 13.3/5), deren Innenabmessungen (ohne Zugangsraum) 4,3 × 2,0 m (Grundrißfläche) und 4,1 m (Höhe) betragen, wird von Barytbetonwänden ($\varrho = 3{,}2\,\text{t/m}^3$) von 1,20 cm Dicke umgeben; die Decke ist 75 cm dick. Das Zelleninnere ist mit 0,7 mm dickem, durch einen abstreifbaren Kunststoffüberzug geschütztem Stahlblech verkleidet.

Die 1,8 × 2,1 m große Türöffnung an der Rückseite der heißen Zelle wird durch 46 cm dicke Schiebetore aus Stahl verschlossen. Kleinere Gegenstände können von der Außenseite des Gebäudes durch eine kleinere Öffnung in das Zelleninnere gebracht werden.

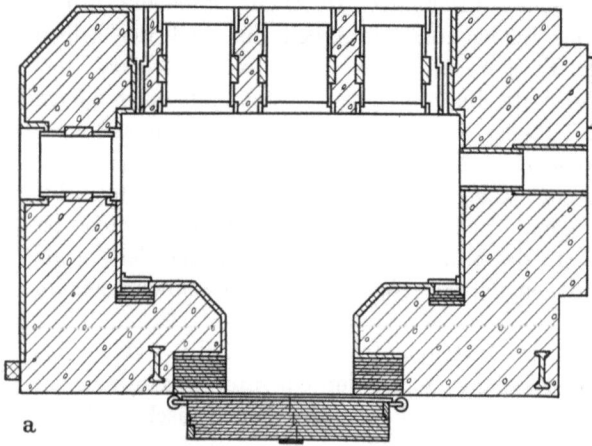

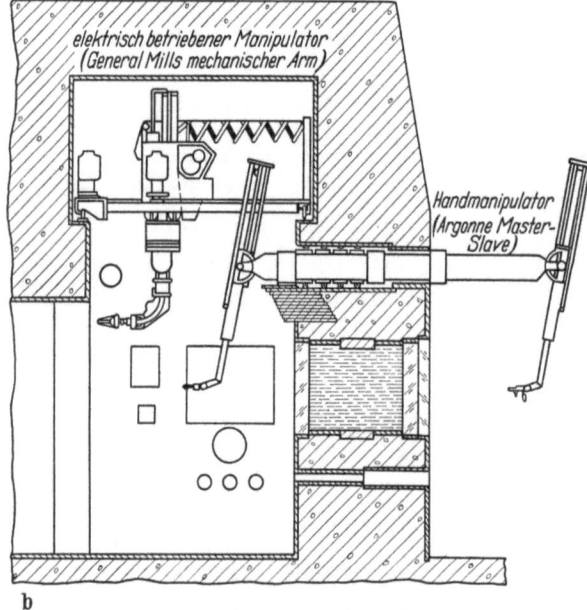

Abb. 13.3/5. Heiße Zelle
a) Horizontalschnitt; b) Vertikalschnitt (nach BARTZ u. BURNHAM JR. [83], [84])

Das Haupt-Exhaustor-System der Zelle bläst bis zu 48 m³ Luft/min durch Filter und Schornstein ab. Bei Öffnung der hinteren Zellentür wird die Luft mit einer Geschwindigkeit von 9 bis 43 m/min in Abhängigkeit von der Öffnungsbreite durch die Zellentür gesaugt. Die beiden 24 m³/min-Exhaustor-Gebläse sind in einem vollkommen isolierten Raum oberhalb der Zelle untergebracht.

Ein zweites Exhaustor-System saugt die Luft aus geschlossenen Abzugkästen ab, in denen flüchtige oder staubige radioaktive Substanzen bearbeitet werden.

13.332 Manipulatoren

Das Arbeiten in der Zelle geschieht mit Hilfe eines General Mills Manipulators, zweier Argonne Master-Slave-Manipulatoren (Abb. 13.3/5b) und eines leichten Schwenkkrans, der zwischen den Master-Slave-Manipulatoren an der schräg auskragenden Strahlungsabschirmung aus Stahlplatten befestigt ist. Die Brücke des General Mills mechanischen Arms ist schienenverfahrbar, so daß dieser Manipulator die ganze Zelle bestreichen kann; er kann von jedem Fenster aus gesteuert werden. Das automatische Abschaltsystem gibt keine hundertprozentige Garantie der Vermeidung von Zusammenstößen der Bedienungsgeräte, so daß wachsame Bedienung geboten ist.

13.333 Fenster

Ein typisches Fenster ist in Abb. 13.3/6 dargestellt; ausgehend von der Außenseite besteht es aus folgenden Teilen: Eine 6 mm dicke Deckplatte aus hochfestem Glas, drei 6,8 cm dicke Bleiglasplatten mit einer Dichte $\varrho = 6,0$ g/cm³, zwei 2,5 cm dicke Platten aus wasserweißem Kalkglas, die die äußere Wand des Zinkbromidbehälters bilden, 81 cm ZnBr$_2$-Lösung, zwei 2,5 cm dicke Platten aus nichtbräunendem Glas, die die innere Behälterwand bilden, und eine 2,5 cm dicke Glasplatte aus nichtbräunendem Glas. Der Stahlbehälter, der als Rahmen für die Fenster dient, ist mit einer dicken Schicht weißer Lackfarbe überzogen. Eine Stahlplatte in Behältermitte greift 2,5 cm in den Behälter ein, so daß auch bei thermischer Kontraktion der Flüssigkeit die Strahlenabschirmung gewährleistet ist.

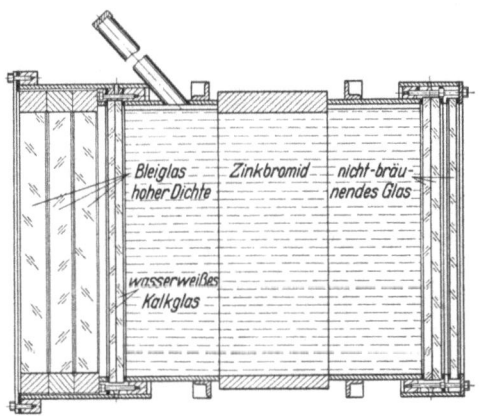

Abb. 13.3/6. Querschnitt durch das 120 cm dicke, kombinierte Bleiglas-Zinkbromidfenster der heißen Zelle des MTR (nach BARTZ u. BURNHAM JR. [83], [84])

13.334 Kosten

Die Gesamtkosten des heißen Laboratoriums setzen sich aus folgenden Anteilen zusammen:

Gebäude und Zelle	135 380 $
Kran	9 000
Manipulatoren	63 400
schräg auskragende Stahl-Strahlenabschirmung	13 000
Fensterrahmen und -dichtung	4 920
nichtbräunendes und weißes Glas	3 450
Bleiglas	24 200
Zinkbromid	6 350
Installation von Fenstern, Manipulatoren und Kran	2 000
Sonstiges	6 300
Gesamtkosten	268 000 $

13.34 Heiße Zelle für Plutonium-Metallurgie

Abb. 13.3/7 zeigt einen Horizontalschnitt durch einen Komplex heißer Zellen, der im Los Alamos Scientific Laboratory New Mexico, für die Durchführung von Entwicklungsarbeiten für pyrometallurgische und lösungsextraktive Aufbereitung verbrauchten Spaltstoffs mit hohem Plutoniumgehalt, bei denen mit im Kilocurie-Bereich liegenden Aktivitätsmengen gearbeitet wird, errichtet worden ist [86]. Die Durchführung der Experimente erfolgt innerhalb von Handschuhkasten ähnlichen Einschlüssen, um eine „Kontaminierung" des Zelleninneren mit dem Plutonium-Spaltprodukt-Gemisch zu verhüten. Der Manipulatorarm arbeitet innerhalb einer Plastikumhüllung. (Bei der doppelten Einschlußmethode wird die größtmögliche Isolierung der radioaktiven Substanzen erreicht, demgegenüber besteht der Nachteil einer erheblichen Erschwerung der Fernmanipulation. Ein alternatives Entwurfsprinzip für $\alpha\gamma$-Laboratorien wird in [87], [88] beschrieben.)

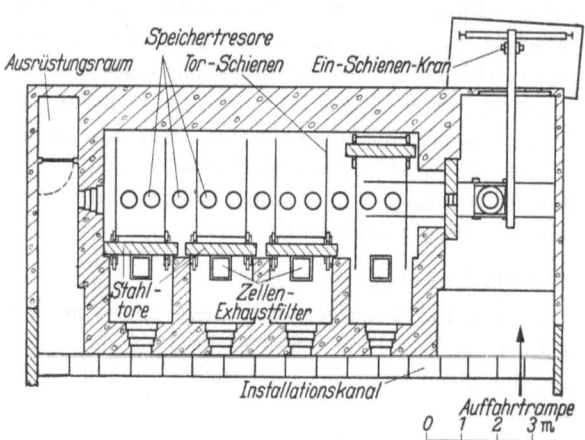

Abb. 13.3/7. Grundriß des Zellenkomplexes für Plutonium-Metallurgie im Los Alamos Scientific Laboratory (nach PETERSON, THOMAS u. GREEN [86])

Der Querschnitt durch eine heiße Zelle ist in Abb. 13.3/8 dargestellt. Die Strahlenabschirmung des Zellenkomplexes besteht zum Arbeitsbereich hin aus

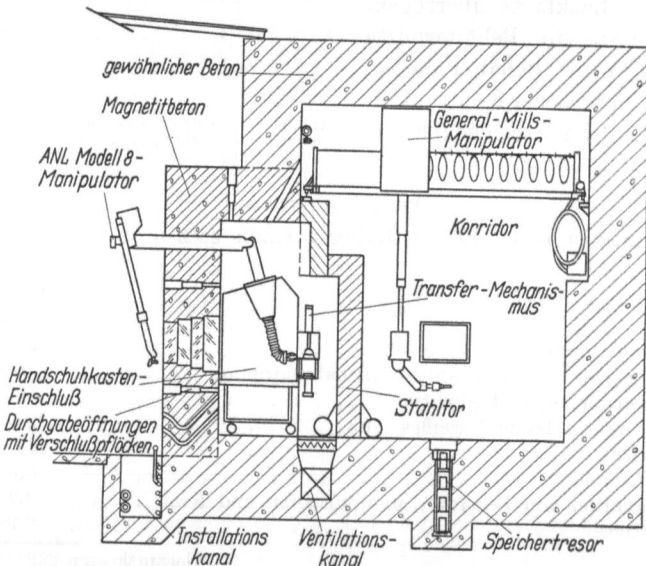

Abb. 13.3/8. Querschnitt durch eine heiße Zelle (nach PETERSON, THOMAS u. GREEN [86])

Schwerbeton (Dichte 3,5 t/m³), in den anderen Bereichen aus gewöhnlichem Beton. An der Rückseite der Experimentierzellen (innerhalb der Betonabschirmung) liegt ein Korridor mit in den Boden eingelassenen Speichertresoren für das radioaktive Material. Die rückseitige Abschirmung der Experimentierzellen wird von einer Oberschwelle aus Stahl und einem auf Schienen verfahrbaren Stahltor gebildet; die verhältnismäßig geringe erforderliche Dicke der Stahloberschwelle gestattet ein weiteres Hineinreichen des Korridor-Manipulators in die Experimentierzellen, als es bei einer Oberschwelle aus Beton möglich wäre. Das gesamte Zelleninnere ist mit Stahlblech ausgekleidet.

13.4 Reaktor- und Radioisotopen-Laboratorien

Bei kombinierten Forschungsreaktor- und Radioisotopen-Laboratorien sind Reaktorteil und Zellenteil bisher fast stets in separaten Gebäuden angeordnet worden. Man beginnt jetzt, beim Entwurf eine betriebsgerechte, integrierte Anordnung anzustreben.

13.41 Integrierte, räumlich getrennte Anordnung

Das Reaktor- und Radioisotopen-Laboratorium im Forschungszentrum von Curtiss-Wright in Quehanna, Pa., kann als Musterbeispiel für eine integrierte, räumlich getrennte Anordnung gelten [89]. In einem frühen Stadium des Entwurfs wurden Reaktorgebäude und heißes Laboratorium als getrennte Einheiten geplant, dann wurde jedoch offenbar, daß die Kombination beider viele wirtschaftliche und betriebliche Vorteile bietet. Die Kosten von Klimaanlage, Notstromversorgung, Wasserversorgung und Abwasserbehandlungsanlage werden gegenüber der ersten Version reduziert. Weiterhin wird die Arbeit von Gesundheitsphysikern, Unterhaltungspersonal und Mechanikern durch Zusammenfassung beider Einrichtungen in einem Gebäude vereinfacht. Betriebliche Vorteile sind u. a. die auf einfache Weise mögliche Überführung von Prüfkörpern vom Reaktor zu den heißen Zellen und die Zugänglichkeit des zu dem Zellen-Trakt gehörenden Umkleideraumes bei radioaktiver Kontamination des Reaktorbereiches infolge eines evtl. Schadensfalles.

Abb. 13.4/1 zeigt den Grundriß des teilweise unterkellerten Gebäudes. Das Gebäude ist so entworfen, daß ein so vollständiger Abschluß der radioaktiv kontaminierten und der sauberen Bereiche voneinander wie irgend mit dem Betrieb vereinbar gewährleistet ist. Die Bereiche, die — wie man hofft — von radioaktiver Kontamination frei bleiben werden, sind Büroräume, Dunkelkammer, Werkstätten, Arbeitsbereich an der Vorderseite der heißen Zellen und Reaktorhalle. Das Tor zwischen Arbeits- und Bedienungsbereich ist im Normalfall verschlossen; die zuweilen erforderliche Durchführung großer Gegenstände erfolgt unter peinlichster Überwachung. Der einzige normale Verkehr des Personals zwischen sauberen und radioaktiv kontaminierten Bereichen erfolgt über den Kleiderwechselraum und Duschraum. Wenn durch einen Unfall radioaktives Material in der Reaktorhalle freigesetzt ist, wird jeder Zugang zur Reaktorhalle außer der Tür zwischen dieser und dem Zellenbedienungsbereich gesperrt, so daß Ein- und Austritt ebenfalls über diesen Raum erfolgen müssen.

Der Transport von im Reaktor bestrahlten Prüfkörpern zu den heißen Zellen erfolgt in einem einfachen Transportbehälter mit dicken Bleiwänden, der im Reaktorbecken beladen, auf ein Fahrgestell gesetzt und zur Zellenrückwand gefahren wird (Abb. 13.2/16). Auf der Rückseite des Zellenkomplexes sind als Pufferzonen wirkende Isolierräume angeordnet, die die Verbreitung radioaktiver

13. Entwurf von Radioisotopen-Laboratorien

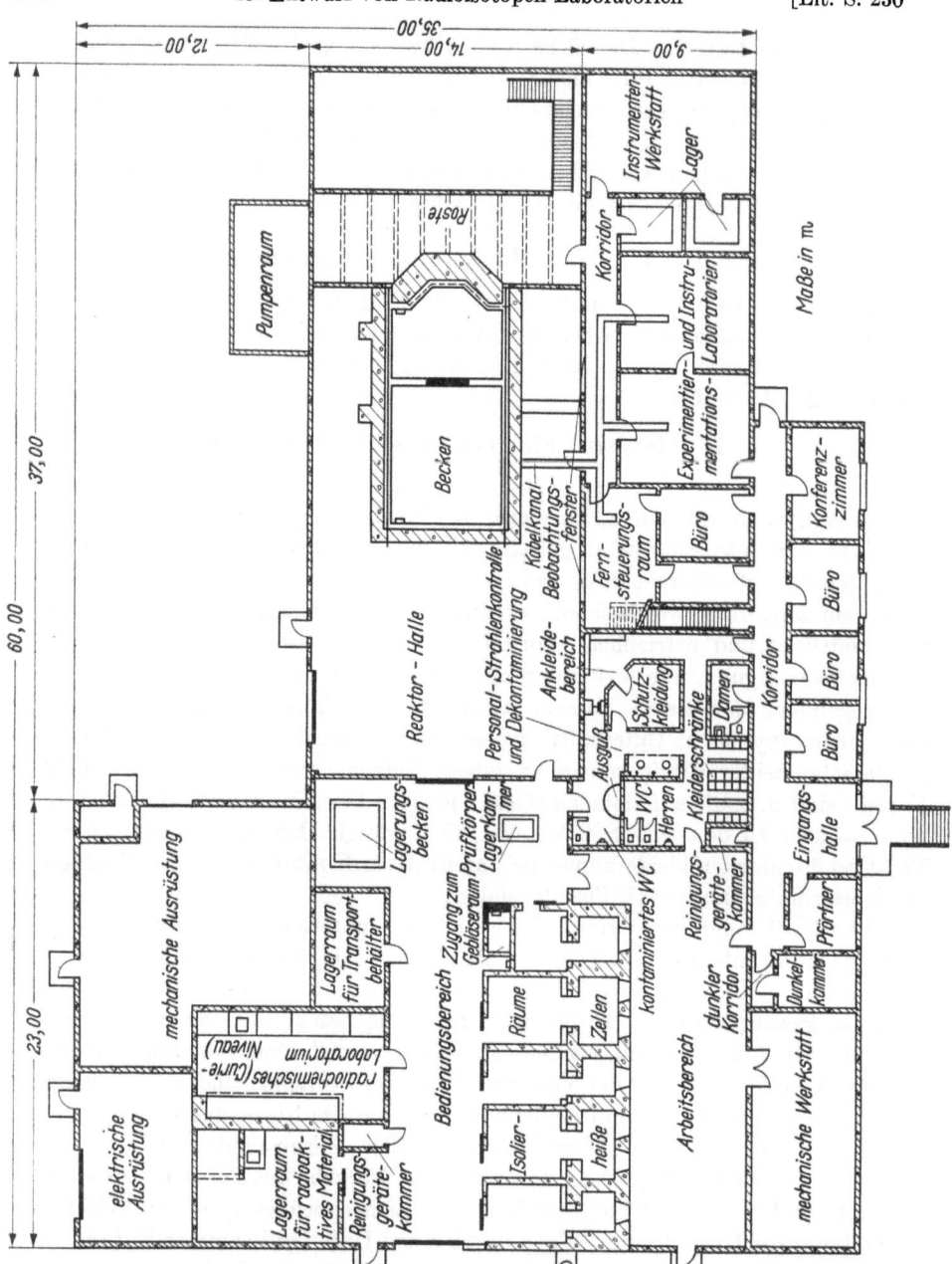

Abb. 13.4/1. Erdgeschoßgrundriß des Reaktor-Laboratoriumsgebäudes im Forschungszentrum von Curtiss-Wright (nach ROBERTS [*89*])

Kontamination von den heißen Zellen in den weiträumigen Bedienungsbereich hinein einschränken sollen. Diese Räume können zur Aufbewahrung kontaminierter Ausrüstungsteile verwendet werden, was den Umfang der Reinigungsarbeiten reduziert, die jedesmal erforderlich sind, wenn Ausrüstungsteile zeitweilig aus einer Zelle herausgenommen wurden.

13.4 Reaktor- und Radioisotopen-Laboratorien

Das Ventilationssystem ist so ausgebildet, daß der Luftstrom nach den jeweils potentiell gefährlicheren Bereichen radioaktiver Kontamination fließt. Folgende Druckdifferenzen werden aufrechterhalten:

Bereich	Differenz zum Atmosphärendruck in cm Wassersäule
Arbeitsbereich	+0,16
Bedienungsbereich	−0,16
Isolierräume	−0,32
heiße Zellen	−0,64
alle übrigen Bereiche	±0,0

Klimatisierte und gefilterte Luft strömt durch die Schiebetorritzen von den Isolierräumen aus in die Zellen ein. Sie wird durch einen an einer Zellenseite gelegenen, mit einem Filter bedeckten Kanal in den Gebläseraum abgesaugt, der ein weiteres Filtersystem enthält. Der Gebläseraum liegt unterhalb der Isolierräume und kann vom Brückenkran bedient werden. Jede Zelle hat ihr eigenes, vollständiges Exhaust- und Filtersystem. Zusätzlich gibt es in jeder Zelle einen Reserve-Exhaustkanal, der sie mit einem allen Zellen gemeinsamen Gebläse- und Filtersystem verbindet. Dieses Reservesystem springt automatisch an, wenn sich der Druck in den Zellen dem atmosphärischen Druck nähert (beispielsweise beim Öffnen eines Tores), oder es wird bei Filterwechsel oder Instandsetzungsarbeiten am Hauptsystem in Betrieb gesetzt.

13.42 Heiße Zelle über Reaktorbecken

Abb. 13.4/2 zeigt Grundriß und Längsschnitt einer heißen Zelle, die direkt über dem Wasserbecken des Oak Ridge Forschungsreaktors errichtet ist, so daß

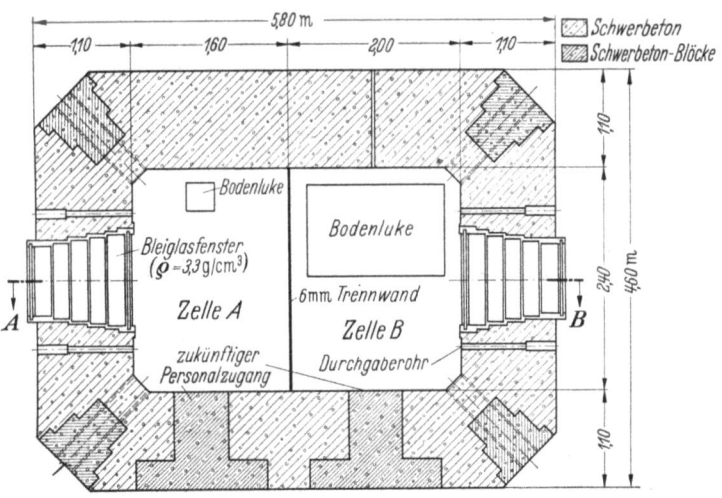

Abb. 13.4/2a u. b. Die heiße Zelle über dem Wasserbecken des Oak Ridge Forschungsreaktors (nach GLEN [90])
Abb. 13.4/2a. Grundriß

im Reaktor bestrahlte Prüfkörper durch Luken im Zellenboden unmittelbar aus dem Reaktorbecken übernommen werden können [90]. Die Zellenwände

werden an drei Seiten durch die Beckenwände und an einer Seite durch einen
Stahlbetonträger gestützt. Die Abschirmung besteht aus Barytbeton von der
Dichte 3,45 t/m³. Alle Ecken und Kanten sind zur Materialersparnis abgeschrägt;
damit werden an den vertikalen Zellenkanten Flächen für Materialdurchgabe-
Öffnungen gewonnen. Die Zelle ist durch eine 6 mm dicke Trennwand aus
nichtrostendem Stahl in zwei Räume unterteilt. Ein Ersatz dieser Stahlblech-

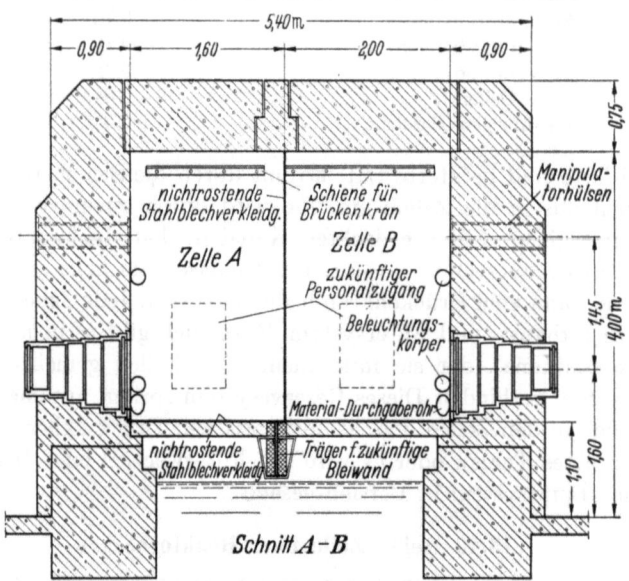

Abb. 13.4/2b. Längsschnitt

wand durch eine 20 cm dicke Bleiwand in Stahlblecheinfassung ist vorgesehen,
um die gleichzeitige unabhängige Benutzung beider Zellenteile zu ermöglichen.
Der Zutritt zum Zelleninneren erfolgt durch die Decke, deren Platten vom
Hallenkran abgehoben werden können. Jeder Zellenteil ist mit einem Argonne
Modell 8-Manipulatorpaar und einem 1 t-Brückenkran ausgerüstet, der Einblick
in das Zelleninnere erfolgt durch mehrfach abgestufte Bleiglasfenster von der
Dichte 3,3 g/cm³ und Periskope. Wände und Boden beider Zellenteile sind mit
nichtrostendem Stahlblech ausgekleidet.

Literatur zu 13

[1] COLEMANN, H. S. (Hrsgb.): Laboratory Design. New York: Reinhold Publishing Corporation 1951
[2] SCHRAMM, W.: Chemische und biologische Laboratorien. Planung, Bau, Einrichtung. Weinheim: Verlag Chemie 1957
[3] MACKINTOSH, A. D.: Architectural Introduction to Radiochemical-Laboratory Layout. BRAB Conference Report No. 3, Washington 1952, S. 5—14; Panel Discussion, ibid., S. 14—19
[4] WARD, D. R.: Design of Laboratories for Safe Use of Radioisotopes. AECU-2226, November 1952
[5] BRADFORD, J. R. (Hrsgb.): Radioisotopes in Industry. New York: Reinhold Publishing Corporation 1953
[6] National Bureau of Standards Handbook 42: Safe Handling of Radioactive Isotopes. Washington, September 1949

[7] BORISSOW, J. W.: Sicherheitstechnik bei der Arbeit mit radioaktiven Isotopen. Berlin: Tribüne 1957
[8] KERSHAW, M. G.: Ventilating Radiological Laboratories. Chemical Engineering Progress Vol. 52 (1956) Symposium Ser. No. 19, S. 15—24
[9] HALE, R. J.: Laboratory Ventilation. Proceedings of the Sixth Hot Laboratories and Equipment Conference, Chicago, 19.—21. März 1958, S. 343—360
[10] SILVERMAN, L.: Air and Gas Cleaning for Nuclear Energy Processes. Proceedings of the International Conference on the Peaceful Uses of Atomic Energy Vol. 9: Reactor Technology and Chemical Processing, S. 727—735. New York: United Nations 1956
[11] ENGLE, P. M.: Review of High Efficiency Air Filters. Proceedings of the Sixth Hot Laboratories and Equipment Conference, Chicago, 19.—21. März 1958, S. 361—367
[12] PRÖBSTL, G. H.: Die Lagerung von radioaktiven Stoffen im Isotopenanwendungslaboratorium. Die Atomwirtschaft Bd. 3 (1958) No. 10, S. 388—392
[13] WALTON, G. N. (Hrsgb.): Glove Boxes and Shielded Cells for Handling Radioactive Materials. Proceedings of the Symposium on Glove Box Design and Operation, AERE. Harwell, Februar 1957. New York: Academic Press 1958
[14] CURTIS, W. K.: Remote Handling. 3. Alpha-Active Materials. Nuclear Engineering, September 1957, S. 381—385
15] Savage and Parsons Ltd., Watford, Hertfordshire (Sunvic Regler G.m.b.H., Solingen-Wald): Remote Handling Equipment, Publication No. 7/2: Lead Shielding Equipment
[16] United States Atomic Energy Commission: Chemical Processing and Equipment. New York/Toronto/London: McGraw-Hill 1955
[17] GOERTZ, R. C., K. R. FERGUSON u. W. B. DOE: Mechanical Handling of Radioactive Materials. Section 7-4. In H. ETHERINGTON: Nuclear Engineering Handbook. New York/Toronto/London: McGraw-Hill 1958
[18] STEPHENSON, R.: Introduction to Nuclear Engineering. 2nd Ed. New York/Toronto/London: McGraw-Hill 1958
[19] DEILY, G. J., u. C. K. NICHOLSON: Primary Containment for High Level Cave Experiments. Proceedings of the Sixth Hot Laboratories and Equipment Conference, Chicago, 19.—21. März 1958, S. 244—251
[20] BIBERGAL, A. W., U. J. MARGULIS u. E. I. WOROBJOW: Schutz vor Röntgen- und Gammastrahlen (russisch). Moskau: Staatsverlag für medizinische Literatur (Medgiz) 1955
[21] ASHBURN, A. G., u. A. W. ELSON: A Review of the Engineering Design Aspects of Lead Shielded Cells for Work at AERE Harwell. In J. E. BOWN u. E. D. HYAM (Hrsgb.): The Design, Construction and Equipment of Some High Activity Cells in the United Kingdom, S. 23—55. Second United Nations International Conference on the Peaceful Uses of Atomic Energy, Genf, 1.—13. September 1958, Paper No. A/CONF. 15/P/1459
[22] Mallory Technical Information Bulletin: Mallory 1000 Metal. Indianopolis: P. R. Mallory & Co. 1956
[23] WELSHER, R. A. G.: Remote Handling. 4. Shielding Systems. Nuclear Engineering, Oktober 1957, S. 427—430
[24] MOLL, J.: Some Ideas and Proposals Regarding Standardized Equipment for Hot Laboratories and Remote Control. Proceedings of the Sixth Hot Laboratories and Equipment Conference, 19.—21. März 1958, S. 170—182
[25] HENRIE, O.: Magnetite Iron Ore Concrete. NAA-SR-880, 26. Januar 1954
[26] GOODMAN, C., u. G. A. NORTON: Interlocking Concrete and Lead Blocks for Radiation Shielding. Nucleonics Vol. 11 (1953) No. 3, S. 52—53
[27] CALLAN, E. J.: Concrete for Radiation Shielding. Journal of the American Concrete Institute Vol. 25, 1 (September 1953) S. 17—44
[28] TERRILL, J. G.: Surfaces and Finishes for Radioactive Laboratories. Laboratory Design for Handling Radioactive Materials. BRAB Conference Report No. 3, Washington 1952, S. 76—86; Panel Discussion, ibid., S. 86—93
[29] TOMPKINS, P. C., u. O. M. BIZZELL: Radioactive Decontamination Properties of Laboratory Surfaces. I. Glass, Stainless Steel, and Lead. ORNL-381, 21. September 1949, Working Surfaces for Radiochemical Laboratories. Glass, Stainless Steel, and Lead. Industrial and Engineering Chemistry Vol. 42 (1950) S. 1469—1475

[30] Tompkins, P. C., O. M. Bizzell u. C. D. Watson: Radioactive Decontamination Properties of Laboratory Surfaces. II. Paints, Plastics and Floor Materials. ORNL-382, 26. September 1949; Working Surfaces for Radiochemical Laboratories. Paints, Plastics and Floor Materials. Industrial and Engineering Chemistry Vol. 42 (1950) S. 1475—1481

[31] Watson, C. D., T. H. Handley u. G. A. West: Decontamination and Corrosion Resistance Properties of Selected Laboratory Surfaces. AECD-2996 29. August 1950

[32] Tompkins, P. C., O. M. Bizzell u. C. D. Watson: Practical Aspects of Surface Decontamination. Nucleonics Vol. 7 (1950) No. 2, S. 42—54

[33] Watson, C. D.: Decontaminable Surfaces and Procedures for Hot Cells. Proceedings of the Fifth Hot Laboratories and Equipment Conference, Philadelphia, 14.—15. März 1957, S. 36—58

[34] Lloyd, R.: Decontaminability of Structural Materials and Surface Coatings for Use in Nuclear Installations. WAPD-PWR-CP-3052, 28. Mai 1957

[34a] Koch, H.: Untersuchung der Eignung von Werkstoffen für den Ausbau und die Ausgestaltung von Isotopen-Laboratorien. Kernenergie Bd. 3 (1960) S. 109—115

[35] Feng, P. Y., u. A. Beccasio: Decontamination Studies on Ceramic Materials. Proceedings of the Sixth Hot Laboratories and Equipment Conference, Chicago, 19. bis 21. März 1958, S. 285—295

[36] Huff, J. B.: Effectiveness of Various Solutions for Decontaminating Stainless Steel, Lead and Glass. IDO-14379, 24. Mai 1956

[36a] Bost, W. E.: Radioactive Dekontamination. A Literature Search. TID-3535, September 1959

[37] Frederick, E. J.: High-Radiation-Level Analytical Laboratory. Nucleonics Vol. 12 (1954) No. 11, S. 36—37

[38] Ray Proof Corporation (New York 19): Radiation Shielding; Materials and Devices. Catalog No. 56 N

[39] Roberts, C. J.: A Laboratory for Reactor Development and Applied Radiation Studies. Proceedings of the Fifth Hot Laboratories and Equipment Conference, Philadelphia, 14.—15. März 1957, S. 17—30

[40] Crawford, C. A., u. A. S. Bain: Remote Controlled Lathe. Proceedings of the Sixth Hot Laboratories and Equipment Conference, Chicago, 19.—21. März 1958, S. 271—275

[41] Goertz, R. C.: Fundamentals of General-Purpose Remote Manipulators. Nucleonics Vol. 10 (1952) S. 36—42

[42] Goertz, R. C.: Mechanical Master-Slave Manipulator. Nucleonics Vol. 12 (1954) No. 11, S. 45—46

[43] Central Research Laboratories, Red Wing, Minnesota; Leybold-Hochvakuum-Anlagen. Köln: Parallel-Manipulatoren 1958

[44] H. M. Hobson, Limited. Wolverhampton: The Hobson-C. R. L. Master-Slave Manipulator Model 7. 1958

[45] Savage and Parsons Ltd., Watford, Hertfordshire; Sunvic Regler, Solingen-Wald: Remote Handling Equipment, Publication No. 7/5: Master Slave Manipulator, Model S.P. 8

[46] Wehrle, R. B.: Booting Assembly for the Model 8 Master-Slave Manipulator. Proceedings of the Fifth Hot Laboratories and Equipment Conference, Philadelphia, 14.—15. März 1957, S. 211—217

[47] Goertz, R. C., u. F. Bevilacqua: A Force-Reflecting Positional Servomechanism. Nucleonics Vol. 10 (1952) No. 11, S. 43—45

[48] Goertz, R. C., J. R. Burnett u. F. Bevilacqua: Servos for Remote Manipulation. ANL-5022, 26. März 1953

[49] Goertz, R. C., u. W. M. Thompson: Electronically Controlled Manipulator. — Servomanipulator needs only electrical connections between master and slave. Nucleonics Vol. 12 (1954) No. 11, S. 46—47

[50] Goertz, R. C., u. F. Bevilacqua: Remote Handling. In United States Atomic Energy Commission: The Reactor Handbook Vol. 2: Engineering. Chapter 7. 1. AECD-3646, Mai 1955

[51] General Mills, Minneapolis: Mechanical Arm Manipulator (ohne Datum)

[52] General Electric Company: GEC Power Manipulator, London, Februar 1958
[53] HOWELL, L. N., u. A. M. TRIPP: Heavy-Duty Hydraulic Manipulator. Nucleonics Vol. 12 (1954) No. 11, S. 48—49
[54] GOERTZ, R. C.: Hot Laboratory Facility for Physical Measurements on Irradiated Plutonium. Second United Nations International Conference on the Peaceful Uses of Atomic Energy, Genf, 1.—13. September 1958, Paper No. A/CONF. 15/P/543
[55] MONK, G. S., K. R. FERGUSON u. D. F. UECKER: Remote Viewing. In United States Atomic Energy Commission: The Reactor Handbook Vol. 2: Engineering Kap. 7. 2. AECD-3646, US Government Printing Office, 1955
[56] Argonne National Laboratory: A Manual of Remote Viewing. ANL-4903
[57] MARSH, J. A., u. D. HUMPHREYS: Underwater Mechanical Treatment for Plate-Type Fuel Elements. Nuclear Power Vol. 2 (August 1957) No. 16
[58] FERGUSON, K. R.: Design and Construction of Shielding Windows. Nucleonics Vol. 10 (1952) No. 11, S. 46—51
[59] FERGUSON, K. R.: Windows for Remote Viewing. TID-5280 (Suppl. 1), S. 73—93, Januar 1956
[60] DOE, W. B.: Zinc Bromide for Shielding Windows. Nucleonics Vol. 10 (1952) No. 11
[61] DOE, W. B.: Zinc Bromide for Use in Shielding Windows. ANL-4879, September 1952
[62] DOE, W. B.: Stabilizer Consumption in Zinc Bromide Windows. TID-5280, S. 78—80, Januar 1956
[63] STEARNS, R. F., u. E. L. SHIRLEY: Operating Experience with Zinc Bromide Shielding Windows at the Knolls Atomic Power Laboratory. Proceedings of the Sixth Hot Laboratories and Equipment Conference, Chicago, 19.—21. März 1958, S. 215—217
[64] BLOXAM, F. S.: Remote Viewing. Nuclear Engineering Vol. 2 (August 1957) No. 17, S. 315—320
[65] Argonne National Laboratory: Specifications and Requirements for Optical Grade Zinc Bromide Solution, 8. Juli 1952
[66] BOWN, J. E., J. W. ANTWIS, A. B. RITCHIE u. G. E. CASSIE: The High-Activity Handling Building at AERE, Harwell. In J. E. BOWN u. E. D. HYAM: The Design, Construction and Equipment of Some High Activity Cells in the United Kingdom, S. 90—116. Second United Nations International Conference on the Peaceful Uses of Atomic Energy, Genf, 1.—13. September 1958, Paper No. A/CONF. 15/P/1459
[67] FERGUSON, K. R., u. W. B. DOE: The Performance of Shielding Windows at High Radiation Intensity. BNL-302, Mai 1954, S. 74—78
[68] MONK, G. M.: Coloration of Optical Glass by High-Energy Radiation. Nucleonics Vol. 10 (1952) No. 11, S. 52—55
[68a] FERGUSON, K. R., u. R. L. REED: Coloration of Shielding Window Glasses. Sixth Hot Laboratories and Equipment Conference, Chicago, Ill., 19.—21. März 1958, TID-7556, April 1959, S. 155—159
[68b] CROPPER, W. H.: Radiation-Induced Coloration in Glass. SCTM-140-59 (16), 20. Aug. 59
[69] PRICE, B. T., C. C. HORTON u. K. T. SPINNEY: Radiation Shielding, S. 321—323. London/New York/Paris: Pergamon Press 1957
[69a] CULLER, V.: Gamma Ray Induced Electrical Discharge in a Radiation Shielding Window. Proceedings of the Seventh Hot Laboratories and Equipment Conference, Cleveland, Ohio, 7.—9. April 1959, S. 120—128
[70] Corning Glass Works (Corning, N. Y.): Corning Radiation Shielding Windows. Catalog PE-51
[71] ROTHWELL, W. S.: Radiation Shielding Window Glasses. Catalog PE-50, Corning Glass Works, Corning, N. Y.
[72] Penberthy Instrument Co. (Seattle, Wash.): Hi-D Lead Glass for Radiation Shielded Viewing. Circular GS-4, August 1953
[73] Penberthy Instrument Co. (Seattle, Wash.): Radiation Shielded Viewing Windows. Bulletin GS-5, November 1956
[74] Chance-Pilkington Optical Works (St. Asaph, England): Radiation and Protective Windows. Leaflet O. S. 39, November 1957; Chance Pilkington Lead Glass Blocks for Gamma Ray Shielding, Leaflet O. S. 40, November 1957

[75] MONK, G. S., u. W. H. MCCORCLE: Optical Instrumentation. National Nuclear Energy Series, Div. 4, Vol. 8. New York/Toronto/London: McGraw-Hill 1954
[76] HOLEMAN, J. M.: Binocular Periscope Viewers. Nucleonics Vol. 12 (1954) No. 11, S. 64
[77] KREIDL, N. J.: Irradiation Damage to Glass. NYO-3777, März 1953
[78] KREIDL, N. J., u. J. R. HENSLER: Irradiation Damage to Glass. NYO-3780, Nov. 1954
[79] FERGUSON, K. R.: The Performance of Radiation Protected Microscope Objectives. TID-5280 (Suppl. 1), S. 95—105, Januar 1956
[80] JOHNSTON, H. R., C. A. HERMANSON u. H. L. HULL: Stereo Television in Remote Control. Electrical Engineering Vol. 69 (1950) S. 1058—1062
[81] GLEN, H. M.: An Engineering Approach to Hot Cell Design. Proceedings of the American Society of Civil Engineers Vol. 80, Sep. No. 446, Juni 1954
[82] GLEN, H. M.: An Engineering Approach to a High Level Manipulator Hot Cell. Proceedings of the Fifth Hot Laboratories and Equipment Conference, Philadelphia, 14.—15. März 1957, S. 299—306
[83] BARTZ, M. H., u. J. B. BURNHAM, JR.: The Materials Testing Reactor Hot Cell. IDO-16210, Juli 1954
[84] BARTZ, M. H., u. J. B. BURNHAM, JR.: Hot Cell for Testing MTR-Irradiated Specimens, — MTR Cell Can Handle 10—20 kc 1,5—3 Mev γ-Emitters. Nucleonics Vol. 12 (1954) No. 11, S. 42—43
[85] United States Atomic Energy Commission: Research Reactors, S. 254—256. New York/Toronto/London: McGraw-Hill 1955
[86] PETERSON, P. J., R. L. THOMAS u. J. L. GREEN: Hot Cells for Plutonium Reactor Fuel Research. Second United Nations International Conference on the Peaceful Uses of Atomic Energy, Genf, 1.—13. September 1958, Paper No. A/CONF. 15/P/532
[87] A General Purpose Alpha-Gamma Hot Laboratory. CF-58-6-67, 1958
[88] GLEN, H. M.: Alteration of a Gamma Cell for Plutonium-Gamma Usage. Nuclear Engineering & Science Conference, Cleveland, Ohio, 6.—9. April 1959, Preprint V 34
[89] ROBERTS, C. J.: A Laboratory for Reactor Development and Applied Radiation Studies. Proceedings of the Fifth Hot Laboratories and Equipment Conference, Philadelphia, 14.—15. März 1957, S. 17—30
[90] GLEN, H. M.: The Manipulator Hot Cells above the Oak Ridge Research Reactor Pool. Sixth Hot Laboratories and Equipment Conference, Chicago, 19.—21. März 1958, S. 75—80

14. Entwurf von Trennanlagen

14.1 Allgemeines

Da verschiedene der bei der Kernspaltung entstehenden Spaltprodukte einen großen Neutroneneinfang-Wirkungsquerschnitt haben, wird durch Akkumulation dieser „Reaktorgifte" die Reaktivität des Reaktors nach einer gewissen Zeit so herabgesetzt, daß die Kriterien des Reaktorentwurfs nicht mehr erfüllt sind. Zu dieser Zeit ist erst ein geringer Prozentsatz des Spaltstoffs verbraucht. Dem Verbleib eines festen Spaltstoffelements im Reaktor ist weiterhin eine Grenze gesetzt wegen der durch Strahlenschädigung des Materials eintretenden Abmessungs- und Gestaltänderungen und des auf die Hülsen wirkenden Innendrucks, der sich infolge Entstehung gasförmiger Spaltprodukte ausbildet.

Zur Abtrennung akkumulierter Spaltprodukte von unverbrauchtem und neugebildetem spaltbarem Material und zur Wiederherstellung der physikalischen Eigenschaften des Materials für feste Spaltstoffelemente ist eine Aufbereitung des im Reaktor bestrahlten Spaltstoffmaterials notwendig. Zwischen Reaktorentwurf, Aufbereitungsverfahren für „verbrauchten" Spaltstoff und Methoden der Beseitigung der hochgradig radioaktiven Abfallprodukte aus dem Trennprozeß bestehen enge Wechselbeziehungen. Wie aus dem in Abb. 14.1/1 dargestellten Spaltstoffzyklus-Schema hervorgeht, sind Anlagen zur Trennung

14.1 Allgemeines

von Spaltstoff und Spaltprodukten ein integraler Bestandteil der Kernenergie-Industrie. Festes Spaltstoffmaterial heterogener Reaktoren wird periodisch aufbereitet, wobei eine Trennanlage in der Regel eine ganze Reihe von Reaktoren bedient. Bei mit zirkulierendem flüssigen Spaltstoff arbeitenden homogenen

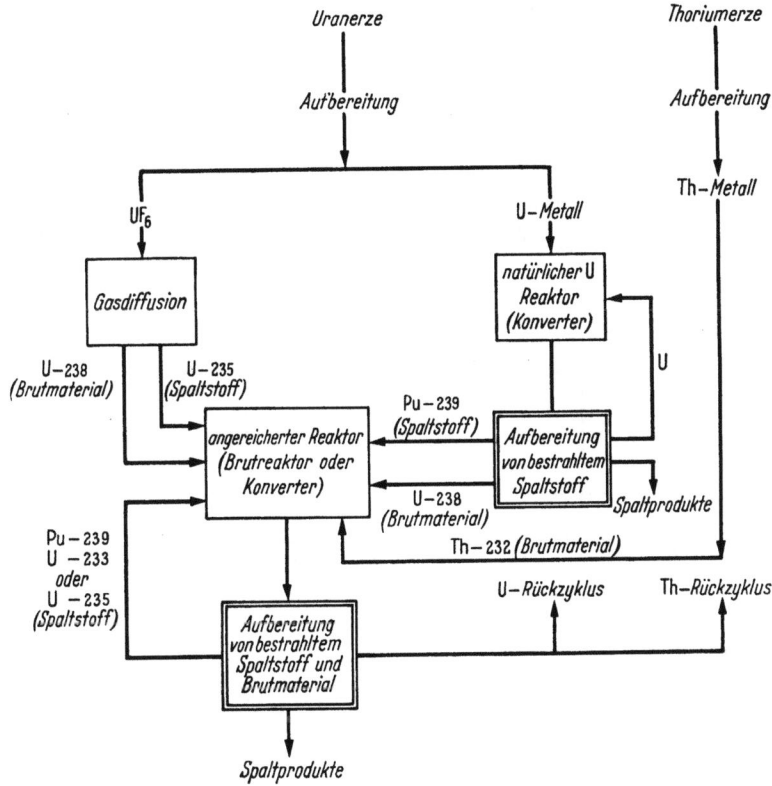

Abb. 14.1/1. Spaltstoff-Zyklen (nach GLASSTONE [1], S. 475)

Reaktoren ist die Trennanlage durch einen Nebenkreislauf mit dem Reaktorsystem verbunden, und die Aufbereitung der Spaltstoff„brühe" erfolgt kontinuierlich während des Reaktorbetriebs.

Vom Standpunkt der Strahlenschutztechnik gesehen können die Trennverfahren in zwei Kategorien eingeteilt werden: 1. Verfahren, die eine nahezu vollständige Abtrennung der Spaltprodukte erzielen, und 2. Verfahren, die nur eine teilweise Abtrennung der Spaltprodukte ergeben.

Vom kernphysikalischen Standpunkt betrachtet ist eine Herabsetzung des Spaltproduktgehalts auf etwa 10^{-1} durchaus hinreichend, da die Reaktoren mit einer hohen Toleranz für das Anwachsen der Spaltproduktmenge entworfen sind. Um jedoch die metallurgischen Refabrikationsarbeiten im Kontakt durchführen zu können, oder wenn eine Anreicherung des gereinigten Spaltstoffs in einer Gasdiffusionsanlage vorgenommen werden soll, ist es erforderlich, daß die Radioaktivitätsmenge der Rest-Spaltprodukte nicht die Radioaktivität des Spaltstoffs im Gleichgewicht mit seinen Tochterprodukten übersteigt. Das bedingt Herabsetzungen des Spaltproduktgehalts auf 10^{-6} bis 10^{-8}.

Derartige Dekontaminierungsfaktoren werden durch den radiochemischen Trennprozeß erreicht. Der gegenwärtig meistverwendete Trennprozeß ist Lösungsextraktion. Dieses Verfahren verwendet die Schritte: 1. Spaltstoffelement-Lösung, 2. chemische Isolierung des Spaltstoffs und 3. Rückführung des chemisch gebundenen Urans oder Plutoniums in den metallischen Zustand (Abb. 14.1/2).

Die unter Verwendung angereicherten Spaltstoffs auf Erhöhung von Leistungsdichte und Spaltstoffaufbrand gerichtete Entwicklung von Leistungs-

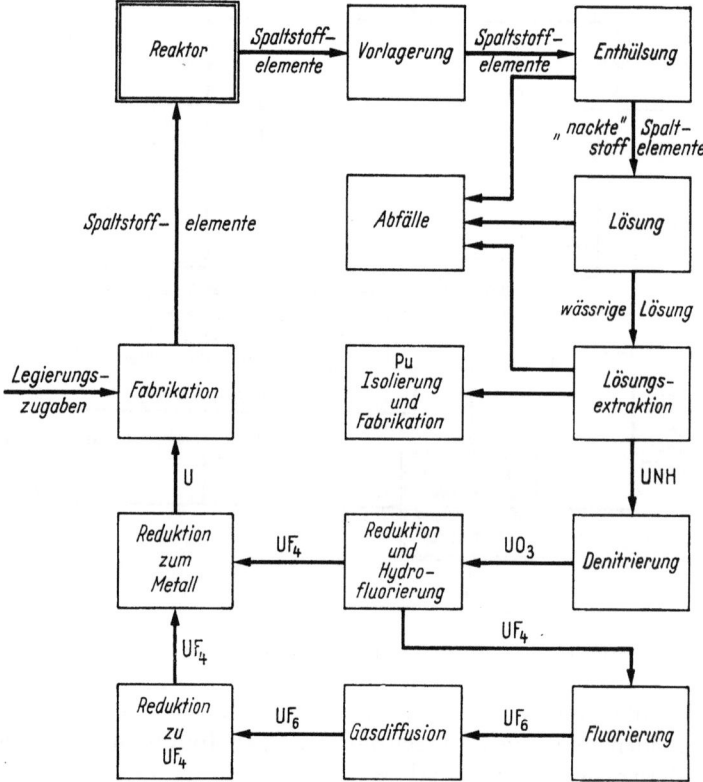

Abb. 14.1/2. Schema des Lösungsextraktionszyklus für natürliches Uran (nach LAWROSKI u. RODGER [2])

reaktoren beeinflußt den Spaltstoffzyklus. Bei Anwendung des Lösungsextraktionsverfahrens werden längere Vorlagerungszeiten notwendig, um die Zersetzung des Lösungsmittels unter dem Einfluß der Strahlung gering zu halten. Ferner müssen die Abmessungen der chemischen Apparate proportional der mit zunehmender Spaltstoffkonzentration abnehmenden kritischen Masse verkleinert werden.

Ein Verfahren, das als vielversprechend für die Aufbereitung angereicherten Spaltstoffs — insbesondere hochgradig angereicherten Spaltstoffs von schnellen Reaktoren — erscheint, ist der pyrometallurgische Trennprozeß, bei dem der Spaltstoff im metallischen Zustand bleibt (Abb. 14.1/3). Da das pyrometallurgische Verfahren gegen Strahleneinwirkung unempfindliche Reinigungsprozesse, wie

Schlackenbildung und Verflüchtigung (Abb. 14.1/4), verwendet, entfällt die Notwendigkeit einer Vorlagerungsperiode, wodurch die für den Spaltstoffzyklus eines Reaktors erforderliche Spaltstoffmenge reduziert wird. Die Isolierung der Spaltprodukte in sehr kompakter Form macht sie für die Nutzung als Strahlenquelle geeignet bzw. erleichtert ihre endgültige sichere Unterbringung beträchtlich. Diesen Vorteilen des pyrometallurgischen Trennverfahrens steht der Nachteil nur erreichbarer Dekontaminierungsfaktoren von 10^{-2} gegenüber [3]. Somit müssen die metallurgischen Refabrikationsprozesse ferngesteuert in abgeschirmten gasdichten Zellen vorgenommen werden. Das bedeutet, daß nur die Vornahme

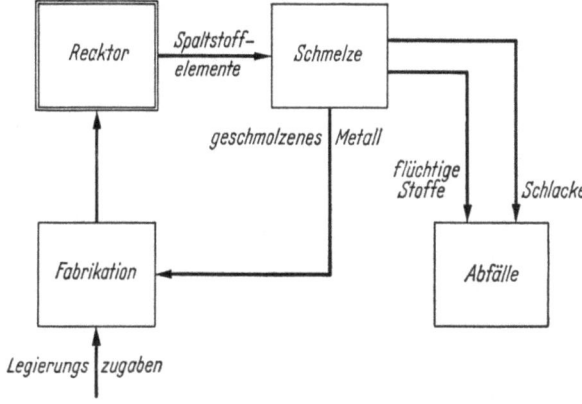

Abb. 14.1/3. Schema des pyrometallurgischen Zyklus (nach LAWROSKI u. RODGER [2])

von sehr einfachen metallurgischen Operationen möglich ist, und der Reaktor-Konstrukteur sich mit verhältnismäßig einfachen Formen der Spaltstoffelemente begnügen muß.

14.2 Radiochemische Trennanlagen

Die Probleme der chemischen Aufbereitung bestrahlten Spaltstoffes schließen neben den gewöhnlichen Problemen, die der Bau und Betrieb komplexer Anlagen der großtechnischen Chemie aufgibt, einige spezielle Probleme ein, die mit der Behandlung spaltbarer und radioaktiver Materialien verknüpft sind. Diese speziellen Probleme beeinflussen in hohem Maße sowohl die Kapitalinvestition als auch die Betriebskosten. Die resultierenden Einheitskosten selbst für eine größere Anlage, die verhältnismäßig einfache Formen bestrahlten Materials aufbereitet, liegen mindestens fünfmal so hoch wie die Kosten, die sich

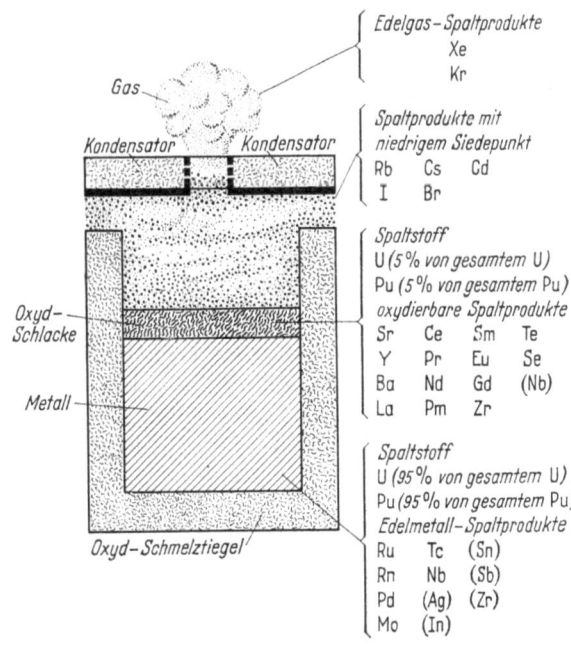

Abb. 14.1/4. Oxyd-Schlackungsprozeß (nach BASEL u. KOSLOV [15])

im Falle entsprechender Aufbereitung nichtradioaktiven Materials ergeben würden [4].

Das Gebäude einer radiochemischen Trennanlage ist allgemein dadurch gekennzeichnet, daß die Anlageteile zum Schutze des Betriebspersonals vor der von den Spaltprodukten emittierten γ-Strahlung durch meterdicke Betonwände abgeschirmt sind (Kurventafeln und Formeln zur Berechnung der von den Spaltprodukten emittierten Strahlung sind in [5] zusammengestellt). Schwierigkeiten in der Unterhaltung der radioaktiven Ausrüstung diktieren bedeutend weiträumigere Anordnung der installierten Anlageteile als es bei Standard-Chemieanlagen gewöhnlich der Fall ist. Im allgemeinen werden Aggregate, die einen bestimmten Schritt des Trennprozesses ausführen, durch zellenförmigen Einschluß von den übrigen Anlageteilen getrennt. Die Notwendigkeit der Vermeidung kritischer Massen spaltbaren Materials erfordert häufig eine zusätzliche Preisgabe an Kompaktheit [6], [7]. Die resultierende Vergrößerung von Grundrißfläche und Gebäudevolumen erhöht auch die Kosten von Strahlenabschirmung und Ventilation zum Schutze des Betriebspersonals beträchtlich.

Die zur Einschränkung der Verbreitung radioaktiver Substanzen notwendige Richtung des Luftstroms von relativ „sauberen" Bereichen in Bereiche mit sukzessive höherer potentieller Gefahr der radioaktiven Kontaminierung ist von wesentlichem Einfluß auf die bauliche Anordnung der Anlage. Das allgemeine Prinzip der Anordnung der Ausrüstung besteht in der wirksamen Isolierung der Apparategruppen, die entweder keine, nur geringe oder hohe Konzentrationen radioaktiver Substanzen enthalten. Diese Apparategruppen werden in einzelnen Zellen mit getrennten Ventilationssystemen angeordnet — zuweilen mit dazwischenliegenden Pufferzonen. Die Zellen werden durch ein extensives Exhaustsystem auf Unterdruck, gegenüber dem übrigen Gebäude, gehalten, und die Behälter wiederum auf einem niedrigeren Druck als die Zellen.

Für den Entwurf radiochemischer Trennanlagen können zwei allgemeine alternative Grundprinzipe angewandt werden. Beide beruhen auf Fernsteuerung des regulären Betriebs der Anlage; sie unterscheiden sich in der Methode der Durchführung von Instandhaltungsarbeiten. Der Entwurf der Apparaturen und ihre Anordnung sowie die ganze bauliche Gestaltung einer Trennanlage werden entscheidend davon beeinflußt, ob die sehr häufig erforderlichen Instandsetzungsarbeiten an den Anlageteilen fernbedient (remote maintenance) oder aber in direktem Kontakt nach Reinigung des betreffenden Anlageteils von anhaftendem radioaktivem Material (direct maintenance) durchgeführt werden sollen.

Die Bestimmung der dem Entwurf einer radiochemischen Trennanlage zugrunde zu legenden Instandhaltungsmethode ist von gewünschter Leistungsfähigkeit und Zweck der Anlage abhängig. Von großen Produktionsanlagen, die mit verhältnismäßig gleichbleibenden Spaltstoffmengen von wenig veränderlicher Art beschickt werden, wird die Gewährleistung eines möglichst stetigen, leistungsfähigen Betriebs verlangt. In diesem Falle ist eine fernbediente Durchführung der Unterhaltungsarbeiten die gegebene Methode. Von Entwicklungs-Produktionsanlagen wird im allgemeinen ein geringerer Grad der Stetigkeit des Produktionsbetriebs verlangt, dafür aber ein größerer Spielraum für Variationen der Prozeßtechnologie zur Erprobung verschiedener Trennverfahren im Großmaßstab. Für derartige Doppelzweck-Anlagen ist die Durchführung von Unterhaltungsarbeiten in direktem Kontakt die besser geeignete Methode. Das gilt noch ausgeprägter für Versuchs-Trennanlagen, die der technischen Erprobung und Entwicklung neuer Prozeßtechnologien dienen. [8]

14.21 Anlagen für fernbediente Instandhaltung

Bei den für fernbediente Instandhaltung konstruierten Trennanlagen werden sämtliche Unterhaltungsarbeiten an allen Anlageteilen, die mit der radioaktiven

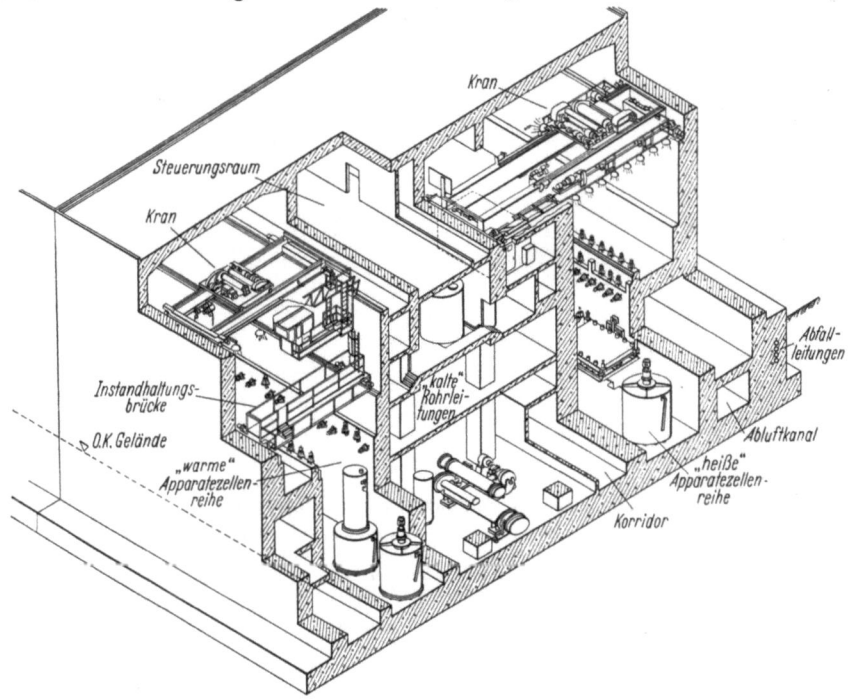

Abb. 14.2/1. Perspektivische Schnittansicht der radiochemischen Trennanlage der Savannah-River-Werke (nach SCHWENNESEN [8])

Lösung in Berührung kommen, mit Hilfe von Kranen durchgeführt. Dabei handelt es sich in den meisten Fällen um den Ausbau defekter Anlageteile und den Einbau entsprechender neuer oder anderweitig reparierter Teile. Die Bedienung eines Krans erfolgt von einem gegen die Strahlung abgeschirmten Führerkorb oder einem Bedienungskorridor (Abb. 14.2/1) aus; der Einblick auf Anlageteile und Manipulierapparate geschieht durch Periskope und Fernsehsysteme. Die gesamten Anlageteile sind in einer Linie angeordnet — von einem Ende des Gebäudes, wo der chemische Prozeß beginnt, bis zum anderen Ende, wo die getrennten Produkte anfallen. Aus diesem Grunde benötigen radiochemische Trennanlagen, die für fernbediente Instandhaltung eingerichtet sind, sehr langgestreckte Bauwerke.

Die einzelnen Apparate — Reaktionsbehälter, Zentrifugen, Pumpen, Agitatoren, Evaporatoren usw. — werden in der Zelle mit großer Genauigkeit in bezug auf die angrenzenden Teile und das System von Wandstutzen aufgestellt (die bautechnischen Toleranzen liegen bei ±2 mm, die Toleranzen für die Aufstellung der Apparate bei ±1 mm [8]). Die Wandstutzen dienen der Verbindung mit den für das betreffende Anlageteil erforderlichen Zuleitungen von Chemi-

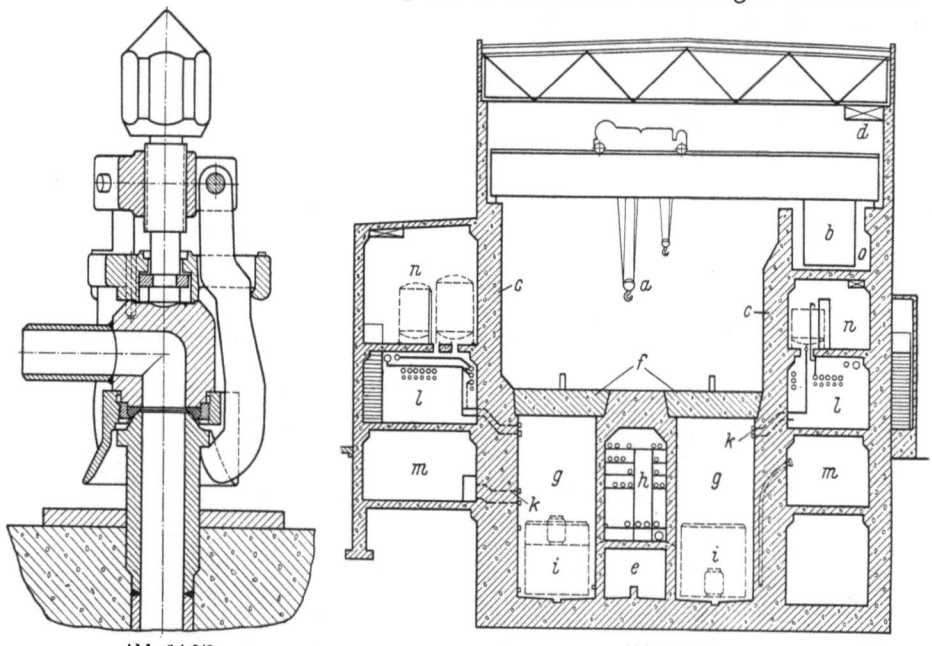

Abb. 14.2/2 Abb. 14.2/3
Abb. 14.2/2. Rohrknie-Anschluß mit fernbedienbarem Verbinder (nach ROHRMAN [9])
Abb. 14.2/3. Querschnitt durch das Gebäude einer radiochemischen Trennanlage mit Apparatezellen zu beiden Seiten des Rohrleitungstunnels (nach ROHRMAN [9])
a Kran; *b* Kranführerkorb; *c* Strahlenabschirmungswand; *d* Lufteinlaßkanal des Ventilationssystems; *e* Luftabsaugtunnel; *f* Abdeckblöcke; *g* Apparatezellen; *h* Rohrleitungstunnel; *i* Chemische Apparate; *k* Zuleitungen; *l* Leitungsgalerie; *m* Probenentnahme-Galerie; *n* Bedienungsgalerie und Chemikalienzugabe; *o* Kranführerkabinengalerie

kalien, Wasser, Luft, Dampf, Schmierungsmittel für bewegte Teile und elektrischer Energie für Agitatoren und Pumpen. Sämtliche Anschlüsse erfolgen durch fernbedienbare Verbinder (Abb. 14.2/2) [9]; sehr häufig werden Rohrzwischenstücke mit einem derartigen Verbinder an jedem Ende verwendet. Die Fernbedienung verlangt, daß sämtliche Apparate unbehindert von oben erreichbar sind; das verbietet im allgemeinen die Anordnung von Ausrüstungsteilen in einer Zelle übereinander, woraus sich sehr ausgedehnte Grundrißflächen ergeben.

Der Flüssigkeitsaustausch zwischen den einzelnen Zellen geschieht von einer Zelle zu einem vollständig gegen Strahlung abgeschirmten Rohrleitungstunnel und von dort zu einer Zelle, in der der jeweils nächste Schritt des chemischen Prozesses erfolgt. Verschiedene Anordnungen sind möglich. Abb. 14.2/3 zeigt einen Querschnitt durch das Gebäude einer Trennanlage, in der die Zellen mit den chemischen Apparaten auf beiden Seiten des Rohrleitungstunnels liegen. Abb. 14.2/4 zeigt einen Querschnitt durch das Gebäude einer Trennanlage, bei dem die chemischen Apparate nur auf einer Seite des Rohrleitungstunnels angeordnet sind. Vom bautechnischen Standpunkt gesehen ist die Anordnung der Ausrüstung in einer Doppelreihe wirtschaftlicher als die Anordnung in einer

Reihe. Im letzteren Falle ergeben sich aber ein einfacheres Rohrleitungssystem und kürzere Kranbrücken-Spannweiten. [8], [9]

Neuere Entwurfsstudien haben ergeben, daß sich durch Wahl eines kreisförmigen Grundrisses für eine radiochemische Trennanlage eine bedeutende Sen-

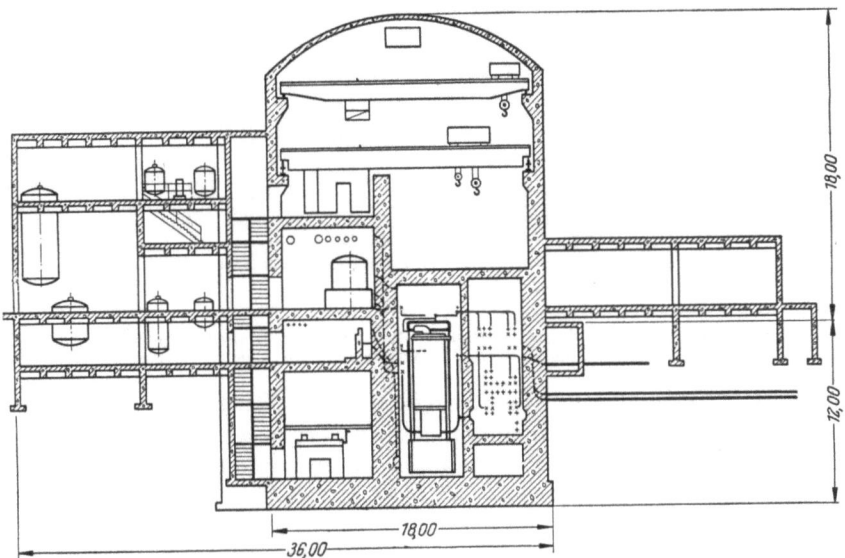

Abb. 14.2/4. Querschnitt durch das Gebäude einer radiochemischen Trennanlage mit auf nur einer Seite des Rohrleitungstunnels angeordneten Apparatezellen (nach ROHRMAN [9])

kung der Baukosten und wesentliche Vereinfachungen des Rohrleitungssystems erzielen lassen, bei gleichzeitiger Vergrößerung des Spielraums für Änderungen der Prozeßtechnologie. Der Gebäudeentwurf sieht einen zentralen Pfeiler als Dachstütze und Drehlager für einen um 360° laufenden Brückenkran vor, radiale Apparatezellen, eine kreisförmige Strahlenabschirmungs-Außenwand und eine um das Kreisgebäude laufende Bedienungsgalerie. Der Flüssigkeitsaustausch zwischen den einzelnen Sektorzellen erfolgt durch ein um den zentralen Pfeiler laufendes Rohrleitungssystem. Die Zuleitungen von Chemikalien, Wasser usw. zu den einzelnen Apparaten verlaufen von verschiedenen, das Kreisgebäude umgebenden Galerien in schmale sektorförmige Korridore zwischen den Zellen. [8]

Die hauptsächlichen Vorteile radiochemischer Trennanlagen mit fernbedienter Instandhaltung gegenüber solchen mit direkter Unterhaltung sind geringere Betriebskosten, kürzere Stillegungszeiten bei Instandsetzungsarbeiten und größere Sicherheit des Personals. Der letztere Punkt erwächst aus der Schwierigkeit in der Messung der α-Aktivität, die deshalb bei Trennanlagen mit direkter Unterhaltung ein besonderes Problem darstellt. [8]

14.22 Anlagen für direkte Instandhaltung

Eine für direkte Instandhaltung eingerichtete Trennanlage ist weitgehender in einzelne Zellen unterteilt als Anlagen mit fernbedienter Instandhaltung. Abb. 14.2/5 zeigt einen Horizontal- und einen Vertikalschnitt durch das Hauptgebäude der Idaho Chemical Processing Plant [10], [11], [12]. Nahezu 30% des Gesamtvolumens des 73 m langen, 31 m breiten und 27 m hohen Gebäudes werden von Beton-Wänden und -Decken eingenommen, die abschirmenden und

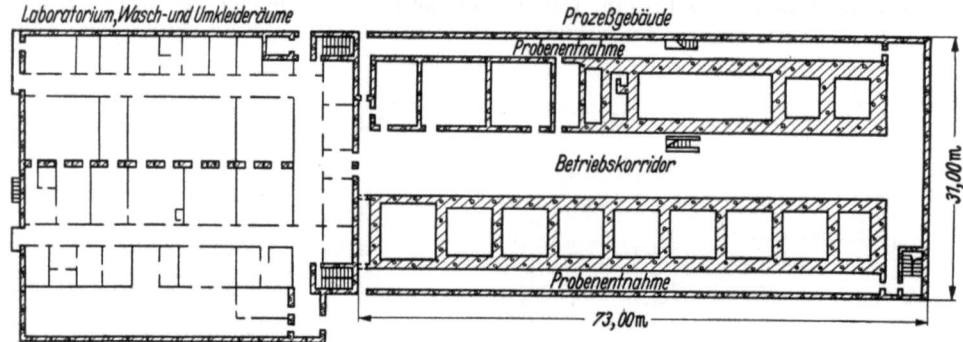

Abb. 14.2/5a. Horizontalschnitt durch das Hauptgebäude der radiochemischen Trennanlage der National Reactor Testing Station in Idaho (nach United States Atomic Energy Commission [10], S. 18)

tragenden Zwecken dienen. Ausrüstungsteile, an denen häufig Instandsetzungsarbeiten durchgeführt werden müssen, werden noch zusätzlich gegen benachbarte hochaktive Teile abgeschirmt. Zellenfußböden und -wände sind mit nichtrosten-

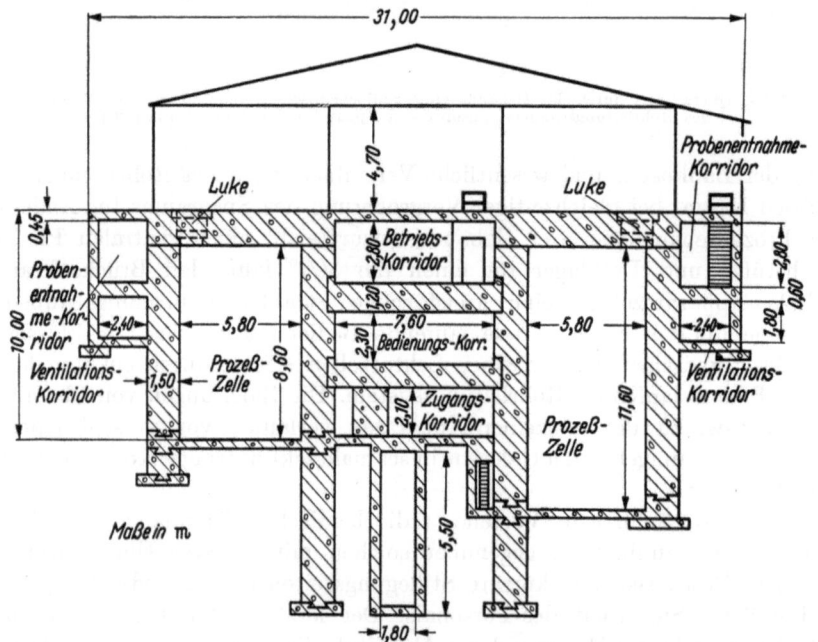

Abb. 14.2/5b. Vertikalschnitt durch das Hauptgebäude der radiochemischen Trennanlage der N. R. T. S. (nach LEMON u. REID [11])

dem Stahlblech ausgekleidet. Jede Zelle hat ein Sprinklersystem, und jeder Behälter ist mit Dampfsprühdüsen ausgestattet, die eine Rezirkulationsreinigung aller inneren Oberflächen mit kleinen Volumina von Dekontaminierungslösungen gestatten (Abb. 14.2/6) [13]. Wirksame Dekontaminierungsverfahren sind eine absolute Notwendigkeit für den erfolgreichen Betrieb dieses Anlagetyps.

Radiochemische Trennanlagen für direkte Unterhaltung haben den Vorteil, daß sie unter Verwendung von Standardkonstruktionen des chemischen Apparatebaus errichtet werden können und nicht die außerordentlich teuren, speziell konstruierten Fernbedienungswerkzeuge benötigen. Der Zellenraum kann in höherem Maße ausgenutzt werden, da die Anlageteile auch übereinander angeordnet werden können. Diese Faktoren ergeben eine bedeutende Baukostenersparnis, die möglicherweise Kosten und Zeitbedarf der vor Beginn von Instandsetzungsarbeiten erforderlichen Dekontaminierung wettmacht. — Die

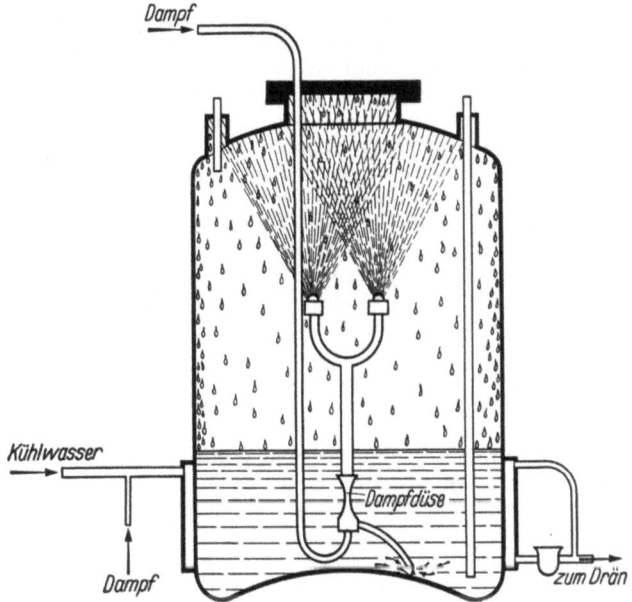

Abb. 14.2/6. Typischer Behälter mit Dekontaminierungs-Spülsystem (nach BRUCE, SHANK, BROOKSBANK, PARROTT u. SADOWSKI [13])

Entwicklungstendenz liegt in der Verwendung beider Instandhaltungspraktiken in einer Anlage: fernbediente Instandhaltung der hochgradig radioaktiven Teile des radiochemischen Spaltstoff-Aufbereitungswerks und direkte Instandhaltung in den Bereichen mittlerer und geringer Radioaktivität.

14.23 Durchführung von Instandsetzungsarbeiten in Strahlungsfeldern

Schweißen und Schneiden sind die hauptsächlichsten Arbeitsgänge bei der Durchführung von Instandsetzungsarbeiten in radiochemischen Trennanlagen. Dabei erfordert das Vorhandensein von Radioaktivität, daß sämtliche Operationen, selbst die allereinfachsten, vollständig organisiert werden müssen. Alle Phasen und Einzelheiten eines Arbeitsganges müssen erfaßt, analysiert und in ihrer Beziehung zur gesamten Arbeit betrachtet werden. E. B. LA VELLE und J. M. FOX, JR. [14], berichten detailliert über die ausgefeilte Technik der Durchführung von Schweiß- und Schneidarbeiten an radioaktiven Anlagen, die in den USA aus der seit 1945 akkumulierten Erfahrung entwickelt wurde. Nachstehend wird eine typische Folge von Arbeitsgängen für eine Schweißarbeit angegeben:

1. Es tritt ein Schaden an einer Rohrleitung einer radioaktiven Anlage auf, und es ist ein Ersatzstück einzuschweißen.

2. Mit Hilfe von α-, β- und γ-empfindlichen Strahlenmeßgeräten wird eine Strahlungserkundung des Arbeitsbereichs durchgeführt. Ort und Intensität von Strahlung werden aufgezeichnet. Auf der Grundage dieser Ermittlung kann das Instandhaltungspersonal zunächst die Entscheidung treffen, ob es zweckmäßig ist, einen Versuch der Dekontaminierung des betreffenden Anlageteils und des Arbeitsbereichs zu unternehmen, um die Reparatur des betreffenden Teils vorzunehmen oder ob sich ein vollständiger Ersatz empfiehlt. (Wenn bestimmte Ausrüstungsteile abnorm starker radioaktiver Kontaminierung unterliegen, ist es oft angezeigt, daß bei künftigen Anlagen Konstruktionsänderungen am Platze sind.)

3. Es wird die Entscheidung über die geeignete Schutzkleidung für den Schweißer getroffen. Beispielsweise kann es erforderlich sein, die persönliche Kleidung abzulegen und zu ersetzen durch a) einen Coverall, b) ein Paar Gummi-Überziehschuhe, c) ein Paar dünne Gummihandschuhe, die mit Klebeband an die Ärmel des Coveralls angeklebt werden, d) eine Stoffkappe, e) einen weiteren Coverall mit enganliegender Kapuze, der mit Klebeband an f) Gummischuhe, g) Überhandschuhe und h) eine Frischluft-, Sauerstoffgerät- oder Filter-Atemmaske angeklebt wird. Der Typ der Atemmaske hängt von Art und Grad der radioaktiven Kontaminierung des Arbeitsbereichs ab.

4. Die Arbeitsaufgabe wird durch ein Modell dupliziert, und das Personal, das mit der Durchführung der Arbeit betraut wird, muß die Operation wiederholen, bis sämtliche Details von allen Beteiligten vollständig verstanden sind; dabei sind alle Umstände der tatsächlichen Arbeitsaufgabe in Betracht zu ziehen.

5. Der Arbeitsbereich und die zu ersetzenden Ausrüstungsteile werden nach Möglichkeit dekontaminiert, um die Zeitbegrenzung zu erweitern. Es ist oft zweckmäßig, Fußboden oder Anlageteile unterhalb der Arbeitsstelle abzudecken, um eine zusätzliche radioaktive Kontaminierung zu vermeiden, die beispielsweise durch Schlacken von Schneidarbeiten herrühren kann.

6. Das schadhafte Rohrstück wird entfernt, und Vorbereitungen für die Durchführung der Reparaturschweißung werden getroffen. Dabei kann die Verwendung transportabler Exhaust-Boxen und Filter erforderlich sein, um die Möglichkeit der radioaktiven Verseuchung der Luft durch Dämpfe zu verringern.

7. Die Arbeit wird begonnen und fortgesetzt, bis der Schweißer seine für die Strahlenexposition gesetzte Zeitgrenze erreicht, worauf er die Arbeitsstelle unverzüglich und unter allen Umständen zu verlassen hat.

8. Der die Arbeitsstelle verlassende Schweißer informiert den nach dem Ablösungsplan folgenden Kollegen, der seine Arbeit fortsetzt, über die bestehenden Bedingungen und gibt ihm Empfehlungen.

9. Die Ablösungen der Schweißer setzen sich fort, bis die Schweißarbeit beendet ist. — Bei dringenden Reparaturarbeiten und kurzfristigen Zeitbegrenzungen für die Strahlenexposition (unter Umständen nur wenige Minuten), ist es notwendig, eine ganze Mannschaft von Mechanikern oder Schweißern für die Durchführung der Arbeit aufzubieten.

10. Die Arbeiter werden beim Verlassen der Arbeitsstelle auf radioaktive Verseuchung untersucht. Wenn eine ungewöhnlich starke radioaktive Kontaminierung der Kleidung erfolgt ist, werden alle Anstrengungen für die Ergründung der Ursachen gemacht, so daß bei zukünftigen Arbeiten bessere Schutzvorkehrungen getroffen werden können. Die Spezialkleidung, die bei der Durchführung der Arbeit getragen wurde, wird in eine besondere Wäscherei für radioaktiv kontaminierte Kleidung gebracht.

11. Die Schweißung wird inspiziert und geprüft.

12. Der Arbeitsbereich wird gereinigt, und eine Strahlenkontrolle wird durchgeführt, um nachzuprüfen, ob alles zusätzliche radioaktive Material, das bei der Reparaturarbeit angefallen ist, durch die Reinigung beseitigt wurde. Wenn dies der Fall ist, können die besonderen Warnschilder sowie die Absperrseile entfernt werden.

Danach kann der instand gesetzte Anlageteil wieder in Betrieb genommen werden.

Sollte es erforderlich sein, Anlageteile von ihrem Platz zu entfernen, um eine gründlichere Dekontaminierung vornehmen zu können, als sie an Ort und

und Stelle erfolgen könnte, wird meist ein Plastikbeutel zur vollständigen Einhüllung des Teiles verwendet, um eine Verbreitung radioaktiven Materials zu verhüten.

14.3 Pyrometallurgische Trenn- und Refabrikationsanlagen

Das Gebäude einer pyrometallurgischen Trenn- und Refabrikationsanlage muß folgende Räume enthalten:

1. Eine abgeschirmte gasdichte hallenartige Zelle (evtl. mit einer Unterteilung zwischen Trennanlage und Refabrikationswerk); 2. Gasschleuse; 3. Transfer-Tunnel; 4. Betriebsgalerie; 5. Räume für Zubehörsysteme (Wärmeaustauscher, Pumpen, Gebläse usw.); 6. Laboratorien und Werkstätten.

Da das Eintreten von chemischen Reaktionen zwischen Spaltstoffmetall und Luft, sowie von chemischen Reaktionen zwischen der Natrium-Kalium-Legierung, die für die Kühlung der Schmelzöfen verwendet wird, und Luft oder Wasserdampf, verhindert werden muß, wird die Zelle und die angrenzende Gasschleuse mit einer inerten Argon-Atmosphäre gefüllt. Die gesamte innere Oberfläche der Beton-Strahlenabschirmungsanlage der Zelle ist mit verschweißten Stahlblechen auszukleiden, um ein Durchdiffundieren von Argon-Gas und flüchtigen radioaktiven Substanzen zu verhüten. Der Aussickerung gasförmiger und flüchtiger Substanzen aus der Zelle ist ferner durch ständige Haltung eines Unterdrucks von einigen cm WS entgegenzuwirken. Zur Erleichterung der Lokalisierung evtl. Undichtheiten empfiehlt sich die Anordnung eines in Sektionen unterteilten Zwischenraums zwischen Stahlblechverkleidung und Betonoberfläche. Die Möglichkeit der Aussickerung kann durch Aufrechterhaltung eines Argon-Überdrucks in diesem Zwischenraum auf ein Minimum beschränkt werden.

Die in der Zelle entwickelte Wärme kann entweder durch Zirkulation eines Teils des Argons durch ein Wärmeaustauscher-System abgeführt werden oder mittels eines zwischen der Betondecke und ihrer Stahlblechverkleidung installierten Kühlschlangensystems, durch das gekühltes Wasser zirkuliert.

Sämtliche Arbeitsgänge in Zelle, Luftschleusen und Transfer-Tunnel werden von der Betriebsgalerie aus ferngesteuert und überwacht. Abschirmungsfenster und Teleskope ermöglichen den Einblick in Zelle, Gasschleusen und Tunnel von der Betriebsgalerie aus. Die Zellenoperationen können zusätzlich mit Fernsehkameras verfolgt werden, die mit Hilfe von Manipulatoren an jeder Stelle der Zelle aufgestellt und gerichtet werden können.

Alle Materialien und Geräte in der Zelle, die nicht durch einen integralen Teil des Fließbands gehandhabt werden, können mit Hilfe von Kranen und Manipulatoren, die die ganze Zellenfläche bestreichen, bewegt werden. Die Komponenten der Ausrüstung der Trenn- und der Refabrikationsanlage müssen unter den Bedingungen hoher Temperaturen und starker Strahlungsfelder, ohne wesentliche Unterhaltung zu erfordern, zuverlässig arbeiten. Evtl. Reparaturarbeiten sollen möglichst mit Hilfe der Krane und Manipulatoren durchführbar sein. Wenn die ferngesteuerte Reparatur eines Anlageteils nicht im Bereich der Möglichkeit liegt, wird es abmontiert, in einem Dekontaminierungsraum gereinigt und, wenn dies in hinreichendem Maße gelingt, darauf im Kontakt repariert.

Die besonderen Schwierigkeiten des Entwurfs pyrometallurgischer Trenn- und Refabrikationsanlagen erwachsen aus der Notwendigkeit der Aufrechterhaltung einer inerten Atmosphäre und der ferngesteuerten Durchführung der Arbeitsgänge, sowohl des normalen Betriebs als auch der Instandsetzungsarbeiten, hinter dicken Abschirmungswänden. — Die Anlage selbst ist so flexibel wie möglich zu entwerfen, um Änderungen der Prozeß-Technologie zu erlauben, während die Ausrüstung so spezifisch und einfach wie möglich zu konstruieren ist.

14.31 Rechteckige Anordnung

Von der Vitro Corporation of America ist ein Entwurf für eine pyrometallurgische Trennanlage mit dem dazugehörigen ferngesteuerten Spaltstoffelement-Refabrikationswerk aufgestellt worden, um die hauptsächlichen technischen Probleme und Sicherheitserfordernisse festzustellen und eine Grundlage für Kapital- und Betriebskostenschätzungen zu erhalten [15], [16], [17]. Aus der ingenieurtechnischen Studie lassen sich die potentiellen Probleme von Entwurf, Konstruktion und Betrieb eines metallurgischen Spaltstoffaufbereitungswerks erkennen.

Der Entwurf sieht eine von den übrigen Teilen des Gebäudes vollständig isolierte, durch dicke Betonwände abgeschirmte rechteckige Zelle vor, die durch eine Längswand mit zwei kleinen Öffnungen für Materialtransporte und ein großes Tor für den Transport von Maschinen in den Bereich der metallurgischen Trennanlage und des Refabrikationswerks unterteilt ist. Die Bedienungsgalerie läuft an drei Außenseiten der Zelle entlang; an der vierten (schmalen) Seite befindet sich eine dreifache Gasschleuse. Für den Transport der Spaltstoffelemente zwischen Reaktor und metallurgischer Aufbereitungsanlage ist ein Verbindungstunnel vorgesehen. Der Transfer von Spaltstoffelementen erfolgt durch eine Bodenöffnung in der mittleren Schleusenkammer.

14.32 Ringförmige Anordnung

Bei ringförmigem Zellengrundriß wird eine größere Flexibilität in der Verwendung von Kranen und Manipulatoren erreicht als bei rechteckigem Grundriß. Mit nur je einer Spur für die Ringlaufbrücke von Kran und Manipulator kann von beiden Geräten die gesamte Zellenfläche bestrichen werden. Die Möglichkeit der Überwachung und Steuerung der Arbeitsgänge in der Zelle von einem zentralen Kontrollraum aus bietet große betriebliche Vorteile. Die vor direkter Strahlung geschützte Lage des Stromzuführungssystems zu den Innenenden von Kran- und Manipulatorbrücke reduziert die Strahlenschädigung dieser empfindlichen Teile. Die Ausbildung des Stromkabelsystems ist bedeutend einfacher als bei rechteckigem Zellengrundriß. Der vor Direktstrahlung geschützte Bereich über der Decke des Kontrollraums kann als günstiger Abstellplatz für Krankatzen und Manipulatoren dienen.

Abb. 14.3/1 zeigt einen Horizontalschnitt durch das Hauptgeschoß der metallurgischen Aufbereitungsanlage, die mit dem Experimental Breeder Reactor No. II, bei Arco, Idaho, in einem geschlossenen Spaltstoffzyklus arbeitet; ein Vertikalschnitt durch die ringförmige Zelle ist in Abb. 14.3/2 dargestellt [18], [19]. Die Zelle hat die Form eines sechzehneckigen Ringes mit einem

Innendurchmesser von 9,0 m und einem Außendurchmesser von 19,0 m; sie wird innen und außen von 150 cm dicken Strahlenabschirmungswänden aus Barytbeton (Dichte 3,5 t/m³) umgeben. Die lichte Höhe der Zelle beträgt 6,4 m, die Decke aus gewöhnlichem Beton ist 120 cm dick. Die Zelle wird von einer Bedienungsgalerie umgeben, im Zentrum befindet sich der Steuerungsraum. Die gesamte innere Oberfläche der Ringzelle, die eine inerte Atmosphäre bestehend aus 95% Argon und 5% Stickstoff enthält, ist mit nichtrostendem Stahlblech ausgekleidet.

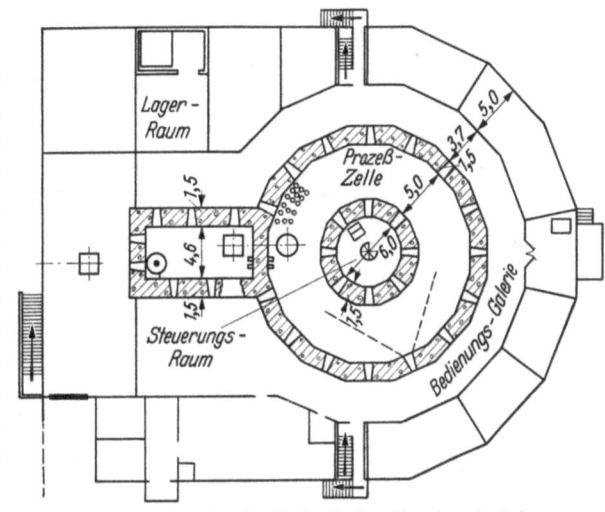

Abb. 14.3/1. Horizontalschnitt durch das Hauptgeschoß der pyrometallurgischen Aufbereitungsanlage des EBR-II (nach BERNSTEIN, GRAAE, LEVENSON u. SCHRAIDT [18])

Das Arbeiten in der Zelle erfolgt mit Hilfe von zwei 5 t-Kranen, zwei Mehrzweckmanipulatoren und vier Spezialmanipulatoren. Die beiden Kranbrücken laufen auf einer oberen Ringfahrbahn, deren innere Spur an der Zellendecke

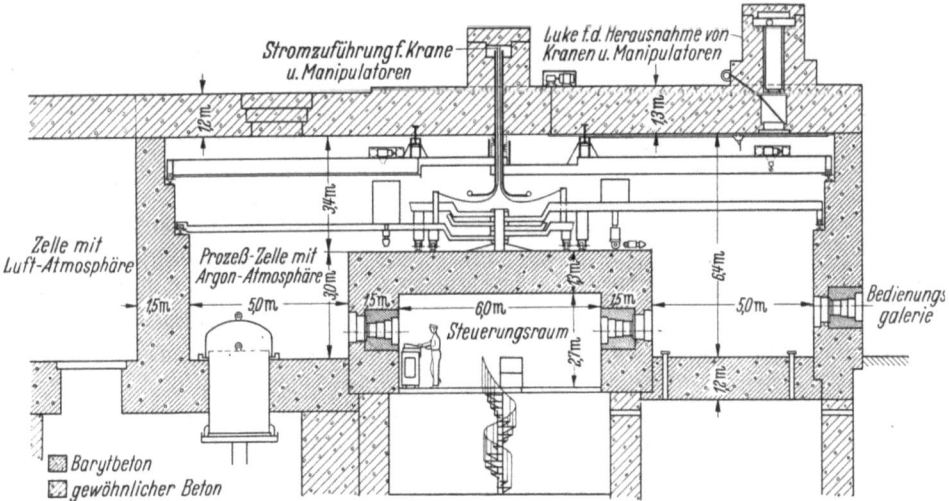

Abb. 14.3/2. Vertikalschnitt durch das pyrometallurgische Spaltstoff-Aufbereitungsanlage des EBR-II (nach LEVENSON, BERNSTEIN, GRAAE, COLEMAN, HAMPSON u. SCHRAIDT [19])

hängt. Die Stromzuführung erfolgt durch Gleitringe von einem zentralen Hängepfosten aus. Die Manipulatorbrücken laufen auf einer unteren Kreisbahn, sie drehen sich um einen zentralen Pfosten auf der Decke des Steuerungsraums. Die Bewegung von Kranen und Manipulatoren, die von jedem Beobachtungsfenster aus gesteuert werden kann, wird durch eine zentrale Kontrollstation koordiniert.

Für die Einsicht in die Ringzelle sind in die innere Abschirmungswand acht und in die äußere Wand fünfzehn stundenglasförmige Bleiglas-Abschirmungsfenster ($\varrho = 3{,}3$ g/cm^3) eingebaut, die einen weiten Gesichtswinkel gewähren (Abb. 14.3/3) [20]. Die Abmessungen von innerer und äußerer Oberfläche der 150 cm dicken Fenster sind 90×90 cm, während der Mittelteil des Fensters eine Fläche von 60×60 cm hat. Die vertikale Orientierung der Fenster ist so gewählt, daß die äußeren Fenster ihren weitesten vertikalen Gesichtswinkel nach unten haben, die inneren Fenster aber nach oben. Der Lichtdurchgang durch ein Abschirmungsfenster beträgt nur 13%, und die Straheneinwirkung verursacht eine weitere Reduzierung dieses Werts. Zur Verlängerung der Lebensdauer der Fenster sind an ihrer Innenseite 15 cm dicke Stahl-Verschlüsse angebracht, die bei Nichtbenutzung eines Fensters geschlossen werden. Die der strahlungsinduzierten Nachdunkelung am stärksten ausgesetzte innere

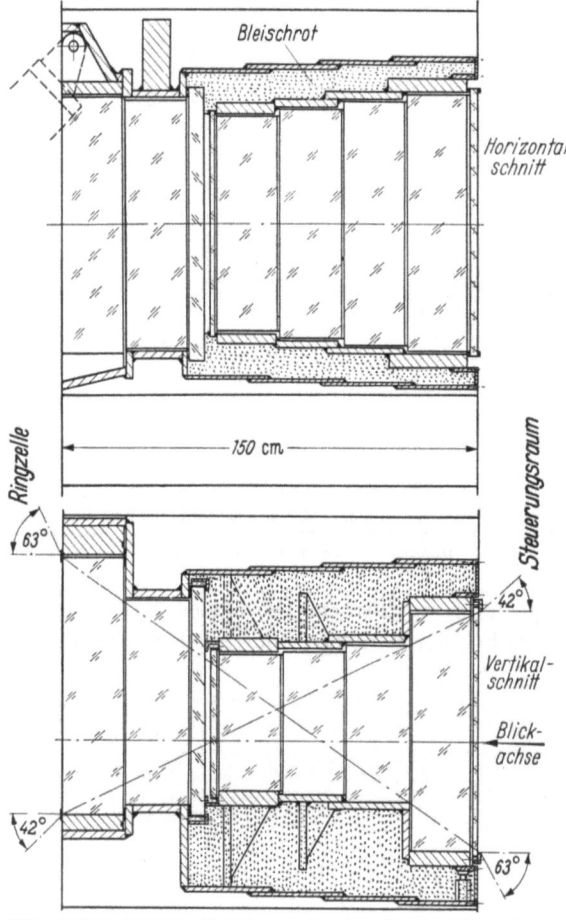

Abb. 14.3/3. Bleiglas-Abschirmungsfenster in den Ringzellen-Wänden der pyrometallurgischen Spaltstoff-Aufbereitungsanlage des EBR-II (nach BERNSTEIN, GRAAE, LEVENSON u. SCHRAIDT [18])

Glasplatte kann ausgeschwenkt und mit Hilfe eines Manipulators ausgewechselt werden. Die Zelle wird durch Natriumdampflampen beleuchtet.

In einer durch Gasschleusen mit der ringförmigen Zelle verbundenen rechteckigen Zelle (mit Luftatmosphäre) werden Vorbereitungsarbeiten und schwierigere Reparaturen an Zellenausrüstungsteilen vorgenommen, sämtliche Transporte von und nach der Ringzelle werden durch diesen Raum geschleust. Unterhalb von Ringzelle und Steuerungsraum befindet sich ein kreisförmiger Raum, in dem verschiedene Zubehör-Apparaturen untergebracht sind, von dem aus die verschiedenen Leitungen und Kabel gasdicht gekapselt in die Zelle geführt werden, und durch den der Zugang zum Steuerungsraum führt.

Literatur zu 14

[1] GLASSTONE, S.: Principles of Nuclear Reactor Engineering, S. 475. Princeton/New York/Toronto/London: D. Van Nostrand 1955

[2] LAWROSKI, S., u. W. A. RODGER: Reactor Complex Interdependence Resulting from Fuel Recycle. Advances in Nuclear Engineering Vol. I, S. 74—77. New York/London/Paris: Pergamon Press 1957

[3] ETHERINGTON, H. (Hrsgb.): Nuclear Engineering Handbook. Section 11, Article 5. 6. New York/Toronto/London: McGraw-Hill 1958

[4] LAWROSKI, S., u. H. H. HYMAN: Survey of Separation Processes for Irradiated Fuels. Progress in Nuclear Energy, Series III, Process Chemistry Vol. 1, S. 43—53. London: Pergamon Press 1956

[5] Progress in Nuclear Energy, Series III, Process Chemistry Vol. 1, Appendix III: Radioactivity of Fission Products Important in Processing, S. 380—397

[6] KETZLACH, N.: Nuclear Safety Considerations in Reactor Fuels Processing Plant Design. Advances in Nuclear Engineering Vol. I, S. 139—144. London/New York/Paris: Pergamon Press 1957

[7] KETZLACH, N.: Nuclear Safety Considerations in the Handling and Storage of Reactor Fuels. Nuclear Engineering and Science Conference, Chicago, 17.—21. März 1958, Preprint 29

[8] SCHWENNESEN, J. L.: Nuclear Fuel Processing Plants; a Survey of Design and Operational Practices. Second United Nations International Conference on the Peaceful Uses of Atomic Energy, Genf, 1.—13. September 1958, Paper No. A/CONF. 15/P/514

[9] ROHRMAN, C. A.: Process Engineering Problems in the Hanford Separations Plants. Mechanical Engineering Vol. 79 (Juli 1957) No. 7, S. 634—638

[10] United States Atomic Energy Commission: Chemical Processing and Equipment New York/Toronto/London: McGraw-Hill 1955

[11] LEMON, R. B., u. D. G. REID: Experience with a Direct Maintenance Radiochemical Processing Plant. Proceedings of the International Conference on the Peaceful Uses of Atomic Energy Vol. 9, Reactor Technology and Chemical Processing, S. 532—545. New York: United Nations 1956

[12] KENNEDY, K. K., u. D. G. REID: Radiochemical Plant Design Philosophy for Direct Maintenance. Reactor Operational Problems, Selected Papers from the 1st Nuclear Engineering and Science Congress Held under the Auspices of the Engineers' Joint Council at Cleveland Vol. II, S. 96—101. New York/London/Paris: Pergamon Press 1957

[13] BRUCE, F. R., E. M. SHANK, R. E. BROOKSBANK, J. R. PARROTT u. G. S. SADOWSKI: Operating Experience with two Direct-Maintenance Radiochemical Pilot Plants. Second United Nations International Conference on the Peaceful Uses of Atomic Energy, Genf, 1.—13. September 1958, Paper No. A/CONF. 15/P/536

[14] LA VELLE, E. B., u. J. M. FOX, JR.: Maintenance Welding and Cutting Operations on Radioactive Process Equipment. The Welding Journal Vol. 34 (1955) No. 8, S. 731 bis 740

[15] BASEL, L., u. J. KOSLOV: Conceptual Design of Pyrometallurgical Reprocessing Plant. Advances in Nuclear Engineering Vol. I, S. 176—186. New York/London/Paris: Pergamon Press 1957

[16] KOSLOV, J., u. C. M. LADD: Conceptual Design of Remote Fabrication Plant. ibid., S. 187—197

[17] BASEL, L., u. J. KOSLOV: Design and Cost Estimate for a Pyrometallurgical Reprocessing Plant. Nucleonics Vol. 15 (1957) No. 8, S. 56—60

[18] BERNSTEIN, G. J., J. E. A. GRAAE, M. LEVENSON u. J. H. SCHRAIDT: Design for a Remotely Operated Facility for High Temperature Processing of Spent Reactor Fuel. Proceedings of the Sixth Hot Laboratories and Equipment Conference, Chicago, 19.—21. März 1958, S. 39—53

[19] LEVENSON, M., G. BERNSTEIN, J. GRAAE, L. F. COLEMAN, D. C. HAMPSON u. J. H. SCHRAIDT: The Pyrometallurgical Process and Plant for EBR II. Second United Nations International Conference on the Peaceful Uses of Atomic Energy, Genf, 1.—13. September 1958, Paper No. A/CONF. 15/T/541

[20] FERGUSON, K. R., u. L. M. SAFRANSKI: Shielding Window Design for the EBR-II Process Building. In Sixth Hot Laboratories and Equipment Conference, Chicago, 19.—21. März 1958, S. 160—167, TID-7556, April 1959

15. Entwurf technischer und medizinischer Gamma-Bestrahlungsanlagen

Die Möglichkeiten der technischen Anwendung der ionisierenden Wirkungen von Gammastrahlung auf Stoffe und der Ausnutzung des Schwächungseffekts beim Durchgang der Strahlung durch Materie sind außerordentlich vielfältig [1], [2]. Von besonderem industriellen Interesse ist die Gamma-Bestrahlung von hochpolymeren Stoffen zur Herbeiführung strahlenchemischer Umwandlungen, die Bestrahlung von Nahrungsmitteln und Medikamenten zur Kaltsterilisierung und Verbesserung der Lagerfähigkeit (Abtötung von Mikroorganismen und Insekten, Keimungsverhütung bei Kartoffeln) und die Röntgen- oder Gamma-Durchstrahlung von Werkstücken und Bauteilen zum Zwecke des zerstörungsfreien Nachweises makroskopischer Fehler [3]. In der Medizin hat die Verwendung starker geschlossener Gammastrahlenquellen als Teletherapie-Einheiten [4] für die Behandlung tiefsitzender Krebsgeschwülste eine weite Verbreitung gefunden. (In der Defektoskopie und der Therapie werden die Röntgenapparaturen durch die einfacheren und zweckmäßigeren γ-Strahleneinrichtungen verdrängt.)

Der Entwurf industrieller Groß-Bestrahlungsanlagen ist eine weitgehend individuelle Aufgabe, entsprechend den jeweiligen technologischen Bedingungen. Eine Anzahl von Musterentwürfen für Nahrungsmittel-Bestrahlungsanlagen, bei denen möglichst geringe Baukosten angestrebt wurden, ist im Engineering Research Institute der University of Michigan ausgearbeitet worden [7], [8], [9]. Der Entwurf von defektoskopischen und therapeutischen Röntgen- oder Gammastrahlenanlagen gestaltet sich entsprechend der geringen Verschiedenheit der Betriebsanforderungen im wesentlichen einheitlich. Da derartige Anlagen gewöhnlich in Industriegebäuden bzw. Kliniken eingerichtet werden, die ursprünglich nicht für die Durchführung von Arbeiten bzw. Behandlungen mit harten Strahlenquellen entworfen sind, kann der Einbau der erforderlichen Strahlenabschirmung unter Umständen Schwierigkeiten bereiten. Die Gesichtspunkte für den Entwurf defektoskopischer und therapeutischer Strahlenanlagen sind in Normenvorschriften [10], [11], [12], [13] niedergelegt und in den Werken [14], [15], [16] ausführlich behandelt.

15.1 Industrielle Gamma-Bestrahlungsanlagen

15.11 Kobalt 60-Speicher- und Bestrahlungsanlage

Die Radioisotopenabteilung des Oak Ridge National Laboratory stellt durch Reaktorbestrahlung von kleinen Kobaltkugeln große Mengen von Co^{60} her. Die 5,3 Jahre betragende Halbwertzeit von Co^{60} gestattet eine Speicherung, die es ermöglicht, die Herstellung unabhängig von der Nachfrage durchzuführen. Um die von dem gespeicherten Co^{60} abgegebene γ-Strahlung zu Bestrahlungszwecken zu nutzen, wurde eine kombinierte Speicher- und Bestrahlungsanlage mit einer Kapazität von 300000 Curie und den Abmessungen $1,8 \times 1,8 \times 2,6$ m gebaut (Abb. 15.1/1) [5]. Die Anlage besteht aus 92 nichtrostenden Stahlrohren von 32 mm Innendurchmesser, die um einen Schaft mit quadratischem Querschnitt von 30 cm Seitenlänge gruppiert sind und deren untere 30 cm in einen freien Raum hineinreichen. Der in den Schaft eingeführte Pflock hat einen Querschnitt von 30 × 30 cm und eine Länge von 2,3 m. Nahe dem unteren Ende befindet sich der 30 cm hohe Bestrahlungskäfig mit Wandseiten aus nichtrostendem Drahtnetz und einer 22 × 22 cm großen Tür. Ein Bleiwürfel mit

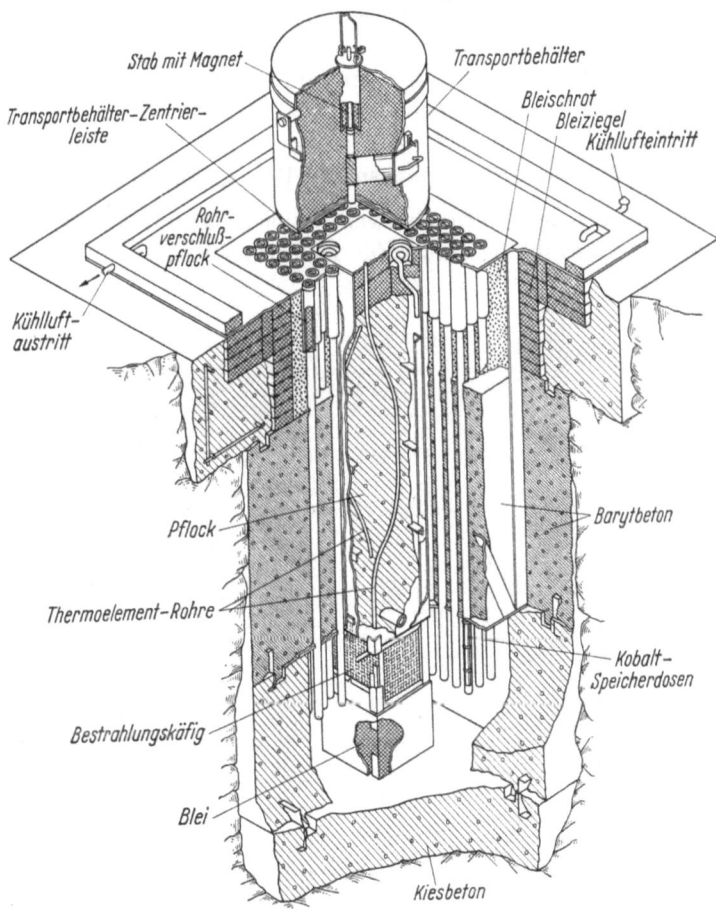

Abb. 15.1/1. Perspektivischer Schnitt der Kobalt 60-Speicher- und -Bestrahlungsanlage (nach EARLY [5])

30 cm Kantenlänge, der den unteren Abschluß des Pflockes bildet, dient zur Abschirmung der Strahlung, wenn der Pflock zum Laden oder Entladen des Bestrahlungskäfigs gehoben wird.

Die Strahlenabschirmungswände der Speicheranlage bestehen aus Barytbeton und Blei. Die Verschlußpflöcke der Speicherrohre sind mit Blei gefüllte Rohre aus nichtrostendem Stahl. Die Speicherdosen für die Co^{60}-Kügelchen sind Aluminiumrohre von 31 mm Durchmesser und 100 mm Länge mit Schraubverschlüssen aus chromplattiertem Stahl, die ihre Handhabung mit Hilfe eines Magneten erlauben. Diese Dosen werden in einer heißen Zelle gefüllt und in einem zylindrischen Transportbehälter vom Boden-Entladetyp mit 30 cm dicker Bleiwand eingebracht. Der Transportbehälter ist mit einem Schubfach ausgerüstet, das bei Laden oder Entladen über die Speicheranlage gezogen wird, sowie mit einem oberen Verschlußpflock, der einen zylindrischen Permanentmagneten mit einer zentrischen Bohrung enthält. An den Magneten wird ein 2,4 m langer Bedienungsstab angeschlossen, durch dessen zentrische Bohrung ein Ejektorstab zum Abstoßen der Dosen vom Magneten läuft. Das Aufstellen des Transportbehälters über einem Speicherrohr geschieht mit Hilfe einer kreisförmigen Zentrierplatte, die zur Einführung in das jeweilige Speicherrohr in der Mitte einen kurzen Rohrstutzen besitzt und die einen nach oben vorstehenden Rand hat, in den der Transportbehälter paßt.

15.12 Kobalt 60-Nahrungsmittel-Bestrahlungsanlage

Abb. 15.1/2 zeigt einen vom Brookhaven National Laboratory ausgearbeiteten Entwurf für eine Bestrahlungsanlage für Nahrungsmittelsterilisierung [6]. Als

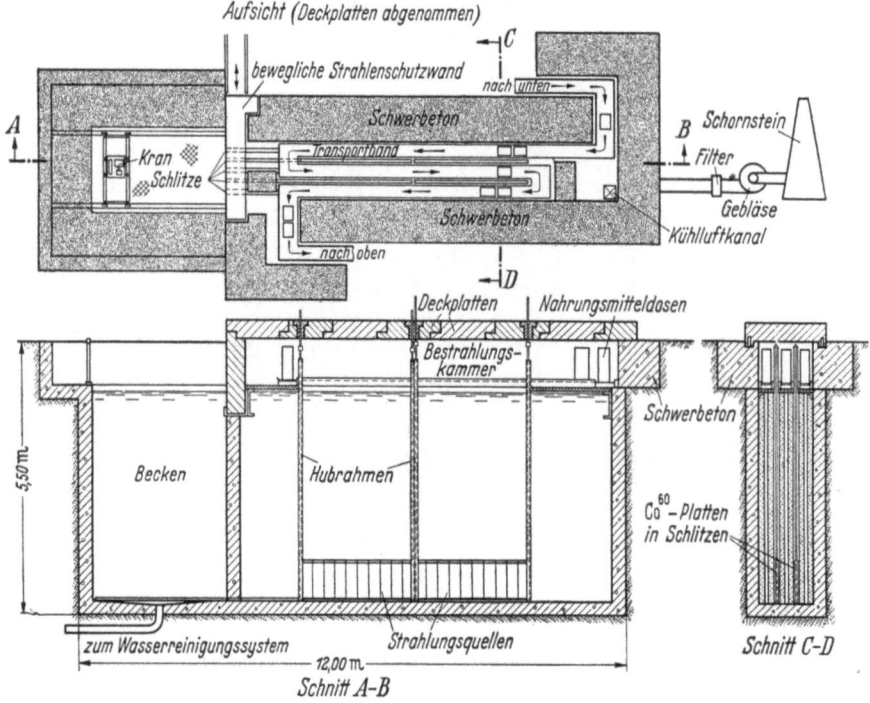

Abb. 15.1/2. Co^{60}-Nahrungsmittel-Bestrahlungsanlage (nach MANOWITZ, KUHL u. GALANTER [6])

Strahlenquellen werden zu Platten zusammengestellte Kobalt 60-Blechstreifen mit einer Gesamtaktivität von $1{,}86 \cdot 10^6$ Curie verwendet, an denen die zu bestrahlenden eingedosten Lebensmittel vorbeigeführt werden. Die Anlage ist für eine Bestrahlungsleistung von 1400 kg Nahrungsmittel je Stunde bei einer Mindest-Gesamtdosis von $2 \cdot 10^6$ rep entworfen. Sie kann kontinuierlich betrieben werden und gewährleistet einen maximalen Grad an Betriebssicherheit.

Die Bestrahlungsanlage ist unterirdisch angeordnet, um die Dicke der Wände gering halten zu können. Sie besteht aus einer mit verschiebbaren Deckplatten abgeschirmten Bestrahlungskammer mit einer Anzahl darunterliegender wassergefüllter Schlitze und einem anschließenden Wasserbecken.

In dem Wasserbecken erfolgt die Herausnahme der Blechstreifen aus den Transportbehältern, das Einsetzen in die plattenförmigen Gestelle, die danach dicht geschlossen und am unteren Ende der Hubrahmen angebracht werden. Die Hubrahmen werden in zwei der wassergefüllten Schlitze eingeschoben. Zur Durchführung von Bestrahlungen werden sie gehoben, so daß die Strahlenquellen in die Bestrahlungskammer eintreten. Solange sich aber nicht sämtliche Strahlenschutz-Deckplatten an Ort und Stelle befinden, ist der Hubmechanismus blockiert; wenn sich andererseits die Strahlenquellen in der Bestrahlungskammer befinden, sind die Abdeckplatten an ihren Stellen verschlossen.

15.13 Spaltprodukt-Kartoffelbestrahlungsanlage

Abb. 15.1/3a und b zeigen einen vom Engineering Research Institute der University of Michigan ausgearbeiteten Entwurf für eine oberirdisch angeordnete

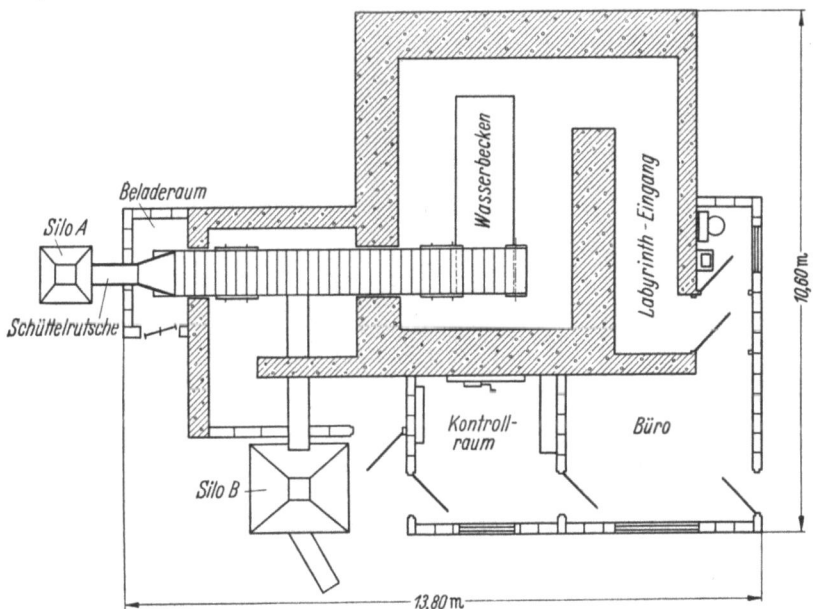

Abb. 15.1/3a u. b. Spaltprodukt-Kartoffelbestrahlungsanlage (nach BROWNELL, NEHEMIAS u. BULMER [7])
Abb. 15.1/3a. Grundriß

Anlage für die γ-Bestrahlung von Kartoffeln (Keimungsverhütung), die zwei aus dem Reaktor entnommene hochaktive Spaltstoffelemente als Strahlenquellen verwendet [7]. Die Anlage ist für eine Bestrahlungsleistung von 14 t Kartoffeln je Stunde bei einer Mindest-Gesamtdosis von $1 \cdot 10^4$ rep entworfen. Da die Radioaktivität der Spaltstoffelemente rapide absinkt, müssen sie etwa alle zwei Monate ausgewechselt werden. Während dieser Periode kann das Nachlassen der Stärke des Strahlungsfeldes durch Herabsetzen der Förderbandgeschwindigkeit kompensiert werden.

Die Kartoffeln werden in den Silo A geschüttet, von wo sie durch eine Schüttelrutsche im Beladeraum auf das Eimerketten-Transportband geschüttet werden. Durch eine Öffnung in der äußeren Abschirmungswand läuft die Eimerkette in einen Vorraum, in dem sie vertikal aufsteigt, dann läuft sie durch einen schmalen Schlitz in der inneren Abschirmungswand in die Bestrahlungskammer ein und wird in zwei Durchgängen an den Strahlenquellen vorbeigeführt. Die auslaufende Eimerkette wird durch einen Kamm in eine Schüttelrutsche entladen, die sich in den Silo B entleert.

Die Spaltstoffelemente werden in einem Bleibehälter von 100 cm Durchmesser transportiert, der durch den Labyrintheingang in die Bestrahlungskammer gefahren wird. Das Auswechseln der Strahlenquellen erfolgt in einem wassergefüllten Brunnen. Die im Kontrollraum befindliche Winde für das Heben

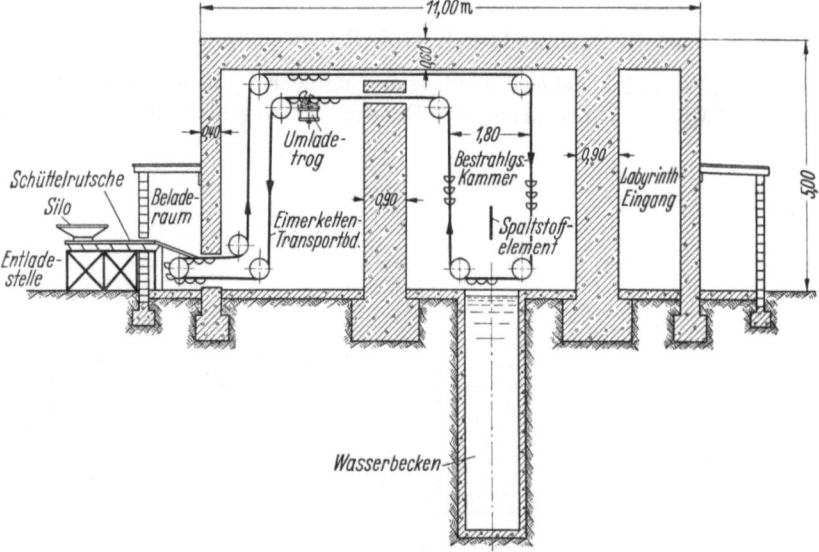

Abb. 15.1/3 b. Längsschnitt

und Senken der Spaltstoffelemente ist mit der Tür zur Bestrahlungskammer gekoppelt: bei gehobener Strahlenquelle ist der Eintritt gesperrt. Die Streustrahlung wird durch das Labyrinth bis auf zulässige Werte an der Tür abgeschwächt.

15.2 Defektoskopische und therapeutische Gammastrahlenanlagen
15.21 Allgemeine Entwurfsgesichtspunkte

Bei stationären radiographischen Einrichtungen wird in der Regel mit starrer Orientierung des Nutzstrahlenbündels gearbeitet, so daß sich die Abschirmung der harten Direktstrahlung auf eine kleine Fläche beschränken kann. In der Therapie wird in zunehmendem Maße die Bewegungsbestrahlung angewendet, so daß größere Flächen gegen Direktstrahlung abgeschirmt werden müssen. Außer der örtlich begrenzten Abschirmung des harten Nutzstrahlenbündels sind Wände, Fußböden und Decken von Strahlenräumen in ihrer ganzen Ausdehnung so zu bemessen, daß sie die Streustrahlung bei allen praktisch möglichen Betriebsbedingungen hinreichend abschwächen. Stationäre radiographische Anlagen und Tiefentherapie-Einrichtungen müssen einen getrennten, ausreichend abgeschirmten Bedienungsraum besitzen.

Die Unterbringung einer Anlage für Radiographie oder Strahlentherapie in einem bestehenden Gebäude, das nicht speziell für Arbeiten mit harten Strahlen geplant ist, erfordert oft erhebliche bauliche Aufwendungen für die Strahlenabschirmung. Mit Rücksicht auf die Wirtschaftlichkeit wird man die Anordnung der Strahleneinrichtung nach Möglichkeit so wählen, daß die Nutzstrahlung nicht auf Räume gerichtet ist, in denen sich ständig Personen aufhalten. Soweit mit lang dauerndem Aufenthalt von Personen in horizontal oder vertikal angrenzenden Räumen nicht zu rechnen ist, wie z. B. im Freien, in Korridoren, in Lager- oder Kellerräumen, können die Abschirmungserfordernisse herabgesetzt werden. Da die Abschirmung der Strahlung in vertikaler Richtung wesentliche Schwierigkeiten bereiten kann, ist der Wahl der Lage des Strahlenraumes im Gebäude besondere Aufmerksamkeit zu schenken. Am günstigsten ist die Unterbringung der Strahleneinrichtung im Kellergeschoß oder im Erdgeschoß, wenn darunter keine Kellerräume vorhanden sind, zu denen häufiger Zutritt erfolgt. Entsprechend bleiben die Abschirmungserfordernisse für die Decke des Strahlenraumes ein Minimum, wenn darüber Lagerräume eingerichtet werden, zu denen der Zutritt mit den Arbeitspausen der Strahlenanlage koordiniert wird. Eine Abschirmungsüberdeckung des Strahlenraumes kann aber in diesem Falle notwendig sein, um den im

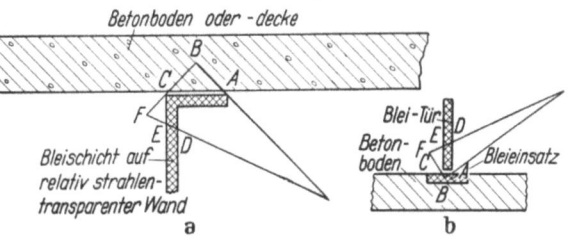

Abb. 15.2/1
a) Ausbildung eines Wandanschlusses; b) Ausbildung eines Türanschlages mit Bleischwelle [Alternativkonstruktion entsprechend a)] (nach National Bureau of Standards [12])

übernächsten Stockwerk darüberliegenden Raum zu schützen. Außerdem ist zu beachten, daß auch die Räume im nächsten und übernächsten Stockwerk, die sich neben den direkt über dem Strahlenraum liegenden Räumen befinden, eine bedeutende, schräg einfallende Streustrahlungsdosis erhalten können.

Die Verwendung von Blei ist bei geringen Röntgenröhrenspannungen, wie sie in diagnostischen Einrichtungen verwendet werden, zur Abschirmung der Direktstrahlung angebracht. Für die Abschirmung von hochenergetischen Röntgenanlagen und von Gammastrahleneinrichtungen ist die Verwendung von Blei nur in Bereichen, die von Streustrahlung mit niedriger Energie getroffen werden, zweckmäßig. In vielen Fällen ist gewöhnlicher Beton oder Schwerbeton das geeignete Abschirmungsmaterial; für Überdeckungen kommen auch gußeiserne Platten in Frage.

Die Abschirmungswirksamkeit von Türen und Beobachtungsfenstern in der Wand zwischen Strahlen- und Bedienungsraum muß der der Wand entsprechen. Anschlußstellen zwischen verschiedenen Abschirmungsmaterialien sind einwandfrei gegen Strahlendurchgang „abzudichten". Abb. 15.2/1a zeigt die Ausbildung der Bleiverkleidung einer Wand aus einem Material von verhältnismäßig geringer Dichte an der Anschlußstelle zur Decke [12]. Die Summe des auf den Wegen $ABCF$ und DEF zum Punkt F gelangten Strahlung darf die höchstzulässige Dosis nicht übersteigen. In Abb. 15.2/1b ist eine entsprechende Ausbildung für

Türrahmen bzw. Türkanten dargestellt. Jegliche Schwächung einer Abschirmung durch in Wänden verlegte Rohre, Ventilationskanäle usw., muß durch örtliche Zufügung von Abschirmungsmaterial kompensiert werden. Die Notwendigkeit der Verwendung schwerer Türkonstruktionen kann durch Anordnung eines Labyrinths aus Betonwänden umgangen werden. Zur Absorption der mehrfach gestreuten Strahlung genügt dann eine Verkleidung der Tür mit einer wenige Millimeter dicken Bleischicht.

15.22 Anlage für Gammastrahlen-Defektoskopie

In Abb. 15.2/2 ist der Grundriß einer Anlage für die radiographische Prüfung von Werkstücken dargestellt, in der mit zwei Kobalt 60-Strahlenquellen in getrennten Räumen gearbeitet wird [15]. Die Abschirmungs-Zwischenwand gestattet den Zutritt zu einem der Räume bei Betrieb der Strahlenquelle im anderen Raum. Die Leitstände beider Strahleneinrichtungen sind zusammengefaßt in einem Vorraum untergebracht. Die Türöffnungen werden durch eine vorgelagerte Betonwand vor Direktstrahlung bzw. einfach gestreuter Strahlung geschützt. Der Raum des zugehörigen Fotolabors, das aus arbeitstechnischen Gründen nicht außerhalb des defektoskopischen Laboratoriums angeordnet wird, ist wegen der Gefahr der Schwärzung der aufbewahrten Röntgenfilme bereits bei unterhalb der biologisch höchstzulässigen Werte liegenden Strahlendosen der strahlenempfindlichste Bereich der Anlage.

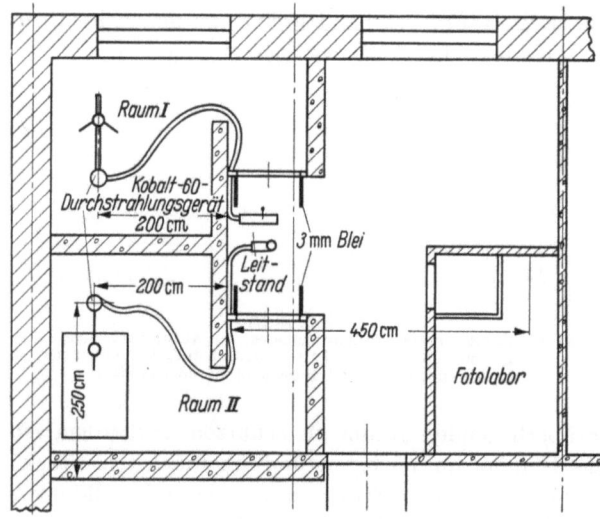

Abb. 15.2/2. Grundriß eines Laboratoriums für γ-Defektoskopie (nach BIBERGAL, MARGULIS u. WOROBJOW [15], S. 202)

15.23 Anlagen für Gammastrahlen-Therapie

15.231 Kobaltkanone mit starr gerichtetem Nutzstrahlenbündel

Abb. 15.2/3 zeigt den Grundriß eines Teletherapie-Raumes, in dem Tiefenbestrahlungen mit einer Kobaltkanone von 400 Curie Stärke mit starr nach unten gerichtetem Nutzstrahlenbündel durchgeführt werden [15]. Wände und Decke des Therapieraumes brauchen nur für die Abschirmung der gestreuten Strahlung bemessen werden. (Für die Abschirmung der Direktstrahlung einer Strahlenquelle dieser Stärke wäre eine etwa 1 m dicke Schicht normalen Betons erforderlich.) Der zwischen Therapieraum und Leitstand angeordnete Labyrinthzugang muß eine für den Durchgang des Rollbettes mit dem Patienten ausreichende Breite haben.

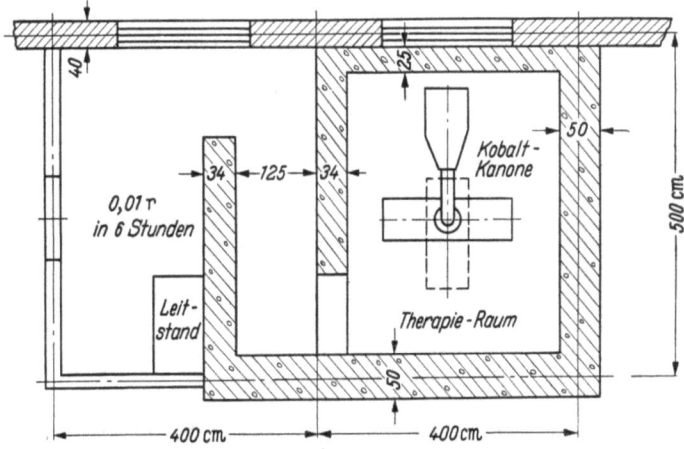

Abb. 15.2/3. Grundriß eines Strahlentherapie-Raumes (starr nach unten gerichtetes Nutzstrahlenbündel (nach BIBERGAL, MARGULIS u. WOROBJOW [15], S. 208)

15.232 Kobaltkanone mit um 360° rotierendem Nutzstrahlenbündel

Abb. 15.2/4 zeigt einen typischen Grundriß eines Teletherapie-Raumes, in dem eine Kobaltkanone von 2000 Curie vom Typ „Orbitron" mit um 360° rotierendem Nutzstrahlenbündel installiert ist [17]. (Die nicht in dem Rotationsstreifen des Nutzstrahlenbündels liegenden Wandabschnitte sind überbemessen.) Das Orbitron arbeitet mit einer in einem Ringjoch rotierenden Kobaltkanone; es ist eine der anpassungsfähigsten und kompaktesten Einrichtungen für Bewegungsbestrahlung.

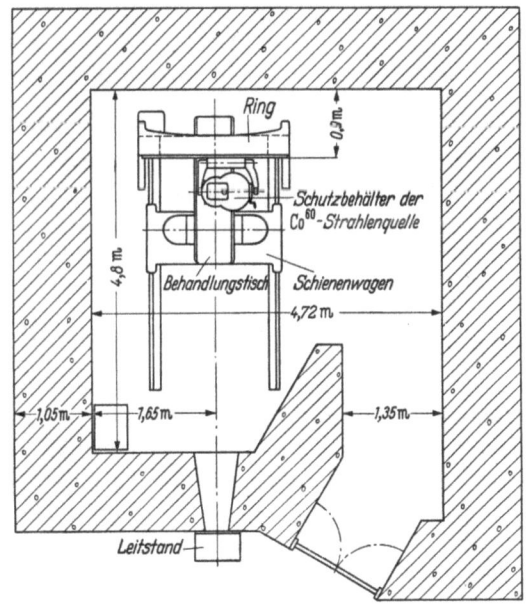

Abb. 15.2/4. Typischer Grundriß eines Orbitron-Teletherapieraumes (nach Newton Victor Ltd. [17])

Literatur zu 15

[1] Stanford Research Institute: Industrial Uses of Fission Products. Project 361. AECU-1673, 1951
[2] BRODA, E., u. T. SCHÖNFELD: Die technischen Anwendungen der Radioaktivität. Berlin: VEB Verlag Technik; München: Porta Verlag 1956

[3] BERTHOLD, R., O. VAUPEL u. F. FÖRSTER: Zerstörungsfreie Werkstoffprüfung. In E. SIEBEL (Hrsgb.): Handbuch der Werkstoffprüfung, Bd. I. Berlin/Göttingen/Heidelberg: Springer 1958

[4] BRUCER, M.: Teletherapy Devices with Radioactive Isotopes. TID-8007, März 1956

[5] EARLY, B. F.: Cobalt-60 Storage Garden and Irradiation Facility. Proceedings of the Fifth Hot Laboratories and Equipment Conference, Philadelphia, 14.—15. März 1957, S. 148—152

[6] MANOWITZ, B., O. A. KUHL u. L. GALANTER: A Megacurie Cobalt-60 Food Irradiator. 2nd Nuclear Engineering and Science Conference, Philadelphia, 11.—14. März 1957, Paper No. 57-NESC-86

[7] BROWNELL, L. E., J. V. NEHEMIAS u. J. J. BULMER: Designs for Potatoe Irradiation Facilities. AECU-3184, November 1954

[8] BROWNELL, L. E., J. J. BULMER u. J. V. NEHEMIAS: Facility Design Utilizing Gamma Radiation for Meat Pasteurization. TID-8002, Januar 1956

[9] BROWNELL, L. E., J. V. NEHEMIAS u. J. J. BULMER: Plan einer Gammabestrahlungsanlage zur Verhinderung des Insektenbefalls von Getreide, Mehl und Futtermitteln. Atompraxis Bd. 2 (1956) S. 225—233

[10] GRAF, H., u. A. SCHAAL: Erläuterungen zu den Strahlenschutznormen für medizinische Röntgeneinrichtungen, -anlagen und Röntgenschutzkleidung; DIN 6811, 6812 und 6813. Stuttgart: Thieme 1955

[11] National Bureau of Standards Handbook 50: X-Ray Protection Design, 9. Mai 1952

[12] National Bureau of Standards Handbook 60: X-Ray Protection, 1. Dezember 1955

[13] National Bureau of Standards Handbook 54: Protection Against Radiations from Radium, Cobalt-60, and Cesium-137, 1. September 1954

[14] SCOTT, W. G. (Hrsgb.): Planning Guide for Radiologic Installations. Chicago: The Year Book Publishers 1953

[15] BIBERGAL, A. W., U. J. MARGULIS u. E. I. WOROBJOW: Schutz vor Röntgen- und Gammastrahlen (russisch). Moskau: Staatsverlag für medizinische Literatur (Medgiz) 1955

[16] BRAESTRUP, C. B., u. H. O. WYCKOFF: Radiation Protection. Springfield, Ill.: Charles C. Thomas 1958

[17] Newton Victor Ltd., X-Ray Department of Metropolitan-Vickers Electrical Company Ltd.: The Orbitron Cobalt Therapy Equipment. Prospect SP 7165/101, London 1957

[18] TURANO, L.: Il Centro radioisotopi ed alte energie dell'Istituto di Radiologia dell'Università di Roma. La Ricera Scientifica Vol. 28 (1958) No. 2, S. 241—274

16. Abschirmung von Teilchenbeschleunigern

Die Berechnung der Abschirmung von Teilchenbeschleunigern im Hochenergie-Bereich (s. Abschn. 5.52) gilt gegenwärtig noch mehr für eine Kunst als für eine Wissenschaft. Die folgenden Abschnitte beschränken sich nach allgemeinen Erläuterungen der Konstruktionsprinzipevon Beschleunigungsmaschinen und ihrer Abschirmung auf die Behandlung rein konstruktiver Fragen des Entwurfs von Abschirmungskonstruktionen anhand der Beschreibung einiger ausgeführter Anlagen.

16.1 Allgemeines

16.11 Konstruktionsprinzipe von Teilchenbeschleunigern

Teilchenbeschleuniger [1], [2], [3] werden hauptsächlich als Forschungsgeräte für die experimentelle Kern- und Elementarteilchen-Physik gebaut, sie werden daneben auch zur Radioisotopen-Produktion, für Lebensmittelsterilisierung, Radiographie und Strahlentherapie verwendet. Elektronen und Protonen sind die am häufigsten für die Beschleunigung verwendeten Partikel. Im Prinzip kann jedes geladene Teilchen beschleunigt werden; durch die Kapazität der Ionenquellen und das Verhältnis von Ladung zu Masse sind jedoch Grenzen gesetzt.

Die einfachste Beschleunigungsmethode besteht darin, daß man elektrisch geladene Teilchen (Elektronen, Protonen, Deuteronen, α-Partikel) im Vakuum eine elektrische Hochspannung durchlaufen läßt (COCKCROFT-WALTON-Generator; VAN DE GRAAFF-Generator). Durch die erzielbare Spannung ist der Einfachbeschleunigung bei etwa 10 MeV eine Grenze gesetzt. Um über diese Grenze hinauszugelangen, verwendet man die Vielfachbeschleunigung: Die Teilchen durchlaufen mehrmals eine geringere Spannung; durch Summation ergeben sich große Werte. Die Anlagen der Vielfachbeschleunigung können sowohl geradlinig als auch kreisförmig sein.

Linearbeschleuniger für hohe Energien werden sehr lang; die Länge wird bei kreisförmigen Vielfachbeschleunigern vermieden. In ihnen werden die Teilchen durch ein Magnetfeld gezwungen, auf einer Spiral- oder Kreisbahn zu laufen. Der einfachste zyklische Vielfachbeschleuniger, das Zyklotron (Beschleunigung von Protonen, Deuteronen oder α-Partikeln), beschleunigt Partikel auf zunehmendem Radius in einem zeitlich konstanten zylindrischen Magnetfeld bei fester Frequenz der Wechselspannung. Die obere Begrenzung der Protonenenergie — etwa 50 MeV — ist durch die Bedingung gegeben, daß die relativistische Massenzunahme hinreichend gering bleiben muß, damit die Teilchen nicht außer Takt kommen. — Das Betatron beschleunigt Elektronen auf konstantem Radius in einem als Funktion der Zeit zunehmenden Magnetfeld; die maximale Beschleunigungsenergie liegt bei 300 MeV. Maschinen im 20 MeV-Bereich befinden sich im Handel.

Dem Außertaktkommen der an Masse zunehmenden Teilchen im Zyklotron wird durch Anpassung der Frequenz der Beschleunigungsspannung an die sich ändernde Umlauffrequenz begegnet. Derartige frequenzmodulierte Zyklotrone werden als Synchrozyklotrone bezeichnet, ihre praktische Energiegrenze liegt bei 1000 MeV. — Das Elektronensynchrotron beschleunigt Elektronen auf konstantem Radius in einem stärker werdenden, ringförmigen Magnetfeld bei fester Spannungsfrequenz; die maximale Beschleunigungsenergie liegt bei 300 MeV.

Die Synchrozyklotrone brauchen sehr große Magnete, da sie ein konstantes Magnetfeld über die gesamte Fläche der Spirale, die die Teilchen vom Mittelpunkt bis zur Endbahn durchlaufen (einige Meter Durchmesser), erzeugen müssen. Wenn man die Teilchen keine Spiralbahn, sondern einen Kreis durchlaufen läßt, braucht kein durchgehendes zylindrisches Magnetfeld erzeugt zu werden, sondern nur ein schmales kreisringförmiges. In diesem Falle müssen die Teilchen vorbeschleunigt werden, bevor sie in die kreisringförmige Beschleunigungskammer eintreten, weiterhin muß hier auch das magnetische Leitfeld allmählich vergrößert werden, so daß es die Teilchen trotz immer höherer Energie stets auf die gleiche Kreisbahn zwingt. Eine solche Maschine, in der sowohl die beschleunigende Wechselspannung frequenzmoduliert als auch das Magnetfeld zeitlich variabel ist, heißt Protonsynchrotron; die praktische Energiegrenze derartiger Maschinen liegt bei 10 GeV. — Die Konstruktion des Elektronen-Racetrack, mit dem Elektronen bis zu mehreren GeV beschleunigt werden können, entspricht der des Protonsynchrotrons; die Frequenzmodulation ist jedoch weit geringer.

Die Energiegrenze von 10 GeV für Protonsynchrotrone „üblicher" Bauart ist durch die Magnetgröße gesetzt. Die erzielbare Beschleunigungsenergie ist dem Radius der Maschine proportional, das erforderliche Magnetgewicht nimmt aber mit der dritten Potenz des Radius zu. Das Magnetgewicht des 10 GeV-Protonsynchrotrons des Kernforschungszentrums der UdSSR beträgt 36000 t bei einem Magnetringdurchmesser von 60 m. Bei Anwendung eines alternierenden Gradienten des Magnetfelds können die Magnetquerschnitte klein gehalten werden, womit die Möglichkeit des Baues von Maschinen mit noch größerer Beschleunigungsenergie gegeben ist. Das 25 GeV-A. G. Protonsynchrotron des europäischen Kernforschungszentrums hat bei einem Durchmesser des magnetischen Führungsfelds von 200 m ein Magnetgewicht von 3200 t. Abb. 16.1/1 zeigt die Größenverhältnisse der Magnete von Synchrozyklotronen, Protonsynchrotronen und A. G-Protonsynchrotronen [4]. Man beachte die extreme Schmalheit der Magnetringe der A. G.-Beschleuniger. Der Beschleunigungsenergie der Protonsynchrotrone mit alternierendem Gradienten des Magnetfelds ist durch die extrem hohen Stabilitätsanforderungen, denen das Magnetring-Fundament genügen muß, eine Grenze gesetzt. Der Entwurf der Abschirmung hat einen großen Einfluß auf die Fundamentstabilität.

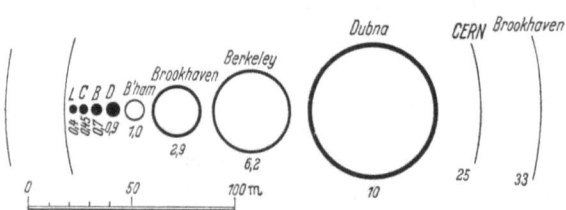

Abb. 16.1/1. Effektive Magnetflächen von Synchrozyklotronen (Liverpool, Chicago, Berkeley, Dubna) im Vergleich mit denen von im Betrieb oder im Bau befindlichen Protonsynchrotronen. Die Zahlen bezeichnen die Protonenenergie in GeV (nach MOON [4])

16.12 Allgemeine Erläuterung des Abschirmungsproblems

Die Gestaltung der Abschirmung von Einfachbeschleunigern und von in der Industrie und der medizinischen Radiologie verwendeten Betatronen gründet sich auf die gleichen Gesichtspunkte wie die Abschirmung technischer und medizinischer γ-Strahlenanlagen. Abb. 16.1/2 zeigt eine typische Abschirmungskonstruktion für einen VAN DE GRAAFF-Generator [5].

Hochenergie-Beschleuniger sind reine Forschungswerkzeuge. Eines der Hauptprobleme beim Entwurf der Abschirmung für diese Maschinen stellt die, im Vergleich mit Reaktoren und industriell und medizinisch verwendeten Partikelbeschleunigern, große Variabilität der Betriebsbedingungen dar, was eine flexible Gestaltung der Abschirmungskonstruktion erfordert. Beim Entwurf der Abschirmung müssen auch die Entwicklungstendenzen des Experimentierprogramms und der Experimentierausrüstung sowie mögliche Intensitätssteigerungen des Beschleunigers berücksichtigt werden [6]. Die Geschichte des Synchrozyklotrons des Strahlungslaboratoriums der University of California [7] soll zur Illustrierung des letzteren Punktes dienen: Im Jahre 1946 beschleunigte die Maschine Deuteronen auf 190 MeV, die beim Auftreffen auf ein Target ein konisches Neutronenbündel mit einer mittleren Energie von 90 MeV erzeugten. Die Abschirmungswände aus gewöhnlichem Beton hatten eine Dicke von 150 cm, die Dicke der Decke aus gewöhnlichem Beton betrug 60 cm. Eine Erhöhung der Leistung des Synchrozyklotrons im Jahre 1947 machte eine Verstärkung der Wände

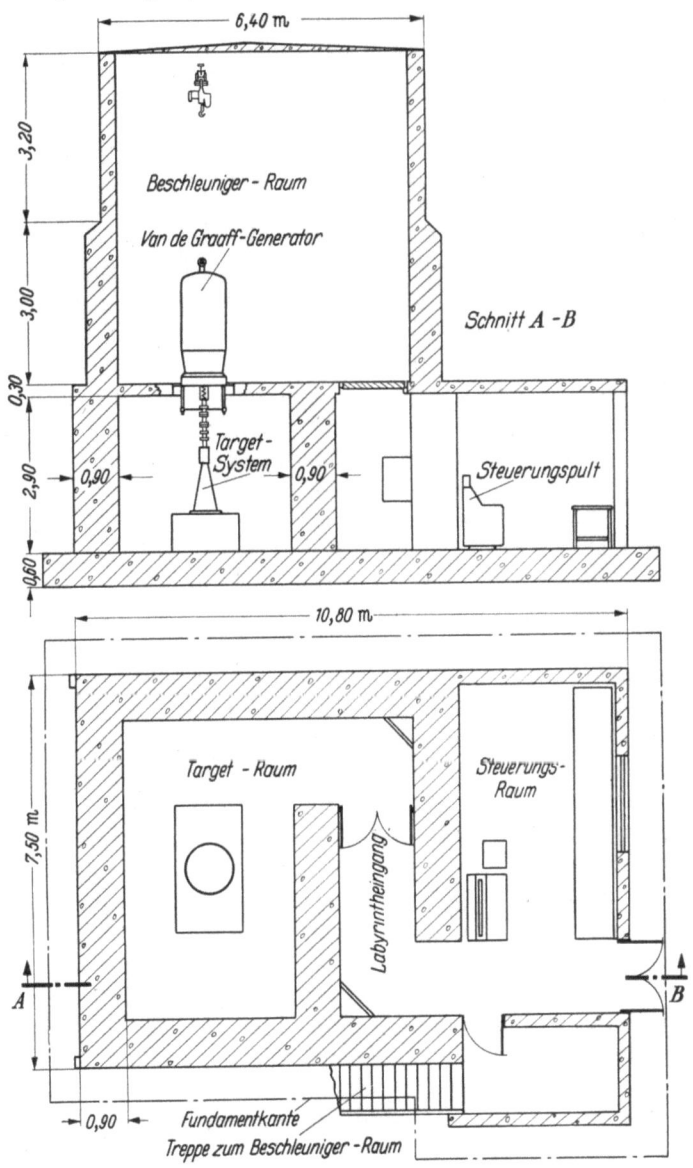

Abb. 16.1/2
Grundriß und Schnitt der Abschirmungskonstruktion für einen VAN DE GRAAFF-Generator (nach [5])

auf 300 cm erforderlich. In den drei Dimensionen durchgeführte Strahlungsmessungen ergaben eine verhältnismäßig hohe Neutronendurchdringung durch die Decke. Bei einem Umbau der Maschine im Jahre 1948 zur Ermöglichung der Beschleunigung von Protonen auf 350 MeV, wodurch eine Neutronenstrahlung mit einer mittleren Energie von 270 MeV erzeugt wird, wurde die

Abschirmungsdecke auf 120 cm verstärkt. Spätere Messungen über die Abschwächung der hochenergetischen Neutronenstrahlung führten zu einer allgemeinen weiteren Verstärkung der Abschirmungswände auf 450 cm und zum Einbau 30 cm dicker Bleiplatten an kritischen Stellen.

Es ist offensichtlich, daß eine mit der Intensitätssteigerung der Maschine konforme Verstärkung der Abschirmung entweder zu räumlichen Schwierigkeiten führen kann (insbesondere bei unterirdischen Anlagen) oder zur Verwendung von kostspieligen Abschirmungsmaterialien zwingt, wenn nicht im ursprünglichen Entwurf die Möglichkeiten einer späteren Intensitätserhöhung in Betracht gezogen worden sind. Im ungünstigsten Falle werden den Entwicklungsmöglichkeiten der Maschine durch den Abschirmungsentwurf Beschränkungen auferlegt. Außer zu räumlichen Schwierigkeiten können Abschirmungsverstärkungen auch zu Fundierungsschwierigkeiten führen. Beispielsweise machte die fortgesetzte Intensitätssteigerung der Protonenpulse des Protonsynchrotrons des Brookhaven National Laboratory den Ersatz der ursprünglichen 1500 t schweren Abschirmungskonstruktion aus gewöhnlichem Beton durch eine Schwerbeton-Abschirmungskonstruktion mit einem Gewicht von 7000 t erforderlich [8].

Um die möglichst effektive Ausnutzung eines Beschleunigers zu gewährleisten, müssen mehrere Strahlenbündel-Extraktionsstellen vorgesehen werden, die wechselseitig benutzt werden können; denn der Auf- und Abbau der Experimentierausrüstung erfordert in der Regel viel Zeit. Hinsichtlich der Neu-Arrangierung der beweglichen Abschirmungen sind die hohen Stabilitätsanforderungen, denen die Magnetfundamente genügen müssen, zu berücksichtigen.

Bei den Elektronenbeschleunigern ist die Intensität des Strahlungsfelds in der Umgebung der Maschine wesentlich geringer als bei den entsprechenden Protonenbeschleunigern, deren Abschirmung in hohen Energiebereichen riesenhafte Ausmaße annimmt. Für die Berechnung des von Elektronenbeschleunigern mit Energien bis etwa 100 MeV erzeugten Strahlungsspektrums und die Bemessung der Abschirmung stehen eine ganze Anzahl experimenteller Werte zur Verfügung [9]. Die Berechnung der Abschirmung für Teilchenbeschleuniger im Hochenergie-Bereich gilt jedoch derzeit noch mehr für eine Kunst als für eine Wissenschaft. Mit zunehmender Zahl der in Betrieb befindlichen Hochenergie-Beschleuniger beginnen zwar experimentelle Strahlenschwächungswerte zu akkumulieren, jedoch sind die Messungen oft unter speziellen Bedingungen vorgenommen worden, und die Ergebnisse sind vielfach von nur begrenzter Anwendbarkeit. Die Kenntnis der Neutronenspektren von Targets, die für die Abschirmungsberechnung benötigt werden, ist gegenwärtig noch sehr lückenhaft. [10]

Beim Durchgang von Protonen mit Energien im GeV-Bereich durch Materie entstehen durch Wechselwirkung mit den Atomen des Abschirmungsmediums aus der Primärstrahlung π- und μ-Mesonen, Protonen und Neutronen verschiedener Energie und Elektronenkaskaden [11]. Die Mesonen und energiereichen Nukleonen können weitere ähnliche Kernprozesse hervorrufen. Neutronen stellen die für die Abschirmung von Protonenbeschleunigern maßgebende Strahlungskomponente dar. Die Kaskade wirkt als eine sich abschwächende Linienquelle von Neutronen mit stark unterschiedlicher Energie. Für die Berechnung der von Protonen im ultrahohen Energiebereich im Abschirmungsmedium erzeugten Nukleonen-Kaskaden und die Abschwächung der verschiedenen Komponenten dieser Strahlung sind die Ergebnisse von Messungen der Abschwächung der kosmischen Strahlung in der Atmosphäre verwendet worden [12]. Die Übertragung der in der Atmosphäre beobachteten Zuwachsfaktoren auf die Berechnung der Abschirmung von Partikelbeschleunigern bereitet Schwierigkeiten, da dem Zerfall der π-Mesonen in μ-Mesonen bei der Durchquerung der Abschirmung eine weit geringere Bedeutung zukommt als in der Luft, wo die gleiche Masse einer viel größeren Weglänge entspricht. Ein fundamentaler Berechnungsweg besteht in der Durchführung von Monte Carlo-Berechnungen unter Verwendung von Wirkungsquerschnitt-Werten und den durch Auswertung der „Sterne" auf Kernemulsionsplatten ermittelten Sekundärpartikel-Spektren und -Winkelverteilungen [11], [13].

Für das Strahlungsfeld in der unmittelbaren Umgebung eines von Abschirmungswänden umgebenen Hochenergie-Partikelbeschleunigers ist in der Regel die Abschwächung der Direktstrahlung durch die Abschirmungsbarriere maßgebend. Die Magnetkonstruktion der Maschine und die Targets wirken als diffuse Emittierer von in der Energie stark abgeschwächter Neutronenstrahlung, die in den Luftraum über der Maschine eintritt. Im weiteren Umkreis kommt dem Einfluß der indirekten, luftgestreuten Strahlung im Hinblick auf die Verhütung des Auftretens von Störstrahlung für empfindliche Messungen, die in benachbarten Laboratorien durchgeführt werden, und für den Schutz der allgemeinen Öffentlichkeit, für die ein Bruchteil der für Strahlenarbeiter höchstzulässigen Strahlendosen einzuhalten ist, eine zunehmende Bedeutung zu. Die indirekte, luftgestreute Strahlung begrenzt die maximalen Strahlenbündel-Intensitäten, für welche Abschirmungswände allein ausreichend sind. Bei hohen Intensitäten der Neutronenquellen der Beschleuniger-Anlage wird die partielle Strahlenabschirmung durch Barrieren unzureichend, und eine Abschirmung der gesamten integrierten Strahlenemission des Partikelbeschleunigers durch Vervollständigung der Abschirmung mittels Anordnung einer Abschirmungsüberdeckung wird notwendig. [14]

16.2 Abschwächung von Betatronstrahlung durch Beton

Experimente zur Bestimmung der Abschwächungseigenschaften von gewöhnlichem Kiesbeton für das Nutzstrahlenbündel der durch Betatrone erzeugten Bremsstrahlung wurden von F. S. KIRN und R. J. KENNEDY [15] im Radiation Physics Laboratory des National Bureau of Standards durchgeführt. Diese Versuche haben die für die Berechnung der erforderlichen Dicke des Betons für die Abschirmung von Betatronen benötigten Werte ergeben [16].

Die Versuche wurden mit Betatron-Energien von 6 bis 38 MeV und normalem Kiesbeton mit einer Dichte von 2,35 t/m³ durchgeführt; die Ergebnisse sind in Abb. 16.2/1 aufgetragen. Die Ordinate stellt das Verhältnis D/D_0 dar, wobei D die absorbierte Strahlendosis in Luft unmittelbar hinter den Betonplatten bedeutet und D_0 die Dosis an der gleichen Stelle ohne dazwischenliegende Betonplatten. Die Kurven lassen die Annäherung an die exponentielle Form der Schwächung mit zunehmender Betatron-Energie erkennen, wofür drei Einflüsse von Bedeutung sind: 1. Der Prozentsatz der Photonen im Energiebereich der COMPTON-Streuung nimmt ab und die Absorption durch Paarbildung nimmt zu;

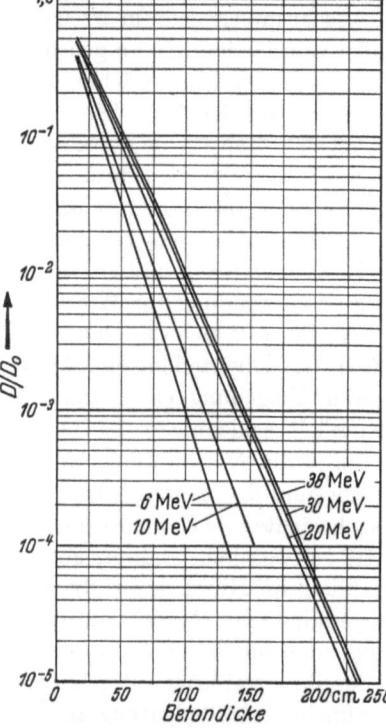

Abb. 16.2/1. Abschwächungskurven für Betatronenergien von 6, 10, 20, 30, und 38 MeV für Beton der Dichte 2,35 t/m³ (nach KIRN u. KENNEDY [15] und National Bureau of Standards [16])

2. der durchschnittliche Energieverlust je COMPTON-Kollision nimmt mit wachsender Energie der einfallenden Photonen zu und 3. das Nutzstrahlungsbündel wird mit zunehmender Energie schmaler. — Eine theoretische Untersuchung über die Möglichkeit der Extrapolation der gewonnenen Werte für höhere Energien ergab, daß die experimentell ermittelten Werte für 38 MeV bis zu Energien von 100 MeV verwendet werden können, ohne einen Fehler von mehr als einer Halbwertdicke in die Berechnung der erforderlichen Betondicke einzuführen, sofern diese mehr als 50 cm beträgt.

Die Größe der bestrahlten Fläche ist eine Funktion der Betriebsenergie des Betatrons, der Targetdicke, der Entfernung des Targets von der Abschirmung und der Dicke der Abschirmung. Das einfallende Elektronenbündel wird im Target gestreut, und die Winkelverteilung der erzeugten Bremsstrahlung wächst mit der Targetdicke. Bei den in der Regel verwendeten dünnen Targets ist die Nutzstrahlung eines Betatrons scharf gebündelt, so daß sich die Haupt-Abschirmung der Maschine auf eine kleine Fläche konzentrieren kann. Im Falle von Experimentier-Beschleunigern empfiehlt sich eine Wahl der Fläche der Haupt-Abschirmung, die auch evtl. Versuchen mit extrem dicken Targets Rechnung trägt. Die Querschnittsfläche des kegelförmigen Strahlenbündels nimmt mit der Entfernung der Abschirmung vom Target zu; ebenfalls nimmt die Bündelbreite infolge der Streueffekte auch mit der Dicke der Abschirmung zu. Für den Entwurf der Haupt-Abschirmung eines Betatrons ist es wichtig, die Variation der Bündelbreite als Funktion der Dicke der Abschirmung zu kennen. Abb. 16.2/2 gibt die Ergebnisse von Messungen über die Verteilung der Strahlendosis hinter Absorberdicken von 0 cm, 135 cm und 195 cm für eine Betatron-Energie von 38 MeV wieder. Das geringe Ausmaß der Auflockerung des Bremsstrahlenbündels ist bemerkenswert.

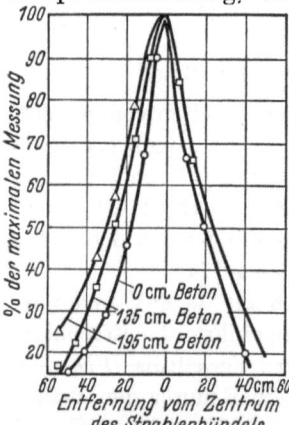

Abb. 16.2/2. Verteilung der Strahlendosis hinter Betonwänden im Bremsstrahlungsbündel eines mit 38 MeV arbeitenden Betatrons; die Entfernung zwischen Target und Detektor betrug 611 cm (nach KIRN u. KENNEDY [15])

16.3 Abschirmung eines Elektronen-Synchrotrons

Das 180-MeV-Elektronensynchrotron des National Bureau of Standards ist zusammen mit einem 50 MeV-Betatron in einem Gebäude untergebracht [17].

16.3 Abschirmung eines Elektronen-Synchrotrons

Das Personal hat während des Betriebs der Beschleuniger keinen Zutritt zum Maschinen- und Bestrahlungsraum der jeweiligen Anlage. Das Abschirmungsproblem besteht: 1. in der Abschirmung des Steuerungsraumes, 2. in der Abschirmung des Elektronensynchrotron- und des Betatron-Bremsstrahlenbündels sowie in der Abschirmung des Synchrotroninjektor-Strahlenbündels und 3. in der Abschirmung der Experimentierräume gegen Störstrahlung.

Der Gebäudegrundriß ist in Abb. 16.3/1 dargestellt. Der hinter dem Synchrotron gelegene Steuerungsraum ist durch 150 cm Beton mit einer 20 cm dicken

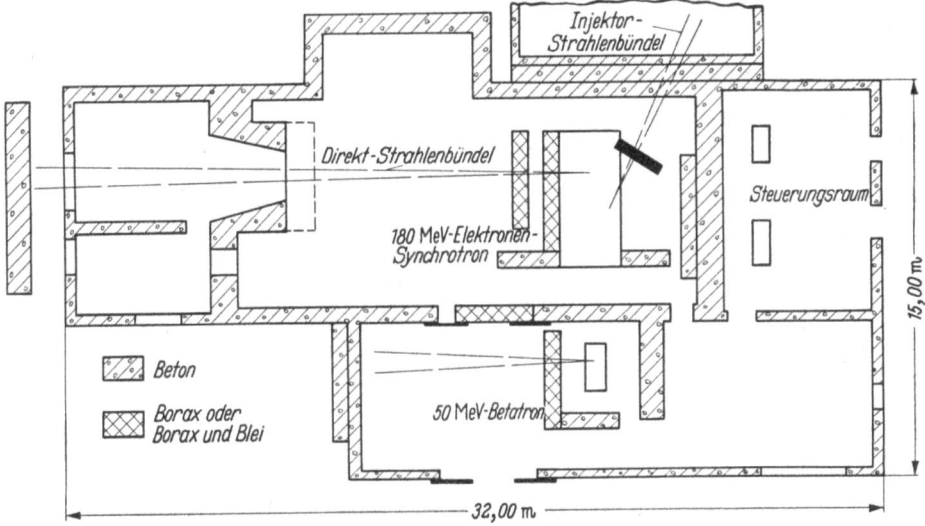

Abb. 16.3/1. Grundriß der Abschirmung der Elektronenbeschleuniger des National Bureau of Standards (nach LEISS [17])

Bleieinlage in Höhe der Beschleunigungskammer abgeschirmt. Die Kollimierung der Bremsstrahlenbündel erfolgt durch Bleiplatten mit Bohrungen. Die Bremsstrahlenbündel werden nach Durchgang durch die Strahlenexperimentierräume in dicken Betonbarrieren hinter dem Gebäude aufgefangen. Das Injektorbündel, das auf ein unmittelbar benachbartes Gebäude gerichtet ist, wird durch eine direkt neben dem Elektronensynchrotron aufgestellte 20 cm dicke Bleiplatte und eine auf 150 cm Dicke verstärkte Trennwand abgeschirmt.

Das ernsteste Abschirmungsproblem besteht in der Verhütung des Auftretens von Störstrahlung in den Experimentierräumen. Die zum Betatron-Experimentierraum gerichtete Streustrahlungskomponente des Synchrotrons ist bedeutend. Durch Phasenabstimmung des Betriebs der beiden Elektronenbeschleuniger wird erreicht, daß die beiden Bremsstrahlungspulse nicht zusammenfallen. Das Hauptproblem besteht damit in der Abschirmung von Photoneutronen-Einfang-Gammastrahlung. Durch Aufstellung von Barrieren aus Borax-gefüllten Sperrholzkästen zwischen den beiden Beschleuniger-Räumen und direkt vor den Maschinen wird die Neutronen-Störstrahlung auf ein vernachlässigbares Maß reduziert. Die direkte Abschirmung der Experimentierseite des Elektronensynchrotrons besteht aus einer 15 cm dicken Bleischicht, die sich bis 30 cm über und unter das Strahlenbündel erstreckt, gefolgt von einer 110 cm

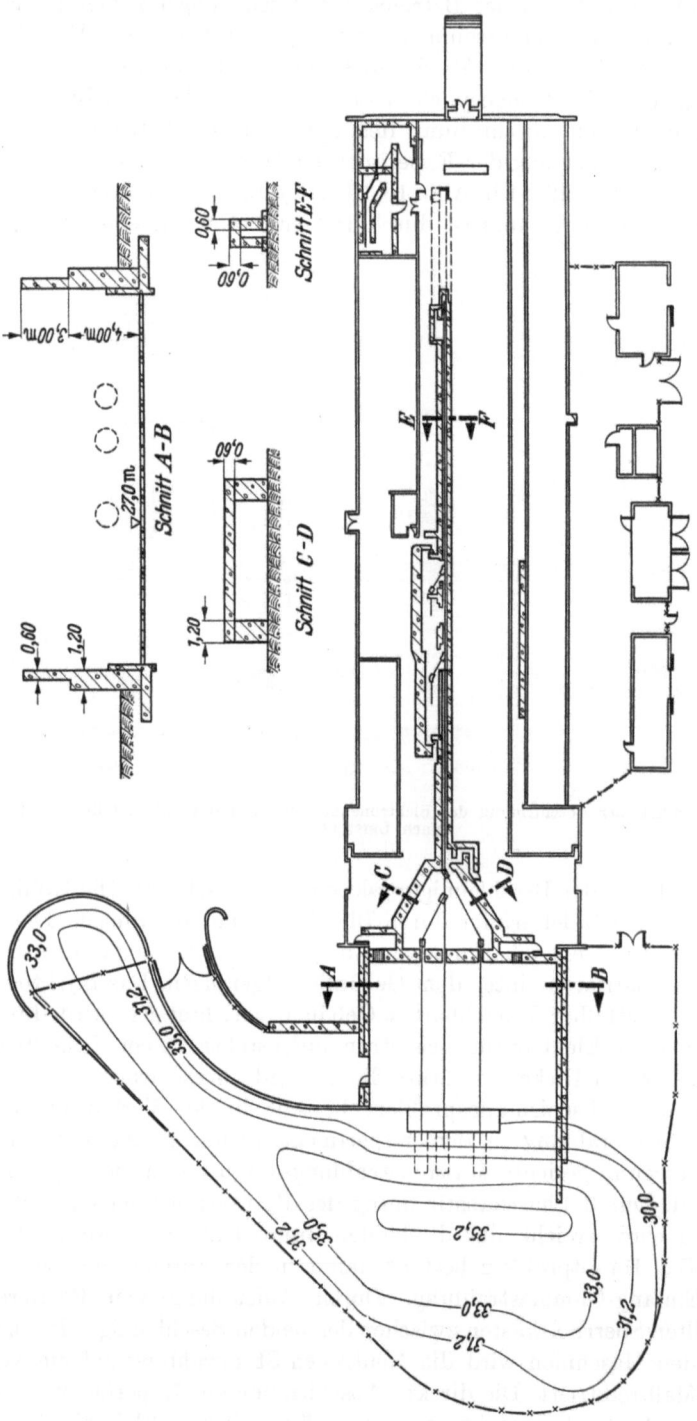

Abb. 16.4/1. Grundriß der Abschirmung des Elektronen-Linearbeschleunigers der Stanford University (nach PANOFSKY [18])

dicken Boraxwand, die bis 150 cm über und unter das Strahlenbündel reicht. In der Umgebung des Strahlenbündels ist zur Absorption der vom primären Kollimationssystem gestreuten Elektronen und Photonen eine zusätzliche Blei- und Beton-Abschirmung vorgesehen.

16.4 Abschirmung eines Elektronen-Linearbeschleunigers

Die Abschirmung des 700 MeV Elektronen-Linearbeschleunigers der Stanford University ist in Abb. 16.4/1 im Grundriß dargestellt [18], [19]. Die Beschleunigungsstrecke wird durch einen Beton-„Tunnel" mit 60 cm dicken Wänden und 60 cm dicker Decke abgeschirmt. Um die Abschirmungswände der beiden Strahlenbündelextraktions-Zwischenstationen dünn zu halten, wurden sie aus Magnetitbeton (Dichte: 3,4 t/m^3) erbaut. Die gegenüber der Zwischenstation gelegenen Steuerungs- und Laborgebäude sind durch eine Schattenabschirmung gegen gestreute Strahlung zusätzlich geschützt. Der Ablenkungsbereich wird nach außen durch 120 cm dicke Seitenwände und 60 cm dicke Deckenträger aus gewöhnlichem Beton abgeschirmt. Für den Bau der Trennwand zwischen den Fokussiermagneten und dem Experimentierbereich wurde Magnetitbeton verwendet, um wertvolle Grundrißfläche einzusparen. Die 150 cm dicke Wand, die die sekundäre Störstrahlung vom Experimentierbereich abschirmt, hat in Höhe der durch das ursprüngliche und die abgelenkten Strahlenbündel definierten Ebene eine 90 cm dicke Bleieinlage. Der unüberdachte Targetbereich wird durch 7,0 m hohe Betonwände, die im unteren 4,0 m hohen Abschnitt 120 cm und darüber 60 cm dick sind, eingefaßt; der Zugang erfolgt durch Labyrinthe. Die Strahlenbündel werden in einem hinter dem Experimentierbereich gelegenen 5,2 m hohen Erdhügel absorbiert. Zur Verringerung der Rückstreuung ist für jedes der drei Strahlenbündel ein 6,0 m tiefer Auffangkanal von 1,5 m Durchmesser vorgesehen.

16.5 Abschirmung von Synchrozyklotronen

Als Beispiel für den Entwurf der Abschirmung von Synchrozyklotronen werden eine etwas starre Abschirmungskonstruktion und eine außerordentlich versatile Abschirmung beschrieben.

16.51 Unterirdisch gelegenes 450 MeV-Synchrozyklotron [21]

Die Abschirmung des 450 MeV (430 cm Durchmesser)-Synchrozyklotrons der University of Chicago mußte wegen der zentralen Lage der Maschine im Universitätsgelände besonders strengen Anforderungen genügen. Zumal auch nur ein sehr eingeengtes Baugelände zur Verfügung stand, wurde die beste Lösung in der unterirdischen Anordnung von Beschleuniger und angrenzendem Experimentierraum in einer abgedichteten Stahlbetonwanne gesehen. Die Zyklotronkammer ist durch zwei je 150 cm dicke Schichten und die Experimentierkammer durch eine 150 cm dicke Schicht aus nebeneinandergelegten Betonträgern abgedeckt [22], [23]. Die Abschirmungsträger haben trapezförmigen Querschnitt, um das Herausheben und Wiedereinsetzen zu erleichtern (Abb. 16.5/1). Die Bewegung der bis zu 90 t schweren Träger erfolgt mit Hilfe eines Brückenkrans. Zur Verstärkung der oberen Abschirmung ist der obere

Rand der Kammerkonstruktion einspringend ausgebildet. Als Ergänzung zu dem Experimentierraum, der sich mit der Erweiterung des Forschungsprogramms als vollständig unzureichend herausgestellt hatte, wurde neben dem bestehenden unterirdischen Bauwerk ein großer unterirdischer Protonenstrahl-Experimentierraum errichtet, der mit dem Zyklotron durch einen Tunnel verbunden ist, durch den der abgelenkte Protonenstrahl geleitet wird. Die Abschirmungsdecke des Protonenstrahl-Raumes besteht aus 90 cm Beton mit einer 150 cm dicken Erdüberdeckung. Abb. 16.5/2 zeigt einen Horizontalschnitt durch die Abschirmungskonstruktion. In den Experimentierräumen werden zusätzliche Abschirmungen in Form von Stahl- oder Betonblöcken und Bleiziegeln gemäß den Experimenten angeordnet.

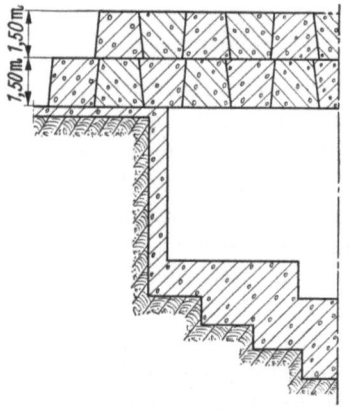

Abb. 16.5/1
Trapezförmige Abschirmungsträger über der unterirdischen Kammer des Synchrozyklotrons der University of Chicago (nach MARSHALL [21])

16.52 600 MeV-Synchrozyklotron des CERN

Abb. 16.5/3 zeigt den Grundriß und zwei Vertikalschnitte durch das Gebäude des 600 MeV-Synchrozyklotrons des CERN in Genf [24], [25]. Den zentralen Teil des Gebäudes bildet die Synchrozyklotron-Halle — ein Raum von 16,25 × 17,0 m Grundrißabmessung, der den 2500 t schweren Magneten mit seinen Wicklungen und die Vakuumkammer von 5,0 m Durchmesser und zahlreiche Zusatzapparate aufzunehmen hat. Dieser

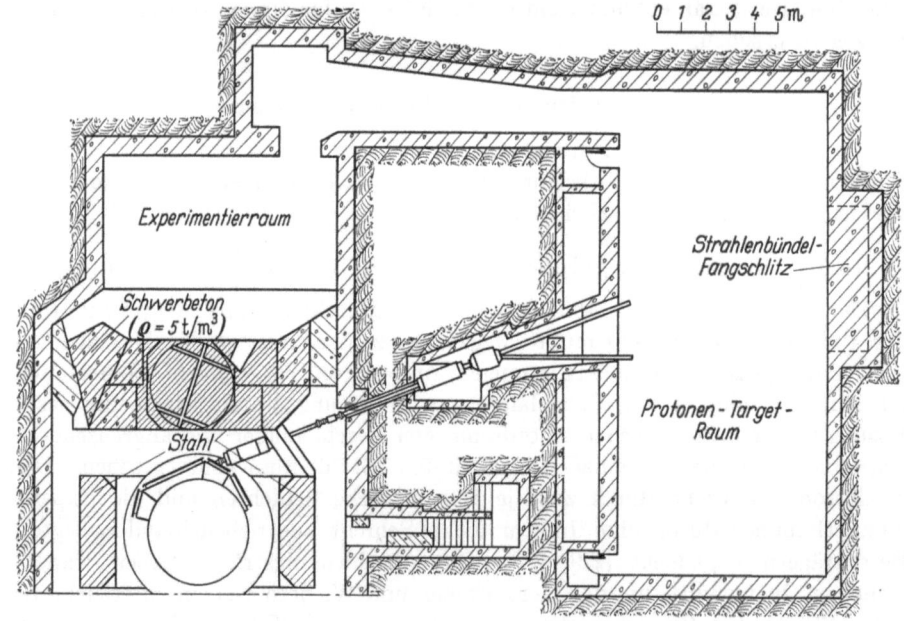

Abb. 16.5/2
Grundriß des unterirdischen Synchrozyklotron-Gebäudes der University of Chicago (nach MARSHALL [21])

Raum ist nach außen gegen die direkte und indirekte Strahlung durch 5,70 m dicke Wände aus Barytbeton von der Dichte 3,5 t/m³ abgeschirmt. Um die Leistungsfähigkeit des Synchrozyklotrons möglichst auszunützen, sind zwei Experimentierhallen vorgesehen. Die eine derselben dient Experimenten mit

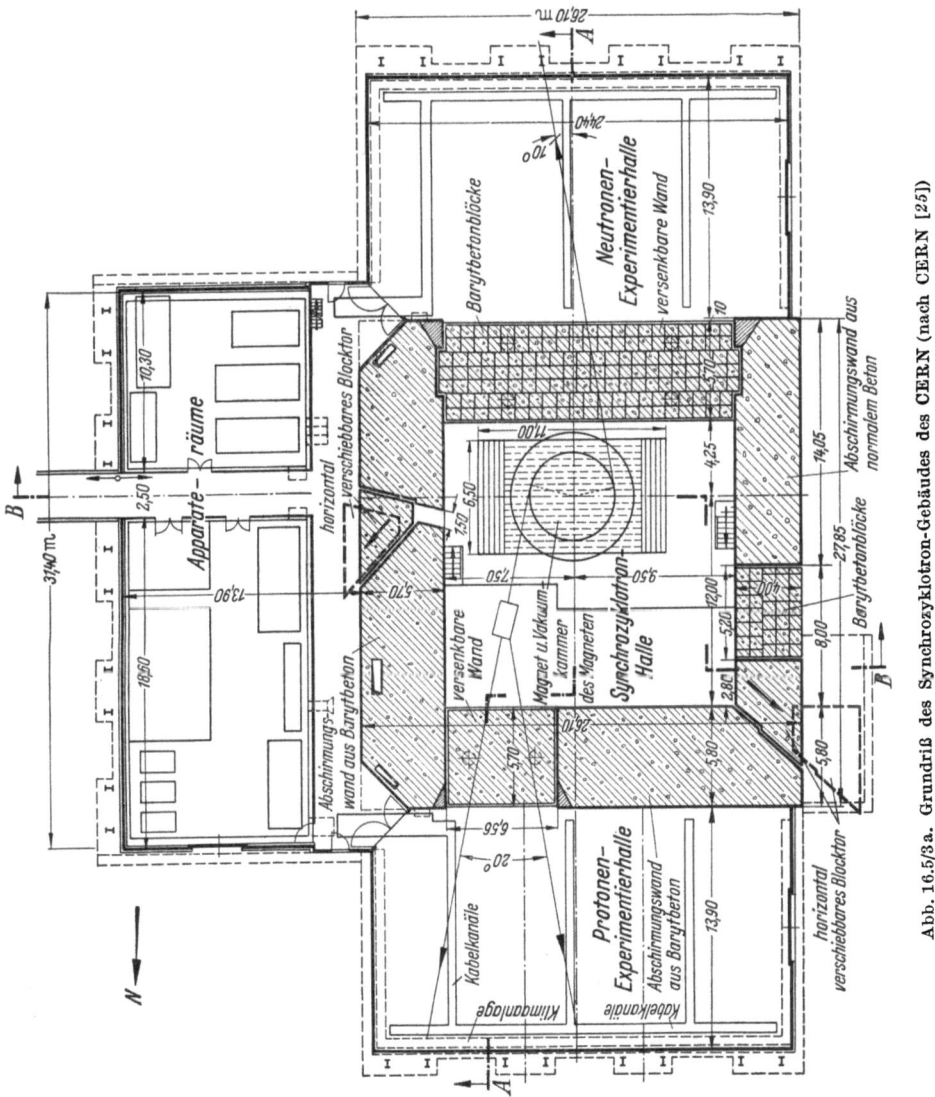

Abb. 16.5/3a. Grundriß des Synchrozyklotron-Gebäudes des CERN (nach CERN [25])

Protonen, die andere solchen mit Neutronen und Mesonen. Diese Hallen sind so geräumig gebaut, daß neue Experimente hinter mobilen Schutzwänden vorbereitet werden können, während die Maschine in Betrieb ist.

Die Konstruktion der Strahlenabschirmungswände gewährt große Freiheit in der Anordnung von Kanälen für den Durchlaß der Strahlenbündel in die Experimentierhallen. Die Wände sind teilweise versenkbar oder horizontal verschiebbar, teilweise aus 1,8 t schweren Blöcken lose aufgeschichtet auf einer versenkbaren Trägerkonstruktion. Änderungen der Ausschußöffnungen können nach Bedarf innerhalb kurzer Zeit vorgenommen werden.

Eines der Hauptprobleme dieses Baues bildete die Aufnahme der außerordentlich großen Gewichte von Magnet und Abschirmungswänden (rund 18 000 t)

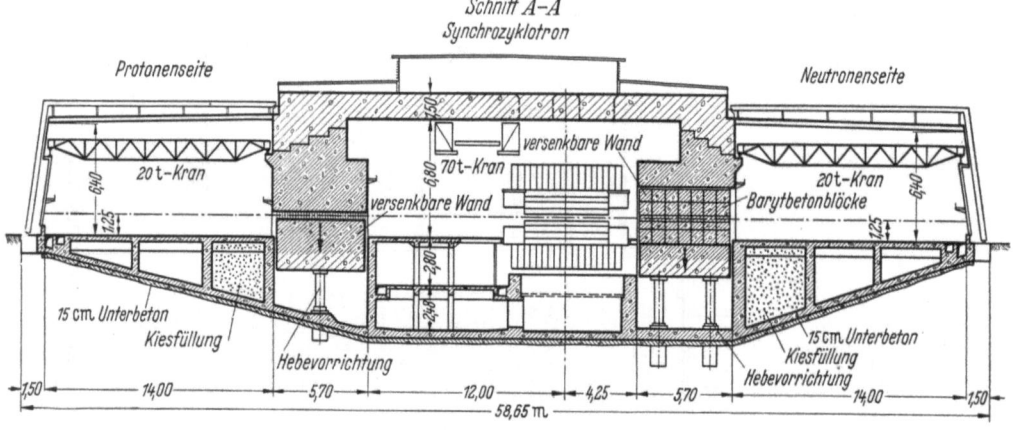

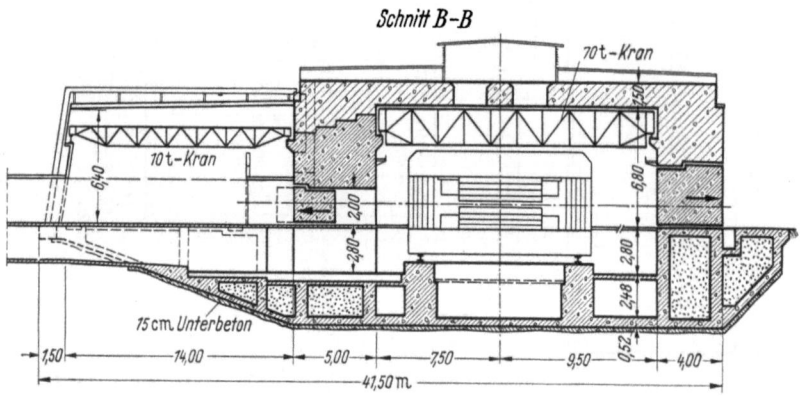

Abb. 16.5/3b. Schnitte durch das Synchrozyklotron-Gebäude des CERN (nach CERN [25])

durch die Fundamente, wobei gefordert wird, daß zwischen dem zentralen Synchrozyklotron-Raum und den Experimentierhallen praktisch weder Setzungen unterschiedlicher Größe noch andere Deformationen auftreten dürfen. Die Fundamente wurden deshalb als eine sehr steife Kreuzrippenplatte mit großer Konstruktionshöhe ausgebildet, so daß sich das Bauwerk nur in seiner Gesamtheit setzen oder verdrehen kann.

16.6 Abschirmung von A.G.-Protonsynchrotronen

Die von A.G.-Protonsynchrotronen emittierte, außerordentlich durchdringende Strahlung muß zum Schutze nicht nur der in den Experimentierhallen arbeitenden Physiker, sondern auch unbeteiligter Personen abgeschirmt werden.

Die Abschirmung ist nicht nur am Ort des Teilchenaustritts vorzusehen, sondern auf der gesamten Ringbahn. Die fokussierenden Kräfte des Magnetfelds müssen zwar dafür sorgen, daß die Teilchen auf ihrem langen Beschleunigungsweg nie die Kammerwand berühren, aber gerade in der ersten Versuchszeit kann es vorkommen, daß die Anlage wie ein Feuerrad nach allen Seiten sprüht. Die Masse des für eine Maschine von derartig hoher Energie erforderlichen Strahlenabschirmungsmaterials ist sehr groß. Die sich daraus ergebende Bodenbelastung ist von bedeutendem Einfluß auf die Magnetfundation, die wegen der außerordentlich großen Empfindlichkeit der Beschleunigungsmaschine gegenüber Bewegungen der Lagerung höchsten Anforderungen an die Stabilität genügen muß.

Der eine Teil der Abschirmung besteht aus einem Erdwall über dem Ringgebäude, der einen permanenten Schutz für Physiker und unbeteiligte Personen bietet. Die benötigten Erdmassen werden zweckmäßig durch entsprechend tiefliegende Anordnung des ganzen Ringgebäudes und der Experimentierhallen vollständig aus Aushubmaterial gewonnen, desgleichen die Erdmassen für die Aufschüttung eines Hügels, der dem Schutze von in Richtung der extrahierten Haupt-Protonenbündel liegendem Land dient. Die Zwischenlagerung von vielen Tausenden von Tonnen Aushub vor der Wiederverwendung stört die bestehende natürliche Belastung des Untergrundes. Um eine Beschränkung dieser Störung auf ein Mindestmaß zu erzielen, ist ein detaillierter Plan für die Ablagerung jeder Baggerfassung Aushubmaterial aufzustellen, desgleichen hat die Entnahme von Erdmassen zum Einbau nach einem genau festgelegten Plan zu erfolgen.

Die Abschirmungswände zwischen dem auf etwa einem Fünftel des Umfangs der Maschine aufgestellten Targets und den Experimentierhallen stellen ein weiteres Bodenbelastungsproblem dar. Diese für den Schutz der Physiker und die Herabsetzung der Hintergrundstrahlung für die Meßgeräte erforderlichen schweren Beton-Abschirmungswände müssen umbaufähig sein, so daß die Durchlaßkanäle für die Strahlungsbündel nach den Experimentiererfordernissen geändert werden können. Da die Verlagerung großer Lasten in der Nähe der Fundamente der Maschine gerade die für den Betrieb des Beschleunigers so schädlichen Fundamentbewegungen verursachen würde, muß der Umbau der Strahlenabschirmung zur Änderung eines Durchlaßkanals in einer Weise vorgenommen werden, daß die dabei entstehende Ungleichförmigkeit der Bodenbelastung auf einem Minimum gehalten wird.

16.61 Block-Abschirmung

Abb. 16.6/1 zeigt einen Querschnitt durch die Strahlenabschirmung des 30 GeV A.G.-Protonsynchrotrons (Durchmesser des Magnetrings: 250 m) des Brookhaven National Laboratory innerhalb des 75 m langen Targetgebäudes [26]. Die Betonblöcke und Betonträger bestehen aus Schwerbeton mit einer Dichte zwischen 3,7 und 4,0 t/m³. Der Umbau von Trägern und Blöcken erfolgt mit Hilfe eines 40 t-Krans. Ab- und Aufbau der Träger und Blöcke wird so vorgenommen, daß die bei einem Umbau der Strahlenabschirmung zur Änderung der Experimentierkanäle entstehende Ungleichförmigkeit der Bodenbelastung so gering wie möglich gehalten wird. Der Planung der Experimente wird eine

Rücksichtnahme auf die bei einer Änderung der Experimentierkanäle zu bewegenden Massen und die für den Umbau erforderliche Zeit aufgezwungen.

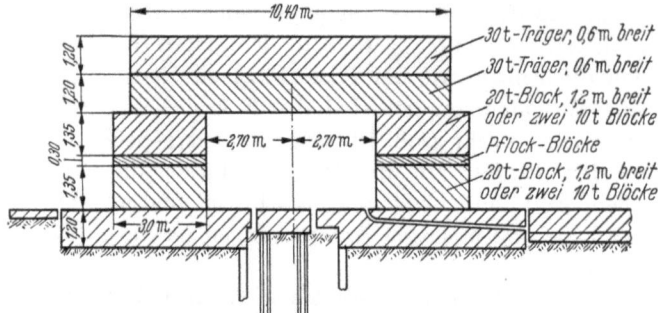

Abb. 16.6/1. Querschnitt durch den Strahlenabschirmungstunnel des A. G.-Protonsynchrotrons des Brookhaven National Laboratory (nach GREEN 26])

16.62 Brückenartige Abschirmungskonstruktion

Für die Konstruktion der Strahlenabschirmung zwischen den auf etwa einem Fünftel des Umfangs des 25 GeV A.G.-Protonsynchrotrons (Durchmesser des Magnetrings: 200 m) des CERN aufgestellten Targets und den Experimentierhallen wurde eine Lösung gefunden, die Änderungen der Durchlaßkanäle für

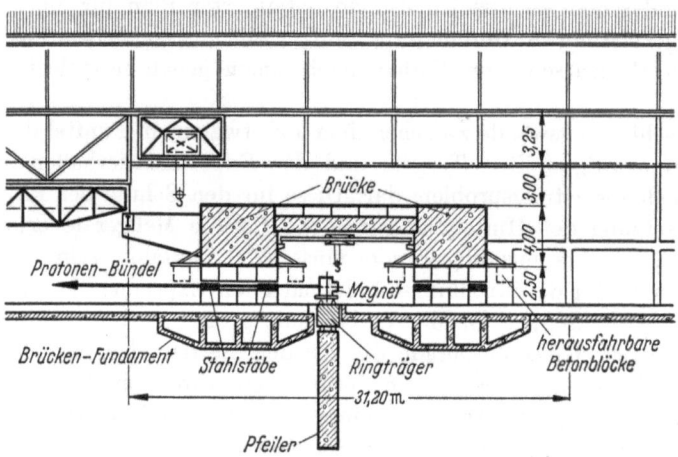

Abb. 16.6/2 a. Schnitt durch das Ringgebäude des CERN-Protonsynchrotrons innerhalb der Hauptexperimentierhallen (nach ADAMS [27])

die Strahlenbündel bei minimaler Bewegung von Betonmassen vorzunehmen gestattet. Die Abschirmungsanlage ist in Abb. 16.6/2 in Quer- und Längsschnitt dargestellt [27].

Der obere Teil der Strahlenabschirmungswände zu beiden Seiten der Maschine besteht aus einem 36,5 m langen vorgespannten Träger aus Beton mit Barytzuschlägen mit einem Querschnitt von 5,5 × 4,0 m. Die beiden Träger der Strahlenabschirmungsbrücke werden von vier auf Fels gegründeten Pfeilern gestützt. Die auf diese beiden Träger aufgelagerten Überdeckungsplatten und Blöcke werden selten bewegt. An der Unterseite der Träger hängen an Schienen verfahrbar etwa 750 Barytbeton-Blöcke von 2,4 t Gewicht. Auf dem Boden unter den

Trägern stehen ebensolche verfahrbare Schwerbetonblöcke. Zwischen beiden Blockschichten befindet sich eine 30 cm hohe Lücke, durch die die Partikel-

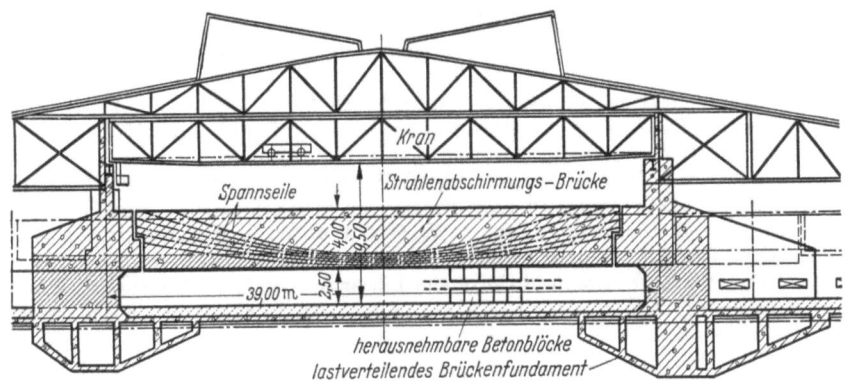

Abb. 16.6/2b. Strahlenabschirmungs-Brücke und herausnehmbare Betonblöcke (nach ADAMS [27])

bündel aus der Maschine durchschießen können. Die Lücke wird durch zwei Reihen von 1,25 m langen, auf den unteren Betonblöcken aufliegenden Stahlstäben in Durchschußkanäle eingeteilt. Bei einem Umbau der Kanäle brauchen nur einige der oberen Betonblöcke auf beiden Seiten der Wand herausgefahren, die Stahlstäbe umgeordnet und die Blöcke wieder hineingefahren werden. Bei einem solchen Umbau müssen ungefähr 50 t Beton bewegt werden anstelle von etwa 1000 t, wenn die Wand vollständig aus Betonblöcken bestünde. [27], [28]

Literatur zu 16

[1] LIVINGSTONE, M. S.: High Energy Accelerators. New York: Interscience Publishers 1954
[2] KOLLATH, R.: Teilchenbeschleuniger. Braunschweig 1955
[3] GREEN, G. K.: Accelerators. In H. ETHERINGTON: Nuclear Engineering Handbook, Section 5-4. New York/Toronto/London: McGraw Hill 1958
[4] MOON, B. P.: High-Energy Nuclear Accelerators; Review of June, 1956, Conference at Geneva. Reprint from the Times Science Review, Autumn 1956
[5] A Versatile Van de Graaff. Nuclear Engineering Vol. 1 (September 1956) No. 6, S. 250—251
[6] HAWORTH, L. J., et al.: Factors Influencing Shielding Design and Accelerator Location. Conference on Shielding of High-Energy Accelerators, New York, 11. bis 13. April 1957; TID-7545, 6. Dezember 1957, S. 58—64
[7] PATTERSON, H. W.: University of California Radiation Laboratory Synchrocyclotron. ibid., S. 3—7
[8] KARELITZ, M. B.: New Cosmotron Shielding. ibid., S. 197—198
[9] PRICE, B. T., C. C. HORTON u. K. T. SPINNEY: Radiation Shielding. London/New York/Paris: Pergamon Press 1957
[10] PANOFSKY, W. K. H., et al.: Data Required for Shielding Experiments with High-Energy Particles. Conference on Shielding of High-Energy Accelerators, New York, 11.—13. April 1957; TID-7545, 6. Dezember 1957, S. 117—123
[11] MOYER, B. J.: Build-up Factors. ibid., S. 96—100
[12] CITRON, A., W. GENTNER u. A. SITTKUS: Überlegungen zum Strahlenschutz für ein 25 Milliarden-Volt-Protonen-Synchrotron. Strahlentherapie Bd. 94 (1954) S. 23—28
[13] O'NEILL, G. K.: Monte Carlo Calculations on the High-Energy Radiation Component in the Shield. Conference on Shielding of High-Energy Accelerators, New York, 11. bis 13. April 1957; TID-7545, 6. Dezember 1957, S. 89—91

[14] LINDENBAUM, S. J.: Skyshine. ibid., S. 101—111
[15] KIRN, F. S., u. R. J. KENNEDY: Betatron X-rays: How Much Concrete for Shielding? Nucleonics Vol. 12 (1954) No. 6, S. 44—48
[16] National Bureau of Standards Handbook 55: Protection Against Betatron-Synchrotron Radiations up to 100 Million Electron Volts. US Department of Commerce, 26. Februar 1954
[17] LEISS, J. E.: National Bureau of Standards Electron Synchrotron. Conference on Shielding of High-Energy Accelerators, New York, 11.—13. April 1957; TID-7545, 6. Dezember 1957, S. 50—52
[18] CHODOROW, M., E. L. GINZTON, W. W. HANSEN, R. L. KYHL, R. B. NEAL u. W. K. H. PANOFSKY: Stanford High-Energy Linear Electron Accelerator (Mark III); Section VII: R. L. KYHL, S. LEE, C. W. OLSON u. W. K. H. PANOFSKY: Radiation Shielding. The Review of Scientific Instruments Vol. 26 (1955) No. 2, S. 197—199
[19] PANOFSKY, W. K. H.: Stanford University Linear Accelerator. Conference on Shielding of High Energy Accelerators, New York, 11.—13. April 1957, TID-7545, 6. Dezember 1957, S. 55—57
[20] PANOFSKY, W. K. H.: Shielding Work at Stanford University. Conference on Shielding of High Energy Accelerators, New York, 11.—13. April 1957, TID-7545, 6. Dezember 1957, S. 199—211
[21] MARSHALL, J.: University of Chicago Synchrocyclotron. Conference on Shielding of High Energy Accelerators, New York, 11.—13. April 1957, TID-7545, 6. Dezember 1957, S. 14—19
[22] Giant Concrete Beams Shield Synchrocyclotron. Engineering News-Record, 24. November 1949
[23] Extra-heavy Concrete Shields Cyclotron. Engineering News-Record, 26. Juli 1951, S. 65
[24] STEIGER, R.: Über die Bauten des CERN. Schweizer Bauzeitung Bd. 72 (1954) S. 541—546
[25] CERN: First Annual Report of the European Organisation for Nuclear Research 1955. Genf 1956
[26] GREEN, G. K.: Brookhaven National Laboratory 30-BeV Proton AGS. Conference on Shielding of High-Energy Accelerators, New York, 11.—13. April 1957, TID-7545, 6. Dezember 1957, S. 193—196
[27] ADAMS, J. B.: The Design of the Foundations for the Magnet of the CERN Alternating Gradient Proton Synchrotron. Proton Synchrotron Division of CERN, Report CERN 56-21, Genf, 1. Oktober 1956
[28] JAEGER, TH.: Die Bauten des CERN in Genf. Der Bauingenieur Bd. 32 (1957) S. 262—275

17. Beseitigung radioaktiver Abfallstoffe aus Kernforschung und Kernenergie-Industrie[1]

Die radioaktiven Abfallstoffe aus Kernforschung und Kernenergie-Industrie können gasförmig, flüssig oder fest sein und fallen in jeder Phase vom Uranerzbergbau bis zur Verwendung spezifischer Radioisotope in Industrie, Forschung und Medizin an, wobei Menge, Aktivitätsniveau und Toxizität in weiten Grenzen variieren. Die Beseitigung dieser durch die Kernspaltung in großen Mengen anfallenden radioaktiven Abfallstoffe muß in einer Weise erfolgen, die jede Möglichkeit einer unzulässigen radioaktiven Verseuchung menschlichen Lebensraums ausschließt.

---

[1] Eine umfassende Bibliographie der einschlägigen Literatur findet sich in H. E. VORESS, T. F. DAVIS u. T. N. HUBBARD JR.: Radioactive Waste Processing and Disposal. TID-3311, Juni 1958. Eine detailliertere Behandlung der in Abschn. 17.2, 17.5 und 17.6 in ihren Grundzügen erläuterten Probleme hat der Verfasser in „Technischer Strahlenschutz", München: Thiemig 1959, gegeben.

Die allgemeinen Methoden der Beseitigung sind: 1. Dispersion gasförmiger oder flüssiger Abfälle in großen Luft- oder Wasservolumina, wobei Herabsetzungen der Konzentration radioaktiver Substanzen auf ein zulässiges Maß erzielt werden. 2. Kontrollierte Speicherung radioaktiver Abfälle in fester oder flüssiger Form. 3. Endgültige Unterbringung radioaktiver Abfallflüssigkeiten im Boden oder im Meer, verbunden mit einem teilweisen Verlust der Kontrolle.

Schwach radioaktive gasförmige und flüssige Abfälle, die nach Vorreinigung durch Gasfilterung bzw. Wasserreinigungsmethoden durch Dispersion in großen Luft- oder Wasservolumina auf zulässige Konzentrationsstufen gebracht werden, fallen in großen Mengen beim Betrieb von Kernreaktoren, radiochemischen Trennanlagen, Radioisotopenlaboratorien, Dekontaminationszentren usw. an. Feste Abfälle von Kernforschungslaboratorien sind radioaktiv kontaminierte Geräte und Ausrüstungsteile, Filter, Kleidung, Papier usw.; sie sind durch Vergraben oder Versenken ins Meer verhältnismäßig leicht zu beseitigen. Das der Verdünnung radioaktiven Abwassers in großen Wasservolumina entgegengesetzte Verfahren ist Volumenreduktion durch Eindampfen. Bei der Beseitigung der Evaporator-Konzentrate hat man es nur noch mit Mengen in der Größenordnung von 1% des ursprünglichen Abfall-Volumens zu tun; die angereicherte Flüssigkeit wird in Behältern gespeichert und nach Ansammlung größerer Mengen meist ins Meer versenkt. Bei Anfall großer Mengen radioaktiver Abwässer von mittlerer Aktivitätsstufe ist unter bestimmten geologischen und hydrologischen Voraussetzungen eine Einleitung in den Boden zweckmäßig, wo die radioaktiven Substanzen durch Adsorption und Ionenaustausch festgehalten werden.

Die sichere Unterbringung der hochgradig radioaktiven Abfallflüssigkeiten aus dem radiochemischen Trennprozeß stellt das schwerwiegendste Abfallbeseitigungsproblem der Kernenergie-Industrie dar und zugleich die Hauptsorge, die mit einer Kernkrafterzeugung im Großmaßstab verbunden ist. Zahlreiche verschiedenartige Methoden für die endgültige Unterbringung des „Atom-Mülls" sind vorgeschlagen worden; ihre Entwicklung kann aber nicht unabhängig von den fortschreitenden Änderungen der Aufbereitung verbrauchten Spaltstoffs vorangetrieben werden, da diese die Eigenschaften der Abfallstoffe bestimmen. Untersuchungen über die Möglichkeiten einer Vorbehandlung der hochgradig radioaktiven Abfallflüssigkeiten aus dem Trennprozeß mit dem Ziel, die Aufgabe ihrer permanenten, sicheren Unterbringung zu erleichtern, befinden sich noch in den Anfängen. Die Notwendigkeit und Art einer Vorbehandlung der Abfallflüssigkeit wird von der potentiellen Gefährlichkeit der jeweiligen vorgesehenen Unterbringungsmethode bestimmt.

17.1 Abfallbeseitigung und Standortwahl für Anlagen der Kernenergie-Industrie

Bei der engen Verknüpfung der Prozesse der Kernenergiewirtschaft ist es abwegig, die Beseitigung der radioaktiven Abfälle als ein Problem für sich zu betrachten. Wenn auf Grund der örtlichen Gegebenheiten sich ein bestimmtes Beseitigungsverfahren als das zugleich sicherste und wirtschaftlichste erweist, muß dies bei der Wahl des Reaktortyps und des Trennverfahrens berücksichtigt werden. Die Anlage zur Beseitigung der radioaktiven Abfälle muß also gleichzeitig mit der Kernenergieanlage geplant werden und nicht später. In den verschiedenen Zweigen der Industrie sind ganze Herstellungsverfahren geändert worden, um die auftretenden Probleme der Abfallbeseitigung zu bewältigen. Die Schwierigkeiten der Abfallbeseitigung werden die Entwicklung der Kernenergie-Industrie ebenfalls entscheidend beeinflussen. [1]

Gegenwärtig wird dem Entwurf von Kernenergieanlagen weit mehr Aufmerksamkeit zugewandt als dem scheinbar uninteressanteren Problem der sicheren Unterbringung der radioaktiven Abfallstoffe. Dieses Vorgehen, das schon bei kleinen Anlagen zu ernsten Schwierigkeiten geführt hat, würde untragbar werden für die Behandlung der von einer zukünftigen Kernenergieindustrie zu erwartenden Abfallmengen.

In der rapide wachsenden Kernenergie-Industrie konzentriert sich mehr als in jeder anderen Industrie die Frage der Standortwahl auf das Problem der Beseitigung der Abfallprodukte. Die Standortwahl für einen Kernreaktor oder eine radiochemische Trennanlage ist eine der wichtigsten Entscheidungen, die bei der Planung zu treffen sind; denn diese hat einen schwerwiegenden Einfluß auf 1. den Entwurf kostspieliger Anlagen und Konstruktionen, 2. die Möglichkeit zukünftiger Erweiterungen, 3. den laufenden Betrieb und 4. die Sicherheit des Betriebspersonals und der in der Umgebung der Anlage lebenden Bevölkerung.

Bei der Standortwahl für eine Anlage der Kernenergie-Industrie müssen eine große Anzahl von Spezialisten der verschiedensten Fachgebiete eng zusammenarbeiten. Kernphysiker und -ingenieure, Verfahrenstechniker, Chemiker, Geologen, Hydrologen, Meteorologen, Spezialisten der Industriehygiene, Abwasser- und Wasserversorgungsingenieure, Bodenkundler, Mineralogen, Biologen und Landesplaner müssen im Verein mit den Wirtschaftlern den Standort einer Anlage der Kernenergie-Industrie festlegen. (Die auftretenden Fragen sind in [2], [3] behandelt.)

17.2 Beseitigung flüssiger und fester Abfälle von geringer bis mittlerer Aktivitätsstufe

17.21 Reinigung schwach radioaktiver Abwässer

Beim Betrieb von radiochemischen Laboratorien, Reaktoranlagen, Dekontaminierungszentren von Radioisotopen-Laboratorien und von industriellen Kernenergieanlagen usw., fallen unter anderem große Mengen von Abwässern an, die nur in geringem Maße radioaktiv sind, deren Aktivitätskonzentration aber die höchstzulässigen Konzentrationen für Trinkwasser überschreitet. In der Regel darf nicht wie bei Abwässern anderer Art eine Verdünnung im Vorfluter berücksichtigt werden. Da sich eine Speicherung dieser radioaktiven Abwässer in Rückhaltebecken bis zum hinreichenden Zerfall der Aktivität meist aus wirtschaftlichen Gründen verbietet, müssen die Abwässer so weit gereinigt werden, daß ihre Ableitung statthaft wird. Die sich bei dem Reinigungsprozeß ergebenden konzentrierten radioaktiven Rückstände erfordern eine weitere Behandlung; sie werden in Behältern gespeichert, in feste Stoffe inkorporiert und vergraben oder in das Meer versenkt.

Für die Abtrennung der Radioisotope aus den Abwässern kommen in erster Linie die üblichen Abwasserreinigungsverfahren in Frage. Das besondere Problem der Reinigung radioaktiver Abwässer besteht darin, daß die zurückzuhaltenden radioaktiven Verunreinigungen in, im Verhältnis zu den übrigen Verunreinigungen, verschwindend geringen Konzentrationen vorkommen; daher müssen an die Wirksamkeit der Wasserbehandlungsverfahren außerordentlich hohe Anforderungen gestellt werden. Eines der einfachsten und wirksamsten Verfahren für die Reinigung radioaktiven Abwassers, die Destillation, kommt aus wirtschaftlichen Gründen bei größeren Volumina schwach radioaktiver Abwässer nicht in Betracht. Zweckmäßige Verfahren für die Aufbereitung schwach radioaktiver Abwässer sind: Chemische Fällung, Enthärtung, Adsorption, Ionenaustausch, Elektro-Entionisierung und biologische Reinigung [4]. Bei der Auswahl des jeweiligen Verfahrens müssen folgende Faktoren berücksichtigt werden: Art und Konzentration des radioaktiven Materials, gleichzeitig vorhandene inaktive Verunreinigung, Wirkungsgrad des Aufbereitungsverfahrens (Dekontaminierungsfaktor), Durchflußleistung und Betriebskosten der Anlage.

Ein für jede Art schwach radioaktiven Abwassers geeignetes Wasserreinigungsverfahren gibt es nicht. Da in einer zentralen Abwasserbehandlungsanlage chemisch unterschiedliche Flüssigkeiten mit verschiedenen Feststoffgehalten aufbereitet werden müssen, wird es in der Regel erforderlich sein, mehrere Verfahren vorzusehen, die entweder parallel oder in Reihe geschaltet angewendet werden. Es besteht der Grundsatz, die anfallenden Radioisotopenkonzentrationen möglichst wenig zu verdünnen, da es zweckmäßiger ist, kleinere Abwassermengen mit höheren Aktivitätskonzentrationen zu dekontaminieren als große Mengen mit sehr geringen Aktivitätskonzentrationen. Aus diesem Grunde ist es notwendig, die Abwässer je nach dem Grade der voraussichtlichen Aktivitätskonzentration in separate Dränsysteme einzuleiten und jede Klasse gesondert zu behandeln. Das gleiche gilt natürlich auch für Abwässer gleicher Aktivitätsstufe von unterschiedlicher chemischer Zusammensetzung.

Für die Reinigung stark verschmutzter Abwässer mit geringen Aktivitätskonzentrationen wird mit gutem Erfolg chemische Fällung, beispielsweise mit Aluminiumsulfat, Natriumphosphat oder Eisenchlorid, angewendet. Die radioaktiven Substanzen lassen sich trotz ihrer geringen Konzentration ausfällen, wenn ihre chemischen Eigenschaften denen der niedergeschlagenen Elemente ähnlich sind. Da es kein universelles Fällungsmittel gibt, muß das Chemikal auf die jeweiligen radiochemischen Eigenschaften des Abwassers eingestellt werden. Bei Verwendung hoher Dosierungen wird auch mit der Kalk-Soda-Enthärtung eine wirksame Dekontaminierung erzielt. Ton oder Metallstaub können als Adsorptionsmittel, allein oder in Verbindung mit chemischen Fällmitteln, verwendet werden. Bei der kombinierten Anwendung mit Fällmitteln lassen sich hohe Dekontaminierungsfaktoren erzielen; nachteilig ist jedoch die Erhöhung des Schlammvolumens.

Liegen die Radioisotope in ionogener Lösung vor, so lassen sich durch Ionenaustauscher, insbesondere Mischbettionenaustauscher, sehr hohe Dekontaminierungsfaktoren erreichen. Das Verfahren ist jedoch nur bei niedrigem Salzgehalt der Abwässer wirtschaftlich tragbar; denn höhere Gehalte an inaktiven Ionen in der Lösung setzen die Dekontaminierungskapazität der Harze für die radioaktiven Ionen stark herab. Wegen der hohen Kosten der Austauscherharze werden auch natürliche anorganische Ionenaustausch-Materialien, wie Bentonite und Vermiculite verwendet, die jedoch nur Kationen austauschen. Bei diesen verhältnismäßig billigen Ionenaustauschern entfällt die wirtschaftliche Notwendigkeit für die Regenerierung. Natürliche organische Austauschmaterialien, wie Braunkohle, sind ebenfalls für Dekontaminierungszwecke verwendbar. Ein sehr wirksames Verfahren der Entsalzung von Abwässern besteht in der Verwendung von elektrodialytischen Zellen mit perm-selektiven Ionenaustausch-Membranen; es ist dabei aber eine vorherige Entnahme der in kolloidaler Form vorhandenen Radioisotope durch Mikrofilter notwendig. Sandfilter haben nur eine sehr geringe Dekontaminierungswirksamkeit, die Entnahme der radioaktiven Substanzen erfolgt vorwiegend durch die in der Schmutzdecke enthaltenen Bakterienkolonien. Biologische Wasserreinigungsmethoden, wie das Belebtschlammverfahren oder das Tropfkörperverfahren, sind bei geringem Salzgehalt des Abwassers von guter Wirksamkeit, sie werden insbesondere für die Reinigung der Schaumbildner enthaltenden Abwässer der Wäschereien für Schutzkleidung verwendet.

17.22 Reinigung und Unterbringung der radioaktiven Abfälle eines Kernkraftwerkes

Die hauptsächliche Quelle der beim Betrieb wassergekühlter Leistungsreaktoren anfallenden radioaktiven Abfälle bilden die Verunreinigung des Kühlmittels (s. Abschn. 5.4/2). Um jedes stärkere Anwachsen der Radioaktivität in einem geschlossenen Kühlsystem zu verhüten und diese auf einem niedrigen Gleichgewichtsniveau zu halten, wird ein geringer Prozentsatz des Gesamtflusses kontinuierlich abgezweigt, durch einen Ionenaustauscher geleitet und darauf dem Hauptkreislauf wieder zugeführt. Abb. 17.2/1 zeigt das Schema des Wasserreinigungssystems des Shippingport-Kernkraftwerkes

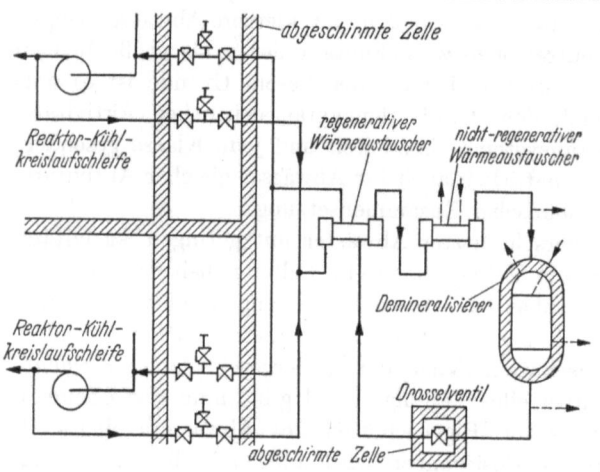

Abb. 17.2/1. Schema des Wasserreinigungssystems des Shippingport Kernreaktor-Kraftwerkes (nach SIMPSON, SHAW, MANDIL u. PALLADINO [5], S. 289—335).

(60000 kW elektrische Nutzleistung) [5], [6]. Das Kühlmittelreinigungssystem besteht aus zwei derartigen Nebenkreisläufen, die die Reinigung des Wassers von je zwei der vier Reaktor-Kühlkreisläufe vornehmen. Etwa 1,1 m³ Mischbett-Harze (Kation- und Anion-Entfernung) mit einer Kapazität von 0,43 Grammäquivalent/dm³ und einer Flächenbelastung von 2 bis 2,5 l/dm² min dienen der Reinigung der 85 m³ Wasser des primären Kühlsystems. Für die Lebensdauer des Harzes wurden sechs Monate angesetzt. Experimente haben gezeigt, daß das Harz für die 10 bis 30 Curie-Radioaktivität, die in dem Bett akkumulieren, mehr als adäquate Strahlungsstabilität aufweist. Seine Temperaturempfindlichkeit ist jedoch groß;

die Temperaturgrenze liegt bei 55 °C. Das Wasser des Nebenkreislaufes wird durch zwei Wärmeaustauscher gekühlt, ferner ist ein temperaturbetriebenes Schutzventil angeordnet. Die feinen Harz-Partikel werden durch einen Siebfilter gehalten, und weiterer Schutz ist in Form eines zusätzlichen Filters an der Rückseite vorgesehen.

Die stark radioaktiven verbrauchten Ionenaustauscher-Harze werden in flüssiger Form durch Rohrleitungen direkt in unterirdische Speicherbehälter aus nichtrostendem Stahl gespült, so daß keinerlei Manipulierungsschwierigkeiten entstehen [7]. Abb. 17.2/2 zeigt einen Vertikalschnitt durch das abgeschirmte Betongefäß eines Harz-Speicherbehälters [8]. Der ringförmige Betonsockel des Behälters ist von einer Rinne für den Auffang von durch evtl. Undichtheiten durchgesickerter Flüssigkeit umgeben. Die Rinne dränt in einen mit Aktivitätsanzeigern und Dampfeduktoren ausgerüsteten Sumpf. Das sich in den Harz-Speicherbehältern mit der Zeit abscheidende Wasser, das in geringerem Maße radioaktiv kontaminiert ist, kann in andere unterirdische Speicherbehälter überführt werden, von wo es nach einer Periode des Aktivitätszerfalls einem Reinigungsprozeß unterworfen wird. Außer den hochaktiven verbrauchten Ionen-

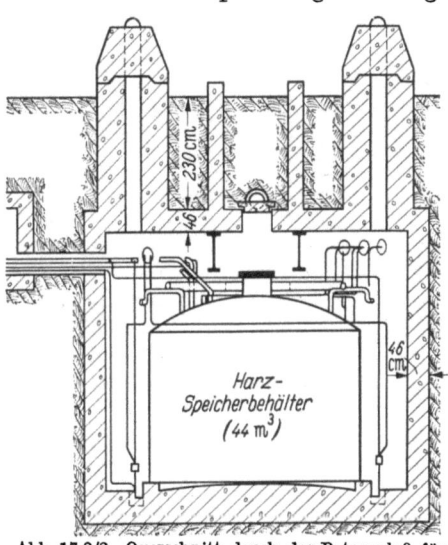

Abb. 17.2/2. Querschnitt durch das Betongefäß für einen Harzspeicherbehälter (nach EVANS [8])

austauscher-Harzen ergeben sich beim Betrieb des Reaktorsystems noch größere Mengen von Abwässern mit geringer Radioaktivitätskonzentration, die vor der Einleitung in den Vorfluter einer Behandlung bedürfen. Ferner fallen geringere Mengen gasförmiger und fester radioaktiver Abfälle an. Abwässer, in denen unter normalen Betriebsbedingungen das Auftreten radioaktiver Verunreinigungen nicht zu erwarten ist, bei denen jedoch unter gewissen Umständen die Gefahr einer Kontaminierung besteht, werden sicherheitshalber ständig durch Rückhaltebehälter mit Aktivitätsüberwachungssystem geleitet. [7], [7a]

Abb. 17.2/3 zeigt die allgemeine Anordnung der für die Behandlung der radioaktiven Abfälle des Shippingport-Kernkraftwerks vorgesehenen Einrichtungen [8]. Die verwendeten Behandlungsprozesse sind: 1. Rückhaltung von radioaktiven Flüssigkeiten und Gasen bis zu einem hinreichenden Zerfall der Radioaktivität. Die verbrauchten Ionenaustauscher-Harze werden permanent gespeichert. 2. Ionenaustausch zur Entfernung radioaktiver Verunreinigungen aus Abwässern. 3. Eindampfen radioaktiven Abwassers. 4. Veraschen brennbarer radioaktiver Feststoffe (bewährte Evaporator- und Verascheraggregate sind in [9] beschrieben). Zwischen den einzelnen Behältern und Apparaten bestehen verschiedene Querverbindungen, von denen einige auch zyklisch geschaltet werden können. Die Rohrleitungen sind in unterirdischen Betontunneln mit abhebbarer Eindeckung strahlensicher verlegt.

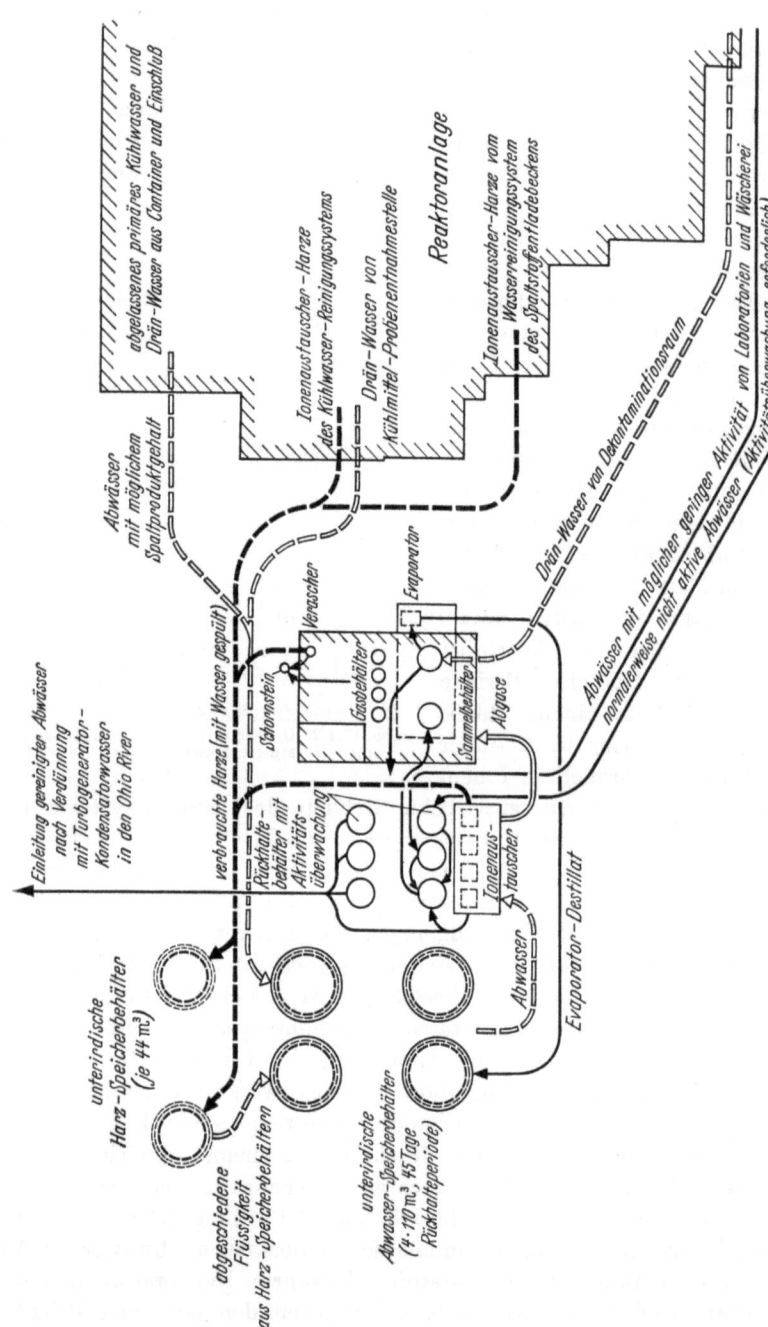

Abb. 17.2/3. Allgemeine Anordnung der Beseitigungsanlage für radioaktive Abfälle des Shippingport-Kernkraftwerkes (nach Evans [8])

Nicht brennbare feste radioaktive Abfälle, Evaporatorkonzentrate und Verascherrückstände werden in Beton inkorporiert und ins Meer versenkt (s. Abschnitt 17.26).

Weitere Beispiele für den Entwurf komplexer Anlagen für die Behandlung schwach radioaktiver Abwässer von Kernkraftwerken und Radioisotopen-Laboratorien finden sich in [10] bis [16].

17.23 Einleiten schwach radioaktiver Abwässer in Küstengewässer

Einer Einleitung schwach radioaktiver Abwässer in Küstengewässer müssen umfassende Untersuchungen vorausgehen, die folgende Punkte enthalten:

1. Bestimmung der Geschwindigkeit der Verdünnung der in das Meer eingeleiteten Abwässer und der effektiven Diffusionskoeffizienten in den verschiedenen Richtungen.

2. Bei Vorhandensein von Gezeitenströmungen: Bestimmung des günstigsten Zeitpunkts für eine Einleitung des Abwassers, um größtmögliche Dispersions- und Abschwächungsgeschwindigkeiten zu erzielen.

3. Bestimmung der erforderlichen Mindestlänge der Rohrleitung und der günstigsten Lage der Auslaßöffnung.

4. Bestimmung der Gleichgewichtskonzentrationen radioaktiven Materials, die sich bei täglicher Einleitung einer bestimmten Abwassermenge in das Meer in verschiedenen kritischen Bereichen ausbilden.

5. Feststellung der Begrenzungen für die Einleitung radioaktiven Abwassers, die durch die biologische Anreicherung bestimmter Radioisotope in der Meeresflora und -fauna gesetzt werden. Diese Ermittlung gründet sich auf die in den vorstehenden Punkten angestellten Untersuchungen über den Diffusionsprozeß, auf die Bestimmung der Konzentrationsfaktoren der Radioaktivität in Fischen und evtl. eßbaren Meeresgewächsen, auf Beobachtungen der Lebensgewohnheiten der Eßfische in dem betreffenden Bereich und Erhebungen über den Verzehr von Fischen und eßbaren Meeresgewächsen (z. B. eßbarer Seetang).

Bisher wird die Einleitung schwach radioaktiver Abwässer in Küstengewässer nur von den an der Irischen See gelegenen Plutoniumgewinnungsanlagen bei Windscale in großem Umfange praktiziert [17], [18], [19], [20]; für die britische Kernenergieanlage bei Winfrith Heath, an der Küste von Dorset, ist das Verfahren in Aussicht genommen [21].

17.24 Einleiten von Abwässern mittlerer Aktivitätsstufe in den Boden

Das Verfahren der Einleitung radioaktiver Abwässer in den Boden macht sich das Rückhaltevermögen von Lockergesteinen für Radioisotope zunutze. Bei günstigen geologischen, hydrologischen und bodenphysikalischen Gegebenheiten kann dieses Verfahren eine sehr wirtschaftliche Methode für die sichere Beseitigung radioaktiven Abwassers von mittlerer Aktivitätsstufe sein, bei dem weder eine Verdünnung auf die höchstzulässige Aktivitätskonzentration noch Speicherung in unterirdischen Behältern in wirtschaftlicher Weise möglich ist. Zur Ermittlung der Möglichkeit, ob radioaktive Abwässer durch Einleiten in den Boden beseitigt werden können, muß eine Untersuchung angestellt werden, bei der folgende Faktoren auszuwerten sind [22], [23], [24], [25], [26], [26a]:

1. Geologische und hydrologische Beschaffenheit des für eine Abwasser-Versickerung in Aussicht genommenen Geländes. Tiefe des Grundwasserspiegels und natürliche Fließgeschwindigkeit und Fließrichtung des Grundwassers vom Abfallbeseitigungsgebiet zu öffentlichen Gewässern und die Beeinflussung dieser Vorgänge durch die Einleitung des Abwassers.

2. Chemische und radiochemische Zusammensetzung und Eigenschaften des Abwassers.

3. Rückhaltevermögen der über dem Grundwasserspiegel anstehenden Bodenschichten für die verschiedenen in Frage kommenden Radioisotope, sowie der Grad, bis zu dem die festgehaltenen Isotope durch nachfolgende Diffusion und natürlich auslaugende Einflüsse, sowie durch folgende zur Versickerung gelangende flüssige Abfälle, wieder aus dem Boden herausgelöst werden können.

4. Die Möglichkeit einer zusätzlichen Rückhaltung radioaktiver Substanzen in den vom verunreinigten Grundwasser durchflossenen Sand- und Kiesschichten.

5. Grad der Verdünnung des radioaktiv kontaminierten Grundwassers beim Eintritt in öffentliche Gewässer und höchstzulässige Konzentrationen der biologisch maßgebenden Radioisotope in öffentlichen Gewässern.

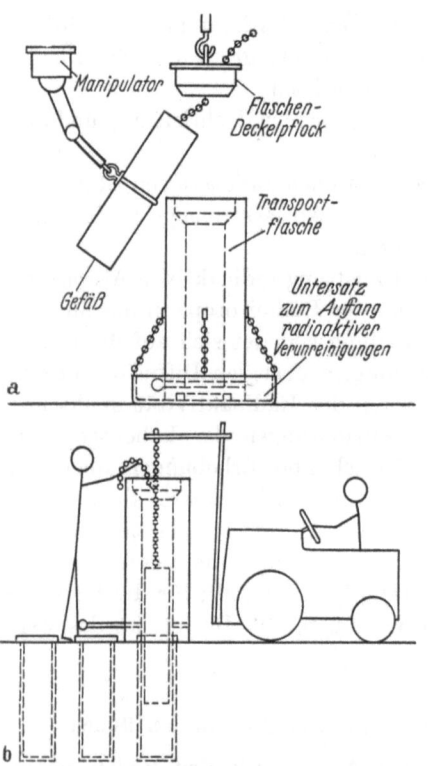

Abb. 17.2/4
a) Einladen des Abfallgefäßes in die Transportflasche im heißen Laboratorium: 1. Das zylindrische Gefäß wird mit radioaktivem Abfall gefüllt, 2. das Gefäß wird an einer durch den Deckel der Transportflasche laufenden Kette befestigt, 3. der Manipulatorkran setzt das Gefäß in die Transportflasche ein, 4. die Transportflasche wird aus der heißen Zelle herausgenommen;
b) Leeren der Transportflasche auf dem Abfallbeseitigungsgelände: 1. Der Hubstapler stellt das Gefäß über ein leeres Abfallrohr, 2. der Haltebolzen wird gelöst und das Gefäß in das leere Abfallrohr gesenkt, 3. die Kette wird am Verschlußpflock des Rohres befestigt und das Rohr wird verschlossen (nach United States Atomic Energy Commission [34], S. 253)

In größtem Umfange ist die Einleitung radioaktiver Abwässer in den Boden von den Plutonium-Gewinnungsanlagen bei Hanford, Washington, praktiziert worden. In Hanford sind die topographischen und hydrogeologischen Bedingungen in der Umgebung der Anlage für die Einleitung radioaktiver Abwässer in den Boden sehr günstig. Das Bodenmaterial mit einer durchschnittlichen Austauschkapazität von etwa 0,05 Milliäquivalenten je g Boden und einer Schichtdicke von rund 100 m über dem Grundwasserspiegel stellt ein großes Reservoir für Adsorption und Rückhaltung von Radioisotopen dar. Insgesamt gelangten dort in den letzten vierzehn Jahren $1,4 \cdot 10^7$ m³ Abwasser mit einer β-Aktivität von $2,5 \cdot 10^6$ Curie zur Versickerung. Das Verfahren wird ebenfalls von den Savannah River-Werken und vom Oak Ridge National Laboratory verwendet. [27], [28], [29], [30]

17.25 Vergraben fester radioaktiver Abfälle

Ein großer Teil der festen radioaktiven Abfälle wird in sorgfältig ausgewählten Bereichen nahe der Bodenoberfläche (Tiefe $> 1,2$ m) vergraben. Die Bodenschicht muß mehrere Meter oberhalb des Fluktuationsbereiches des Grundwasserspiegels liegen und eine hohe Adsorptionskapazität (hoher Tongehalt) für ausgelaugte Radioisotope besitzen. Die Grundwasserbewegung soll langsam sein und das Gelände in hinreichend großer Entfernung von Grundwasser-Nutzungsstellen liegen, so daß ein wesentliches Abklingen der Aktivität evtl. ausgewaschener radioaktiver Substanzen gewährleistet ist. Die Fläche der Vergrabung ist gegen Erosion zu schützen. Bei Bodenarten, die nicht vollauf befriedigende Retentionseigenschaften für radioaktive Substanzen besitzen, ist die Überdeckung mit einer Betonschicht erforderlich. Das Gelände muß abgesperrt werden; periodische Aktivitätsüberwachungen sind vorzunehmen. [31], [31a]

Schwach radioaktive feste Abfälle werden in Plastiksäcken oder versiegelten Pappbehältern in großen Abfalleimern zum Vergrabungsgelände transportiert. Der Transport intensiver γ-Strahler erfolgt in Spezialkippkarren mit mehrere Meter langem Griff oder in abgeschirmten Transportflaschen. Die Abfälle werden entweder in tiefe Gräben eingebracht, die abschnittsweise von einem Bulldozer zugeschüttet werden, oder sie werden in Einzellöcher mit oder ohne Betonauskleidung gesenkt, die zubetoniert oder abgedeckt werden [31a], [32], [33].

Abb. 17.2/4a zeigt eine Transportflasche, wie sie in Knolls Atomic Power Laboratory für den Transport relativ hochgradig γ-radioaktiver Abfälle zum Gelände der Vergrabung verwendet wird. Die Flasche ist ein vertikales, gegen Strahlung abgeschirmtes Rohr mit offenem Boden, in das ein an Ort und Stelle in den heißen Zellen mit radioaktiven Abfällen gefülltes, zylindrisches Gefäß eingeführt und an einer Kette am Deckelpflock angehängt wird. Abb. 17.2/4b zeigt das Einsenken des Gefäßes in in den Boden eingesetzte zylindrische Betonrohre, die durch schwere Betondeckel geschlossen werden. [34]

17.26 Versenken radioaktiver Abfälle ins Meer

Das Versenken radioaktiver Abfälle von geringer bis mittlerer Aktivität in verpackter Form in den Ozean wird besonders an der Ostküste der Vereinigten Staaten praktiziert. Bei dem Material handelt es sich um radioaktiv kontaminierte Abfälle von Kernforschungslaboratorien, wie zerbrochenes Glas, Ausrüstungsteile, Kleidung und Papier (gepreßt), und um flüssige Evaporator-Konzentrate [35]. Die Versenkung in den Ozean muß nach den amerikanischen Vorschriften [36] Gewähr dafür bieten, daß das Material in eine Tiefe von 1800 m kommt und nicht wieder an die Oberfläche gelangen kann.

Für den Einschluß der zur Versenkung gelangenden radioaktiven Abfälle werden verschiedene Arten der Verpackung verwendet: 200 l-Ölfässer und zylindrische Blechbehälter zwischen 20 und 200 l Rauminhalt, vorgefertigte Betonbehälter und große Betonkästen. Der weitaus größte Teil der Abfälle wird in 200 l-Ölfässern verpackt. [37], [38], [39], [39a]

Das Brookhaven National Laboratory verwendet 200 l-Ölfässer für die Verpackung der radioaktiven Abfälle. Diese Ölfässer erhalten zunächst zur Strahlenabschirmung eine innere Betonverkleidung von 10 bis 20 cm Dicke, die mit Hilfe von Papprohren eingeschalt wird. Darauf werden die Fässer mit einem „Beton" gefüllt, dessen Mischwasser radioaktives Abwasser (Evaporator-Konzentrate, usw.) ist und dessen Zuschläge radioaktiv kontaminierter Sand von Sandstrahl-Reinigungsarbeiten und feste radioaktive Abfälle (Metall,

Glas, usw.) sind; der Zement ist das einzige nicht radioaktiv kontaminierte Material. [*40*]

Jährlich werden 600 bis 700 Ölfässer mit den zu Beton verarbeiteten radioaktiven Abfällen gefüllt; die Aktivität der Abfälle beträgt im Durchschnitt 1 Curie je Faß. Die gefüllten Fässer werden nach der Intensität des Strahlungsfeldes am Mantel des Fasses in Gruppen eingeteilt, durch besondere Farbringe gekennzeichnet, und auf einem Sperrgelände mit dem Boden nach oben gelagert. Einmal im Jahr werden die akkumulierten Abfallfässer mit Schwerlastfahrzeugen zum nächsten Hafen transportiert, auf einen Lastkahn verladen und zur Versenkungsstelle gebracht.

Die Atomics International Division of North American Aviation, Inc., verwendet ein anderes Verpackungsverfahren [*41*]: Der Boden von 200 l-Ölfässern wird 15 cm hoch mit Beton bedeckt. Pappe-, Blech- oder Glasbehälter mit 10 bis 20 l Fassungsvermögen, die die primäre Verpackung der radioaktiven Abfälle darstellen, werden so in die Ölfässer eingesetzt, daß ein Mindest-Lichtraum von 10 cm bis zur Wandung der Fässer bleibt, der durch Abstandhalter gesichert wird. Die verbleibenden Zwischenräume werden vollständig mit Beton gefüllt. Der Beton dient sowohl zum festen Einschluß der Abfälle als auch zur Strahlenabschirmung.

17.3 Hochgradig radioaktive Abfallflüssigkeiten aus dem radiochemischen Trennprozeß

Die Methoden der Vorbehandlung, der Speicherung und der endgültigen Unterbringung der hochgradig radioaktiven Abfallflüssigkeiten aus dem radiochemischen Trennprozeß richten sich nach ihren jeweiligen chemischen Zusammensetzungen, physikalischen Eigenschaften und Aktivitätskonzentrationen. Die Merkmale der Abfallflüssigkeiten sind im wesentlichen Funktionen von Spaltstoffelement-Zusammensetzung, Betriebsbedingungen im Reaktor und dem besonderen radiochemischen Trennprozeß.

17.31 Spaltstoffelement-Zusammensetzung

Spaltstoffelemente für heterogene Reaktoren bestehen aus dem Spaltstoffmaterial (Uran, Plutonium oder Thorium), einem Ummantelungsmaterial (Aluminium, Zirkon oder nichtrostendem Stahl) und zuweilen auch aus einem Matrixmaterial (Al, Zr oder Fe) in dem der Spaltstoff dispergiert ist.

Die Ummantelung von Reaktor-Spaltstoff ist aus verschiedenen Gründen erforderlich; die beiden wichtigsten sind 1. die Notwendigkeit der Verhinderung eines Angriffs von Wasser, Luft oder einem anderen Kühlmittel, insbesondere bei hohen Temperaturen, auf Uran, Plutonium oder Thorium und 2. die Notwendigkeit der Verhütung eines Entweichens der radioaktiven Spaltprodukte, einschließlich der Gase und des extrem giftigen Plutoniums. Ein weiterer Zweck der Ummantelung der Spaltstoffelemente ist, den Spaltstoffelementen Widerstandsfähigkeit gegen Wärmespannungen aus Temperaturänderungen zu verleihen und Abmessungsänderungen infolge Strahlenschädigung zu verhindern.

Aluminium ist vielfach als Ummantelungsmaterial verwendet worden. Da es bei hohen Temperaturen von Wasser sehr stark angegriffen wird, liegt bei der Verwendung von Wasser als Kühlmittel die höchstzulässige Oberflächentemperatur bei 210 °C. Bei Verwendung von Kühlgasen, beispielsweise Helium oder Kohlendioxyd, können höhere Temperaturen zugelassen werden, maßgebendes Kriterium wird dann der rapide Festigkeitsverlust des Metalls bei Temperaturen über 210 °C. Wegen seiner befriedigenden, kernphysikalischen und mechanischen Eigenschaften und seiner hohen Korrosionsfestigkeit hat Zirkon als Ummantelungsmaterial trotz seiner hohen Kosten vielfach Anwendung gefunden. Die maximal zulässige Oberflächentemperatur in Wasser liegt nahe bei 350 °C. Weder Aluminium noch Zirkon würden in einem natriumgekühlten Reaktor als Spaltstoff-Ummantelungsmaterialien geeignet sein, wenn die hohen erzielbaren Temperaturen ausgenutzt werden sollen. In diesem Falle scheint gegenwärtig nichtrostender Stahl die einzig rationelle Möglichkeit zu bieten. Seine höchstzulässige Oberflächentemperatur beträgt etwa 650 °C, und seine Korrosionsfestigkeit gegenüber dem Angriff von flüssigem Natrium ist gut. Nichtrostender Stahl ist auch als alternatives Ummantelungsmaterial anstelle von Zirkon für wassergekühlte Reaktoranlagen vorgeschlagen worden, da er sehr viel billiger ist als dieses. Sein Nachteil besteht jedoch in dem viel größeren Neuroneneinfang-Wirkungsquerschnitt. [*42*]

17.32 Lösungsextraktion

Der gegenwärtig meistverwendete radiochemische Trennprozeß ist das Lösungsextraktionsverfahren. Das Grundprinzip dieses Verfahrens geht aus dem in Abb. 17.3/1 dargestellten Schema hervor [*43*]. Die Spaltstoffelemente werden nach einer Kühlperiode von etwa 120 Tagen in Salpetersäure, (HNO_3), Königswasser (1 Teil HNO_3 + 3 Teile HCl) oder Flußsäure (HF) gelöst, und die Lösung wird dem Mittelabschnitt einer Extraktionskolonne zugeführt, wo sie mit einem am Boden der Kolonne eintretenden unmischbaren organischen Lösungsmittel, tributyl-phosphat (TBP) oder methyl-isobutyl-keton (Hexon), in Kontakt kommt. Das Lösungsmittel extrahiert selektiv das Uran und Plutonium, und eine dem oberen Ende der Kolonne zugeführte wäßrige Salzlösung wäscht die Spuren von Spaltprodukten aus dem organischen Extrakt, bevor er oben aus der Kolonne austritt. Die Abfälle, die mehr als 99,9% der gesamten Spaltprodukte enthalten, sowie die inerten Bestandteile der zugeführten Lösung und der Waschlösung, treten am Boden der Kolonne aus. [*44*]

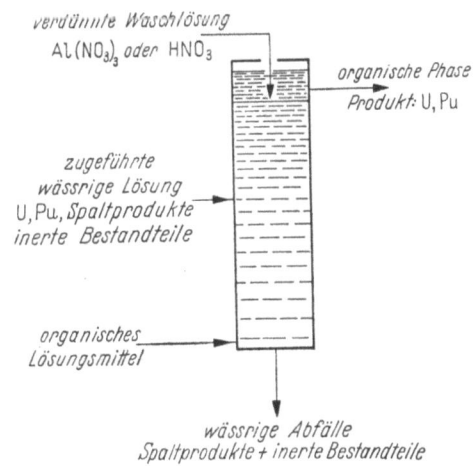

Abb. 17.3/1. Schema einer Lösungsextraktions-Trennkolonne (nach BLOMEKE, ARNOLD u. GRESKY [*43*])

Die Einzelheiten des Lösungsextraktionsverfahrens sind von der Zusammensetzung der aufzubereitenden Spaltstoffelemente abhängig. Die chemischen und physikalischen Charakteristiken der Abfallösung werden in wesentlichem Maße von den im Trennprozeß verwendeten Reagenzien mitbestimmt.

17.33 Charakteristiken hochaktiver Abfallflüssigkeiten

In einer von E. G. STRUXNESS und J. O. BLOMEKE [45] aufgestellten Tabelle, die hier auszugsweise als Tab. 17.3/1 wiedergegeben wird, sind einige chemische und physikalische Merkmale von typischen hochaktiven Abfällen aus verschiedenen Versionen des Trennprozesses angegeben.

Tabelle 17.3/1. *Charakteristiken hochgradig radioaktiver Abfallösungen von typischen Spaltstoff-Aufbereitungsprozessen*

Spaltstoff	Trennverfahren	Volumen l/kg U	chemische Zusammensetzung		Spaltproduktniveau/l[1]		
					120 d Zerfall	1 a Zerfall	10 a Zerfall
natürliches U od. $\sim$2% U^{235}	*Purex:* Lösung in HNO_3, Extraktion von U und Pu mit TBP, HNO_3-Wäsche	4	H^+, NO_3^-,	0,93 M 0,93 M	950 Curie (3,5 Watt)	330 Curie (1,1 W)	30 Curie (0,07 W)
angereicherte ($\sim$90% U^{235}) U-Al-Legierung	*TBP-25:* Lösung in HNO_3 Extraktion von U mit TBP, HNO_3-$Al(NO_3)_3$-Wäsche	670	H^+, NO_3^-, Al^{3+}, Hg^{++}, $NH_2SO_3^-$,	1,33 M 6,20 M 1,63 M 0,01 M 0,04 M	260 Curie (0,9 W)	74 Curie (0,26 W)	5,5 Curie (0,01 W)
angereichertes ($\sim$90% U^{235}) U-nichtrostender Stahl	*Darex:* Lösung in Königswasser, Destillation von HCl, Extraktion von U mit TBP, HNO_3-$Al(NO_3)_3$-Wäsche	250	H^+, NO_3^-, Fe^{3+}, Cr^{3+}, Ni^{++}, Al^{3+},	2,94 M 6,10 M 0,69 M 0,16 M 0,075 M 0,123 M	330 Curie (2,4 W)	37 Curie (0,7 W)	14 Curie (0,03 W)
natürliches U od. $\sim$2% U^{235}-Zr-Legierung	*FAN:* Lösung in HF-$Al(NO_3)_3$-HNO_3, Extraktion von U und Pu mit TBP, HNO_3-Wäsche	50	H^+, F^-, NO_3^-, Al^{3+}, Zr^{4+},	2,40 M 0,42 M 4,10 M 0,60 M 0,08 M	71 Curie (0,26 W)	25 Curie (0,08 W)	2,2 Curie (0,006 W)

[1] Die Spaltproduktgehalte gründen sich auf 10000 MWd/t Aufbrand von leicht angereichertem Uran und 30% Aufbrand von hochgradig angereichertem Uran bei einem thermischen Neutronenfluß von $3 \cdot 10^{13}$ n/cm² sek.

17.34 Übersicht über Behandlung und Unterbringung hochaktiver Abfälle

Die Verfahren der physikalischen und chemischen Behandlung hochgradig radioaktiver Abfallflüssigkeiten können nach ihrem Zweck in vier Gruppen eingeteilt werden:

1. Volumenverminderung der Abfallösung durch Eindampfen zur Reduktion des erforderlichen Speicherraumes und Neutralisierung zur Verminderung der

17.3 Hochgradig radioaktive Abfallflüssigkeiten

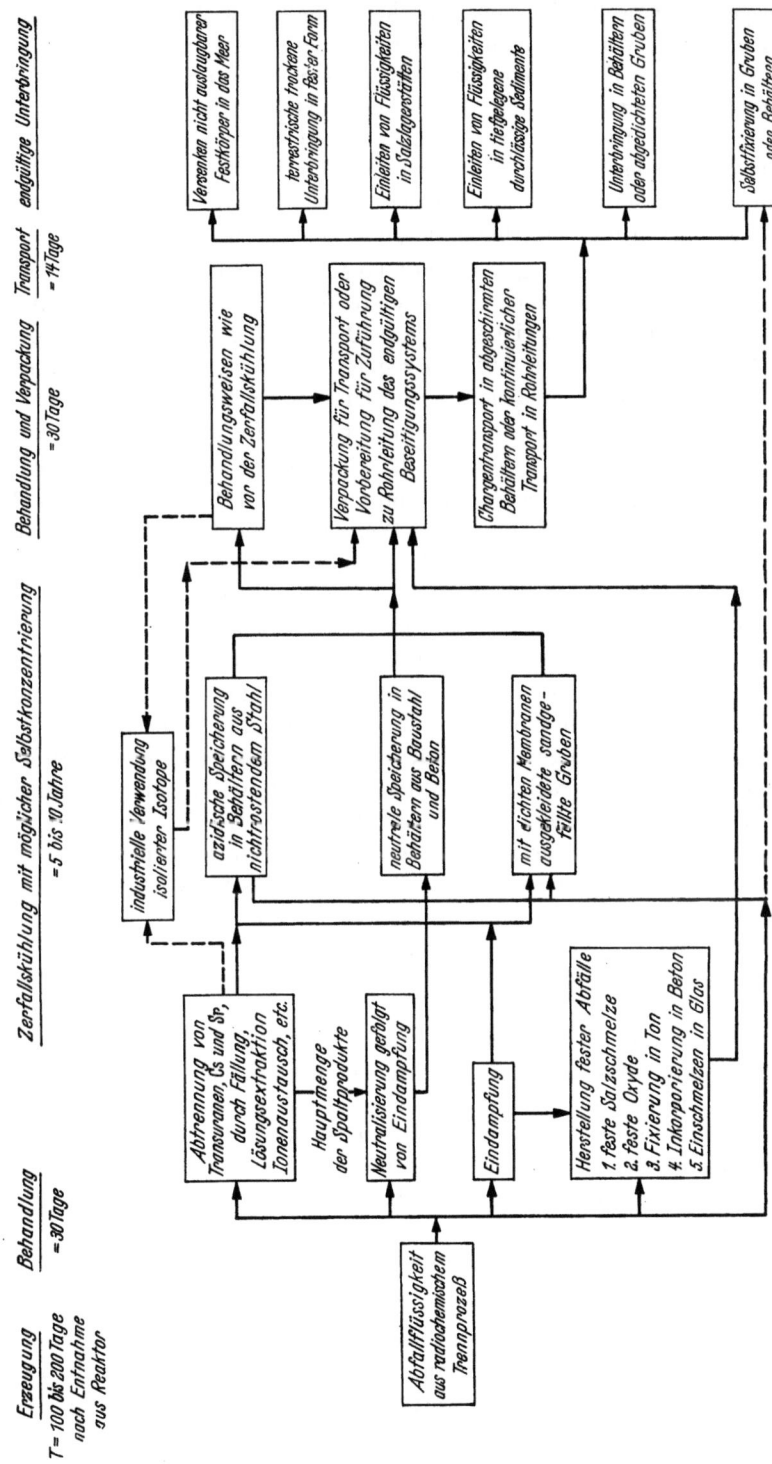

Abb. 17.3/2. Fließschema (nicht vollständig) der Behandlung und Unterbringung hochgradig radioaktiver Abfallflüssigkeiten (nach GOODMAN [47]; etwas abgeändert) Anm.: Die Zeiten sind additiv; strichlierte Linien zeigen alternative Routen an

Korrosionsgefahr. Zuweilen ist auch eine chemische Behandlung der Abfallösung zur Verhütung einer Verflüchtigung größerer Mengen bestimmter Spaltprodukte aus der gespeicherten Flüssigkeit notwendig. Die Speicherung der Abfallflüssigkeit kann als ein physikalisches Behandlungsverfahren zur Verringerung der Probleme der endgültigen Unterbringung angesehen werden. Die Gesamtaktivität der gespeicherten Flüssigkeit hat sich nach einigen Jahren auf einen Bruchteil der ursprünglichen Aktivität reduziert, die Zerfallswärmeerzeugung kann zur Selbstkonzentrierung der Abfälle ausgenutzt werden.

2. Abtrennung besonders gefährlicher langlebiger Spaltprodukte, wie Sr^{90} und Cs^{137}, und der Transurane, insbesondere des starken α-Strahlers Am^{241}. Dadurch werden die Schwierigkeiten der Behandlung und sicheren Unterbringung der großen Masse der Abfallflüssigkeit reduziert, während das verhältnismäßig kleine Volumen der abgetrennten langlebigen Spaltprodukte und der Transurane die Verwendung kostspieligerer Verfahren für die permanente Unterbringung rechtfertigen (soweit diese Stoffe nicht industriell genutzt werden).

3. Abtrennung spezifischer Radioisotope aus der Abfallösung für die Verwendung als industrielle Strahlenquellen. Wenn sich weit über das gegenwärtige Maß hinausgehende industrielle Verwendungsmöglichkeiten für spezifische Radioisotope finden lassen, könnte der industrielle Nutzwert dieser aus den Abfällen gewonnenen Stoffe für die Kosten des Abtrennungsprozesses selbst aufkommen; für die Abfallbeseitigung resultiert dann der Vorteil einer Kostenreduktion.

4. Herabsetzung der potentiellen Gefährlichkeit der hochaktiven Abfälle durch Überführung der Abfallösung in ein Produkt, in dem die Spaltprodukte fixiert sind. Bei hochgradiger Stabilität des Produktes gegenüber Umwelteinflüssen und hoher Konzentration der Aktivität ergibt sich die Möglichkeit einer Nutzung des Spaltproduktgemisches für technische Zwecke.

Ziel der endgültigen Unterbringung der radioaktiven Abfallprodukte ist die Isolierung dieser Stoffe in einer Weise, daß eine radioaktive Kontaminierung des menschlichen Lebensraums ausgeschlossen wird. Praktische Möglichkeiten sind: Einschluß in Kavernen von Salzformationen, Einleiten in tiefgelegene durchlässige Sedimente, Versenken in dicke, stabile Meeresschlamm-Ablagerungen und in Tiefseegräben. Eine Methode der Unterbringung hochaktiver Abfälle mit an Vollkommenheit grenzender Sicherheit bestünde in der Einsenkung der Abfälle in das Grönland- oder Südpolareis möglichst nahe der höchsten absoluten Erhebung der Eisoberfläche [46]; der entscheidende Nachteil dieses Verfahrens liegt in der auf wirtschaftliche Weise kaum lösbaren Transportfrage. — Ein vereinfachtes Fließschema für die Behandlung und Unterbringung hochgradig radioaktiver Abfallflüssigkeiten ist in Abb. 17.3/2 dargestellt [47].

17.4 Behälter-Speicherung hochaktiver Abfallflüssigkeiten

Ein in großem Umfange angewendetes Verfahren der sicheren Unterbringung hochgradig radioaktiver Abfallflüssigkeiten ist Speicherung in mit Stahlblech ausgekleideten Betonbehältern mit einem Fassungsvermögen von 2000 bis 5000 m³ [48], [48a]. Allein in den Hanford-Werken bei Richland, Washington, werden gegenwärtig etwa 200000 m³ hochaktiver Abfallflüssigkeiten aus dem radiochemischen Trennprozeß in Behältern gespeichert [48].

Um die von den Spaltprodukten emittierte γ-Strahlung abzuschirmen, werden die Behälter unterirdisch errichtet, mit einer Erdüberdeckung von 2 bis 3 m. Die Konstruktion dieser Behälter muß ungewöhnlichen Anforderungen an Sicherheit und Zuverlässigkeit genügen, zugleich müssen die Behälter aber auch mit einem möglichst geringen Kostenaufwand errichtet werden können.

Die Radioaktivität der gespeicherten Abfallflüssigkeit resultiert in einer laufenden Wärmeentwicklung durch Selbstabsorption der Strahlung der zerfallenden Spaltprodukte. Es ist daher notwendig, die Flüssigkeit unter Bedingungen zu speichern, die dem Erreichen von Temperaturen vorbeugen, welche sich auf das Speicherungssystem schädigend auswirken können.

Die tatsächliche Lebensdauer der Speicherbehälter ist nicht bekannt; sie ist auch bei sorgfältigster Ausführung mit Sicherheit viel kürzer als einige der langlebigen Isotope fortdauern, eine Gefahr darzustellen. Die gegenwärtige Erfahrung erstreckt sich über einen Zeitbereich von etwa einer halben Halbwertzeit der gefährlichen Isotope Sr^{90} und Cs^{137}. Das Verfahren der Speicherung in unterirdischen Behältern gibt also keine sichere Gewähr, daß die flüssigen radioaktiven Abfälle für ihre gesamte wirksame Lebensdauer — viele Jahrhunderte — gefahrlos aufbewahrt werden können. Somit ist die Behälterspeicherung als eine *semi-permanente* Methode der Beseitigung anzusehen.

17.41 Wärmeentwicklung

Abb. 17.4/1 zeigt die Wärmeerzeugung zerfallender Spaltprodukte als Funktion der Zeit nach der Entnahme des bestrahlten Spaltstoffs aus dem Kernreaktor [49]. Das Diagramm gründet sich auf die Annahme, daß 1 t Uran mit 1,2 Gew.-% U^{235} bei einer Reaktorleistung von 5 MW/t eine Gesamtbestrahlung von 2500 MWd/t erhalten hat. Zuerst wird der größte Teil der Wärme von kurzlebigen Spaltprodukten erzeugt, später von langlebigeren; nach fünf Jahren beruht fast die gesamte Wärmeerzeugung auf dem Zerfall von Cs^{137} (HWZ: 37 Jahre) und Sr^{90} (HWZ: 19,9 Jahre).

Die Tatsache, daß nach einer 5 jährigen Speicherung des Spaltproduktgemisches fast die gesamte erzeugte Wärme aus dem Zerfall von Cs^{137} und Sr^{90} herrührt, legt es nahe,

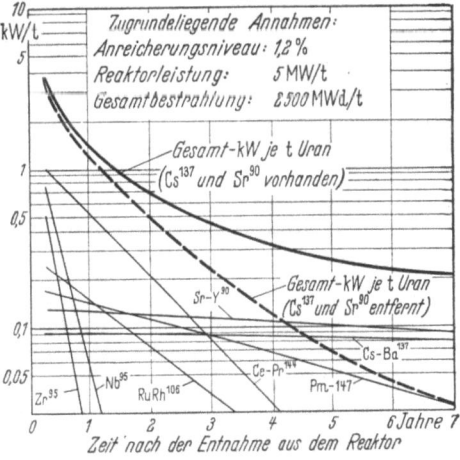

Abb. 17.4/1. Wärmeerzeugung zerfallender Spaltprodukte (nach COPPINGER u. TOMLINSON [49])

diese zwei Elemente durch chemische Verfahren von dem Spaltproduktgemisch abzutrennen. Die entsprechende Wärmeerzeugungskurve ist in Abb. 17.4/1 strichliert eingezeichnet. — Bei Cs^{137} und Sr^{90} handelt es sich um Spaltprodukte, die möglicherweise in großem Maßstabe industriell genutzt werden können — Cs^{137} als γ-Quelle und Sr^{90} als reine β-Quelle —, so daß diese Isotope erst zur Beseitigung gelangen werden, wenn ihre spezifische Aktivität zu gering für technische Verwendungszwecke geworden ist. Der industrielle

Nutzwert dieser aus den Abfällen gewonnenen Stoffe könnte also erstens für die Kosten des Abtrennungsprozesses selbst aufkommen und ferner die Kosten der Abfallbeseitigung weitgehend tragen helfen, vorausgesetzt, daß sich weit über das gegenwärtige Maß hinausgehende industrielle Verwendungsmöglichkeiten finden lassen.

In Abb. 17.4/2 ist die Wärmeerzeugung in einem Speicherbehälter dargestellt, der radioaktive Abfälle von einer Trennanlage erhält, die die in Abb.17.4/1 spezifizierten bestrahlten Spaltstoffelemente mit einer Leistung von 1 t je Tag aufbereitet, wobei die Abfallflüssigkeit dem Speicherbehälter 90 Tage nach der Entnahme der Spaltstoffelemente aus dem Reaktor zugeführt wird [49]. Der Betrieb eines Speicherbehälters wird in zwei Zeitabschnitte eingeteilt:

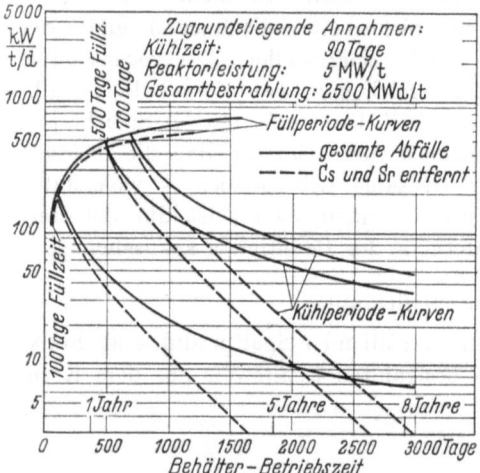

Abb. 17.4/2
Wärmeerzeugung radioaktiver Abfälle in Speicherbehältern (nach COPPINGER u. TOMLINSON [49])

Die Füllperiode ist die Zeit, während der der Behälter gefüllt wird, darauf beginnt die Kühlperiode. Während der Füllperiode rührt der größere Teil der erzeugten Wärme von den kurzlebigen Spaltprodukten her. Der Wärmeleistungszuwachs im Behälter steigt anfänglich schnell, er ist ungefähr proportional der Menge der dem Behälter zugeführten kurzlebigen Spaltprodukte. Nach einigen Monaten sind jedoch die dem Behälter zuerst zugeführten kurzlebigen Spaltprodukte weitgehend zerfallen, so daß der kumulative Wärmezuwachs sich laufend vermindert. Die Kühlperiode-Kurven stellen die Wärmeleistung der Abfallflüssigkeit nach Beendigung der Füllung dar, die über einen bestimmten Zeitraum kontinuierlich stattgefunden hat. Ein innerhalb eines kurzen Zeitabschnitts gefüllter Behälter enthält einen verhältnismäßig hohen Anteil kurzlebiger Spaltprodukte, und die Wärmeleistung der Abfallflüssigkeit fällt daher anfänglich rasch ab. Ein über einen längeren Zeitraum gefüllter Behälter enthält einen höheren Anteil langlebiger Spaltprodukte, was in einer langsamer abfallenden Wärmeleistung resultiert.

Bei Zugrundelegung der für Abb. 17.4/2 definierten Betriebsbedingungen und einer typischen Abfallösung aus dem Purex-Prozeß mit einem Volumen von 0,5 m³ je t aufbereiteten Urans ergibt sich nach Berechnungen von E. A. COPPINGER und R. E. TOMLINSON [49] für einen zylindrischen Behälter vom Hanford-Typ mit 2000 m³ Fassungsvermögen eine Füllzeit von 4000 Tagen und ein Sieden der Flüssigkeit über einen Zeitraum von etwa 50 Jahren. Für einen Behälter von 4000 m³ Fassungsvermögen mit einer Füllzeit von 8000 Tagen würde die Abfallösung etwa 70 Jahre lang sieden, wenn die Wärmeverluste je m² Oberfläche die gleichen sind wie im vorigen Falle.

Der Einfluß der Abtrennung von Cs und Sr auf die Wärmeerzeugung der Abfallflüssigkeit in einem Speicherbehälter unter den bereits definierten Betriebsbedingungen wird durch die strichlierten Kurven in Abb. 17.4/2 dargestellt. Das Maximum der Wärmeleistung bleibt von der Entfernung der beiden langlebigen Radioisotope im wesentlichen unberührt, aber die Zeitdauer des Siedens der gespeicherten Flüssigkeit reduziert sich auf 2 bis 5 Jahre nach Beendigung der Füllperiode. Der Nutzeffekt dieser Änderung besteht in der Reduzierung der Anforderungen an die Behälterkonstruktion und der Erzielung einer erheblichen Verkürzung der Zeitspanne, während der ein Behälter eine genaue Betriebswartung erfordert. Das verhältnismäßig kleine Volumen der abgetrennten langlebigen Spaltprodukte rechtfertigt die Verwendung kostspieligerer Ausrüstung für die Speicherung bzw. die Verwendung kostspieligerer Verfahren für die permanente Beseitigung dieser Stoffe, soweit sie nicht für eine industrielle Nutzung in Frage kommen.

Durch Kondensation des Dampfes und Abführung des nur schwach radioaktiven Kondensats läßt sich eine Selbstkonzentration der Abfälle erzielen. Das Ausmaß der zulässigen Versickerung der Kondensate wird durch die örtlichen Boden- und Grundwasserverhältnisse sowie die Entfernung bis zu bewohnten Gebieten bzw. Grundwasser-Nutzungsstellen bestimmt. Böden mit geringer Durchlässigkeit und hohem Ionenaustauschvermögen sind hinsichtlich einer Entgiftung des Kondensatabwassers am günstigsten. In Bereichen, die an bewohnte Gegenden angrenzen oder wo der Grundwasserspiegel nach kurzer Sickerzeit erreicht wird, ist die Wahl eines geschlossenen Speichersystems empfehlenswert. Bei einem geschlossenem System werden entweder die kondensierten Dämpfe als Flüssigkeit wieder in den Behälter zurückgeleitet, oder das Sieden der Abfallflüssigkeit wird verhindert.

Die Unterbindung des Siedens kann durch konstruktive oder betriebliche Maßnahmen erfolgen:

1. Die Einleitung von Abfallösungen in einen Behälter wird so langsam vorgenommen, daß die Wärmeerzeugung im Behälter geringer bleibt als die Wärmeabführung in das umgebende Erdreich bei einer unter dem Siedepunkt liegenden Temperatur. Dieses Verfahren erfordert eine große Anzahl Speicherbehälter, die umschichtig kleine Mengen frischer Abfallösung erhalten.

2. Der Speicherbehälter-Entwurf wird mit sehr großem Oberfläche : Volumen-Verhältnis aufgestellt, indem eine große Anzahl kleiner Behälter oder flache Behälter großen Durchmessers gebaut werden.

3. Eine weitere Alternative besteht darin, eine größere Anzahl großer Behälter zu bauen und sie mit so stark verdünnter Abfallösung zu füllen, daß die gesamte erzeugte Wärme in den Boden abgeführt wird.

4. Der Speicherbehälter wird mit hinreichend großer Wärmeaustauschoberfläche versehen, um die erzeugte Wärme mittels Kühlwasser abführen zu können. Die Verwendung von Kühlschlangen birgt die Gefahr der radioaktiven Kontaminierung des Kühlwassers im Falle eines Rohrbruches in sich, und es sind daher Vorkehrungen für eine gefahrlose Beseitigung des kontaminierten Kühlwassers zu treffen. Der Speicherbehälter ist für den maximalen Dampfdruck zu bemessen, der sich im Falle eines Versagens des Kühlsystems ausbilden kann.

Jede dieser Alternativen resultiert in höheren Kosten der Behälterspeicherung je Einheitsmenge aufbereiteten Spaltstoffs. Die Ursache hierfür ist neben der Erhöhung der Kapitalinvestition auch die Speicherung der Abfallösung zu einem größeren Volumen je Einheitsmenge Spaltstoff als unter Ausnutzung der Selbstkonzentrierung erreichbar wäre.

17.42 Behälter mit Dampfkondensationssystem

Speicherbehälter mit äußerem Dampfkondensationssystem werden zur kontrollierten Aufbewahrung der hochgradig radioaktiven Abfallflüssigkeit aus den Trennanlagen der Hanford Atomic Products Operation verwendet [48], [48a], [50], [51]. In Abb. 17.4/3 ist eine Speicheranlage dieses Typs mit ihrem Zubehör schematisch dargestellt. Die unterirdischen Behälter sind als vertikale Stahlbetonzylinder mit elliptischer Stahlbetonkuppel ausgeführt, sie besitzen zur Strahlenabschirmung eine Erdüberdeckung von 1,8 bis 2,4 m Dicke. Die elliptische Kuppelform wurde gewählt, um die Anordnung eines Ringträgers zu

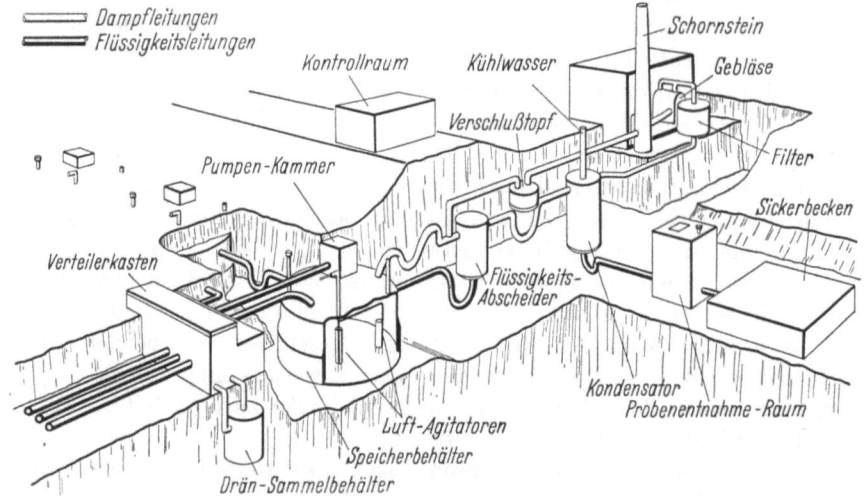

Abb. 17.4/3. Schematische Ansicht eines Speichersystems für hochgradig radioaktive Abfallstoffe mit äußerer Dampfkondensationsanlage (nach PILKEY, PLATT u. ROHRMAN [48])

vermeiden, wie sie im Falle der Verwendung einer flachen, sphärischen Kuppel erforderlich ist. Da die „Behälter-Farm" der Hanford Werke oberhalb des Grundwasserspiegels angeordnet werden konnte, braucht der Behälterboden keinen Auftriebskräften zu widerstehen. Die Behälter besitzen eine bis nahe an die Kuppel reichende Stahlblechauskleidung. Da die Abfallflüssigkeit gewöhnlich in den alkalischen Zustand gebracht wird, um die Korrosionseigenschaften auf ein Minimum zu senken, kann für die Auskleidung Baustahl verwendet werden. Wenn aus bestimmten Gründen eine Neutralisierung der Abfallösung nicht zweckmäßig ist, darf sie nur einem Speicherbehälter mit einer Auskleidung aus nichtrostendem Stahl zugeführt werden. Die Stahlblechauskleidung dient beim Bau der Beton-Behälterwand als Innenschalung. Der Stahlbehälter wird zu diesem Zwecke durch einige Versteifungsringe verstärkt und mit Wasser gefüllt.

Wirtschaftlichkeitsuntersuchungen ergaben als optimale Behälterabmessungen einen Innendurchmesser von 23 m und eine Füllhöhe von etwa 10 m. Die geringe Scheitelhöhe der Kuppel von 3,7 m ergab sich als wirtschaftliches Optimum bei der Abwägung gegen das vermehrte Aushub- und Hinterfüllungsvolumen bei Wahl größerer Scheitelhöhen. Der Eintritt der Füll-Leitung in den Behälter erfolgt nahe der Oberkante der Stahlblechauskleidung. Eine Anzahl von Stutzen für die Einführung von Instrumenten für Temperatur-, Druck-, Flüssigkeitsspiegel- und Strahlungsmessungen, sowie für Probenentnahmen, durchdringt die Behälterkuppel. Abb. 17.4/4 zeigt einen Schnitt durch einen Speicherbehälter mit Detailschnitten konstruktiv wichtiger Stellen [50].

Bei der Bemessung der zylindrischen Betonwandung ist außer der thermischen Gradiente durch die Wand auch der Einfluß der Stahlblechauskleidung zu

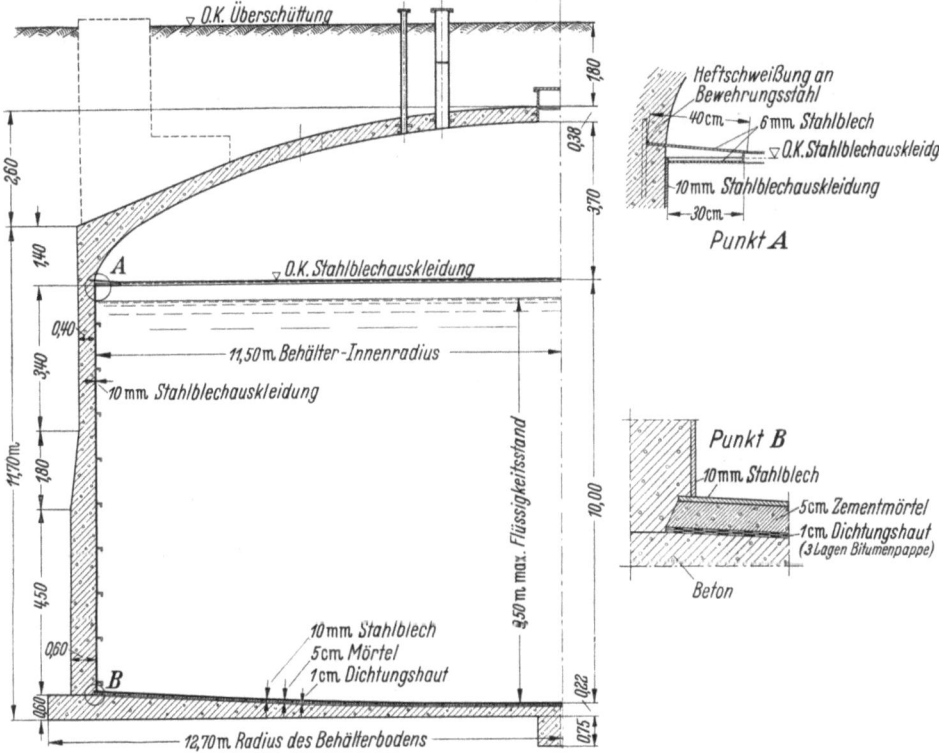

Abb. 17.4/4. Schnitt durch einen Speicherbehälter für hochgradig radioaktive Abfallflüssigkeiten der Hanford-Werke (Typ SX) (nach Smith [50])

berücksichtigen. Die Auskleidung hat nicht nur eine höhere Temperatur als der Beton, sondern auch eine etwas größere Wärmedehnzahl, so daß eine zusätzliche Eintragung von Zugspannungen in den Beton resultiert. Die Behälterkonstruktion wird anfänglich durch hohe Temperaturdifferentiale beansprucht, jedoch hat die Abfallflüssigkeit zu dieser Zeit ihre geringste Dichte. Im Laufe der Zeit ergibt sich eine Verringerung der Temperaturunterschiede, aber eine Zunahme des hydrostatischen Druckes infolge Erhöhung der Flüssigkeitsdichte. Bei der Berechnung des Behälters für den entstehenden Dampfdruck wird der Sicherheit halber die Verankerung der Kuppel in der Wand vernachlässigt und festgesetzt, daß der maximale innere Überdruck das Gewicht von Behälterkuppel und darüberliegender Erdüberdeckung nicht übersteigen darf.

Ein Speichersystem besteht aus Gruppen von Behältern, deren Füllung individuell oder kaskadenartig von einem Behälter zum anderen vorgenommen wird. Die individuelle Zuleitung von Abfallflüssigkeit erfolgt durch einen unterirdischen Verteilerkasten mit abnehmbaren Deckenplatten. Die Verbindung der Zuleitungen mit bestimmten Behältern geschieht mittels Rohrzwischenstücken, die durch Fernmanipulation gekuppelt werden, so daß sich das Bedienungspersonal nicht der Direktstrahlung von den Rohrleitungen im Verteilerkasten auszusetzen braucht. Obgleich die Anordnung von fernsteuerbaren Ventilen für den Betrieb außerordentlich bequem wäre, finden sie hier keine Verwendung, da solche Teile nicht für hinreichend dicht und ohne Unterhaltung unbeschränkt zuverlässig angesehen werden, um für diese Aufgabe akzeptiert zu werden. Sämtliche Rohrstrecken, in denen hochgradig radioaktive Flüssigkeiten befördert werden, sind in kastenförmigen Betonkanälen untergebracht, die zum Verteilerkasten hin entwässern. Der Verteilerkasten dränt wiederum in einen Auffangbehälter, aus dem die durchgesickerte radioaktive Flüssigkeit in die Speicherbehälter befördert werden kann. — Zur Feststellung evtl. Undichtheiten von Speicherbehältern sind um diese herum mehrere Brunnen für Aktivitätsmessungen angeordnet.

Um die durch Abgabe des selbsterzeugten Dampfes mögliche Volumenminderung zu nutzen, ist es erforderlich, ein Dampfabführungssystem vorzusehen, das folgendes enthalten muß:

1. Ein Mittel zur Abscheidung der im Dampf vorhandenen Tröpfchen radioaktiven flüssigen Abfalls; denn die das Speichersystem verlassenden Dämpfe und ihr Kondensat müssen im wesentlichen frei von Radioaktivität sein;
2. ein Mittel zur Abführung des Wärmegehaltes des Wasserdampfes;
3. eine Notumgehungsleitung, die das System vor zu großem Überdruck bewahrt;
4. eine Sicherheitsvorkehrung, die eine möglichst wenig gefährliche Art der Dampfabgabe im Falle des vollständigen Versagens des Betriebssystems gestattet;
5. Notkraftaggregate und Reserve-Kühlsysteme.

Bei größerer Füllhöhe der Abfallflüssigkeit können periodische Ausbrüche einer um das mehr als 20fache über dem Durchschnittswert liegenden Verdampfung erfolgen. Dieses Eruptionsphänomen hat seine Ursache

1. in dem verhältnismäßig niedrigen Grad der Energiefreisetzung je Volumeneinheit, die in einer sehr geringen Konvektion in der Flüssigkeit resultiert,
2. in der Neigung der alkalisch gemachten Abfälle zur Ablagerung von mit Spaltprodukten angereicherten Fällungen mit bedeutend höherer Energiefreisetzungskapazität, und
3. in der Heraufsetzung des Siedepunktes der Abfallflüssigkeit in den unteren Schichten durch die hydrostatische Auflast.

Diese Umstände führen zu einer Überhitzung der unteren Flüssigkeitsschichten; am Behälterboden sind bis zu 176 °C gemessen worden. Zufällige Bewegungen können nun zu einer plötzlichen Freisetzung labil gespeicherter Wärmemengen führen. Wahrscheinlich durch den Effekt der Dämpfung des entstehenden Überdrucks auf das Sieden kommt es zu zyklischen Eruptionen in kurzzeitigen Intervallen, bis die gespeicherte Überschußenergie erschöpft ist. Der maximal erreichbare Eruptionsdruck kann den größten hydrostatischen Druck der gespeicherten Flüssigkeit nicht übersteigen. Die Eruptionsneigung kann durch eine geringe kontinuierliche Umwälzung der gespeicherten Flüssigkeit eliminiert werden; für diesen Zweck sind Luftagitatoren entwickelt worden [52].

17.43 Behälter mit innerem Kühlsystem

Bei der Speicherung der hochgradig radioaktiven Abfallflüssigkeiten des Savannah River Werkes muß ein Einsickern radioaktiver Substanzen in das Grundwasser mit unbedingter Sicherheit verhütet werden, um die Wasserversorgung der umliegenden Ortschaften nicht zu gefährden. Es werden Speicherbehälter mit innerem Kühlschlangensystem verwendet, durch das die Temperatur der Abfälle unterhalb des Siedepunktes gehalten wird. Für den Fall eines Schadens am Kühlsystem mit nachfolgendem Sieden des Behälterinhaltes sind als Reserveeinrichtung Rückfluß-Kondensatoren vorgesehen. Zur Erhöhung der Sicherheit ist die Stahlblechauskleidung der Behälter als selbständiges Gefäß ausgebildet mit einer Ringlücke zwischen dem primärem Stahlbehälter und dem Umschließungsbauwerk aus Stahlbeton, die die prompte Entdeckung von Leckstellen im Stahlbehälter ermöglicht. Der untere Teil der Betonbehälterwand ist mit Stahlblech ausgekleidet (Abb. 17.4/5) [48]. Die „Untertasse" hat ein ausreichendes Fassungsvermögen, um im Falle der Entstehung einer größeren Leckstelle die austretende Abfallflüssigkeit während der Zeit zu speichern, die

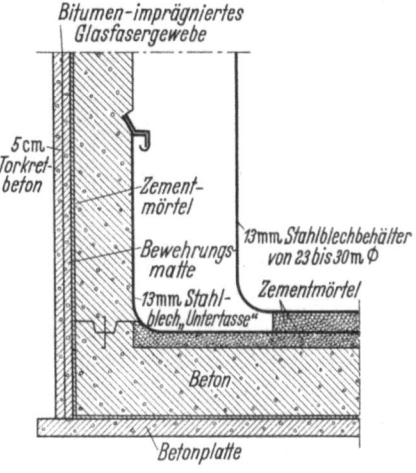

Abb. 17.4/5. Separater Stahlblechbehälter mit „Untertasse" (nach PILKEY, PLATT u. ROHRMANN [48])

von der Wahrnehmung des Lecks bis zur Überführung des gesamten Behälterinhaltes in einen anderen Speicherbehälter verstreichen würde.

Eine Wirtschaftlichkeitsuntersuchung ergab einen Durchmesser des primären Behälters von 23,0 m, flache Decke des Umschließungsbauwerkes und (unter Berücksichtigung der örtlichen höchstzulässigen Bodenpressung) eine Behälterhöhe von 13,7 m als günstigste Lösung (Abb. 17.4/6) unter der Voraussetzung, daß die Konstruktion für sich betrachtet wird [53]. Als bedeutendes Kostenelement kommen die Kosten für Ausschachtung, Wasserhaltung in der Baugrube und Abdichtung des Umschließungsbauwerkes hinzu. Wenn es möglich ist, die Behälter oberhalb des Grundwasserspiegels anzulegen, sind erhebliche Einsparungen möglich.

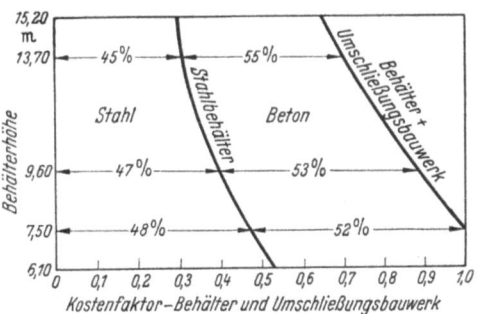

Abb. 17.4/6. Kostenfaktor für Behälter mit 23,0 m Durchmesser (nach WILSON [53])

Eine erste Serie von Speicherbehältern wurde innerhalb des Grundwasserbereiches errichtet. Die in der radiochemischen Trennanlage anfallende Abfallflüssigkeit wird den Behältern durch in verhältnismäßig starkem Gefälle (1,5%) verlegte Leitungen zugeführt, um die Möglichkeit einer Verstopfung auf einem

Minimum zu halten. Die Höhenlage eines Behälters wurde durch die Höhenlage der Zuleitung festgelegt, womit sich von selbst eine mehr als hinreichende Strahlenabschirmungs-Überdeckung ergab. Als wirtschaftliche Abmessungen für den zylindrischen primären Behälter wurden ein Durchmesser von 23,0 m und eine Höhe von 7,5 m gewählt. Das Umschließungsbauwerk ist ein zylindrischer Stahlbetonbehälter mit 55 cm dicker Wand, 55 cm dicker Deckenplatte

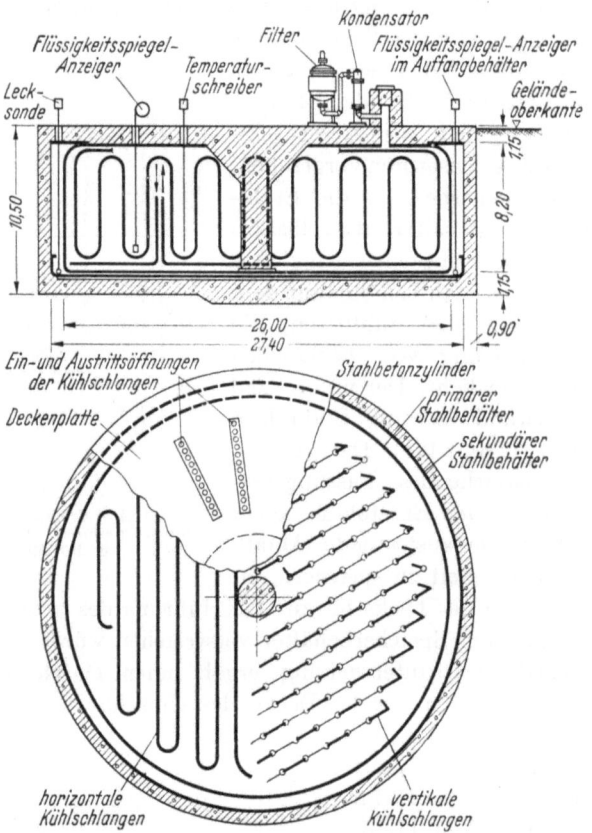

Abb. 17.4/7. Speicherbehälter für hochaktive Abfallflüssigkeiten mit innerem Kühlsystem; zweite Ausführungsart, 4050 m³ Fassungsvermögen (nach WILSON [53])

und 75 cm dicker Bodenplatte. Zwölf Säulen stützen die Deckenplatte und verstärken zugleich die Bodenplatte gegen die Auftriebskräfte aus dem Grundwasser, gegen das der Betonbehälter sorgfältig abgedichtet ist. [53]

Das Herausheben einer zweiten Behälterserie des Savannah River Werkes aus dem Grundwasserbereich und die Bedingung, daß die Abdeckung des Umschließungsbauwerkes sich nicht über das Gelände erheben soll, legte die Gesamthöhe von Umschließungsbauwerk plus Strahlenabschirmungsüberdeckung fest und machte den Einbau von Pumpen erforderlich. Die Kostenzunahme wird jedoch durch die aus der Anordnung über dem Grundwasserspiegel resultierenden Einsparungen mehr als aufgewogen. Der Durchmesser des primären Behälters ist innerhalb des wirtschaftlichen Durchmesserbereiches (23 bis 30 m) so gewählt, daß die für die Strahlenabschirmung erforderliche Dicke der Decke von

1,15 m gleich der aus statischen Gründen erforderlichen Dicke der Platte bei Stützung durch eine Zentralstütze ist. Die Stützung durch nur eine zentrisch angeordnete Säule gewährleistet eine gute Bewegungsfreiheit des Behälterbodens für Wärmedehnungen. Die Behälterkonstruktion ist in Abb. 17.4/7 dargestellt [53]. Die Blechdicke des Stahlbehälters beträgt 13 mm. Die Säule besitzt eine Stahlblechverkleidung, die an Boden und Decke des Behälters angeschweißt ist.

Zur Abführung der in der Abfallflüssigkeit erzeugten Wärme ist der primäre Behälter mit einem System von 18 vertikalen Kühlschlangen ausgerüstet, die unabhängig voneinander mit Kühlwasser versorgt werden. Um während des Anfangsstadiums der Behälterfüllung genügend Wärmeübertragungsfläche zu bieten, ist noch ein System horizontaler Kühlschlangen in zwei Schichten über dem Boden vorgesehen. Wegen der Ungewißheit über die Art der zu erwartenden Konvektionsströmungen, die in der ganzen Flüssigkeit bei gleichmäßiger Wärmefreisetzung auftreten, und wegen der großen Abstände zwischen den Kühlschlangen, wurde das Kühlsystem wesentlich überbemessen.

17.5 Fixierung von Spaltprodukten in fester Form

Inkorporierung von Spaltprodukten in feste Substanzen erleichtert in bedeutendem Maße die endgültige sichere Unterbringung der hochgradig radioaktiven Abfälle aus dem radiochemischen Trennprozeß. Die potentielle Gefahr der Speicherung oder endgültigen Unterbringung von hochgradig radioaktiven Festkörpern ist bedeutend geringer als von entsprechenden Flüssigkeiten; ferner ist eine beträchtliche Volumenreduktion möglich. — Im folgenden werden die Grundzüge von vier Verfahren der Fixierung von Spaltprodukten in fester Form, etwa in der Reihenfolge steigender Stabilität des Produktes gegenüber Umgebungseinflüssen, dargelegt.

17.51 Überführung der Abfallflüssigkeit in eine konzentrierte Salzschmelze

Um die Gefahren und Kosten der Speicherung hochgradig radioaktiver Abfallflüssigkeiten herabzusetzen, ist ein Verfahren entwickelt worden, mit Hilfe dessen die Abfallösungen aus dem radiochemischen Trennprozeß mit einem aus der Neutralisation von HNO_3 mit $NaOH$ herrührenden Gehalt von 20 bis 30% $NaNO_3$ entwässert und in eine kompakte Salzschmelze übergeführt werden können. Die Flüssigkeit wird mittels einer Förderschnecke durch einen horizontalen Trocken- und Schmelzofen hindurchbewegt. Am kalten Ende des Ofens wird die Salzlösung bei einer Temperatur von etwa 100 °C beginnend entwässert, auf dem Wege zum heißen Ende völlig getrocknet und bei einer Temperatur von etwa 400 °C am heißen Ende geschmolzen. [54]

Die Überführung der wäßrigen Abfallösung in eine konzentrierte Salzschmelze bewirkt eine etwa dreifache Volumenreduktion der hochaktiven Abfälle. Da die Salzschmelze in fester Form gespeichert werden kann, wird die mit der Aufbewahrung von flüssigen Abfällen verbundene potentielle Gefahr reduziert. Der Salzkuchen kann in unterirdischen Stahlbetonbehältern aufbewahrt werden, in denen er auf Stahlpfannen ausgebreitet wird. Ein Ventilationssystem mit Lufttrocknung besorgt ohne Korrosionsgefahr durch natürliche Konvektion die Kühlung der die Schmelze enthaltenden Pfannen. Die durch

Selbstabsorption der Zerfallsstrahlung der Spaltprodukte erzeugte Wärme darf nicht das Schmelzen des Salzkuchens herbeiführen, da dies zu radioaktiver Kontaminierung der Kühlluft führen würde. Die Temperatur des gekühlten Salzkuchens ist eine Funktion seiner Dicke; damit bestimmt der Schmelzpunkt (etwa 370 °C) die höchstzulässige Schichtdicke, in der der Salzkuchen ausgebreitet werden darf. [54]

Der Nachteil dieses Verfahrens liegt in den technischen Schwierigkeiten, die die Konstruktion der Ofenlage mit ihren mechanischen Teilen bietet. Der Betrieb der mechanischen Teile bei hohen Temperaturen und unter den Bedingungen hochgradiger Aktivität darf nur ein Minimum an Unterhaltung erfordern und muß garantieren, daß keine Aktivität aus dem System herausdringt.

17.52 Suspensionsbett-Kalzinierung

Ein Verfahren für die Fixierung der in Abfallösungen enthaltenen Spaltprodukte, das ohne bewegte Teile in dem Konversionsaggregat auskommt, ist der Suspensionsbett-Röstprozeß für die Erzeugung fester Abfälle aus Lösungen durch Verdampfung des Wassers und Dekomposition der Salze [55], [56], [57], [57a]. Für die Erzeugung reaktionsträger fester Substanzen, in denen die inkorporierten Spaltprodukte wirksam zurückgehalten werden, ist es notwendig, daß die Abfälle beim Röstprozeß hauptsächlich unlösliche Oxyde bilden. Das ist bei Vorhandensein di- und polyvalenter Metalle in der Abfallösung meist der Fall (das Verfahren wurde ursprünglich speziell für die Behandlung von Aluminiumnitrat-Lösungen entwickelt). Wenn in der Abfallösung keine oxydbildenden oder anderen hochtemperaturstabilen Verbindungen enthalten sind, können der Abfallösung derartige Verbindungen vor dem Röstprozeß zugesetzt werden.

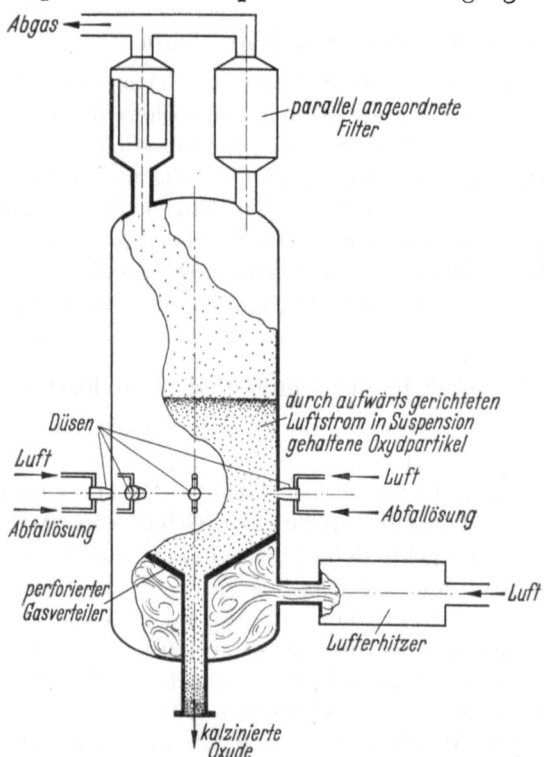

Abb. 17.5/1. Suspensionsbett-Röstbehälter (nach JONKE [56])

Der Behälter, in dem der Röstprozeß vonstatten geht, ist in Abb. 17.5/1 schematisch dargestellt [56]. Er enthält ein auf einem perforierten trichterförmigen Blech gelagertes Bett aus granulierten Oxyden, die aus der Eindampfung und Kalzinierung der Abfallösung erhalten werden. Erhitzte Luft wird durch das perforierte Blech nach oben gedrückt, um die Feststoffe in einen Schwebezustand zu bringen, so daß sich die ganze körnige Masse wie eine heftig siedende Flüssigkeit verhält. Die suspendierten Teilchen werden durch Wärmezuführung von der Behälterwand aus oder durch ein inneres Rohrsystem auf einer Temperatur von 400 °C bis 500 °C gehalten. Die Abfallösung wird durch mehrere in einer horizontalen Ebene am Umfang des Röstbehälters angeordnete pneumatische Sprühdüsen in das aufgewirbelte Bett injiziert. Bei Berührung mit den heißen Partikeln tritt Verdampfung der Flüssigkeit ein, und die gelösten Substanzen werden in feste Oxydform übergeführt. Die Oxyde überziehen die Körner des Röstbettes, die kontinuierlich abgezogen werden. Der Tendenz einer Zunahme der Partikelgröße wirkt die Abreibung entgegen, die neue Ablagerungskerne erzeugt.

Die aus dem Suspensionsbett steigenden Abgase bestehen aus einem Gemisch von Luft, Dekompositionsgasen, Wasserdampf und Stickstoffoxyden. In den Abgasen enthaltener radioaktiver Staub wird durch an der Oberseite des Röstbehälters parallel angeordnete Filter abgeschieden, die während des Betriebs wechselseitig durchgeblasen werden können. Darauf werden die Abgase durch einen Dampfkondensator geleitet. Das Kondensat kann mittels der für Abwässer geringer Aktivitätsstufe entwickelten Reinigungsverfahren weiterbehandelt werden.

17.53 Fixierung durch Ton

Das Verfahren der permanenten Fixierung von Spaltprodukten in Tonkörpern gründet sich 1. auf das hohe Basenaustauschvermögen bestimmter Tonmineralien, das die Inkorporierung der Spaltprodukte in die Tonsubstanz gestattet, und 2. auf den irreversiblen Verlust der Austauschkapazität des Tons durch Brennen bei etwa 1000 °C.

Montmorillonit, der wesentliche Bestandteil aller Bentonit-Tone, zeichnet sich durch ein besonders hohes Basenaustauschvermögen aus, was sich aus der ausgeprägten Schichtgitterstruktur mit ihrer großen Oberfläche für Grenzflächenreaktionen erklärt. Das Ionenaustauschverfahren wird als Kolonnenmethode angewandt, um einen hohen Grad der Rückhaltung der Spaltprodukte zu erreichen. Der für dieses Verfahren verwendete Ton wird in staubfeiner Form mit Wasser gemischt, und die Mischung wird dann durch die Bohrung einer Kopfscheibe direkt in die Absorptionseinheiten gepreßt. Den dabei entstandenen „Tonspaghetti" wird durch ein beigemischtes Zusatzmittel eine hinreichende Festigkeit verliehen, so daß sie dem Einfluß der durchströmenden Flüssigkeit widerstehen, aber dabei sind sie genügend porös, um die gesamte Tonmasse an der Adsorption teilnehmen zu lassen. [54], [58], [58a]

Da der Ionenaustauscher natürlich nicht radioaktive Ionen bevorzugt vor inaktiven Ionen adsorbiert, die inaktiven Elemente in einer typischen Abfallösung aus der radiochemischen Aufbereitung aber auf der Basis von Äquivalenten mit 99% des Gesamt-Ionengehalts vor den Spaltprodukten vorherrschen, ist eine Vorbehandlung der Abfallflüssigkeit zur Herausnahme der radioinaktiven Bestandteile unerläßlich.

17.54 Einschmelzen in Glas

Eine Methode der permanenten Fixierung von Spaltprodukten, die wirtschaftliche Vorteile über den Ionenaustausch-Prozeß bieten kann, ist das Einschmelzen konzentrierter Abfallösungen in Aluminiumsilikate. Vorteile dieses Verfahrens gegenüber dem Ionenaustausch-Verfahren sind [59]:

a) Höhere Gesamtbelastungen des Materials mit Spaltprodukten können erzielt werden, woraus eine größere Volumenreduktion resultiert;

b) höhere Verhältnisse von inaktiven Substanzen zu aktiven Ionen können toleriert werden, ohne Gefahr zu laufen, daß die Aktivitäten nicht aufgenommen werden; beim Schmelzprozeß werden alle Isotope außer den flüchtigen in das Endprodukt inkorporiert;

c) der Prozeß ist bedeutend weniger empfindlich gegenüber Säure in den Abfällen;

d) Suspensionen können ebensogut wie Lösungen behandelt werden;

e) die Entwicklung des Prozesses zu einem industriellen Verfahren ist weniger problematisch als im Falle des kombinierten Brenn- und Ionenaustausch-Verfahrens.

Die Möglichkeit der Verwendung von Nephelin-Syenit-Glas als Fixierungsmedium ist in Chalk River untersucht worden [60], [61], [61a]. Derartige Gläser zeigen eine mehr als hundertfach geringere Löslichkeit und ein ebensoviel größeres Widerstandsvermögen gegen Auslaugung durch Wasser als Blei-Borsilikate; die Rohmaterialkosten sind gering. Bei Reaktion von Nephelin mit Säure bildet sich ein Kieselsäuregel, das bald nach dem Mischen erstarrt. Das Gel bildet sich bei Mischung von gemahlenem Nephelin-Syenit mit Salpetersäure von größerer Konzentration als 2 N, und die Geschwindigkeit seiner Bildung nimmt mit der Stärke der Säure zu; bei 7 N werden zur Gelbildung 30 sek benötigt, wenn 1 g Nephelin-Syenit mit 1 ml Säure gemischt wird. Die poröse Struktur dieses Gels ist besonders geeignet zur Trocknung und zum Brennen für die Wiedergewinnung der Salpetersäure, das Schmelzen tritt bei etwa 1350 °C ein. Kalk erscheint als das geeignetste Flußmittel.

Der keramische Prozeß erscheint aussichtsreich für die Produktion intensiver Strahlungsquellen aus der Abfallösung für die industrielle Verwendung.

17.6 Permanente Unterbringung hochgradig radioaktiver Abfallflüssigkeiten

17.61 Terrestrische Unterbringung

17.611 Speicherung in Kavernen in Salz-Lagerstätten

In einer Reihe von für die permanente Unterbringung hochgradig radioaktiver Abfallflüssigkeiten in verhältnismäßig oberflächennahen geologischen Formationen (Tiefe < 300 m) in Betracht gezogenen Möglichkeiten steht die Speicherung derartiger Flüssigkeiten in Kavernen in Steinsalz-Lagerstätten in sicherheitstechnischer Hinsicht an erster Stelle [62], [63], [64], [64a], [64b]. Die Wirtschaftlichkeit des Verfahrens wird durch die Kosten für den Antransport der Abfälle entscheidend beeinflußt.

Steinsalz besteht aus 95 bis 99% NaCl, es schmilzt bei 800 °C, seine Wasserlöslichkeit beträgt etwa 38 g in 100 cm³ Wasser. Die Druckfestigkeit liegt zwischen 200 und 300 kg/cm². Plastisches Fließen des Salzes unter statischer Belastung schließt Risse und macht eine Salzformation wasserundurchlässig. Die Schaffung von Kavernen in Steinsalz-Lagerstätten kann durch bergmännischen Abbau oder durch Lösung des Salzes an Ort und Stelle und Herauspumpen der Salzlösung erfolgen.

Lösung des Steinsalzes in Abfallflüssigkeiten und zur Gasbildung führende chemische Wechselwirkungen bilden Gefahren für die strukturelle Integrität einer Abfallspeicherungskaverne. Der Lösung der Kavernenwände kann durch

Sättigung der Abfallflüssigkeit mit Salzlösung vor dem Einleiten in die Kaverne begegnet werden oder durch Berücksichtigung der zusätzlichen Lösung von Wänden, Boden und Decke beim Entwurf der Kaverne. Die Gasbildung kann durch vorherige Neutralisierung der Abfallflüssigkeit unterbunden werden. [65]

Die schwerste Gefahr für die Integrität einer Kaverne besteht in der Wärmeerzeugung in den Abfällen durch den radioaktiven Zerfall der enthaltenen Spaltprodukte, die den Wärmeverlust durch Wärmeableitung wesentlich übersteigen kann und dann zu erhöhten Temperaturen und Drücken führt [66], [66a]. Wenn die Kaverne auf Atmosphärendruck gehalten werden soll, ist Konvektionskühlung in Verbindung mit einem hochwirksamen Filtersystem erforderlich. Wenn die Kaverne als geschlossenes Drucksystem unterhalten werden soll, muß sie so entworfen sein, daß die Temperatur allein durch Wärmeableitung in den zulässigen Grenzen gehalten wird. Fortgesetztes Sieden der Abfallflüssigkeit kann zu einem Aufwärtswandern einer geschlossenen Kaverne durch eine Salzformation führen. Wasserdampf kondensiert an den Wänden und der Decke der Kaverne, löst das Salz und tropft in die Flüssigkeit zurück; gleichzeitig kristallisiert am Boden der Kaverne in der Flüssigkeit gelöstes Salz aus. [65]

17.612 Einleiten in tiefgelegene durchlässige Sedimente

Eine besonders attraktive Möglichkeit für die endgültige sichere Unterbringung hochgradig radioaktiver Abfallflüssigkeiten ist Einleiten in tiefgelegene, zwischen undurchlässigen Schichten lagernde, durchlässige Sedimente mit hydrologischen Verhältnissen, die die Gefahr einer radioaktiven Verseuchung nutzbaren Grundwassers ausschließen [62], [64]. Unter der Voraussetzung, daß die Transportwege verhältnismäßig kurz sind, kann die Benutzung stillgelegter Erdölbohrungen wirtschaftliche Vorteile bieten. [67]

Zur Vermeidung einer Verstopfung des Injektionsbrunnens ist eine Vorbehandlung der Abfallflüssigkeit (Zentrifugieren und Filtern) zur Rückhaltung jeglicher suspendierter Teilchen notwendig. Ein kritischer Faktor ist die chemische Verträglichkeit der injizierten Abfallösung mit den Mineralien der Sedimentformation. Jede Wechselwirkung, die zu einer Erhöhung der Viskosität der Abfallösung, zu Fällungen oder zu einer Quellung von Mineralien führt, ist schädlich. Bei Abfällen, die molare Konzentrationen von HNO_3 und $Al(NO)_3$ enthalten, ist der Vorgang, der mit größter Wahrscheinlichkeit eine Verstopfung herbeiführt, eine Erhöhung des p_H-Werts der konzentrierten Lösung durch Neutralisation mit $CaCO_3$, was zur Bildung einer gelatinösen Aluminiumhydroxyd-Fällung führt.

Es gibt verschiedene mögliche Wege zur Vermeidung einer schnellen Ausfällung und Verstopfung; diese sind [69]:

1. Sorgfältige Auswahl von Lockergesteinen von Glassand-Qualität, um soweit als möglich reaktiveren Verbindungen wie Karbonaten und tonigen Bestandteilen aus dem Wege zu gehen.
2. Rapide Injektion, um die Kontaktzeit zu verkürzen; möglicherweise durch Benutzung von Lockergesteinsschichten, die schnellfließendes Grundwasser enthalten.
3. Verdünnung zu einem optimalen Verhältnis zwischen der vergrößerten Menge der einzuleitenden Abfälle und der abnehmenden Reaktivität der Abfallösung.
4. Chemische Vorbehandlung der Abfälle zur Verzögerung oder Eliminierung der Ausfällung.
5. Spülung der Sedimentschicht mit Säuren.

Einen weiteren kritischen Faktor stellen Wärmeerzeugungskapazität der Abfallflüssigkeit und Wärmeabführungseigenschaften der durchlässigen Sedimentformationen und der angrenzenden Schichten dar. Da das Erreichen von Siedetemperaturen möglich ist, besteht die Gefahr der Geysir-Bildung. [*68*]

Zur Verminderung der mit dem Verlust der Kontrolle über die in eine Sedimentschicht eingeleiteten Abfallösungen verbundenen Gefahren schlägt E. ROEDDER [*69*], [*70*] die Umschließung des Injektionsreservoirs durch eine unterirdische undurchlässige Wand vor, die durch Einpressung eines dichtenden Materials (z. B. Natriumsilikat) hergestellt wird (Abb. 17.6/1). Innerhalb der ringförmigen Dichtungswand werden die Bohrungen für die Injektion der Abfallösung in kreisförmiger Anordnung niedergebracht, ferner ein innerer Ring von Aktivitätsüberwachungs-Bohrungen und ein zentraler Druckminderungsbrunnen. Die Sedimentschicht innerhalb der Ringwand ist sorgfältig mit Säure (z. B. HCl) vorzubehandeln, um Ausfällungen vorzubeugen. Während des Einpumpens der radioaktiven Abfälle wird das natürliche Grundwasser der wasserführenden Schicht durch den zentralen Brunnen abgepumpt, um Platz für die Abfallösung zu schaffen, bis diese den Ring der Test-Bohrungen erreicht, was durch Abpumpen von Proben festgestellt wird. Der Möglichkeit der Durchsickerung durch die Wand in das umgebende Sediment oder durch die darüber oder darunterliegenden undurchlässigen Schichten

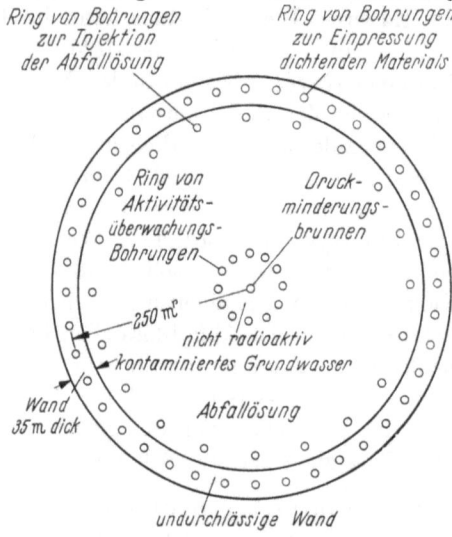

Abb. 17.6/1
Schema der Anordnung von Bohrungen für ein unterirdisches Reservoir zur Aufnahme hochgradig radioaktiver Abfallösungen (nach ROEDDER [*69*])

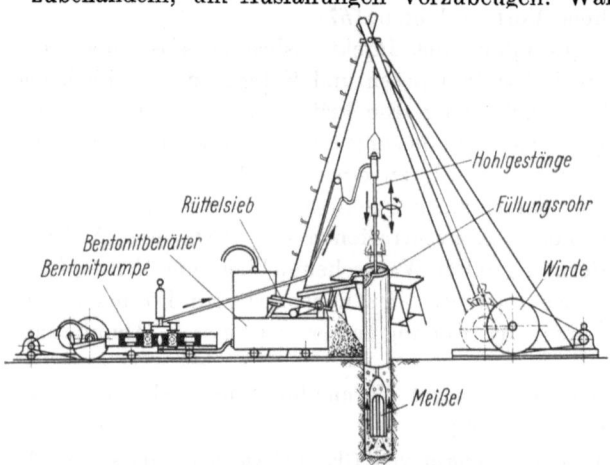

Abb. 17.6/2a. Schema der Herstellung eines Bohrloches nach dem Verfahren I.C.O.S.-Veder (nach VEDER [*71*])

könnte durch die Aufrechterhaltung eines leicht reduzierten Druckes am Druckminderungbrunnen begegnet werden. Dieses Abpumpen müßte hinreichend sein, um Grundwasser durch eventuelle Undichtigkeiten mit größerer Geschwindigkeit in das Reservoir hereinzuziehen als die Diffusion der Spaltprodukte nach außen erfolgt. Die Möglichkeit der hydraulischen Prüfung des Reservoirs vor dem Einleiten der Abfallösung und der zusätzliche Sicherheitsfaktor des Druckminderungsbrunnens können die Verwendung flacher liegender wasserführender Sedimente, als sie für unkontrollierte Speicherung in Betracht gezogen werden, zulassen.

Eine besonders geeignete Bauweise für die Errichtung unterirdischer undurchlässiger Ringwände in Tiefen bis etwa 150 m dürfte die Herstellung eines doppelten Ringes der Beton-Bentonit-Bohrpfahlwand nach dem Verfahren

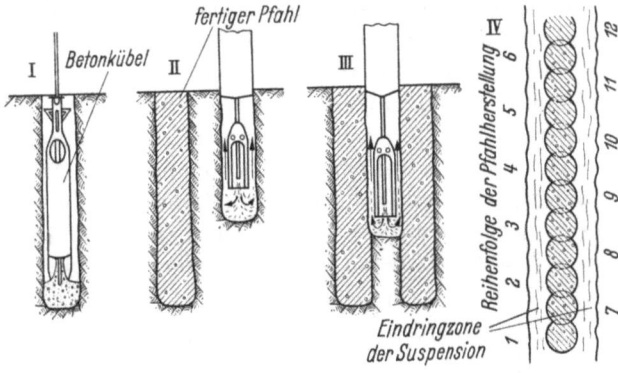

Abb. 17.6/2b. Schema der Herstellung der Beton-Bentonit-Bohrpfahlwand, System I.C.O.S.-Veder (nach VEDER [71])

„I.C.O.S.-Veder" [71], [72] mit zusätzlicher Injizierung dichtender Substanzen in den einige Meter weiten Zwischenraum zwischen den Ringen sein. Mit diesem Verfahren ist die Herstellung von vollkommen dichten Wänden in beliebiger Linienführung auch bei strömendem Grundwasser möglich. Mit einem der Länge nach durchbohrten Fallmeißel werden Freifall-Bohrungen ausgeführt. Während des Bohrvorganges wird mittels einer Spezialpumpe laufend eine sehr viskose thixotrope Bentonit-Wasser-Suspension (Dichte 1,2 bis 1,4 t/m³) auf die Bohrlochsohle gepreßt, die das Bohrgut an die Oberfläche befördert (Abb. 17.6/2a). Jegliche Verrohrung ist durch den Druck der im Bohrloch stehenden Flüssigkeitssäule ersetzt. Ein Teil der unter Überdruck stehenden Suspension gelangt infolge ihrer thixotropen Eigenschaften durch die Rüttelwirkung des Meißels in das Lockergestein und bildet nach dem Gelieren rund um das Bohrloch einen kohäsiven dichtenden Mantel. Wenn das Bohrloch in die unter der abzudichtenden Schicht befindlichen undurchlässige Formation einbindet, wird der Bentonitschlamm mit Wasser stark verdünnt, um den Thixotropieeffekt auszuschalten, und das Bohrloch wird mit Hilfe eines besonderen Betonkübels ausbetoniert. Die Bohrpfahlwand wird durch Aneinanderreihung von Pfahlelementen, die sich gegenseitig überschneiden, gebildet (Abb. 17.6/2b).

Abb. 17.6/3. „Atommüll"-Projektil (nach EVANS [74])

17.62 Maritime Unterbringung

17.621 Versenken in dicke stabile Schlammablagerungen

In der Nähe der Kontinentalschollen gibt es eine Anzahl von durch feste Wände umgrenzten Becken auf dem Meeresboden, die mit verhältnismäßig weichen Schlammablagerungen mit einer Dicke von mehreren hundert Metern gefüllt sind [73]. J. E. EVANS [74] hat vorgeschlagen, Beton-Projektile mit einem rückwärtig befestigten Behälter für die konzentrierte radioaktive Flüssigkeit zu bauen (Abb. 17.6/3), die nach freiem Fall mit so hoher Geschwindigkeit auf die Schlammschicht auftreffen, daß sie anfänglich etwa 15 m tief in sie eindringen. Durch plastische Setzungen würde das Projektil mit der Zeit immer tiefer sinken und Zonen der Schlammschicht erreichen, in denen die Gefahr des Entweichens der Abfälle aus der Schlammablagerung durch physikalische Effekte oder auf dem Wege des biologischen Proteinaustausches eliminiert ist. Der Flüssigkeitsbehälter muß mit einem Druckausgleichsventil versehen werden. Die Gefahren, die bei einer Beschädigung des Behälters während des Transports erwachsen würden, können durch Gelierung der Abfallflüssigkeit mit Zement gering gehalten werden. — Ein alternativer Vorschlag ist, das ganze Projektil aus radioaktivem Beton in permanenter Stahlschalung herzustellen.

17.622 Versenken in Tiefseegräben

Untersuchungen über die Möglichkeit der Verwendung der Tiefseegräben für die sichere Unterbringung hochgradig radioaktiver Abfallflüssigkeiten haben ergeben, daß die dort scheinbar abgeschlossenen Wassermassen nicht so stagnierend sind, daß aus schadhaften Behältern austretende Abfälle bis zu einem ausreichenden Abklingen der Radioaktivität aus der ozeanischen Zirkulation ausgeschaltet wären [75]. Schneller als durch den mit einer Umwälzdauer von Jahrhunderten erfolgenden Austausch der Wassermassen der Tiefsee- und der Oberflächenschichten würden die Spaltprodukte durch den biologischen Nahrungszyklus der Ozeane in Oberflächennähe gelangen (die Existenz von Flora und Fauna auch in den größten Meerestiefen ist erwiesen). [75], [76]

Literatur zu 17

[1] GOODMAN, E. I., u. R. A. BRIGHTSEN: Disposal of Atomic Wastes. Reactor Operational Problems, S. 36—40. New York/London/Paris: Pergamon Press 1957

[2] GORMAN, A. E.: Waste Disposal as Related to Site Election. Journal of the Sanitary Engineering Division, No. SA 3, Juni 1956, Proceedings of the American Society of Civil Engineers Vol. 82, Paper No. 1000

[3] GORMAN, A. E.: Selection of Sites for Atomic Energy Plants. Journal of the Sanitary Engineering Division, No. SA 1, Februar 1957, Proceedings of the American Society of Civil Engineers Vol. 83, Paper No. 1175

[4] MORTON, R. J., u. C. P. STRAUB: Removal of Radionuclides from Water by Water Treatment Processes. Reactor Operational Problems, S. 1—9. New York/London/Paris: Pergamon Press 1957

[5] SIMPSON, J. W., M. SHAW, I. H. MANDIL u. N. J. PALLADINO: The Pressurized Water Reactor (PWR) Power Plant at Shippingport, Pa., S. 289—335, in Progress in Nuclear Energy, Series II, Reactors Vol. 1. London/New York: Pergamon Press 1956

[6] ROCKWELL III, T., u. P. COHEN: Pressurized Water Reactor (PWR) Water Chemistry, Proceedings of the International Conference on the Peaceful Uses of Atomic Energy Vol. 9: Reactor Technology and Chemical Processing, S. 423—435. New York: United Nations 1956. Progress in Nuclear Energy, Series IV: Technology and Engineering Vol. 1, S. 281—302. London/New York: Pergamon Press 1956

[7] LAPOINTE, J. R., u. R. D. BROWN: Control of Radioactive Material at the Pressurized Water Reactor. Advances in Nuclear Engineering Vol. I, S. 423—433. New York/London/Paris: Pergamon Press 1957

[7a] LA POINTE, J. R., W. J. HAHN u. E. D. HARWOOD: Evaluation of the Initial Performance of the Shippingport Radioactive Waste Disposal Plant. Nuclear Engineering & Science Conference, Cleveland, Ohio, 6.—9. April 1959, Preprint V-1

[8] EVANS, H. T.: Structural Features of the Waste Disposal System of the Shippingport Atomic Power Station, Shippingport, Pennsylvania. 2nd Nuclear Engineering and Science Conference, Philadelphia, 11.—14. März 1957, Paper No. 57-NESC-18

[9] SIMON, R. H.: Disposal of Radioactive Liquid and Solid Wastes. AECU-1837, 28. Dezember 1951
[10] FALK, C. F.: Radioactive Liquid Waste Disposal from the Dresden Nuclear Power Station. Nuclear Engineering and Science Conference, Chicago, 17.—21. März 1958, Preprint 102
[11] WILSON, W. L.: The Design and Construction of a Handling and Treatment System for Liquid Radioactive Wastes. Proceedings of the Institution of Civil Engineers. Part III, Vol. 4, April 1955, No. 1, S. 1—20
[12] BURNS, R. H.: Operational Experiences with a Handling and Treatment System for Liquid Radioactive Wastes. Proceedings of the Institution of Civil Engineers. Part III, Vol. 4, April 1955, No. 1, S. 21—32
[13] PLÖTZE, E.: Planung und Aufbau einer Modellanlage zur Reinigung radioaktiver Abwässer (Dekontaminationsanlage). Atomkernenergie Bd. 3 (1958) S. 186—190
[14] HOFFMANN, W., u. J. TALSKY: Dekontamination von Abwässern im radiochemischen Laboratorium der Farbwerke Hoechst A. G. Die Atomwirtschaft Bd. 4 (1959) S. 63 —66, S. 159—161
[15] BURNS, R. H., u. E. GLUECKAUF: Development of a Self-Contained Scheme for Low-Activity Wastes. Second United Nations International Conference on the Peaceful Uses of Atomic Energy, Genf, 1.—13. September 1958, Paper No. A/CONF. 13/P/308
[16] DEJONGHE, P., L. BAETSLE u. G. MOSSELMANS: Treatment of Radioactive Effluents at the Mol Laboratories. Second United Nations International Conference on the Peaceful Uses of Atomic Energy, Genf, 1.—13. September 1958, Paper No. A/CONF. 15/P/1676
[17] FARMER, F. R.: The Problem of Liquid and Gaseous Effluent Disposal at Windscale. Proceedings of the Institution of Civil Engineers Vol. 6, Session 1956/57, Januar 1957, S. 21—38; und: Liquid and Gaseous Effluent Disposal. Atomics and Nuclear Energy Vol. 8 (1957) No. 1, S. 25—27 und No. 2, S. 46—50, 68
[18] SELIGMAN, H.: The Discharge of Radioactive Waste Products into the Irish Sea; Part 1. First Experiments for the Study of Movement and Dilution of Released Dye in the Sea. Proceedings of the International Conference on the Peaceful Uses of Atomic Energy Vol. 9, S. 701—711. New York: United Nations 1956
[19] DUNSTER, H. J.: Part 2. The Preliminary Estimate of the Safe Daily Discharge of Radioactive Effluent. ibid., S. 712—715; D. R. R. FAIR u. A. S. MCLEAN: Part 3 The Experimental Discharge of Radioactive Effluents. ibid., S. 716—717
[20] DUNSTER, H. J.: The Disposal of Radioactive Liquid Wastes into Coastal Waters. Second United Nations International Conference on the Peaceful Uses of Atomic Energy, Genf, 1.—13. September 1958, Paper No. A/CONF. 15/P/297
[21] BOWLES, P., R. H. BURNS, F. HUDSWELL u. R. T. P. WHIPPLE: Sea Disposal of Low Activity Effluent. Second United Nations International Conference on the Peaceful Uses of Atomic Energy, Genf, 1.—13. September 1958, Paper No. A/CONF. 15/P/296
[22] BROWN, R. E., H. M. PARKER u. J. M. SMITH: Disposal of Liquid Wastes to the Ground. Proceedings of the International Conference on the Peaceful Uses of Atomic Energy Vol. 9, S. 669—675. New York: United Nations 1956
[23] THEIS, C. V.: Geologic and Hydrologic Factors in Ground Disposal of Waste. Sanitary Engineering Conference, Baltimore, Maryland, April 15—16, 1954; S. 261—283, WASH-275, August 1955
[24] BROWN, R. E., M. W. MCCONIGA u. P. P. ROWE: Geological and Hydrological Aspects of the Disposal of Liquid Radioactive Wastes. Sanitary Engineering Aspects of the Atomic Energy Industry, S. 413—425. TID-7517 (Part Ib) Oktober 1956
[25] MCHENRY, J. R., D. W. RHODES u. P. P. ROWE: Chemical and Physical Reactions of Radioactive Liquid Wastes with Soils. Sanitary Engineering Aspects of the Atomic Energy Industry, S. 170—190. TID-7517 (Part Ia) Oktober 1956
[26] THEIS, C. V.: A Review of the Ground-Water Geology of the Major Waste-Producing Sites. Sanitary Engineering Aspects of the Atomic Energy Industry, S. 116—131. TID-7517 (Part Ia) Oktober 1956
[26a] BIERSCHENK, W. H.: Aquifer Characteristics and Ground-Water Movement at Hanford. HW-60601, 9. Juni 1959

[27] BURNS, R. E., u. M. J. STEDWELL: Comments on Waste Disposal at Hanford. 2nd Nuclear Engineering and Science Conference, Philadelphia, Pa., 11.—15. März 1957, Reprint No. 57-NESC-58
[28] BROWN, R. E., u. W. H. BIERSCHENK: Geologic and Hydrologic Guides to the Ground Containment and Control of Wastes at Hanford. Nuclear Engineering and Science Conference, Chicago, 17.—21. März 1958, Preprint 14
[29] BROWN, R. E., D. W. PEARCE, W. DE LAGUNA, E. G. STRUXNESS, J. H. HORTON, JR., u. C. M. PATTERSON: Experience in the Disposal of Radioactive Wastes to the Ground. Second United Nations International Conference on the Peaceful Uses of Atomic Energy, Genf, 1.—13. September 1958, Paper No. A/CONF. 15/P/1767
[30] LACY, W. J.: Radioactive Waste Disposal Report on Seepage Pit Liquid Waste-Shale Column Experiment. ORNL-2415, 12. November 1957
[31] MORGAN, J. M., JR.: Considerations in Evaluating a Burial Ground for Solid Wastes. Sanitary Engineering Aspects of the Atomic Energy Industry, S. 243—249. TID-7517 (Part Ia) Oktober 1956
[31a] MAWSON, C. A., u. A. E. RUSSELL: Facilities for Waste Management at Chalk River, Canada. In C. A. MAWSON et al.: Waste Management and Monitoring at Chalk River. S. 1—11. CRL-59 (AECL No. 987), November 1959
[32] Solid Radioactive Waste Disposal at the National Reactor Testing Station. Sanitary Engineering Aspects of the Atomic Energy Industry, S. 250—263. TID-7517 (Part Ia) Oktober 1956
[33] ABEE, H. H.: Problems in the Burial of Solid Wastes at Oak Ridge National Laboratory. Sanitary Engineering Aspects of the Atomic Energy Industry, S. 223—228, TID-7517 (Part Ia) Oktober 1956
[34] United States Atomic Energy Commission: Chemical Processing and Equipment, S. 253. New York/Toronto/London: McGraw-Hill 1955
[35] WOLMAN, A., u. A. E. GORMAN: The Management and Disposal of Radioactive Wastes. Proceedings of the International Conference on the Peaceful Uses of Atomic Energy Vol. 9: Reactor Technology and Chemical Processing, S. 9—16. New York: United Nations 1956
[36] National Bureau of Standards: Handbook H. 58, Radioactive-Waste Disposal in the Ocean. US Department of Commerce, Superintendent of Documents, Washington 1954
[37] JOSEPH, A. B.: Technical Considerations of Sea Disposal. Sanitary Engineering Conference, Baltimore, Maryland, 15.—16. April 1954, S. 284—299, WASH-275, August 1955
[38] RENN, C. E.: Disposal of Radioactive Wastes at Sea. Proceedings of the International Conference on the Peaceful Uses of Atomic Energy Vol. 9, S. 718—721. New York: United Nations 1956
[39] MORGAN, J. M., JR.: Technical and Economic Aspects of Disposal of Radioactive Waste at Sea — Cost Analysis. Sanitary Engineering Conference, Baltimore, Maryland, 15.—16. April 1954, S. 300—312. WASH-275, August 1955
[39a] JOSEPH, A. B.: United States Sea Disposal Operations. A Summary to December 1956. WASH-734, August 1957
[40] GEMMELL, L.: The Brookhaven Experience with Sea Disposal of Radioactive Wastes. Sanitary Engineering Aspects of the Atomic Energy Industry, S. 153—161. TID-7517 (Part Ia) Oktober 1956
[41] LANG, J. C., u. A. A. JARRETT: Radioactive Waste Disposal at North American Aviation. Sanitary Engineering Aspects of the Atomic Energy Industry, S. 132—152. TID-7517 (Part Ia) Oktober 1956
[42] GLASSTONE, S.: Principles of Nuclear Reactor Engineering, S. 765—766. Princeton/New York/Toronto/London: D. Van Nostrand 1955
[43] BLOMEKE, J. O., E. D. ARNOLD u. A. T. GRESKY: Characteristics of Reactor Fuel Process Wastes. Nuclear Engineering and Science Conference, Chicago, 17.—21. März 1958, Preprint 44
[44] LAWROSKI, S., L. BURRIS, JR., u. W. A. RODGER: Chemistry and Chemical Engineering, Section 11. In H. ETHERINGTON: Nuclear Engineering Handbook. New York/Toronto/London: McGraw-Hill 1958

- [45] STRUXNESS, E. G., u. J. O. BLOMEKE: Multipurpose Processing and Ultimate Disposal of Radioactive Wastes. Second United Nations International Conference on the Peaceful Uses of Atomic Energy, Genf, 1.—13. September 1958, Paper No. A/CONF. 15/P/1073
- [46] PHILBERTH, B.: Beseitigung radioaktiver Abfallsubstanzen. Atomkernenergie Bd. 1 (1956) S. 396—400
- [47] GOODMAN, E. I.: Nuclear Waste Economics-State of the Art. 2nd Nuclear Engineering and Science Conference, Philadelphia, 11.—14. März 1957, Paper No. 57-NESC-118
- [48] PILKEY, O. H., A. M. PLATT u. C. A. ROHRMAN: The Storage of High Level Radioactive Wastes; Design and Operating Experience in the United States. Second United Nations International Conference on the Peaceful Uses of Atomic Energy, Genf, 1.—13. September 1958, Paper No. A/CONF. 15/P/389
- [48a] DOUD, E.: Design of Underground Storage Tanks for Radioactive Wastes. HW-57282 27. März 1959
- [49] COPPINGER, E. A., u. R. E. TOMLINSON: Heat Problems in the Disposal of High Level Radioactive Wastes. Sanitary Engineering Aspects of the Atomic Energy Industry, S. 475—492. TID-7517 (Part Ib) Oktober 1956
- [50] SMITH, E. F.: Structural Evaluation of Underground Waste Storage Tanks. HW-37519, 23. Juni 1955
- [51] ANDERSON, C. R., u. C. A. ROHRMAN: The Design and Operation of High-Level Waste Storage Facilities. Proceedings of the International Conference on the Peaceful Uses of Atomic Energy Vol. 9, S. 640—647. New York: United Nations 1956
- [52] COOK, M. W., u. E. D. WATERS: Operational Characteristics of Submerged Gas-Lift Circulators. HW-39432, 1. Dezember 1955
- [53] WILSON, E. E.: Design Considerations of Storage Tanks for Radioactive Wastes. Chemical Engineering Progress Bd. 52 (1956) S. 153—157; Reactor Operational Problems, S. 29—35. New York/London/Paris: Pergamon Press 1957
- [54] HATCH, L. P., W. H. REGAN, B. MANOWITZ u. F. HITTMAN: Processes for High Level Radioactive Waste Disposal. Proceedings of the International Conference on the Peaceful Uses of Atomic Energy Vol. 9, S. 648—658. New York: United Nations 1956
- [55] ABRISS, A., J. J. REILLY u. E. J. TUTHILL: Separation of Cesium and Strontium from Calcined Metal Oxides as a Process in Disposal of High Level Wastes. 2nd Nuclear Engineering and Science Conference, Philadelphia, 11.—14. März 1957, Paper No. 57-NESC-53
- [56] JONKE, A. A.: A Fluidized-Bed Technique for Treatment of Aqueous Nuclear Waste by Calcination to Oxides. Sanitary Engineering Aspects of the Atomic Energy Industry, S. 374—383. TID-7517 (Part Ib) Oktober 1956
- [57] LOEDING, J. W., A. A. JONKE, W. A. RODGER, R. P. LARSEN, S. LAWROSKI, E. S. GRIMMETT, J. I. STEVENS u. C. E. STEVENSON: Fluidized-Bed Conversion of Fuel Processing Wastes to Solids for Disposal. Second United Nations International Conference on the Peaceful Uses of Atomic Energy, Genf, 1.—13. September 1958, Paper No. A/CONF. 15/P/1922
- [57a] LOEDING, J. W., E. L. CARLS u. A. A. JONKE: Development Studies on the Solidification of Radioactive Waste by Fluid Bed Calcination. Nuclear Engineering & Science Conference, Cleveland, Ohio, 6.—9. April 1959, Preprint V-48
- [58] GINELL, W. S., J. J. MARTIN u. L. P. HATCH: Ultimate Disposal of Radioactive Wastes. Nucleonics Vol. 12 (1954) No. 12, S. 14—18
- [58a] SPICYN, V. I., u. V. V. GROMOV: Untersuchung der Gesetzmäßigkeiten bei der Sorption radioaktiven Strontiums an Montmorillonit und seiner Fixierung durch Brennen. Kernenergie Bd. 2 (1959) S. 839—843
- [59] AMPHLETT, C. B.: Treatment of Highly Active Wastes. Atomics and Nuclear Energy Vol. 8 (1957) No. 4, S. 116—120
- [60] DURHAM, R. W.: Disposal of Fission Products in Glass. 2nd Nuclear Engineering and Science Conference, Philadelphia, 11.—14. März 1957, Paper No. 57-NESC-54
- [61] WATSON, L. C., R. W. DURHAM, W. E. ERLEBACH u. H. K. RAE: The Disposal of Fission Products in Glass. Second United Nations International Conference on the Peaceful Uses of Atomic Energy, Genf, 1.—13. September 1958, Paper No. A/CONF. 15/P/195

[61a] WATSON, L. C., A. R. BANCROFT, J. D. GAMBLE, G. T. LEAIST u. D. T. NISHIMURA: Equipment and Method of Operation for Incorporation of Fission Products into Glass. CRCE-816 (AECL No. 756), Dezember 1958
[62] THURSTON, W. R.: Summary of Princeton Conference on Disposal of High-Level Radioactive Waste Products in Geologic Structures. Sanitary Engineering Aspects of the Atomic Energy Industry, S. 47—52. TID-7517 (Part Ia) Oktober 1956
[63] THEIS, C. V.: Problems of Ground Disposal of Nuclear Wastes. Proceedings of the International Conference on the Peaceful Uses of Atomic Energy Vol. 9, Reactor Technology and Chemical Processing, S. 679—683. New York: United Nations 1956
[64] Report of the Committee on Waste Disposal of the Division of Earth Sciences, National Academy of Sciences-National Research Council: The Disposal of Radioactive Waste on Land, Publication No. 519. NP-6503, September 1957
[64a] PARKER, F. L., L. HEMPHILL u. J. CROWELL: Status Report on Waste Disposal in Natural Salt Formations. ORNL-2560, 2. September 1958
[64b] SERATA, S., u. E. GLOYNA: Development of Design Principle for Disposal of Reactor Fuel Waste into Underground Salt Cavities. Nuclear Engineering & Science Conference, Cleveland, Ohio, 6.—9. April 1959, Preprint V-2
[65] STRUXNESS, E. G., u. J. O. BLOMEKE: Multipurpose Processing and Ultimate Disposal of Radioactive Wastes. Second United Nations International Conference on the Peaceful Uses of Atomic Energy, Genf, 1.—13. September 1958, Paper No. A/CONF. 15/P/1073
[66] BIRCH, F.: Generation of Heat in Radioactive Waste in Salt. Report for the Committee on Waste Disposal of the Division of Earth Sciences, National Academy of Sciences — National Research Council, 1958
[66a] SCHECHTER, R. S., u. E. F. GLOYNA: Thermal Considerations in the Storage of Radioactive Wastes in Salt Formations. Nuclear Engineering & Science Conference, Cleveland, Ohio, 6.—9. April 1959, Preprint V-4
[67] HERRINGTON, A. C., R. G. SHAVER u. C. W. SORENSON: Economic Evaluation of Permanent Disposal of Radioactive Wastes. Nucleonics Vol. 11 (1953) No. 9, S. 34—37
[68] BIRCH, F.: Generation of Heat in Radioactive Waste in Deep Reservoirs. Report for the Committee on Waste Disposal of the Division of Earth Sciences, National Academy of Sciences — National Research Council, 1958
[69] ROEDDER, E.: Atomic Waste Disposal by Injection into Aquifers. 2nd Nuclear Engineering and Science Conference, Philadelphia, 11.—14. März 1957, Paper No. 57-NESC-1
[70] ROEDDER, E.: Problems in the Disposal of Acid Aluminum Nitrat High-Level Radioactive Waste Solutions by Injection into Deep-lying Permeable Formations. Second United Nations International Conference on the Peaceful Uses of Atomic Energy, Genf, 1.—13. September 1958, Paper No. A/CONF. 15/P/1871
[71] VEDER, C.: Beschreibung der Herstellung des Beton-Bentonit-Diaphragmas (Patent ICOS.-Veder). Impresa Costruzioni Opere Spezializzate. Mailand 1954 (unveröffentlicht)
[72] JAEGER, TH.: Herstellung von Betondichtungswänden unter Verwendung thixotroper Bentonit-Suspensionen (Patent ICOS.-Veder). Bauplanung-Bautechnik Bd. 9 (1955) S. 289—295
[73] RENN, C. E.: Ultimate Disposal of Radioactive Reactor Wastes in the Oceans. Reactor Operational Problems. Selected Papers from the 1st Nuclear Engineering and Science Congress Held under the Auspices of the Engineers' Joint Council at Cleveland Vol. II, S. 22—23. New York/London/Paris: Pergamon Press 1957
[74] EVANS, J. E.: Disposal of Active Wastes at Sea. DP-5, 10. April 1952
[75] BOGOROV, V. G., u. E. M. KREPS: Concerning the Possibility of Disposing of Radioactive Waste in Ocean Trenches. Second United Nations International Conference on the Peaceful Uses of Atomic Energy, Genf, 1.—13. September 1958, Paper No. A/CONF. 15/P/2058
[76] KETCHUM, B. H., u. V. T. BOWEN: Biological Factors Determining the Distribution of Radioisotopes in the Sea. Second United Nations International Conference on the Peaceful Uses of Atomic Energy, Genf, 1.—13. September 1958, Paper No. A/CONF. 15/P/402

18. Reaktor-Schadensfälle und ihre Konsequenzen

Die Sicherheit eines Kernreaktorsystems hängt in erster Linie von dem kernphysikalischen Entwurf des Systems ab, der darauf hinzielt, dem Reaktor inhärent stabile Betriebscharakteristiken zu verleihen. Inhärente Stabilität bedeutet, daß bei einer Störung des Betriebs durch irgendeinen Einfluß die normalen Betriebsbedingungen allein durch die kernphysikalischen Charakteristiken des Systems automatisch wiederhergestellt werden, ohne daß die Hinzuziehung äußerer Hilfsmittel erforderlich ist. Eine große Zahl der bis jetzt entwickelten Kernreaktor-Typen besitzt die Eigenschaft der inhärenten Stabilität in mehr oder weniger ausgeprägtem Maße. Derzeit liegt jedoch noch nicht genügend Erfahrung für den Entwurf unbedingt zuverlässiger Systeme vor. Um den Reaktor steuern und unzureichende inhärente Stabilitätseigenschaften ergänzen zu können, werden in die Reaktorkonstruktion Kontrollvorrichtungen (Kontrollstäbe) eingebaut. Zusätzlich werden Sicherheitsstäbe und andere Apparaturen vorgesehen, um den Reaktor stillegen zu können, wenn der Betrieb sich gefährlichen Bedingungen nähert.

Obwohl der Betrieb von Reaktoren mit diesen Sicherheitsvorkehrungen und bei der geübten Sorgfalt in Entwurf und Ausführung der Konstruktion des Reaktorsystems als außerordentlich sicher erscheint und es tatsächlich auch ist, verlangt die erhebliche potentielle Gefahr eines Reaktorsystems für die Umwelt, eine, wenn auch noch so geringe Wahrscheinlichkeit eines schwerwiegenden Schadensfalles, vor dessen Auswirkungen die im Umkreis der Reaktoranlage lebende Bevölkerung geschützt werden muß, zu berücksichtigen. Die potentielle Gefahr eines Kernreaktorsystems besteht in dem Vorhandensein großer Mengen radioaktiver Spaltprodukte im Reaktorkern. [1], [2], [3]

Die sichere Verhütung der Verbreitung der Spaltprodukte, die bei einem mit sehr geringer Wahrscheinlichkeit zu erwartenden schweren Schadensfall aus dem Reaktorbehälter freigesetzt werden können, und die ins Grundwasser gelangen oder als radioaktive Wolke in dichtbesiedelte Gebiete getragen werden können, ist ein sehr ernst zu nehmendes Problem. Es ist denkbar, daß ein katastrophaler Schadensfall in einem großen Kernkraftwerk die zeitweilige Evakuierung einer nahegelegenen Großstadt und die Aufgabe eines Grundwasserreservoirs erforderlich machen kann [1]. Ein äußerst wirksamer Schutz besteht in dem gasdichten Einschluß von Reaktorsystemen als Endglied der Sicherheitsvorkehrungen.

18.1 Radioaktivität im Reaktorkern

Menge und Aktivität der in einem Reaktorkern enthaltenen Spaltprodukte sind Funktionen der Bestrahlungszeit des Spaltstoffs und der Leistung des Reaktors [4]. Leistungsreaktoren sind in dieser Hinsicht besonders gefährlich, da sie aus wirtschaftlichen Gründen auf hoher Leistungsstufe mit langen Bestrahlungszeiten des Spaltstoffs betrieben werden, was zu einer Akkumulation großer Mengen langlebiger Spaltprodukte führt.

Der Spaltproduktinhalt eines thermischen 500 MW-Reaktors, der in einer Spaltstoffbeschickungs- und Spaltprodukteliminierungsperiode von 180 Tagen betrieben wird, beträgt beispielsweise 24 Stunden nach einer Stillegung am Ende des 180 Tage-Zyklus $4,1 \cdot 10^8$ Curie [8]. Einige wichtige Anteile dieser Aktivität sind: Flüchtige Aktivität in Form von Jod^{131}: $5 \cdot 10^7$ Curie, und in Form von radioaktiven Edelgasen: $3,4 \cdot 10^7$ Curie; Strontium^{89}: $1,7 \cdot 10^7$ Curie, und Strontium^{90}: $3 \cdot 10^5$ Curie; Cer^{144}: $8 \cdot 10^6$ Curie.

18.2 Freisetzung von Spaltprodukten

Analytische Methoden für die Bestimmung von Menge und physikalischer Form freigesetzter Spaltprodukte existieren nicht. Als Grundlage für die Gefahrenanalyse ist bisher meistens in unrealistischer Weise angenommen worden, daß ein katastrophaler Reaktor-Schadensfall zu einer Freisetzung von 50% bis 100% der Spaltprodukte in den gleichen Verhältnisteilen, wie sie im Reaktorkern vorliegen, führt.

Die Ergebnisse von Versuchsreihen, in der Teile von bestrahlten Spaltstoffelementen geschmolzen und die in die Luft freigesetzten radioaktiven Substanzen gesammelt und analysiert wurden, zeigen einen hohen Grad der Selektivität in der Freisetzung, die eine Funktion des Dampfdrucks der einzelnen Spaltprodukte ist [5], [5a]. Im Gegensatz zu einer selektiven Freisetzung von Spaltprodukten bei einem Schmelzen des Reaktorkernes führt eine Verdampfung des Reaktorkernes infolge eines extremen Durchgehens der Reaktorleistung zu einer nichtselektiven Freisetzung. In der folgenden Tabelle werden 1. Werte für die Freisetzung von Spaltprodukten für den Fall eines extremen Durchgehens der Reaktorleistung angegeben, die als eine obere Grenze einer Reaktorkatastrophe angesehen werden können, und 2. sind Werte für die selektive Freisetzung von Spaltprodukten im wahrscheinlicheren Falle des Schmelzens des Reaktorkernes enthalten [6]. Die Edelgase sind hauptsächlich für die äußere Strahlendosis von Bedeutung, während Jod und sogenannte Knochensucher, wie Strontium, für die besonders gefährliche innere Schilddrüsen- und Knochendosis verantwortlich sind.

Tabelle 18.2/1. *Spaltproduktfreisetzung in Prozent der Gesamtaktivität* [6]

	extremes Durchgehen	Schmelzen			
	sämtliche Isotope	Jod	Edelgas	„Knochensucher"	Cäsium
Aerosol-%	35	50	100	0,23	2,3
Partikel-%	40	0	0	0,77	7,7
	75	50	100	1,0	10,0

Nur ein Teil der aus dem Reaktorbehälter entweichenden Spaltprodukte gelangt aus dem Umschließungsbauwerk hinaus in die Atmosphäre. Die mit dem sekundären Freisetzungskoeffizienten multiplizierten primären freigesetzten Spaltprodukte bilden die Grundlage für die Analyse der Gefahren für die Umwelt.

18.3 Gefahren für die Umwelt

Die zur Verhütung einer Freisetzung von Spaltprodukten erforderlichen Sicherheitsvorkehrungen sind von bedeutendem Einfluß auf die Kosten eines Reaktorprojekts. Es ist im Hinblick auf Standortwahl und bauliche Schutzvorkehrungen von großer wirtschaftlicher Bedeutung, daß die Gefahren einer möglichen Spaltproduktfreisetzung realistisch eingeschätzt werden. Direkte Erfahrungen über das Ausmaß einer massierten Freisetzung von Spaltprodukten aus einem Kernreaktor liegen glücklicherweise nicht vor. Man muß sich daher auf theoretische Schätzungen stützen, obgleich eine realistische Berechnung wegen der großen Zahl imponderabler Faktoren schwierig ist.

Die Annahme über Art, Menge und die Anteile des gasförmig und in Form dispergierter Teilchen aus dem Reaktorgebäude freigesetzten radioaktiven Materials bildet den Ausgangspunkt für den meteorologischen Teil der Gefahrenanalyse ([2], [7] bis [10]). Zusätzlich muß eine Annahme darüber getroffen werden, ob die Freisetzung der radioaktiven Substanzen plötzlich geschieht oder sich kontinuierlich über einen bestimmten Zeitraum verteilt. Eine logische Festsetzung der Temperatur der aus dem Reaktorgebäude entweichenden Mischung von Luft und Spaltprodukten ist von großer Bedeutung, da sie die Steighöhe der Gasblase bis zum Erreichen des Druck- und Temperaturausgleiches mit der umgebenden Atmosphäre bestimmt. Je größer die freigesetzte Energiemenge ist, desto höher steigt die kontaminierte Gasblase. Da mit zunehmender Entfernung der radioaktiven Wolke vom Boden die Strahlungsintensität und die Radioisotopen-Inhalationsgefahr in Bodennähe rapide abnehmen, braucht die heftigste denkbare Reaktorexplosion nicht unbedingt die größte Gefährdung der Umgebung darzustellen. Bei festliegender Aussickerungsrate wird die Strahlengefährdung bei der zur Freisetzung der Spaltprodukte in Luft minimal erforderlichen Energiemenge ein Maximum. Andererseits ist der sekundäre Spaltstoff-Freisetzungskoeffizient wiederum eine Funktion der Energiefreisetzung (Beschädigung des Umschließungsbauwerks).

Die meteorologischen Faktoren, die Art und Grad der Strahlenbelastung bestimmen, sind: Windgeschwindigkeit, Windrichtung, Temperaturgradiente in vertikaler Richtung, Regenfall und der Einfluß der topographischen Beschaffenheit des Geländes auf die örtlichen Wetterbedingungen. Besonders ungünstig ist eine Verteilung der Kontaminierung innerhalb einer bodennahen stabilen Temperaturinversionsschicht mit geringer Windgeschwindigkeit oder aber eine Ausregnung der Spaltprodukte unmittelbar nach vollendeter Bildung der kontaminierten Wolke. Eine Erhöhung der Wahrscheinlichkeit einer starken Strahlenbelastung der näheren Umgebung der Anlage hat aber die Tendenz der Verringerung der Strahlenbelastung des weiteren Umkreises und reduziert die Größe des in Mitleidenschaft gezogenen Gebietes.

Die Analyse der Gefahren einer Reaktorkatastrophe für die Umwelt besteht in der Untersuchung der Einflüsse der Variation der Parameter der Spaltproduktfreisetzung und der meteorologischen Parameter zur Abschätzung einer relativ ungünstigen Strahlenbelastung der im Umkreis der Anlage lebenden Bevölkerung. Die Strahlenbelastung setzt sich aus drei Anteilen zusammen:

1. äußere γ-Strahlendosis von der vorüberziehenden radioaktiven Wolke,
2. β-Inhalationsdosis,
3. Strahlendosis infolge Ausstreuung und Ausregnung radioaktiver Teilchen. (Der Einfluß der Ausstreuung von Sr^{89} und Sr^{90} auf die Agrarproduktion stellt, da die Produkte vernichtet werden müssen, einen zusätzlichen wirtschaftlichen Schaden dar.)

Bei der Durchführung der Gefahrenanalyse ist es wenig sinnvoll, ungünstigste vorstellbare Situationen zu postulieren. Man muß vielmehr von typischen, miteinander in Einklang stehenden Kombinationen von Ereignissen ausgehen, denn dem Eintreten eines katastrophalen Reaktor-Schadensfalles ist bereits eine hinreichend geringe Wahrscheinlichkeit zugeordnet, um dieses Vorgehen zu rechtfertigen! Beispielsweise könnte eine ungünstigste vorstellbare meteorologische Situation darin bestehen, daß die ursprüngliche kontaminierte Wolke ohne wesentliche Diffusion der Aktivität über ein Wasserreservoir oder ein Siedlungszentrum treibt und ein plötzlicher Gewitterschauer das radioaktive Material auswäscht und niederschlägt. Das Eintreten einer Kombination von geringer Diffusion und Gewitterschauern ist jedoch sehr unwahrscheinlich.

Die Ereignisketten von Reaktor-Schadensfällen sind bisher meist vom Standpunkt der Ermittlung des „ungünstigsten möglichen Schadensfalles" analysiert worden. Diesem Fall kommt aber kaum eine reale Bedeutung zu, da er erfordert, daß sämtliche in der Ereigniskette enthaltenen unabhängigen Faktoren, die jeder für sich eine mehr oder weniger zufallsbedingte Charakteristik haben, simultan so ungünstig wie möglich werden. Eine weit höhere Wahrscheinlichkeit kommt dem Eintreten von Ereignisketten zu, bei denen nur ein kleinerer Teil der Faktoren sehr ungünstige Werte annimmt oder bei denen der Grad der Widrigkeit allgemein geringer ist. Gegenwärtig sind Bestrebungen im Gange, die Gefahrenanalyse nach strengen statistischen Gesichtspunkten zu formulieren [11]. Die hauptsächlichen Unsicherheiten einer statistischen Erfassung des Gefährdungsproblems, als Kombination einer Reihe von Wahrscheinlichkeiten, liegen in folgenden Punkten [6]:

1. Schätzung der Wahrscheinlichkeit einer Spaltproduktfreisetzung und der Menge und physikalischen Beschaffenheit der freigesetzten Spaltprodukte;
2. Bestimmung der Wahrscheinlichkeit von Diffusionsvorgängen in größeren Entfernungen;
3. Vorhersagen über die Wahrscheinlichkeit der Ablagerung von Spaltprodukten auf dem Boden;
4. Vorhersagen über die innere Strahlenbelastung der in Mitleidenschaft gezogenen Bevölkerung.

18.4 Wahrscheinlichkeit des Eintretens katastrophaler Schadensfälle

Die potentielle Gefahr der Kernenergie-Industrie ist bereits vor ihrer Entwicklung erkannt und unter eine außerordentlich strenge Sicherheitskontrolle gebracht worden. Diese Sicherheitskontrolle gründet sich auf die denkbar ungünstigsten Kombinationen hypothetischer Versagens- und Schadensfälle, so daß die objektiv erhebliche Gefahr so bezwungen ist, daß sie nur eine äußerst geringe Gefährdung für den Menschen darstellt, oder besser: darzustellen braucht. „Die wirkliche Gefahr tritt ein, wenn ein falsches Gefühl der Sicherheit ein Nachlassen der Vorsicht verursacht" (E. TELLER).

Es ist die einmütige Meinung der Experten des Advisory Committee on Reactor Safeguards der U.S. Atomic Energy Commission, daß die Wahrscheinlichkeit des Eintretens eines katastrophalen Schadensfalles an einem Reaktorsystem extrem gering ist. Obwohl eine allgemeine Abneigung gegen die Zuordnung numerischer Werte zur Wahrscheinlichkeit des Eintretens eines so vagen und ungewissen Phänomens besteht, besonders da eine derartige Schätzung einen falschen Eindruck von der Kenntnis der Grundlagen vermitteln könnte, haben es einige Wissenschaftler unternommen, ihrer Meinung durch größenordnungsmäßige Schätzungen Ausdruck zu verleihen. [8]

Die Wahrscheinlichkeit der Gefährdung der Öffentlichkeit durch Schadensfälle an Reaktorsystemen kann in Termen einer Folge von Ereignissen ausgedrückt werden, deren jedes die Vorbedingung für die sich aus den folgenden Ereignissen ergebende Situation darstellt und eine sukzessive geringere Wahrscheinlichkeit des Eintretens als sein Vorläufer hat. Die Schätzungen der Experten für die Wahrscheinlichkeit einer größeren Beschädigung des Reaktorkerns eines Kernkraftwerks mit bedeutender innerer Freisetzung von Spaltprodukten, die aber nicht aus dem Reaktorbehälter entweichen, liegen im Bereich von 1 zu 10^2 bis 1 zu 10^4 je Kernreaktor und Jahr. Ihre Schätzungen für die Wahrscheinlichkeit von Schadensfällen, bei denen bedeutende Mengen von Spaltprodukten aus dem Reaktorbehälter entweichen, aber nicht aus dem gasdichten Container hinausgelangen, liegen im Bereich von 1 zu 10^3 bis 1 zu 10^4 je Kernreaktor und Jahr. Schließlich liegen ihre Schätzungen für die Wahrscheinlichkeit von Schadensfällen, bei denen größere Mengen von Spaltprodukten aus dem Container entweichen, zwischen 1 zu 10^5 und 1 zu 10^9 je Kernreaktor und Jahr [8].

Es muß betont werden, daß diese Werteangaben tatsächlich keine demonstrierbare Grundlage besitzen und keine Gültigkeit der Anwendung haben jenseits einer Wiedergabe sachverständiger Meinungen über die Wahrscheinlichkeiten des Eintretens von Schadensfällen an Kernreaktorsystemen für die Energiegewinnung. Mit großer Eindringlichkeit führen diese Schätzungen jedoch die Bedeutung des gasdichten Einschlusses der Reaktoranlage eines Kernkraftwerkes in eine Containerschale vor Augen. Dieser Einschluß stellt das Endglied der vielen Sicherheitsvorkehrungen dar, die garantieren sollen, daß der Betrieb von Kernkraftwerken nicht die öffentliche Sicherheit und Gesundheit gefährdet.

Das Versagen der Containerschale kann man schlechthin als einen „unglaubhaften" Schadensfall bezeichnen, man muß für diesen Fall entweder das Eintreten einer phantastischen Reihe von Vorfällen annehmen oder ihn einfach postulieren, ohne sich die Ursachen dafür auszudenken. Legt man die pessimistischste der angegebenen Schätzungen für den schlimmsten Schadensfall zugrunde und trifft die Annahme, daß in den Vereinigten Staaten 100 Kernreaktor-Kraftwerke in Betrieb sind, und postuliert ferner in unrealistischer Weise, daß jeder Schadensfall des definierten Typs 3000 Menschen das Leben kostet, so ist die Wahrscheinlichkeit, daß eine Person durch Reaktor-Schadensfälle getötet würde, 1 zu 50 Millionen pro Jahr [8]. (Vergleichsweise ist die Wahrscheinlichkeit, daß eine Person in den Vereinigten Staaten durch Autounfälle getötet wird, etwa 1 zu 5000 pro Jahr, wenn man annimmt, daß für jede Person die gleiche Wahrscheinlichkeit besteht, unter den 40 000 tödlich Verunglückten zu sein.)

18.5 Eingetretene Reaktor-Schadensfälle

Die vom Standpunkt der radioaktiven Verseuchung bisher ernstesten Reaktor-Schadensfälle waren das Durchgehen des kanadischen NRX-Forschungsreaktors in Chalk River am 12. Dezember 1952 und der Schadensfall an einem Produktionsreaktor in Windscale Works am 10. Oktober 1957, bei dem, ausgelöst durch die Freisetzung der im Graphitmoderator gespeicherten WIGNER-Energie, in einem Spaltstoffkanal ein Uranfeuer ausbrach.

18.51 Schadensfall in Chalk River [*12*], [*13*], [*14*]

Der Schadensfall an dem mit schwerem Wasser moderierten und mit leichtem Wasser gekühlten NRX-Reaktor resultierte aus dem Zusammentreffen von Versagen mechanischer Einrichtungsteile, Irrtümern und abnormalen Betriebsbedingungen bei der Durchführung von Reaktivitätsmessungen [*15*]. Beim Durchgehen der Leistung schmolzen die Hülsen einiger Spaltstoffelemente, deren Kühlwasserdurchfluß gedrosselt war, und Kühlwasser, das sich aus den zerstörten Spaltstoffstangen laufend mit hochaktiven langlebigen Spaltprodukten anreicherte, trat durch entstandene Lecks in das Schwerwassergefäß ein und ergoß sich daraus in den Reaktorunterbau. Selbst als man den durchgegangenen Reaktor wieder unter Kontrolle gebracht und stillgelegt hatte, wagte man nicht, das Kühlwasser abzustellen, da die erhitzten hochaktiven Spaltstoffstangen hätten rapide oxydieren und zu brennen anfangen können. Deshalb drosselte man die Kühlwassermenge zunächst nur. — Im Augenblick des Durchgehens gelangte radioaktives Material auch in das Kühlluftsystem und wurde durch den Schornstein an die Atmosphäre abgegeben.

Die Flutung des Reaktorunterbaus mit 4000 m³ Wasser stellte ein ernstes Problem dar, da diese Wassermenge etwa 10000 Curie langlebiger Spaltprodukte in Suspension und Lösung enthielt. Das radioaktiv kontaminierte Wasser wurde während der fortgesetzten Kühlung des Reaktorkerns in einen Speicherbehälter außerhalb des Gebäudes gepumpt, der sich rasch füllte. Man legte in großer Eile eine Rohrleitung zu einem 2 km entfernten Geländestück, das für die Versickerung schwach radioaktiver Abwässer vorgesehen war, und pumpte das Wasser in dort angelegte Versickerungsgräben. Bei dem Boden handelt es sich um einen leicht tonhaltigen Sand, dessen Feinstoffe den größten Teil der Radioaktivität in einer nur wenige Meter tiefen Bodensäule fixierten, so daß die Grundwasserströmung keine unzulässig große Radioaktivitätskonzentration in einen nahegelegenen See führt [*16*].

Bei der Überflutung von Reaktorunterbau und Hallenboden waren radioaktive Spaltprodukte mit dem Wasser tief in den Beton eingedrungen. Für die Dekontaminierung des Betons wurden in Abhängigkeit von dem Grad der radioaktiven Kontaminierung verschiedene Methoden angewandt: Spülen der Oberfläche mit Heißwasser und Reinigungsmittel-Strahl; Abstrahlen mit Stahlsand mit einem Gerät, das Stahlsand und Staub getrennt sammelt; Abschleifen der Betonoberfläche mit Rotary-Schneidern in Verbindung mit einem Staubsammelsystem.

In Abhängigkeit des Grades der im Beton verbleibenden Radioaktivität wurden verschiedene Nachbehandlungen angewandt. Bei geringer Restaktivität wurden die Oberflächen geglättet und mit einer Vinylfarbe überzogen, die in den Poren des Betons polymerisiert und eine glänzende, leicht zu reinigende Oberfläche ergibt. Bei höheren Radioaktivitätsstufen wurde eine Betonschicht als Strahlungsschutz aufbetoniert. In einigen Fällen war es auch erforderlich, eine Bleischicht zuzulegen.

Das gesamte Reaktorgebäude war durch gasförmige Spaltprodukte ebenfalls radioaktiv verseucht worden, was die Behandlung sämtlicher Oberflächen erforderlich machte, um die Gefahr zukünftiger Gesundheitsschädigung durch

Aufnahme vagabundierender radioaktiver Partikel in den Körper zu verhüten und die „Hintergrundaktivität" auf das für die Strahlungswarnung und die Experimentierarbeit am Reaktor notwendige Niveau zu senken.

Bei den über acht Monate dauernden Dekontaminierungs- und Demontagearbeiten konnten die Beschäftigten nur mit Schutzkleidung und Gasmaske oder Atemmaske mit Frischluftzuführung, sowie unter laufender Überwachung der Strahlenintensität, arbeiten.

Die Arbeiter wurden nach einem genau ausgearbeiteten Plan, der den Ort der Tätigkeit und die Expositionszeit berücksichtigte, unter sorgfältiger Kontrolle durch Gesundheitsphysiker und Ärzte eingesetzt. Jeder Handgriff in Strahlungsfeldern hoher Intensität mußte geplant und oft an Modellen geübt werden. Da es nicht zu umgehen war, daß viele Personen in kürzester Zeit durch die für mehrere Wochen zulässige Strahlendosis belastet wurden, was durch entsprechend lange Erholungspausen wieder zu kompensieren war, wurde eine große Anzahl von Arbeitskräften benötigt. Der kleine Stab erfahrener Reaktorhandwerker mußte für die spezialisierten Arbeiten aufgespart werden. So wurden Personen, die sonst mit „inaktiven" Arbeiten beschäftigt waren, zu den umfangreichen Aufräumungs- und Dekontaminierungsarbeiten herangezogen.

18.52 Schadensfall in Windscale Works [17], [18] [19]

Der Schadensfall an einem der graphitmoderierten, luftgekühlten Reaktoren von Windscale Works wurde durch Freisetzung von im Graphitmoderator gespeicherter WIGNER-Energie [20], [20a] ausgelöst. Es resultierte eine Überhitzung einiger Spaltstoffelemente, die zu einem Uranfeuer und einer starken Beschädigung der Ummantelung einiger Spaltstoffelemente führte. Größere Mengen gefährlicher Radioisotope wurden freigesetzt, die jedoch durch die Filter in dem Ventilationsschornstein des Luftkühlsystems weitgehend zurückgehalten wurden. — Als Ergebnis von Messungen über den Radiojodgehalt von Milch wurde die Milchproduktion eines Gebiets von über 500 km² einige Tage lang für den Verbrauch gesperrt.

18.6 Gefahren mobiler Kernkraft-Antriebsysteme

Die Hauptunterschiede zwischen einer Reaktoranlage für ein stationäres Grundlast-Kraftwerk und für den Antrieb eines Schiffes liegen in den Betriebscharakteristiken des Reaktorsystems, die wiederum einen wesentlichen Einfluß auf die Sicherheitscharakteristik nehmen. Von einer Antriebsanlage wird verlangt, daß sie sich stets in einem Zustand befindet, von dem ein praktisch unmittelbares Anlaufen erfolgen kann. Die auf ein Stillegen des Reaktors folgende Xenon-„Vergiftung" bedingt jedoch eine Reaktivitätsherabsetzung, die durch eine höhere Reaktivitätsinvestition kompensiert werden muß. Xe^{135} ist ein Tochterprodukt von Te^{135}, das über 5% der direkten Spaltprodukte ausmacht. Die Zerfallskette ist:

$$Te^{135} \xrightarrow{1\,\text{min}} I^{135} \xrightarrow{6{,}7\,\text{h}} Xe^{135} \xrightarrow{9{,}2\,\text{h}} Cs^{135} \xrightarrow{2{,}1\cdot 10^6\,\text{a}} Ba^{135}.$$

Der Absorptionswirkungsquerschnitt von Xe^{135} für thermische Neutronen hat den außerordentlich großen Wert von $2{,}9 \cdot 10^6$ barn [21]. Die Xenon-Konzentration in einem Reaktor wird während konstanten Betriebes hauptsächlich durch Neutronenabsorption auf einer niedrigen Gleichgewichtsstufe gehalten. Bei Reduzierung der Leistung steigt die Konzentration an, und je größer die Reduktion der Leistung ist, desto größer ist der die Reaktivität des Reaktors herabsetzende Effekt (Abb. 18.6/1) [*22*]. Ein Hochstarten während der Bedingungen der Spitzenvergiftung erfordert eine hohe Reaktivität des Reaktors. Dem betriebsmäßigen Vorteil einer vollständigen Stop-Start-Flexibilität steht aber im Zustand kontinuierlichen Betriebes der sicherheitstechnische Nachteil einer hohen Überschußreaktivität, die eine Herabsetzung der Eigensicherheit des Reaktors bedeutet, gegenüber. Das bedeutet, daß das Reaktor-Kontrollsystem einen weit größeren Reaktivitätsbereich ausgleichen muß, als im Falle der gleichförmiger arbeitenden Reaktoren stationärer Grundlast-Kernkraftwerke.

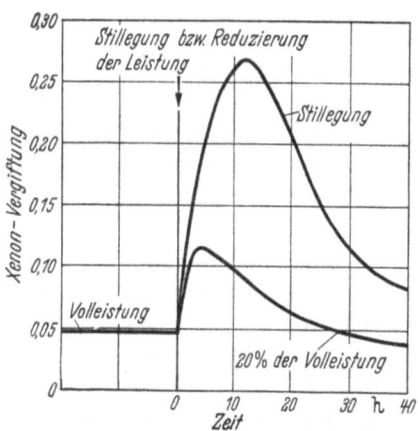

Abb. 18.6/1. Vergleich der Xenon-Vergiftungseffekte bei Reduzierung der vollen Leistung eines Reaktors (entsprechend einem Neutronenfluß von 10^{14} n/cm² s) auf 20% der vollen Leistung und bei Stillegung (nach [*22*])

Als erschwerender Umstand kommt hinzu, daß der Entwurf des Reaktor-Kontrollsystems (Regel- und Notabschaltungssystem) nicht auf der Schwerkraft und einer konstanten Beschleunigung in einer gegebenen Richtung fußen kann, sondern unbeeinflußt von Richtungsänderungen der Beschleunigung arbeiten muß, die bis zu 50° von der Normalen abweichen. Während beim Entwurf einer stationären Reaktoranlage in der Regel auch keine Schwingungen zu berücksichtigen sind, kommen auf einem Schiff stets Schwingungen mit beträchtlich variierender Frequenz und Amplitude vor; Stoßen, Stampfen und Rollen des Schiffs dürfen keinen Einfluß auf den Betrieb des Reaktors und seines Regel- und Notabschaltungssystems nehmen [*23*]. Schließlich bedeuten heftige Stoßwirkungen, wie sie durch Schiffszusammenstöße verursacht werden, eine Gefährdung des zuverlässigen Arbeitens des Kontrollsystems. Es ereignen sich jährlich etwa 50 schwere Unfälle, bei denen Schiffe betroffen werden, die in den Größenbereich fallen, für den Kernkraftantrieb praktisch in Frage kommt [*22*].

Der Untergang eines brennstoffbetriebenen Schiffes bedeutet nur für die übrige Schiffahrt eine Gefahr als Hindernis, aber bei einem kernkraftbetriebenen Schiff muß auch der Einfluß lang dauernder Korrosion, die zu einer Zerstörung der Spaltstoffelemente und darauffolgender Freisetzung der eingeschlossenen Spaltprodukte führen kann, berücksichtigt werden. Ein Sinken des Schiffes in verhältnismäßig abgeschlossenen Küstengewässern oder in zum Land gerichteten Strömungen würde eine unmittelbare potentielle Gefahr bedeuten; jedoch ist die Gefahr der radioaktiven Verseuchung des Ozeans wegen der biologischen Akkumulation von Spaltprodukten überall von Bedeutung [*24*]. Druckbehälter für Schiffsantrieb-Reaktoranlagen werden wahrscheinlich so stark konstruiert oder so geschützt werden, daß mechanische Stoßwirkungen und selbst schwerere Kollisionen sie nicht zu Bruch bringen; aber lang dauernde Korrosion kann ihren

Zustand vollständig ändern, so daß die Entwicklung von gegenüber Seewasser korrosionsresistenten Spaltstoffelementen erforderlich ist.

Die ernsteste Gefahr bei der Verwendung von Kernkraft-Antriebsystemen für Flugzeuge besteht in der Möglichkeit des Absturzes über dem Land mit folgender Freisetzung von Spaltprodukten aus dem zerstörten oder beschädigten Reaktorkern [25], [26]. Der schlimmste Fall bestünde in der Verteilung der Aktivität in der Atmosphäre durch thermische Aufwinde infolge eines Flugzeugbrandes und unmittelbar folgender Auswaschung durch starken Regenfall. Diese Gefahr wird bei Flugbooten, die im interkontinentalen Verkehr nur über den Ozeanen eingesetzt werden, vermieden.

Literatur zu 18

[1] McCullough, C. R., M. M. Mills u. E. Teller: The Safety of Nuclear Reactors. Proceedings of the International Conference on the Peaceful Uses of Atomic Energy Vol. 13: Legal, Administrative, Health and Safety Aspects of Large-Scale Use of Nuclear Energy, S. 79—87. New York: United Nations 1956

[2] McCullough, C. R.: Safety Aspects of Nuclear Reactors. The Geneva Series on the Peaceful Uses of Atomic Energy. Princeton/New York/Toronto/London: D. Van Nostrand 1957

[3] McCullough, C. R.: The Experience in the United States with Reactor Operation and Reactor Safeguards. Second United Nations International Conference on the Peaceful Uses of Atomic Energy, Genf, 1.—13. September 1958, Paper No. A/CONF. 15/P/1551

[4] Burnett, T. J.: Reactors, Hazard VS Power Level. Nuclear Science and Engineering Vol. 2 (1957) S. 382—393

[5] Parker, G. W., u. G. E. Creek: The Volatilisation of Fission Products by Melting of Reactor Fuel Plates. ORNL-CF-57-6-87, Juli 1957

[5a] Rodgers, S. J., W. A. McAllister, G. E. Kennedy u. J. W. Mausteller: Release and Distribution of Fission Products from Molten Zirconium-Uranium Assemblies. Annual Meeting of the American Nuclear Society, Gatlinburg, Tennessee, 15.—17. Juni 1959

[6] Leonard, B. P., jr.: Hazards Associated with Fission Product Release. Second United Nations International Conference on the Peaceful Uses of Atomic Energy, Genf, 1.—13. September 1958, Paper No. A/CONF. 15/P/428

[7] United States Department of Commerce, Weather Bureau: Meteorology and Atomic Energy. AECU-3066, Juli 1955

[8] United States Atomic Energy Commission: Theoretical Possibilities and Consequences of Major Accidents in Large Nuclear Power Plants. WASH-740, März 1957

[9] Kuper, J. B. H., u. F. P. Cowan: Exposure Criteria for Estimating the Consequences of a Catastrophe in a Nuclear Plant. Second United Nations International Conference on the Peaceful Uses of Atomic Energy, Genf, 1.—13. September 1958, Paper No. A/CONF. 15/P/430

[10] Gomberg, H. J.: A Quantitative Approach to Evaluation of Risk in Locating a Reactor on a Given Site. Second United Nations International Conference on the Peaceful Uses of Atomic Energy, Genf, 1.—13. September 1958, Paper No. A/CONF. 15/P/436

[11] Siddall, E.: Statistical Analysis of Reactor Safety Standards. Nucleonics Vol. 17 (1959) No. 2, S. 64—69

[12] Gray, J. L.: Reconstruction of the NRX-Reactor at Chalk River. The Engineering Journal, Oktober 1953

[13] Gilbert, F. W.: Decontamination of the Canadian Reactor. Chemical Engineering Progress Vol. 50 (1954) S. 267—271

[14] Hatfield, G. W.: A Reactor Emergency with Resulting Improvement. Mechanical Engineering Vol. 77 (1955) S. 124—126

[15] Hurst, D. G., u. A. G. Ward: Canadian Research Reactors. Progress in Nuclear Energy, Series II: Reactors Vol. 1, S. 37—38. London/New York: Pergamon Press 1956

[16] MAWSON, C. A.: Waste Disposal into the Ground. Proceedings, International Conference on the Peaceful Uses of Atomic Energy Vol. 9: Reactor Technology and Chemical Processing, S. 676—678. New York: United Nations 1956
[17] The Windscale Incident. Nuclear Engineering Vol. 2 (November 1957) No. 20, S. 453—454
[18] The Windscale Report: A Summary. Nuclear Engineering Vol. 3 (August 1958) No. 29, S. 338
[19] McLEAN, A. S., H. J. DUNSTER, H. HOWELLS u. W. L. TEMPLETON: District Surveys Following the Windscale Incident. Second United Nations International Conference on the Peaceful Uses of Atomic Energy, Genf, 1.—13. März 1958, Paper No. A/CONF. 15/P/316
[20] COTTRELL, A. H., et al.: Theory of Annealing Kinetics Applied to the Release of Stored Energy from Irradiated Graphite in Air-Cooled Reactors. Second United Nations International Conference on the Peaceful Uses of Atomic Energy, Genf, 1.—13. September 1958, Paper No. A/CONF. 15/P/2485
[20a] RIMMER, D. E.: The Validity of the Constant Activation Energy Model for the Release of Stored Energy in Graphite. AERE-R 3061, August 1959
[21] SCHULTZ, M. A.: The Control System. In H. ETHERINGTON (Hrsgb.): Nuclear Engineering Handbook, Section 8-2. New York/Toronto/London: McGraw-Hill 1958
[22] Problems of Nuclear Ship Propulsion. Nuclear Engineering Vol. 2 (März 1957) No. 12, S. 93—95
[23] MAINS, R. M.: Shock and Vibration in Naval Reactors. KAPL-M-RMM-2, 31. Oktober 1957
[24] FAYRAM, R. A., A. T. BIEHLAND u. J. D. RANDALL: Hazards Evaluation for Nuclear Merchant Ships. Advances in Nuclear Engineering Vol. I, S. 470—475. London/New York/Paris: Pergamon Press 1957
[25] LEVERETT, M. C.: Some Views on Aircraft Nuclear Propulsion. Meeting of the Metropolitan Section of the Society of Automotive Engineers, New York, 24. März 1959, Paper No. S. 191
[26] GAMERTSFELDER, C. C.: Safety Aspects of Nuclear-Powered Aircraft. Annual Meeting of the Health Physics Society, Gatlinburg, Tennessee, 17.—20. Juni 1959

19. Sicherheitseinschluß von Reaktorsystemen

Das Endglied der zahlreichen Sicherheitsvorkehrungen, die gewährleisten sollen, daß der Betrieb von Kernreaktoren nicht das allgemeine Personal eines Kernforschungsinstituts oder jegliches Personal eines Kernkraftwerks und vor allem nicht die in der Umgebung der Reaktoranlage lebende Bevölkerung gefährdet, besteht in dem Einschluß des Reaktorsystems in ein Gebäude, das den bei einem Reaktor-Schadensfall resultierenden Druckwirkungen widersteht und den Austritt von aus Reaktorkern und/oder Kühlkreislauf freigesetzter Radioaktivität ins Freie verhütet [1].

In der Vergangenheit ist in den USA der Schutz der allgemeinen Öffentlichkeit vor den Folgen eventueller Reaktorkatastrophen durch Isolierung der Anlagen in unbesiedelten Gegenden gewährleistet worden (für die Isolierung sprachen ursprünglich auch Geheimhaltungsgründe mit). Eine von der U. S. Atomic Energy Commission für den Radius der Schutzzone um einen Forschungsreaktor empfohlene Formel lautet $R = 0{,}016 \sqrt{P}$, wobei R den Radius der Schutzzone in [km] und P die Leistung des Reaktors in [kW] bedeuten. Die Methode der Isolierung ist aber auch in den Ländern überholt, die über genügend große Landflächen ohne Besiedlung und landwirtschaftliche Nutzungsfähigkeit verfügen.

Das eine Reaktoranlage umgebende gasdichte Gebäude stellt bei Bemessung für die stärksten Beanspruchungen, die sich aus einer Reaktorkatastrophe ergeben können, und bei sorgfältiger Bauausführung einen außerordentlich wirksamen Schutz der Öffentlichkeit dar. Bei adäquatem gasdichtem Einschluß der Reaktoranlage lassen sich — unter der Voraussetzung einer befriedigenden Lösung der Probleme der sicheren Beseitigung der bei normalem Betrieb anfallenden radioaktiven Abfälle — keine realen Einwände gegen eine Errichtung von Forschungsreaktoren innerhalb von Städten und gegen die Errichtung thermisch hochbelasteter Kernkraftwerke in der Nachbarschaft dichtbesiedelter Gebiete finden. Die derzeit noch notwendige psychologische Rücksichtnahme auf die allgemeine Öffentlichkeit wird im Laufe der Zeit überflüssig werden.

Die Größe des Umschließungsbauwerks ist von der Druck-Volumen-Beziehung des schwersten vorstellbaren Schadensfalles und bei Stahlschalen von ausführungstechnisch bedingten Begrenzungen der Schalendicke abhängig, sowie vom Raumbedarf der in der Umschließung unterzubringenden Konstruktionen und Apparate. Bei Postulierung eines Schadensfalls mit großem Energiefreisetzungspotential (Leistungsreaktoren) ist dieser im allgemeinen für die Festlegung der Abmessungen eines Umschließungsbauwerkes maßgebend, während bei hypothetischen Schadensfällen von verhältnismäßig geringem Ausmaß (Forschungsreaktoren) der Raumbedarf maßgebend ist. Die Berechnungsdrücke liegen bei Leistungsreaktoren zwischen 1,0 und 4,0 atü, bei Forschungsreaktoren um eine Größenordnung niedriger. Die Reaktoranlagen großer Kernkraftwerke werden derzeit in der Regel in sphärische Stahlschalen eingeschlossen, für den Einschluß von kleineren Versuchs-Kernkraftwerken und Forschungsreaktoren werden vorwiegend vertikale zylindrische Stahlschalen verwendet.

Nach R. O. Brittan und J. C. Heap [2] betragen die Kosten gasdichter Umschließungsbauwerke in den USA zwischen 2,4% und 17% der gesamten Kernkraftwerks-Baukosten, die hohen Werte gelten für kleine Versuchsanlagen.

19.1 Semi-dichter Einschluß von Forschungsreaktoren

Forschungsreaktoren, bei denen bei Eintreten eines Schadensfalles nur mit einem unwesentlichen Druckanstieg im Umschließungsbauwerk gerechnet werden braucht, können in einem semi-luftdichten Gebäude eingeschlossen werden. Das Prinzip des semi-dichten Einschlusses verlangt eine so dichte Ausführung der Gebäudehaut, daß das Umschließungsbauwerk bei einem Schadensfall mit Freisetzung radioaktiver Substanzen mit einer verhältnismäßig kleinen Gebläseleistung auf einem Unterdruck von etwa 1 cm WS gehalten werden kann. Dabei werden sämtliche normalen Ventilationskanäle geschlossen; die Luft wird nach Reinigung durch einen Schornstein abgeblasen. Zur Überwachung, daß das Gebäude auf dem notwendigen Unterdruck gehalten werden kann, ist die periodische Durchführung von Probeläufen des Exhaustsystems erforderlich. Die Baukosten für eine semi-dichte Ausführung der Gebäudehaut liegen bedeutend unter den Kosten eines gasdichten Einschlusses der Reaktoranlage.

19.11 Reaktor-Umschließungshallen mit semi-dichter Außenhaut

Der durch Unterbringung in einem Wasserbecken leichtwassergekühlte und -moderierte, mit angereichertem Uran-235 arbeitende Forschungsreaktor ORR des Oak Ridge National Laboratory (Wärmeleistung 30 MW) ist in einer 33 m langen Stahlskeletthalle mit isolierter Metallplattenverkleidung untergebracht (Abb. 19.1/1) [*3*]. Die Halle kann auf einem Unterdruck von 1,3 cm WS relativ zur Außenatmosphäre gehalten werden, wobei ein Einströmen von etwa 2,3 m³ Luft je Sekunde erfolgt [*4*], [*5*]. Diese Luft wird durch Filter zur Aerosolentfernung und einen kaustischen Wäscher zur Entfernung von Radiojod geleitet und darauf durch einen 76 m hohen Schornstein an die Atmosphäre abgegeben. Das System ist so bemessen, daß die Folgen eines Schmelzens des Reaktorkernes, wobei flüchtige Spaltprodukte freigesetzt werden, keine Gefahren für die Bewohnerschaft der Umgegend darstellen [*6*].

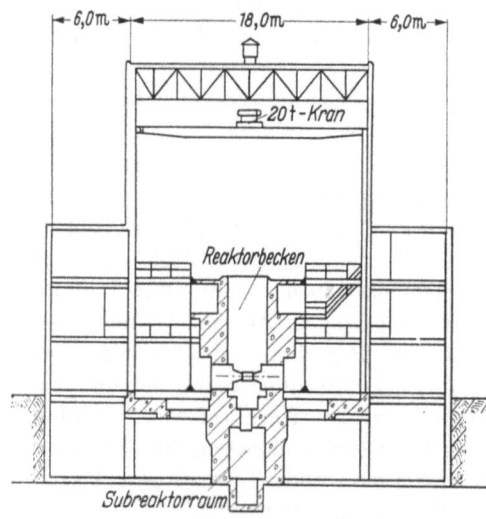

Abb. 19.1/1. Querschnitt durch die Stahlskeletthalle mit Metallplattenverkleidung des ORR (nach KOFLAT [*3*], S. 13—161)

Der Reaktorbehälter samt Gasbehandlungssystem des homogenen Lösungsreaktors der Armour Research Foundation in Chicago ist von einer doppelten Umschließung umgeben [*7*]. Der das Reaktorsystem vollständig umgebende primäre Einschluß wird von einem innerhalb der Strahlenabschirmung liegenden zylindrischen Aluminiumgehäuse und der Stahlblechauskleidung des Sub-Reaktorraums gebildet, die mittels eines gedichteten Anschlusses miteinander verbunden sind; der Zutritt zum Sub-Reaktorraum erfolgt durch eine gasdicht schließende Tür. Die einen Raum von 2800 m³ einschließende Reaktorhalle, deren innere Oberfläche zur Verminderung der Durchlässigkeit einen dicken Harzfarbenanstrich erhalten hat, und die mit Luftschleusen ausgerüstet ist, stellt den sekundären Einschluß dar. Die Reaktorhalle kann bei einem Schadensfall auch bei stärkstem atmosphärischem Druckfall durch Einpumpen von Luft aus der Halle in einen Behälter von 20 m³ Fassungsvermögen und 20 atü zulässigem Innendruck über einen Tag lang auf negativem Innendruck gehalten werden.

Bei einem Schadensfall am Engineering Test Reactor (ETR) auf der National Reactor Testing Station bei Idaho Falls, Idaho, ist keine Gefährdung eines dichtbesiedelten Gebiets gegeben, da die Reaktoranlage in einer entlegenen Gegend errichtet ist. Der mit angereichertem Uran-235 arbeitende, leichtwassergekühlte und -moderierte ETR ist mit einer Wärmeleistung von 175 MW gegenwärtig der stärkste Forschungsreaktor der Welt. Da der Reaktor mit relativ niedrigen Drücken und Temperaturen (14 atü und 60 °C) arbeitet, wären zwar die Folgen der Entstehung einer Leckstelle nicht annähernd so ernst wie bei einem druckwassergekühlten Leistungsreaktor, jedoch würde die Analyse der Konsequenzen eines schweren Schadensfalles zur Forderung eines gasdichten Einschlusses der Reaktoranlage durch eine Stahlschale führen, wenn die Umgebung besiedelt wäre. Da aber im Katastrophenfall nur das Personal des ETR und der benachbarten Anlagen vor radioaktiver Verseuchung zu schützen ist, braucht die Dichtigkeit der Reaktorhalle keinen besonders hohen Anforderungen genügen; im Notfall wird eine vorübergehende Räumung gefährdeter Bereiche hingenommen, da der wirtschaftliche Vorteil eines nur semi-dichten Einschlusses überwiegt.

Da ein Schadensfall nur einen unwesentlichen Druckanstieg hervorrufen kann, braucht das Umschließungsgebäude nicht für inneren Überdruck zu bemessen werden. Die Reaktorhalle ist ein 34 m breites und 42 m langes Bauwerk mit einer Gesamthöhe von 31 m. Die Wände bestehen im unteren Teil aus Beton, im darüberliegenden Teil aus einem Stahlrahmentragwerk mit Metallverkleidung. Die 60 cm breiten Wandplatten bestehen aus einem spundwandartig gefalteten Aluminiumblech an der Außenseite und einem glatten

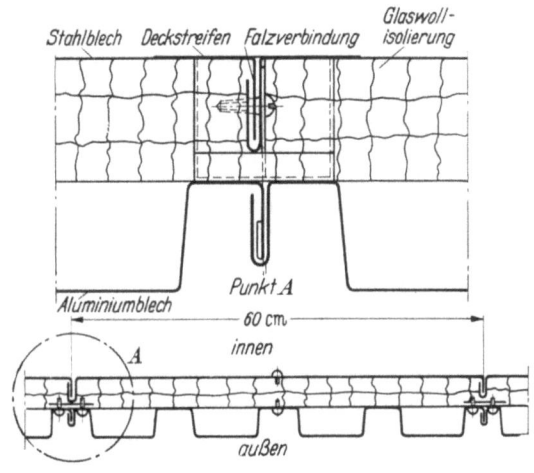

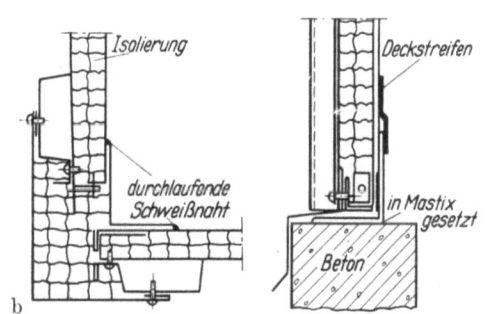

Abb. 19.1/2. a) Ausbildung der Metallplattenverkleidung der Reaktorhalle des ETR; b) Ausbildung einer Wandecke und der Wand-Betonsockel-Verbindung (nach LINDSAY, BUSH, FINKE, ZEISER, DUKLETH, ERNST u. CHUTE [8])

Stahlblech mit metallischem Schutzüberzug an der Innenseite mit dazwischenliegender Glaswollisolierung (Abb. 19.1/2a). Sowohl die äußeren als auch die inneren Bleche sind mit denen der angrenzenden Platte durch Falzung mit zwischengelegten Weichblei-Streifen verbunden. Abb. 19.1/2b zeigt die Ausbildung einer Wandecke und einer Wand-Betonsockel-Verbindung. Die Dichtung der Türen erfolgt durch Gummistreifen. [8]

Die beschriebene Art der Wandkonstruktion kostete $ 186000, sie wurde aus wirtschaftlichen Gründen zwei alternativen Konstruktionsmöglichkeiten vorgezogen, nämlich Stahlbetonwänden mit Schaumglasisolierung ($ 232000) und einem Stahlrahmentragwerk mit Metallplattenverkleidung mit geschweißten Stößen ($ 216000). Die Einheitskosten der für die Reaktorhalle gewählten Wandkonstruktion betrugen $ 28/m² verglichen mit $ 21/m² für die isolierten Aluminium-Sandwichwände anderer Gebäude des ETR-Projekts.

Da die Reaktorhalle nicht für Innendruck bemessen ist, war es auch nicht möglich, das Gebäude zur Erprobung seiner Dichtigkeit in üblicher Weise auf inneren Überdruck zu bringen, um dann den folgenden Druckverlust als Funktion der Zeit zu messen. Das für die Durchführung der Dichtigkeitsprüfung gewählte Verfahren bestand in der gleichförmigen Verteilung von Helium in einer Konzentration von 0,3% im Gebäude und in der darauffolgenden Messung der Heliumkonzentration als Funktion der Zeit. Diese Methode der Messung der im Gebäude verbleibenden Heliumkonzentration war das einzige praktisch mögliche Vorgehen; eine direkte Feststellung von Undichtheiten an der Außenseite der Halle hätte keinen Wert gehabt.

19.12 Luft-Durchsickerung aus einem semi-dichten Gebäude

Wenn im Falle eines Versagens aller Gebläse der Unterdruck in einer semiluftdichten Reaktorhalle sich nicht aufrechterhalten läßt, kann unter dem Einfluß von Druckdifferentialen, die durch Änderung des atmosphärischen Druckes und durch die Windströmung hervorgerufen werden, eine erhebliche Luft-Aussickerung als Massentransport (im Gegensatz zu Diffusion) durch kleine Undichtheiten erfolgen. Für die Berechnung dieser Luft-Durchsickerung aus dem Gebäude ist ein Verfahren entwickelt worden, das die Aussickerung als Funktion allgemeiner Druckänderungen und Windrichtung und -geschwindigkeit beschreibt [9]. Das Verfahren verwendet eine Beziehung vom Typ der Öffnungsgleichung. Der effektive Gebäude-Durchsickerungskoeffizient in der Öffnungsgleichung ist ein Maß für die Dichtigkeit des Gebäudes, er ist experimentell durch Spürgas-Konzentrationsmessungen bei einem bestimmten Windangriff zu ermitteln. Die theoretischen Extremfälle der Verteilung der Leckstellen sind: a) Konzentration der Leckstellen an den beiden Punkten des höchsten und des niedrigsten Druckes (ungünstigster Fall) und b) gleichförmige Leckstellen-Verteilung.

Für die Berechnung der aus einem derartigen sehr unwahrscheinlichen doppelten Schadensfall resultierenden Gefährdung der Umwelt werden die Aussickerungsgleichungen in Verbindung mit, das maximale Ausmaß der Verflüchtigung von Spaltprodukten betreffenden Werten (s. z. B. [10]) und den Ergebnissen einer Ermittlung der Häufigkeit verschiedener Kombinationen von Windrichtung, Windgeschwindigkeit und negativer Änderungen des allgemeinen Luftdrucks angewendet.

19.2 Gasdichter Einschluß von Forschungsreaktoren

Eine gasdichte Ausführung der Halle eines Forschungsreaktors wird vorgesehen, wenn ein semi-dichter Einschluß den Sicherheitsanforderungen nicht genügt. Derartige Hallenkonstruktionen werden meist als ausgesteifte oder unausgesteifte zylindrische Stahlschalen mit flacher Stahlblechkuppel ausgeführt; bei geringeren Bemessungsdrücken sind auch rotationssymmetrische Stahlbetonschalen wettbewerbsfähig. Die Schalenkonstruktionen werden in der Regel für innere Überdrücke von 0,1 atü bemessen, bei Forschungsreaktoren hoher Leistung werden jedoch höhere Bemessungsdrücke zugrunde gelegt. In Abhängigkeit von der Höhe des Bemessungsdrucks werden für den Personalzutritt und Materialtransporte entweder gasdicht schließende Tore oder Luftschleusen vorgesehen.

19.21 Stahlschalen

Der 5 MW-Wasserbecken-Forschungsreaktor des Kernforschungszentrums des Landes Nordrhein-Westfalen ist in ein gasdichtes stählernes Gebäude eingeschlossen, das für einen inneren Überdruck von 0,7 atü bemessen ist

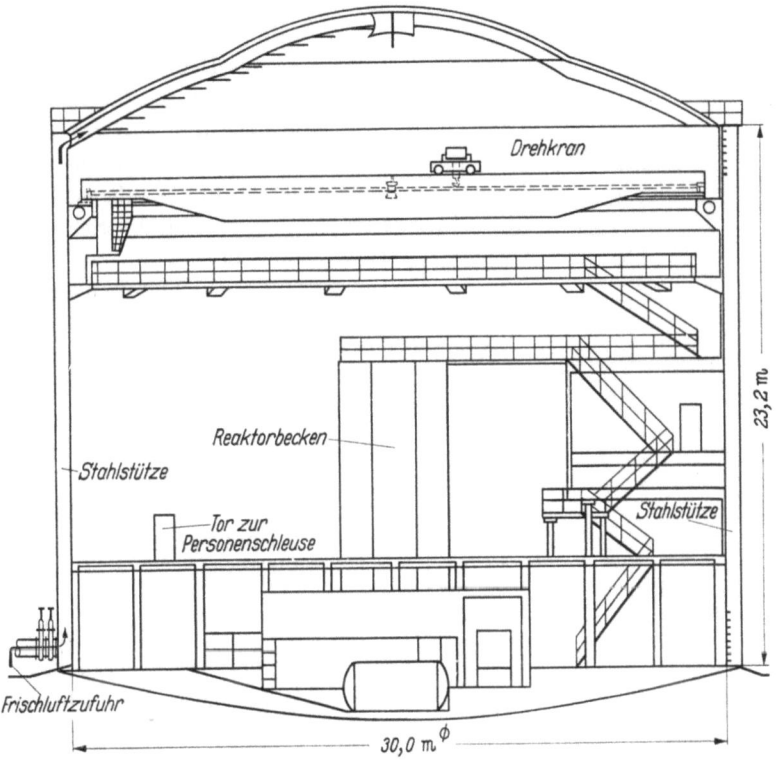

Abb. 19.2/1. Vertikalschnitt durch die gasdichte Halle des MERLIN-Forschungsreaktors (nach BRANDT [11])

(Abb. 19.2/1) [11]. Die Gebäudewandung ist als zylindrischer Stahlblechbehälter von 30,0 m Durchmesser und 23,2 m Höhe ausgebildet, mit einer Schallisolierung sowie einem abwaschbaren Kunststoffüberzug an der Innenseite. Die Wärmeisolierung liegt an der äußeren Fläche des Mantels. Am äußeren Umfang sind 16 geschweißte Kastenprofil-Stützen angeordnet, die als Aussteifung der Zylinderschale dienen und über Konsolen die Last der ringförmigen Kranbahn des 10 t-Drehkrans aufnehmen. Auf dem polar laufenden, kastenförmigen Kranträger bewegt sich eine querfahrende Krankatze. Die Dachkonstruktion besteht aus 16 gekrümmten Radialträgern mit beiderseits aufgeschweißten Blechen, so daß auch hier die Innenfläche glatt ist. Die Wärmeisolierung liegt zwischen den Blechen.

Klimatisierte Frischluft wird über zwei hintereinandergeschaltete Schieber durch eine der Kastenstützen und einen innen am Dachblech angeschweißten Blechkanal zur Dachmitte geführt, wo sie in einen Behälter von 2 m Durchmesser einströmt. Dieser wird nach unten durch einen federnd aufgehängten

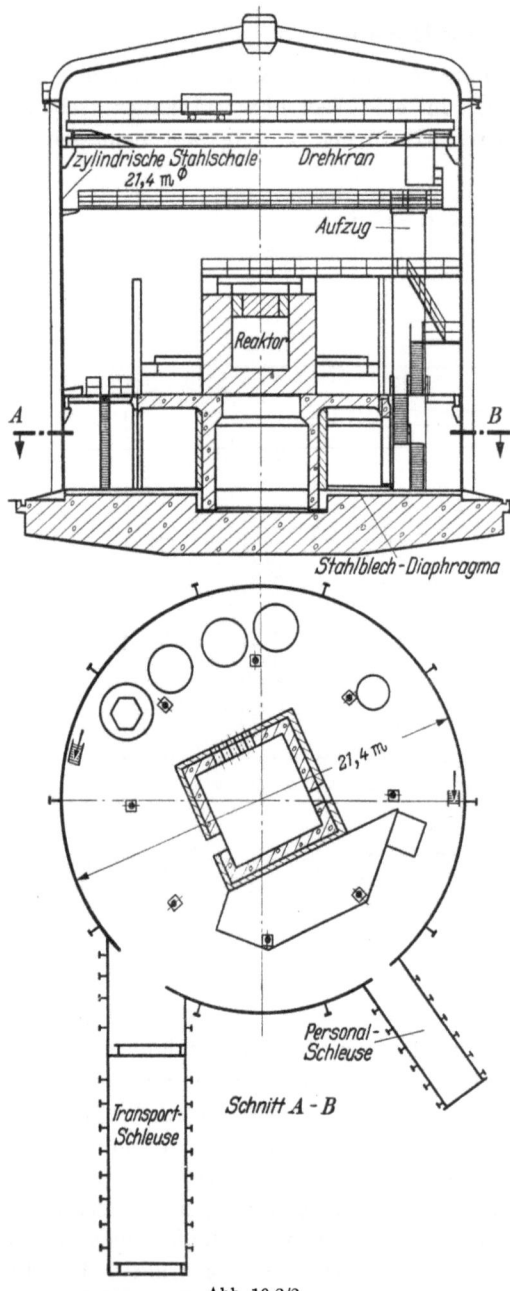

Abb. 19.2/2
Vertikal- und Horizontalschnitt durch die gasdichte Reaktorhalle des D.M.T.R.-Forschungsreaktors (nach WATERS [12])

Tellerboden, der als Rückschlagklappe dient, abgeschlossen. Im Katastrophenfall wird hierdurch das Eindringen radioaktiv kontaminierter Luft in die Luftzuleitung verhindert. Die Abluft strömt durch Öffnungen in der Decke in den das Reaktorfundament umschließenden Keller und wird von dort nach außen abgesaugt. Diese Leitung ist ebenfalls außerhalb des Gebäudes durch Schieber absperrbar.

Abb. 19.2/2 zeigt einen Vertikal- und einen Horizontalschnitt durch die gasdichte zylindrische Reaktorhalle des D.M.T.R.-Forschungsreaktors [12]. Der der Bemessung der ausgesteiften zylindrischen Schale zugrunde gelegte Katastrophen-Innendruck ist 0,45 atü.

19.22 Betonschalen

Die Reaktorhalle des 1 MW-Wasserbecken-Forschungsreaktors in München ist als hochgestellte elliptische Rotationsschale aus Stahlbeton ausgeführt (Abb. 19.2/3) [13], [14], [15]. Der der Bemessung der Schale zugrunde gelegte Innendruck ist 0,05 atü. Die Wanddicke des 30 m hohen Halbellipsoids mit 30 m Grundkreisdurchmesser beträgt 10 cm. In der Schale sind drei Türöffnungen von der Größe 2,0 × 2,0 m und ein großes Einfahrtstor mit den Abmessungen 4,2 × 4,0 m vorhanden. Die Schale wurde im Bereich dieses Einfahrtstores auf 20 cm Dicke verstärkt, um eine gute Umlenkung der Ringkräfte zu erzielen. Als Wärmedämmung dienen zwei Preßkorkschichten; die Kuppel ist mit Aluminiumblech eingedeckt. Die Halle ist mit einem 5 t-Segmentkran bestückt. Der

19.3 Postulierte Schadensfälle an Leistungsreaktorsystemen

Kran hat eine Mittelaufhängung, bestehend aus fünf gegen die Kuppelachse geneigten Stahlrohren, und läuft auf einem Kranträger, der mittels Demag-Bügel pendelartig in der Schale aufgehängt ist.

Die Stahlbetonkuppel für den gasdichten Einschluß des Forschungsreaktors der Industrial Research Laboratories, Inc., bei Princeton, N. J., hat die Gestalt

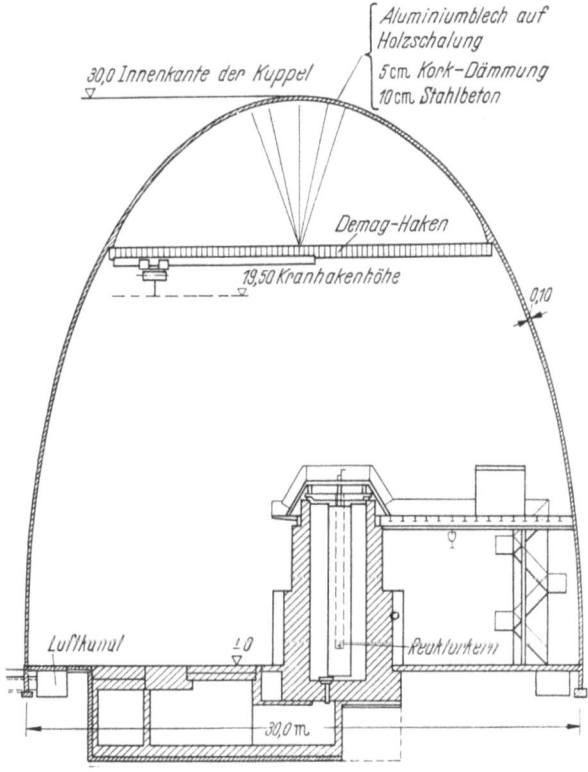

Abb. 19.2/3
Vertikalschnitt durch die Kuppelschale des Forschungsreaktors in München-Garching (nach BROSCH [14])

eines Bienenkorbes. Als Erzeugende des rotationssymmetrischen Kuppelbaues wurde ein Korbbogen gewählt. Der Innendurchmesser der Kuppel beträgt am unteren Rande 26,6 m, ihre Höhe ist ebenfalls 26,6 m. Bis zu einer Höhe von 8,3 m beträgt die Schalendicke 30 cm, auf den nächsten 6,4 m reduziert sie sich auf 20 cm, und der Oberteil der Kuppel ist eine 7,5 cm dicke Torkretbeton-Schale. [16]

19.3 Postulierte Schadensfälle an Leistungsreaktorsystemen

Die Wahrscheinlichkeit des Eintretens einer Reaktorkatastrophe großen Ausmaßes, die durch Freisetzung radioaktiver Spaltprodukte die in der Umgebung der Reaktoranlage lebende Bevölkerung gefährden könnte, ist extrem gering. Die große Mehrzahl der Schadensfälle wird von einer weniger schweren Art sein und nur Teile der Anlage selbst und evtl. auch das Betriebspersonal betreffen. Sollte irgendeine unglückliche Folge von Versagens- und Schadensfällen zur Zerstörung des Reaktorkernes mit folgender Freisetzung der Spaltprodukte innerhalb des Reaktorbehälters führen, so würde keine Gefährdung der allgemeinen Öffentlichkeit eintreten, wenn nicht der Reaktorbehälter und die die gesamte Reaktoranlage umschließende Containerschale ebenfalls zerstört bzw. beschädigt werden.

19.31 Allgemeines

Als Grundlage für die Bemessung einer gasdichten und druckfesten Containerschale werden Schadensfälle postuliert, deren resultierenden Druckwellen,

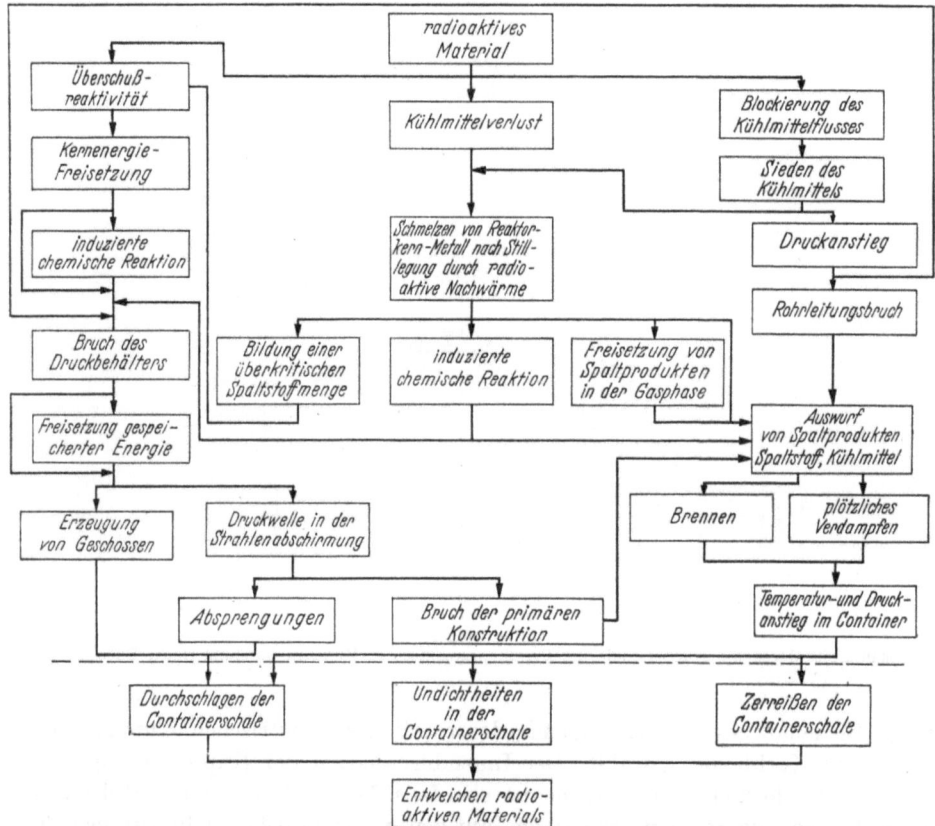

Abb. 19.3/1. Stammbaumartiges Schema der Zerstörungsvorgänge bei Reaktor-Schadensfällen und der resultierenden Beanspruchungen von Containerschalen (nach BRITTAN u. HEAP [2])

Druckzunahmen und -abnahmen sowie Temperaturwirkungen die Containerschale widerstehen muß, die derzeit gewöhnlich in Stahl ausgeführt wird. Die möglichen Schadensfälle eines Reaktorsystems, die zu einer Freisetzung von Spaltprodukten führen können, lassen sich wie folgt klassifizieren:

1. Unkontrolliertes Durchgehen der Kern-Kettenreaktion;
2. Verlust des Kühlmittels und darauffolgendes Schmelzen der Reaktorkomponenten selbst nach Stillegung des Reaktors infolge der durch radioaktiven Zerfall der Spaltprodukte bedingten Wärmefreisetzung (radioaktive Nachwärme);

3. eventuelle exotherme chemische Reaktionen zwischen den verschiedenen Komponenten des Reaktors und dem Kühlmittel oder der Atmosphäre, die bei Schmelzen des Reaktorkernes infolge einer aus der Kontrolle geratenen Kern-Kettenreaktion oder infolge von Zerfallswärmeerzeugung ausgelöst werden können.

Wegen des großen Volumens einer Containerschale, die den radioaktiven Teil eines Kernkraftwerkes gasdicht umschließt, ist es möglich, sie für Innendruckbelastungen zu bemessen, die aus Schadensfällen von hinreichender Stärke zur Zerreißung des Reaktorbehälters resultieren. Für die Bemessung einer Containerschale wäre es unrealistisch, die aus dem schlimmsten möglichen Schadensfall abgeleiteten Belastungsbedingungen in Verbindung mit üblichen zulässigen Spannungen zugrunde zu legen. Es ist logischer, einen von einem wahrscheinlicheren Schadensfall hergeleiteten Beanspruchungsfall zu verwenden, für den der Container wie ein normaler Druckbehälter bemessen wird, und die durch den schwersten glaubhaften Schadensfall verursachte Beanspruchung als außergewöhnlichen Belastungsfall anzusetzen, der die Containerschale bis nahe an die Grenztragfähigkeit bringen darf. Die Postulierung des denkbar ungünstigsten, aber immerhin glaubhaften Schadensfalles ist eine Angelegenheit des Ermessens, das sich im Grade des Pessimismus bei verschiedenen Projektierungsgruppen unterscheiden kann.

Ein von R. O. BRITTAN und J. C. HEAP [2], [2a] entwickeltes stammbaumartiges Schema von Reaktor-Schadensfällen und der resultierenden Beanspruchungen von Containerschalen ist in Abb. 19.3/1 wiedergegeben. Dieses Schema mit seinen verschiedenen Umgehungs- und Zwischenverbindungslinien der einzelnen Ereignisse enthält die Aspekte sämtlicher schwerwiegender Schadensfälle, die bei den verschiedenartigen Reaktortypen eintreten können, so daß alle möglichen Ereignisketten von der Auslösung des Schadensfalles über die Energiefreisetzung bis zur Erzeugung der mechanischen und radioaktiven Belastung der Containerschale verfolgt werden können.

19.32 Durchgehen des Reaktors

Ein Merkmal, durch das Kernreaktoren sich von herkömmlichen energieliefernden Maschinen unterscheiden, ist, daß bei Verlust adäquater Kontrolle enorme Leistungszunahmen innerhalb weniger Augenblicke eintreten können. Bis zu einem gewissen Grade können betriebliche Irrtümer, Versagen mechanischer Teile und andere Umstände, die zu einer Reaktivitätszunahme Anlaß geben können, durch das Kontrollsystem korrigiert werden. Es ist jedoch theoretisch möglich, daß das Durchgehen einer Kern-Kettenreaktion in Sekundenbruchteilen vor sich gehen kann, so daß die Kontrollmechanismen wegen der begrenzten Bewegungsgeschwindigkeit zu spät wirksam werden.

Das Durchgehen eines Reaktors kann erfolgen, wenn eine große Überschußreaktivität so schnell eingeführt wird, daß das Reaktorkontrollsystem und die verschiedenen Sicherheitsvorkehrungen zu spät wirksam werden, oder aber wenn gleichzeitiges Versagen der gesamten Sicherheitsinstrumentation eintritt. Die Umstände, durch die innerhalb von Sekundenbruchteilen ein großer Reaktivitätszuwachs tatsächlich herbeigeführt werden könnte, sind bei vielen Reaktorsystemen obskur. Derartige große, rapide Zufügungen von Reaktivität sind selbst im Experiment nicht leicht zu erzielen, und bei einem normal betriebenen Reaktor können sie nur eintreten, wenn sich eine unwahrscheinliche Kette von Fällen des Versagens ereignet. Die Möglichkeit des Eintretens eines rapiden Durchgehens der Kern-Kettenreaktion kann jedoch nicht absolut ausgeschlossen werden, und Untersuchungen haben sich weitgehend auf die Folgen eines derartigen Durchgehens beschränkt, ohne eine einleuchtende Ursache zu postulieren.

Als Folge eines Durchgehens der Kern-Kettenreaktion würden Reaktorleistung und -temperatur zunehmen, bis dem Durchgehen ein Ende gesetzt wird, entweder durch einen starken negativen Reaktivitätskoeffizienten des Reaktorsystems, oder durch ein Auseinanderfallen (Schmelzen, Verdampfen) des Reaktorkernes. Wassermoderierte Reaktoren besitzen die Eigenschaft der Selbstregulierung durch negativen Reaktivitätskoeffizienten in der Regel in wesentlichem Maße, und möglicherweise kann diese Eigenschaft wenigstens in gewissem Grade nahezu allen Typen von Reaktoren beigegeben werden. Da die selbststabilisierend wirkenden physikalischen Prozesse in Reaktoren aber nicht stets gleichlaufend mit der Freisetzung von Wärme aus dem Spaltprozeß zu sein brauchen, sondern verzögert werden können, kann auch bei Vorhandensein eines negativen Reaktivitätskoeffizienten eine Zerstörung des Reaktorkernes erfolgen, wenn während dieser „Verzögerung" eine wesentliche Überschußreaktivität in den Reaktor eingeführt wird.

Aus einer Reihe von Untersuchungen über Möglichkeiten des Durchgehens von Kernreaktoren geht hervor, daß ein unkontrolliertes Durchgehen der Kern-Kettenreaktion bei einem Reaktor selbst im denkbar ungünstigsten Falle nicht zu einer nuklearen Explosion führen kann, die einer Kernwaffenexplosion auch nur entfernt ähnelt. Es ist nicht möglich, daß in Kernreaktoren die Bildung hochgradig superkritischer Konzentrationen spaltbaren Materials in einem extrem kurzen Zeitintervall vor sich geht, wie es zur Erreichung sehr hoher Reaktivitätsgrade mit begleitender rapider Energiefreisetzung erforderlich ist und wie es bei Spaltbomben durch das Implosionsprinzip erreicht wird. Bei großen thermischen Reaktoren kann überhaupt kein explosionsähnlicher nuklearer Prozeß eintreten. Die verhältnismäßig stärkste Temperatur- und Druckwirkung kann bei dem Durchgehen eines schnellen Reaktors auftreten, bei dem das spaltbare Material in hoher Konzentration auf sehr kleinem Raum zusammenliegt, während bei thermischen Reaktoren der Spaltstoff durch den niedrigen U^{235}-Gehalt und die Gegenwart eines Moderators auf bedeutend größerem Raum in viel geringerer Konzentration verteilt ist. Bei schnellen Reaktoren hindert lediglich die für Kühlzwecke erforderliche geometrische Verteilung des Spaltstoffes den Reaktor an der Erreichung eines superkritischen Zustandes.

Ein plötzlicher Reaktivitätszuwachs kann durch rapide Zusammendrückung des Reaktorkernes oder infolge Schmelzens des Kernes und Neuformierung in kompakterer Form eintreten. Der erstere Fall kann eintreten, wenn bei einem plötzlichen Ansteigen der Reaktorleistung das Flüssigmetall-Kühlmittel siedet und aus dem Reaktor ausgetrieben wird, so daß die Spaltstoffelemente infolge der Temperaturzunahme erweichen. Ein plötzliches Zurückfließen des Kühlmittels oder ein Vorwärtsstoß durch die Pumpe könnte den Reaktorkern, dessen Kühlmittelpassagen durch die Deformierung der Spaltstoffelemente blockiert sind, zu einer hochgradig superkritischen Masse zusammendrücken, die zu verdampfen beginnt und sich ausdehnt, bis die Kettenreaktion aufhört [17]. Gefährlicher kann der zweite Fall sein, der darin besteht, daß nach Verlust von Flüssigmetall-Kühlmittel der mittlere Teil des Reaktorkernes schmilzt und die Schmelze die Hohlräume im unteren Teil des Reaktorkernes ausfüllt, worauf der obere Teil herabstürzt — ein einer Implosion ähnlicher Vorgang [17], [18]. Für das Durchgehen der Kern-Kettenreaktion bei schnellen Reaktoren errechnete maximale Energiefreisetzungen liegen in der Größenordnung der Energiefreisetzung bei Explosion von einigen hundert Kilogramm Trinitrotoluol, aber die Energiefreisetzungskurve der nuklearen Explosion als Funktion der Zeit hat eine wesentlich flachere Gradiente als die Energie-Zeit-Kurve für die Detonation eines chemischen Explosivstoffes [19].

Das Durchgehen eines Reaktors kann exotherme chemische Reaktionen zwischen verschiedenen Komponenten des Reaktorsystems nach sich ziehen und die Freisetzung von Kühlmittel bewirken, was zu wesentlich größeren Energiefreisetzungen führen kann, als das vorhergehende Durchgehen des Reaktors selbst. Die Containerschale ist daher in der Regel für weit größere Druckzunahmen zu bemessen, als aus dem Durchgehen der Kern-Kettenreaktion resultieren.

19.33 Freisetzung des Kühlmittels bei wassergekühlten Reaktorsystemen

Bei Leistungsreaktoren, die Wasser als Wärmeträger verwenden (Druckwasserreaktor, Siedewasserreaktor), ist die in Reaktorbehälter und Kühlkreislaufsystem gespeicherte Energiemenge groß. Hochdrucksysteme unterliegen der Gefahr des Versagens; bei Leistungsreaktorsystemen kommt hinzu, daß der kumulative Einfluß der Strahlung bei langzeitiger Einwirkung ungünstige Änderungen der mechanischen Eigenschaften der Werkstoffe mit sich bringen kann, und daß nach Aufnahme des Betriebes wichtige Komponenten für Inspektionszwecke unzugänglich werden können, so daß das beginnende Versagen keine Warnung gibt.

Bei einem Bruch der Konstruktion des primären Kühlkreislaufes oder des Reaktorbehälters bewirkt das zum Container bestehende Druckgefälle ein rapides Entweichen des im Kühlsystem unter hohem Druck gehaltenen Wassers. Der Austritt des Dampf-Wasser-Gemisches verursacht eine Erhöhung der inneren Energie innerhalb der Containerschale, die in einem Temperatur- und Druckanstieg resultiert. Bei Vernachlässigung der Wärmeübertragung auf die Umgebung können die adiabatischen Gleichgewichtsbedingungen von Temperatur und Druck im Container für beliebige Mengen ausgelaufenen heißen Kühlmittels berechnet werden. Die Geschwindigkeit des Auslaufens ist eine Funktion der Größe der Leckstelle und des zeitabhängigen Druckes im beschädigten System. Bei gegebener Größe der Leckstelle kann die Energieänderung in der Containeratmosphäre als Funktion der Zeit errechnet werden. Die Geschwindigkeit, mit der sich das Dampf-Luft-Gemisch dem Gleichgewichtszustand nähert, kann wegen der komplizierten Natur des Mischprozesses nicht mit hinreichender Genauigkeit ermittelt werden. Die Berechnungen gründen sich daher auf die Annahme augenblicklicher gleichförmiger und vollständiger Mischung von Dampf und Luft, gleichförmiger Verteilung des Gemisches im gesamten Containersystem und augenblicklicher Erreichung des thermodynamischen Gleichgewichtszustandes. Infolge der turbulenten Natur des Ausströmens bei großen Leckstellen können diese Annahmen nach einem Intervall von einigen Sekunden nach erfolgtem Bruch als einigermaßen zutreffend angesehen werden. Kontrollrechnungen auf der Grundlage der Annahme, daß keine Mischung von Dampf und Luft eintritt, ergaben niedrigere Drücke im Gesamtsystem als im Falle augenblicklicher vollständiger Mischung. [20], [22], [22a]

Die Verringerung des Druckes bei Eintreten eines Bruches am Kreislaufsystem verursacht ein Temperaturgefälle zwischen dem Metall der Konstruktion des Systems, das eine große Wärmekapazität besitzt, und dem Kühlmittel. Wenn das Kühlmittel ohne Phasentrennung von Dampf und Wasser aus dem primären Kreislaufsystem entweicht, hört das heiße Metall bei Beendigung des Auswurfes des Dampf-Wasser-Gemisches auf, eine wirksame Wärmequelle zu sein. Wenn aber, durch Trennung von entweichendem Dampf und Wasser, flüssiges Kühlmittel den Kontakt mit den heißen Innenwänden des Rohr- und Behältersystems behält, ergibt sich daraus durch Sieden des zurückgebliebenen Wassers eine beträchtliche zusätzliche Wärmeübertragung von dem heißen Metall auf die Containeratmosphäre und folglich ein höherer Spitzendruck im Container.

Auch nach Stillegung der Kern-Kettenreaktion wird infolge des radioaktiven Zerfalls der akkumulierten Spaltprodukte im Reaktorkern laufend Energie freigesetzt. Für die Berechnung von Temperatur und Druck im Container ist die Annahme von Wichtigkeit, auf welche Weise sich die im Reaktorkern frei werdende Zerfallswärme der Umgebung mitteilt. Wenn durch die Zerfallswärme Wasser verdampft wird und an der Innenseite der Kuppel des Reaktor-Druckbehälters kondensiert, würde es zurücktropfen und durch die Zerfallswärme neuerlich verdampft werden. Unter diesen Bedingungen könnte nahezu die gesamte Zerfallswärme bei ihrer Entstehung abgeführt werden. Bei niedriger Dampfkonzentration hingegen wäre die Wärmeabführungsgeschwindigkeit sehr gering.

Gleichlaufend mit der Wärmezuführung findet Kondensation des Wasserdampfes an der Containerinnenwand und an den Oberflächen von im Container befindlichen kühlen Objekten statt. Es können zwei Arten der Kondensation eintreten. Wenn das Kondensat die Oberfläche vollständig benetzt, bildet sich eine Kondensatschicht aus. Dieser Kondensatfilm setzt infolge der verhältnismäßig geringen Wärmeleitfähigkeit von Wasser dem Wärmeübergang auf diese Körper einen beträchtlichen Widerstand entgegen. Wenn die Oberfläche nicht vom Kondensat benetzt wird, verursacht die Oberflächenspannung Tröpfchenbildung, und die Tröpfchen rinnen oder fallen unter dem Schwerkrafteinfluß ab, so daß ein großer Teil der Kondensationsoberfläche unbedeckt bleibt; dadurch wird der Wärmeübertragungswiderstand zu einem Minimum. Mit fortschreitender Kondensation verringert sich die Kondensationsgeschwindigkeit als Folge der Abnahme des Dampfdruckes und der Konzentration des Dampfes in der Atmosphäre verbunden mit einer Erhöhung der Temperatur der Kondensationsoberflächen. Die Geschwindigkeiten, mit denen die verschiedenen Oberflächentemperaturen zunehmen, hängen ab von den Geschwindigkeiten der Wärmeübertragung vom Dampf zur Kondensationsoberfläche und der Wärmeleitung

19.3 Postulierte Schadensfälle an Leistungsreaktorsystemen

in das Innere der Körper im Container bzw. dem Wärmeaustritt durch die Containerschale. Bei Berechnungen, die sich über kurze Zeitabschnitte erstrecken, in denen sich die Temperatureinflüsse nicht über die volle Dicke von Körpern mitteilen, ist es hinreichend, mit „effektiven Dicken" für die Wärmeübertragung zu operieren.

Wenn die Geschwindigkeit der Abnahme der inneren Energie der Containeratmosphäre infolge Kondensation des Dampfes die Geschwindigkeit der Energiezuführung vom heißen Metall des Kreislaufsystems und von den zerfallenden Spaltprodukten her übersteigt, durchlaufen Temperatur und Druck ein Maximum. Das System gleichzeitig verlaufender Prozesse wird mathematisch durch einen Satz simultaner partieller Differentialgleichungen mit Randbedingungen ausgedrückt, die komplizierte Funktionen von Zeit und Temperaturen sind. Eine ziemlich mühselige Folge von Differenzenrechnungen mit kleinen Zeitintervall-Schritten ist für die Lösung erforderlich. Es wird angenommen, daß die anfängliche Temperatur der Umgebung und die Wärmezu- und -abführungsgeschwindigkeiten während des Zeitintervalls konstant bleiben. Die algebraische Summe der Änderung der im heißen Metall gespeicherten Wärme plus den Änderungen der an den Grenzen des kalten Systems gespeicherten Wärme ist gleich der inneren Energieänderung des Systems in dem Zeitintervall. Diese Änderung der inneren Energie ergibt einen neuen Temperaturwert. Die Änderungen der im heißen Metall des Kreislaufsystems und an den Grenzflächen des kalten Systems gespeicherten Wärme resultieren in neuen Oberflächentemperaturen und Temperaturgradienten. Diese wiederum verursachen neue Wärmeübertragungsgeschwindigkeiten, die zusammen mit dem neuen Temperaturwert für die Containeratmosphäre in die Berechnung für das nächste Zeitintervall eingehen. Auf diese Weise schreitet die Berechnung von Punkt zu Punkt fort.

Die exakte Bestimmung des ungünstigsten Bruches eines gegebenen Kühlkreislaufsystems als Grundlage für die Bemessung der Containerschale erfordert die Untersuchung zahlreicher Leckstellen verschiedener Größe mittels eines sehr langwierigen schrittweisen Berechnungsverfahrens. Um die Notwendigkeit der oftmaligen Durchführung der langwierigen Untersuchung zu umgehen, ist ein Satz von Bedingungen zur Bestimmung des maximal möglichen Druckanstiegs im Container ohne Rücksicht auf die Größe und Lage der Leckstelle entwickelt worden. Es handelt sich dabei um die Aufstellung eines fiktiven physikalischen Sachverhaltes ohne tatsächliche physikalische Bedeutung, aus dem eine obere Grenze für den möglichen Druckanstieg im Container abgeleitet werden kann.

Der folgende Satz von Bedingungen ist die Grundlage für den ungünstigsten Belastungsfall [20], [21]:

a) Augenblickliche Verdampfung von primärem Kühlwasser bis zum Gleichgewichtszustand unter Zurücklassung von unverdampftem Kühlmittel im Kontakt mit heißen Metalloberflächen bei der Temperatur, die dem resultierenden Druck im Container entspricht (vollständige Phasentrennung). Die augenblickliche Verdampfung von primärem Kühlmittel resultiert in einem unmittelbaren Druckanstieg im Container. Dieser Druckanstieg wird bestimmt durch die anfängliche innere Energie des Kühlmittels, die, verglichen mit den Netto-Energieänderungen im Bereich des Maximums, groß ist.

b) Fortgesetztes Sieden des unverdampften Kühlmittels infolge Wärmeübertragung von den heißen Metalloberflächen, mit denen das Kühlmittel in Berührung bleibt. Die niedrige Gleichgewichtstemperatur des Kühlmittels nach plötzlicher Verdampfung (Entspannung) ergibt hohe anfängliche Temperaturdifferenzen, demzufolge hohe Wärmeflüsse, und fügt somit dem Kühlmittel innerhalb kurzer Zeit verhältnismäßig große Wärmemengen zu, woraus sich Spitzenwerte von Temperatur und Druck innerhalb kurzer Zeit ergeben. Diese Spitzenwerte sinken natürlich progressiv ab, wenn die Geschwindigkeit des Wärmeverlustes infolge Kondensation die Geschwindigkeit der Wärmezunahme durch Sieden des Kühlmittels übersteigt. Bei einem Bruch begrenzter Größe würde der Fluß durch die Leckstelle noch längere Zeit einen höheren Druck im Kühlkreislaufsystem zulassen, und die höhere Temperatur des unverdampften Kühlmittels würde die Geschwindigkeit der Wärmeübertragung vom Metall auf das Kühlmittel vermindern.

c) Die gesamte innere Oberfläche des Kühlkreislaufsystems ist bei der Wärmeübertragung voll wirksam, solange irgendwelches unverdampftes Kühlmittel im System zurückbleibt. Diese Annahme stellt eine äußerst ungünstige Bedingung dar.

d) Die Zerfallswärme wird bei der Entstehung laufend augenblicklich vom Reaktor abgeführt und gleichförmig im Container verteilt.

e) Bei der gleichlaufenden Kondensation des Wasserdampfes an der Containerinnenwand und an den Oberflächen von im Container befindlichen kühlen Objekten erfolgt keine Tröpfchenbildung, sondern es bildet sich ein Kondensatfilm aus.

f) Bei Druckwassersystemen erfolgt das Zerreißen des primären Kreislaufsystems mit einer solchen Heftigkeit, daß auch die sekundäre Seite der Wärmeaustauscher-Kessel leckgeschlagen wird.

Abb. 19.3/2 zeigt die Ergebnisse der unter Verwendung vorstehender Annahmen durchgeführten Berechnung von Wärmezufuhr, Wärmeverlust und Netto-Wärmezuwachs in dem Containersystem des Shippingport-Kernkraftwerkes [21] (Nettovolumen: 13500 m³) für die ersten 50 Sekunden nach einem hypothetischen Zerreißen des primären Kühlsystems. Adiabatische Systembedingungen sind als Bezugswert genommen, d. h. 66000 kg Wasser mit einem Energieinhalt von 300 kcal/kg, insgesamt $19,8 \cdot 10^6$ kcal (innere Energie der Luft ist nicht eingeschlossen). Im Vergleich mit dem sehr hohen spezifischen Energieinhalt des Wassers des primären Kühlkreislaufes des Druckwassersystems ist die zusätzliche Netto-Energiezufuhr nicht bedeutend.

Neben der auf der Grundlage der vorstehend angegebenen Annahmen durchgeführten Berechnung zur Ermittlung einer oberen Grenze des Temperatur- und Druckanstieges im Container wurde auch eine Untersuchung eines besonders ungünstigen möglichen Falles angestellt. Die Berechnungen gründeten sich auf die Annahme, daß primäres Kühlwasser gleichzeitig aus beiden Enden eines glatt abgescherten Bruches eines Hauptrohres des Kühlsystems von 38 cm Innendurchmesser ungehindert ausströmen kann, wobei die aus-

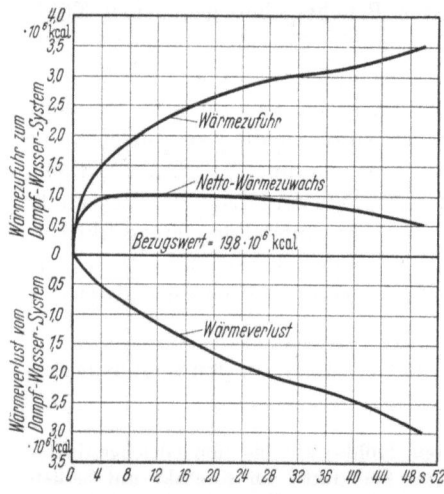

Abb. 19.3/2. Wärmeübertragung zwischen Dampf-Wasser-Gemisch im Containersystem des Shippingport-Kernkraftwerkes und der Umgebung während der Anfangsphase nach einem Bruch des primären Kühlsystems bei Zugrundelegung der absolut ungünstigsten Bedingungen (nach ROME u. MOFFETTE [21])

strömende Menge eine Funktion des Druckfalles ist. Abb.19.3/3 gibt die Ergebnisse der Berechnung des Druckes im Containersystem als Funktion der Zeit nach dem Bruch des Haupt-Kühlsystems vergleichsweise für den absolut ungünstigsten Fall und für den definierten besonders ungünstigen möglichen Fall wieder. Als obere Grenze ergibt sich nach 12,7 sek ein Spitzendruck von 3,7 atü (es ist hervorzuheben, daß Eintrittszeit und Höhe dieses Spitzendruckes keine tatsächliche physikalische Bedeutung haben). Für den Fall des Ausscherens eines Rohrstückes aus einem Hauptrohr des Kühlsystems an der ungünstigsten Stelle ergibt

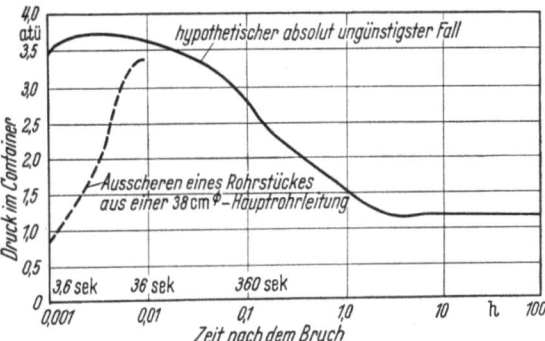

Abb. 19.3/3. Druck im Containersystem als Funktion der Zeit nach dem Bruch des primären Kühlsystems (nach ROME u. MOFFETTE [21])

sich nach 32 sek ein Spitzendruck von 3,4 atü. In Abb. 19.3/4 ist die Druck-Zeit-Kurve unter Berücksichtigung von Sekundärreaktionen aufgetragen [21]; (s. Abschn. 19.36).

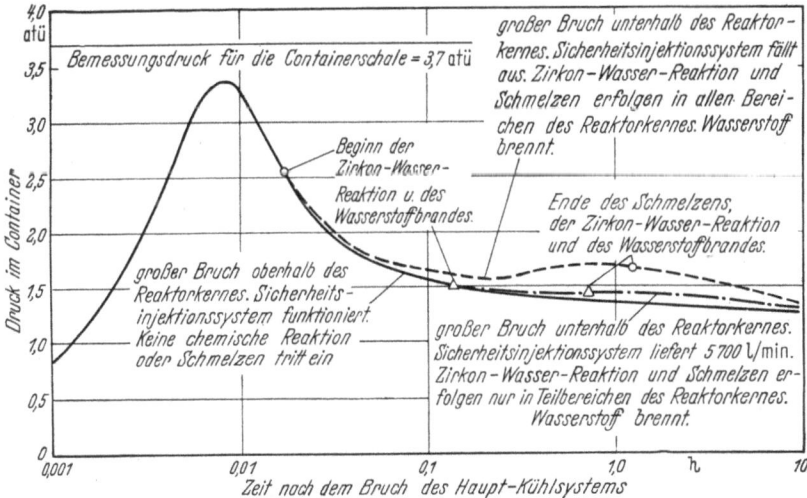

Abb. 19.3/4. Druck im Containersystem des Shippingport-Kernkraftwerkes nach einem Bruch des Haupt-Kühlsystems äquivalent dem Ausscheren eines Rohrstückes aus einer Leitung von 38 cm Innendurchmesser (nach ROME u. MOFFETTE [21])

19.34 Freisetzung des Kühlmittels bei Flüssigmetall-gekühlten Reaktorsystemen

Bei Reaktorsystemen, die Natrium oder andere entflammbare Flüssigmetall-Kühlmittel verwenden, können bei Entweichen des Kühlmittels aus dem Kreislaufsystem beträchtliche Energiemengen durch exotherme chemische Reaktionen freigesetzt werden. Bei Verwendung von Alkalimetall-Kühlmitteln werden Wasser und anderes hochgradig reaktives Material nicht in hinreichender Menge im

Container zugelassen, um eine wesentliche potentielle Gefahr darzustellen; die Ventilationsluft wird entfeuchtet. Betonoberflächen, die mit Alkalimetallen in Berührung kommen könnten, werden mit nichtrostendem Stahlblech verkleidet, um mögliche chemische Reaktionen mit dem vom Beton gebundenen Wasser zu verhüten. Unter diesen Umständen ist die Verbrennung des Flüssigmetall-Kühlmittels in Luft die einzige Reaktion, die für die Steigerung des Druckes und der Temperatur innerhalb des Containers von Bedeutung ist. Die vorherrschende Reaktion, die bei Mischung feinverteilten geschmolzenen Natriums mit Luft eintritt, ist:

$$2\,Na + O_2 \rightarrow Na_2O_2 \quad \Delta E = -124\,\text{kcal/Mol};$$

diese Reaktion schreitet fort, bis sämtlicher Sauerstoff verbraucht ist. Zusätzliches Natrium reduziert dann das Natriumperoxyd zu Natriummonoxyd:

$$2\,Na + Na_2O_2 \rightarrow 2\,Na_2O \quad \Delta E = -40\,\text{kcal/Mol}.$$

Die Gegenwart von Wasserdampf in der Anfangsphase der Reaktion resultiert in der Bildung von Natriumhydroxyd:

$$2\,Na + 2\,HOH + Na_2O_2 \rightarrow 4\,NaOH \quad \Delta E = -170\,\text{kcal/Mol}.$$

Am eingehendsten sind die aus einem Natriumfeuer resultierenden Drücke und Temperaturen in geschlossenen Behältern untersucht worden. Bei der Analyse der potentiellen Gefahren, die mit einer Natrium-Luft-Reaktion verbunden sind, ist es notwendig, zwischen verschiedenen Typen von Schadensfällen zu unterscheiden, die die Freisetzung von Natrium in die Gebäudeatmosphäre enthalten: Stagnierende Pfütze, Versprühen und explosionsartige Ejektion [18], [26].

Der Kontakt von Natrium mit Luft an der Oberfläche einer stagnierenden Pfütze stellt den ungefährlichsten der drei Schadensfälle dar. Es würde viele Stunden dauern, bis sämtlicher in der Gebäudeatmosphäre enthaltener Sauerstoff mit dem Natrium reagiert hat. Natrium reagiert in der Dampfphase mit Luft; da die verhältnismäßig hohe Verdampfungswärme und der hohe Siedepunkt des Natriums, verbunden mit einer Verbrennungswärme, die nur doppelt so groß ist wie die Verdampfungswärme, in einer langsam vor sich gehenden Dampferzeugung aus dem flüssigen Zustand resultiert, brennt Natrium, verglichen mit Benzin, Öl, usw., in Luft relativ langsam. Die hohe Wärmeleitfähigkeit wird die Wärme von der brennenden Oberfläche der Pfütze wegführen, die sich überdies rasch mit einer isolierenden Oxydschicht überzieht. Unter diesen Umständen steht der größte Teil der Verbrennungswärme nicht für eine Erhöhung der Temperatur und des Drucks der Containeratmosphäre zur Verfügung.

Freisetzung von Natrium in Form von Versprühen führt zu viel rapiderer Reaktionsgeschwindigkeit und verursacht folglich höhere Drücke im Container, als sie aus dem vorigen Fall resultieren. Ein Versprühen von Natrium in die Containeratmosphäre könnte beim Bruch eines Kühlkreislaufsystems eintreten, das Natrium unter Druck enthält. Da die Natrium-Luft-Reaktion hauptsächlich eintreten würde, während die Natriumtröpfchen durch die Luft fliegen, würde die Reaktionswärme zunächst fast vollständig zur Erhöhung von Temperatur und Druck der Containeratmosphäre verwendet. Bei einer experimentellen

Untersuchung zur Ermittlung der aus der Reaktion zwischen versprühendem Natrium und Luft resultierenden Drücke wurde Natrium von 455 °C durch eine Düse in ein 532 l-Stahlgefäß in sehr feiner Dispersion eingesprüht. Der bei diesen Versuchen erzielte maximale Druck betrug 2,7 atü bei Einpressen einer stöchiometrischen Menge Natrium unter hohem Druck innerhalb von 20 sek in die Reaktionsgefäß-Atmosphäre. Dieser maximale Druck wurde 6 sek nach Beginn des Einpressens erreicht, er fiel darauf stetig ab; nach 10 Minuten war der Sauerstoff im Reaktionsgefäß vollständig verbraucht [23], [24].

Berechnungen, die sich auf die Annahme von Wärmeverlusten von brennenden Natriumteilchen durch Strahlung und Konvektion gründeten, bei einer Verbrennungsgeschwindigkeit von 500 g Na je sek und 100 m² Oberfläche bei einem Partikelradius von 1 mm, ergaben für eine stöchiometrische Menge Natrium einen maximalen Druck von 2,8 atü [25]. Es ist hervorzuheben, daß diese feine Dispersion und hohe Reaktionsgeschwindigkeit wahrscheinlich nicht als Folge eines Bruches der mit geringem Druck arbeitenden Natrium-Kühlsysteme der gegenwärtig in Betrieb befindlichen oder projektierten Schnell-Brutreaktoren eintreten kann. — Bei Systemen mit einem potentiellen Überschuß an Natrium führt eine Vergrößerung des Containervolumens nicht zu geringeren maximal möglichen Drücken aus der Natrium-Luft-Reaktion.

Der dritte und ernsteste Fall der Berührung von Natrium mit Luft ist explosionsartiger Auswurf in der Containeratmosphäre. Dies ist ein Vorgang, der nur aus einem schwerwiegenden Durchgehen der Kern-Kettenreaktion folgen kann. Der Unterschied zwischen explosivem Auswurf und Versprühen von Natrium unter Druck besteht in der größeren Reaktionsgeschwindigkeit, die eine Funktion von Größe und Verteilungsgeschwindigkeit der Natriumpartikel im Container ist. Es ist offenbar, daß nur im Falle einer hochenergetischen Ejektion einer sehr großen Masse wirksam dispergierten Natriums die Bedingungen für die maximale theoretische Reaktionsgeschwindigkeit angenähert werden können.

Auf der Grundlage der aus den angegebenen exothermen chemischen Reaktionen frei werdenden Energiemengen, und bei Zugrundelegung eines idealen Systems mit unendlich kleinem Reaktionsintervall, können die theoretischen oberen Grenzen für die resultierenden Druck- und Temperaturwirkungen in der Atmosphäre für eingeschlossene Natrium-Luft-Reaktionen berechnet werden [18], [26]. Wie in Abb. 19.3/5 angegeben, gibt es drei Reaktionszonen. In Zone I ist die Peroxyd-Reaktion vorherrschend; die Reaktionswärme verteilt sich auf Stickstoff, Natriumperoxyd und Rest-Sauerstoff. Zone II stellt den Bereich der Peroxyd-Reduktion durch zusätzliches Natrium dar, wobei sich die zusätzliche Reaktionswärme auf Stickstoff, Natriumperoxyd und -monoxyd verteilt. In Zone III ist sämtlicher Sauerstoff zu Natriummonoxyd kombiniert; zusätzliches Natrium reagiert nicht mehr.

In einem tatsächlichen System laufen Misch- und Reaktionsvorgänge in einem diskreten Zeitintervall ab, in dem beträchtliche Wärmeverluste durch Wärmeübertragung auf die Behälterwand eintreten. Die Durchführung einer vollständigen thermodynamischen Berechnung der atmosphärischen Druck- und Temperatureffekte einer in einem Behälter explosionsartig eintretenden Mischung von Natrium und Luft dürfte wegen des sehr komplexen Ablaufs der Vorgänge kaum möglich sein. Bei Einführung von den Rechnungsgang wesentlich vereinfachenden Annahmen kann man jedoch von einer derartigen Berechnung keine schlüssigen Ergebnisse mehr erwarten. Realistische Werte von in Containerschalen eintretenden Temperatur- und Druckwirkungen können daher nur durch Extrapolation der Ergebnisse von experimentellen Untersuchungen gewonnen werden.

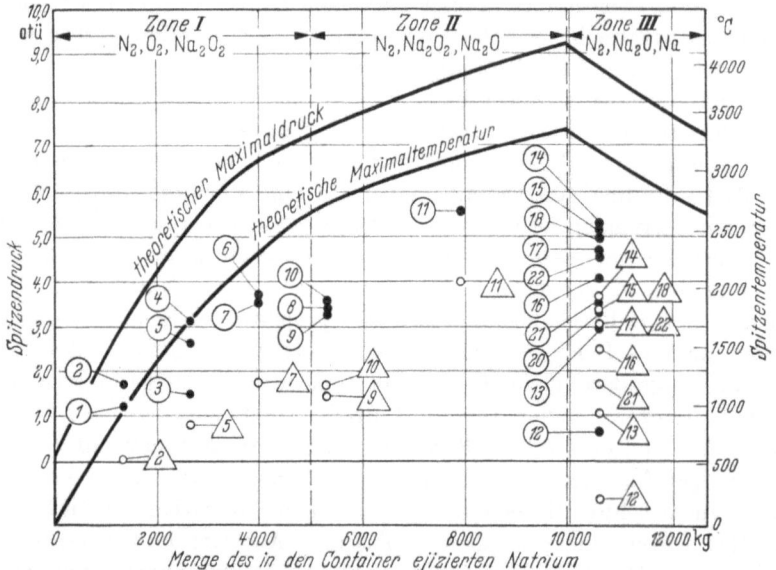

Abb. 19.3/5. Spitzendruck und Spitzentemperatur als Funktion der explosiv in den EBR-II Container (s. Abb. 19.4/14) ejizierten Natriummenge (nach KOCH et al. [*18*])
Die aufgetragenen Punkte stellen die Übertragung von Versuchswerten in Übereinstimmung mit dem Verhältnis von Containervolumen zu Experimentier-Reaktionsgefäßvolumen dar: ⓘ = experimentell ermittelter Spitzendruck (gemessen), Versuch i. △ = experimentelle Spitzentemperatur (errechnet aus gemessenem Spitzendruck), Versuch i. Die Kurven zeigen maximale Spitzendrücke und -temperaturen an auf der Grundlage von: a) 100%iger Reaktion von Natrium oder Sauerstoff, je nachdem, welcher Stoff begrenzend ist; b) augenblicklicher Reaktion (was das Fehlen von Wärmeverlusten bedeutet, oder: vollkommene Verteilung, unendlich große Teilchengeschwindigkeit und infinitesimale Teilchengröße des Natriums); c) Annahme der folgenden durchschnittlichen spezifischen Wärmen:

$C_p(N_2) = 4{,}82 + 3{,}3 \cdot 10^{-4}\,t - 4{,}7 \cdot 10^{-8}\,t^2$ cal/mol °C
$C_p(Na_2O_2) = 0{,}31$ cal/g °C
$C_p(Na_2O) = 0{,}31$ cal/g °C
$C_p(Na) = 0{,}31$ cal/g °C

Bei Experimenten, bei denen heißes Natrium explosionsartig als feine Sprühung in luftgefüllte Reaktionsbehälter eingebracht wurde, wurden momentane Spitzendrücke von etwa 5,6 atü erzielt. Dieser Druck stellt das Maximum eines weiten Bereichs von Experimenten dar. In allen Fällen lagen die erhaltenen Drücke und Temperaturen beträchtlich unter den Ergebnissen der theoretischen Berechnung für das ideale System (Abb. 19.3/5). Wenn keine gänzliche Mischung nahezu stöchiometrischer Mengen erzielt wird, resultieren beträchtlich niedrigere Spitzendrücke. [*18*]

Wegen der verhältnismäßig geringen Wärmekapazität einer Containerschale verglichen mit dem (sehr viel kleineren) Reaktionsbehälter, wären höhere Wandtemperaturen, entsprechend reduzierte Wärmeübertragungsgeschwindigkeiten und ein langsamerer Druckabfall in der Containeratmosphäre zu erwarten. Die effektive Wärmeübertragungsgeschwindigkeit auf die Wand während der

Druckanstiegsperiode wäre wegen des viel größeren mittleren Durchmessers der Containerschale geringer, und der Innendruck würde auch aus diesem Grunde höher liegen. Die Wahrscheinlichkeit für das Eintreten optimaler Reaktionsbedingungen in einem großen System ist jedoch extrem gering; denn der Dispersionsvorgang wäre in dem Containervolumen nur sehr unvollkommen.

19.35 Chemisches Reagieren von Reaktorkern-Metall mit Luft

Die Spaltstoffelemente müssen auch nach Stillegung des Reaktors wegen der Wärmeerzeugung infolge des radioaktiven Zerfalls der akkumulierten Spaltprodukte gekühlt werden. Natürliche Zirkulation flüssigen Kühlmittels erweist sich im allgemeinen als hinreichend für die Abführung der frei werdenden Wärme, dagegen Gaskühlung durch natürliche Zirkulation nicht. Für Notkühlung des Reaktorkernes von Druckwasser- und Siedewasserreaktoren werden Reservewasserbehälter vorgesehen. Bei flüssigmetallgekühlten Reaktoren wird durch eine zusätzliche Menge Kühlmittel die Wärmekapazität des gesamten Systems erhöht. Der Reaktorbehälter soll in einer mit nichtrostendem Stahlblech verkleideten Betonkammer, die als Auffangbehälter dient, untergebracht werden, so daß das Kühlmittel den Reaktorkern bedeckt, selbst wenn der Reaktorbehälter oder das Rohrleitungssystem beschädigt ist [27].

Wenn bei einer Beschädigung des Kreislaufsystems eines wassergekühlten Reaktors Kühlmittel in hinreichender Menge freigesetzt wird, verursacht dies eine automatische Stillegung des Reaktors. Führt dieser Bruch im wesentlichen zu einem Einschluß von Luft im wasserlosen Reaktorbehälter und ist das Not-Kühlsystem infolge von gleichzeitiger Beschädigung nicht betriebsfähig, so tritt Schmelzen der Spaltstoffelemente ein, selbst wenn die Behälterwandung gekühlt wird. Das hat seinen Grund darin, daß die Zerfallswärme in den ersten Stunden nach der Stillegung durch die eingeschlossene Luft nicht hinreichend auf die innere Oberfläche des Reaktorbehälters übertragen werden kann. In der Luft vorhandener Wasserdampf ist nicht in genügendem Maße in der Lage, zusätzliche Wärme zu der Behälterwandung abzuführen, um ein Schmelzen der Spaltstoffelemente zu verhindern.

Ein Zerreißen des Reaktorbehälters mit resultierendem Wasserverlust, bei dem Luft aus dem Gebäude durch den Reaktorkern strömt, wird bei gleichzeitigem Ausfall des Not-Kühlsystems zu einer maximalen Temperatur der Spaltstoffelemente führen, die noch unterhalb des Schmelzpunkts liegt. Bei Verwendung einer Spaltstoffumhüllung aus Zirkon wird jedoch das Hülsenmetall rasch oxydieren und das heiße Uran freilegen, das dann zu brennen anfängt. Überdies könnte die Erwärmung der Spaltstoffelemente zu einer so starken Verformung einiger Kühlpassagen im Reaktorkern führen, daß eine Kühlung durch natürliche Zirkulation von Luft verhindert wird und Schmelzen der Spaltstoffelemente eintritt.

Das chemische Reagieren überhitzter Spaltstoffelemente mit der in den Reaktor eintretenden Luft und das Reagieren geschmolzener Spaltstoffelemente mit evtl. unter dem Reaktorkern stehendem zurückgebliebenem Wasser liefert weitere Energie für die Erhöhung von Druck und Temperatur im Container. Die chemischen Reaktionen würden nicht besonders heftig sein, könnten aber einen bedeutenden Teil der Spaltprodukte freisetzen und dispergieren.

19.36 Chemisches Reagieren von Reaktorkern-Metall mit Wasser

Verschiedene der bei der Konstruktion von Spaltstoffelementen verwendeten Metalle, wie Uran, Aluminium, Titan und Zirkon, sind bei hohen Temperaturen chemisch sehr reaktiv, sie können unter gewissen Umständen explosionsartig mit Wasser reagieren. Die aus Metall-Wasser-Reaktionen freisetzbare chemische Energie kann die bei dem schlimmsten möglichen Durchgehen eines Reaktors frei werdende nukleare Energie wesentlich übersteigen.

In Gegenwart von Wasser können Spaltstoffelemente zum Schmelzen gebracht werden, wenn eine große Überschußreaktivität innerhalb eines sehr kurzen Zeitintervalls zugefügt wird. Es besteht dann die Möglichkeit eines chemischen Reagierens des geschmolzenen Metalls mit Wasser. Die Heftigkeit der chemischen Reaktion ist eine Funktion von wenigstens drei wichtigen Variablen: Geschwindigkeit der Energiezuführung zum Metall, Partikelgröße und Verhältnis von Metallmenge zu Wassermenge. Übersichten über Erfahrungen aus der Gießereipraxis und einige Experimente mit explosiven Metall-Wasser-Reaktionen mit Aluminium, Titan und Zirkon werden in [28], [28a], [29] gegeben.

Das potentiell gefährlichste Metall ist Zirkon. Die Zirkon-Wasser-Reaktion

$$Zr + 2H_2O \rightarrow ZrO_2 + 2H_2$$

kann entweder eine rapide Oxydation oder eine heftige Explosion sein in Abhängigkeit davon, ob das Zirkon in massiver Form oder fein dispergiert ist. Wenn die Temperatur im Reaktorkern 1200 °C erreicht, infolge eines Durchgehens der Kern-Kettenreaktion oder infolge der Zerfallswärmeerzeugung nach einem Verlust von Wasser aus dem Reaktorbehälter, kann in Gegenwart von Wasserdampf die Reaktion einsetzen und autokatalytisch mit rapider Beschleunigung fortschreiten, bis bei 1580 °C das Schmelzen eintritt. In Gegenwart von Wasser hört die Reaktion von selbst auf, wenn die äußere Wärmequelle wegfällt.

Bei feiner Dispersion reagieren Zirkon und Zirkonlegierungen vollständig und mit beträchtlicher Heftigkeit mit Wasser. In Experimenten wurde die feine Dispergierung des Metalls durch Detonation einer Sprengkapsel unter der Wasseroberfläche während des Eingießens von geschmolzenem Zirkon herbeigeführt. Obwohl in einem Reaktorkern kein mit einer Sprengkapsel vergleichbares Dispergiermittel vorhanden ist, wir der Fall einer explosionsartigen Reaktion des Zirkons der Spaltstoffelementhülsen nichtsdestoweniger postuliert.

Bei unkontrolliertem Durchgehen der Reaktorleistung würde das Zentrum des Reaktorkernes zuerst schmelzen und evtl. verdampfen. Explosionsartiges Reagieren dieses Teiles des Metalls mit Wasser würde den Reaktorkern auseinanderreißen, bevor die äußeren Bereiche ihren Schmelzpunkt erreichen. Um eine vollständige Reaktion zwischen geschmolzenem Metall und Wasser zu erhalten, müssen die Reagenzien in Kontakt bleiben; die Aufrechterhaltung des Kontaktes steht jedoch im Widerspruch mit der Annahme einer explosionsartigen Reaktion. Im allgemeinen erscheint die Annahme einer heftigen Reaktion von 25% des Reaktorkern-Metalls mit Wasser hinreichend pessimistisch. Eine heftige, mehr oder weniger vollständige Reaktion mit Wasser wäre nur denkbar als Ergebnis einer plötzlichen Verdampfung des ganzen Reaktorkernes, was als hochgradig unwahrscheinlicher Fall angesehen werden kann.

Die im folgenden beschriebene theoretische Untersuchung zur Bestimmung des maximal möglichen Ausmaßes einer in einem Druckwasserreaktor vorkommenden Zirkon-Wasser-Reaktion führte ebenfalls zu dem Ergebnis, daß Reagieren von 25% des Metalls mit Wasser die obere Grenze einer möglichen Reaktion darstellt. Es wurde die Annahme getroffen, daß ein schwerer Bruch des Kühlkreislaufsystems eingetreten ist, der den Verlust des Wassers bis zu einer vollständigen Entblößung des Reaktorkernes zur Folge hat. Die Temperatur der Zirkon-Uran-Spaltstoffelemente würde infolge der Zerfallswärmeerzeugung der Spaltprodukte schnell ansteigen. Bei Erreichen einer Temperatur von 1200 °C würden die Spaltstoffelemente mit dem im Reaktorkern befindlichen Wasserdampf zu reagieren beginnen. Die Reaktion würde dann autokatalytisch fortschreiten, bis die Metalltemperatur den Schmelzpunkt erreicht. Das Schmelzen würde langsam vor sich gehen, und die sich bildenden Metalltröpfchen würden in das unter dem Reaktorkern stehende restliche Wasser fallen. An diesem Punkte würde die Metall-Wasser-Reaktion schnell gelöscht werden. Unter Verwendung experimentell bestimmter Werte für das Zirkon-Wasser-System wurde eine Berechnung angestellt zur Ermittlung der Menge Zirkon, die von Beginn der Reaktion an bis zum Zeitpunkt ihrer Löschung durch Wärmeverluste der Metalltröpfchen zum Wasser hin reagieren kann; diese Menge ergab sich zu maximal 25%. (Siehe [30] und [31] für detaillierte Berechnungen und Material über die Kinetik der Zirkon-Wasser-Reaktion und das Schmelzen des Reaktorkernes).

Im Verlaufe einer Metall-Wasser-Reaktion wird Wasserstoffgas entwickelt, das wahrscheinlich schon bald nach seiner Entstehung mit dem Sauerstoff der Luft reagiert. Es ist jedoch auch möglich, daß ein Verbrennen des Wasserstoffs nicht gleich anschließend an seine Entwicklung eintritt, beispielsweise wenn es durch einen Wassersack aus dem Reaktorbehälter entweicht mit resultierender Kühlung des Gases. Für die Erreichung der kritischen Wasserstoffkonzentration, bei der eine Detonation eintreten kann, sind bei gleichförmiger Verteilung des Gases in der Containeratmosphäre sehr bedeutende Mengen Wasserstoffgas erforderlich. Es ist aber auch denkbar, daß sich das Wasserstoffgas in Taschen innerhalb des Containers sammelt, anstatt sich gleichförmig mit der Atmosphäre zu mischen. — Bei einigen Kernenergieanlagen sind zur Gewährleistung, daß der Wasserstoff brennt, sowie er entwickelt wird, eine Anzahl elektrischer Entzünder innerhalb des Containers verteilt. In diesem Falle führt die Energiefreisetzung aus der Wasserstoff-Sauerstoff-Reaktion nur zu einer unwesentlichen Erhöhung des Druckes und der Temperatur im Container. [32], [32a]

19.4 Entwurf und Ausführung gasdichter und druckfester Containerschalen

19.41 Allgemeine Entwurfsgrundsätze

19.411 Vollständiger oder teilweiser Einschluß von Kernkraftsystemen

Beim Entwurf des gasdichten Einschlusses für ein Leistungsreaktorsystem ist die Entscheidung zu treffen, ob der Reaktor mit sämtlichen Teilen des Kühlsystems, die radioaktive Substanzen enthalten, in den Container einzuschließen ist, oder ob ein teilweiser Einschluß, bei dem wesentliche Teile des radioaktiven Kühlkreislaufes außerhalb des Containers liegen, den Sicherheitsanforderungen genügen kann. Bei Kernkraftsystemen, die mit einem radioaktiven Primärkreislauf und einem nichtradioaktiven Sekundärkreislauf arbeiten, ist ein vollständiger Einschluß des primären Kreislaufsystems einschließlich Wärmeaustauscher in allen Fällen richtig. Die Entscheidung über die Art des Einschlusses von Kernkraftsystemen, bei denen auch der Teil des Systems, in dem Wärme in elektrische Energie umgewandelt wird, radioaktiv ist, muß von Fall zu Fall getroffen werden. In diese Kategorie gehören z. B. Siedewasserreaktorsysteme, bei denen der Dampf im Reaktor selbst erzeugt wird und direkt die Turbine beaufschlagt (s. Abschn. 19.453).

Vom Standpunkt der Sicherheit aus gesehen bietet der Einschluß nur des Reaktorteiles eines Kernkraftwerkes der letzteren Kategorie folgende Vorteile: Die Gefahr einer Beschädigung der Containerschale im Falle des Zerreißens der Turbine wird durch derartige Anordnung der Turbine außerhalb des Containers, daß sie in einer Ebene rotiert, die die Containerschale nicht schneidet, zu einem Minimum gemacht. Die Gesamtfläche der erforderlichen Durchdringungen in der Containerschale wird vermindert; die besonders schwierig auszubildenden Durchdringungen für die Generator-Hauptkabel und Kühlwasserrohre fallen weg. Die Anzahl der in dem potentiell gefährlichen Bereich des Containers zu leistenden Arbeitsstunden für die Unterhaltung der Anlage ist verringert. Auf der anderen Seite ergeben sich aus einem Einschluß nur des Reaktorteiles des Kernkraftwerkes folgende Nachteile: Man muß sich darauf verlassen, daß die Ventile in den Dampfleitungen vom Reaktor zur Turbine sich bei einem Schadensfall innerhalb des Containers unmittelbar zuverlässig schließen. Eine unbeabsichtigte Schließung der Ventile während des normalen Betriebes des Reaktors würde andererseits die Wärmeabführung vom Reaktor unterbrechen und zu einem Schadensfall Anlaß geben, dem aber durch Anordnung eines besonderen Notkühlsystems entgegengewirkt wird. [73], [75]

Die Wahl einer Einschließung lediglich des Reaktorteiles des Kernkraftwerkes, bietet den für Bauausführung und Instandhaltung der Anlage wesentlichen Vorteil einer einfacheren und weniger gedrängten baulichen Anordnung, gestattet die Vornahme evtl. zukünftiger Änderungen der Turbogenerator-Anlage (die Ermöglichung von Abänderungen ist ein wichtiger Gesichtspunkt bei einem Entwicklungsprojekt) und repräsentiert schließlich durch Reduzierung der bautechnischen Komplexheit der Kernkraftanlage eine erstrebenswerte Tendenz in der Entwicklung der Kernenergie-Industrie. Nachteile sind: die Notwendigkeit der Errichtung eines getrennten Turbinengebäudes und die relativ weite Entfernung zwischen Dampferzeuger und Turbine.

19.412 Größe, Gestalt und Material der Containerschale

Nach Festlegung der maximalen Energiefreisetzungswerte und der Entscheidung über die Art des Einschlusses des Kernkraftsystems bestehen die nächsten Aufgaben beim Entwurf einer gasdichten und druckfesten Containerschale in der Festlegung von Größe und Gestalt des Containers, der Wahl des Materials für die Schale und der Bestimmung der Lastfälle. Die Vergrößerung des Container-Druckraumes über das zur Unterbringung von Reaktorsystem und Strahlenabschirmung erforderliche Minimum kann durch Erzielung eines niedrigeren statischen Druckes und einer Herabsetzung der Druckwellenbelastung zu einer Verminderung der Gesamtkosten führen. Die direkte Bestimmung der Containergröße für eine gegebene Energiefreisetzung ist nicht möglich. Die Wärmeübertragungsberechnungen, aus denen sich die Temperatur- und Druckvariationen ergeben, sind für eine angenommene Containerkonstruktion durchzuführen; die Ermittlung der wirtschaftlich optimalen Containergröße muß in einem langwierigen Probierverfahren erfolgen. Bei natriumgekühlten Reaktorsystemen mit einem potentiellen Überschuß an Flüssigmetall-Kühlmittel führt eine Vergrößerung des Containervolumens nicht zu geringeren maximal möglichen Drücken aus der Natrium-Luft-Reaktion.

Bei Verwendung eines Flüssigmetall-Kühlmittels ist innerer Überdruck nicht das einzige Kriterium, das bei der Bemessung des Containers für den Katastrophenfall zu berücksichtigen ist. Nach Abklingen der Reaktion, wenn der atmosphärische Sauerstoff in der Schale verbraucht ist, entsteht mit dem allmählichen Temperaturfall ein Unterdruck im Container. Der Gefahr des Ausbeulens einer stählernen Containerschale kann durch den Einbau von Druckausgleichsventilen (die natürlich nur Unterdruck im Container ausgleichen), begegnet werden, so daß kostspielige Beulaussteifungen nicht erforderlich sind. Das Risiko des Durchschlagens einer stählernen Containerschale besteht lediglich in der Möglichkeit einer Beschädigung von an der Schale befestigten Ausrüstungsteilen.

Weitere bei der Bemessung einer Containerschale zu berücksichtigende Lastfälle sind: Ständige Lasten von Reaktor- und Abschirmungsanlage sowie den anderen inneren Konstruktionsteilen; Verkehrslasten von Kranen, beweglichen Abschirmungen usw.; Windlasten, barometrische Druckschwankungen und evtl. Erdbebenlasten; ungleichförmige Fundamentbewegungen; Montagelastfälle.

Konstruktion und Betriebserfordernisse der Reaktoranlage sowie erforderliche Abmessungen der Strahlenabschirmung sind bei der Festlegung von Größe und Gestalt eines Containers wesentlich mitbestimmend. Eine zu gedrängte Anordnung der Ausrüstung von Leistungsreaktoren ist zu vermeiden, um die Durchführung von Instandsetzungsarbeiten und die Vornahme von Auseinanderbau und Montage von Aggregaten nicht zu sehr zu erschweren. Forschungsreaktoren brauchen genügend Experimentierraum um den Reaktor herum. Die Bewältigung der Gewichte von Abschirmungsteilen und Ausrüstungskomponenten erfordert den Einbau eines leistungsfähigen Krans innerhalb des Containers.

Bei gegebenem Druckraumvolumen wird für eine sphärische Containerschale weniger Material benötigt als für eine zylindrische Schale [33]. Hinsichtlich der Montagekosten ist der vertikale Zylinder mit hemi-ellipsoidem Boden und hemi-sphärischem Oberteil die optimale Containerform. Ein stählerner Horizontalzylinder erfordert Ringaussteifungen, die den Stahlverbrauch erhöhen, und seine Montage bereitet gewisse Schwierigkeiten. Zuweilen ist auch die Verwendung mehrerer kleinerer zylindrischer Behälter statt eines einzigen großen günstig. Bei teilweisem Einschluß von Kernkraftsystemen ergeben sich bei Verwendung einer sphärischen Containerschale größere Abstände zwischen primärem und sekundärem Teil der Anlage als bei einem Vertikalzylinder.

Bei kleineren Abmessungen kann die schlechte Ausnutzbarkeit eines sphärischen Innenraumes ein großer Nachteil sein. Die große Fläche, die ein sphärischer

Container in der Nähe des Äquators bietet, ist oft nicht nutzbar, und die mit zunehmendem Abstand vom Äquator rapide Abnahme der Basisfläche für die Aufstellung der Anlagen kann zu Schwierigkeiten für die Anordnung des Systems führen, oder aber den Raumbedarf der Anlage zum maßgebenden Kriterium für die Wahl der Abmessungen der Schale machen. Beispielsweise waren für eine günstige Anordnung der Ausrüstung des Siedewasserreaktor-Versuchskraftwerkes (Experimental Boiling Water Reactor) des Argonne National Laboratory ungefähr gleich große Basis- und Betriebsdeck-Flächen erforderlich. In Abb. 19.4/1

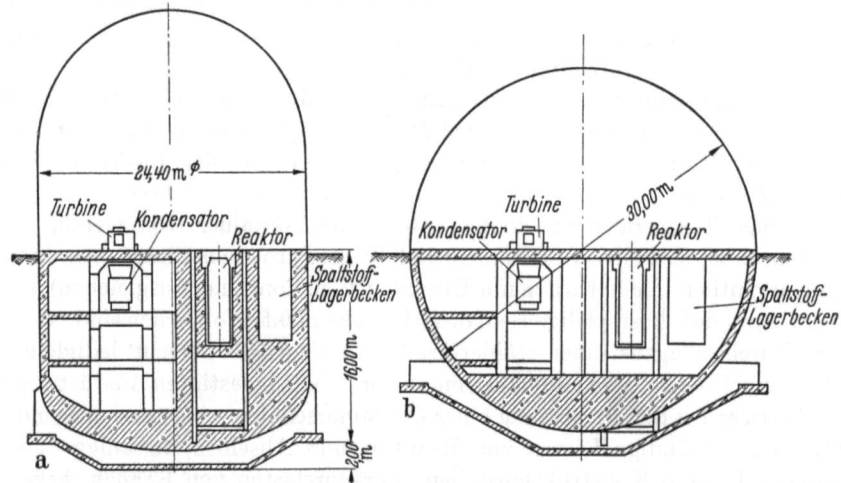

Abb. 19.4/1. Vergleich der Anordnung der EBWR-Kernkraftanlage in einem zylindrischen (a) und einem sphärischen (b) Container gleichen Volumens (nach BERGSTROM u. CHITTENDEN [33a])

ist die tatsächliche Anordnung des EBWR in einem vertikalen zylindrischen Container der Projektion der Anlage in einen sphärischen Container von etwa gleich großem Volumen gegenübergestellt [33a]. Wegen der Notwendigkeit des Einbaus einer größeren Krananlage fällt die Gegenüberstellung noch ungünstiger aus, als die Abbildung unmittelbar anzeigt.

Die Strahlenabschirmung für einen Reaktor hoher Leistung wird in der Regel sehr massig. Die Unterbringung der gesamten Strahlenabschirmungskonstruktion innerhalb des Containers kann in bestimmten Fällen ein unerwünscht großes Volumen erforderlich machen, andererseits ist es bei teilweise außenliegender Strahlenabschirmung schwierig, bei Gewährleistung der freien Beweglichkeit der Containerschale unter Druck- und Temperaturwirkungen die notwendige Kontinuität der Abschirmungsanlage zu wahren, so daß keine Strömungspfade für die Strahlung gegeben sind [34].

Der Standort einer Reaktoranlage kann es erfordern, außer der für die normalen Betriebsbedingungen notwendigen Strahlenabschirmung auch eine Strahlenabschirmung für den Katastrophenfall vorzusehen, bei dem der Container mit einer bedeutenden Menge aus dem Reaktor freigesetzter Spaltprodukte angefüllt ist. In Abb. 19.4/2 ist ein Schnitt durch den Reaktorteil des Druckwasserreaktor-Kraftwerkes der Consolidated Edison Company of New York dargestellt [35]. Der teilweise unterirdisch gelegene sphärische Container von

49 m Durchmesser wird bis zu einer Höhe von 20 m über Gelände von einer zylindrischen, 1,8 m dicken Strahlenabschirmungswand aus Beton umgeben und durch eine flache Betonschale von 90 cm Dicke abgedeckt. Diese äußere Strahlenabschirmung schützt das Betriebspersonal und die in der Umgebung des Kernkraftwerkes lebende Bevölkerung im Katastrophenfall vor einer Strahlenbelastung durch äußere Einstrahlung. (Ergebnisse theoretischer Untersuchungen über die γ-Strahlenbelastung der Umgebung eines mit freigesetzten Spaltprodukten angefüllten sphärischen Containers ohne und mit umgebender Abschirmung werden von L. GELLER und R. EPSTEIN [36] angegeben; s. a. [36a].)

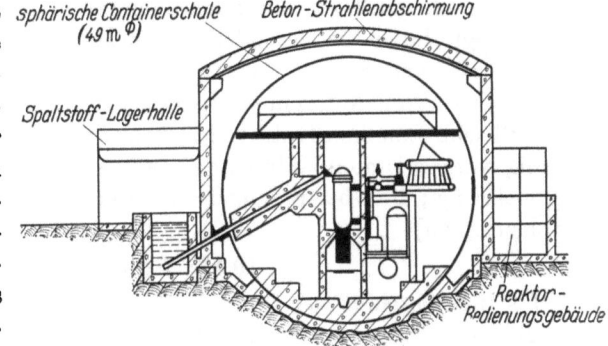

Abb. 19.4/2. Sphärischer Container mit äußerer Strahlenabschirmung (275 MW-Kernkraftwerk bei New York) (nach MILNE, STROLLER u. WARD [35])

Als Material für den Bau von Containerschalen für Leistungsreaktoren ist bisher in allen Fällen Stahl verwendet worden. Materialwahl, Bemessung, Ausführung und Prüfung stählerner Containerschalen erfolgt in den USA in Übereinstimmung mit der „ASME Boiler and Pressure Vessel Code, Section VIII:

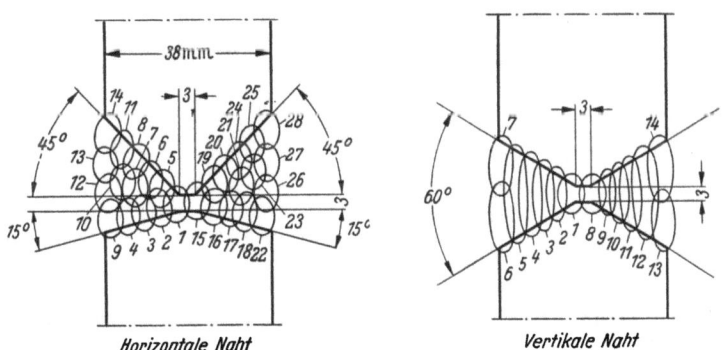

Abb. 19.4/3
Typische Schweißfolge für Handschweißung von Containerschalen (nach HERRON, NEWKIRK u. PUISHES [37])

Unfired Pressure Vessels (1956)" in Verbindung mit den Sondervorschriften ASME Code Case No. 1226 (Oktober 1956) und No. 1228 [33a], [34]. Da die Druckbehältervorschriften auf einer kontinuierlichen Inanspruchnahme des Bemessungsdrucks basieren, während eine Containerschale nur ein einziges Mal dem durch einen Schadensfall hervorgerufenen Druck widerstehen muß, wird die Verwendung des in der Normenvorschrift enthaltenen Sicherheitsfaktors von 4 als ungerechtfertigt empfunden, und es sind Bestrebungen im Gange, den Sicherheitsfaktor herabzusetzen [33], [33a], bzw. spezielle Vorschriften und Kriterien für Containerschalen zu entwickeln [1].

In Abb. 19.4/3 ist eine vom amerikanischen Normenausschuß angegebene typische Schweißfolge für Handschweißung von Containerschalen wiedergegeben [*37*]. Für die Ausführung der horizontalen Schweißnähte bei vertikalen Zylinderschalen empfiehlt sich der Einsatz von automatischen Schweißmaschinen [*38*]. Bei einer Blechdicke von mehr als 30 mm müssen die Schweißnähte zu 100% radiographisch untersucht werden.

Bedingt durch die besondere Baukostenstruktur scheint in den USA die Verwendung von Spannbeton für den Bau von Containerschalen nicht wirtschaftlich zu sein. Auf dem europäischen Kontinent könnte dies aber durchaus der Fall sein. Eine konstruktive Möglichkeit ist der Bau einer vertikal und ringförmig vorgespannten aufrechten Zylinderschale mit aufgesetzter stählerner Kuppelschale; die Übertragung der Randkräfte kann durch hochfeste Schrauben erfolgen. [*38a*]

19.413 Fundamente

Bis zum Abschluß der Prüfung der strukturellen Integrität und Dichtigkeit muß ein Container oder der betreffende Abschnitt des Containers frei von Kon-

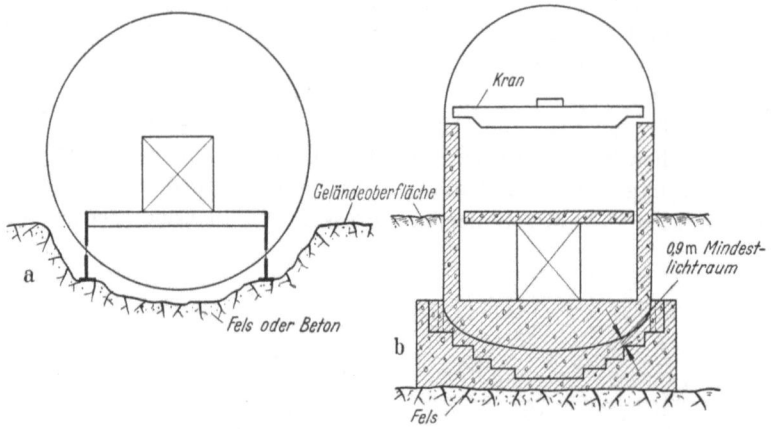

Abb. 19.4/4
a) Sphärischer Container mit Ringstützung (Darstellung der Strahlenabschirmung weggelassen); b) vertikaler zylindrischer Container mit einbetoniertem Boden und innerer Strahlenabschirmung (nach SILER u. ZICK [*34*])

takt mit sämtlichen inneren und äußeren Betonkonstruktionen sein bei beiderseitiger Zugänglichkeit, um ungehinderte Inspektions- (Radiographie, Seifenblasentest) und Ausbesserungsmöglichkeiten zu bieten.

Die Lasten der Innenkonstruktion können so durch die Schale in die Fundamente übertragen werden, daß diese permanent frei zugänglich bleibt. Die Abstützung von Containerschale und Innenkonstruktion kann in diesem Falle gemeinsam durch übereinanderliegende zylindrische Ringe erfolgen, die große Vertikallasten aufnehmen können und dabei gleichzeitig radial biegsam genug sind, um Schalenbewegungen in dieser Richtung ohne nennenswerte Zwängung mitzumachen (Abb. 19.4/4a) [*34*]. Eine alternative Stützungsform ist die getrennte Abstützung von Containerschale und Innenkonstruktion.

Wenn nicht Stützungen vorgesehen sind, die die Lasten der Innenkonstruktion frei von wesentlichem Kontakt mit den beiden Seiten der Behälterwand in die Fundamente übertragen, muß mit dem Ausbau bis zur Fertigstellung des Containers gewartet werden. Nach Druckversuch und Inspektion muß für den Einbau von Beton und größerer Ausrüstungsteile wenigstens eine große zeitweilige

Öffnung in die Behälterwand geschnitten werden, für deren Verschluß dann eine neuerliche Prüfung notwendig ist. Wenn der untere Behälterteil so montiert wird, daß beide Seiten der Schale für radiographische Inspektion zugänglich sind, und wenn dieser Teil dann in die Fundamente eingebettet wird, kann die Bauzeit beträchtlich verkürzt werden bei gleichzeitiger Kostensenkung für den Innenausbau (Abb. 19.4/3b) [*34*]. Für die zeitweilige Abstützung empfiehlt sich die Verwendung von Stabstützen, die einen guten Zugang zu den Schweißnähten gestatten. Stabstützen sind leicht zu justieren und einfach zu entfernen; es muß jedoch sorgfältig auf die Vermeidung größerer Spannungskonzentrationen in der Schale geachtet werden.

19.414 Elastische Zwischeneinspannung eingebetteter Containerschalen

Containerschalen mit in ein Betonfundament eingebettetem Schalenboden müssen zur Abminderung der Randstörungs-Biegespannungen am Übergang vom einbetonierten zum freien Schalenteil eine elastische Zwischeneinspannung erhalten. Diese elastische Einspannung wird durch Einbetten eines Zwischenabschnittes der Stahlschale in verdichteten Sand erreicht [*39*]. Da katastrophale Reaktorschadensfälle, deren resultierende Druckwirkungen der Bemessung der Schale zugrunde gelegt sind, nicht wiederholt eintreten können, weil ein derartiger Fall das Ende der Kernkraftanlage bedeuten würde, wird der Sand nicht wiederholt beansprucht. Es ist zweckmäßig, die Übergangszone so groß vorzusehen, daß die Randstörung an der Grenze vom freien zum elastisch eingespannten Teil bis zur Grenze von elastisch eingespannter Zone und einbetoniertem Bodenteil im wesentlichen abgeklungen ist.

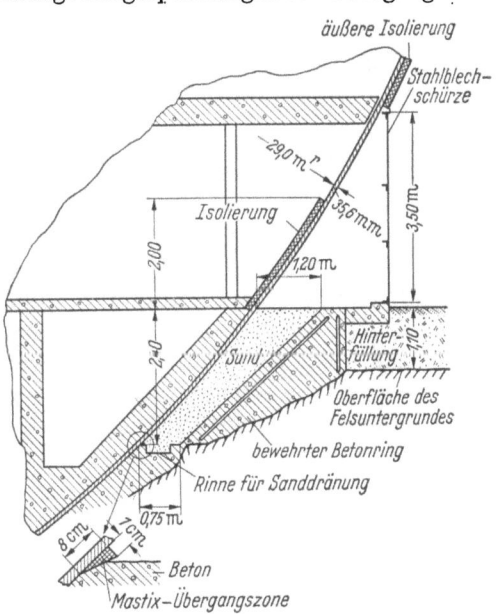

Abb. 19.4/5a
Übergangseinbettung der Containerschale des Dresden-Kernkraftwerkes (nach ZICK, DUNN u. MAHER [*74*])

Abb. 19.4/5a zeigt die zur Vermeidung von Spannungskonzentrationen angeordnete Übergangs-Einbettung der sphärischen Containerschale des Dresden-Kernkraftwerkes (58 m Durchmesser) [*74*], [*40*]. Ein 2,5 m tiefes Sandpolster von variabler radialer Dicke bildet den Übergang von dem einbetonierten Teil der Schale zum freien Teil. Der Sand wird von einem Betonring gehalten, der auf dem Fels auflagert. Die Zusammendrückbarkeit des Sandes gestattet eine allmähliche Expansion der Schale. Eine Mastix-Übergangszone ist zwischen dem Einbettungsbeton und der Schale vorgesehen, damit die Schale allmählich in das Sandpolster übergeführt wird. Die theoretische radiale Dehnung der Schale infolge eines Innendrucks von 2,1 atü beträgt 8,4 mm, und ein Temperaturanstieg um 120 °C erhöht die radiale Dehnung auf 57 mm. Eine Betrachtung dieser Dehnung bestätigt die Notwendigkeit der Einschaltung einer elastischen Zwischeneinspannung.

Das allgemeine Problem einer durch Innendruck beanspruchten dünnwandigen Zylinderschale mit starrer radialer Einspannung des Unterteiles, gleichförmiger elastischer radialer Einspannung des Mittelteiles und freiem Oberteil (Abb. 19.4/5b u. c) ist von R. T. Gray, W. A. Boothe und G. Horvay [41], [41a] untersucht worden.

Der Berechnungsgang enthält folgende Schritte: Zunächst werden an den Grenzstellen 01 und 12 zwei hypothetische Schnitte geführt, und die Membran-

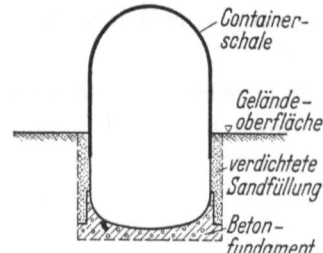

Abb. 19.4/5b
Zylindrische Containerschale mit in Betonfundament eingebettetem Schalenboden und elastischer Zwischeneinspannung durch verdichtete Sandhinterfüllung (nach Fistedis u. Monson [39])

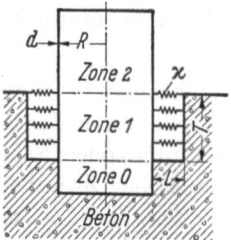

Abb. 19.4/5c
Schema einer Zylinderschale mit einer starr eingespannten, einer elastisch eingespannten und einer freien Zone (nach Boothe, Gray u. Horvay [42])

spannungen in jeder Zone infolge des kombinierten Einflusses von Innendruck und verteilter äußerer Einspannung werden ermittelt. Daraus folgen die sich ergebenden relativen radialen Verschiebungen benachbarter Zonen. Die zur Wiederherstellung der Kontinuität der Schale erforderlichen Randmomente und -querkräfte werden bestimmt. Schließlich werden die von den Kantenreaktionen hervorgerufenen Spannungen berechnet und den im ersten Berechnungsschritt ermittelten Membranspannungen überlagert.

19.415 Sprinkler, Ventilation, Wärmeisolierung

Bei wassergekühlten Reaktorsystemen empfiehlt sich der Einbau einer Sprinkleranlage, die alle Bereiche des Containerinnenraumes mit Wasser besprühen kann. Die Anlage soll bei einem Schadensfall, bei dem radioaktive Gase oder Dampf aus der primären Reaktorkonstruktion austreten, automatisch in Betrieb gesetzt werden, um dem entstehenden Druck, dem Anstieg der Temperatur und der Kontamination der Atmosphäre im Gebäude entgegenzuwirken. Um die unfehlbare Betriebsbereitschaft der Sprinkleranlage zu gewährleisten, wird der Hochbehälter vielfach innerhalb des Containers untergebracht. Die wirtschaftlichste Konstruktionsform ist eine im Scheitel an den Container angeschweißte Behälterschale, so daß die Containerschale den Oberteil des Not-Wasserbehälters bildet.

Die Anforderungen, die an das Ventilationssystem gestellt werden, sind davon abhängig, ob sich während des Reaktorbetriebes Personen planmäßig im Gebäude aufhalten, oder ob ein Zutritt zum Container nur zeitweilig für die Durchführung von Unterhaltungsarbeiten erforderlich ist. Zur Verhütung des

Austrittes radioaktiver Gase oder Aerosole sind Einlaßkanal und Exhaustschornstein mit Absperrschiebern zu versehen, deren Schließung bei einem festgesetzten Wert der Aktivitätskonzentration in der Abluft automatisch ausgelöst wird.

Eine Wärmeisolierung der Containerschale ist erstens zur Gewährleistung eines wirtschaftlichen Betriebes der Klimaanlage und zweitens zur Abflachung der Temperaturgradiente und zur Verminderung von Temperaturspannungsvariationen in den Unstetigkeitsbereichen der Schalenkonstruktion notwendig. Die Befestigung der Isolierplatten an der Außenseite der Schale kann durch an die Schale angeschweißte Stifte erfolgen.

19.416 Druckreduziersystem [2a], [42], [42a]

Die Verwendung des Druckreduzier-Prinzips beim Sicherheitseinschluß wassergekühlter Leistungsreaktoren kann bedeutende Vorzüge gegenüber dem üblichen trockenen Sicherheitseinschluß bieten. Ein Sicherheitseinschluß mit Druckreduziersystem enthält entweder in einem mit dem Container verbundenen äußeren Behälter, oder innerhalb der Containerschale selbst, ein großes Wasserbecken, in das die im Falle des Versagens der Konstruktion des Primärkreislaufes freigesetzte Dampf-Wasser-Mischung eingeleitet wird (Abb. 19.4/6). Dadurch wird eine Kondensation des Dampfes und die Rückhaltung von evtl. freigesetzten radioaktiven Spaltprodukten erreicht, und der Bemessungsdruck für die Containerschale kann wesentlich herabgesetzt werden.

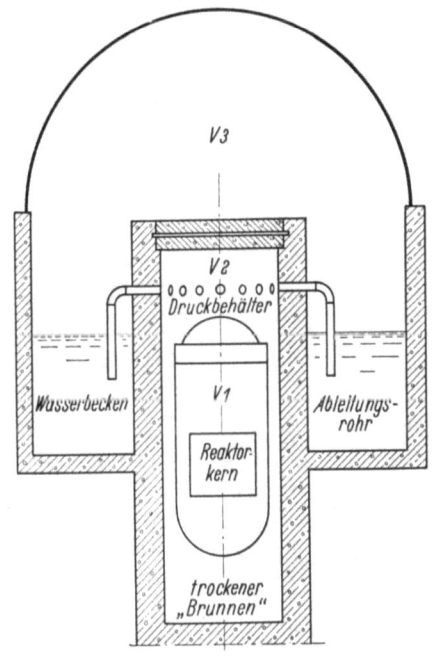

Abb. 19.4/6. Schema eines Containers mit Druckreduziersystem (nach WHELCHEL u. ROBBINS [42a])

19.42 Durchdringungen und Luftschleusen

Außer den zahlreichen Durchdringungen für die Durchführung von Wasser-, Dampf-, Luftleitungen, Stromkabel, usw., durch die Containerschale, müssen Luftschleusen für den Zugang von Personal und Material während des Reaktorbetriebes vorgesehen werden, und Luken für den Transport von Ausrüstungsteilen, die zu groß sind, um die Luftschleusen zu passieren. Die Verschlüsse sämtlicher Öffnungen in der Containerschale müssen für die gleichen Bedingungen bemessen werden, denen der Container selbst zu genügen hat.

19.421 Rohr- und Kabeldurchführungen

Für die Durchführung von Wasser-, Dampf-, Luftleitungen, Stromkabel, usw., durch die Containerschale sind verschiedenartige konstruktive Lösungen entwickelt worden. Die gasdichte Durchführung von Rohrleitungen durch die

Stahlschale wird durch Verschweißen gewährleistet. Bei der Errichtung des EBWR wurden Rohrleitungen unter 5 cm Durchmesser ohne Verstärkung direkt mit der Containerschale verschweißt, Rohrleitungen über 5 cm Durchmesser wurden mit Verstärkung in die Schale eingeschweißt, wie in Abb. 19.4/7a dargestellt [54]. Bei Rohrleitungen großen Durchmessers empfiehlt es sich, Dehnungsbälge vorzusehen, um eine Biegsamkeit zu erreichen und die aus Rohrbewegungen resultierenden Lasten auf die Schale zu vermindern.

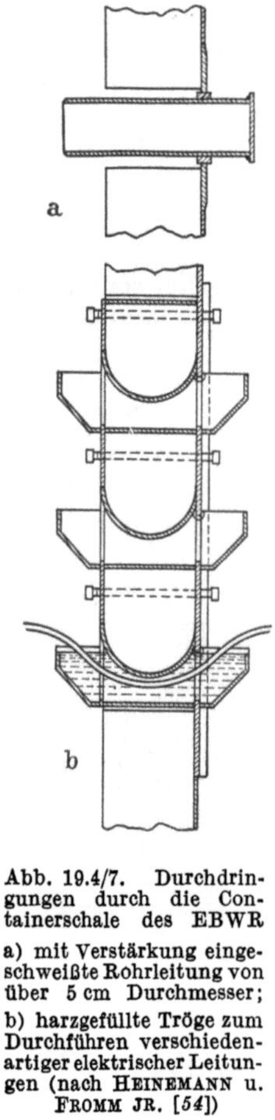

Generatorkabel können durch Rohrhülsen aus antimagnetischem Stahl, die an ein antimagnetisches Einsatzstück in der Containerschale geschweißt sind, durchgeführt werden. Der Raum zwischen Kabel und Hülse ist mit einer Harzmasse auszufüllen und der in die Hülse eingesetzte Kabelabschnitt ist durch Eintauchen der Enden in Gummilösung zu dichten. — Eine gute Lösung für die Durchführung kleinerer elektrischer Leitungen besteht in dem Verlegen der Leitungen durch Tröge, die dann mit einer Harzmasse ausgefüllt werden (Abb. 19.4/7b) [54].

Abb. 19.4/7. Durchdringungen durch die Containerschale des EBWR a) mit Verstärkung eingeschweißte Rohrleitung von über 5 cm Durchmesser; b) harzgefüllte Tröge zum Durchführen verschiedenartiger elektrischer Leitungen (nach HEINEMANN u. FROMM JR. [54])

19.422 Luken

Da Luftschleusen sehr teure Objekte sind, werden ihre Abmessungen so klein gehalten, wie es mit der Durchführung der in kürzeren Abständen notwendigen Materialtransporte vereinbar ist. Für relativ selten vorkommende Transporte größerer Ausrüstungsteile werden Luken in der Containerschale vorgesehen, bei deren Benutzung der Reaktor stillgelegt werden muß. In Abhängigkeit von der Häufigkeit der Benutzung und der erforderlichen Öffnungsgröße kann eine derartige Luke nach zeitweiliger Randverstärkung in die Schale geschnitten und später wieder eingeschweißt werden, oder sie kann permanent mit geschraubter Dichtung vorgesehen werden.

19.423 Luftschleusen

Die Luftschleusen in Containerschalen müssen zwei nach innen aufgehende Türen haben, die so miteinander gekoppelt sind, daß eine gleichzeitige Öffnung beider Türen während des Reaktorbetriebes ausgeschlossen ist. Druckausgleichsventile gestatten die Betätigung der Türen, wenn sich der Container unter Innendruck befindet. Für das Einsetzen der Schleusenkonstruktion in die Containerschale ist es erforderlich, große Löcher in die Schalenbleche zu schneiden. Diese Ausschnitte sind am Rande zu verstärken, um die Kontinuität der Membranwirkung in der Schale aufrechtzuerhalten und die Verteilung der Schleusenlasten über eine größere Fläche der Containerschale zu besorgen. — Die folgenden Beispiele repräsentieren drei verschiedene Möglichkeiten der konstruktiven Ausbildung von Container-Luftschleusen.

Für den Zugang von Personal zum Inneren des vertikalen zylindrischen Containers des Siedewasserreaktor-Versuchskraftwerkes des Argonne National Laboratory während des Reaktorbetriebes wurde eine Luftschleuse eingebaut, deren zylindrischer Mantel einen Durchmesser von 300 cm und eine Länge von 210 cm hat (Abb. 19.4/8) [54]. Die Endscheiben sind durch Aussteifungen verstärkt, die an kreisringförmige Versteifungsrohre von 32 cm Durchmesser angeschweißt sind. In jeder Endscheibe befindet sich eine einwärts aufschlagende Schleusentür mit 90 · 210 cm lichter Öffnung, die gegen eine Gummidichtung schließt und mit einem Handrad zum Abschluß versehen ist. Der Verschlußmechanismus greift in ein Ventil ein, das den Druckausgleich zu beiden Seiten einer Endscheibe besorgt. Die Verschlußmechanismen der beiden Schleusentüren sind durch eine Riegelstange so miteinander verbunden, daß keiner von beiden bedient werden kann, wenn sich nicht der andere in der vollständig geschlossenen und verriegelten Stellung befindet. Die gegenseitige Verriegelung kann durch Auskuppeln eines Kupplungsschlosses durch Betätigung zweier Hebel von der Außenseite der äußeren Tür ausgelöst werden. Diese beiden Hebel werden normalerweise verschlossen gehalten; sie werden nur betätigt, wenn der Reaktor stillgelegt ist und ein Öffnen beider Schleusentore zugleich erwünscht ist.

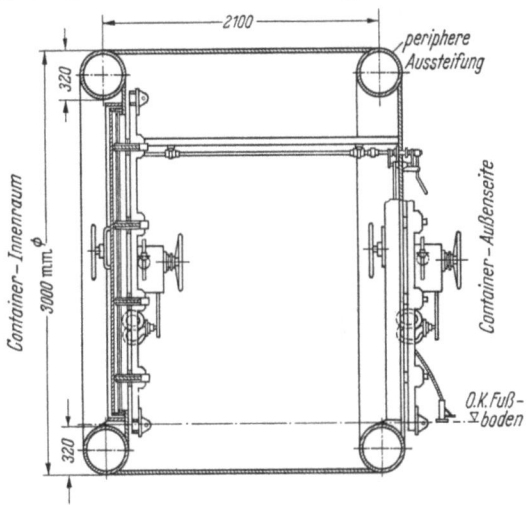

Abb. 19.4/8
Haupt-Luftschleuse in der Containerschale des EBWR-Versuchskraftwerkes (nach HEINEANMN u. FROMM JR. [54])

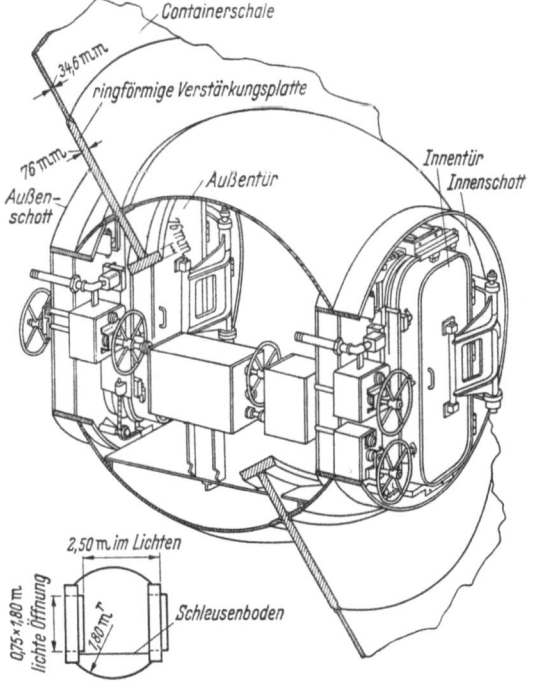

Abb. 19.4/9. Perspektivische Schnittansicht der sphärischen Personal-Luftschleuse in der Containerschale des Dresden-Kernkraftwerkes (nach ZICK, DUNN u. MAHER [74])

Die knapp über der Geländeoberfläche liegende Personal-Luftschleuse in der sphärischen Containerschale des Dresden-Kernkraftwerkes hat Kugelform mit einem Durchmesser von 3,7 m (Abb. 19.4/9) [74]. Der eingeschlossene Winkel zwischen der horizontalen Achse der Schleuse und einem Radiusstrahl zur Containerschale an der Stelle der Luftschleuse beträgt 24°. Die sphärische Konstruktionsform hat in diesem Falle technische und wirtschaftliche Vorteile gegenüber einer zylindrischen Luftschleuse. Der kreisförmige Ausschnitt mit der kreisringförmigen Verstärkung der Containerschale stellt eine Konstruktion dar, die sich genauer herstellen läßt und eine gleichförmigere Spannungsverteilung ergibt, als es bei dem elliptischen Ausschnitt der Fall wäre, wie er sich für eine zylindrische Luftschleuse ergibt.

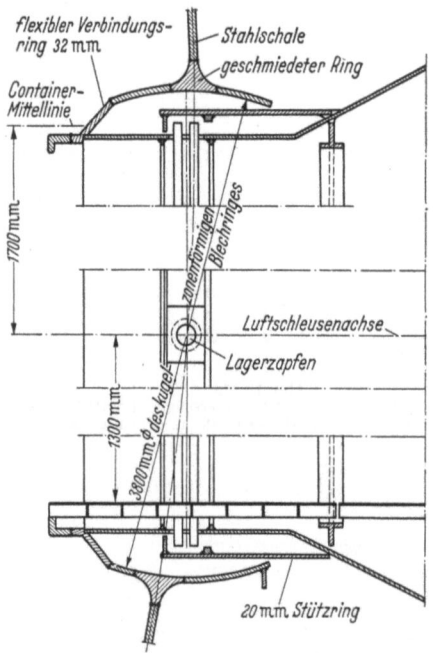

Abb. 19.4/10. Vertikalschnitt durch den Anschluß der Luftschleuse an die sphärische Containerschale des Dounreay-Reaktors (nach WATERS [68])

Den einzigen Zugang für Personal und Material zum Inneren des sphärischen Containers der Dounreay-Reaktoranlage bildet eine große Luftschleuse, die unmittelbar unterhalb des Äquators mit der Containerschale verbunden ist (Abb. 19.4/10) [68]. Die 13,50 m lange Luftschleuse besteht aus zwei zylindrischen Abschnitten von 4,80 m und 3,20 m Durchmesser mit einem konischen Zwischenstück; die Blechdicke beträgt 12 mm. Die Luftschleusenschale ist für den gleichen inneren Überdruck wie die Containerschale und zusätzlich für die Aufnahme einer Verkehrslast von 30 t bemessen. Die kreisförmige Öffnung in der Containerschale wird durch einen an den Rand angeschweißten geschmiedeten Ring von 3,80 m Durchmesser ausgesteift. Das innere Ende der Luftschleuse wird durch zwei an den geschmiedeten Ring geschweißte Zapfen gestützt, die in Lager in einem von dem konischen Schleusenteil auskragenden zylindrischen Tragring eingreifen. Die Luftschleuse mündet nicht genau radial in die Containerschale, aber durch einen an die Ringaussteifung angeschweißten kugelzonenförmigen Blechring werden kreisförmige Schnittflächen hergestellt und die Öffnung kompensiert. Das Ende der Schleusenwandung ist über ein flexibles Zwischenstück aus nichtrostendem Stahl mit dem Blechring verbunden, so daß Horizontal- und Verdrehungsbewegungen möglich sind. Das äußere Ende der Luftschleuse stützt sich durch längs- und querbewegliche Rollenlager auf das Nachbargebäude ab.

19.43 Druckwelleneffekte und Explosionsabschirmung

Eine Containerschale kann schwerlich so bemessen werden, daß sie schweren Stoßwelleneffekten widersteht; es wird jedoch als extrem unwahrscheinlich angesehen, daß derartige Schockphänomene durch eine nukleare oder chemische Energiefreisetzung hervorgerufen werden können. Vergleiche, die für Reaktorschadensfälle errechnete Energiefreisetzungen in Trinitrotoluol-Gewichtsäquivalenten ausdrücken, ignorieren die Tatsache, daß die Geschwindigkeiten der Energiefreisetzung sich in beiden Fällen erheblich unterscheiden. Der Schaden am Reaktorsystem wird bei einem solchen Vergleich überschätzt.

Die Geschwindigkeit eines Durchgehens der Kern-Ketten-Reaktion ist begrenzt durch die maximal mögliche Geschwindigkeit des Reaktivitätszuwachses, während die Geschwindigkeit einer chemischen Reaktion durch die mögliche Geschwindigkeit der Mischung der Reagenzien bestimmt wird. In beiden Fällen kann erwartet werden, daß die Energiefreisetzung viel langsamer vor sich geht, und daher viel weniger destruktiv ist als die äquivalente Energiefreisetzung eines detonierenden Explosivstoffes.

Eine zusammenfassende Übersicht über die Ergebnisse eines umfangreichen theoretischen und experimentellen Forschungsprogramms zur Untersuchung der Belastungen, denen eine Containerschale bei einem Schadensfall im Reaktorkern mit resultierender rapider Energiefreisetzung ausgesetzt ist, wird in [52] gegeben.

19.431 Formänderungsenergie-Absorptionspotential des Reaktor-Druckbehälters

Die ersten Barrieren, die eine Abschwächung der im Reaktorkern entstehenden Explosionsdruckwelle bewirken, sind der den Kern umgebende Reflektor oder Brutmantel, das Kühlmittel, die innere thermische Abschirmung und die Druckbehälterschale. Die Aufzehrung von Druckwellenenergie erfolgt durch Umwandlung in kinetische Energie von Fragmenten, die in dem umgebenden flüssigen Kühlmittel gebremst werden, durch Umwandlung in Wärmeenergie in der Flüssigkeit und durch Umwandlung in Formänderungsenergie der Druckbehälterschale. Bei weniger heftigen Explosionen kann das Formänderungsenergie-Absorptionspotential des Druckbehälters zur Aufzehrung der Druckwellenenergie hinreichen, so daß sich keine weiteren Schäden ergeben und die Radioaktivität im primären System eingeschlossen bleibt. Ein besonders sorgfältiger Entwurf des Reaktor-Druckbehälters stellt einen erheblichen Beitrag zur Erhöhung der Sicherheit eines Kernkraftsystems dar.

Bei der Bemessung eines Reaktor-Druckbehälters wird zwischen „Betriebsentwurf" und „Einschlußentwurf" unterschieden. Der Betriebsentwurf ist als Bemessung des Druckbehälters für die maximalen Betriebsdrücke, wobei die Spannungen innerhalb des elastischen Bereiches des Materials bleiben müssen, definiert. Der Einschlußentwurf betrifft die Wahrung der Einschluß-Integrität des Druckbehälters zur Verhinderung des Austretens radioaktiver Spaltprodukte im Falle der Exkursion der Reaktorleistung mit resultierender rapider Drucksteigerung. Beim Einschlußentwurf wird durch Wahl von Konstruktionswerkstoff, Formgebung und Einspannung eine Behälterkonstruktion angestrebt, die bei einer Exkursionsbelastung eine sehr große plastische Formänderung zuläßt. Das grundlegende Kriterium des Einschlußentwurfes ist das plastische Formänderungsenergie-Absorptionspotential [43].

19.432 Druckwellen außerhalb des Reaktorbehälters und ihre Abschwächung

Das Durchgehen eines Kernreaktors, das aus einem plötzlichen Ansteigen der Überschußreaktivität resultiert, wird durch einen exponentiellen Leistungsanstieg charakterisiert, dessen (in gewisser Weise einer chemischen Explosion ähnlichen) Druckwelleneffekten die den Reaktor einschließende gasdichte und druckfeste Containerschale widerstehen muß. Eine Reihe von experimentellen Untersuchungen über Leistungsexkursionen in einem wassermoderierten Reaktor sind im Argonne National Laboratory durchgeführt worden [44].

Der Berechnung einer Containerschale für die dynamischen Belastungswirkungen infolge eines heftigen Durchgehens eines Reaktors kann bei Einführung drastischer Vereinfachungen auf theoretischem Wege erfolgen [45]; in der Regel wird aber in semi-empirischer Weise eine stellvertretende chemische Explosion mit der gleichen Energiefreisetzung wie bei der nuklearen Exkursion zugrunde gelegt. Dafür können experimentell ermittelte Werte zur Bestimmung der auf die verschiedenen Teile der Schale wirkenden dynamischen Lasten aus der Literatur entnommen werden. Die Durchführung der Spannungsberechnung erfolgt unter weitgehender Vereinfachung der tatsächlichen geometrischen Verhältnisse. Die Schwierigkeiten der Berechnungen und ihre Ungenauigkeit, die wegen der Einführung von auf der sicheren Seite liegenden Grenzwerten zu einer sicherlich beträchtlichen Überbemessung der Schale führen, können bei Durchführung von Modellversuchen vermieden werden.

Die Simulation der physikalischen Effekte eines Reaktor-Durchgehens in kleinem Maßstabe kann durch geeignete Zusammenstellung chemischer Energiequellen (Treib- und Explosivstoffe) zu Ladungen erfolgen, deren Energiefreisetzung als Funktion der Zeit so kontrolliert wird, daß die Energiefreisetzungskurve der entsprechenden Kurve des Reaktor-Durchgehens ähnlich ist (diese hat eine wesentlich flachere Gradiente als die Energie-Zeit-Kurve für die Detonation eines Explosivstoffes). Die zuverlässigsten Resultate liefert ein neuentwickeltes System: Es besteht aus einer spiralförmig gewundenen Anordnung von Explosivstoffen. Der Querschnitt der Spirale an einer gegebenen Stelle bestimmt die Intensität der Energiefreisetzung, die Länge der Spirale bestimmt die Dauer und die Masse bestimmt den gesamten Energiebetrag. Eine Querzündung des noch nicht detonierten Explosivstoffes wird durch Anordnung massiver Stahlplatten zwischen den Spiralwindungen verhütet. [2a], [56b]

Wenn eine Beschreibung des Verhaltens der Schalenkonstruktion durch die allgemeinen Gleichungen für kleine Deformationen elastischer Körper unter Vernachlässigung von Massenkräften möglich ist — bei Verwendung eines geometrisch ähnlichen Schalenmodells mit gleichen Materialeigenschaften und bei Verwendung einer maßstabsgerechten Energiequelle — kann ein linearer Maßstabsfaktor für die Übertragung der Verformungsamplituden verwendet werden; die Dehnungsamplituden bleiben gleich. Die Bedingung der Vernachlässigung von Massenkräften verbietet die Verwendung eines zu großen Maßstabsfaktors für den Modellversuch. [46], [47], [48a—f], [49]

Die allgemeinen Charakteristiken von Stoßwellen, die für Explosionsabschirmung und -einschluß von Bedeutung sind, sind von F. B. PORZEL [50], [51], [51a] eingehend untersucht worden. Auf der Grundlage der Betrachtung der Variablen im Bereiche einer Stoßwellenfront sind zwei Methoden der Abschwächung von Explosionsdruckwellen beim Reaktoreinschluß als besonders wirksam ermittelt worden:

1. Anordnung eines Explosions-Schildes, bestehend aus alternierenden Schichten von absorbierendem und reflektierendem Material. Als Absorber kommen Materialien mit geringer Festigkeit in Frage. Zwischen den Absorber-

schichten werden Stahlplatten eingelegt, um ein örtliches Durchbrechen der Energie zu verhüten, und um einen Teil der Energie zu reflektieren und die Schockfront abzuflachen. Die maximale Umwandlung mechanischer Energie in Verlustwärme kann erreicht werden, wenn in Anpassung an die Druck-Abstandkure in sukzessiven Schichten Materialien mit jeweils abnehmender Zerstörungsgrenze verwendet werden. Abb. 19.4/11 zeigt die Explosionsdruck-Abschirmung des Experimentier-Brutreaktors II [53].

2. Vorsehen schwacher Stellen in der den Reaktorbehälter umgebenden Strahlenabschirmungskonstruktion, durch die die Explosionsenergie (abgelenkt von

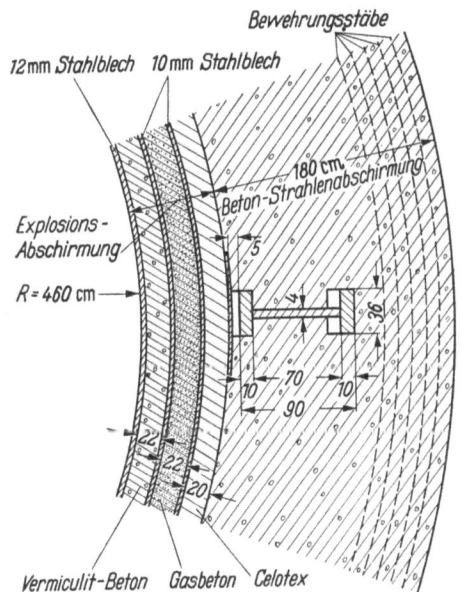

Abb. 19.4/11. Schnitt durch Explosionsdruckschild und Strahlenabschirmung des Experimental Breeder Reactor II (EBR-II) (nach MONSON u. SLUYTER [53])

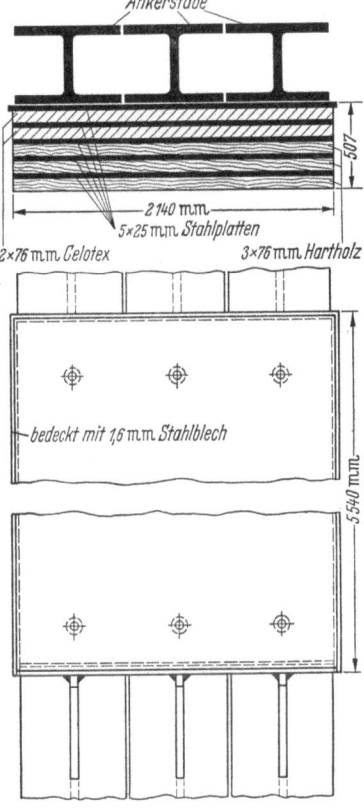

Abb. 19.4/12. Schnitt und Ansicht des Explosionsschildes am EBWR-Reaktor (nach HEINEMANN u. FROMM JR. [54])

kritischen Konstruktionsteilen) durchbrechen und sich darauf über ein großes Volumen verteilen kann, wodurch sie unschädlich wird.

Abb. 19.4/15 zeigt die gemeinsame Anwendung dieser beiden Prinzipe in der Konstruktion des Siedewasserreaktor-Versuchskraftwerkes (EBWR) des Argonne National Laboratory [54]. Der untere Teil des Reaktor-Druckbehälters würde unter der Wirkung der durch eine rapide 25%ige Metall-Wasser-Reaktion im Reaktorkern hervorgerufenen Stoßwelle fragmentieren, und der ihn seitlich und unterhalb umgebende Strahlenabschirmungsbeton würde bis zu einer Entfernung von etwa 3,3 m vom Explosionszentrum in Schutt verwandelt werden. Zum Schutze der Ankerstäbe der in Abschn. 19.434 näher erläuterten Niederhaltekonstruktion sind zwei Explosionsschilde vorgesehen (Abb. 19.4/12). Die optimale Zusammensetzung des Explosionsschildes wurde in einer Reihe von Versuchen ermittelt: Drei alternierende Schichten von 76 mm Hartholz und

25 mm Stahl und darauf nach außen fortschreitend zwei alternierende Schichten von 76 mm Celotex und 25 mm Stahl. Gemäß den Berechnungen wird die Stoßwellenintensität durch jede der fünf Schichten des weicheren Materials durch Umwandlung eines Teils der Impulsenergie in Wärmeenergie um einen Faktor 2 vermindert (Abb. 19.4/13) [50].

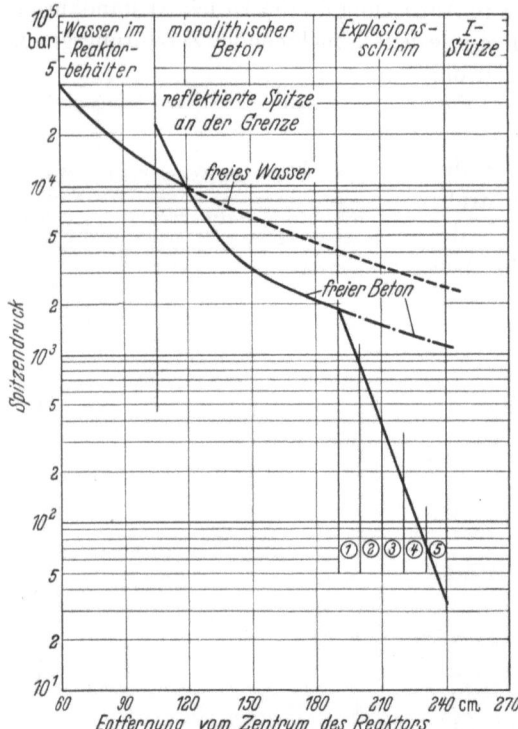

Abb. 19.4/13. Spitzenwerte des einfallenden Druckes als Funktion der Entfernung in einer horizontalen Ebene durch das Explosionszentrum (nach PORZEL [50])

Unterhalb des Reaktor-Druckbehälters ist in der Strahlenabschirmung ein konischer Betonpflock von 2,5 m oberem und 3,0 m unterem Durchmesser angeordnet, der entlang seiner Mantelfläche nur durch eine verhältnismäßig schwache Schubverdübelung mit der angrenzenden Betonkonstruktion verbunden ist, so daß er dem Explosionsdruck rasch nachgibt. Pflock und umgebender Beton würden bei einer Explosion in Schutt verwandelt und in den Subreaktorraum hinuntergeblasen werden, in dem große Öffnungen vorgesehen sind, die dem Explosionsdruck den Weg zu weiterer Verteilung freigeben. Nach Durchtritt der Stoßwelle durch die Unterseite des Bodenpflockes reduzieren sich die Spitzendrücke rapide bis auf geringfügige Werte, denen die Containerschale ohne weiteres widerstehen kann.

19.433 Panzerung der Containerschale

Unter einer starken Stoßwellenbeanspruchung können Teile der Beton-Strahlenabschirmungskonstruktion in Schutt verwandelt werden und/oder es können größere Absprengungen erfolgen. Apparateteile, wie Kontrollstäbe, Lademaschinen und anderes Zubehör, können geschoßartig fortgeschleudert werden. Rohre und Behälter können schrapnellartig zerreißen, wenn auch die Wahrscheinlichkeit dafür wegen der Verwendung ausgesucht bildsamer Metalle für die Konstruktion des Reaktorsystems gering ist. Mit überhitztem Kühlmittel gefüllte abgescherte Rohrstücke können raketengleich auf hohe Geschwindigkeiten beschleunigt werden. Bei Turbinen kann eine Rotor-Disintegration eintreten. Die Durchdringungskraft eines Fragments ist eine Funktion von Gestalt, Masse, Anfangsgeschwindigkeit, Abstand der Barriere vom Explosionspunkt, Auftreffwinkel und Kontaktfläche [55], [56], [56a], [56b].

Durch Auskleidung der Innenseite der Containerschale mit einer Schicht Beton kann ein sehr wirksamer Schutz der Schale vor den potentiellen Geschossen des Systems erreicht werden (Abb. 19.4/14) [*18*]. Notwendige Öffnungen in der Beton-Auskleidung (Luftschleusen, Luken, etc.) sind durch ein vorgelagertes Betonlabyrinth oder stählerne Panzerungsplatten abzuschirmen. Auch der bei einigen Reaktoranlagen an der Oberseite der Containerschale

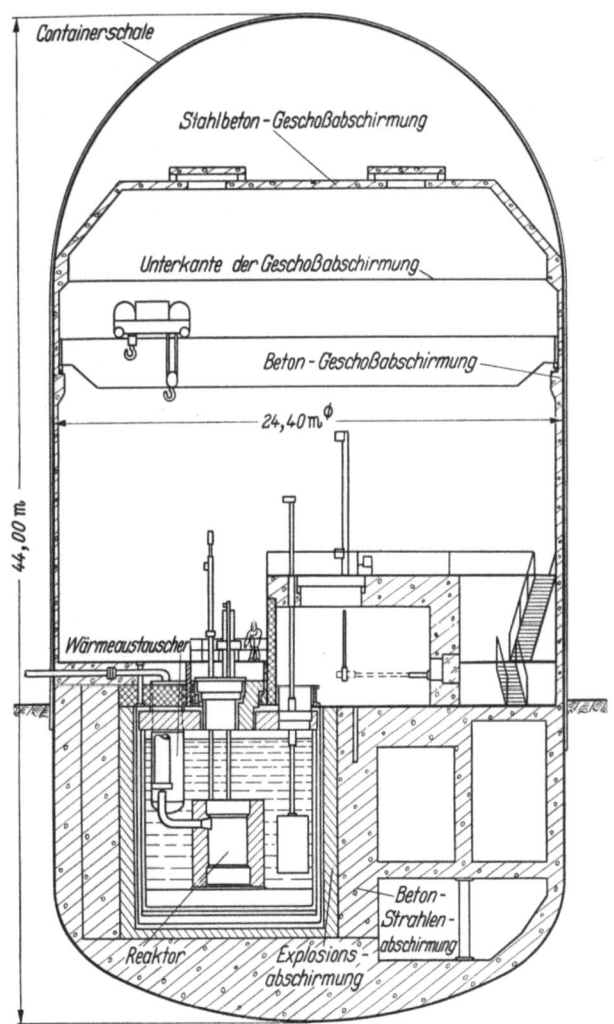

Abb. 19.4/14. Vertikalschnitt durch den mit einer Beton-Geschoßabschirmung ausgekleideten Container des Experimental Breeder Reactor II (EBR-II) (nach Argonne National Laboratory [*18*])

angeordnete Not-Kühlwasserbehälter muß gegen potentielle Geschosse abgeschirmt werden; denn es ist denkbar, daß in einen zerstörten Reaktorkern herabstürzendes Wasser das Ausmaß der Katastrophe vergrößert.

19.434 Spezifische Festhaltungen

Wenn die Gefahr besteht, daß bei einem katastrophalen Reaktorschadensfall ein massives großes Teil mit hoher Energie fortgeschleudert werden kann, dann ist es zweckmäßiger, eine spezifische Vorkehrung für die Festhaltung dieses

Teils zu konstruieren, als eine allgemeine Panzerung vorzusehen, die die Containerschale vor einem solchen potentiellen großen „Geschoß" schützt.

Ein typisches Beispiel für eine derartige konstruktive Maßnahme ist die Festhaltung des bei einer explosionsartigen Metall-Wasser-Reaktion intakt bleibenden Oberteils des Reaktorbehälters des Siedewasserreaktor-Versuchskraftwerkes (EBWR) des Argonne National Laboratory [54]. Die Verhütung eines Zerreißens des Reaktor-Druckbehälters bei einer heftigen Explosion durch entsprechend starke Bemessung ist kein gangbarer Weg. Die durch die Stoßwelle induzierte, auf den Behälter-Oberteil wirkende, aufwärtsgerichtete Kraft wurde zu 9500 t berechnet. Die Krafteintragung ist rapide und von sehr kurzer Dauer.

Hochschleudern des intakt bleibenden Oberteils des Behälters unter dem Explosionsdruck wird durch eine 15 cm dicke Stahlplatte verhütet, die durch drei schwere T-Träger niedergehalten wird. Diese Niederhalteträger sind durch Stahlkeile mit drei Ankerstab-Paaren verbunden (Abb. 19.4/15). Zur Gewährleistung einer leichten Zugänglichkeit des Reaktorbehälterdeckels wurden für die Verbindung von Niederhalteträgern und Ankerstäben Keile verwendet, die mittels hydraulischer Pressen eingepreßt oder herausgedrückt werden können. Die Ankerstäbe sind durch Schweißung mit 4,9 m langen horizontalen Verankerungsträgern verbunden, die so tief wie möglich in die Betonbodenplatte eingelassen sind, so daß die Tragfähigkeit der Verankerung größer ist als die der Stäbe. Um die Niederhaltekonstruktion nicht zu schwer und unförmig werden zu lassen, wurde als Werkstoff der hochfeste Legierungsstahl Carilloy T-1 verwendet mit einer Fließgrenze von 6,3 t/cm² und einer Bruchfestigkeit von 7,4 t/cm². Zur Abschwächung der Impulsbelastung sind zwischen den Stützkonsolen des Druckbehälters und den Auflagerträgern C-förmige Federn aus 20 mm dickem Carilloy T-1 Stahlblech angeordnet.

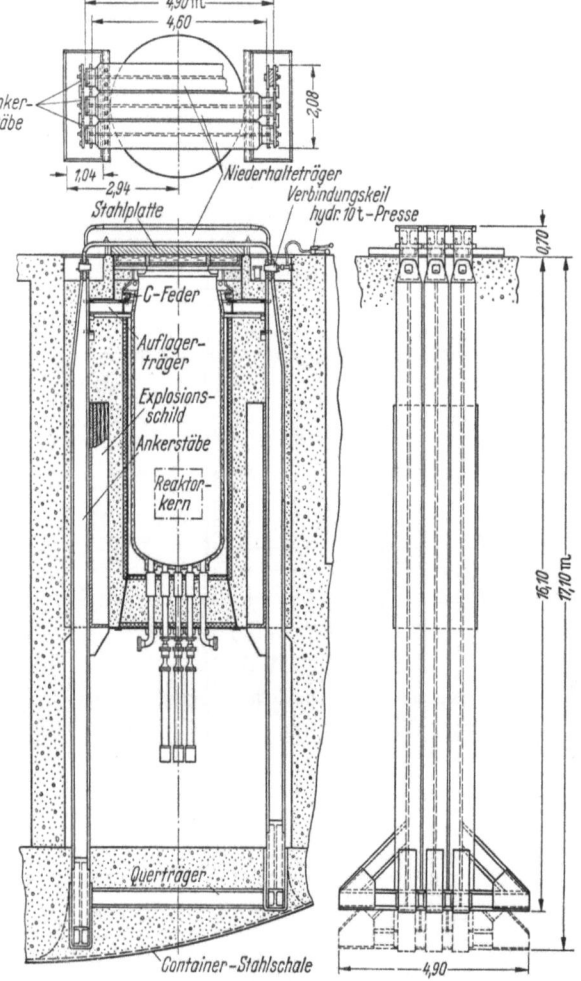

Abb. 19.4/15. Strahlenabschirmung und Niederhaltekonstruktion für den Druckbehälter der EBWR-Anlage (nach HEINEMANN u. FROMM JR. [54])

Die Ankerstäbe werden durch den in Abschn. 19.432 beschriebenen Explosionsschild vor der Zerstörung durch die bei einer Explosion wirksam werdenden Seitenkräfte geschützt. Die mehrere Millisekunden später wirksam werdende aufwärts gerichtete Kraft, für die die Ankerstäbe bemessen sind, kann somit aufgenommen werden. Träger- und Stabquerschnitte wurden unter Verwendung der statischen Zugfestigkeit als zulässige Spannung und durch dynamische Lastfaktoren reduzierte statische Äquivalentlasten zur Berücksichtigung der Festigkeitserhöhung des Materials als Funktion der Dehnungsgeschwindigkeit ermittelt.

19.44 Radioaktive „Belastung" und Dichtigkeitsprüfung

Nach einem größeren Reaktorschadensfall mit Freisetzung radioaktiver Spaltprodukte aus dem Reaktorbehälter gleicht ein Container einer modernen Büchse der Pandora. Die Dichtigkeitsanforderungen, die an einen Container gestellt werden, sind eine Funktion der Konzentration der Spaltprodukte in der Containeratmosphäre und der höchstzulässigen radioaktiven Kontaminierung der Umgebung der Anlage. Die in der Regel extrem geringen Werte der höchstzulässigen Gasdurchlaßgeschwindigkeit (gewöhnlich in der Größenordnung von 0,1% des Gasvolumens in 24 Stunden) stellen außerordentliche Anforderungen an die Güte der Schweißnähte, die vielfach zu 100% radiographisch untersucht werden, sowie an die Güte der Dichtungen der Schalendurchdringungen und Luftschleusen. Die zuverlässige Feststellung eines Gasaustrittes in der Größenordnung der höchstzulässigen Werte ist eine schwierige Aufgabe.

Als erste grobe Prüfung der Dichtigkeit werden im allgemeinen sämtliche Schweißnähte und Dichtungen der auf Überdruck gehaltenen Containerschale mittels einer Seifenblasenprobe nach Undichtheiten abgesucht. Sehr empfindliche Anzeigen liefert die Spürgas-Methode. Dabei wird der Containeratmosphäre ein Indikator, wie Helium oder ein radioaktives Gas, zugesetzt, der Innendruck wird erhöht, und die Außenseite der Schale wird mit Leck-Detektoren „abgeschnüffelt" [57]. Quantitative Ergebnisse können mit einer pneumatischen Dichtigkeitsprüfung erhalten werden, die bei dem der Bemessung zugrunde gelegten Wert des Innendrucks durchgeführt wird. Die Schwierigkeiten der pneumatischen Dichtigkeitsprüfung liegen in der Notwendigkeit der Bestimmung der genauen Größe der Temperatur- und Feuchtigkeitsberichtigungen, die bei der Auswertung der Ergebnisse anzuwenden sind.

Wenn mit Hilfe der Spürgas-Methode keine Undichtheiten entdeckt werden, bzw. nach Eliminierung evtl. gefundener Undichtheiten, kann unter Umständen ein Verzicht auf die Durchführung einer pneumatischen Dichtigkeitsprüfung zulässig sein. Es besteht der Einwand, daß ein Gasaustritt, der auf der Stufe des Bemessungsdruckes vorkommt, bei geringeren Überdrücken nicht einzutreten braucht. — Ein Vorteil der Spürgas-Methode ist der geringe Wert des für die Durchführung benötigten Überdruckes, der es ermöglicht, die Dichtigkeit der Containerschale auch während des Betriebes der Reaktoranlage zu kontrollieren.

19.441 Radioaktive Belastung

Die Festsetzung des höchstzulässigen Wertes der Aussickerung aus einem Container muß sich auf eine realistische Schätzung der „radioaktiven Belastung" der Containerschale gründen. Eine radioaktive Belastung stellen nur die bei dem hypothetischen Bemessungs-Schadensfall aus der primären Reaktorkonstruktion entweichenden radioaktiven Materialien dar, die sich in Gas-, Dampf- oder Aerosol-Form befinden. Die radioaktive Belastung nimmt durch Kondensation, Absetzung und Aktivitätszerfall als Funktion der Zeit ziemlich rasch ab. Das Fehlen von Informationen über den sich in gasförmigem, flüchtigem und aerosolförmigem Zustand befindenden Prozentsatz der primär freigesetzten radioaktiven Substanzen zwingt zum Ansetzen dieses Wertes mit 100% und gestattet nur die Berücksichtigung der aus dem Aktivitätszerfall herrührenden Reduktion der radioaktiven Belastung. Es ist möglich, daß diese Annahmen um mehr als eine Größenordnung zu pessimistisch sind.

Die extrem geringe Wahrscheinlichkeit des Eintretens einer Reaktorkatastrophe, die zu einer wesentlichen radioaktiven Belastung der Containerschale führt, rechtfertigt eine auf der als „höchstzulässige Notstandsdosis" definierten Gefahrenschwelle basierenden Festsetzung der höchstzulässigen Werte für die radioaktive Verseuchung der Umgebung der Reaktoranlage.

19.442 Pneumatische Dichtigkeitsprüfung

Die Dichtigkeitsprüfung einer für wesentlichen inneren Überdruck bemessenen Containerschale ist bisher in der Mehrzahl der Fälle durch Feststellung der PVT-Beziehung für das auf den Bemessungsdruck gebrachte Containervolumen und Bestimmung der Gasdurchlaßgeschwindigkeit aus den gemessenen Werten mit Hilfe der Gasgesetze erfolgt. Dabei ist zusätzlich die durch Wärmedehnung der Containerschale bedingte Volumenänderung zu berücksichtigen.

Für die Durchführung der Dichtigkeitsprüfung der Containerschale des Siedewasserreaktor-Versuchskraftwerkes des Argonne National Laboratory (vertikaler Zylinder von 24,4 m Durchmesser mit hemisphärischem Oberteil und hemiellipsoidem Bodenteil mit einer Gesamthöhe von 46,2 m) wurde die folgende Ausrüstung im Containerinneren installiert [54]: 10 Thermoelemente an der Schaleninnenseite, 8 Widerstandsthermometer frei im Raum, 3 Taupunktzellen zur Bestimmung der relativen Luftfeuchtigkeit frei im Raum und 6 Gebläse mit einer Gesamtkapazität von 272 m³/min.

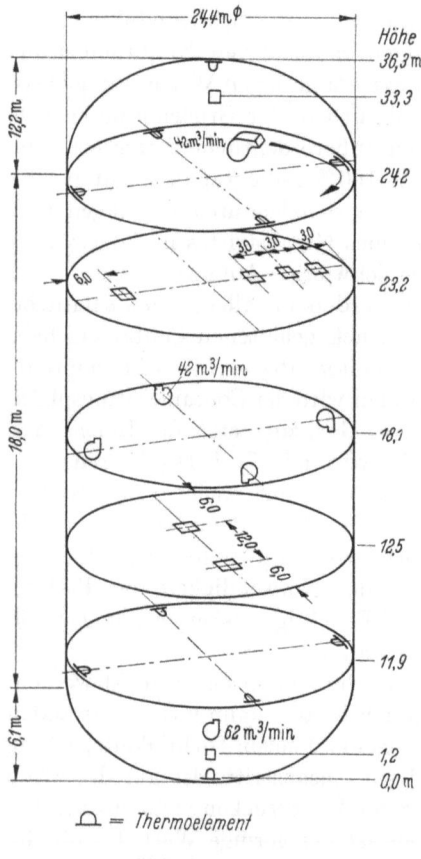

Abb. 19.4/16. Anordnung der Instrumentation und der Gebläse bei der Dichtigkeitsprüfung der Containerschale des Siedewasserreaktor-Versuchskraftwerkes des Argonne National Laboratory (Darstellung verzerrt) (nach HEINEMANN u. FROMM, JR. [54])

Abb. 19.4/16 zeigt die Anordnung der Instrumentation und der Gebläse im Container. Nachdem der Container auf den der Bemessung zugrunde liegenden Innendruck von 1,06 atü gebracht war, wurden acht Tage lang in Intervallen von zwei Stunden Temperatur- und Druckablesungen notiert. Die abgelesenen Werte wurden umgerechnet auf das Volumen trockener Luft bei Standard-Temperatur und -Druck im Container unter Berücksichtigung der Variation von Containervolumen und Dampfdruck als Funktion der Temperatur. Wegen der möglichen Fehlerquellen wurden bei der Auswertung die Ablesungen nicht berücksichtigt, die bei Temperaturen der Stahlschale von mehr als 10 °C gemacht worden waren, und ebenfalls nicht, wenn sich die durchschnittlichen Temperaturen der Schale um mehr als 2,2 °C von der durchschnittlichen Schalentemperatur zwei Stunden vor oder nach der betreffenden Ablesung unterschieden. Die durch die Gebläse bewirkte Luftbewegung erwies sich als hinreichend, um die Schichtbildung während der Perioden, in denen zuverlässige Ergebnisse erhalten werden konnten, auf ein tolerierbares Maß zu reduzieren.

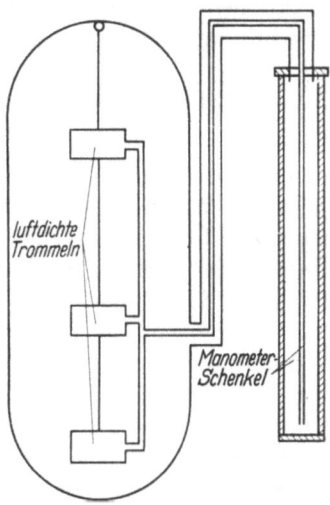

Abb. 19.4/17. Schema der Dichtigkeitsprüfung der Containerschale des Siedewasserreaktor-Versuchskraftwerkes des Vallecitos Atomic Laboratory (nach UNTERMYER u. LAYTON [59])

Der für den höchstzulässigen Luftaustritt gewählte Wert von 0,25% des Nettovolumens des Containers (11300 m³) in 24 h war in ziemlich willkürlicher Weise gerade so hoch angesetzt worden, daß man von Messungen im Bereiche seiner Größenordnung hinreichend zuverlässige Ergebnisse erwarten könnte. Der festgestellte Luftaustritt lag mit 13 m³ in 24 h unter dem mit 28 m³ in 24 h festgesetzten höchstzulässigen Luftaustritt. Die Schwierigkeit der Messungen ist daraus ersichtlich, daß ein Fehler von 0,15 mm Hg in der Druckablesung oder ein Fehler von 0,025 °C in der Temperaturablesung äquivalent einem Luftaustritt von 3 m³ ist.

Bei einer alternativen Methode der Dichtigkeitsprüfung wird durch Einführung eines inneren Bezugssystems, bei dem sich eine weitgehende Temperaturkompensation automatisch einstellt, die Temperatur als Variable eliminiert. — Bei der Durchführung der Dichtigkeitsprüfung der Containerschale des Siedewasserreaktor-Versuchskraftwerkes des Vallecitos Atomic Laboratory geschah dies durch Messung der Druckdifferenz zwischen der Containeratmosphäre und einem System gasdichter Trommeln, das so in den Container eingebaut wurde (Abb. 19.4/17), daß sich die Temperatur der Luft in den Trommeln näherungsweise gleich der durchschnittlichen Temperatur der Luft im Container einstellte [58], [59]. Die Druckdifferenz wurde mit Hilfe eines Wassermanometers gemessen, dessen einer Schenkel mit der Containeratmosphäre und dessen anderer mit dem im Container installierten System der gasdichten Trommeln in Verbindung stand. Zu Beginn der Dichtigkeitsprüfung befanden sich die zwei Systeme unter dem gleichen Druck, da sie über das leere Manometer miteinander in Verbindung standen. Nach Einfüllung von Wasser in das Manometer wurde der Luftaustritt aus dem Container durch den Wasserhöhenunterschied in den zwei Manometerschenkeln sehr empfindlich angezeigt.

19.45 Beispiele ausgeführter Containerschalen

Die angeführten allgemeinen Gesichtspunkte für Entwurf und Bau von Containerschalen für den gasdichten Einschluß der Reaktoranlagen von Kernkraftwerken werden im folgenden anhand einiger Beispiele ausgeführter Konstruktionen erläutert. (Die Entwurfsdaten von 20 in den USA fertiggestellten bzw. im Bau befindlichen Containern sind in [63] tabellarisch zusammengestellt.)

19.451 Sphärischer Container mit getrennter Stützung von Innenkonstruktion und Schale

Der Reaktor des Yankee-Kernkraftwerkes, das in der Nähe der Stadt Rowe im Staate Massachusetts errichtet wird, ist ein mit angereichertem U^{235} arbeitender Druckwasserreaktor mit einer Wärmeleistung von 482 MW. Das Wasser des primären Kühlkreislaufes steht unter einem Druck von 140 atü. [60], [61], [62], [62a]

Das Problem des gasdichten Einschlusses des Reaktorsystems des Yankee-Kernkraftwerkes ist Gegenstand einer eingehenden Untersuchung gewesen. Mit dem Ziel der Sicherheit bei gleichzeitiger Wirtschaftlichkeit der Konstruktion wurde das Grundprinzip festgelegt, daß während des Betriebes der Reaktoranlage der Zutritt in den Container nicht möglich sein soll; mittels Fernsehanlagen ist die Möglichkeit der visuellen Inspektion des Containerinneren gegeben. Man vertraut also darauf, daß die Komponenten des primären Kühlkreises eine ausreichende Periode kontinuierlichen Betriebes ohne die Notwendigkeit der Durchführung von Unterhaltungsarbeiten gewährleisten. Ein zweiter Entwurfsgrundsatz für den Container verlangt ein Minimum gegenseitiger Abhängigkeit zwischen der Errichtung und Prüfung der Containerschale und der Konstruktion der primären Anlage in ihrem Inneren; das bedeutet die weitgehende Errichtung der inneren Konstruktion vor der Fertigstellung der sie umschließenden Containerschale [60].

Das Reaktorsystem wird von einer sphärischen Containerschale von 38 m Durchmesser umschlossen (Abb. 19.4/18). Der der Bemessung zugrunde gelegte Innendruck beträgt 2,4 atü. Dieser Wert gründet sich auf einen maximal möglichen Schadensfall am primären Kühlsystem mit Freisetzung der im Kühlkreislauf gespeicherten Energie des gesamten Wassers. Eine zusätzliche Energiefreisetzung aus einer Metall-Wasser-Reaktion wurde wegen der Ummantelung der Spaltstoffelemente mit nichtrostendem Stahlblech für unwahrscheinlich angesehen. Die Blechdicke der Stahlschale beträgt 22 mm.

Die Containerschale wird am Äquator durch sechzehn Stahlrohrsäulen gestützt. Das Gewicht der Innenkonstruktion wird unabhängig von der Stützung der Schale von acht auf einem Kreis mit 22,6 m Durchmesser angeordneten Stahlbetonsäulen aufgenommen. Der ursprüngliche Entwurf, der eine gleichförmige Stützung der Containerschale durch eine Kegelschale vorsah (Abb. 19.4/19) [60], mußte aus fertigungstechnischen Gründen fallengelassen werden [63]. — Der Container kann unterfahren werden. Das Einbringen von

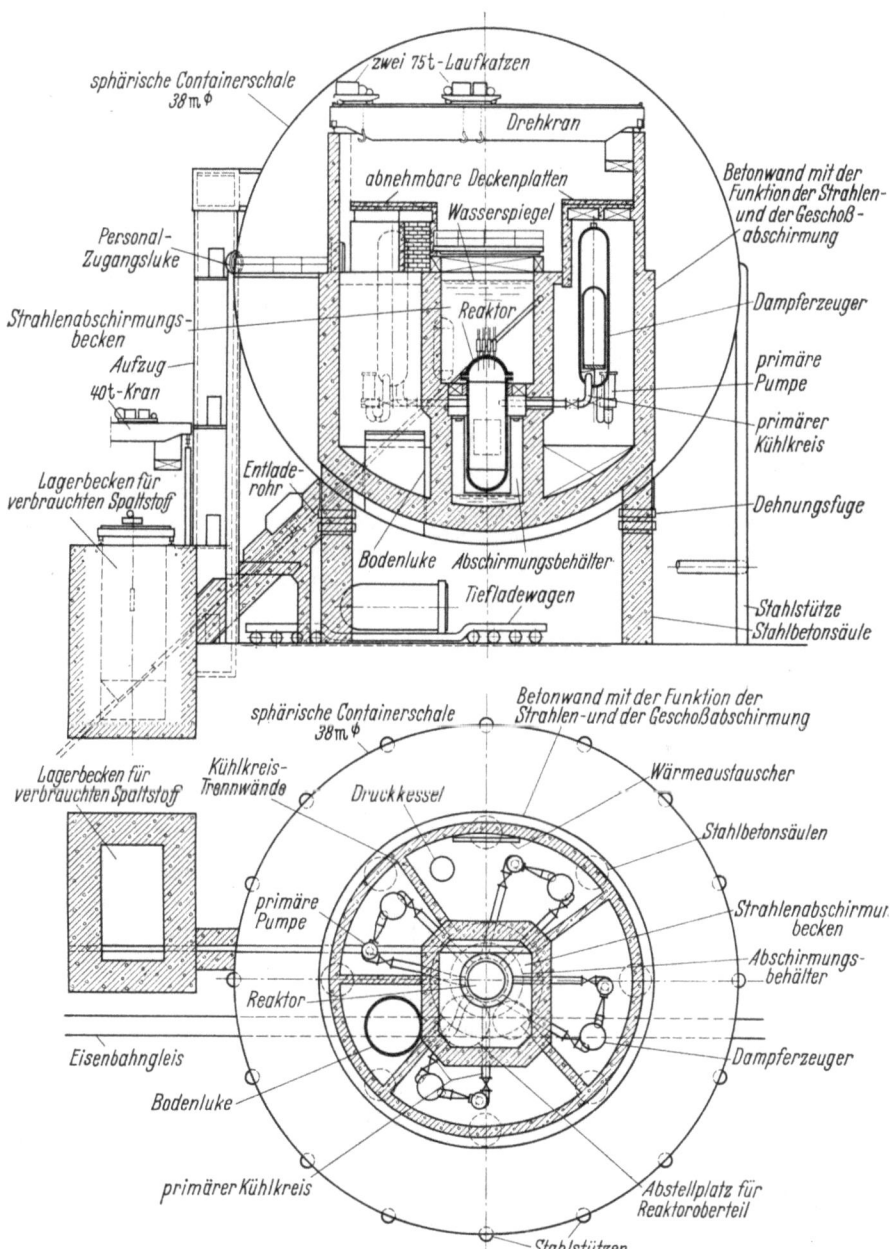

Abb. 19.4/18. Der sphärische Container des Yankee-Kernkraftwerkes. Vertikalschnitt und Horizontalschnitt (nach CHAVE u. BALESTRACCI [63])

Anlageteilen während der Montage des Reaktorsystems oder das Heraus- oder Hereinschaffen von Anlageteilen bei Durchführung von Reparaturarbeiten erfolgt durch eine Bodenluke von 4,3 m Durchmesser mit darunter verlaufendem Gleisanschluß. Zugang und Hebegerät sind so angeordnet, daß jedes Anlageteil des Kühlkreises ausgebaut und ersetzt werden kann, ebenfalls der Reaktordruckbehälter nach Auseinandernahme.

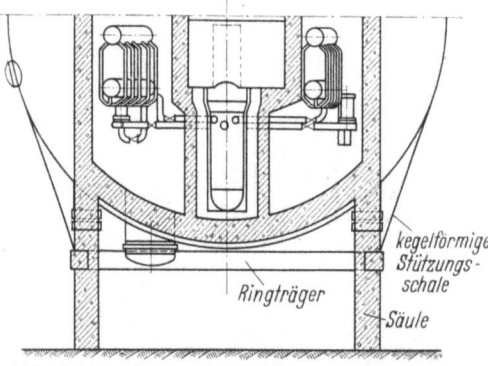

Abb. 19.4/19. Ursprünglicher Entwurf der Stützung des Containers des Yankee-Kernkraftwerkes (nach REED, CREAGAN u. WOODMAN [60])

Der Entwurf der inneren Stahlbetonkonstruktion gestattet die Vornahme von evtl. späteren größeren Änderungen in Gestalt und Abmessung der Anlageteile, ohne daß dies einen wesentlichen Einfluß auf die Gesamtanordnung nimmt. Die sekundäre biologische Abschirmung dient auch dem Schutze der Containerschale vor explosionsartig fortgeschleuderten Fragmenten. Die kammerartige Ausbildung der Betonkonstruktion gestattet die Vornahme von Unterhaltungsarbeiten an dem stillgelegten Kühlkreislauf während des Betriebes der übrigen Kreislaufschleifen und kann bei Schadensfällen das Ausmaß der Zerstörungen begrenzen.

Die Prüfung der Containerschale besteht in einer Druckprobe mit dem 1,25fachen Bemessungsdruck und einer Dichtigkeitsprüfung bei diesem Innendruck mittels Seifenblasenprobe und Halogen-Spürgas-Test.

19.452 Sphärischer Container mit gemeinsamer Stützung von Innenkonstruktion und Schale

Das Dounreay-Prototyp-Kernkraftwerk in Nordschottland arbeitet mit einem schnellen Brutreaktor mit einer Wärmeleistung von 60 MW. Als Wärmeträger des primären und sekundären Kühlkreislaufes wird eine NaK-Legierung verwendet.

Reaktor und primäre Kreislaufsysteme werden von einer sekundären Strahlenabschirmung aus Beton umgeben. Als wirtschaftlichste Konstruktionsform für den Einschluß des Reaktorsystems wurde die Kugelschale ermittelt. Eine Kugelschale widersteht besser als andere Schalenformen äußeren Überdrücken. Das war ein wesentlicher konstruktiver Gesichtspunkt; denn nach Abklingen der NaK-Luft-Reaktion, wenn der atmosphärische Sauerstoff in der Schale verbraucht ist, entsteht mit dem Temperaturfall ein Unterdruck im Container. (Andererseits hätte man aber auch in einer Richtung wirkende Druckausgleichsventile vorsehen können.)

Die sphärische Gestalt des Containers diktierte die Form der sekundären Strahlenabschirmungsanlage. Durch gedrängte Anordnung der radial zum Reaktorkern gruppierten zwölf primären Wärmeaustauscher wurde der erforderliche Lichtraum der Abschirmungskammer so klein wie möglich gehalten. Die rotationssymmetrische Abschirmungswand mit den nach außen auskragenden Betriebsgalerien paßt sich dem Profil der Kugelschale an (Abb. 19.4/20). Der

Raumbedarf der Reaktoranlage und ihres Zubehörs legte den Mindestdurchmesser der sphärischen Containerschale auf 41 m fest. Um die Beulgefahr bei einer Beanspruchung der Schale durch äußeren Überdruck möglichst gering zu halten, wurde dieser Mindestdurchmesser für den Entwurf verwendet. [64], [65], [67], [68]

Als zweckmäßigste Stützungsart wurde eine gemeinsame Stützung von Innenkonstruktion und Containerschale befunden. Als Fundament für die

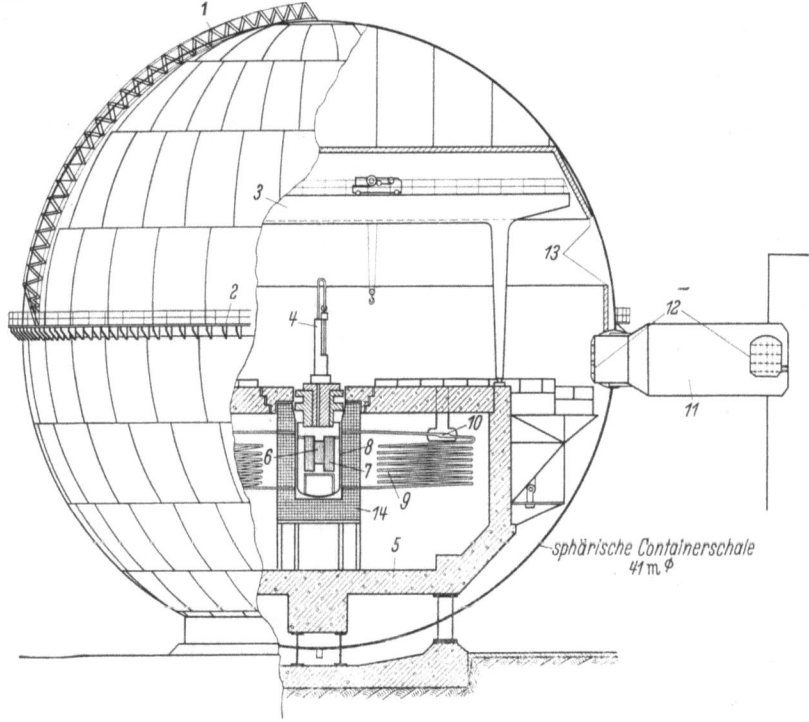

Abb. 19.4/20
Schematische Schnittzeichnung des Containers der Schnell-Brutreaktoranlage Dounreay (nach [66])
1 Ringsum verfahrbare Leiter; *2* Versteifungsträger; *3* Drehkran; *4* Lademaschine; *5* Beton-Strahlenabschirmung; *6* Reaktorkern; *7* Brutmantel; *8* Reaktorbehälter; *9* primärer Wärmeaustauscher des Natrium-Kühlkreislaufes; *10* elektromagnetische Pumpe; *11* Luftschleuse; *12* luftdicht schließende Türen; *13* akustische Decke; *14* Neutronenabschirmung aus boriertem Graphit

Stützkonstruktion wurde eine massive, untertassenförmige Fundamentplatte gewählt. Die Stützung muß in der horizontalen Ebene unterschiedliche Temperaturbewegungen zwischen Reaktorkammer, Containerschale und Fundamentplatte zulassen. Diesen Erfordernissen wurde durch einen Entwurf der Stützkonstruktion Genüge getan, der einen unverschieblichen zentralen Tragstuhl und einen äußeren flexiblen doppelten zylindrischen Stützring mit oberem und unterem Versteifungsflansch vorsieht (Abb. 19.4/21). [67], [68]

Der Bemessung der Containerschale liegen folgende Belastungsannahmen zugrunde [67], [68]:

1. Normale Betriebsbedingungen. — Eigengewicht, Schneelast von 50 kg/m² über einem Zentriwinkel von 120°, Windbelastung durch Böen mit einer Geschwindigkeit von 45 m/sek, Außendruckschwankungen von $\pm 0{,}14$ atü und ein atmosphärischer Temperaturbereich von ± 20 °C.

2. Katastrophenbedingungen. — a) Innerer Überdruck von 1,3 atü und Erwärmung des Schalenbodens auf $+60\,°\mathrm{C}$. b) Äußerer Überdruck von 0,28 atü, verbunden mit einem Temperaturfall von $20\,°\mathrm{C}$.

Für die Belastungsbedingungen 1 wurden Membranspannungen bis zu $1/4$ der Zugfestigkeit des Stahles zugelassen, für kombinierte Membranzug- und Biegespannungen wurde dieser höchstzulässige Wert um 50% heraufgesetzt. Der Sicherheitsfaktor für Beulung unter Membrandruckspannungen wurde mit 2 angesetzt, als höchstzulässiger Spannungswert für kombinierte Druck- und Biegebeanspruchung wurde der halbe Wert der Fließgrenze angenommen. — Für die Belastungsbedingung 2a wurde Fließen des Stahles unter kombinierter Membran- und Biegebeanspruchung als zulässig erachtet — unter der Voraussetzung, daß die Membranspannung allein nicht $1/4$ der Zugfestigkeit überschreitet. Der Sicherheitsfaktor für Schalenbeulung unter der Belastungsbedingung 2b wurde auf 1,1 ermäßigt.

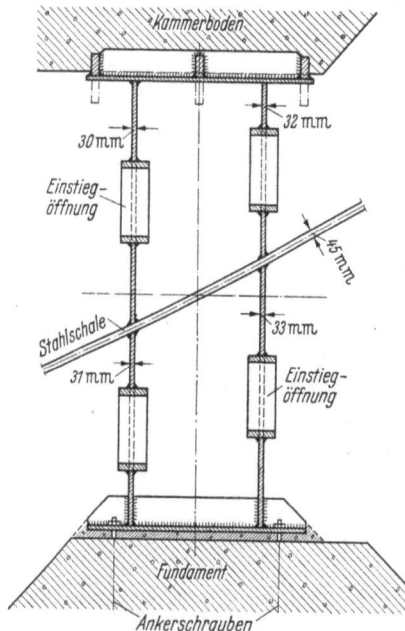

Abb. 19.4/21. Vertikalschnitt durch den äußeren Stützring des Containers des Dounreay-Reaktors (nach WATERS [68])

Auf der Grundlage dieser Spannungsgrenzwerte und der vorstehenden Belastungsannahmen ergab sich in der oberen Schalenhälfte eine Blechdicke von 25 mm, die vom Äquator bis zu der Stützungszone auf 45 mm zunimmt. Als Werkstoff für die Schale wurde ein besonders kerbzäher Stahl (weniger als 0,2% C-Gehalt) mit einer Fließgrenze von 2,7 t/cm² gewählt, als Werkstoff für die Stützringe ein entsprechender Stahl mit einer Fließgrenze von 3,2 t/cm². Maßgebend für die Blechdicke der Kugelschale war die Bedingung 2b; (der kritische Wert des Schalendurchmessers liegt etwa bei 30 m). Das wesentliche Problem der Bemessung lag in dem Fehlen einer klaren Beziehung zwischen örtlicher Abweichung der Schale von der sphärischen Form und der kritischen Last für das Eintreten des Durchschlages. Die Toleranz wurde mit $\pm 0{,}25\%$ des Durchmessers festgelegt.

Die Montage der Schale wurde am inneren Stützring begonnen. Nach dem Hinauswachsen der Schale über den äußeren Stützring wurde auf dem inneren Tragstuhl ein abgespannter Fachwerkmast errichtet. An einem knapp unterhalb des Äquators der Kugelschale angebrachten Ring wurden Radialspreizen befestigt, die an ihrem äußeren Ende Justierschrauben und eine Haltevorrichtung für den oberen Rand der Containerschalen-Platten hatten. Die Montage der Platten erfolgte mit Hilfe der Radialspreizen, einiger starker Segmentträger und der Verbindungsklammern. Sämtliche Nähte wurden von beiden Seiten geschweißt. Zuerst wurden jeweils die vertikalen Schweißnähte ausgeführt und darauf die horizontale Verbindungsnaht zu der darunterliegenden Ringzone. Dieses Vorgehen ermöglichte eine unbehinderte Ringschrumpfung.

Nach Fertigstellung der unteren Hemisphäre erhielt der Schalenrand eine Aussteifung durch einen ringförmigen Windträger. Darauf wurde die den Reaktorkern und das primäre Kühlsystem abschirmende zylindrische Betonkammer erbaut. Auf ihrer Decke errichtete man auf einem Fachwerk-Dreibein den Fachwerkmast mit den Radialspreizen, dessen Abspannseile an der Betondecke verankert wurden. Die obere Schalenhälfte wurde in ähnlicher Weise wie die untere gerichtet und verschweißt.

19.453 Eingebetteter sphärischer Container mit zusätzlicher äquatorialer Stützung der Schale

Das Dresden-Kernkraftwerk in Illinois, USA, arbeitet mit einer Dualzyklus-Siedewasser-Reaktoranlage. Die Spaltstoffelemente bestehen aus Uranoxyd mit

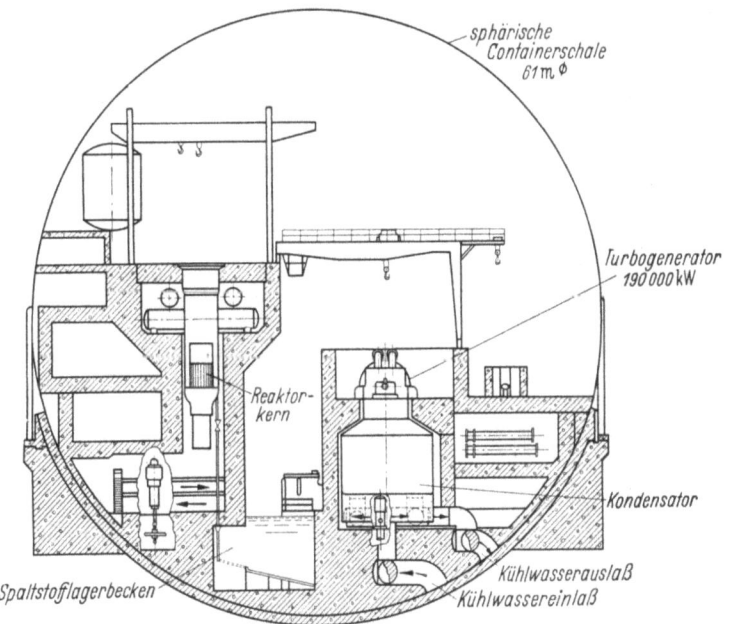

Abb. 19.4/22. Entwurf eines Containers für den vollständigen Einschluß des Dresden-Kernkraftwerkes (nach SMITH u. RANDOLPH [75])

einer Zirkon-Umkleidung. Die Wärmeleistung des Reaktorkerns beträgt 630 MW. Das Kühlsystem arbeitet unter einem Druck von 70 atü. [69], [70]

Extensive technische Untersuchungen und vergleichende Kostenberechnungen führten zur Wahl einer oberirdisch angeordneten sphärischen Stahlschale als Containerkonstruktion [75]. Als konkurrierende Entwürfe standen sich (a) der Einschluß der gesamten Kernkraftanlage, einschließlich des Turbogenerators und des Lagerbeckens für verbrauchte Spaltstoffelemente, in eine Kugelschale von 61 m Durchmesser (Abb. 19.4/22) und (b) der Einschluß lediglich des Reaktorteiles des Kernkraftwerkes in eine Kugelschale von 58 m Durchmesser (Abb. 19.4/23) gegenüber. Da im ersteren Falle eine sehr gedrängte und komplizierte Innenkonstruktion resultierte, die eine Verteuerung der Bauausführung und Behinderung in der Unterhaltung der Anlage mit sich gebracht hätte, gelangte die Alternative (b) zur Ausführung. Der Schalendurchmesser von 58 m ergab sich aus dem Platzbedarf einer günstigen Form der Anordnung von Reaktor-Druckbehälter, Dampfkessel und Rezirkulierpumpen und der zellenförmigen Abschirmung der einzelnen Anlageteile. Turbogenerator und Zubehör sowie die Demineralisierungsanlage sind in einer Turbinenhalle von üblicher Bauart untergebracht. Das Lagerbecken für verbrauchten Spaltstoff befindet sich in einem gesonderten Gebäude, das durch einen unterirdischen Kanal und ein Entladerohr mit dem Reaktorgebäude verbunden ist [69] bis [75a].

Der bei einem schweren Schadensfall im Container entstehende Innendruck kann sich aus Beiträgen von drei verschiedenen potentiellen Energiequellen

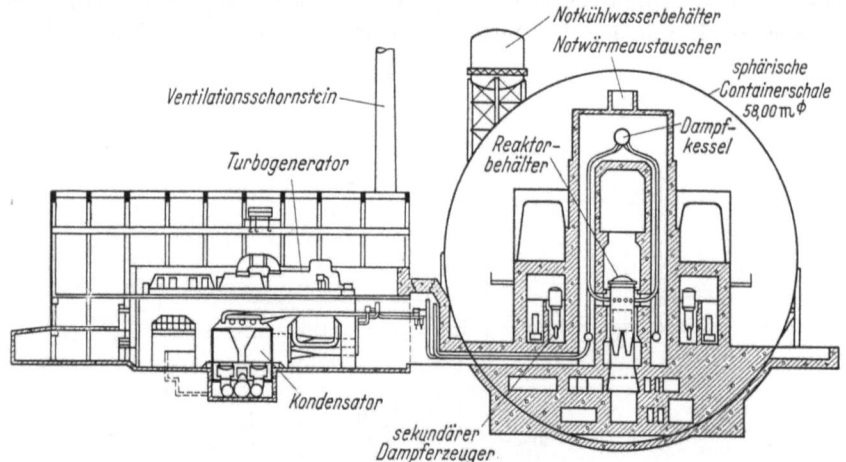

Abb. 19.4/23. Vertikalschnitt durch Container und Turbinenhalle des Dresden-Kernkraftwerkes (nach WOLCOTT, ELLIOTT, PEABODY, ROY, SCHANZ u. SEGE [69])

zusammensetzen: 1. Das unter hohem Druck gehaltene Wasser in Reaktorbehälter und primärem Kühlkreislaufsystem, 2. ein unkontrolliertes Durchgehen der Kernkettenreaktion und 3. chemisches Reagieren zwischen Bestandteilen des Reaktorsystems.

Der Innendruck, der der Bemessung der Schale in Verbindung mit einer höchstzulässigen Membranspannung von $1/4$ der Zugfestigkeit des Stahles zugrunde gelegt wurde, beträgt 2,1 atü; der zugehörige maximale Temperaturanstieg der Containerschale wurde zu 120 °C ermittelt. — Wegen der günstigen zentralen Lage des Reaktors besitzt die Containerschale eine große Sicherheit gegen Beschädigung durch die Explosionsdruckwelle einer hypothetischen explosionsartigen Zirkon-Wasser-Reaktion. Die Beton-Strahlenabschirmungsanlage und die anderen den Reaktor umgebenden Konstruktionen würden die Containerschale vor in jeder möglichen Richtung abgeschleuderten Fragmenten schützen. Die anderen Apparate des Kühlsystems, die explosionsartig zerreißen könnten (in allen Fällen eine extrem geringe Wahrscheinlichkeit), sind so angeordnet und durch Betonwände abgeschirmt, daß sie keine Gefahr für die Containerschale darstellen. Aus diesen Gründen ist die Anordnung besonderer

Explosionsschilde und einer schützenden Auskleidung der Stahlschale nicht erforderlich.

Die schweren Lasten der massigen Abschirmungs- und Tragkonstruktion aus Beton und der Ausrüstung der Kernkraftanlage werden unmittelbar durch die Schale in das äußere Betonfundament übertragen. Die Blechdicke der Stahlschale nimmt von 32 mm im oberen Teil auf 36 mm in der Einbettungszone zu. Während der Montage wurde die Kugelschale durch zwanzig Stahlrohrstützen von 61 cm Durchmesser mit einer Wanddicke von 8 mm entlang ihres Äquators gestützt. Die Stützen stehen auf Einzelfundamenten aus Beton, sie sind durch sich kreuzende Diagonalstäbe von 60 mm Durchmesser zur Aufnahme von Seitenkräften verstrebt. Die Montage der Containerschale erfolgte mittels eines in der vertikalen Mittelachse der Schale auf einem Fachwerkturm aufgestellten Derricks. Nach Aufstellung der unteren Stützenabschnitte wurde der Äquatorring montiert, bei dem an jeder dritten Platte die oberen Stützenabschnitte angeschweißt sind. Die Montage erfolgte ringweise zunächst vom Äquator nach unten und dann vom Äquator nach oben. Um zu gewährleisten, daß die Containerschale genau ihren sphärischen Umriß erhält, wurde der Äquator durch einen vom Derrick hängenden Fachwerkring rund gehalten, die darunterliegenden Schalenringe wurden durch genau abgelängte Hängestangen an den Turm gehängt und die darüberliegenden Ringe durch Spreizen zum Turm hin abgestützt. [74]

Die Entfernung der Stützen nach Einbettung des Schalenbodens in Beton wurde erwogen; jedoch hätte der der Bemessung zugrunde gelegte äußere Überdruck von 0,07 atü, der der ständigen Last der Containerschale überlagert ist, eine übermäßige Dicke der Schale in Höhe der Geländeoberfläche erforderlich gemacht. Man entschied sich daher dafür, die Stützen zu einem Teil des permanenten Stützungssystems werden zu lassen. Die Diagonalstreben werden nach der Einbettung entfernt, da die Konstruktion dann ohne weiteres Seitenlasten aufnehmen kann. Die Stützenfüße sind mittels hydraulischer Pressen nachstellbar. Die Lastaufnahme jeder Stütze wird durch eine Dehnungsmeßvorrichtung angezeigt; sollte eine Stütze überlastet werden, so kann sie abgesenkt werden. Diese Justiermöglichkeit der Stützen gestattet die Erzielung einer gleichmäßigen Lastaufnahme. Ferner kann damit die Lastverteilung der Gesamtkonstruktion in der gewünschten Weise auf das doppelte Stützungssystem eingestellt werden. [74]

19.454 Eingebetteter vertikaler zylindrischer Container

Das Enrico Fermi-Kernkraftwerk in Michigan, USA, arbeitet mit einem schnellen Brutreaktor mit einer Wärmeleistung von 270 MW. Als Wärmeträger des primären und sekundären Kühlkreislaufes wird Natrium verwendet.

Reaktor und primäres Kreislaufsystem sind in eine vertikale, zylindrische Containerschale von 22 m Durchmesser mit hemi-ellipsoidem Boden und hemisphärischem Oberteil eingeschlossen (Abb. 19.4/24) [76]. Die Schale ist für die aus einer nuklearen Exkursion in Verbindung mit einer Natrium-Luft-Reaktion resultierenden Druckwelleneffekte [77] und einem statischen Überdruck von 2,2 atü bemessen. Die Blechdicke beträgt 26 mm in zylindrischem Abschnitt und Bodenteil und 13 mm in der Kuppel.

Die Anordnung der Innenkonstruktion legt das Betriebsdeck in eine Höhe von 15,5 m über den Boden des Containers. Der Teil unterhalb des Betriebsdecks außerhalb der Stahlschale erfordert eine biologische Beton-Abschirmung von 2,1 m Dicke. Der Vorentwurf sah das Aufsetzen des Containerfundamentes auf die Oberfläche des Felsuntergrundes vor. Dadurch wäre das Betriebsdeck mit

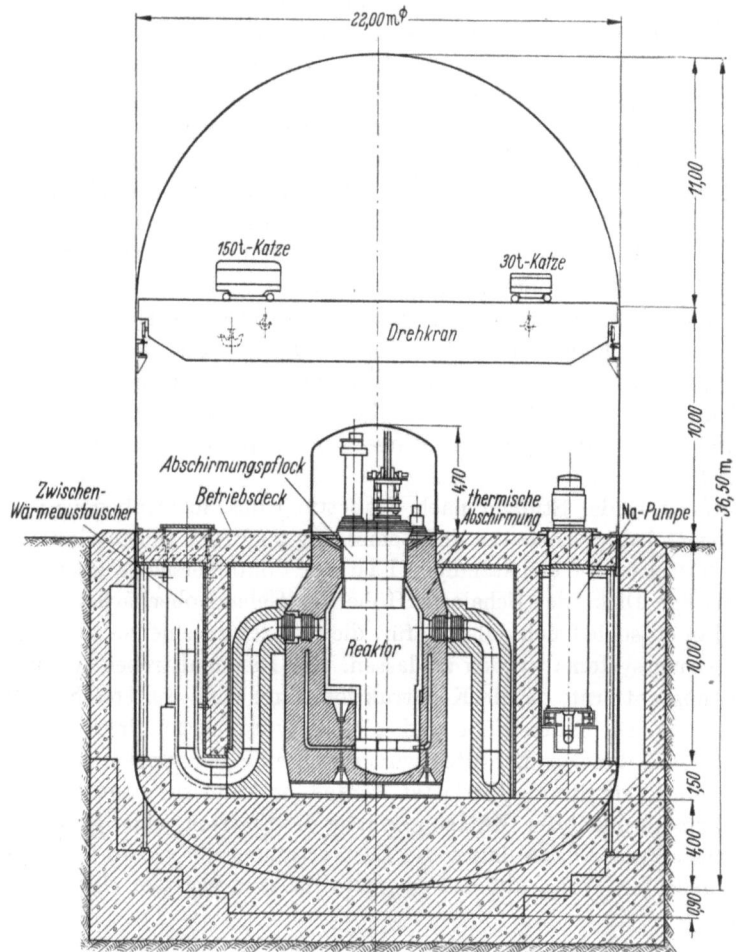

Abb. 19.4/24. Schnitt durch den Container des Enrico Fermi-Kernkraftwerkes (nach Atomic Power Development Associates, Inc. [76])

den Zugängen in 8,5 m Höhe über die Geländeoberfläche gelegt worden, und die Anordnung eines Aufzuges oder einer Rampe wäre erforderlich gewesen. Um das zu vermeiden, wurde das Fundament so tief in den Fels hinein verlegt, daß das Betriebsdeck durch eine 2,1 m hohe Anschüttung rings um die Containerschale erreicht wird. Ein weiterer Vorteil der Tieferlegung des Containers ist die Substitution eines Teils der äußeren Beton-Abschirmung durch Bodenmaterial. Durch diese Anordnung konnte die Dicke des unteren Teils der Betonwand auf 0,9 m reduziert werden. Rings um die Containerschale wurde ein Lichtraum von 1,4 m und unterhalb der Schale von 0,9 m vorgesehen, um die Schweißungen ausführen und prüfen zu können. Zur Erzielung des Lichtraumes zwischen dem Fundament und der Unterseite der Containerschale wurden temporäre Stahlstützen zur Stützung und Verankerung während der Montage verwendet. Das Ausbetonieren des Zwischenraumes erfolgte nach dem Intrusion-Prepakt-Verfahren. [78], [78a]

19.455 Horizontale zylindrische Containergruppe

Das Shippingport-Kernkraftwerk in Pennsylvania, USA, arbeitet mit einer Druckwasser-Reaktoranlage. Der Reaktorkern wird von einer Kombination von Zirkon-umkleideten Spaltstoffelementen aus natürlichem und angereichertem Uran gebildet. Die Wärmeleistung des Reaktorkernes beträgt 230 MW. Das Wasser des aus vier selbständigen Zirkulationssystemen bestehenden primären Kühlkreislaufes mit einer mittleren Temperatur von 280 °C steht unter einem Druck von 140 at.

Reaktor und primäre Kreislaufsysteme sind gasdicht in ein Containersystem eingeschlossen. Beim Entwurf wurde ein möglichst kleines Containervolumen angestrebt. Wegen der Schwierigkeit, die zahlreichen notwendigen Durchdringungen der Containerschale für hohe Drücke vollkommen dicht auszubilden, wurde der maximale Innendruck jedoch auf 3,5 bis 4,0 atü begrenzt, ferner durften folgende Blechdicken nicht überschritten werden: 25 mm bei Verwendung von SA 212 Stahl und 32 mm bei Verwendung von SA 201 Grade B Stahl, um die Notwendigkeit eines Spannungsfreiglühens der gesamten Konstruktion zu vermeiden, die bei größeren Dicken gemäß den ASME-Normen gegeben ist. [79], [79a], [79b]

Die Wahl der Form des Containersystems unterlag Einschränkungen, die sich aus folgenden Bedingungen ergaben [79a]:

a) Die Reaktoranlage ist im wesentlichen unterirdisch anzuordnen und durch Erde und/oder Beton sowohl gegen die Strahlung unter Betriebsbedingungen als auch gegen die Strahlung im Schadensfalle hinreichend abzuschirmen.

b) Der Reaktorbehälter ist tiefer anzuordnen als die Dampferzeuger, so daß der Reaktorkern bei einem Ausfall der Pumpen durch natürliche thermische Zirkulation des Wassers gekühlt wird.

c) Die Herausnahme von Spaltstoffstäben aus dem Reaktorkern erfolgt mit Hilfe besonderer Manipulier-Krane unter Wasser in einem Spaltstoffentladebecken, das vollkommen außerhalb der Containerkonstruktion liegen muß, aber mit einem Ende direkt über dem Reaktorbehälter. Damit ist das Spaltstoffentladebecken der für die Anpassung der Anlage an die Konturen des Geländes maßgebende Gebäudeteil. Die Oberseite dieses Beckens sollte in Erdgleiche liegen.

Eine Untersuchung zahlreicher möglicher Container-Anordnungen nach technischen und wirtschaftlichen Gesichtspunkten führte schließlich zur Wahl eines Containersystems bestehend aus vier Behältern. Der Reaktor-Container ist eine Kugelschale aus 25 mm dickem Stahlblech von 11,6 m Durchmesser mit einem aufgesetzten Zylinder aus 32 mm dickem Stahlblech von 5,5 m Durchmesser und 6,2 m Höhe zur Unterbringung der Kontrollmechanik, der in das Entladebecken hineinragt. Zu beiden Seiten der Kugelschale liegen 30 m lange zylindrische Behälter von 15 m Durchmesser, in denen je zwei der primären Kühlsysteme mit der zugehörigen Ausrüstung untergebracht sind; diese Behälter bestehen im zylindrischen Teil aus 32 mm dickem Stahlblech, die an den Reaktor-Container angrenzenden hemisphärischen Enden bestehen aus 25 mm dickem, die abliegenden Enden aus 17 mm dickem Stahlblech. Ein zusätzlicher zylindri-

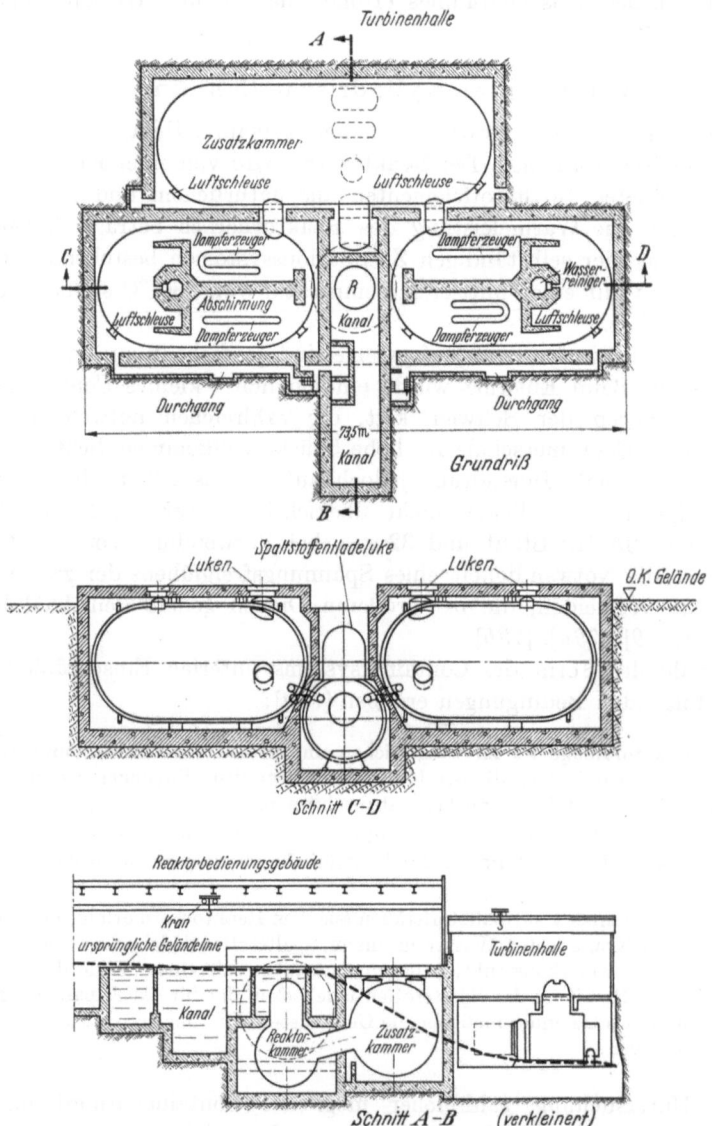

Abb. 19.4/25. Grundriß und Schnitte des Containersystems des Shippingport-Kernkraftwerkes mit umgebender sekundärer Strahlenabschirmung (nach EVANS [79a] und ROME u. MOFFETTE [21])

scher Container von 15 m Durchmesser und 45 m Länge enthält den Druckkessel und kleinere Zubehörteile (Abb. 19.4/25). Die Container sind durch Rohrstutzen von 2,5 bis 3,7 m Durchmesser miteinander verbunden. Das Bruttovolumen beträgt 17000 m³, das Nettovolumen 13500 m³. Auf der Grundlage der in Abschn. 19.3/3 definierten hypothetischen ungünstigsten Bedingungen wurde der der Schalenbemessung zugrunde liegende maximale Druck mit 3,7 atü und die maximale Temperatur mit 140 °C ermittelt.

Das Containersystem wird von Stahlbetonkästen mit 150 cm dicken Wänden und Decken eingeschlossen. Die Erfordernisse der γ-Strahlenabschirmung bedingen die Ausführung der Kästen als massive Plattenkonstruktion. Die Anordnung des Containersystems ist nicht nur sehr kompakt, sondern ist auch den natürlichen Geländeverhältnissen so angepaßt, daß sie ein Minimum an Erdarbeiten erforderlich machte.

Die Möglichkeit, daß ein Rohr oder Behälter des primären Kühlsystems unter Abschleuderung eines Fragmentes von hoher Geschwindigkeit versagt, das in der Lage wäre, die Containerschale zu durchschlagen, wurde nicht in Betracht gezogen. Aus diesem Grunde wurden auch keine besonderen Schutzvorkehrungen getroffen. Als notwendige Voraussetzung für die schrapnellartige Fortschleuderung eines Fragmentes der Konstruktion des primären Systems sah man das Eintreten eines Sprödbruches an, und eben dieses wurde wegen der Verwendung von bildsamem, austenitischem nichtrostendem Stahl und der Einhaltung strenger Vorschriften für Materialprüfung, Fertigung und Zusammenbau für ausgeschlossen gehalten [80].

Wenn die Reaktoranlage einige Zeit in Betrieb gewesen ist, enthält das Kühlwasser radioaktives Material aus der Aktivierung von Korrosionsprodukten und der evtl. Freisetzung von Spaltprodukten durch Defekte in den Spaltstoffelementhülsen; letzteres ist von ungleich größerer Bedeutung. Bei Eintreten eines Bruches des Kreislaufsystems mit Freisetzung von Kühlmittel schließen sich bei Registrierung von Radioaktivitäts- oder Druckzunahme automatisch die Ventile des Lüftungssystems, so daß der weitaus größte Teil des entweichenden Kühlmittels im Container zurückgehalten wird. Im ungünstigsten möglichen Falle, wenn sich ein Leck von der doppelten Querschnittsfläche eines Rohres von 38 cm Durchmesser bildet, trifft das Drucksignal zuerst ein und bewirkt etwa 3,6 sek nach Eintritt des Bruches die Schließung der Ventile. Bis zur vollen Schließung der Ventile können etwa 0,3 % des Reaktorkühlmittels durch das Lüftungssystem aus dem Container entweichen. Selbst in dem unrealistisch pessimistischen Falle, daß das Kühlmittel durch aus Defekten in der Umhüllung von 1 % der Spaltstoffelemente austretende Spaltprodukte verunreinigt ist, ergeben sich nur unwesentliche Strahlenbelastungen für die Umwelt [20], [81].

Für den ungünstigsten Schadensfall am Kühlsystem wird angenommen, daß ein Schmelzen des Reaktorkerns eintritt mit einer selektiven Freisetzung biologisch besonders gefährlicher Spaltprodukte in den Container. Da vom Beginn des Schadens bis zur Freisetzung der Spaltprodukte aus dem Reaktorkern einige Zeit verstreicht, werden sich die Ventile des Lüftungssystems inzwischen geschlossen haben, und die Radioaktivität kann nur durch Undichtheiten der Containerschale durchsickern. Die Berechnung wurde auf der Grundlage der bei der Dichtigkeitsprüfung festgestellten maximalen Durchsickerung von 0,15 % der auf dem Bemessungsdruck enthaltenen Luft innerhalb von 24 Stunden, Freisetzung der Radioaktivität an der Geländeoberfläche und Diffusion unter den meteorologischen Bedingungen einer stark ausgeprägten Inversion mit einer Windgeschwindigkeit von 1,3 m/sek durchgeführt und über einen Zeitraum der Strahlenbelastung von 12 h integriert für Bereiche am Rande des

Sperrgeländes in 500 m Entfernung vom Reaktor. Die Berechnung zeigte, daß die Strahlenbelastung durch äußere Einstrahlung und durch Inhalation von Radioisotopen unterhalb der als höchstzulässige Notstandsdosis definierten Gefahrenschwelle bleibt. Die Berechnung der über einen Zeitraum von 167 Wochen integrierten Ingestionsdosis ergab das gleiche Resultat. [*81*]

19.456 Druckfeste Stahlbeton-Kammer mit gasdichter Stahlblechauskleidung

Während bei den mit ummantelten Spaltstoffelementen arbeitenden heterogenen Reaktorsystemen die Wahrscheinlichkeit, daß ein Austreten des Wärmeträgers aus der Kreislaufkonstruktion mit der Freisetzung größerer Mengen von Spaltprodukten verbunden ist, sehr gering ist, hat diese Wahrscheinlichkeit bei einem homogenen Reaktorsystem, dessen Spaltstoff in flüssiger Form im Kreislaufsystem zirkuliert, den Wert „1". Die Konstruktion des Kühlkreislaufes eines heterogenen Reaktorsystems bildet bereits die zweite Spaltproduktbarriere, die Kühlkreislaufkonstruktion eines homogenen Reaktorsystems ist dagegen die erste Barriere. Diesem sicherheitstechnischen Nachteil homogener Reaktoren im Vergleich mit heterogenen Systemen steht jedoch der Vorteil eines großen negativen Temperaturkoeffizienten gegenüber, der für alle homogenen Suspensions- und Lösungsreaktoren charakteristisch ist [*82*]. Die Sicherheit eines homogenen Leistungsreaktorsystems ist in erster Linie von der Integrität der Konstruktion des Kreislaufsystems unter normalen Betriebsbedingungen abhängig [*83*], [*85*]. Explosionen der durch radiolytische Zersetzung gebildeten Gase (H_2 oder D_2 und O_2) im Rekombinationssystem bilden wahrscheinlich keine schwerwiegende Gefahr [*85*].

Der homogene Prototyp-Leistungsreaktor HRT (Homogeneous Reactor Test) im Oak Ridge National Laboratory arbeitet mit einer Lösung von UO_2SO_4 in D_2O mit auf 90% angereichertem U^{235} und verwendet eine Brutstoff-Suspension bestehend aus ThO_2 in D_2O. Die Wärmeleistung des Reaktors beträgt 5 MW, Spaltstoff- und Brutstoff-Lösungen zirkulieren unter einem Druck von 140 atü mit Temperaturen bis zu 300 °C, die Aktivität der Spaltstoff-Lösung liegt zwischen 25 und 100 Curie/ml. Die räumliche Anordnung aller Komponenten und Apparate des primären Reaktorsystems mußte gemäß den besonderen Betriebserfordernissen der Prototyp-Anlage auf bequeme Zugänglichkeit und Auswechselbarkeit der verschiedenen Teile ausgerichtet werden. Die Reaktoranlage mit ihrem Zubehör wurde in eingeschossigem Aufbau in einer von oben zugänglichen Kammer mit den Abmessungen 16,50 m × 9,60 m × 7,60 m Höhe untergebracht. Der Raum wird von 150 cm dicken Stahlbetonwänden umgeben und besitzt eine 150 cm dicke Abdeckung aus Barytbetonblöcken (Abb. 19.4/26).

Die Innenseite der Betonkonstruktion ist mit 20 mm dickem Stahlblech gasdicht ausgekleidet. Die Trennwand zwischen Reaktor- und Kontrollraum ist als ein mit Barytsand und Wasser gefüllter versteifter Stahlblechbehälter ausgeführt, um eine größtmögliche Flexibilität in der Anordnung von Rohren und Leitungen zu erreichen. Die Durchführung von Instandhaltungs- und Reparaturarbeiten an den hochgradig radioaktiven Komponenten wird durch Flutung der einzelnen Kammern und Verwendung langstieliger Werkzeuge ermöglicht.

Der rechteckige Stahlbeton-Container ist für einen aus der plötzlichen Freisetzung der Flüssigkeit der Spaltstoff- und Brutstoff-Kreisläufe (1800 kg Lösung von 300 °C unter 140 atü) resultierenden Innendruck von 2,1 atü bemessen, wobei örtliche Beanspruchungen bis in den plastischen Bereich zugelassen sind. Die die Betonblöcke niederhaltenden Ankerleisten versagen bei dem 2,5fachen Bemessungs-Innendruck. Reaktorbehälter und Dampfkessel werden von stäh-

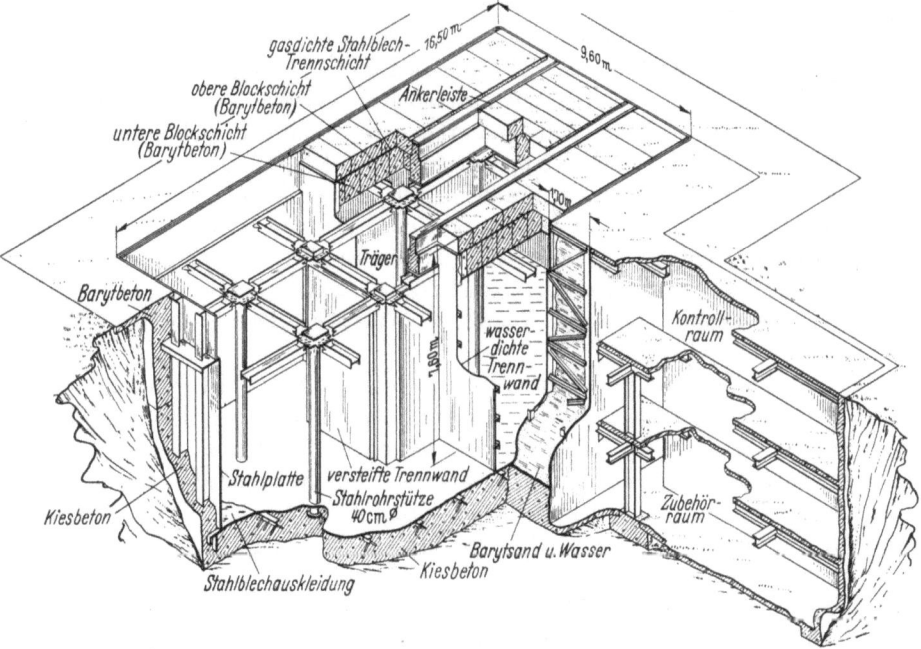

Abb. 19.4/26. Strahlenabschirmung und Sicherheitseinschluß des Homogeneous Reactor Test im Oak Ridge National Laboratory (nach BEALL [85])

lernen Explosionsabschirmungen umgeben [84]. Die mehr als 500 Durchdringungen durch die Containerwände sind sorgfältig abgedichtet und werden mittels der Spürgas-Methode periodisch auf ihre Dichtigkeit überprüft. Die Dampfleitungen des sekundären Systems sind mit von Strahlungsdetektoren automatisch betriebenen Schließventilen ausgerüstet. In die anderen Rohrleitungen sind Ventile eingebaut, die sich bei einer Aktivitäts- und/oder Druckzunahme in der Containeratmosphäre selbsttätig schließen.

19.46 Der Einschluß der Radioaktivität bei mit natürlichem Uran arbeitenden, graphitmoderierten, CO_2-gekühlten Kernkraftsystemen

Der mit natürlichem Uran arbeitende, Graphit- oder Schwerwasser-moderierte Leistungsreaktortyp ist gegenwärtig das einzige System, bei dem in der Regel auf einen Einschluß der Reaktoranlage in eine Containerschale verzichtet wird. Die Berechtigung für die Unterlassung dieser Schutzvorkehrung wird aus der relativ geringen potentiellen Gefährlichkeit des Reaktorsystems und der bisherigen günstigen Erfahrung hergeleitet. Die bis jetzt erbauten bzw. im Bau befindlichen Kernkraftwerke dieses Typs weisen eine verhältnismäßig geringe Leistungsdichte und verhältnismäßig niedrige Betriebstemperatur auf. Der Standort der Kernkraftwerke vom Calder Hall-Typ, die in Großbritannien errichtet werden, wird aber in vorsichtiger Weise nur in sehr dünn besiedelten Gegenden gewählt. Die einzige in eine Containerschale eingeschlossene Reaktoranlage dieses Typs ist das EDF 1-Versuchskraftwerk in West-Frankreich [86], [87]. Der zylindrische Reaktor-Druckbehälter (10 m Durchmesser, 22,8 m Höhe einschließlich Enddomen), Wärmeaustauscher und Nebensysteme sind in einem sphärischen Container von 55 m Durchmesser untergebracht. — Aus den folgenden Angaben über die Reaktor-Druckbehälter bestehender, bzw. in Bau befindlicher großer Kernkraftwerke vom Calder Hall-Typ, läßt sich der übergroße Aufwand erkennen, den der Einschluß dieser Reaktorsysteme in Containerschalen bedeuten würde: EDF 2: 2 sphärische Druckbehälter, 18,4 m Durchmesser; Calder Hall: 4 zylindrische Druckbehälter, 11,3 m Durchmesser, 21,2 m Höhe; Chapel Cross: dito; Berkeley: 2 zylindrische Druckbehälter, 15 m Durchmesser, 25 m Höhe; Bradwell: 2 sphärische Druckbehälter, 20,3 m Durchmesser; Hunterston: 2 sphärische Druckbehälter, 20,3 m Durchmesser; Hinkley Point: 2 sphärische Druckbehälter, 20,5 m Durchmesser. [86] bis [100]

Der im Hinblick auf eine radioaktive Kontamination der Umgebung maßgebende Schadensfall ist das Versagen der Konstruktion des Gas-Druckkreislaufsystems. Da das CO_2-Gas einen sehr geringen Neutronenabsorptions-Wirkungsquerschnitt hat, resultiert ein Kühlgasverlust nur in einer unwesentlichen Reaktivitätserhöhung, — der Reaktor wird nicht divergent. Im Anfangsstadium des Entweichens von CO_2-Gas besteht die in die Atmosphäre freigesetzte Aktivität hauptsächlich aus dem im Kühlgasstrom vorhandenen A^{41}, O^{19}, N^{16} und C^{14}, die eine kurzfristige, lokale Strahlengefahr im Reaktorgelände darstellen können. Als Folge des Kühlgasverlustes kann Überhitzung einiger Spaltstoffelemente sowie bei Luftzutritt heftige Uranoxydation eintreten, was zu einer Freisetzung von Spaltprodukten führt. Zu dieser Zeit wird jedoch der Druckausgleich bereits eingetreten sein, so daß die radioaktiven Stoffe zunächst bis zu einem gewissen Grade innerhalb des Reaktorgebäudes eingeschlossen bleiben. [101]

Ein Zerreißen des Reaktor-Druckbehälters in zwei Teile durch einen mit Schallgeschwindigkeit um den Behälter laufenden Riß kann als der ungünstigste Fall der Freisetzung der im komprimierten Gas gespeicherten Energien angesehen werden. Experimentelle Untersuchungen mit Explosivstoffen an maßstäblichen Modellen zeigten, daß dabei die Integrität der umgebenden Beton-Strahlenabschirmungsanlage gewahrt bleibt. [101]

Entwurf und Ausführung der Konstruktion des Gas-Kreislaufes erfordern außergewöhnliche Sorgfalt, um den unbedingten Einschluß evtl. in den Kühlgasstrom freigesetzter Spaltprodukte zu gewährleisten und eine hohe Sicherheit gegen Zerreißen der Konstruktion zu erzielen. Bei der Materialwahl ist zu berücksichtigen, daß die Neutronenbestrahlung eine Heraufsetzung der Übergangstemperatur von bildsamem zu sprödem Verhalten des Stahles verursacht. Alle Bleche sind einer Ultraschall-Untersuchung zu unterwerfen, und die Schweißnähte müssen vollständig radiographisch geprüft werden. Es empfiehlt sich, den Reaktor-Druckbehälter spannungsfrei zu glühen. [102], [103]

Die fertiggestellte Konstruktion muß einer Reihe von statischen und dynamischen Druckproben unterworfen werden, die Informationen über den Spannungszustand, insbesondere in Bereichen erwarteter Spannungsspitzen, und über Bewegungen des Druckbehälters und der Gasleitungen infolge von Druck- und Temperaturwirkungen liefern. Durch Anordnung zahlreicher Proben von Platten- und Schweißmaterial des Druckbehälters im Reaktor lassen sich Aufschlüsse über das Korrosionsverhalten und den Einfluß der Neutronenbestrahlung auf die physikalischen Eigenschaften des Stahls für den ganzen Betriebstemperaturbereich gewinnen. Unterbringung von Prüfkörpern in Bereichen höherer Neutronenflüsse liefert Werte, die es gestatten, den Zustand der Druckbehälterschale für einige Jahre vorauszubestimmen. [*101*]

Das Streben nach Herabsetzung der Stromerzeugungskosten führt zu einer Heraufsetzung des Wertes der folgenden drei verschiedenen, aber nicht notwendig unabhängigen Parameter: Betriebstemperatur, Leistungsdichte und Wärmeträger-Aktivität, und kann damit in einer Erhöhung der potentiellen Gefährlichkeit gasgekühlter Reaktorsysteme resultieren. Die Ausbildung des Sicherheitseinschlusses als gasdichte und druckfeste Containerschale wird aber nur im Ausnahmefall notwendig sein [*103a*], [*103b*]. Im allgemeinen wird der Einschluß des Reaktorsystems in eine Halle mit semi-dichter Außenhaut genügen, in der auch bei dem schwersten möglichen Schadensfall mit nicht zu großer Gebläseleistung ein geringer Unterdruck aufrechterhalten werden kann, so daß die Außenluft einströmt. Die Exhaustluft wird vor der Abgabe an die Atmosphäre durch Filter- und Waschsysteme gereinigt (s. [*103c*]).

Bei gasgekühlten Reaktorsystemen mit hohem Aktivitätsniveau im Kühlgas, wie im Falle des Kugelhaufenreaktors [*103d*], gibt es jedoch keine Alternative für die Verwendung eines Containereinschlusses der Reaktoranlage. Bei dieser Version des graphitmoderierten, gasgekühlten Reaktors bestehen die Spaltstoffelemente aus kleinen uranimprägnierten Graphitkugeln, die in loser Schüttung in einem vom Wärmeträgergas durchströmten Druckbehälter liegen. Sämtliche bei der Betriebstemperatur flüchtigen Spaltprodukte werden in das Kreislaufsystem freigesetzt.

19.47 Kollisionssicherer Einschluß von Schiffsantrieb-Reaktorsystemen

Für den gasdichten Einschluß von Schiffsantrieb-Reaktorsystemen gibt es drei verschiedene konstruktive Möglichkeiten:

1. Einschluß der Reaktoranlage in eine mit der Schiffskonstruktion fest verbundene, separate Containerschale, die für den vollen Katastrophen-Innendruck zu bemessen ist.

2. Einschluß des Reaktorsystems in eine gasdichte Kammer, die ein integraler Teil der Schiffskonstruktion ist und zur Aufnahme der vollen Katastrophen-Beanspruchung entsprechend verstärkt wird.

3. Einschluß des Reaktorsystems in eine nicht für den vollen Katastrophen-Innendruck bemessene getrennte Containerschale mit Druckminderungsventilen, die ein kontrolliertes Entweichen des Luft-Dampf-Spaltprodukt-Gemisches in eine isolierte gasdichte Schiffskammer, z. B. einen doppelten Boden, zulassen.

Der erste Einschlußtyp stellt die in sicherheitstechnischer Hinsicht und auch gewichtsmäßig beste Lösung dar; die Fläche der für die „radioaktive Belastung" des Containers zu bemessende Strahlenabschirmung ist hierfür am kleinsten. Ein besonderer Nachteil des zweiten Einschlußtyps liegt in der Verwundbarkeit des Einschlusses bei Schiffskollisionen, der Nachteil des dritten Einschlußtyps besteht in der Schwierigkeit der Dekontaminierung des Bodenraumes oder anderer schlecht zugänglicher Kammern, die für den Zweck der Aufnahme radioaktiv kontaminierter Dämpfe als permanenter Leerraum reserviert werden.

Als Beispiel für die Verwendung des ersten Einschlußtyps ist in Abb. 19.4/27 eine perspektivische Schnittansicht der Reaktorkammer des 21 800 BRT-Passagierschiffes „Savannah" dargestellt [104], [104a], [104b]. Das gesamte primäre

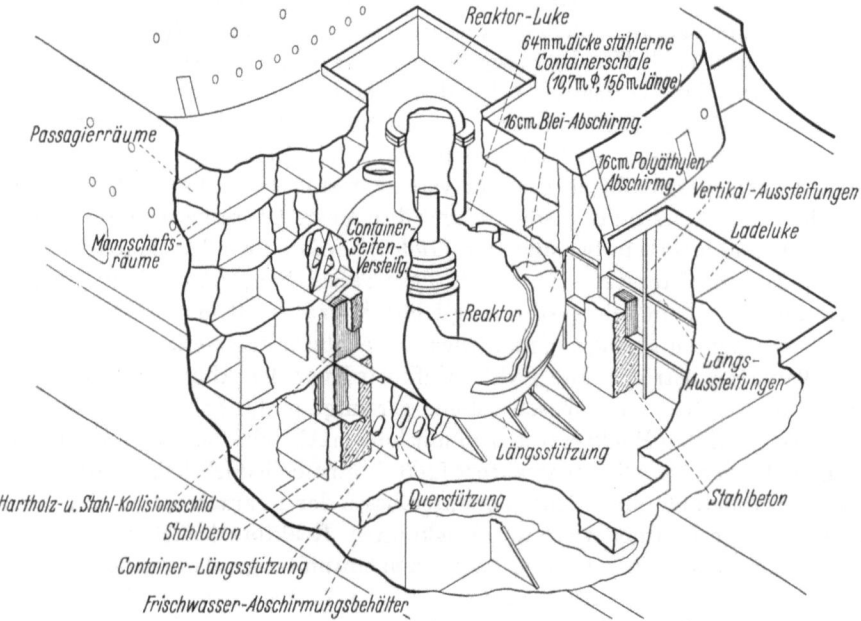

Abb. 19.4/27
Perspektivische Schnittansicht der Reaktorkammer der N. S. Savannah (nach GODWIN u. WORF [104])

System der Druckwasserreaktoranlage (Wärmeleistung des Reaktorkernes: 74 MW, durchschnittliche Temperatur des primären Kühlwassers: 260 °C, Druck: 125 atü) ist in eine horizontale zylindrische Containerschale mit hemisphärischen Enden von 10,7 m Durchmesser und 15,6 m Länge eingeschlossen. Über dem Reaktor befindet sich eine vertikale zylindrische Kuppel, in der die Kontrollstäbe untergebracht sind und durch die die Spaltstoff-Auswechslung vorgenommen wird. Ein Zutritt zum Containerinnenraum ist nur nach Stillegung des Reaktors möglich. Die Containerschale ist für einen Innendruck von 13 atü bemessen, der sich im Falle einer plötzlichen Freisetzung des in primärem und sekundärem Kreislaufsystem enthaltenen Wassers herausbilden würde. Die Dicke der Stahlwandung beträgt 64 mm. Für den Fall des Sinkens des Schiffes ist der Container mit einer Druckausgleichsvorrichtung ausgerüstet. Der Container wird von einer sekundären Strahlenabschirmungskonstruktion umgeben, die zugleich als Stoßabsorber für den Fall einer Kollision dient. Dieser Kollisionsschild besteht aus alternierenden Hartholz- und Stahlschichten, 120 cm dicken Stahlbetonwänden unterhalb des Container-Äquators und 76 cm dicken stark bewehrten Barytbeton-Trägern oberhalb des Äquators. (Alternative Vorschläge für die Ausbildung des Kollisionsschutzes sind: doppelwandige Ausbildung der Containerschale [105]; Umgebung des Containers mit wabenartigen Längs- und Querschotten mit Korkfüllung [106]).

19.5 Einschluß von Reaktorsystemen in Felskammern

Bei den bisher errichteten Kernreaktor-Kraftwerken ist trotz des Einschlusses des Reaktorsystems in eine gasdichte und druckfeste stählerne Containerschale nicht auf eine gewisse Isolierung der Anlage in sehr dünn besiedelten Gegenden verzichtet worden. Wenn ein ultra-pessimistischer Standpunkt eingenommen wird, werden Isolierungsbereiche mit einem Durchmesser von einigen Kilometern notwendig, wegen der nach einer Reaktorkatastrophe unvermeidlichen Aussickerung hochgradig radioaktiv kontaminierter Luft aus dem Container in einer Größenordnung von 0,1% des eingeschlossenen Volumens je Tag bei Überdrücken in der Größenordnung von 1 atü. Gegen derartige Isolierungsbereiche für Kernkraftwerke dürften kaum wirtschaftliche Einwände

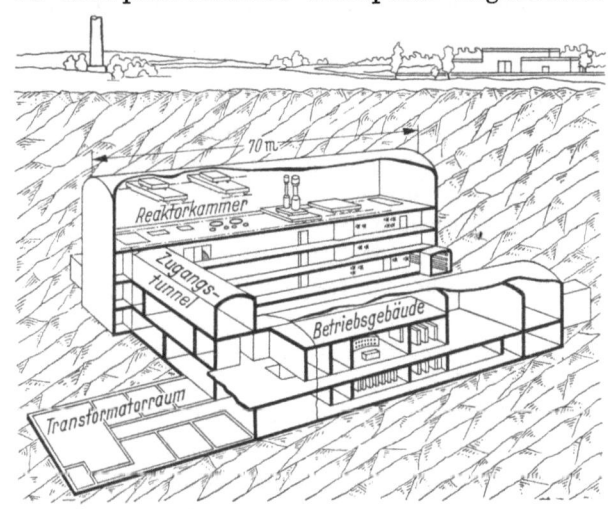

Abb. 19.5/1. Perspektivische Schnittansicht des unterirdischen Kernenergie-Fernheizwerkes für die schwedische Stadt Västerås (nach WIVSTAD u. MILEIKOWSKY [110])

bestehen, bei Kernenergie-Fernheizwerken besteht jedoch aus wirtschaftlichen Gründen das Bestreben, so dicht als möglich an das Verbrauchernetz heranzurücken. Bei der Errichtung einer Reaktoranlage innerhalb eines dicht besiedelten Gebietes können aber unter keinen Umständen Aktivitäts-Aussickerungen in der angegebenen Größenordnung toleriert werden. Bei geeigneten geologischen und topographischen Verhältnissen kann der in sicherheitstechnischer Hinsicht dem Containereinschluß überlegene Einschluß des Reaktorsystems in Felskammern angewandt werden. — Abb. 19.5/1 zeigt eine perspektivische Schnittansicht des unterirdischen Kernenergie-Fernheizwerkes für die Wärmeversorgung der schwedischen Stadt Västerås [110].

Norwegische und schweizerische überschlägige Kostenanalysen haben gezeigt, daß die Kosten für den Einschluß von Reaktorsystemen in Felskammern in diesen Ländern unter den Kosten für den Containereinschluß liegen. In Bereichen mit geeigneten geologischen Verhältnissen sollte daher der Möglichkeit der Errichtung auch von Kernreaktor-Kraftwerken in Felskammern Beachtung geschenkt werden. Da sich beim Betrieb einer Reaktoranlage nur verschwindend geringe Transportvolumina ergeben, ist ein Kernkraftwerk ein für unterirdischen Betrieb besonders geeigneter Kraftwerkstyp. Voraussetzung für die unterirdische Errichtung einer Reaktoranlage ist ein Felsuntergrund von guter struktureller Beschaffenheit. Wenn die Felskammern nicht freitragend standfest sind, so daß zusätzliche Tragkonstruktionen erforderlich werden, oder wenn der Fels in starkem Maße Wasser führt, ist die Wirtschaftlichkeit des Einschlusses des Reaktorsystems in eine Felskammer in Frage gestellt. [110], [111]

19.51 Sicherheitstechnische Aspekte [107], [108], [108a]

Hinsichtlich des Widerstandsvermögens gegen inneren Überdruck und explosionsartig fortgeschleuderte Teile ist der unterirdische Einschluß einer Reaktoranlage in eine Felskammer dem oberirdischen Einschluß in eine Containerschale überlegen. Von großem Vorteil ist auch bei einem Entweichen radioaktiver Spaltprodukte aus der unterirdischen Reaktorkammer die Reduktion der Aktivität vor dem Erreichen der Atmosphäre 1. durch Ausfilterung der bei normalen Temperaturen flüchtigen Elemente Br und I und der aerosolartig verteilten Spaltprodukte, sowie 2. durch Zerfall der Aktivität der Edelgas-Spaltprodukte während der Diffusionszeit. Ein Nachteil gegenüber einem oberirdischen Einschluß ist die gründlichere erforderliche Radioaktivitätsüberwachung des Grundwassers. Hinsichtlich der Abschirmung der von innerhalb des Reaktorgebäudes freigesetzten Spaltprodukten emittierten Strahlung ist eine unterirdische Kammer einem oberirdischen Container wesentlich überlegen, da eine mehrere Meter dicke Felsüberdeckung die Strahlung auf ein vernachlässigbares Maß reduziert.

Während Fels von guter struktureller Beschaffenheit bei genügender Dicke jedem möglichen Innendruck in der Reaktorkammer widerstehen kann, wird seine Dichtigkeit im allgemeinen nicht hinreichend sein. Zur Verbesserung der Dichtigkeit kommen folgende Maßnahmen in Betracht:

a) Betonauskleidung der Kammer, die entweder direkt an den Fels anbetoniert oder freistehend ausgeführt wird. Beton kann bis zu einem gewissen Grade gasdicht ausgeführt werden, jedoch treten in der Praxis fast stets Risse auf. Bei hohen Dichtigkeitsanforderungen ist eine zusätzliche innere Verkleidung mit Stahlblech oder Kunststoff-Folie vorzusehen, was auch für die Dekontaminierbarkeit von Vorteil ist. [108b]

b) Auspressen der Felsrisse mit Zementinjektionen (das Verfahren ist teuer und nicht unbedingt zuverlässig).

c) Tonüberdeckung des Felsens, wodurch der Filterungs- und Zerfallseffekt vergrößert wird [108], [109].

19.52 Ventilations-Kammersystem

Ein Einschlußsystem von sicherheitstechnischer Vollkommenheit wurde für ein Schwerwasserreaktor-Kraft- und -Heizwerk entwickelt, dessen Standort in der Stadt Zürich gewählt wurde [112], [113]. Der Reaktor, die primären Wärmeaustauscher und das gesamte Reaktorzubehör sind in einer vertikalen zylindrischen Felskammer mit hemisphärischen Endkuppeln mit einem Durchmesser von 20 m und einer Gesamthöhe von 40 m untergebracht (Abb. 19.5/2). Durch eine Stahlblechauskleidung wird die Gasdichtigkeit der Reaktorkammer erreicht.

Der Zwischenraum zwischen der dünnen Stahlmembrane und der Felswandung ist ausbetoniert. Eine innere Betonauskleidung schützt die Stahlschale vor potentiellen Geschossen. Das Ventilationssystem der Reaktorkammer arbeitet im geschlossenen Kreislauf mit intermittierender Luftzu- und -ableitung über Luftspeicherbehälter, so daß nie eine direkte Verbindung zwischen Reaktorkammer und Außenwelt besteht. Sämtliche sekundären Systeme, wie Turbogeneratoren, Dampfaggregate usw., sowie die Steuerungsräume sind in einer

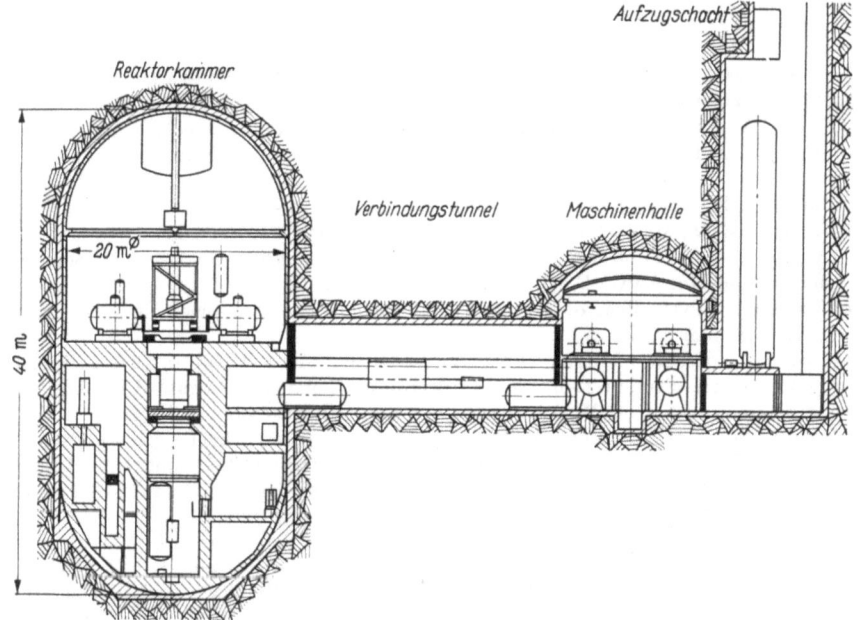

Abb. 19.5/2. Schnitt durch das unterirdische Kammersystem des Kernenergie-Kraft- und -Heizwerkes der Stadt Zürich (nach DE HALLER u. FRITZSCHE [112])

horizontalen Kammer mit zylindrischer Deckenwölbung von 12 m Breite, 12,5 m Höhe und 60 m Länge untergebracht. Die Maschinenkammer ist durch einen Material- und Personalaufzugschacht mit der Erdoberfläche verbunden und durch einen Rohrleitungstunnel mit der Pumpstation am Flußufer. Die beiden Hauptkammern sind durch einen mit Stahlblech ausgekleideten 23 m langen Tunnel mit Kreisquerschnitt von 7 m Durchmesser miteinander verbunden. Der an beiden Enden mit Beton-Querschotten verschlossene Tunnel, in denen sich Luftschleusen von 2 m Durchmesser befinden, stellt den einzigen Zugang zur Reaktorkammer dar; sämtliche Rohrleitungen und Kabel sind in ihm verlegt.

Der Verbindungstunnel hat eine wichtige Funktion in dem Ventilations-Kammersystem, das bei einem schweren Reaktor-Schadensfall jede Aussickerung radioaktiver Substanzen aus der Reaktorkammer unterbinden soll. Es kann angenommen werden, daß bei einer Reaktorkatastrophe eine Aussickerung radioaktiv kontaminierter Luft aus der Reaktorkammer nahezu ausschließlich an den Durchdringungsstellen der Rohre und Kabel in der Trennwand und durch Undichtigkeiten an der Luftschleuse eintritt. Dem Ansteigen des Druckes in der Reaktorkammer wird mit Hilfe eines Not-Sprühsystems unmittelbar entgegengewirkt, und der Verbindungstunnel wird durch Einpumpen von Luft auf einen höheren Druck, als in der Reaktorkammer herrschend, gebracht. Die unmittelbar nach dem Schadensfall ausgesickerte Luft bleibt daher in der Luftschleuse und in den Durchdringungs-Zwischenräumen gefangen und kann nach Durchleitung durch ein Reinigungssystem bei günstigen Wetterbedingungen über das intermittierend betriebene Abluftsystem an die Atmosphäre abgegeben werden.

Literatur zu 19

[1] McCullough, C. R.: The Experience in the United States with Reactor Operation and Reactor Safeguards. Second United Nations International Conference on the Peaceful Uses of Atomic Energy, Genf, 1.—13. September 1958, Paper No. A/CONF. 15/P/1551

[1a] Eltham, B. E.: Basic Safety Criteria for Nuclear Reactor Containment. Symposium on Nuclear Reactor Containment Buildings and Pressure Vessels, Glasgow, 17.—20. Mai 1960, S. 327—338. London: Butterworths Scientific Publications 1960

[2] Brittan, R. O., u. J. C. Heap: Reactor Containment. Second United Nations International Conference on the Peaceful Uses of Atomic Energy, Genf, 1.—13. September 1958, Paper No. A/CONF. 15/P/437

[2a] Brittan, R. O.: Reactor Containment. Including a Technical Progress Review. ANL-5948, Mai 1959

[3] Koflat, A.: Reactor Building Design. In H. Etherington (Hrsgb.): Nuclear Engineering Handbook, Section 13-6. New York/Toronto/London: McGraw-Hill 1958

[4] Huffman, J. R., u. A. M. Weinberg: US Research Reactors. In Progress in Nuclear Energy, Series II, Reactors. Vol. 1, S. 76. London/New York: Pergamon Press 1956

[5] Cole, T. E., u. J. A. Cox: Design and Operation of the ORR. Second United Nations International Conference on the Peaceful Uses of Atomic Energy, Genf, 1.—13. September 1958, Paper No. A/CONF. 15/P/420

[6] Binford, F. T., u. T. H. J. Burnett: A Method for the Disposal of Volatile Fission Products from an Accident in the Oak Ridge Research Reactor. ORNL-2086

[7] Reiffel, L.: The First Industrial Research Reactor Facility; Design, Operational Experience and Research Programs. Second United Nations International Conference on the Peaceful Uses of Atomic Energy, Genf, 1.—13. September 1958, Paper No. A/CONF. 15/P/418

[8] Lindsay, A. L., P. D. Bush, J. Finke, R. W. Zeiser, E. A. Dukleth, J. P. Ernst u. A. T. Chute: Design and Testing of Containment Provisions for the Engineering Test Reactor. American Society of Mechanical Engineers Semi-Annual Meeting, San Francisco, Paper No. 57-SA-23

[9] Luckow, W. K., u. J. F. Patterson: Air Leakage from Semi Airtight Buildings. Second United Nations International Conference on the Peaceful Uses of Atomic Energy, Genf, 1.—13. September 1958, Paper No. A/CONF. 15/P/1009

[10] Parker, G. W., u. G. E. Creek: The Volatilisation of Fission Products by Melting of Reactor Fuel Plates. ORNL-CF-57-6-87

[11] Brandt, L.: Die gemeinsamen Atomforschungsanlagen in Nordrhein-Westfalen. Die Atomwirtschaft Bd. 2 (1957) S. 247—252

[12] Waters, T. C.: The Contribution of the Structural Engineer in the Peaceful Exploitation of Atomic Energy, Part 3. De Ingenieur Vol. 70 (19. Dezember 1958) No. 51, S. B. 275—B. 282

[13] Brosch, F.: Die elliptische Rotationsschale des Münchener Atomreaktors. Die Bautechnik Bd. 34 (1957) S. 353—356

[14] Brosch, F.: Der Münchener Atomreaktor. Die Bautechnik Bd. 35 (1958) S. 22—27

[15] Der Forschungsreaktor München. München: Karl Thiemig 1958

[16] Reactor Dome Demands Complex Formwork. Construction Methods and Equipment Vol. 40 (1958) No. 2, S. 80—85

[17] Daane, R., R. Mela u. J. De Felice: Progress Report on the Study of Low Probability, High Hazard, Fast Reactor Accidents. NDA-14-107, 11. November 1955

[18] Koch, L. J., H. O. Monson, D. Okrent, M. Levenson, W. R. Simmons, J. R. Humphreys, J. Haugsnes, V. C. Jankus u. W. B. Loewenstein: Hazard Summary Report; Experimental Breeder Reactor II (EBR II). ANL-5719, Mai 1957

[19] McCarthy, W. J., jr., R. B. Nicholson, D. Okrent u. V. C. Jankus: Studies of Nuclear Accidents in Fast Power Reactors. Second United Nations International Conference on the Peaceful Uses of Atomic Energy, Genf, 1.—13. September 1958, Paper No. A/CONF. 15/P/2165

[20] Westinghouse Electric Corporation, Bettis Plant: PWR Hazards Summary Report. WAPD-SC-541, September 1957

[21] Rome, R. M., u. T. R. Moffette: PWR Plant Container Sizing Criteria; Studies of Transient Temperature and Pressure in Plant Container Following Primary Coolant System Rupture. WAPD- SC- 549, Juni 1957

[22] Heap, J. C.: Equilibrium P-V-T-Relations for Expanding Liquid-Vapor Systems in a Containment Shell. ANL-5828, November 1958

[22a] Bailey, J. A.: Design Pressure for a Reactor Containment Vessel. Proceedings ASCE 86 (1960), Journal of the Structural Division, No. ST 2, Part 1, Paper 2382, S. 23—32

[22b] Jantsch, E.: Evaluation of Major, Loss-of-Coolant Type Accidents and Design Criteria for the Containment of Water-Cooled and Water-Moderated Reactors. VI Rassegna Internazionale Elettronica e Nucleare, Vol. I, Parte I, S. 141—164. Comitato Nazionale Ricerche Nucleari, Roma

[23] Hines, E., u. J. K. Kelley: Determination of the Maximum Pressures Attained During the Reaction of Sodium with Air in Closed Systems. Eng. Lab. Res. Dept. Report 55 C 80. The Detroit Edison Co., 15. Februar 1956

[24] Hines, E., A. Gemant u. J. K. Kelley: How Strong Must Reactor Housings be to Contain Na-Air Reactions? Nucleonics Vol. 14 (1956) No. 10, S. 38—41

[25] Gemant, A.: Calculations on the Sodium Air Reaction. Eng. Lab. Res. Dept. Report P. 55 C 80-B. The Detroit Edison Co., 30. Januar 1956

[26] Humphreys, J. R., jr.: Sodium-Air Reactions as They Pertain to Reactor Safety and Containment. Second United Nations International Conference on the Peaceful Uses of Atomic Energy, Genf, 1.—13. September 1958, Paper No. A/CONF. 15/P/1893

[27] McLain, S., u. R. O. Brittan: Safety Features of Nuclear Reactors. Problems in Nuclear Engineering Vol. I, S. 1—10. New York/London/Paris: Pergamon Press 1957

[28] Saltsburg, H. M.: Metal-Water Reactions. KAPL-1495, 2. April 1956, decl.: 1957

[28a] Higgins, H. M., u. R. D. Schultz: The Reaction of Metals with Water and Oxidizing Gases at High Temperatures. IDO-2800, 30. April 1957

[28b] Epstein, L. F.: Metal-Water Reactions: VII. Reactor Safety Aspects of Metal-Water Reactions. GEAP-3335, 31. Januar 1960

[29] West, J. M., J. R. Dietrich, A. S. Jameson, G. A. Anderson, J. M. Harrer u. H. F. Brush: Hazard Summary Report on the Experimental Boiling Water Reactor (EBWR). ANL-5781, 1957

[30] Lustmann, B.: Zirconium-Water Reaction Data and Application to PWR Loss-of Coolant Accident. WAPD-SC-543, Mai 1957

[31] Swartz, L. M., A. W. Lemmon, jr., u. L. E. Hulbert: PWR Loss-of-Coolant Accident Core Meltdown Calculations. WAPD-SC-544, Juni 1957

[32] Shapiro, Z., u. T. Moffette: Hydrogen Flammability Data and Application to PWR Loss-of-Coolant Accident. WAPD-SC-545, 1957

[32a] Stephan, E. F., N. S. Hatfield, R. S. Peoples u. H. A. Pray: Ignition Reactions in the Hydrogen—Oxygen—Water System at Elevated Temperatures. BMI-1138, 2. Oktober 1956

[33] Bergstrom, R. N.: Containment of Nuclear Plants. Proceedings ASCE 85, Journal of the Power Division, No. PO 6, Part 1, Dezember 1959, S. 101—119

[33a] Bergstrom, R. N., u. W. A. Chittenden: Reactor-Containment Engineering. Our Experience to Date. Nucleonics Vol. 17 (1959) No. 4, S. 86—93

[34] Siler, W. C., u. L. P. Zick: Design Considerations for an Atomic Power Reactor Containment Structure. 2nd Nuclear Engineering and Science Conference, Philadelphia, 11.—14. März 1957, Paper No. 57-NESC-116

[34a] ZICK, L. P.: Design of Steel Containment Vessels in the U. S. A.-Symposium on Nuclear Reactor Containment Buildings and Pressure Vessels, Glasgow, 17.—20. Mai 1960, S. 201—223. London: Butterworths Scientific Publications 1960

[35] MILNE, G. R., S. M. STROLLER u. F. R. WARD: The Consolidated Edison Company of New York. Nuclear Electric Generating Station. Second United Nations International Conference on the Peaceful Uses of Atomic Energy, Genf, 1.—13. September 1958, Paper No. A/CONF. 15/P/1885

[36] GELLER, L., u. R. EPSTEIN: A General Method for Evaluating Containment Shielding under Normal and Emergency Conditions. ibid., Paper No. A/CONF. 15/P/435

[36a] THOMPSOM, T. J., M. BENEDICT, T. CANTWELL u. R. A. AXFORD: Final Hazards Summary Report to the Advisory Committee on Reactor Safeguards on a Research Reactor for the Massachusetts Institute of Technology. MIT-5007, Januar 1956

[37] HERRON, D. P., W. H. NEWKIRK u. A. PUISHES: An Evaluation of Heavy Water Reactors for Power. Appendix F: Study of Pressure and Containment Vessels by Consolidated Western Steel. ASAE-S-3, 1. Oktober 1957

[38] DAVIS, W. A.: Automatic Welding Techniques Speed Erection of Reactor Vessels. Welding Journal Vol. 38 (1959) S. 125—128

[38a] ST. JOHN, D. S., L. J. ABATE, L. M. ARNETT, R. R. HOOD, D. RANDALL, C. P. ROSS u. J. W. WADE: Preliminary Hazards Evaluation of the Heavy Water Components Test Reactor (HWCTR). DP-383, Mai 1959

[38b] WATERS, T. C.: Reinforced Concrete as a Material for Containment. Symposium on Nuclear Reactor Containment Buildings and Pressure Vessels, Glasgow, 17.—20. Mai 1960, S. 289—299. London: Butterworths Scientific Publications 1960

[39] FISTEDIS, S. H., u. H. O. MONSON: Design Aspects of Embedded Reactor Shells. Nuclear Engineering and Science Conference, Chicago, 17.—21. März 1958, Preprint 221

[40] ZICKEL, J.: Stress Analysis in the Design of Nuclear Power Plants. Atomic Power Equipment Department, General Electric, San Jose, Calif., 12. Dezember 1957

[41] GRAY, R. T., W. A. BOOTHE u. G. HORVAY: Stresses and Deformations of an Elastically Supported Cylindrical Shell. KAPL-895, 19. März 1953

[41a] BOOTHE, W. A., R. T. GRAY u. G. HORVAY: Vessels Partially Supported by Soil. Proceedings of the American Society of Civil Engineers Vol. 81, Separate No. 677, April 1955

[42] WENT, J. J., u. B. L. A. VAN DER SCHEE: Stichting Reactor Centrum Nederland, 's Gravenhage: Schutzvorrichtung gegen Überdrücke in der Atmosphäre eines Gehäuses, in dem sich ein Druckreaktor befindet. Auslegeschrift 1066288, St 12099 VIIIc/21g, Deutsches Patentamt, BRD, 1. Oktober 1959

[42a] WHELCHEL, C. C., u. C. H. ROBBINS: Pressure Suppression Containment for Nuclear Power Plants. Annual Meeting of the American Society of Mechanical Engineers, Atlantic City, N. J., 29. November—4. Dezember 1959, Paper No. 59-A-215

[43] WISE, W. R., JR.: An Investigation of Strain-Energy Absorption Potential as the Criterion for Determining Optimum Reactor Vessel Containment Design. NAVORD Report 5748, 30. Juni 1958

[44] DIETRICH, J. R.: Experimental Investigation of the Self-Limitation of Power During Reactivity Transients in a Subcooled, Water-Moderated Reactor (Borax-I Experiments). AECD-3668, 1954

[45] LEVEDAHL, W. J., u. R. D. HOWERTON: A Method of Analysis of Reactor Explosions. AECU-3645

[46] LARSON, R. J., u. W. OLSON: Measurement of Air Blast Effects from Simulated Nuclear Reactor Core Excursions. WASH-747, September 1957

[46a] OLSON, W. C., u. H. GOLDSTEIN: Air Blast Measurements around Water-Filled Simulated Nuclear Reactor Core Vessels. BRLM-1219, Juli 1959

[47] BOHANNON, J. R., JR., u. W. E. BAKER: Simulating Nuclear Blast Effects. Nucleonics Vol. 16 (1958) No. 3, S. 74—79

[48a] BAKER, W. E.: Scale Model Tests for Evaluating Outer Containment Structures for Nuclear Reactors. Second United Nations International Conference on the Peaceful Uses of Atomic Energy, Genf, 1.—13. September 1958, Paper No. A/CONF. 15/P/1028

[48b] BAKER, W. E., u. F. J. ALLEN: The Reponse of Elastic Spherical Shells to Spherically Symmetric Internal Blast Loading. BRL-Memo-1113, November 1957; und WASH-746, November 1957
[48c] BAKER, W. E., W. O. EWING u. J. W. HANNA: Laws for Large Elastic Response and Permanent Deformation of Model Structures Subjected to Blast Loading. BRL-1060, Dezember 1958
[48d] BAKER, W. E., u. J. F. ALLEN: The Response of Elastic Spherical Shells to Spherically Symmetric Internal Blast Loading. Proceedings of the 3rd U. S. National Congress of Applied Mechanics, American Society of Mechanical Engineers, New York 1958, S. 79
[48e] BAKER, W. E.: The Elastic-Plastic Response of Thin Spherical Shells to Internal Blast Loading. BRLM-1194, Februar 1959
[48f] HANNA, J. W., W. O. EWING JR. u. W. E. BAKER: The Elastic Response to Internal Blast Loading of Models of Outer Containment Structures for Nuclear Reactors. BRL-1067, Februar 1959; und Nuclear Science and Engineering Vol. 6 (September 1959) No. 3, S. 214—221
[49] BAKER, W. E., u. J. D. PATTERSON: Blast Effect Tests of a One-Quarter Scale Model of the Air Force Nuclear Engineering Test Reactor. BRL-1011, März 1957
[50] PORZEL, F. B.: Design Evaluation of BER (Boiling Experimental Reactor) in Regard to Internal Explosions. ANL-5651, Januar 1957
[51] PORZEL, F. B.: Some Hydrodynamic Problems in Reactor Containment. Second United Nations International Conference on the Peaceful Uses of Atomic Energy, Genf, 1.—13. September 1958, Paper No. A/CONF. 15/P/434
[51a] PORZEL, F. B.: Designing for Blast Protection. Nucleonics Vol. 16 (1958) No. 10, S. 82—85
[52] ZAKER, T. A. (Hrsgb.): Studies of Reactor Containment. Summary Report No. 1, February 1, 1959, to July 31, 1959. ARF 4132-11, 1. August 1959
[52a] ZAKER, T. A. (Hrsgb.): Studies of Reactor Containment, Summary Report No. 2, August 1, 1959, to January 31, 1960. ARF-4132-13, Februar 1960
[53] MONSON, H. O., u. M. M. SLUYTER: Containment of EBR II. Second United Nations International Conference on the Peaceful Uses of Atomic Energy, Genf, 1.—13. September 1958, Paper No. A/CONF. 15/P/1892
[54] HEINEMANN, A. H., u. L. W. FROMM, JR.: Containment for the EBWR. 2nd Nuclear Engineering and Science Conference, Philadelphia, Pa., 11.—14. März 1957, Paper No. 57-NESC-90; Second United Nations International Conference on the Peaceful Uses of Atomic Energy, Genf, 1.—13. September 1958, Paper No. A/CONF. 15/P/1891
[55] WILLIAMSON, R. A., u. R. R. ALVY: Impact Effect of Fragments Striking Structural Elements. Los Angeles, California: Holmes & Narver (ohne Datum)
[56] ZABEL, N. R.: Containment of Fragments from Runaway Reactor. Technical Report No. 1, Stanford Research Institute, Menlo Park, California, 2. April 1958
[56a] ZABEL, N. R.: Containment of Fragments from Runaway Reactor. Technical Report No. 2. SRIA-2, 1. Oktober 1958
[56b] HUBER, G. B., u. N. R. ZABEL: Containment of Fragments from Runaway Reactor. Summary Progress Report, November 1, 1958, to April 30, 1959. SRIA-10, 8. Juni 1959
[56c] HUBER, G. B., D. D. KEOUGH, M. P. STALLYBRASS u. N. R. ZABEL: Containment of Fragments from Runaway Reactor. SRIA-17, 30. Oktober 1959
[57] THIEL, A.: Dichtigkeit und Dichtigkeitsprüfung in der Kerntechnik. Atomkernenergie Bd. 4 (1959) S. 75—80
[57a] BRÜCHNER, H. I.: On the Determination of the Maximum Permissible Leakage Rate of Reactor Containments. VI Rassegna Internazionale Elettronica e Nucleare. Congresso Scientifico, Giugno 1959, Sezione Nucleare, Vol. I, Parte I, S. 177—195. Comitato Nazionale Ricerche Nucleari, Roma
[58] Testing Reactor Enclosure Tightness. Nucleonics Vol. 15, No. 8, S. 66—67
[59] UNTERMYER, S., u. D. LAYTON: Leakage Testing on the Boiling Water Reactor Enclosure. VAL-33, September 1957
[60] REED, G. A., R. J. CREAGAN u. W. C. WOODMAN: The Yankee-Atomic Electric Plant. Annual Meeting of the American Society of Mechanical Engineers, New York, 15. bis 30. November 1956, Paper No. 56-A-166

[61] REED, G. A., W. E. ABBOTT, A. E. VOYSEY, J. V. A. LONGCOR u. W. C. WOODMAN: Yankee Progress. Nuclear Engineering and Science Conference, Chicago, 17.—21. März 1958, Preprint 203

[62] SHOUPP, W. E., R. J. COE u. W. C. WOODMAN: The Yankee Atomic Electric Plant. Second United Nations International Conference on the Peaceful Uses of Atomic Energy, Genf, 1.—13. September 1958, Paper No. A/CONF. 15/P/1038

[62a] Yankee Atomic Electric Company: Preliminary Hazards Summary Report. License Application. YAEC-60, April 1957

[63] CHAVE, C. T., u. O. P. BALESTRACCI: Vapor Containers for Nuclear Power Plants. Second United Nations International Conference on the Peaseful Uses of Atomic Energy, Genf, 1.—13. September 1958, Paper No. A/CONF. 15/P/1879

[64] Dounreay — The Sphere. Nuclear Engineering Vol. 2 (Juni 1957) No. 15, S. 231—234

[65] The World's Reactors, No. 12 — Dounreay. Nuclear Engineering Vol. 2 (Juni 1957) No. 15

[66] Dounreay's Fast Reactor. Atomics and Nuclear Energy Vol. 8 (September 1957) No. 9, S. 336

[67] BARRETT, N. T.: Housing the Dounreay Fast Reactor. The Structural Engineer Vol. 36 (März 1958) No. 3, S. 85—97

[68] WATERS, T. C.: The Contribution of the Structural Engineer in the Peaceful Exploitation of Atomic Energy, Part III. De Ingenieur Vol. 70 (19. Dezember 1958) No. 51, S. B.275—B.282

[69] WOLCOTT, J. R., V. A. ELLIOTT, E. P. PEABODY, G. M. ROY, J. L. SCHANZ u. G. SEGE: The Dresden Nuclear Power Station. ASME Annual Meeting, New York, 25.—30. November 1956, Paper No. 56-A-169

[70] Dresden Nuclear Power Station in Illinois. The Engineer Vol. 204 (1957) S. 470—473, 507—509

[71] RAYMO, A. J.: Power Reactor Containment Vessels. 2nd Nuclear Engineering and Science Conference, Philadelphia, 11.—14. März 1957, Paper No. 57-NESC-82

[72] LOVE, J. E., C. S. DARROW u. B. H. RANDOLPH: Civil Engineering Aspects of the Dresden Nuclear Power Station. Nuclear Engineering and Science Conference, Chicago, 17.—21. März 1958, Preprint No. 61

[73] SEGE, G.: Containment-Vessel Design Basis for the Dresden Nuclear Power Station. Nuclear Engineering and Science Conference, Chicago, 17.—21. März 1958, Preprint No. 121

[74] ZICK, L. P., J. T. DUNN u. J. B. MAHER: Spherical Containment Shell of the Dresden Station. Journal of the Power Division, No. PO 2, April 1958, Proceedings ASCE, Vol. 84, Paper No. 1601

[75] SMITH, T. H., u. B. H. RANDOLPH: Selection of a Reactor Containment Structure. Nuclear Science and Engineering Vol. 4 (Dezember 1958) No. 6, S. 762—784

[75a] HOLLENBACH, F. A., u. R. B. OWENS: Major and Unique Factors Controlling the Construction Scheduling of the Dresden Nuclear Power Station. Nuclear Engineering & Science Conference, Cleveland, Ohio, 6.—9. April 1959, Preprint V-134

[76] Atomic Power Development Associates: Enrico Fermi Atomic Power Plant. APDA-124, Januar 1959

[77] FISHER, E. M., u. W. R. WISE, JR.: Containment Study of the Enrico Fermi Fast Breeder Reactor Plant. NAVORD-5747, 7. Oktober 1957

[78] BURG, P. C., u. J. G. FELDES: Civil Engineering Aspects of the Fermi Atomic Power Station. Journal of the Power Division, No. PO 2, April 1958, Proceedings ASCE, Paper No. 1602.

[78a] SCOTT, N. L., u. R. F. MANTEY: Additional Aspects of the Enrico Fermi Atomic Power Plant. Proceedings ASCE 86 (1960), Journal of the Power Division, No. PO 1, Paper 2375, S. 39—55

[78b] McGUIRE, W., u. G. P. FISHER: Containment Studies of the Enrico Fermi Atomic Power Plant. Symposium on Nuclear Reactor Containment Buildings and Pressure Vessels, Glasgow, 71.—20. Mai 1960, S. 181—200. London: Butterworths Scientific Publications 1960

[79] The Shippingport Pressurized Water Reactor. Reading, Massachusetts: Addison Wesley Publishing Co. 1958

[79a] EVANS, H. T.: Shippingport Atomic Power Station; Structural Features of Reactor Plant. Civil Engineering Vol. 26 (1956) S. 668—673
[79b] NILAND, J. J.: Design of the Shippingport Reactor Plant Container. Proceedings ASCE, Vol. 85, Journal of the Structural Division, No. ST 9, November 1959, S. 53—64
[80] MASON, H.: Selection and Application of Materials for the PWR Reactor Plant. WAPD-PWR-971, Juni 1957
[81] VALENTINE, R. F.: Hazards to the Area Surrounding PWR Due to Atmospheric Diffusion of Radioactivity. WAPD-SC-548, September 1957
[82] KASTEN, P. R.: Operational Safety of the HRT. ORNL-2088, Mai 1956
[83] MILLER, E. C.: HRT Reactor Hazards. ORNL-2089, 3. August 1956
[84] WOOD, P. M.: A Study of Possible Blast Effects from HRT Pressure Vessel Rupture. CF-54-12-100, 14. Dezember 1954
[85] BEALL, S. E.: Containment Problems in Aqueous Homogeneous Reactor Systems. ORNL-2091, Juni 1956
[86] ROUX, M., u. M. BIENVENU: The Chinon Nuclear Power Plant. Second United Nations International Conference on the Peaceful Uses of Atomic Energy, Genf, 1.—13. September 1958, Paper No. A/CONF. 15/P/1135
[87] LAMIRAL, M., u. M. LANCEL: Vessel and Heat Exchanger of the EDF.1 Chinon Power Plant. Second United Nations International Conference on the Peaceful Uses of Atomic Energy, Genf, 1.—13. September 1958, Paper No. A/CONF. 15/P/1199
[88] JAY, K.: Calder Hall. The Story of Britain's First Atomic Power Station. London: Methuen & Co. 1956
[89] Calder Hall: Nuclear Engineering Vol. 1 (Oktober 1956) No. 7, S. 266—283
[90] BROWN, G., M. J. NOONE u. R. F. BISHOP: Design and Construction of the Reactor Vessel. Symposium: Calder Works Nuclear Power Plant. Journal of the British Nuclear Energy Conference, 2. April 1957, S. 132—145
[91] Berkeley Nuclear Power Station. Nuclear Engineering Vol. 2 (1957) S. 96—100
[92] GHALIB, S. A., u. J. R. M. SOUTHWOOD: The Berkeley Power Station. Second United Nations International Conference on the Peaceful Uses of Atomic Energy, Genf, 1.—13. September 1958, Paper No. A/CONF. 15/P/264
[93] Bradwell-on-Sea Nuclear Power Station. Nuclear Engineering Vol. 2 (April 1957) No. 13, S. 140—145
[94] BISHOP, R. F.: Bradwell Reactor Vessels. Nuclear Power Vol. 2 (Oktober 1957) No. 18, S. 406—407
[95] VAUGHAN, R. D., u. E. ANDERSON: Bradwell Nuclear Power Station. Second United Nations International Conference on the Peaceful Uses of Atomic Energy, Genf, 1.—13. September 1958, Paper No. A/CONF. 15/P/263
[96] MILLAR, R. N.: Hunterston Power Station. Second United Nations International Conference on the Peaceful Uses of Atomic Energy, Genf, 1.—13. September 1958, Paper No. A/CONF. 15/P/74
[97] Hinkley Point. Nuclear Engineering Vol. 2 (Oktober 1957) No. 19, S. 423—426
[98] Hinkley Point; Advanced Design of World's First 500,000 kW Nuclear Station. Atomics Nuclear Energy Vol. 8 (Oktober 1957) No. 10, S. 377—380
[99] English Electric — Babcock & Wilcox — Taylor Woodrow: The First 500,000 kW Atomic Power Station. Publication No. AP 102, 1958
[100] ARMS, H. S., C. BOTTRELL u. P. H. W. WOLFF: Hinkley Point Power Station. Second United Nations International Conference on the Peaceful Uses of Atomic Energy, Genf, 1.—13. September 1958, Paper No. A/CONF. 15/P/75
[101] BROWN, G., H. KRONBERGER, F. M. LESLIE, J. MOORE u. P. W. MUMMERY: Safety Aspects of the Calder Hall Reactor in Theory and Experiment. Second United Nations International Conference on the Peaceful Uses of Atomic Energy, Genf, 1.—13. September 1958, Paper No. A/CONF. 15/P/267
[102] FARMER, F. R., P. T. FLETCHER u. T. M. FRY: Safety Considerations for Gas Cooled Thermal Reactors of the Calder Hall Type. Second United Nations International Conference on the Peaceful Uses of Atomic Energy, Genf, 1.—13. September 1958, Paper No. A/CONF. 15/P/2331

[103] CUNNINGHAM, J. B. W.: Current Re-Designs of Calder Hall. Second United Nations International Conference on the Peaceful Uses of Atomic Energy, Genf, 1.—13. September 1958, Paper No. A/CONF. 15/P/73

[103a] PERRY, P. I.: Reactor Hazards. In: Information Meeting on Gas-Cooled Power Reactors, Oak Ridge National Laboratory, 21.—22. Oktober 1958, TID-7564, Dezember 1958, S. 70—77

[103b] COTTRELL: Release of Activity from Various GCR Systems. ibid., S. 347—362

[103c] ŠEVČIK, A.: Engineering and Economic Aspects of the Construction of an Atomic Power Station in Czechoslovakia. Second United Nations International Conference on the Peaceful Uses of Atomic Energy, Genf, 1.—13. September 1958, Paper No. A/CONF. 15/P/2092

[103d] ROBINSON, S. T., u. R. F. BENENATI: A High Temperature-Gas Cycle Pebble Bed Reactor for Central Station Use. TID-7564, S. 193—215

[104] GODWIN, R. P., u. D. L. WORF: Design Considerations in Nuclear Merchant Ships. Second United Nations International Conference on the Peaceful Uses of Atomic Energy, Genf, 1.—13. September 1958, Paper No. A/CONF. 15/P/1023

[104a] Babcox & Wilcox Company, Atomic Energy Division: Nuclear Merchant Ship Reactor Project, Status Report on Reactor Safeguards Analysis. BAW-1044, Rev. I, 9. Mai 1958

[104b] MADDOCKS, K.: Some Aspects of Marine Reactor Safety. The Journal of the British Nuclear Energy Conference, Vol. 5, No. 2, April 1960, S. 110—127

[105] MOORE, R. V., u. C. E. ILIFFE: Nuclear Propulsion for Ships. Second United Nations International Conference on the Peaceful Uses of Atomic Energy, Genf, 1.—13. September 1958, Paper No. A/CONF. 15/P/266

[106] ILLIES, K.: Auslegung, Entwurf und technische Probleme einer Druckwasser-Reaktoranlage für ein Tankschiff von 10000 WPS. Atomkernenergie Bd. 3 (1958) S. 473 bis 479

[107] VON UBISCH, H.: On the Protection Given by Rock Containment of Reactors in Case of an Incident (schwedisch). Teknisk Tidskrift Vol. 87 (1957) S. 893—898

[108] CARLBOM, L., H. VON UBISCH, C.-E. HOLMQUIST u. S. HULTGREN: On the Design and Containment of Nuclear Power Stations Located in Rock. Second United Nations International Conference on the Peaceful Uses of Atomic Energy, Genf, 1.—13. September 1958, Paper No. A/CONF. 15/P/172

[108a] KÄGI, J.: Some Observation upon the Influence on Public Safety of Underground Containment in Nuclear Power Plants. VI Rassegna Internazionale Elettronica e Nucleare. Congresso Scientifico, Giugno 1959, Sezione Nucleare, Vol. I, Parte I, S. 67—86. Comitato Nazionale Ricerche Nucleari, Roma

[108b] LEARDINI, T.: Research on Containment Feature of Cavern for Underground Location of Reactors. ibid., S. 87—101

[109] YODER, R. E.: Aerosol Penetration through Sand. Proceedings of the Health Physics Society, First Annual Meeting (1956) S. 165—176

[110] WIVSTAD, I., u. C. MILEIKOWSKY: ADAM-a 75 MW Nuclear Energy Plant for House Heating Purposes. Second United Nations International Conference on the Peaceful Uses of Atomic Energy, Genf, 1.—13. September 1958, Paper No. A/CONF. 15/P/136

[111] AAMODT, N. G.: Underground Location of a Nuclear Reactor. Second United Nations International Conference on the Peaceful Uses of Atomic Energy, Genf, 1.—13. September 1958, Paper No. A/CONF. 15/P/561

[112] DE HALLER, P., u. A. F. FRITZSCHE: Sulzer Project for Prototype Heavy Water Power Reactor for Location in an Underground Cavern. Second United Nations International Conference on the Peaceful Uses of Atomic Energy, Genf, 1.—13. September 1958, Paper No. A/CONF. 15/P/246

[113] FRITZSCHE, A. F., u. P. DE HALLER: Projekt einer Atomenergie-Heizkraftanlage für 30000 kW thermische Leistung. Atompraxis Bd. 4 (1958) S. 451—459

Anhang

Code der Berichtsliteratur

AEC	U. S. Atomic Energy Commission, Washington 25, D. C.
AECD	AEC declassified report
AECU	AEC unclassified report
AERE	Atomic Energy Research Establishment, Harwell, Berkshire
ANL	Argonne National Laboratory, Lemont, Illinois
ANP	Aircraft Nuclear Propulsion, General Electric Company, Evendale, Ohio
APAE	Alco Products, Inc., Schenectady, New York
APDA	Atomic Power Development Associates, Inc., Detroit, Michigan
APEX	Aircraft Nuclear Propulsion Department, Atomic Products Division, General Electric Company, Cincinnati, Ohio
ARF	Armour Research Foundation of Illinois Institute of Technology, Chicago, Illinois
ATL	Advanced Technology Laboratories, a Division of American Standard, Mountain View, California
BAW	Babcock & Wilcox Company, Atomic Energy Division
BMI	Batelle Memorial Institute, Columbus, Ohio
BNL	Brookhaven National Laboratory, Upton, New York
BRL	Ballistic Research Laboratories, Aberdeen Proving Ground, Maryland
CERD	Combustion Engineering, Inc., Reactor Development Division, New York
CERN	European Organisation for Nuclear Research, Genf
CF	Oak Ridge National Laboratory (Central File), Oak Ridge, Tennessee
CR	Atomic Energy of Canada, Ltd., Chalk River, Ontario
CWR	Curtiss-Wright Corporation, Research Division, Quehanna, Pennsylvania
DP	E. I. du Pont de Nemours & Co., Atomic Energy Division, Savannah River Laboratory, Aiken, South Carolina
FZM	Convair, a Division of General Dynamics Corporation, Fort Worth, Texas
GA	General Atomic, Division of General Dynamics Corporation, San Diego, California
HW	Hanford Atomic Products Operation, Richland, Washington
IDO	Phillips Petroleum Company, Atomic Energy Division, Idaho Operations Office
IGE	U. K. Atomic Energy Authority, Industrial Group Headquarters, Risley, Lancashire
IS	Ames Laboratory, Iowa State University of Science & Technology,
KAPL	Knolls Atomic Power Laboratory, General Electric Company, Schenectady, New York
KLX	Vitro Corporation of America, New York, N. Y.
LA	Los Alamos Scientific Laboratory, Los Alamos, New Mexico
LRL	Livermore Research Laboratory, Livermore, California
MIT	Massachusetts Institute of Technology, Cambridge, Massachusetts
MND	Glenn L. Martin Company, Nuclear Division, Baltimore, Maryland
NAA	North American Aviation, Inc., Atomics International Division, Canoga Park, California
NBS	National Bureau of Standards, Washington, D. C.
NDA	Nuclear Development Associates, Inc., White Plains, New York
NYO	U. S. Atomic Energy Commission, New York Operations Office, New York
ORNL	Oak Ridge National Laboratory, Oak Ridge, Tennessee
OTS	Office of Technical Services, U. S. Departement of Commerce, Washington, D. C.
SC	Sandia Corporation, Albuquerque, New Mexiko
SRI	Stanford Research Institute, Menlo Park, California
TID	U. S. Atomic Energy Commission, Technical Information Service, Oak Ridge, Tennessee

UCRL University of California, Lawrence Radiation Laboratory, Livermore, California
WAPD Westinghouse Electric Corporation, Atomic Power Division, Bettis Plant, Pittsburgh
       Pennsylvania
WASH U. S. Atomic Energy Commission, Washington, D. C.
WIAP Westinghouse Electric Corporation, Industrial Atomic Power Group, Pittsburgh,
       Pennsylvania
WKNL Walter Kidde Nuclear Laboratories, Inc.
YAEC Yankee Atomic Electric Company, Boston, Massachusetts

Sachverzeichnis

Abfall-beseitigung 185, 272
— — Standortwahl, Beziehungen zwischen 271, 272
—-fässer 280
—-flüssigkeiten, hochaktive 271, 280—284
— — — Behälter-Speicherung 284—293
— — —, Charakteristiken 282
— — —, Einleiten in Sedimente 297—299
— — —, Eruptionsphänomen 290
— — —, Speicherbehälter s. Speicherbehälter
— — —, Speicherung in Salz-Lagerstätten 296, 297
— — —, Unterbindung des Siedens 287
— — —, Versenken in Schlammablagerungen 299
— — — — — Tiefseegräben 300
— — —, Wärmeerzeugung 285, 286
—-lösung, Überführung in Salzschmelze 293
Abfälle, hochaktive, Behandlung und Unterbringung 282—284
—, radioaktive, Behandlung im Shippingport-Kernkraftwerk 275
— —, Beseitigungsanlage des Shippingport-Kernkraftwerks 276
— —, feste 185
— — —, Vergraben 278
— —, Verpackung 279
— —, Versenken ins Meer 279
—, schwach radioaktive 271
Abschirmung, Beton 150—153
— —, Bauausführung 153—155
— —, monolithischer 197
— —, Wirtschaftlichkeit 152
— —-blöcke 196
—, Blei 169, 193
—, Gußeisen 193
—, Kernreaktor, biologische 141—143
— —, thermische 135, 136
—, Materialprüfreaktor (MTR) 162—164
—, Metallziegel 188
—, Mischungen, homogene 113
—, Optimalisierung 172, 173
—, primäre 143
— —, optimale Materialverteilung 173
— —, Submarine Thermal Reactor (STR) 176

Abschirmung, Reaktor, Verschlußpflöcke 148
— —-Kern 143
— —-Kühlsystem 145
—, schichtförmige, Metall-Wasser 114, 168
—, Schiffsantrieb-Reaktorsystem 174—176
—, sekundäre 145
—, Stahlblechkästen mit losem Füllmaterial 195
—, Teilchenbeschleuniger 256—259
— —, A. G.-Protonsynchrotron 266—269
— —, Betatron 259—261
— —, Elektronen-Linearbeschleuniger 262, 263
— — —-Synchrotron 261
— —, Synchrozyklotron 263—266
— —, van de Graaff-Generator 256, 257
—, Unregelmäßigkeiten 147
Abschirmungsanlage, doppelwandige 166
— für Leistungsreaktorsystem, Schema 143
—, Prüfung der 150
Abschirmungsanlagen, zusammengesetzte 172
Abschirmungsdecke, Windscale-Reaktoren 159, 160
Abschirmungsdecken, weitgespannte, Einrüstung von 159
Abschirmungsfenster, Bleiglas 211, 212, 219 244
— —-Zinkbromid, kombinierte 210, 221
—, Ceroxyd-Zusatz 212
—, Füllflüssigkeit 208
—, Verfärbung der 208
—, Glas, stabilisiertes 212
—, Hydroxylaminhydrochlorid-Zusatz 208
—, Kalkglas, nichtbräunendes 212
—, Kunststoffbehälter 209
—, Materialwahl 211
—, Zinkbromid 208, 209, 217
Abschirmungsmaterialien 145—147
Abschirmungssystem, Flugzeugreaktor 103, 177, 178
Abschirmungs-Wasserbehälter 170
Abschirmungswert 152
Abwässer, radioaktive 185
— —, Einleitung in den Boden 277, 278
— —, Reinigung von 272, 273

Abwässer, schwach radioaktive, Einleitung in Küstengewässer 277
Abziehlack 188
Abzugschränke 186
Aircraft Shield Test Reactor (ASTR) 104
Aktivierungs-Differentialgleichungen 75
Aktivierungs-γ-Strahlen 71
Aktivität 17
—, spezifische 17
Alkalimetalle, flüssige 77
Alpha-aktives Material 187
—-Emission 14
—-Partikel 27
— —, Bremsung 28
— —, Spezifische Ionisation 27
— —, Wechselwirkung mit Materie 27, 28
—-strahlende Substanzen 183
Atom, Bausteine 11
—-Kern 10
— —, Coulomb-Feld 14, 28
— —, Energieniveau 13
— —, Stabilität 12
— —, Zwischenkern 16, 26, 36
—-modell, Bohrsches 10
Aussteifung, stählerne 150

Beobachtungseinrichtungen 207—213
Bestrahlung, Ganzkörper- 48
—, Teilkörper- 48
Bestrahlungsanlagen s. Gamma-Bestrahlungsanlagen
Beta-aktives Material 187
—-Emission 15
—-Partikel 28, 183
— —, Bremsung 28
— —, Reichweite von 28
— —, Wechselwirkung mit Materie 28
Beton 146, 150—168
—, Abschwächungseigenschaften, Betatronstrahlung 259, 260
—, Dehydratation 156
—, Einfluß hoher Temperaturen auf die mechanischen Eigenschaften 156, 157
— — — — auf die Strahlenabschirmungseigenschaften 158
—, Entmischung 154
—, monolithischer, Strahlenabschirmung 197
—, Verarbeitbarkeit 154
—, Verdichtung 154
—, Wärmeschädigung von 157
—, Wasser-gehalt 151
— —-zementfaktor 151
—, Zementgehalt 151
—, Zuschlagstoffe 151
— —, Baryt 151, 162, 164
— —, Eisen, metallisches 151
— — —-schrot 151
— —, Erze, natürliche, schwere 151

Beton, Zuschlagstoffe, Goethit 151
— —, Kosten 152
— —, Limonit 151
— —, Magnetit 151
— —, Phosphoreisen 151
— —, Stahlstanzabfälle 151
—-blöcke 196
—-Strahlenabschirmung, thermische Aspekte 156—158
— —, Wärmespannungen 158
—-zusammensetzung 150—152
—-zusatz, Colemanit 152
Betonieren, Auspreßverfahren 155
—, Intrusion-Prepakt-Verfahren 155, 162
—, Puddelverfahren 154
—, Pumpverfahren 154
Betonierverfahren, übliches 153
Biozyklen 58, 59
Blei 168, 169
—-block-Abschirmungswand 195
—-Cadmium 139
—-gleichwert 169
—-Lithiumhydrid 147
—-platten, Abstützung von 149
—-ziegel 188
Boltzmannsche Transportgleichung s. Transportgleichung, Boltzmannsche
Bor-10 146
Bor-10, Einfang-Wirkungsquerschnitt 146
Bor-karbid 138
—-salze, lösliche 171
—-Stahl 138
—-Verbindungen 152
—-zusätze 152
Boral 138
Borcalcit 152
Borfrit 152
Bradwell-Kernkraftwerk 161, 162
Brechungswert 210
Bremsstrahlung 29
Bremsstrahlungsphotonen 86
Bulk Shielding Facility, ORNL 101

Cadmium 139
Compton-Effekt 31
—-Kollision 33, 105
—-Streuung 31
— —, Streuwirkungsquerschnitt 32
— —, Klein-Nishina-Formel 32
— —, Kollisions-Wirkungsquerschnitt, differentialer 32
Container, Dresden-Kernkraftwerk 361, 362
—, Enrico-Fermi-Kernkraftwerk 364
—, Schnell-Brutreaktoranlage Dounreay 358—360
—, sphärischer, eingebetteter 361
— —, gemeinsame Stützung von Innenkonstruktion und Schale 358

Container, sphärischer, getrennte Stützung von Innenkonstruktion und Schale 356
—, Yankee-Kernkraftwerk 356—358
—, zylindrischer, eingebetteter 363
—-atmosphäre, radioaktive Kontaminierung 353
—-gruppe, zylindrische, horizontale 365, 366
—-schale, Ausbeulen 337
— —, Beanspruchung, dynamische 348
— —, Belastung, radioaktive 353
— —, Belastungsannahmen 337, 359
— —, Dichtigkeitsanforderungen 353
— —, Dichtigkeitsprüfung, pneumatische 353—355
— — —, Seifenblasenprobe 353
— — —, Spürgas-Methode 353
— —, Druckbehältervorschriften 339
— —, Druckreduziersystem 343
— —, Explosionsabschirmung 346, 349
— —, Fundament, einbetonierter Boden 340
— — —, elastische Zwischeneinspannung 341, 342
— — —, Ringstützung 340
— —, Gestalt 336—338
— —, Größe 336—338
— —, Kabeldurchführungen 343, 344
— —, Lastfälle 337
— —, Luftschleusen 344—346
— —, Luken 344
— —, Material 339
— —, Montage 360, 363
— —, Panzerung 350
— —, Rohrdurchführungen 343, 344
— —, Schweißfolge für Handschweißung 339
— —, Sprinkleranlage 342
— —, Strahlenabschirmung für Katastrophenfall 338
— —, Ventilationssystem 342
— —, Wärmeisolierung 343
Core Hole Facility X-10-Forschungsreaktor 99
Curie 17

Dekontaminierbarkeit, Baustoffe heißer Zellen 198
Dekontaminierungsmethoden 199, 200
Dosis-leistung 50
—-überschreitung 54
—-zuwachsfaktor 107
Druckbehälterstahl, Einfluß von Neutronenbestrahlung 137
—, Versprödung, strahlungsinduzierte 137
—, Zugspannungs-Dehnungskurven 137
Durchdringungspfade für Strahlung 147
Durchgabeöffnungen 201, 202
Durchlauf-Luftkühlung 76

Einfachstreuung s. Streuung, einfache
Einfang-γ-Strahlen 68—70
— —, Energiespektrum 69
— —, Grundzustand-Übergang 68
— —, Unterdrücker von 71
Einsteinsche Gleichung 11, 30
Eisen 137, 170
—, Antiresonanzen 149
—, Einfang-γ-Strahlung 137, 146
— —-Wirkungsquerschnitt 146
—, γ-Strahlen-Abschirmungswirksamkeit 170
Elektron 11
—, Abbremsung in Materie 85
—-Positron, Vernichtungsstrahlung 33
— —-Paar 33
Elektronen, künstlich beschleunigte 28
—-anteil 114
—-bahnen 11
—-beschleuniger, kommerzielle 85
—-hülle 10
— —, Energieniveau 11
—-radius 30
—-Ruheenergie 30
—-volt 11
Elementarladung 11
Emulsionen, photographische 43
Energie-dosis 51
—-Freisetzung, bei der Kernspaltung 25
—-zuwachsfaktor 107
Enrico Fermi-Kernkraftwerk 165, 166
— — —, thermische Abschirmung 139
— —-Reaktor, Doppelwand-Strahlenabschirmungsanlage 166
Experimentiereinrichtungen für Reaktorstrahlung-Abschirmungsmessungen 98 bis 105
Flugzeug-Abschirmungs-Experimentierreaktor 104
—-antrieb-Reaktorsystem, Abschirmung 104, 176—178
—-reaktor, Strahlungskomponenten 177, 178
Fluoreszenz-ausbeute 31
—-strahlung 31
Flüssigkeitsfenster 208—210
—, Behälter des 208
Flüssigmetall 77
—-Kühlmittel, induzierte Aktivitäten in 77
Gamma-Aktivierung, von Metallen 72
—-Bestrahlungsanlage, eingedoste Nahrungsmittel 248, 249
— —, Kartoffeln 249, 250
—-bestrahlungsanlagen, Entwurfsgesichtspunkte 250
— —, mit Co^{60}-Speicher, kombinierte 246 bis 248
—-Photonen, primäre 106
— —, sekundäre 106

Gamma-Spektrum, Linienstruktur 68
— -Strahlen, Berechnung der Schwächung 105—116
— — — — —, Momentenmethode 111
— — — — —, Monte Carlo-Methode 112
— — — — —, Sukzessive Streuungen, Methode der 110
— — — — —, Transportgleichung, Iterationsverfahren für die Lösung 110
— — — — —, semi-numerisches Verfahren zur Lösung 111
— —, prompte 65
— — —, Energiespektrum 65, 66
— -strahlenanlage, defektoskopische 252
— —, therapeutische 253
— -Strahlenschwächungsmessungen, Versuchsanordnung 99
— -Strahler, Energie und Halbwertszeit 61
— -Strahlung, Abschirmung 183, 193, 194
— —, Durchgang von 149
— —, Luftstreuung 115, 191, 192
— —, Massenabsorptionskoeffizient 34
— —, Massenabsorptionskoeffizienten, Kiesbeton, Blei 169
— —, Zuwachsfaktor 106, 107
Ganzkörperbestrahlung, einmalige, Auswirkungen 53
—, höchstzulässige, chronische 54
Gas-kreislauf, geschlossener 76
— -verstärkungsfaktor 41
Geiger-Müller-Zählrohr 42
Gen-Mutationen 49
Geräte, fernbediente 202, 203
Glas, strahlungsinduzierte, Verfärbung 211
Graphit, borierter 139
G 2-, G 3-Reaktoren 167

Halbwert-dicke 23
— -zeit 18
Handschuhkästen 187
—, Dekontaminierbarkeit 188
Hochenergie-Beschleuniger 86, 225
— —, Kaskadenpartikel 87
Homogenreaktor, Primärkreislauf, Strahlenquellenstärke 84
—, Sicherheitseinschluß 368

Inkorporation, radioaktive Substanzen 49
Intrusion-Prepakt-Verfahren s. Betonieren, Intrusion-Prepakt-Verfahren
Ionen-austauscher 273, 295
— —, stark radioaktive 275
— — — —, Speicherbehälter 275
— -dosis 50
Ionisation, spezifische 46
Ionisationskammer 40
Isobare 12
Isotone 12
Isotope 12

Isotope, radioaktive 60—63
— —, Zerfallsarten 14—16
— —, Zerfallsschemata 16
—, spaltbare 25

K-Einfang 15
Kern-anregung 13
— -bruchstücke 24
— -energie-Fernheizwerk, unterirdisches 373
— -γ-Emission 16
— -kettenreaktion 26, 27
— —, Durchgehen 324
— -kräfte 13
— -Ladungszahl 11
— -photoeffekt 29
— —, Schwellenenergie 74
— -reaktionen 35
— -reaktor-Strahlung, Stammbaum-Schema 144
— -spaltung 24
— —, Energiefreisetzung 27
— —, Folgenuklide, primäre 26
— —, neutroneninduzierte 25
Konverterplatte 100
Korrosionsprodukte, Ablagerung 79
—, Aktivierung von 79
Kühlkreislauf, primärer, Bruch der Konstruktion 325
Kühlmittel, Eigenaktivität 74
—, Freisetzung, Flüssigmetall-gekühlte Reaktorsysteme 329—332
— —, wassergekühlte Reaktorsysteme 325 bis 329
—, Gleichungen für die Aktivierung 75
—, Unreinheiten-Aktivität 78
Kühlmittel-Abschirmung 145
Kühlsystem, primäres 74
Kühlwasser, induzierte Aktivität 76
— -Verunreinigungen 78

Leistungsreaktor-anlage, mobile, Optimalisierung der Strahlenabschirmung 172
— -postulierte Schadensfälle 321—335
Lid-Becken Abschirmungseinrichtungen 100
Lid Tank Shielding Facility, BNL 101
— — — — ORNL 100
Lithium-6, Einfang-Wirkungsquerschnitt 70, 146
Luftstreuungmessungen 103
Luftstreuungs-Meßturm 103, 104

Manipulator 203
—, elektronisch gesteuerter 205
—, Greifwerkzeuge 189, 190, 195
—, Kraftkontrollsystem 205
—, Roboter ANL Modell 3 206
—, Verbindungssystem, mechanisches 203
— -kran, G. E. C. 206
— —, General Mills 205, 221

Manipulator, Parallel- 203
— —, Modell 4 217
— —, Modell 7 203, 204
— —, Modell 8 205, 219, 221
Manipulatoren, Mehrzweck, Funktionen von 203
Massen-defekt 13
—-zahl 11
Materialien, γ-emittierende, hochgradig toxische 193
Mehrfachstreuung s. Streuung, mehrfache
Metall-hydride 147
—-Wasser-Reaktion 334, 335
— — —, explosionsartige 352
Natrium-Luft-Reaktion, potentielle Gefahren 330—332
— — —, Reaktionsgeschwindigkeit 330
— — —, resultierende Druck- und Temperaturwirkungen 331
Neutronen 11, 12
—, Abbremsung 36
—, Diffusionsgleichung 119
— —, Eingruppen- 121
— —, Mehrgruppen- 120
— — —, Matrix-Lösungsmethode 122—126
— —, monoenergetische 119
—, Diffusionskoeffizient 119
, Diffusionslänge 119
—, Durchgang durch Öffnungen 148
—, Einordnung in Energiegruppen 35
—, Energiedekrement, durchschnittliches
— logarithmisches 36
—, Gruppen-Diffusionsgleichung 120
—, Potentialstreuung 36
—, schnelle 25
— —, Abbremslänge 120
—, Spaltungs-, Abbremsung 145
— —, prompte 63
— —, Spektrum 64
—, thermische 25
— —, Diffusionslänge 119
—, verzögerte 64
—, Wechselwirkung mit Materie, Klassifizierung 35
—, Wirkungsquerschnitte 38
—-abschirmungsmaterial, festes, Anforderungen an 171
—-absorber 146
—-ausscheid-Wirkungsquerschnitte, effektiver 121, 127, 128
—-Bindungsenergie 37, 68
—-Durchströmung 147, 148
—-einfang 37
—-Emission 17
—-Energiespektrum, Einteilung in Intervalle 119
—-Protonen-Stabilitätsbereich 12, 14

Neutronen-quellen 61—63
—-spektrum, Ra-α-Be-Quelle 62
—-strahlung, Berechnung der Schwächung 117—128
— — — —, Gruppen-Diffusionsmethode 118—126
— — — —, Monte Carlo-Methode 126
Newtonsche Ringe 210
Nukleon, Bindungsenergie 13, 24
Nuklide, instabile 12
—, stabile 12
Oberflächen, Dekontaminationscharakteristik 198
—, Kontaminierung 197
—, nichtporöse, Dekontaminierung 200
—, poröse, Dekontaminierung 200
—, Radioisotopen-Laboratorien 184, 199
—-auskleidung, Stahlblech, nichtrostendes 199
Optimalisierung der Strahlenabschirmung s. Abschirmung, Optimalisierung
Ordnungszahl 11
—, effektive 114
Organ, kritisches 48
Paar-bildung 33, 105
— —, Schwellenenergie 33
— —, Wirkungsquerschnitt 33
Partikel-Beschleuniger 85
—-Flußdichte 21
—-Strömungsdichte 21
Periskop, gerades 213
—, gewinkeltes 213
Photoelektrischer Effekt 30, 106
— —, Wirkungsquerschnitt 30
Photoelektronen-Vervielfacher 43
Photonen, Wechselwirkung mit Materie 29 bis 35
—-bündel, polyenergetisches 34
—-Fluß 106
—-phasenraum, 6-dimensionaler 108
—-strahlung, Energieabsorption 34, 35
— —, Gesamtschwächung 106
— —, Gesamtwirkungsquerschnitt 33, 34
— — —, makroskopischer 34
—-zuwachsfaktor 107
Photoneutronen 74, 86
—, Schwellenenergie, (γ, n)-Reaktion 62
Plancksche Konstante 29
Polyäthylen 171
Positron 33
Proton 11, 12
Protonen, Verdampfungs- 87
Radioaktivität (s. a. Isotope, radioaktive) 14
—, Zerfallsgesetz 17   [bis 19
—, Zerfallskonstante 17
—, Zerfallsreihen 18, 19
—, Übergang, isomerer 16

Radioisotopen-anreicherung, biologische 59
— -Konzentrationen, höchstzulässige 57
— — —, Notstandsbedingungen ·57
— -Laboratorien 182
— —, Oberflächen 184
— —, Planungsgrundsätze 183
— —, Ventilation 184
Radiotoxidität 61
Reaktor, Durchgehen 323—325
— —, Druckwelleneffekte 347
— —, Simulation 348
— -Abschirmung 143
— -Abschirmungskonstruktionen 159
— -anlagen, mobile, Abschirmung von 146
— —, stationäre, Abschirmung von 146,
— -becken, Forschungsreaktor München 164
— -druckbehälter aus Spannbeton 167
— —, Einschluß-Integrität 347
— —, Formänderungsenergie-Absorptionspotential 347
— —, Yankee-Kernkraftwerk 136
— -halle, gasdichte, Forschungsreaktor MERLIN 319
— — — —, München 320, 321
— -Kammer, Passagierschiff (japanisches) 175
— — —, „Savannah" 372
— -katastrophe, Analyse der Gefahren 307
— -kern, Spaltproduktinhalt 305
— -Kühlsystem 74
— -Radioisotopen-Laboratorium, kombiniertes 223—225
— -Schadensfälle 305
— —, Chalk River 310
— —, Ereignisketten von 308
— —, Geschosse 350
— — —, spezifische Festhaltungen 351—353
— —, stammbaumartiges Schema 322, 323
— —, Stoßwellen 346, 348—352
— —, Trinitrotoluol-Gewichtsäquivalente 346
— —, Wahrscheinlichkeit des Eintretens 308, 309
— —, Windscale Works 311
— -strahlung-Abschirmungsmessungen 98 bis 104
— -system, Einschluß, in Felsenkammern 373
— —, gasgekühltes, Einschluß der Radioaktivität 369, 370
— — —, potentielle Gefährlichkeit 371
— —, Gesichtspunkte für die optimale Anordnung 173
— —, potentielle Gefahr 305
— —, Sicherheit 305
— —, Sicherheitseinschluß s. Sicherheitseinschluß, Reaktorsystem
— -Umschließungsbauwerk s. Sicherheitseinschluß, Reaktorsystem

Reaktoren, mobile, Gefahren 311—313
Relaxationslänge 23
Roentgen equivalent man (rem) 52
Röntgen (r) 50
— -röhre 85
— -strahlung, charakteristische 15
Rückstreuung 116
Ruhemassenäquivalent 33

Schattenabschirmung 116
Schiebetüren 200, 201
Schiffsantrieb-Reaktorsystem, Eisbrecher „Lenin" 175
— -Reaktorsysteme, kollisionssicherer Einschluß 371
Schwächungskoeffizient, linearer 20
Sekundärphotonen s. Gamma-Photonen, sekundäre
Sicherheitseinschluß, Felskammer 373
— —, Ventilations-Kammersystem 374
—, Forschungsreaktoren, Betonschalen 320
— —, gasdichter 318
— —, semi-dichte Hallenverkleidung 316
— —, semi-dichter 315—318
— —, Stahlschalen 319
—, gasdichter und druckfester s. Containerschalen
—, Leistungsreaktorsysteme, teilweiser 335
— —, vollständiger 335
—, Luft-Durchsickerung 318
—, Reaktorsysteme 314—376
—, Stahlbetonkammer, druckfeste und gasdichte 368
Spaltprodukt-ausbeute 25
— -Energiegruppen 68
— -γ-Strahlen 65
— —energie 68
— -gemisch, γ-Strahlen-Energiespektrum 68
Spaltprodukte 26, 230
—, Energiespektrum 67
—, Fixierung 293
— —, durch Einschmelzen in Glas 296
— — — Ionenaustausch 295
— — — Suspensionsbett-Kalzinierung 294
— — —, in Tonkörpern 295
—, Freisetzung von 306
— — —, Gefahren für die Umwelt 307
— — —, meteorologische Faktoren 307
—, langlebige 67
—, primäre 26
—, Wärmeerzeugung 285
Spaltstoffe 25
Spaltstoffelement, chemische Reaktion, mit Luft 333
— — — — Wasser 334
—, Spaltstoffmaterial 280
—, Ummantelungsmaterial 280
— -Zusammensetzung 280

Spaltstoff-Zyklen 231
Spannbeton-Reaktorbehälter 167
Speicherbehälter 284—293
—, Dampfabführungssystem 290
—, Dampfkondensationssystem 288—290
—, Füllperiode 286
—, Kühlperiode 286
—, Kühlsystem 291—293
—, Stahlblechauskleidung 288
—, Umschließungsbauwerk 291
—, Wirtschaftlichkeitsuntersuchung 291
Speichersystem, Füllung von 289
—, Verteilerkasten 290
Spiegelsysteme 213
Szintillationszähler 43
Stahl mit Nickelgehalt 149
Strahlen-abschirmung s. Abschirmung
— -austrittsverhältnis 96
— -belastung, durchschnittliche, Gesamtbevölkerung 54
— —, höchstzulässige 54
— —, natürliche 52
— —, zivilisatorische 53
— -bündel, breites 24, 106
— —, schmales 24, 106
— —, schräg einfallendes 108
— -detektoren 39
— -dosis, Einheiten der 49
— —, höchstzulässige 54
— -einwirkung, chronische 47
— —, kurzzeitige 47
— -Fluß, ungestreuter 107
— -flüsse, höchstzulässige durchschnittliche 55
— -Nachweisgeräte 39
— -geometrie 89—97
— —, Exponentialintegrale 90
— —, Flächenquellenstärke 92
— —, Kegelstumpf-Quelle 93—95
— —, Kreisscheiben-Quelle 93
— —, Kugel-Quelle 96, 97
— —, Linien-Quelle 91
— —, Platten-Quelle 95
— —, Punkt-kern 91
— — —-Quelle 90, 91
— —, —-quellenstärke 90
— —, Sekanten-Integralfunktion 90
— —, Strahlenquelle, unendlich ausgedehnte ebene 92
— —, Transformationsgleichungen 90
— —, Volumenquellenstärke 93
— -pathologie 45, 46
— -quellen s. unter Strahlengeometrie
— -schäden, Systematik der 47
— -schädigung, von Werkstoffen 136
— -schutzmaßnahmen, technische 1
— -schutztechnik, Aufgaben der 1, 2

Strahlen-schutztechnik, Probleme der 2—9
— -schutzüberwachung 54
— -wirkung, biologische 44
— — —, Primärprozeß 45
— — —, Frühschäden 46
— — —, genetische 49
— — —, somatische 48
— — —, Spätschäden 46
— -wirksamkeit, relative biologische (RBW) 51
Strahler, Intrakorporale 55
Strahlung, elektromagnetische 29
Strahlungsfeld, Intensität 20, 89
— —, Flußdichte 20
— —, Strömungsdichte 20
Strahlungshintergrund 104
Strahlungspartikel, Bahngeschichte 112
Streuprozesse 115
Streu-Wirkungsquerschnitt 119
— —, differentialer 32
Streustrahlung, indirekte, überschlägige Bestimmung 190—192
Streuung durch dicke Platte 190
—, einfache 115
—, elastische 36
—, inelastische 37
— —, Schwellenenergie 74
— —, Spektralbereiche 74
—, kohärente (Rayleighsche) 29
—, mehrfache 115
Streuungs-γ-Strahlen, inelastische 71

Tantal-Borhydrid 147
Teilchenbeschleuniger, Abschirmung von s. Abschirmung, Teilchenbeschleuniger
—, Konstruktionsprinzipe 254—256
Temperaturverteilung 132
Tower Shielding Facility (TSF) 103
Transfer-Schublade 202
Transport-behälter 202
— -gleichung, Boltzmannsche 108
Trennanlage, radiochemische, Apparatezellen, doppelseitige Anordnung 236
— — —, einreihige Anordnung 237
— — —, sektorförmige Anordnung 237
Trennanlagen 230—244
—, pyrometallurgische 241
—, inerte Argon-Atmosphäre 241
—, rechteckige Anordnung 242
— — ringförmige Anordnung 242—244
—, radiochemische 233—240
— —, direkte Instandhaltung 237
— — — —, Dekontaminierungs-Spülsystem 237
— —, fernbediente Instandhaltung 235 bis 237
— —, Instandsetzungsarbeiten 239

Trennprozeß, radiochemischer, Lösungsextraktionsverfahren 281
Trennverfahren, Kategorien 231
—, Lösungsextraktion 232
—, pyrometallurgisches 233

Ventilation, Radioisotopen-Laboratorien 184
—, heiße Zelle s. Zelle, heiße, Ventilation
Ventilations-Kammersystem 374

Wasser 170
—, Dekomposition von 170
—, induzierte Eigenaktivität 76
—-becken 207
— —-Reaktor, Apsara 102
— — —, Beckenkonstruktion 164
—-Reaktoren 101
—-Reinigungssystem 79
— —, Shippingport-Kernkraftwerk 274
—-stoff, Einfang-Wirkungsquerschnitt 145
— —-Konzentration, kritische 335
— —-Sauerstoff-Reaktion 335
— —-Wirkungsquerschnitt 128
Wärme-erzeugung, elastisch gestreute Neutronen 132
— —, Neutronen-induzierte γ-Strahlen 131
— —, primäre γ-Strahlung 130
—-Freisetzungskurve 133
—-leitungsgleichung 132
—-spannungen in Reaktorkonstruktionen 134
Wechselwirkung, α-Partikel mit Materie, s. Alpha-Partikel, Wechselwirkung mit Materie
—, β-Partikel mit Materie s. Beta-Partikel, Wechselwirkung mit Materie
—, Neutronen mit Materie s. Neutronen, Wechselwirkung mit Materie
Wechselwirkung, Photonen mit Materie s. Photonen, Wechselwirkung mit Materie

Wechselwirkungen 19, 33
Weglänge, mittlere freie 23
Wirkungsschnitt 19
—, (γ, n)-Reaktion 68
—, Gesamt- 33, 34
—, Kernspaltung 25
—, makroskopischer 20
—, mikroskopischer 19
—, Teil- 34
Wolfram-Borhydrid 147

Zehntelwertdicke 23
Zeitfaktor, biologischer 48
Zellen, geschlossene 193
—, heiße 183, 190—226
— —, Auskleidung der inneren Oberfläche 197
— —, Beton, monolithischer 197, 215
— —, —-block-Bauweise 196, 217
— —, Einschluß, separater 193
— —, Einschlußsystem, doppeltes 193
— —, Junior-Zelle 189
— —, Multi-kilocurie-Bereich 219
— —, Plutonium-Metallurgie 222
— —, Reaktorbecken 225, 226
— —, Strahlenabschirmung 193
— —, Türen 200
— —, Türrahmen 200
— —, Unterwasser-Werkstatt 207
— —, Ventilation 213, 214
— —, Zugangsöffnungen 216
—, nicht abgedeckte 190
—-boden 199
— —-belag, Asphaltfliesen 199
— — —, Fliesen, keramische 199
—-oberfläche, Ausbildung 198, 199, 216
Zirkon-Wasser-Reaktion 334
Zuschlagstoffe s. Beton-Zuschlagstoffe

MIX
Papier aus verantwortungsvollen Quellen
Paper from responsible sources
FSC® C105338

If you have any concerns about our products,
you can contact us on
ProductSafety@springernature.com

In case Publisher is established outside the EU,
the EU authorized representative is:
**Springer Nature Customer Service Center GmbH
Europaplatz 3, 69115 Heidelberg, Germany**

Printed by Libri Plureos GmbH
in Hamburg, Germany